EIN JAHRHUNDERT AUTOMOBILTECHNIK

NUTZFAHRZEUGE

HERAUSGEGEBEN VON OLAF VON FERSEN

SPRINGER-VERLAG BERLIN HEIDELBERG GMBH

Abbildung auf dem Schutzumschlag hinten:
Der Abgas-Turbolader ist mit mehr als 80 Jahren ein echter Oldtimer: Seinem Erfinder, dem Schweizer Ingenieur Albert Büchi, wurde das zugehörige Patent 1905 erteilt. Erst in unserer Zeit ist der ATL für Nutzfahrzeug-Diesel zur Selbstverständlichkeit geworden.

Additional material to this book can be downloaded from http://extras.springer.com

CIP-Kurztitelaufnahme der Deutschen Bibliothek
Ein Jahrhundert Automobiltechnik / hrsg. von Olaf von Fersen. – Düsseldorf : VDI-Verlag
NE: Fersen, Olaf von [Hrsg.]
Nutzfahrzeuge. – 1987.
ISBN 978-3-662-01120-1 ISBN 978-3-662-01119-5 (eBook)
DOI 10.1007/978-3-662-01119-5

Verlagsredaktion: Helmut Kurt
Umschlag und Vorsätze: Verlagsbereich Marketing im VDI-Verlag
Gestaltung: Margot Bremer, Günter Schön
Graphische Darstellungen: Ingrid Klömpgen
Lithographie: Wittemann + Küppers, Frankfurt am Main

ISBN 978-3-662-01120-1

EIN JAHRHUNDERT AUTOMOBILTECHNIK · NUTZFAHRZEUGE

HERAUSGEGEBEN VON OLAF VON FERSEN

Zum Geleit

Zur hundertjährigen Wiederkehr des Tages, an dem das erste Automobil über die Straßen rollte, sind aller Augen auf den Personenwagen gerichtet. Dies verwundert nicht. Denn mit ihm wurde ja die Motorisierung eingeleitet. Dem heutigen Zeitgenossen begegnen die Pkw häufiger als seinen Vorfahren die Reitpferde und Gespanne. Aber die schier unübersehbare Menge von Personenwagen soll uns nicht den Blick verstellen auf den Nutzkraftwagen in allen seinen Spielarten und Varianten. Daß er nach dem Erscheinen des ersten Personenwagens noch einige Jahre auf sich warten ließ, lag einfach daran, daß die Antriebstechnik des Verbrennungsmotors größeren Lasten noch nicht gewachsen war.

Man schrieb das Jahr 1895, als Karl Benz aus seinem „achtsitzigen Landauer" den ersten selbstfahrenden Omnibus machte und damit gleichzeitig den Weg bereitete für die erste motorisierte Omnibuslinie, die den Postkutschendienst zwischen Siegen und den Ortschaften Netphen und Deuz ersetzte.

Als ein Jahr später, 1896, der erste Lastwagen – es war ein Daimler – aus der Werkstatt ratterte, gab es auf der Welt immerhin schon 3000 Automobile. In der Weiterentwicklung des Nutzkraftwagens waren wesentlich komplexere und tiefergreifende motorische und fahrkinetische Probleme zu lösen als beim Personenwagen. Es sei daran erinnert, daß der Lastwagen – von heute zurückgerechnet – bereits ein Drittel seines Entwicklungswegs hinter sich hatte, ehe ihm der Dieselmotor in zufriedenstellender Weise nutzbar gemacht werden konnte. Heute haben in Europa alle Lastwagen mit mehr als fünf Tonnen Gesamtgewicht Dieselmotoren. Dabei hat Rudolf Diesel, als er den Selbstzünder konstruierte, nicht im entferntesten an Lastwagen gedacht. Moderne Lastzüge im Fernverkehr fahren heute im Vergleich zum Urmodell mit einer vielfachen Nutzlast eine vielfache Geschwindigkeit. Daran wird die ungeheure Dynamik der Entwicklung deutlich, die der Lastwagen durchlaufen hat.

Es soll jedoch nicht mein Anliegen sein, Einzelheiten der Entwicklung des Lastwagens zu schildern. Diese Aufgabe erfüllt der vorliegende Band in viel umfassenderer und einprägsamer Weise, als ich es je vermag. Ich möchte vielmehr die Bedeutung in Erinnerung rufen, die das Nutzfahrzeug – und dies trifft sowohl auf Industrienationen als auch auf Entwicklungsländer zu – für die Volkswirtschaften, für jeweilige Industriepotentiale, für die Versorgung der Bevölkerung, für den Wohlstand, ja, für den Lebensstandard überhaupt hat. Die zeitweilig ausufernden und oft abwegigen Diskussionen über Wert und Unwert des Autos haben gelegentlich auch den Lastwagen erfaßt. Da sich inzwischen zweifelsfrei herausgestellt hat, daß in jeder Zivilisation ohne den Lastwagen selbst primitivstes Wirtschaften unmöglich ist, erübrigt sich jede Diskussion über dessen Existenzberechtigung. Man kann wohl darüber nachdenken, ob der Lkw noch sicherer, noch wirtschaftlicher, noch umweltfreundlicher gemacht werden kann. Aber seine Daseinsberechtigung in Frage stellen – dies ist kein Thema.

Im Güterverkehr haben die veränderten Transportanforderungen für die Wahl des Verkehrsmittels neue Maßstäbe gesetzt, denen die Bahn heute nur noch in engen Grenzen genügt. Der Lkw hat nicht nur den Grad der Arbeitsteilung in unserer Wirtschaft erheblich vergrößert, sondern auch die logistischen Systeme von Industrie und Handel von Grund auf verändert. Die Möglichkeit, Güter zu bestellen und sie kurzfristig geliefert zu bekommen, hat den Umfang der Lagerhaltung erheblich vermindert und damit die Lagerkosten spürbar gesenkt. Dies ist vor allem auf die überlegene Schnelligkeit, Zuverlässigkeit und Anpassungsfähigkeit des Straßengüterverkehrs in all seinen Erscheinungsformen zurückzuführen. Das Ineinandergreifen schneller inner- und zwischenbetrieblicher Transportsysteme ermöglicht den weiträumigen Vertrieb leicht verderblicher Güter und hat infolgedessen zu einer beträchtlichen Ausweitung des Warensortiments auch in entlegenen Gebieten beigetragen. Da bei Benutzung des Lkw Umlade- und Rangiervorgänge vermieden werden, haben sich die Transportschäden wesentlich vermindert. Die Anforderungen an die Verpackung konnten gesenkt und damit Kosten gespart werden. Der Lkw-Einsatz bietet darüber hinaus die Möglichkeit, die Auslieferung der Güter mit Service-Leistungen durch geschultes Personal zu kombinieren. Auch die vielfältigen Aufgaben, die sich im Rahmen staatlicher und kommunaler Dienstleistungen, beispielsweise bei der Ver- und Entsorgung der Städte stellen, lassen sich ohne das Nutzfahrzeug nicht mehr bewältigen. Daß der Lkw heute mit einem Anteil von etwa 80 Prozent an den beförderten Gütermengen das „Rückgrat" unseres Transportsystems bildet, ist das meßbare Ergebnis seiner unbestreitbaren Vorzüge. Prognosen über die künftige Entwicklung zeigen, daß der Lkw seine dominierende Stellung innerhalb des Verkehrssystems nicht nur beibehalten, sondern noch ausweiten wird.

Angesichts der weiterhin dezentral ausgerichteten Entwicklung unserer Siedlungsstrukturen und den zu erwartenden Freizeitstrukturen ist auch für den Omnibusverkehr mit vergleichsweise günstigen Entwicklungschancen zu rechnen.

Das Nutzfahrzeug ist ein unverzichtbarer Träger der Mobilität unserer Wirtschaft. Ob ein leichter Transporter oder ein 40-Tonnen-Lastzug, ob ein Muldenkipper auf der Baustelle oder ein Tanksattelzug mit Heizöl, ob ein Linienomnibus oder der Schwertransport auf einem Tieflader – ohne Lastwagen „läuft" heute und in Zukunft nichts, buchstäblich nichts mehr.

Der vorliegende Band soll, kann und wird dazu beitragen, daß dem Lastwagen auch im Bewußtsein der breiten Bevölkerung und der Politiker der gleiche Rang eingeräumt wird, den ihm die Volkswirtschaft längst zuerkennt.

Hans-Erdmann Schönbeck
Präsident des Verbandes der
Automobilindustrie e.V. (VDA)

Vorwort des Herausgebers

In der breiten Öffentlichkeit steht das Interesse am Nutzfahrzeug weit hinter dem am Personenwagen zurück. Das Nutzfahrzeug ist gleichsam der anonyme Arbeiter, ohne den unsere Wirtschaft nicht leben könnte. Dem Lastenträger fehlt der Glanz des leichtfüßigen Sportwagens, und er ist auch kaum geeignet, das persönliche Ansehen seines Eigentümers zu mehren. Dennoch ist das Nutzfahrzeug in allen seinen Varianten ein höchst bemerkenswertes technisches Produkt, das einer Vielfalt unterschiedlichster Aufgaben genügen kann.

Das Ziel dieses Buches ist es, die Nutzfahrzeugtechnik dem Interessierten nahezubringen und die Spuren ihrer Entwicklung nachzuzeichnen – von den bescheidenen Anfängen auf der Grundlage modifizierter Personenwagen bis in die Gegenwart mit ihren hochkomplizierten Triebwerken, gewaltigen Transportleistungen, superkomfortablen Reisebussen und vielfältig verwendbaren Arbeitsmaschinen für die Landwirtschaft und für Sonderaufgaben.

Dieser zweite Band von „Ein Jahrhundert Automobiltechnik" ist weniger umfangreich. Denn die zur Frühgeschichte des Automobils gehörenden Einzelheiten, die gleichermaßen auch für die Personenwagen gelten, wurden eingehend im ersten Band beschrieben. Kleiner ist auch die Anzahl der Autoren, die am vorliegenden Buch mitgewirkt haben. Dieses Mal wurden die Beiträge der ausländischen Mitarbeiter in den allgemeinen Text aufgenommen. Ihre Namen erscheinen deshalb nicht zu Beginn der Abschnitte. Deshalb seien sie an dieser Stelle genannt, verbunden mit meinem Dank für ihre tatkräftige Hilfe:

Jerzy Borkowski, Warschau (Polen),
Eric Gibbins, Surbiton (England),
Harald Linke, Büdesheim (Bundesrepublik Deutschland),
Dipl.-Ing. *Ioan Peia,* Lugoj (Rumänien),
Dr. *Lorenzo Raffo,* Mailand (Italien),
Marian Šuman-Hreblay, Lipt. Mikulas (ČSR),
Enrique Zorzano, Madrid (Spanien).

Die mangelhafte Qualität mancher Illustrationen bitte ich zu entschuldigen. Im Gegensatz zu Personenwagen, die nun seit 100 Jahren in großer Anzahl in Museen gehätschelt werden, gibt es kaum Sammlungen von Nutzfahrzeugen. An Objekten und brauchbaren Archivunterlagen herrscht auf diesem Gebiet Mangel. Die an diesem Werk Beteiligten mußten deshalb manchmal auf Abbildungen in alten Prospekten und Büchern zurückgreifen. Ähnliche Schwierigkeiten gab es auch bei der Beschaffung der Abbildungen von Fahrzeugen aus Staatshandelsländern.

Dank gebührt vor allem den Autoren der Hauptabschnitte für ihre oft mühsame und mit vielen Recherchen verbundene Arbeit –, bei der die Verdichtung des Stoffes auf das zu beschränkende Volumen der einzelnen Beiträge oft recht schwierig war.

Dietzenbach, im Sommer 1986 *Olaf von Fersen*

Inhalt

Nutzfahrzeuggeschichte international

Otto-Peter A. Bühler

Deutschland

Die Entwicklung des automobilen Nutzfahrzeugs begann eigentlich schon im Jahr 1831, als der erste Lastwagen mit eigenem Antrieb für den kommerziellen Transport landwirtschaftlicher Erzeugnisse eingesetzt wurde. Dies geschah in Frankreich und in England mit kleinen Dampfmaschinen. Diese Art der Güterbewegung erfuhr sogar noch 70 Jahre später die amtliche Anerkennung in Form eines Patenteintrags: Der Engländer Richard Trevithick hatte tatsächlich das Glück, daß seine Dampfmaschine als „Wagenantrieb" trotz vielerlei vergleichbarer Lösungen in Frankreich und Deutschland 1907 als schutzwürdig akzeptiert wurde.
Noch 1906, als längst der von Daimler und Maybach konstruierte kleinere und leichtere Explosionsmotor das Nutzkraftfahrzeug zum Urahn unserer heutigen modernen Lastkraftwagen gemacht hatte, gab es in Deutschland Dampfmaschinen-Antriebe in Fuhrwerken. Der Amerikaner Frank Mariott erzielte 1906 mit einem Stanley-Dampfmotorwagen den Geschwindigkeits-Weltrekord mit unglaublichen 195,7 km/h. Dennoch war der Verdrängungsprozeß durch das Bessere auch in diesem Verkehrsbereich nicht mehr aufzuhalten. Etwa um 1910 endete die Zeit des Dampfmotors.

1892: Daimlers Lastkraftwagen-Idee verändert die Transporttechnik

Wenn auch offiziell der Beginn der Geschichte des „Fuhrwerks mit Explosionsmotor" auf das Jahr 1896

Das erste Lastwagen-Programm der Daimler-Motoren-Gesellschaft (DMG) von 1896 mit vier Motorstärken: 2,9 kW (4 PS), 4,4 kW (6 PS), 5,9 kW (8 PS) und 7,4 kW (10 PS) und Nutzlasten von 1,2 t bis 5 t. Als Verbrennungsmotor diente der neue Daimler-Phoenix-Zweizylinder-Viertaktmotor. Der Antrieb erfolgte anfangs vom Heck, später unter dem „Bock" über Riemen auf ein Vorgelege und von dort durch Zahnräder auf die Zahnkränze der Triebräder. – Bemerkenswert ist die Verwendung von Schraubenfedern an der Hinterachse (rechts).

1

festgeschrieben wurde, so steht doch fest, daß Gottlieb Daimler bereits 1892 dem preußischen Heeresministerium seinen „Lastwagen mit Motorantrieb" für die Mobilisierung der Armee angeboten hatte. Sein erster Lastwagen im Jahr 1893, der bereits einen Zweizylinder-Viertaktmotor mit 2,9 kW (4 PS) Leistung hatte, erregte zwar Aufsehen, aber kaufen wollte ihn niemand. Trotzdem bot er kaum drei Jahre später aus der Cannstatter Fabrik – der dort 1890 gegründeten Daimler-Motoren-Gesellschaft (DMG) – als erste Fahrzeugbauer der Welt ein Programm von Motorlastwagen an mit vier verschiedenen Motorstärken: 2,9 kW, 4,4 kW, 5,9 kW und 7,4 kW und Nutzlasten von 1,2 t bis 5 t. Als Motor wurde der „neue Daimler-Motor Phoenix" genannt. Die Wagen konnten eine Geschwindigkeit zwischen 3 km/h und 12 km/h erreichen. Die Räder hatten Eisenreifen. Der Antrieb erfolgte anfangs vom Heck, später unter dem „Bock", über Riemen auf ein Vorgelege und von dort mittels Zahnräder auf die Zahnkränze der Lauf- bzw. Triebräder.

Am 1. Oktober des gleichen Jahres verkaufte Gottlieb Daimler seinen ersten 2,7-t-Lastwagen – und zwar sogar ins Ausland, nämlich nach England. Er begründete damit den Kraftfahrzeugbau im englischen Königreich. Es war ein Erfolg von großer Tragweite, wie sich später herausstellte. In Deutschland blieb der Erfolg vorerst aus.

Im Frühjahr 1895 fuhr der erste von Karl Benz in Mannheim gebaute Omnibus, entwickelt aus einem Landauer, für die „Netphener Omnibus-Gesellschaft" gleichsam im Linienverkehr, der jedoch bald wieder stillgelegt wurde. Immerhin war der Omnibus in Deutschland bereits vor dem Lastwagen kommerziell vorhanden.

Das Nutzfahrzeug-Programm von Daimler ab 1903.

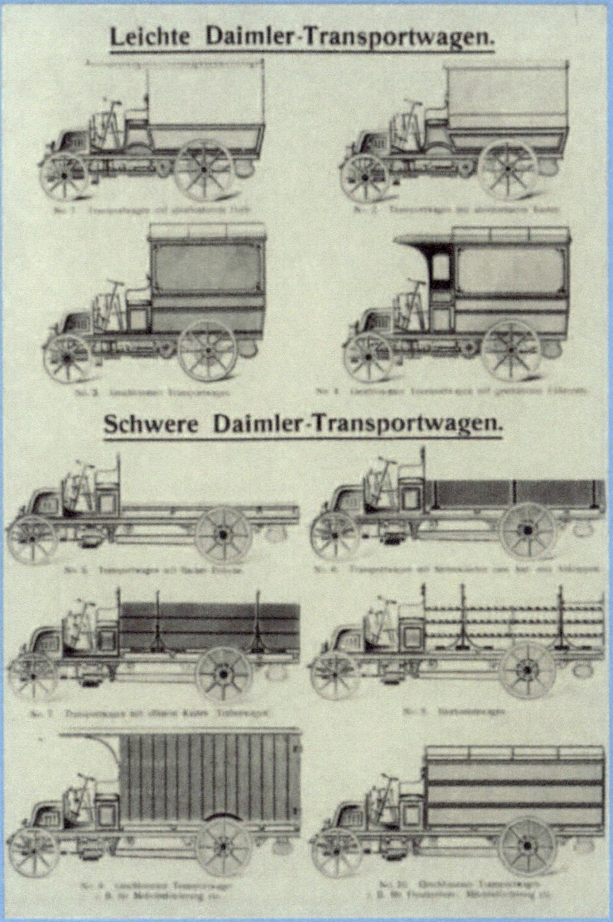

Im Jahr 1903 wurde erstmals für einen Omnibus die 1902 für die Daimler-Motoren-Gesellschaft eingetragene Schutzmarke „Mercedes" (DRSM 55896) benutzt.

Stoewer L 4,2,5; 3 t, 18 kW (24 PS)-Vierzylindermotor, 4560 cm³ Hubraum, Kettenantrieb; Baujahr 1906/07.

Stoewer L4II, 5 t, 22 kW (30 PS)-Vierzylindermotor, 5880 cm³ Hubraum, Kettenantrieb; Baujahr 1909.

Dürkopp L60, 29 kW (40 PS)-Vierzylindermotor, 4520 cm³ Hubraum, Kardanantrieb, 3-t-Heeres-Lkw; Baujahr 1914.

Dux, 3 t, 44 kW (60 PS)-Vierzylindermotor, 5200 cm³ Hubraum, Kardanantrieb; Baujahr 1917.

Puch Typ X, 2,5 t bis 3 t, 28 kW (38 PS)-Vierzylindermotor, 3560 cm³ Hubraum, Kardanantrieb; Baujahr 1916.

Dux, 2-t-Heeres-Lkw, 33 kW (45 PS)-Vierzylindermotor, 4400 cm³ Hubraum, Kardanantrieb, Luftbereifung vorn; Baujahr 1917.

*Stoewer L2II, 5 t,
31 kW (42 PS)-Vierzylindermotor,
4960 cm³ Hubraum, Kettenantrieb;
Baujahr 1920/21.*

Ley U 12 L, Schnellastwagen, 1,5 t, 35 kW (48 PS)-Vierzylindermotor, 3100 cm³ Hubraum; Baujahr 1926/28.

Bergmann (Métallurgique), 2,5 t bis 3 t, 26 kW (35 PS)-Vierzylindermotor, 3560 cm³ Hubraum; Baujahr 1921.

Horch, 1 t, 7/22 kW (10/30 PS)-Vierzylindermotor, 2608 cm³ Hubraum, Kardanantrieb; Baujahr 1921/22.

Magirus 1 C, 1 t, 26 kW (36 PS)-Vierzylindermotor, 4100 cm³ Hubraum, Kardanantrieb; Baujahr 1925.

*Magirus 2 C,
26 kW (36 PS)-Vierzylindermotor,
4100 cm³ Hubraum,
Kardanantrieb, 2,5 t;
Baujahr 1925.*

Auslandsinteresse stärker

1886 war – gleichzeitig mit Deutschland – das Lastwagen-Startjahr in England. Die Daimler-Motoren-Gesellschaft (DMG) etablierte damals schon Beteiligungs-Gesellschaften, als erste des Daimler Motor Syndicate Ltd. in London, ab 1897 die Daimler-Motor-Company Ltd. Coventry (England), die wenig später den Lastwagenbau aufnahm. Der erste Motorlastwagen in Frankreich fuhr im Oktober 1898 mit dem 6 kW (8 PS)-Daimler-Phoenix-Motor in einem Fuhrwerk von Panhard & Levassor. Dieser Anfang blieb allerdings ohne nennenswerte Resonanz.
Auch bei der „Rheinischen Gasmotorenfabrik Mannheim" von Karl Benz war der Motorwagen-Export stärker als der Inlandverkauf. Benz konzentrierte sich anfangs (1872) ganz auf den langsam laufenden Zweitaktmotor. 1886 wurden 80 solcher Motoren verkauft, 1891 waren es bereits 500 und später 600. Benz & Co. etablierte sich nach dem Unternehmen Deutz als zweitgrößte Motorenfabrik der Welt.
Fast gleichzeitig mit der Lieferung eines Daimler-Lastwagens nach England und der Bildung der Daimler-Motor-Company Ltd. in Coventry konnte die Rheinische Gasmotorenfabrik Benz & Co. Mannheim über die von einem Benz-Vertreter in Paris etablierte Anglo-French-Motor Carriage Co. Ltd. (1896 gegründet) Lieferwagen in England absetzen. Es handelte sich um 5,1 kW (7 PS)-Wagen mit 250 kg Tragkraft, also im heutigen Sinn mehr Transporter als Lastwagen. Der größte Auftrag für diese Lieferwagen-Typen kam allerdings erst 1902 mit über 100 solcher Benz-Fahrzeuge, hauptsächlich für Warenhäuser. Doch sicher ist, daß sowohl Daimler als auch Benz völlig unabhängig voneinander mit ihren ersten Nutzfahrzeugen in England erfolgreich waren.

Lastwagenprogramm von Benz

Im Jahr 1900 legte Karl Benz ein dem Daimler-Angebot von 1896 vergleichbares Lastwagenprogramm vor, das ebenfalls aus drei Typen bestand: 4,4 kW (6 PS) und 1,25 t; 7,4 kW (10 PS) und 2,5 t sowie 10 kW (14 PS) und 5 t. Als Motor wurde der Contra-Motor verwendet mit gegenüberliegenden Zylindern. Der wesentlich bessere Massenausgleich ließ höhere Drehzahlen zu. Eine weitere Besonderheit: Der Motor war erstmals über der Lenkachse angeordnet. Durch den damit vergrößerten Abstand Motor–Antriebswelle wurde ein längerer und gegen Streckung nicht mehr so empfindlicher Riemenantrieb ermöglicht, so daß man länger fahren konnte, ohne den Riemen zu kürzen. Zudem hatten Elastizität und Weichheit sowohl beim Anfahren als auch beim Geschwindigkeitswechsel Benz veranlaßt, an dieser Lastwagen-Antriebsart zwischen Motor und Vorlegewelle festzuhalten, so lange Motorleistung und Wagengeschwindigkeit dies zuließen.

Omnibusse auch von Daimler

Etwas verzögert zum Lastwagenbau entwickelte auch Daimler, wie vorher Benz, ein Omnibusprogramm. 1898 entstand eine ganze Omnibusreihe mit den gleichen Motoren ab 2,9 kW (4 PS) bis 7,4 kW (10 PS) entsprechend dem Lastwagen-Angebot mit einer Beförderungskapazität zwischen 6 und 16 Personen. Die erreichbare Geschwindigkeit lag um 16 km/h und die Steigfähigkeit bei 12 Prozent. Als Sonderausstattung wurden bereits „Gummireifen" empfohlen. Aufpreis: 800 Mark. Als Antrieb standen neue Vierzylinder-Phoenix-Motoren zur Verfügung.
Die paarweise zusammengegossenen Zylinderblöcke waren auf einem gemeinsamen Kurbelgehäuse angeordnet. Die Drehzahl war von 700 min^{-1} auf 900 min^{-1} erhöht, so daß sich eine Verbesserung der Leistungsausbeute von 2,0 kW (2,8 PS) auf 3,1 kW (4,2 PS) je Liter Hubraum ergab.

Detail-Entwicklungen auch für Nutzfahrzeuge

Die 1898 erstmals im Lastwagenbau eingeführte Bosch-Niederspannungs-Magnetzündung verdrängte schnell die bis dahin dominierende Glührohrzündung. Auch Benz entschied sich für die Magnetzündung. Vom Standpunkt des Erfinder-Niveaus ist es bezeichnend, daß sich in der Motorentechnik bereits von Beginn an zu den mechanisch-thermodynamischen Funktionen das elektrotechnische Hilfsmittel gesellte.
Der endgültige Übergang zu Vierzylindermotoren im Motorlastwagen vollzog sich im Juni 1899, und zwar für 7,4 kW (10 PS) bis 8,8 kW (12 PS) und für 8,8 kW bis 11,8 kW (16 PS). Die Nutzlasten erhöhten sich auf 6 t, die Anzahl der Plätze in den Omnibussen, die bis 1900 noch auf 16 beschränkt werden mußten, durften Daimler und Benz 1901 auf 20 ausweiten. Die Räder trugen noch immer entweder Eisen- oder Vollgummireifen.

Anfang 1900:
Nutzfahrzeug-Nachfrage immer noch gering

Zeitgenössische Publikationen zeigen, wie klein die Resonanz auf den Lastwagen im damaligen deutschen Reichsgebiet noch war – sieben Jahre nach dem Erscheinen der ersten Fahrzeuge auf den Straßen! So blieb sowohl das Daimler- als auch das Benz-Nutzfahrzeug-Angebot noch weit hinter dem Personenwagenprogramm zurück. In Frankreich und England verdrängte der Motorwagen bereits den Dampfwagen. Besonders England zeigte sich wesentlich aufgeschlossener gegenüber solchen „neuen Transportern von Waren und schweren Gütern" als Deutschland. Dieser Erfolg war in erster Linie der Daimler-Motor Co. Ltd. in Coventry zuzuschreiben, aber nicht minder der Anglo-French-

Company Carriage Co. Ltd. mit den von ihr importierten Benz-Lieferwagen, die um die Jahrhundertwende anzahlmäßig bereits an der Spitze lagen.

Das Fahrwerk stammt vom Fuhrwerk

Das Fahrwerk der ersten Lastwagen war eigentlich nichts anderes als ein von Stellmachern gebautes Fuhrwerk aus Vierkanthölzern, auf die eine Ladepritsche aus Brettern aufgesetzt wurde. Die starre Vorderachse aus geschmiedetem Eisen war anfangs unter einem Drehschemel angeordnet. Die Lenkung bestand aus einer senkrecht stehenden Stange mit Zahnrad am Ende, das anfangs über Seile, später über eine Zahnstange in die starre Achse eingriff. Zur Bewegung diente ein eisernes Kurbelrad mit Knauf. Die erreichbaren Geschwindigkeiten lagen um 20 km/h, bei vollständiger Belastung noch wesentlich darunter. Obgleich schon 1806 der Münchener Hofwagner Georg Lankensperger die Achsschenkellenkung erfunden hatte, dauerte es noch etliche Jahre, bis Leon Bollée (1878) und Karl Benz (1891) für ihre Fahrzeuge diese Lenkung neu erfanden. Ab 1900 wurde die Achsschenkellenkung Allgemeingut. Der von Benz 1901 gebaute 2,5-t-Lkw mit vorn liegendem 10 kW (14 PS)-Motor war bereits ein Frontlenker.
Das Jahr 1901 ist in der Nutzfahrzeug-Historie insofern noch bemerkenswert, als die 1898 gegründete Firma Wagenbau Kühlstein in Berlin, die sich bislang auf Elektromobile spezialisiert hatte, den ersten Schwerlastwagen mit 11 t Gesamtgewicht baute. Die Nutzlast erreichte 5,86 t. Für den Antrieb wählte man einen Daimler-Vierzylinder-Reihenmotor mit 12,6 kW (17 PS).

Gesteigerter Wettbewerb in Europa –
Erste Serien-Lastwagen

Ab 1902 setzte der Durchbruch des Motorlastwagens in Deutschland ein und damit das Entstehen einer Nutzfahrzeug-Industrie. Der Grund war die Verwendung der von Bosch entwickelten Hochspannungs-Magnetzündung. Die Unabhängigkeit von der damals wenig leistungsfähigen Batterie übte eine starke Wirkung auf die Kraftfahrzeugtechnik aus, besonders auf die Motortechnik. In diesem Zusammenhang war der Vierzylinder-Motor inzwischen zum dominierenden Triebwerk geworden.
Überraschend etablierten sich nacheinander Wettbewerber im Lkw-Geschäft. Firmen wie „Berliner Motorwagen-Fabrik", „Fahrzeugfabrik Eisenach", „Dürkopp", „Nacke" (Marke „Coswiga", erster Lkw in Sachsen), „Scheibler" Aachen, „Süddeutsche Automobilfabrik", früher Bergmann, „NAG – Neue Automobil-Gesellschaft", „Büssing", „Ehrhardt" in Eisenach und „Podeus" Wismar sorgten für eine schnelle Entwicklung mit gegenseitiger Befruchtung

Der erste Frontlenker-Lastwagen der Süddeutschen Auto-Fabrik Gaggenau (später Benz-Werke Gaggenau-GmbH) kam 1906 mit einem Zweiblock-Motor mit 18/26 kW (24/36 PS) in das Angebot; Nutzlast 5 t.

in den Konstruktionen von Motoren, Getrieben und Fahrwerken. „Opel" und „Phänomen" boten leichte Lastwagen bis 4 t mit eigenen Motoren an. Opel produzierte schon 1906 bis zu 60 Lkw im Jahr. „Stoewer" in Stettin baute 4-t-Lastwagen mit eigenen Motoren (5,9 kW bis 7,4 kW). In Berlin übernahm die Daimler-Motoren-Gesellschaft die „Motorfahrzeuge- und Motorenfabrik AG" in Marienfelde und konzentrierte ihre Lastwagen-Fertigung weitab von Cannstatt, wobei Kettenantrieb und Kardanantrieb als Fortschritt in die Serienmodelle einflossen. Dieser Vorgang markierte den Eintritt von Daimler in die Serienfertigung von Lastwagen zu einer Zeit, als im Inlandmarkt die Nachfrage immer noch hinter den inzwischen weitaus expansiveren Märkten in England, Frankreich, Belgien und Italien zurückstand.
Trotz dieser relativ schnellen Entwicklung darf der Begriff „Nutzfahrzeugindustrie" für diese Zeit nicht eng ausgelegt werden. Es gab keinen Hersteller, der ganze oder auch nur annähernd vollständige Lastwagen hergestellt hätte. Schon von Anfang an entstand mit den eigentlichen Fahrzeugproduzenten eine Zulieferindustrie mit Herstellern wie zum Beispiel Bosch, Hella, Bergische Stahlindustrie, Fichtel & Sachs, Kronprinz, Reinz und Georg Fischer.

Turbulentes Jahrzehnt – Konstruktion und Materialentwicklung Hand in Hand

Wie aus der ersten, 1901 in Deutschland erstellten Produktionsstatistik hervorgeht, wurden damals 39 Nutzkraftwagen – überwiegend von Daimler, gerin-

1,5-t-Kardanrahmen-Chassis, das ab 1910 im Lastwagenbau den Kettenantrieb abzulösen begann.

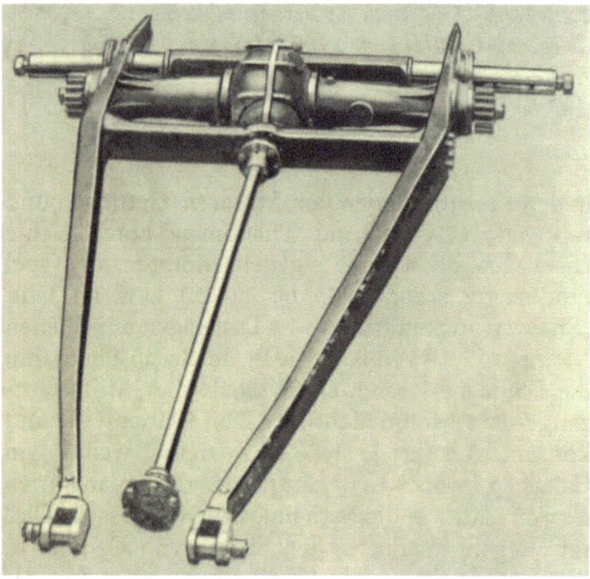

Die Konstruktion der Hinterachse war eine Schwinge, Antrieb und Tragachse waren getrennt. Durch die offene Bauweise der langen Lenker ergab sich ein relativ flexibles Einfedern.

Der viele Jahre gebräuchliche Ritzelantrieb mit abmontiertem Rad. Gut erkennbar ist die Nockenbremse mit den schmalen und zwangsläufig dünnen Bremsbelägen.

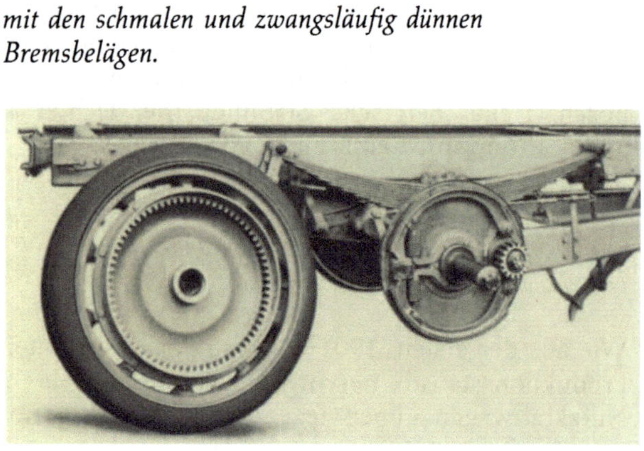

gere Stückzahlen von Benz – hergestellt. 1903 waren es dann 140 und drei Jahre später 352. Im Jahr 1910 wurde erstmals die 1000-Stück-Marke erreicht. Bis zum Beginn des Ersten Weltkriegs 1914 produzierten etwa 14 Lkw-Hersteller 2800 Nutzfahrzeuge. Der Bestand im Deutschen Reich erreichte zur gleichen Zeit 9639 Einheiten. In der Mehrzahl handelte es sich um Größenordnungen ab 2,5 t bis 5 t, vorzugsweise mit Vierzylinder-Ottomotoren.

Einzige, und deswegen besonders beachtete Ausnahme war der erste „Auto-Lastzug" der Welt. Mit einer Förderleistung von 20 t bestand der Zug aus einer Motor-Zugmaschine und zwei Anhängern. Ein 37 kW (50 PS)-Vierzylinder-Motor mit Doppelvergaser für Spiritus und Benzin – also bereits eine Art Vielstoffmotor – war mit Vorgelege und direktem Antrieb auf einen Zahnkranz an den Hinterrädern kombiniert. Konstrukteur war Joseph Vollmer, der 1915 im Auftrag der Heeresverwaltung in Verbindung mit dem „Verein deutscher Motorwagen-Industrieller" die Vereinheitlichung begann, als Basis für die späteren DIN- und FAKRA-Normen, zuerst aber die Bauvorschrift für den „Einheits-Dreitonner 1916" entwarf.

Die Jahre ab 1907 waren für den deutschen Nutzfahrzeugbau recht turbulent. Erste Fusionen kamen zustande. Scheibler Aachen ging in der Motorlastwagen AG (MULAG) auf, die Berliner Motorwagenfabrik und die Oryx-Motorwerke wurden zur Zweigniederlassung der Dürkopp AG Bielefeld, die Süddeutsche Automobilfabrik (SAF) Gaggenau und die Benz & Cie. AG Mannheim fusionierten zur Benz-Werke Gaggenau GmbH, 1913 übernahm Mannesmann die MULAG und 1914 ging die Hansa Automobilwerke AG, Varel i.O., in der Hansa-Lloyd-Automobilwerke AG in Bremen auf. Die Bedeutung dieser Vorgänge kam erst später zur Geltung.

Schnelle Fortschritte machte die Technik. Die Chassis der Lkw und Omnibusse bestanden bereits aus U-Trägern mit Quertraversen aus Stahl, die Motoren

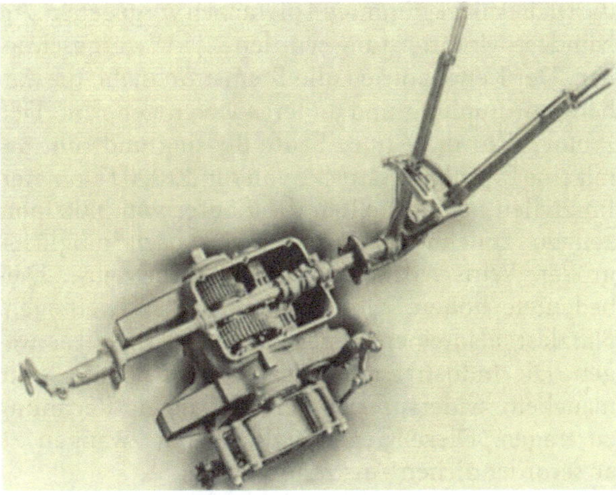

Das 1910 aufkommende Viergang-Getriebe, das später als Norm für den Regel-5-Tonner vorgeschrieben wurde.

Umbau eines 3,5-t-Lkw auf Schienenführung für den Materialtransport zum Gleisbau (1910).

waren durchweg oberhalb der Vorderachse eingebaut, die geschmiedete Doppel-T-Achse setzte sich durch, der Vierradantrieb kam auf. Für eine rationelle Fertigung von Motorengehäusen installierte man Bohrwerke aus den USA und Frankreich, Zylinderschleifmaschinen aus der Schweiz erhöhten die Qualität, Zahnrad-Bearbeitungsmaschinen, Fräs- und Stoßmaschinen verminderten die Werkstückkosten. 1914 kam der erste Scheinwerfer mit Abblendvorrichtung auf den Markt (DRP). Deutz stellte den ersten kompressorlosen Kleindiesel-Einzylinder (12 kW bis 44 kW) vor, der die Grundlage für spätere Diesel-Fahrzeugmotoren bildete, 1914 erschien das erste Bremsband aus gewebtem, imprägniertem

Kässbohrer-Omnibus im Jahr 1907 auf Saurer-Chassis.

Lieferung von Serien-Lastwagen aus dem Daimler-Werk Marienfelde 1912.

MAN-Saurer-Omnibus mit Kardanantrieb 1915.

Asbest, Marke „Jurid". Verschiedene Firmen entwickelten Meß- und Anzeigeinstrumente.
Der Dieselmotor – 1892 war das erste Patent (DRP 67207) erteilt worden – vollzog 1908, als Rudolf Diesel bei der Zürcher Automobil-Fabrik Safir AG den ersten schnellaufenden Fahrzeug-Selbstzünder entwickelte, die entscheidende Wende zum Antrieb von Nutzkraftfahrzeugen. Aus einem Saurer 31 kW-(42 PS)-Vierzylinder-Ottomotor von 5,7 l Hubraum wurde ein Diesel-Aggregat mit 22 kW (30 PS) Leistung. Obgleich dieser erste Dieselfahrzeugmotor in seinem Aufbau weitgehend den normalen Benzinmotoren jener Zeit nachgebaut war, unterschied er sich durch die von der Kurbelwelle angetriebene zweistufige Luftpumpe und durch eine Vierkolbenpumpe für die Kraftstofförderung. Hierin liegt der Grund, weshalb außer dem einzigen Versuchsmotor keine weitere Maschine dieses Systems mehr gebaut wurde. Solange das Problem der Einblasepumpe des klassischen Dieselmotors nicht gelöst war, gab es keinen brauchbaren Motor.
Dabei blieb es bis nach dem Ersten Weltkrieg, obwohl sich zahlreiche Erfinder bemühten, die klassische Diesel-Version des Lufteinblasens zur Zerstäubung des Kraftstoffs zu verändern. In diesem Zusammenhang ist besonders Prosper L'Orange zu nennen, der bei Benz in Mannheim den Vorkammer-Dieselmotor entwickelte und damit den ersten fahrzeugspezifischen Antrieb mit einem Selbstzünder 1922 schuf.

Der Einfluß des Militärs – „Einheits-Lkw"

Ab 1913 bot die Entwicklung im deutschen Nutzfahrzeugbau ein besonders fesselndes Bild. Fast täglich wurde auf diesem Gebiet die sich noch immer formierende Industrie vor eine Fülle neuer Aufgaben gestellt. Die Armee verlangte sogenannte Subventions-Lastzüge, deren technische Daten vorgeschrieben wurden. So war die Nutzlast auf 4 t festgelegt, das Gesamtgewicht auf 9 t. Das Eigengewicht durfte 4,5 t nicht überschreiten. Für die Fahrzeugbreite, die Spurweite, den Radstand und die Achsdrücke waren die Maße mit bestimmten Toleranzen vorgegeben. Als Mindest-Motorleistung wurden 22 kW vorgeschrieben. Der Kettenantrieb, die Bremstrommeln, die Anhänger-Kupplung und anderes waren genormt. Den Prototyp für die Armee baute Büssing und fuhr damit eine Erprobungsstrecke von rund 2000 Kilometer. Im zivilen Sektor stellten die Käufer von Nutzfahrzeugen zunehmend Forderungen nach möglichst großer Wirtschaftlichkeit des Fahrbetriebs. Dies bedeutete höhere Motorleistungen und weit mehr Nutzlast, also einen Gegensatz zum Armee-Lastwagen. Die Industrie mußte demgemäß bemüht sein, manchem widersprechenden Verlangen Rechnung zu tragen. Diese Gegensätzlichkeiten zwangen zu außerordentlichen Anstrengungen.
Im letzten Vorkriegsjahr erlebte die deutsche Automobilindustrie eine glanzvolle Entfaltung ihres Umfangs, ihres innerdeutschen Verkaufs und des Export-Absatzes sowie ihrer technischen Erfolge. Sie unterschied sich damals zum Vorteil ihrer Weltmarktposition von den Autoindustrien anderer europäischer Länder durch eine individuelle und konstruktiv auf die verschiedenartigsten Kunden- und Länderbedürfnisse ausgerichtete Produktionsweise.
Die Lkw-Erzeugung war zwar noch relativ gering; sie betrug 1913 z. B. bei den Lastwagen von 2,5 t bis 5 t Tragfähigkeit nur etwa 2800 Stück. Aber von der Gesamterzeugung wurden in jenem Jahr für nicht weniger als 3,2 Mio. Mark Nutzfahrzeuge ins Ausland geliefert: Japan, die USA und die europäischen Nachbarstaaten zählten zu den Abnehmern.
Der technische Entwicklungsstand in den Jahren 1913 bis 1914 ergab unter dem Einfluß der Subventionsvorschriften folgendes Bild: Alle Lastwagen und Omnibusse waren mit Vierzylindermotoren ausgerüstet. Bei den leichten, meist aus Personenwagen-Fahrgestellen entwickelten Last- und Lieferwagen von 250 kg bis 1500 kg Nutzlast hatten die Motoren eine normale Drehzahl von 1200 min^{-1} bis 1800 min^{-1} und leisteten je Liter Hubraum etwa 6,6 kW (9 PS), im günstigen Fall 7,4 kW (10 PS). Die Lastwagen von 2 t bis 6 t Nutzlast hatten dagegen ebenso wie die Omnibusse erheblich langsamer laufende Motoren, die bei 800 min^{-1} bis 900 min^{-1} Leistungen von durchschnittlich 4,6 kW (6,2 PS) je Liter Hubraum entwickelten. Bei leichten Lkw mit 1,5 t Nutzlast kam bereits der Antrieb über eine Kardanwelle auf. Die weitaus meisten wiesen aber noch die Kraftübertragung mittels Kette auf. Die leichten Modelle hatten Luftbereifung, alle anderen Vollgummireifen. Elektrische Anlasser waren noch nicht für alle Modelle verfügbar. Für Beleuchtung sorgten Carbidlampen. Diese „Subventions-Lkw" bauten Daimler, Büssing, NAG, MULAG, Benz, Dürkopp, Nacke, Stoewer, Podeus, Erhardt.
Die Geschwindigkeiten der leichten Nutzfahrzeuge erreichten zu jener Zeit etwa 40 km/h bis 50 km/h. Bei schweren Lastkraftwagen lag die Höchstgeschwindigkeit zwischen 16 km/h und 20 km/h, bei Omnibussen zwischen 24 km/h und 30 km/h.

Kühlerformen und Firmen-Embleme 1914

Subventions-Lkw mit Ritzelantrieb für 4,5 t Nutzlast, 1912; sechsfach geteilte Frontscheibe.

Daimler 5-t-Kipper (Exportmodell 1912).

Dux-Lkw, 3 t, 4,4 kW (60 PS)-Vierzylindermotor, 5,2 l Hubraum; Baujahr 1917.

Dürkopp-Lastzug 14: 4-t-Zugwagen mit 3-t-Anhänger; 37 kW (50 PS)-Vierzylindermotor, 6,3 l Hubraum, Kardanantrieb; Baujahr 1914.

Elektromobile fanden damals in beachtlichem Umfang beim Lieferdienst in der Stadt, besonders bei der Paketzustellung der Reichspost, Verwendung. Bei Lastwagen kamen Protos-Siemens-Schuckert, die AEG-NAG und Bergmann in Berlin über Versuche mit dem Elektroantrieb nicht hinaus.

Krieg erzwingt hohe Produktion – Schnelle Entwicklung

Der Ausbruch des Weltkriegs unterbrach eine Entwicklung, die der sich vollständig entfaltenden deutschen Kraftfahrzeugindustrie gerade den Weg in eine aussichtsreiche Zukunft geöffnet hatte. Schon 1912 erzielten 124 deutsche Autofabriken mit einer Belegschaft von insgesamt 36 000 Mitarbeitern Produktionswerte von 222 Mio. Mark. Ein Jahr später stand die deutsche Kraftfahrzeug-Außenhandelsbilanz im Zenit ihres Erfolges mit einer Ausfuhr im Wert von 85 Mio. Mark, die die Einfuhr von 14 Mio. Mark um das Sechsfache übertraf.

Mit dem Ausbruch des Kriegs war das Ausland als Abnehmer ausgefallen. Die Produktionen wurden allgemein zurückgenommen, stiegen aber wieder an, als die Heeresleitung sich auf eine längere Dauer des Krieges einstellen mußte und deshalb in zunehmenden Umfang Lastkraftwagen benötigte. Der Lkw-Bestand hatte im ersten Kriegsjahr noch nicht die 10 000-Stück-Grenze erreicht. Um so mehr wirkte sich das abrupte Abschließen von der technischen Entwicklung im Ausland aus. Der verhältnismäßig geringe technische Fortschritt im Inland ergab sich ausschließlich aus den Notwendigkeiten des Kriegs. Entsprechend ausgeprägt war der Abfall in der Aufwärtsentwicklung.

Der „Regel-3-Tonner"

Zu den vorgenannten Lkw-Herstellern waren Magirus in Ulm und Hansa-Lloyd Automobilwerke AG in Bremen und als Tochter-Gesellschaft die Norddeutsche Automobil- und Motoren-AG (NAMAG) hinzugekommen. Vor allem Büssing konnte die Produktion in Braunschweig erheblich ausbauen. Die MAN nahm 1915 den Bau von Lastwagen nach Schutzrechten von Adolphe Saurer (Arbon) auf, und zwar in Lindau (Bodensee). Dort wurde das Saurer-Werk übernommen, das 1910 entstanden war. Das Schweizer Unternehmen produzierte vorwiegend Lkw bis 5 t mit Kardan- und Kettenantrieb und eigene Motoren, die als Vierzylinder 22 kW (30 PS) und 33 kW (45 PS) leisteten. Saurer hatte bereits in den Jahren 1911 bis 1914 einen regen Export von Lkw-Chassis aufgebaut. Kässbohrer in Ulm verwendete diese Fahrgestelle für seine ersten Linien-Omnibusse.

1918 erreichte die Vogtländische Maschinenfabrik (VOMAG) mit Heeresaufträgen das Produktionsergebnis von 1000 Lkw. Sie waren vom Typ des sogenannten Regel-3-Tonner, den Prof. Buschmann 1916 bei Magirus in Ulm im Auftrag der Heeresleitung entwickelt hatte.

Exportmärkte waren verloren – Neuer Anfang

Nach Kriegsende, im Jahr 1919, befand sich die deutsche Nutzfahrzeugindustrie in einer schwierigen Lage. Der Bedarf an neuen Fahrzeugen war infolge der großen Anzahl der Lastkraftwagen, die aus Heeresbeständen auf den Markt kamen, gering. Darüber hinaus herrschten unruhige Verhältnisse, die hemmend auf den Absatz wirkten. Die Auslandmärkte waren verloren und konnten auch in den wenigen Ländern, die während des Krieges neutral geblieben waren, zunächst nicht zurückgewonnen werden, da die Industrie die dringend benötigten Werkstoffe nur unter größten Schwierigkeiten und in unzureichenden Mengen beschaffen konnte. Die Automobilindustrie anderer Länder – vor allem die der USA – hatte während der Kriegsjahre durch Weiterentwicklung ihrer Fahrzeuge und 1913 mit der Einführung der Fließbandarbeit große technische Fortschritte gemacht. Die Inflation brachte wohl eine vorübergehende Belebung des Absatzes, aber bei der Stabilisierung der Währung zeigte sich dann, wie geschwächt die wirtschaftliche Lage der Fahrzeugindustrie tatsächlich war. Dies blieb nicht ohne Auswirkung auf die technische Entwicklung im gesamten Lastwagenbau.

Erst ab 1924 zeigten sich bei Lastkraftwagen und Omnibussen gegenüber 1914 beachtliche Fortschritte. Büssing und NAG hatten je einen Sechszylindermotor herausgebracht, Magirus war erfolgreich mit dem robusten V 110/29 kW-Ottomotor, an dem die Zylinder einzeln auszubauen waren. Nicht minder erfolgreich war der V 135/52 kW (70 PS)-Motor, der 1 Million Kilometer ohne Reparatur erreichen konnte.

Mehr als ein Drittel aller Motoren liefen mit Leichtmetallkolben. 80% der Fahrzeuge hatten inzwischen elektrische Beleuchtung, und 76% waren mit elektri-

MAN-Reichspostomnibus im Jahr 1921.

Erster MAN-Saurer-Lastwagen, 4 t bis 5 t, Vierzylinder-Ottomotor, 27 kW (37 PS), Kettenantrieb (1915).

Daimler-Lastwagen mit schmalem Fahrerhaus für den Langmaterial-Transport.

1921: Doppelstock-Omnibus für Berlin.

Magirus-Langholzwagen aus dem Jahr 1919.

schem Anlasser ausgerüstet. Den Kettenantrieb behielten nur noch wenige schwere Typen; im großen und ganzen hatte sich der Kardanantrieb durchgesetzt. Die Vierradbremse wurde bereits von drei Herstellern eingebaut, und zwar immer als Druckluftbremse (Bauart Knorr). Die Bereifung bei den schweren Typen bestand vorwiegend aus Vollgummi mit Zwillingsrädern an den Hinterachsen. Erste Riesenluftreifen kamen auf. Büssing erschien mit einem ersten Sechsrad-Omnibus und einem Dreiachs-Pritschen-Lkw, der die Typenbezeichnung „Burglöwe" erhielt.

Erster kompressorloser Fahrzeug-Dieselmotor der Welt von Benz (4 Zylinder, 125 mm Bohrung, 180 mm Hub).

Mit dem Dieselmotor in eine neue Ära im Nutzfahrzeugbau

In die Zeit der Inflation und des Niedergangs der deutschen Automobilindustrie fällt auch die Problematik der Treibstoff-Versorgung. Man arbeitete mit besonderem Aufwand an der Verbilligung des Fahrbetriebs unter Nutzung kostengünstiger Treibstoffe. Fast die Hälfte aller damals gebauten Lkw-Motoren waren mit Einrichtungen für den Betrieb mit Schweröl oder Petroleum ausgerüstet.

Aber diese Bestrebungen wurden sehr bald überflüssig: Der Dieselmotor veränderte die Antriebs-Szene. 1919 hatten die Versuche bei der MAN mit Strahlenzerstäubung begonnen, und Prosper L'Orange entwickelte bei der Benz & Cie. in Mannheim den kompressorlosen Vorkammer-Klein-Dieselmotor. Dieser erste Motor mit einem Hubraum von 8840 cm^3 leistete 33 kW (45 PS) bis 37 kW (50 PS) bei 1000 min^{-1}. Am 1. 9. 1923 fand die erste Versuchsfahrt in bergigem Gelände mit einem Fünftonner statt. 1924 kaufte die Firma Bosch den ersten Benz-Diesel-Lastwagen.

Daimler in Marienfelde ging einen anderen Weg. Erste Erfolge mit der geregelten Zufuhr von eingeblasenem Kraftstoff erzielte man bei U-Boot-Maschinen. 1913 wurde eine ganze Motorenreihe von 4 kW bis 10 kW nach dem „System Schwarz" gebaut. Die Versuche führten bereits zur Kraftstoffeinspritzung mit Hilfe einer Einspritzpumpe. Diese Dieselmotoren wurden in Traktoren eingebaut. Erst 1921 kam es wieder zu einer Probeserie, und 1923 wurden zwei dieser Dieselmotoren mit Daimler-Einspritzpumpe in einen 4-t-Lkw und in einen 2-t-Omnibus eingebaut. Anfang Oktober 1923 stand der erste Daimler 4-t-Lkw mit einem 29 kW (40

5-t-Diesel-Lastwagen, Typ 5 K 3.

PS)-Dieselmotor auf der Automobil-Ausstellung in Berlin.
1923 brachte auch MAN den ersten kompressorlosen Dieselmotor – 29 kW mit direkter Strahleinspritzung – zur Reife. 1924 begann dieses Unternehmen mit der Serienfertigung von Kfz-Dieselmotoren mit eigenen Einspritzpumpen für 6-t-Lkw mit Kardanantrieb.
1925 vergab Benz & Cie., Mannheim, Lizenzen für Dieselmotoren an Fahrzeugbauer ohne eigene Entwicklung und sogar an Motorenfirmen, darunter Büssing, Hanomag, Motorenfabrik Deutz AG, Motorenfabrik Oberursel, Krupp, Kaelble und zahlreiche ausländische Unternehmen. Damit begann die weltweite Verbreitung des Fahrzeug-Dieselmotors.
Auch die technische Entwicklung in anderen fahrzeugspezifischen Einzelheiten machte schnelle Fortschritte. Die Gleason-Verzahnung wurde im Lkw-Bau eingeführt. Sie ermöglichte die Übertragung größerer Kräfte, die durch den zunehmenden Anteil an Dieselmotoren mit ihren höheren Drehmomenten notwendig geworden waren.
Zur gleichen Zeit führte die NAG das erste Zahnradgetriebe für Nutzfahrzeuge mit Druckluftschaltung in Zusammenarbeit mit Knorr (DRP 422648 und

Erster Fahrzeug-Dieselmotor der MAN mit direkter Kraftstoffeinspritzung aus dem Jahr 1923; 29 kW (40 PS) bei 900 min^{-1}.

430299) und ein Planetengetriebe mit elektromagnetischer Schaltung ein.
Neue Werkstoffe fanden zunehmend Verwendung bei Lkw-Konstruktionen, darunter die Kunstharz-Preßmassen „Novotex" und „Resitex" für geräuschärmere Antriebe von Steuerwellen und Elektrik. Die ersten Schwingungsdämpfer aus Gummi und Metall

Erster MAN-Diesel-Lastwagen 1923/24, 33 kW-(45 PS)-Vierzylindermotor mit direkter Kraftstoffeinspritzung.

MAN brachte 1926 den stärksten Diesellastwagen der Welt, Typ S 1H 6 mit 110 kW (150 PS)-Dieselmotor für eine Nutzlast von 10 t.

VOMAG P 45: 4 t bis 5 t, 33 kW-(45 PS)-Vierzylindermotor, Hubraum 6300 cm³, Kardanantrieb, Baujahr 1925.

Krupp L 5: 5 t, 37 kW (50 PS)-Vierzylindermotor, 4000 cm³ Hubraum, Kardanantrieb, Baujahr 1925.

wurden zur Triebwerks- und Gehäuseaufhängung benutzt, der „Simmer-Ring" zählt seit dieser Zeit zu den wichtigen Maschinenelementen im Kfz-Bau.
Noch behaupteten sich Sechszylinder-Ottomotoren als Basisantrieb für die schwerer werdenden Lastwagen. Erstmals übertraf die Sechszylinder-Produktion die der Vierzylinder. Der kompressorlose Dieselmotor, der bei MAN und Daimler-Benz (in der Zwischenzeit, im Jahr 1926, hatten sich Daimler und Benz zusammengetan) entwickelt worden war, trat Ende 1927 wegen seiner Ersparnis an Brennstoffkosten von ungefähr 80% gegenüber dem Benzinmotor seinen Siegeszug an. Diese enorme Kostenersparnis resultierte einerseits aus dem geringeren Kraftstoffverbrauch des Dieselmotors, andererseits aus dem Preis des Dieselöls, der damals weit unter dem des Benzins lag. Jedes große deutsche Nutzfahrzeugwerk und eine Anzahl Spezialfirmen bauten nun derartige Selbstzünder-Motoren in Lizenzen oder in eigener Regie.
In das Jahr 1927 fiel ein weiteres wichtiges Ereignis: Die Phänomen-Werke nahmen die Lieferung ihres ersten Eintonnen-Lastkraftwagens mit Preßluftkühlung auf, der bald zu Hunderten bei der Reichspost in Betrieb gestellt wird. Diese Pionierarbeit der Phänomen-Werke fand zunächst nicht die verdiente Beachtung im Nutzfahrzeugbau. Es sollten noch sieben Jahre vergehen, bis Krupp luftgekühlte Motoren für Leichtlastwagen herausbrachte.
Bei den Bremsen dominierte ab 1928 die Vierradbremse, selbst bei kleineren Fahrzeugen. Ihre Betätigung erfolgte in den meisten Fällen noch mechanisch, seltener hydraulisch.
Das Jahr 1928 brachte eine Anzahl neuer Dreiachs-Konstruktionen, darunter NAG- und Dürkopp-Modelle bereits mit angetriebenen Schwingachsen. Auch die Produktion von geländegängigen Lkw weitete sich aus. Der Vorderradantrieb war überwiegend eine „Voran"-Lösung. Er fand in den folgenden Jahren weitere Akzeptanz in VOMAG-„Voran"-Omnibussen und in Henschel-Rumpler-Sechsradwagen. Dr. Ing. Edmund Rumpler hatte die Antriebswellen mit Doppelkardangelenken in einem Nutzfahrzeug-Chassis erstmals in Prag gezeigt.
Ging einerseits der Trend zum schweren Lkw, so entwickelte sich im Bereich des kleinen Schnelltransporters eine völlig neue Kategorie: der Dreirad-Laster. Die Manderbach-Framo-Werke machten den Anfang. Ihnen folgten bald andere Firmen, wie zum Beispiel „Goliath" und ab 1932 Hansa-Lloyd (Borg-

Faun „B": 3 t, 37 kW (50 PS), 6100 cm³ Hubraum, Vierzylindermotor, Kardanantrieb, Baujahr 1925.

Nacke 3 K: 3 t, 26 kW (35 PS)-Vierzylindermotor, 4100 cm³ Hubraum, Kettenantrieb, Baujahr 1925.

NAG-Omnibus mit 35 Sitzplätzen und 14 Notsitzen, im Heck Gepäckabteil, Baujahr 1926.

ward), „Tempo" (Vidal + Sohn) und „Standard" (Gutbrod). Diese Dreirad-Wagen waren steuer- und führerscheinfrei; sie erschlossen dem Nutzfahrzeug neue Verwendungsgebiete, vor allem im Handwerk. Als Motoren wurden Ilo-Zweitakt-Einzylinder-Aggregate und DKW-Zweitakter benutzt. Das beachtliche technische Können der vom Krieg und der Inflation schwer angeschlagenen deutschen Automobilindustrie zeigte sich darin, daß es schon 1931 vier verschiedene Trolleybusse von Krupp-Uerdingen, Daimler-Benz, MAN und Faun gab, daß Büssing-NAG einen Trambus neuester Bauart herausbrachte – den ersten Frontlenker-Omnibus, der in Deutschland gebaut wurde –, und daß bereits in jenem Jahr viele Omnibusaufbauten aus Stahl und Leichtmetall ausgeführt wurden.

Benz-Omnibus der Reichspost in Niederrahmen-Bauweise (1925).

Ab 1929 brachte Daimler-Benz ein Dreiachs-Niederrahmen-Omnibusfahrgestell mit einem 74 kW (100 PS)-Motor Typ N56 für Aufbauten bis zu 50 Sitzplätzen und 18 Stehplätzen (Länge 11,11 m; Radstand 5650 und 1350 mm; Tragfähigkeit 10 t; Gesamtgewicht 15,4 t).

1937 folgte ein Dreiachs-Lkw-Chassis mit einem 6-Zylinder-Dieselmotor, der 110 kW (150 PS) bei 1700 min^{-1} leistete. Der L 10 000 kam auf ein Gesamtgewicht von 16 t.

Ein besonderes Datum war der 4. Mai 1931 für Ford in Köln. Dort lief im neuerbauten Fahrzeugwerk der erste Lastkraftwagen vom Band. Allerdings zwang die Bankkrise bereits im August zur Drosselung der Produktion.
Auch bei Daimler-Benz machte sich die Flaute bemerkbar, die jedoch mit einem Auftrag über 200 Lkw aus Rußland überbrückt wurde. Gaggenau konnte wieder Arbeitskräfte einstellen. Dagegen mußte in Untertürkheim die Arbeitszeit von 32 auf 16 Stunden wöchentlich vermindert werden. Bilanzverlust in diesem Jahr: knapp 8 Mio. Mark.
Trotzdem brachte Daimler-Benz im Verlustjahr ein völlig neues Lkw-Programm auf den Markt. Gleich sieben Modelle vom Eintonner bis zum 8,5-Tonner mit Motoren von 37 kW (50 PS) bis 81 kW (110 PS) umfaßte dieses erste, bei Chassisteilen und Fahrwerk weitgehend nach dem Baukastenprinzip konzipierte Programm. Otto- und Dieselmotoren wurden wahlweise angeboten.
Bemerkenswert ist auch, daß aus diesem neuen Programm der L 5000 – ein 5-t-Lkw – zum Lizenzbau für die Société Nouvelle des Automobiles Unic freigegeben wurde.
Neue Lkw und Omnibus-Reihen kamen im gleichen Jahr auch von Büssing, MAN, Krupp, Magirus und VOMAG; hierbei war der 74 kW (100 PS)-Dieselmotor von MAN der erste deutsche Selbstzünder dieser Leistungsklasse.
Die Elektromobile konnten sich aus wirtschaftlichen Gründen und dank vieler Verbesserungen und stärkerer Akkumulatoren – vor allem bei der Reichspost, aber auch in der privaten Wirtschaft – eine bevorzugte Nutzung im Nahverkehr erobern. Etwa 20 000 Elektromobile waren 1931/32 im Betrieb, davon 10 000 im öffentlichen Verkehr. Knapp 8000 boten Nutzlasten bis 2 t. Lediglich etwa 500 E-Mobile konnten 5 t und mehr befördern.

Dieses Bild zeigt die Antriebslösung an der Hinterachse und die Aufhängung beider Achsen an dem Blockfederpaket, das flexibel in einem Querrohr gelagert ist. Gleichzeitig übernimmt die Blattfeder den Vortrieb und die Achsenseitenführung.

Der L 10 000 mit Pritschenaufbau; maximale Geschwindigkeit 75 km/h.

Zwangsläufig gerieten auch die anderen Nutzfahrzeug-Hersteller in die Abschwungphase. Büssing verlor über 600000 Mark trotz eines Lieferauftrags von 800 Lkw an den türkischen Staat, Opel kürzte das „Blitz"-Programm von fünf Typen auf zwei (1,5 t und 2,5 t), Nacke stellte die Lkw- und Omnibus-Produktion ein, Magirus schloß mit 1,10 Mio. Mark Verlust die Bilanz. Die Deutsche Last-Automobilfabrik (DAAG) AG, Düsseldorf-Ratingen, wurde stillgelegt, ebenso existierte die Mannesmann-MULAG AG nicht mehr, und die NAG Lastwagenabteilung und Büssing fusionierten.
Ungeachtet dieser Depression verbesserten die Nutzfahrzeugfirmen Fahrzeug-Programme und Motoren, vor allem die Dieselmotoren. MAN verteidigte ihren Vorsprung mit einem 103 kW (140 PS)-16-l-Dieselmotor, damals das stärkste Nutzfahrzeug-Triebwerk der Welt! Noch wurden von allen Lastwagen-Firmen außer Dieselmotoren Benzinmotoren für alle Gewichtsklassen angeboten.

Die Bedeutung der Nutzkraftfahrzeuge wird erkannt

Das Jahr 1933 brachte die zweite wichtige Zäsur in der deutschen Automobilgeschichte. Zu Anfang dieses politischen Schicksalsjahres wurde die Nutzfahrzeug-Industrie von zahlreichen Hemmnissen und Auflagen befreit, unter denen sie bisher in besonderem Maß zu leiden hatte, mußte dafür aber andere in Kauf nehmen.

Die technische Entwicklung war bestimmt von einer enormen Verbreitung des Dieselmotors bei Lastwagen und Omnibussen. Besonders bezeichnend ist: Einerseits wurden kleine Dieselmotoren von 9 kW (12 PS) bis 12 kW (16 PS) („Kämper" und „Süddeutsche Bremsen", spätere MWM) bevorzugt gebaut, andererseits, um die Anforderungen der neu gebauten Reichsautobahnen erfüllen zu können, konzentrierte sich die Entwicklung auf stärkere Motoren von 103 kW (140 PS) und mehr. Neu waren Unterflurmotoren von Magirus, Hanomag, Henschel, Vomag und Büssing-NAG, die mit liegenden Zylindern unter dem Rahmen bzw. Boden der Karosserie eingebaut wurden, so daß die gesamte Ladefläche nutzbar war. Auf diese Weise erzielte man eine größere Wirtschaftlichkeit.
Die Motorluftkühlung hatte sich nach anfänglichen Problemen durchgesetzt. Sie fand jetzt nicht nur bei Vergaser- und Dieselmotoren bis ungefähr 44 kW (60 PS) (Phänomen und Krupp), sondern etwas überraschend auch bei Krupp-Vergasermotoren bis zu 88 kW (120 PS) Leistung Anwendung. Bei Krupp handelte es sich um einen V 8-Motor (45°) mit 6,1 l Hubraum.
Wesentlich beeinflußt wurde zu dieser Zeit bereits die Entwicklung der Lkw-Motoren durch das von der allgemein herrschenden Mineralölknappheit bestimmte Ausweichen auf feste bzw. gasförmige Treibstoffe. Es wurden sogenannte Universalmotoren entwickelt, die sich mit geringem Aufwand an Zeit und Kosten auf den Betrieb mit Flaschengas

1932 erschien ein Müllwagenaufbau im Daimler-Benz-Programm mit 5 m³ Fassungsvermögen.

In den dreißiger Jahren entstanden mit dem Bau der Autobahnen die Schnellbus-Modelle. Daran beteiligt waren alle Bushersteller. Das Bild zeigt ein RAB-Modell, das 1934 entwickelt und mit einem 221 kW (300 PS)-Triebwagenmotor ausgestattet werden sollte; maximale Geschwindigkeit 130 km/h. Dieses Fahrzeug wurde nicht gebaut.

oder mit dem aus Holz, Holzkohle, Schwelkohle oder Anthrazit gewonnenen Generatorgas umstellen ließen. Die Umstellung der Wirtschaft auf politische Spannungsfälle wurde hierbei besonders augenfällig.

Im Fahrgestellbau wurden ebenfalls bemerkenswerte Fortschritte erzielt. Die schwereren Lkw-Typen erhielten Getriebe mit fünf und mehr Gängen, um eine wirtschaftliche Ausnutzung der stärkeren Motoren sicherzustellen. Erstmals durch flankengeschliffene Schrägverzahnung wurden die Lkw-Getriebe deutlich laufruhiger. Strömungsgetriebe gewannen allmählich an Boden. Die Druckluftbremse fand vor allem bei schweren Lastwagen, die Öldruckbremse bei den leichteren Fahrzeugen serienmäßige Verwendung. Die längst schon üblichen Leiterfahrgestelle wurden jetzt vorwiegend geschweißt. Daraus resultierten Gewichtsverminderungen bei größerer Festigkeit; dies war ein wichtiger Faktor bei Kippern und Allrad-Typen.

„Reichsautobahnen" beeinflussen Omnibus- und Lkw-Technik

Entscheidende Auswirkungen hatten die neuen Reichsautobahnen auf die Gestaltung von Karosserien bei Omnibussen und Lkw-Fahrerhäusern. Mit der erlaubten Geschwindigkeit von 100 km/h verringerte man unter weitgehender Verwendung von Leichtmetallen das Eigengewicht. Hinsichtlich der Bequemlichkeit der Sitze, der Be- und Entlüftung und der Heizung genügten in den Omnibussen noch Klappfenster und Dachluken für längere Zeit den damaligen Ansprüchen.

Die tatsächlich erreichbare Höchstgeschwindigkeit von Lastwagen und Omnibussen lag bei etwa 90 km/h, die schwereren Typen kamen auf 70 km/h. Stromlinien-Busse der Reichsbahn, die im Autobahn-Schnelldienst betrieben wurden, erreichten mehr als 100 km/h.

Die Deutsche Reichsbahn gab als Trägergesellschaft der Autobahnen der Fahrzeugindustrie vielfältige Anreize zur Entwicklung autobahnfester Schnellbus-Modelle, um den geplanten Personenverkehr auf der Straße zu fördern. Einen derartigen Bus-Personen-Verkehr hatte es bis 1935 nicht gegeben. Auf den vorhandenen Landstraßen ließ sich kaum ein annehmbarer Reisegeschwindigkeits-Durchschnitt erzielen, denn die winkligen, engen Dorf- und Stadtstraßen waren für zwei- oder gar dreiachsige Busse voller Probleme und Gefahren.

Um strömungsgünstige und damit schnellere Busse bauen zu können, mußten die Aufbauten-Hersteller eine Patentlizenz von einer Aktiengesellschaft für Verkehrspatente in Luzern ankaufen. 1933 ließ sich Daimler-Benz eine solche Lizenz übertragen. Erst zwei Jahre später erwarben Magirus, Vetter, Gaubschat, Talbot und die Waggonfabrik Uerdingen diese Lizenzen von dem Schweizer Paul Jaray. 1935 führte die Daimler-Benz AG den ersten Schnellbus, den „Bus ohne Haube", rechtzeitig zur 100-Jahr-Feier der Deutschen Reichsbahn in Nürnberg vor. Der V 12-Zylinder-Dieselmotor vor der Vorderachse war überbaut, das Heck abgerundet, die hinteren Radkästen verkleidet. Die Höchstgeschwindigkeit lag bei 115 km/h. Die Reichsbahn ließ sogar eine Standard-Karosserie entwerfen, die als Muster für alle ihre Aufträge an die maßgebenden Bushersteller galt. Bis zum Ende des Zweiten Weltkriegs bauten Buskarossiers in ganz Europa solche „Trambusse" mit optimiertem c_w-Wert.

Bemerkenswert war die neue Fahrwerk-Technik dieser Schnell- und Großraumbusse. So konzipierte Henschel 1936 ein 12,6-m-Chassis mit drei Achsen und liegendem 12-Zylinder-280 kW (380 PS)-Boxermotor vor der Vorderachse. Mittel- und Hinterachse waren angetrieben. Noch gigantischer war das Bus-Chassis von VOMAG. Mit vier Achsen – zwei gelenkten, zwei angetriebenen – und einem 258 kW (350 PS)-Boxermotor im Heck liegend eingebaut, sollte das 50sitzige Fahrzeug 120 km/h erreichen und mit einem 400-l-Kraftstofftank fast 800 km weit fahren können. Eine ähnliche Konstruktion stellte die Waggonfabrik Uerdingen 1936 in Berlin aus. Große Stückzahlen wurden allerdings nicht erreicht. Einen anderen Weg zum Schnellbus beschritt Büssing-NAG. 1935 zeigte der Braunschweiger Bus-

1930 entstand der erste Großraum-Omnibus als Sattelzug in Ulm. Als Zugfahrzeug diente ein Opel-Blitz-Lkw. – Knapp sechs Jahre später baute Kässbohrer den größten Sattelomnibus für 170 Fahrgäste (unten). Als Zugmaschine benutzte man den Daimler-Benz-Diesel Typ L 5 000 mit 110 kW (150 PS) Leistung.

Mitte der dreißiger Jahre begannen die Bushersteller mit Versuchen, den Motor zwischen den Achsen einzubauen, wie zum Beispiel bei diesem Versuchsbus von Daimler-Benz. Durchgesetzt hat sich dieses Prinzip in Büssing-Trambussen und teilweise in Omnibus-Gelenkzügen. Heute dominiert wieder der Heckantrieb im Omnibus.

bauer ein Chassis mit zwei Motoren: vor der Vorderachse und im Heck. Beide waren stehende Sechszylinder-Diesel-Aggregate mit je 103 km (140 PS) Leistung aus 13,5 l Hubraum. Der Frontmotor trieb die erste Achse an, der Heckmotor die zweite. Eine Höchstgeschwindigkeit von 120 km/h war angegeben. Der 13,7-m-Bus sollte bis 50 Personen befördern. Die Karosserie war bei Ludewig in Auftrag gegeben, doch nicht ausgeführt; die Reichsbahn hatte an dem Objekt keine Interesse mehr.
Andere Großraum-Busse waren Sattelzug-Omnibusse. 1935 legte Magirus einen Entwurf vor, der bei einer Gesamtlänge von 18,5 m etwa 10 m Nutzraum aufwies. Toilette und Schlafplätze im Heck sollten Fernreisen problemlos machen. Es blieb allerdings beim Entwurf.
Dagegen baute Kässbohrer einen Sattel-Omnibus für 170 Personen, der im Linienverkehr Verwendung fand. Schon 1934 lieferte der Ulmer Buskarossier an die Dessauer Straßenbahn einen Sattel-Omnibus mit 100 Plätzen. Als Zugmaschine diente ein Lkw-Chassis von Daimler-Benz.

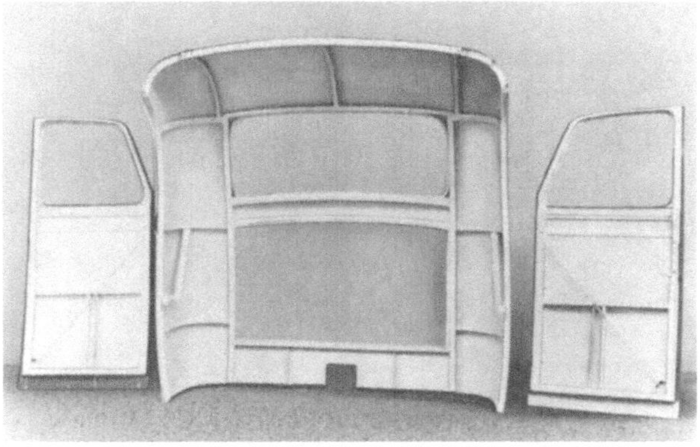

Um die hohen Transportkosten bei Fahrzeugexporten so niedrig wie möglich zu halten und den Aufbau in Importländer zu verkaufen, konstruierte 1939 Kässbohrer einen Leichtmetall-Busaufbau aus vorgefertigten Teilen. Ohne Spezialwerkzeuge ließen sich diese CKD-Busse überall montieren. Das Bild zeigt die Heckpartie und die Türen dieser Konstruktion.

Erstes selbsttragendes Nutzfahrzeug

Das Stromlinien-Prinzip veranlaßte die Lkw-Hersteller zur Abkehr von den bis zu diesem Zeitpunkt kantigen Fahrerhäusern. Elegantere Formen bestimmten zunehmend die Optik. Ein besonderes Beispiel hierfür lieferte ein Lautsprecherwagen, der in mehreren Exemplaren nach Berlin geliefert wurde. Er hatte zudem einen selbsttragenden Aufbau aus Electron-Leichtmetall. Die Gewichtsersparnis lag bei 40 Prozent im Vergleich zum herkömmlichen Holzaufbau. So wurde zum ersten Mal die selbsttragende Bauweise bei einem Lastkraftwagen angewandt.

Neue Treibstoffe – neue Motoren

1936, als die Motorisierung 50 Jahre alt wurde, stellte sich für die Nutzfahrzeug-Technik das Problem der generellen Umstellung der Treibstoffversorgung. Die Möglichkeit, Dieselmotoren mit Flaschen- bzw. Generatorgas schnell auf die neuen Marktverhältnisse umzustellen, war nicht mehr neu. Für Diesel- und Treibgasbetrieb waren dieselben Motorengrößen verwendbar.
Auf der Berliner Automobil-Ausstellung 1936, die zugleich 50 Jahre Kraftfahrzeug-Entwicklung präsentierte, standen ein Sechszylinder-Dieselmotor von Humboldt-Deutz mit 13,5 l Hubraum und 66 kW (90 PS) Leistung sowie ein 73,6 kW (100 PS)-VOMAG-Wirbelkammer-Dieselmotor für den Betrieb mit Holz, Holzkohle oder Flaschengas. Mit Holz, Holzkohle, Flaschengas oder Generator sank die Leistung um 10 bis 20 Prozent.
Bei MAN blieben für Diesel- und Treibgasantrieb die Motoren gleich, mit Ausnahme der Brennstoffpumpe, des Vergasers und des Magnetapparats, die entsprechend dem umgestellten Betrieb ausgetauscht werden mußten. Doch die Zylinderköpfe konnten unverändert bleiben.
Außer diesen Hybridmotoren gab es selbstverständlich auch andere Lösungen, darunter den Sechszylinder Kämper-Dieselmotor, eine neue Konstruktion mit auswechselbaren Zylinderbuchsen, einsatzgehärteter Kurbelwelle und Ölkühler. Neu war, daß dieser Vierzylindermotor eine zum Patent angemeldete Handandrehvorrichtung hatte. Durch Zuschaltung wurde eine Vergrößerung des Verbrennungsraums und ein Herabsetzen der Verdichtung bewirkt, so daß der Motor von Hand angelassen werden konnte, was bei kaltem Wetter oder bei Störungen am elektrischen Anlasser von Vorteil war.
MAN brachte zur Berliner Ausstellung 1936 einen neuen Einbau-Vierzylinder mit 4,5 l Hubraum und einer Leistung von 48 kW (65 PS) bei 2200 min^{-1} heraus. Es handelte sich um den ersten Direkteinspritzer mit Luftkammer, also ohne Vorkammer wie bisher. Durch eine innige Vermischung von Luft und Brennstoff sowie eine gleichmäßige Verteilung dieses Gemisches im Verbrennungsraum und über der Kolbenoberfläche wurde eine rauch- und geruchlose Verbrennung erzielt. Die vier Zylinder und das Kurbelgehäuse dieses neuen Einbau-Dieselmotors waren in einem Block zusammengegossen, und der Zylinderkopf war ein die Zylinder abdeckendes Gußstück.
Die gleiche technische Lösung übertrug man auch auf den 110 kW (150 PS)-Dieselmotor mit 13,3 l Hubraum und einer Nenndrehzahl von 1700 min^{-1}. In erster Linie war dieses überaus starke Triebwerk für Schwerlastwagen, Omnibusse und Sattelschlepper auf Autobahnen bestimmt.

Fahrzeuge mit Gleisketten gab es schon 1931. Citroen und Berliet, aber auch Ford, Mercedes-Benz und Scania nutzten die besonderen Vorzüge der Geländegängigkeit, die Franzosen in der Wüste, die Schweden bei Schnee oder Eis. – Oben: Mercedes-Benz LR 75, Baujahr 1938; Mitte: Ford-„Maultier" V 3000 S, 1942.

Premiere hatte 1936 in Berlin am Kaiserdamm der 110 kW (150 PS)-Magirus Zwölfzylinder-Dieselmotor liegender Bauart. Seine Leistung erreichte 121 kW (164 PS) bei 2000 min^{-1}. Die liegende Bauart wurde gewählt, um die Bauhöhe des Motors gering zu halten, damit er fast an jeder Stelle des Fahrzeugs eingebaut werden konnte.

Die VOMAG verwendete in der gleichen Zeit für einen Teil ihrer Fahrzeuge Dieselmotoren, mit düsenloser Einspritzung nach dem Thomas-Verfahren. Dabei wird der Treibstoff durch die seitlich liegende Öleinführung in Tropfenform eingeführt. Dies sollte die Wartung vereinfachen und Störungen an den Einspritzorganen vermeiden.

Eine wesentliche Verbesserung zeigte sich auf der 26. Berliner Automobil-Ausstellung in der Rahmentragfähigkeit von Schwerlastwagen. Neue Stähle und andere Wandstärken der U-Träger verringerten das Eigengewicht um etwa 10 Prozent.

Zu dieser Zeit war die Firma Faun bereits ein spezialisierter Schwerlastkraftwagen-Hersteller. In Berlin überraschten die Techniker mit einem 110 kW-(150 PS)-Achtzylinder-Dieselmotor auf einem Dreiachs-Fahrgestell, dessen Rahmentragfähigkeit 10 t betrug, also ein sehr günstiges Nutzlastverhältnis bot. Krupp brachte anläßlich dieser Automobil-Ausstellung erstmals ein Strömungsgetriebe nach dem System Lysholm-Smith für eine stufenlose Kraftübertragung.

Aufstieg und Untergang der deutschen Automobilindustrie

Das Jahr 1936 brachte in Deutschland für das Nutzfahrzeug, seine Hersteller und seine Betreiber eine Reihe verkehrspolitisch und wirtschaftlich schwerwiegende Eingriffe, zugleich aber auch die Beendigung des aufgekommenen Preiskampfes zwischen Reichsbahn und dem expandierenden Kraftverkehrsgewerbe. Aufgrund des Gesetzes zur Bildung des „Reichskraftwagen-Betriebsverbandes" (RKB), einer öffentlich-rechtlichen Organisation, wurden etwa 9000 Güterfernverkehrs-Unternehmer mit etwa 12 000 Lkw zur Mitgliedschaft zwangsverpflichtet. Der RKB erhielt zwar Tarifhoheit im Kraftwagen-Ferngütertarif, jedoch die Auflage, daß kein

Die Jahre vor dem Kriege brachten eine Reihe interessanter Nutzfahrzeug-Konstruktionen. Dazu zählten die Lkw mit Gleiskettenantrieb, aber auch Einzelleistungen, wie zum Beispiel der 39 m lange dieselelektrische Lastzug mit Allradantrieb von Kässbohrer. Mit den fünf Anhängern konnten 72 t befördert werden (Nutzlast 40 t; Geschwindigkeit 35 km/h).

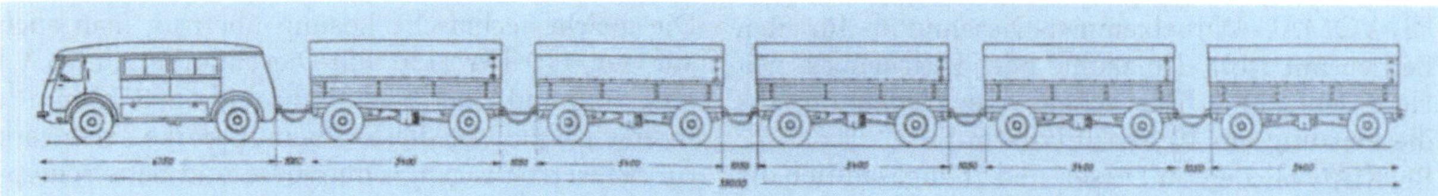

Mitglied als Konzessionsinhaber ein anderes Gewerbe betreiben durfte. Damals wurden 24600 Lkw und 17816 Anhänger im Güterfernverkehr betrieben, die 15,2 Mio. t beförderten. Es gab bereits Linienverkehr nach Fahrplänen. Auf über 58 Verbindungsrouten waren Laderäume und Verteilungsstellen eingerichtet.
Den Spediteuren wurden die Laderaum-Verteilungsstellen zugunsten des Reichsverbandes weggenommen. Wer im Reichsverband nicht Mitglied war, durfte keinen Güterfernverkehr betreiben. Der Reichskraftwagen-Betriebsverband teilte die Frachten den Mitgliedern zu und bestimmte die Frachtberechnungen.
Auch die Unternehmen des gewerblichen Güternahverkehrs wurden organisiert. Erstmals kam es zu einer scharfen Trennung zwischen Nah- und Fernverkehr. Viele Fuhrunternehmer, die noch den Verteilerverkehr mit Pferdefuhrwerken besorgten, verkauften die Pferde an die Wehrmacht und verlegten sich auf Lastwagen, vorwiegend auf Dreitonner. Diese Entwicklung wirkte sich auf den Absatz von Nutzfahrzeugen günstig aus.
Fast gleichzeitig erzwang der neuernannte „Generalbevollmächtigte für das Kraftfahrwesen" eine Typenbegrenzung bei Lastwagen. Von damals existierenden 250 Modellen blieben lediglich 19 Haupttypen übrig, eingestuft in fünf Gewichtsklassen von 2,5 t bis 5,5 t. Betroffen waren Lastwagen bauende Firmen mit Modellen ab 2,5 t bis 10 t, darunter Daimler-Benz, Opel, Hansa-Lloyd, Krupp, Ford, die Österreichischen Saurer-Werke, die Wiener Automobilfabrik vormals Gräf & Stift sowie die Österreichische Automobilfabrik AG, vormals Austro-FIAT. Vorerst ausgenommen blieben die an sich gleich schweren Sattelschlepper sowie die Lieferwagen unter 2,5 t. Die Elektrolastwagen blieben von staatlichen Eingriffen verschont. Ab 1940 durften überhaupt nur noch Nutzfahrzeuge zum Straßenverkehr zugelassen werden, die in der Typenliste aufgeführt waren.
1938 war trotz aller politischen Belastungen für die deutsche Nutzfahrzeugindustrie ein Jahr der Expansion sowohl im Inland wie auch auf neuen Auslandsmärkten. So gründete Henschel in Rumänien eine Tochtergesellschaft, die MAN ging nach Argentinien, Daimler-Benz nach Brasilien, Büssing in die Türkei.
1938 rollten 88000 Lkw von den schon weitgehend rationalisierten Montagebändern; 26 Prozent hiervon beanspruchte die Wehrmacht. 1939 stieg die Produktion auf 102000 Einheiten. In den folgenden Kriegsjahren pendelte sich der Ausstoß aller Lkw-Firmen auf 93000 Stück ein, von denen 80 Prozent an die Wehrmacht geliefert wurden. Für die zivile Wirtschaft blieb nur eine geringe Anzahl von Lastwagen, vorwiegend solche bis 5 t.
Der Anfang vom Ende der deutschen Nutzfahrzeugindustrie wurde am 6. August 1944 mit der vollständigen Zerstörung des bis dahin größten europäischen Lastwagen-Werkes in Brandenburg eingelei-

1932 erschien Ford mit dem 2,7-t-Lkw im deutschen Markt, dem bald der 3-t-Typ mit 29 kW (40 PS) folgte. Bis 1943 wurde dieser Lkw mit einigen Modifikationen gebaut. Danach kam die FK-Reihe mit Modellen ab 1,5 t bis 3 t und 42 kW (57 PS)-Motoren, die später bis zu 4,5 t erweitert wurde mit Motoren bis 88 kW (120 PS). Die Bilder zeigen den ersten Ford-Lkw (in Berlin montiert aus USA-Teilen, die über Kopenhagen importiert wurden), den FK 4000 S mit Dieselmotor, 6 Zylinder, 4,5 l, 70 kW (95 PS) und den Allrad FK 4500, Baujahr 1956 (unten).

Der Zwang zur Rationalisierung führte zu Wechselaufbauten. So konnte einem Lkw-Chassis eine Pritsche, ein Kasten oder ein Omnibus-Aufbau aufgesetzt werden. Die im Bild gezeigte Lösung baute Kässbohrer 1930 auf einem 6-t-Chassis.

Ein Lkw-Typ der 1,5- und 3-t-Klasse hatte besonders Furore gemacht: der Opel-Blitz. Dieses Fahrzeug, das teilweise sogar von Daimler-Benz mitgebaut werden mußte, erreichte in den Kriegsjahren die höchste Produktionsziffer: 107 000 Stück.

tet. Die Opel-Lkw-Fabrik hatte erst im Juli die volle monatliche Produktionskapazität von 2300 Einheiten erreicht.

1948 – ein neuer Zeitabschnitt beginnt

Der neue Anfang der deutschen Nutzfahrzeugindustrie setzte mit der Währungsreform ein. Zwar versuchten Firmen, die bis zu jenem 20. Juni 1948 übriggeblieben waren, ausschließlich im Tauschhandel – denn Geld gab es nicht – mit Produktionspermits, Materialbezugsscheinen, Kohle und anderer Energieversorgung einen zaghaften Start. Der Alliierte Kontrollrat konzedierte in seinem ersten „Industrieplan" dieser zerschlagenen Automobilindustrie eine Produktionskapazität von 40000 Pkw und 40000 Lkw je Jahr. Für diesen Zweck gab es Eisen- und Stahlberechtigungsscheine über 20000 t. Die darüber hinausgehende Fertigungskapazität sollte demontiert werden. Doch die Initiative eines ersten industriellen Zusammenschlusses – des „Motor Manufacturers Production Commitee" – konnte den

1945 begann der Wiederaufbau einer total zerstörten deutschen Automobilindustrie. Die ersten Nutzfahrzeuge hatten noch Holzvergaser. Im Bild ein L 4500 von Daimler-Benz.

sofortigen Vollzug dieses Besatzungsverdikts weitgehend verhindern. Von den 420293 Nutzfahrzeugen, die bei Kriegsbeginn in Deutschland vorhanden waren, gab es 1946 noch 184000 Lastkraftwagen und 4700 Omnibusse.

Erste Produktionen

Zur Jahreswende 1945/46 fing man mit der ersten Produktion an – mit zusammengesuchten Teilen und viel Improvisation. Daimler-Benz, Büssing, Ford und Vidal waren die ersten. Kurze Zeit später folgten Borgward, Magirus-Deutz, Henschel, Faun und die MAN. Bei den Omnibus-Spezialisten waren es Kässbohrer und Gottlob Auwärter, die den Wiederaufbau ihrer Fahrzeugwerke versuchten. 1948 revidierte der Alliierte Kontrollrat die „erlaubten" Herstellungsraten auf 61500 Lkw und 19500 Zugmaschinen.

Die Antriebe für diese ersten Nutzfahrzeuge bestanden in der Hauptsache aus Holzgas-Motoren, die mit Kohlenmonoxid-Methan-Gas aus dem Schwelbrand von Holz „funktionierten", das in Säcken mitgeführt werden mußte. Mancherorts gab es noch Flaschengas, jedoch viele Stadtomnibusse fuhren mit Leuchtgas, das in Ballone auf dem Fahrzeugdach „getankt" wurde.

1949 gab es in Hannover wieder eine Ausstellung, die den Nutzfahrzeugherstellern Gelegenheit bot, ihre ersten Nachkriegsmodelle einer breiteren Öffentlichkeit vorzustellen. Von den damals 20 Beteiligten waren mit Transportern ab 0,5 t bis 1,5 t die Auto-Union (in Ingolstadt 1949 neu gegründet), Goliath (seit 1948 Tochtergesellschaft der Borgward-Gruppe), Tempo (Vidal & Sohn) und VW (erstmals mit dem Prototyp des Kastenwagens, Produktionsbeginn Januar 1950) vertreten. Die Leistungsklassen bis 9 t repräsentierten Daimler-Benz (erstmals mit dem

Omnibusse fuhren mit Leuchtgas. Der „Tank" – ein gekapselter Ballon – wurde auf das Busdach gesetzt. Diesen Sattelbus baute Kässbohrer 1945.

„Unimog" – 18 kW/25 PS-Dieselmotor), Büssing, MAN, Faun, Henschel, Magirus-Deutz, Südwerke (ab 1944 für Krupp Kraftwagenfabriken).
Die deutsche Nutzfahrzeugindustrie erschien auf den internationalen Automobil-Salons in Genf, Brüssel, Paris und Turin. Dieser notwendige Drang nach außen löste eine jetzt rasch einsetzende technische Entwicklung im Nutzfahrzeugbereich aus.
So ging es in der Motorenkonstruktion mit dem Leistungsangebot steil nach oben. In der Folge verdrängte der Dieselmotor langsam die nach dem Krieg in Lastwagen, vor allem in den unteren Gewichtsklassen, noch dominierenden Benzinmotoren. Klöckner-Humboldt-Deutz begann den Serienbau luftgekühlter Dieselmotoren in Ulm mit einem Vierzylinder-52 kW (70 PS)-Triebwerk, plante aber bereits Motoren mit bis zu 12 Zylindern in V-Form; MAN brachte den ersten Dieselmotor mit Turbolader heraus mit 30% Leistungssteigerung von 96 kW (130 PS) auf 152 kW (170 PS), dazu einen V8-Dieselmotor mit 132 kW (180 PS) Leistung und stellte ein Jahr später auf das sogenannte „M"-Verfahren um. Büssing führte den liegenden Sechszylinder-13,5-l-Dieselmotor mit Vorkammer und gesteuerter Wirbelbildung für die 8-t-Lkw ein.
Der zaghafte Aufschwung der deutschen Nutzfahrzeug- und Motorenindustrie, eingeschlossen die sehr aktive Teile- und Zubehörindustrie, gewann an Tempo. In der technischen Entwicklung suchte man den Anschluß an den Weltstandard. Dazu wurden neue Produktionseinrichtungen erstellt. Maschinenstraßen mit automatischem Werkstücktransport, erste Bearbeitungsgruppen mit Sondermaschinen – Vorläufer der Transfer-Straßen – entstanden, Vielpunkt-Schweißanlagen im Karosseriebau wurden eingeführt.

Vielfach wurden für den öffentlichen Personentransport einfache Holzkarosserien auf Lkw-Chassis benutzt. Auf Fenster mußte mangels Glasscheiben verzichtet werden.

Daimler-Benz brachte 1946 die erste Lkw-Serie auf den Markt. Der L 4500, ein 4,5-t-Nutzlastmodell, bildete den Haupttyp.

Zum gleichen Daimler-Benz-Programm gehörte später der LP 315, der eine Frontlenkerkabine aufwies. Das Triebwerk war ein 110 kW (150 PS)-Dieselmotor.

Anfang der fünfziger Jahre wurde das Programm verbessert mit neuen Kabinen und 155 kW (210 PS)-Motoren. – Im Bild die Modelle L 321, LP 321 und L 322.

Auch Magirus-Deutz in Ulm konstruierte ein modernes Lastwagen-Programm mit luftgekühlten Motoren mit 4 bis 12 Zylindern und 63 kW (85 PS) bis 184 kW (250 PS). – Im Bild die Modelle „Mercur" als Frontlenker und Allrad-Kipper, außerdem der Typ „Saturn".

Die Fahrerhäuser wurden den Arbeitsbedingungen der Fahrer angepaßt. Der Begriff „Komfortsteigerung" erschien in Verkaufsanzeigen. Elektrische Meßinstrumente von VDO für Motor- und Fahrzeugfunktionen fanden Eingang in die neugestalteten Armaturenbords. Die ersten Umluft-Frischluft-Heizungen für Omnibusse kamen von Behr. Die Nutzlast-Faktoren[1] bei den schweren Lkw wurden immer größer. Innerhalb der letzten zehn Jahre nahm diese Kennzahl um fast 50 Prozent zu. Der Grund liegt unter anderem in der vermehrten Anwendung von Leichtmetall und Kunststoffen, zum Beispiel von Isoliermaterial mit Glasfasern zur Wärme- und Schalldämmung im Fahrerhaus. Kastenprofile bei Leicht-Lkw-Chassis kamen auf (Borgward).

Im Lastwagenbau fanden ab 1955 Konstruktionen spezieller Fahrzeuge für nicht alltägliche Aufgaben einen breiten Markt, zum Beispiel Muldenkipper bis 32 t Nutzlast, Absetzkipper, Container für 5 t Last, die mit einfachem Hebezeug umgeladen werden vom Lkw auf die Bahn („von Haus zu Haus"), erste Transporteinrichtungen für Behälterverkehre und Lkw mit Beton-Mischtrommeln („Transportbeton"). Berliet kaufte eine MAN-Motoren-Lizenz und verkaufte seine neue Motorenreihe unter der Bezeichnung „Magic".

1956 erreichte der Lkw-Bestand in der Bundesrepublik Deutschland 576000 Einheiten, davon 243000 der 1-t-Klasse, 160000 von 1 t bis 3 t Nutzlast, 122000 von 3 t bis 5 t und 51000 über 5 t Nutzlast,

[1]) Der Nutzlastfaktor ist der Quotient aus Nutzlast und Leergewicht; er ergibt demnach, mit dem Leergewicht multipliziert, die Nutzlast.

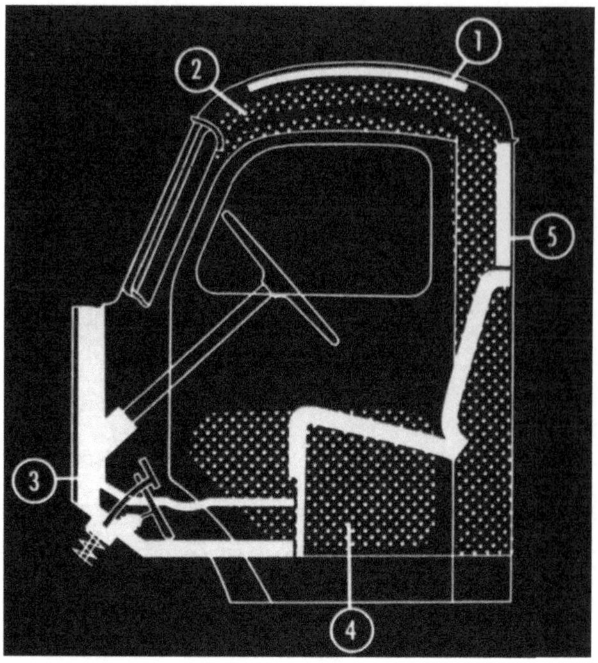

1951 führte Magirus als erster Nutzfahrzeug-Hersteller das schallgedämmte Fahrerhaus ein:
1 Schaumwollmatte
2 Dachhimmel aus Stoff
3 Spezial-Schalldämmatte
4 Lochplatte mit Schaumwolle in beiden Türen
5 Schallschlucktafel mit Schaumwollmatte

dazu 1300 Tankwagen, 35 000 Sonder-Kfz und 2100 Sattelzugmaschinen.

Einen Lkw besonderer Art brachte 1958 Daimler-Benz auf den Markt: den LP 333. Erstmals in Deutschland erhielt ein Dreiachser mit 18 t Gesamtgewicht zwei gelenkte Vorderachsen. Dies brachte bei kleineren Reifen und einwandfreier Lenkgeometrie verminderten Reifenverschleiß und einen höheren Nutzlastfaktor (1,35). Ein Motor mit 147 kW (200 PS) und ein vollsynchronisiertes Sechsgang-ZF-Getriebe bildeten die Antriebsgruppe.

1958/59 gab es die ersten Omnibusse mit Luftfederung bei Büssing, Daimler-Benz, Henschel, Kässbohrer, MAN, Magirus und Neoplan. 1959 begann die Motorindustrie mit Analysen zur Abgas-Reinigung.

Die Motorleistungen steigen sprunghaft

Das Jahr 1959 zeigte nach verhaltener Nutzfahrzeug-Entwicklung erstmals wieder dynamische Ansätze. Speziell der Motorenbau wies bemerkenswerte Züge auf. Die erhofften Änderungen bei Maßen und Gewichten bleiben aber aus. Seit 1958 galten in der Bundesrepublik Deutschland neue Vorschriften: 12 t Gesamtgewicht des Einzelfahrzeugs, 8 t Achslast, 4,4 kW (6 PS) Motorleistung je 1 t des Gesamtgewichts. Die „Seebohm"-Typen[2] paßten nicht in das wirtschaftliche Umfeld. Dies führte zu großen Umsatzverlusten und zwang die Industrie wegen der nun anders ausfallenden Exportmodelle zu hohen Investitionen. Der Lastzug war auf 14 m Länge begrenzt, das Gesamtgewicht des Zuges auf 24 t. Dies entsprach einer Mindestmotorleistung von 106 kW (144 PS). Die Genfer Konvention von 1949 sah dagegen 32 t und 18 m Zuglänge vor. Die Bundesrepublik Deutschland war dieser EG-Vereinbarung nicht beigetreten. Das politisch Bedenkliche an diesem Alleingang des deutschen Verkehrsministers war, daß dessen seit 1. 1. 1958 inkraft gesetzte Maßnahme auch die europäischen Wettbewerber betraf, die mit ihren Lkw in die Bundesrepublik Deutschland einfahren wollten! Retorsionsmaßnahmen des Auslands, zum Beispiel verzögerte Typenabnahme deutscher Import-Lkw, waren die Folge.

Dennoch ging in der Motorenentwicklung der Trend zur höheren Drehzahl und Aufladung, sowie zu verbesserten Verbrennungsverfahren. Der Wandel von den üblichen Vorkammer-Motoren zu Direkteinspritzern wurde deutlicher, ebenso die Zunahme der Literleistung und die Verringerung des Kraftstoffverbrauchs. Verschleißfestere Materialien und Leichtbauweise fanden Anwendung. Der Nutzlastfaktor trat in den Vordergrund.

Eine andere Entwicklung führte zur Entlastung des Fahrers in der Bedienung des Nutzfahrzeugs. Das Interieur der Fahrerkabinen wurde wohnlicher, die klimatischen Verhältnisse durch Lüftungsgebläse und Heizungen besser. Panoramascheiben, große Eck- und Türfenster wurden Allgemeingut. Mehrfach verstellbare Sitze sollten ermüdungsfreies Fahren ermöglichen.

Krupp nahm die Fertigung eines neuen Zweitakt-Dieselmotors mit Gleichstromspülung und Kurbelgehäuse einschließlich Zylinderkopf aus Leichtmetall auf: Leistung 88 kW (120 PS). Magirus-Deutz verwendete in den luftgekühlten Motoren ein hydraulisch-angetriebenes Kühlgebläse für konstante Temperaturen. Die Laufzeiten von Dieselmotoren verlängerten sich auf 200 000 Kilometer ohne Grundüberholung. Borgward-Lloyd startete den ersten Kombi als Kasten- oder Pritschenwagen mit luftgekühltem Viertaktmotor von 14 kW (19 PS) Leistung. Die Nutzlast betrug bis 455 kg. Hanomag stellte einen Stadtverkehrs-Kastenwagen vor mit Schiebetüren und Durchgang vom Fahrerhaus in den Laderaum. MAN baute das schwerste für den Inlandsverkehr zugelassene 12-t-Frontlenkerfahrzeug mit einem 127 kW (172 PS)-Motor als Kipper (7200 kg Nutzlast) bzw. Sattelschlepper (7850 kg Sattellast). Magirus bot der Bauindustrie einen Muldenkipper mit 18 t Gesamtgewicht für 9500 kg Nutzlast (Motor: V6-Zylinder, 107 kW/145 PS, Deutz-Diesel, luftgekühlt).

[2]) nach dem Namen des damaligen Verkehrsministers der Bundesrepublik Deutschland.

1967 baute Faun einen schweren Lkw mit einer sogenannten Symo-Schaltung – eine schaltautomatische Lösung, bei der die Gänge ohne Kupplung vorgewählt wurden. Als Triebwerk wurde ein 184 kW (250 PS)-Deutz-Motor eingebaut.

Die bisher bei Lastwagen dominierende Haubenlösung wurde zunehmend vom Frontlenkerfahrerhaus mit stehendem Motor oder Unterflurmotor verdrängt.
Als besondere Neuheit stellte 1959 Kässbohrer einen Geländekraftwagen mit Sechsrad-Antrieb, das „Flexomobil" vor. Das 3,5 t schwere Fahrzeug konnte 2,5 t Last selbst im schwierigsten Gelände befördern. Hohe Bodenschwellen, tiefe Gräben, Steigungen bis 60 Prozent und Wasserläufe waren keine unüberwindbaren Hindernisse. Dies ermöglichte ein Knicklager in der Fahrzeugmitte, so daß Vorder- wie Heckteil um 45° hydraulisch angehoben werden konnten. Das Triebwerk war ein Ford V8-Viertakt-Ottomotor mit 67 kW (91 PS) Leistung.
Insgesamt war das Jahr 1959 eine technisch frucht-

Ende der sechziger Jahre stiegen die Leistungen der Dieselmotoren bei allen Herstellern sprunghaft an. Die niedrigste Leistung für Lkw ab 7,5 t lag bei 110 kW (150 PS), die durchschnittliche lag bei 170 kW bis 184 kW (230 bis 250 PS). Im Bild der LPS-Sattelkippzug mit 22 t Gesamtgewicht.

Die nächste Entwicklungsstufe der Nutzfahrzeug-Baureihen war von den ersten Rationalisierungskonzepten gekennzeichnet, die das Baukastensystem forcierten. Bis 80 Prozent der Teile waren für alle Typen gleich. Hauptunterschiede lagen bei den Motoren, Getrieben, Achsen und Reifen. Gleichzeitig begann auch die verstärkte Spezialisierung der Transporte mit Sonderfahrzeugen, zum Beispiel für Absetzbehälter.

bare Zeit. Es brachte aber verkehrswirtschaftlich gesehen empfindliche Rückschritte durch die diskriminierenden Beschlüsse über Maße und Gewichte. Die Bonner Regierung hatte der Bundesbahn-Sanierung Vorrang eingeräumt. Die Folgen: ein drastischer Rückgang der Lastwagenproduktion um 28,9 Prozent!

Neue Vorschriften für Maße und Gewichte

Mitte 1960 traf das Verkehrsministerium eine Zwischenregelung: 10-t-Achse, Doppelachse mit 16 t, Lastzuglänge 16,5 m und 32 t Gesamtzuggewicht. Ein neuer Entwicklungsprozeß begann.
1960 übernahm Daimler-Benz im Lkw Typ L 223 einen Dieselmotor mit Abgas-Turbolader als Serienausrüstung. Ab 1963 boten alle deutschen Schwer-Lkw-Hersteller Dreiachs-Lastwagen an mit maximal 26 t Gesamtgewicht und einer Motorleistung von mehr als 141 kW (129 PS). 1964 stellte Ackermann den ersten Wechselaufbau für Lastwagen und Anhänger vor. Eine durchgreifende Rationalisierung im Straßengüterverkehr kündigte sich an.
1965 stand endlich der Kompromiß bei Maßen und Gewichten: Ab Mai waren 38-t-Züge zugelassen bei 18 m Länge. Es handelte sich um eine wichtige Entscheidung für die Nutzfahrzeugtechnik, die einige Zeit später sogar organisatorische Veränderungen auslöste.

Die andere Antriebs-Philosophie

1968 wurde das Jahr einer ganz anderen Antriebs-Philosophie. Zu der kontinuierlichen Evolution bei Sechszylinderreihen- und V8-Motoren kamen Fahrversuche mit Turbinentriebwerken. KHD (Oberursel) baute eine Versorgungsturbine der United Aircraft of Canada mit 250 kW (340 PS) Leistung in einem Magirus-Lkw ein. Doch sowohl der Kraftstoffverbrauch als auch die Geräuschentwicklung stoppten dieses Experiment. Gleiches widerfuhr MAN und Daimler-Benz mit eigenen Entwicklungen. Für deutsche Verhältnisse taugen Turbinenantriebe mit ihrem besonderen Laufcharakter in Nutzfahrzeugen nicht, denn die mitteleuropäische Topographie und Besiedlung ist für turbinengetriebene Straßenfahrzeuge nicht günstig. Diese Erkenntnis führte letztlich, außer den Materialproblemen, zur Einstellung aller Versuche.
In Großbritannien hatte sich Rover seit 1950 intensiv mit der Automobil-Gasturbine befaßt und eine Anzahl von Personenwagen-Prototypen erprobt. Später entstanden weitere Versuchsturbinen für Nutzfahrzeuge. Eine Serienfertigung unterblieb aber. Auch in den USA liefen bei Allison und Ford am Ende der fünfziger Jahre Entwicklungsarbeiten an Nutzfahrzeug-Gasturbinen mit Leistungen bis 368 kW (500 PS). Auch sie wurden bald eingestellt.
1969 wurden die elektropneumatische Schaltung für Allklauen- und Synchron-Nutzfahrzeug-Getriebe sowie die elektrische Synchronisierung von ZF und Bosch entwickelt. Das erste Zehn-Stufen-Getriebe (fünf Basis-Gänge plus Vorschaltgruppe) kam in die Serienausstattung. „Teldix", Tochtergesellschaft von Telefunken und Bendix, begann mit der Entwicklung eines Anti-Blockier-Systems (ABS). Es dauerte allerdings bis 1978, bis die erste brauchbare und sichere Anlage produktionsreif wurde. Hierbei fanden Wabco und Bosch optimale Lösungen. Bosch gewann im Pkw und später im Omnibus, Wabco im Lastkraftwagen und Anhänger Akzeptanz. Allerdings vergingen weitere drei Jahre, ehe es zur Freigabe des ABS für Nutzfahrzeuge kam. Die ersten Elektronik-Bausteine hielten Einzug in das Nutzfahrzeug.

1969: Beginn der Konzentration unter den Nutzfahrzeugfirmen

Im Jahr 1969 setzten in der Nutzfahrzeuggeschichte tiefgreifende Veränderungen ein. Angesichts einer erstarkenden internationalen Konkurrenz, der zwangsläufigen Ausdehnung der Absatzmärkte durch zu große Kapazitäten, einer kostenbewußten Abnehmerschaft und des Drangs zu höheren Leistungen eines Lkw wurden Rationalisierung und Abbau aufgeteilter Produktionsbetriebe zur Frage des Überlebens. Unterkapitalisierte Hersteller sahen sich nach Partnern um. So beschlossen MAN und Saviem gemeinsame Entwicklung, Fertigung und Vertrieb von Frontlenker-Lkw ab 7,5 t bis 12 t Gesamtgewicht. 1968 stellte Krupp die Produktion von Lkw ein. 1969 entstand die MTU aus MAN und Maybach-Mercedes-Benz-Motoren.
Schon 1965 hatte die Rheinstahl-Hanomag AG das Hamburger Tempo-Werk Vidal & Sohn übernommen. 1968 fusionierten die beiden Rheinstahl-Firmen Hanomag AG und Henschel GmbH zur Hanomag-Henschel-Fahrzeugwerke GmbH. 1969 übernahm Daimler-Benz 51 Prozent der Anteile dieser Gesellschaft und 1970 die restlichen 49 Prozent von der Rheinstahl AG. 1971 ging die Büssing AG in der MAN auf. 1972 übernahm ZF von der Borg-Warner GmbH das Werk in Saarbrücken. Die amerikanische Fruehauf-Tochter übernahm Ackermann-Fahrzeugbau, die Hanomag-Dieselmotorenfabrik wurde von Volvo gekauft. Die holländische DAF gab den Anhängerbau auf, verkaufte den Pkw-Sektor an Volvo und beschränkte sich auf Lkw und Motorenbau. Der Lkw-Bestand (dazu 42 000 Omnibusse) hatte am 1. Juli 1968 erstmals die Millionengrenze erreicht. 1974 entstand die Renault Vehicules Industriels (RVI) aus Berliet und Saviem.
1975 bildeten als erste und einzige europäische Kooperation Magirus, Volvo, DAF und Saviem den „Viererclub", um einen Mittelklasse-Lkw von 6 t bis 13 t Gesamtgewicht zu entwickeln, zu bauen und zu

Das Volkswagenwerk hatte 1950 mit einer völlig neuen Idee den Schnelltransporter konstruiert. Dieser Nutzfahrzeugtyp begründete inzwischen eine eigene Lastkategorie. Ab 1 t bis 5,5 t Gesamtgewicht werden alle Leistungsklassen abgedeckt. 1949 kam die erste Generation des Typs 2 „Bully". Inzwischen sind es vier Generationen.

1975 kam die LT-Reihe ab 2,8 t bis 5,5 t mit Benzin- und Dieselmotoren in den Markt. Mit Frontmotor (aber Heckantrieb) bilden diese VW heute die Leichtgewichtsklasse der Nutzfahrzeugproduktion.

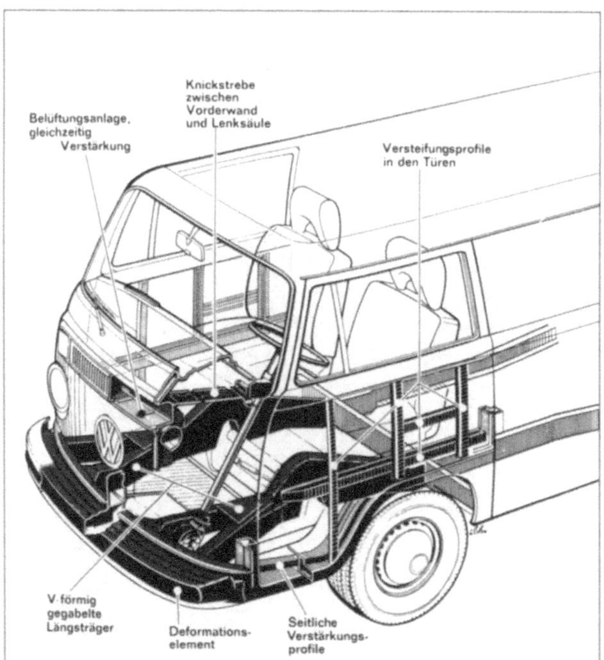

vertreiben. Dieser Club hielt bis 1985, und der Fahrzeugtyp wurde zum erfolgreichsten Lkw überhaupt. Seit 1985 bauen diesen Viererclub-Typ die Firmen DAF, IVECO und Renault bei Mack in USA fast unverändert weiter.
Magirus-Deutz kam 1975 zu FIAT; dies führte im Verbund mit Unic, OM, Lancia zur Industrial Vehicles Corporation (IVECO). In England konstituierte sich 1968 die British Leyland-Motor-Corporation (BLMC), die sieben Marken unter einer Bezeichnung vereinte. In Spanien blieben nur Pegaso und Hispano-Suiza im Nutzfahrzeuggeschäft etabliert, nachdem Dodge-España von Peugot an Renault verkauft worden war. So formierte sich in den siebziger Jahren die europäische Nutzfahrzeugindustrie in starker Konzentration. Dabei bemühten sich die etablierten deutschen Lkw-Firmen Daimler-Benz und MAN im Verein mit der technisch führenden Teile- und Zubehörindustrie den Vorsprung gegen stärker gewordene Auslandswettbewerber zu verteidigen.
1970 wurden in Deutschland 314 000 Nutzfahrzeuge produziert, 1975 waren es nur noch 278 000 Einheiten, obgleich als neuer Nutzfahrzeughersteller das VW-Werk mit dem LT-Programm – 2,8 t bis 5,6 t Gesamtgewicht – in den Markt eintrat. 1977 vereinbarten VW und MAN eine Gemeinschaftsproduktion von Lkw der 6-t- bis 9-t-Klasse. VW rundete das LT-Programm nach oben, die MAN nach unten ab. MAN brachte neue Dieselmotoren ein, VW Achsen, Getriebe und Fahrerhaus. Die Montage erfolgte im VW-Werk Salzgitter.

Höhere Marktforderungen

Mitte der siebziger Jahre stiegen die Ansprüche der Käufer spürbar. Aktive und passive Sicherheit, Umweltverträglichkeit, geringerer Energieverbrauch bei den ohnehin gestiegenen Leistungen, bessere Nutzlastverhältnisse, verlängerte Wartungsfristen bei größeren Laufleistungen waren die wesentlichen Forderungen. Auf einem Tiefpunkt der Nachfrage hatten diese massiven Marktforderungen in der Nutzfahrzeugtechnik eine überdurchschnittliche Entwicklung entfacht. Wiederum waren es zuerst die Motorleistungen, die jetzt die 220 kW (300 PS)-Grenze überschritten. Getriebe und Achsen paßten sich an, die Chassis wurden noch leichter, jedoch stabiler durch verbesserte Stähle. Die Luftfederung gewann an Bedeutung. Der durchschnittliche Kraftstoffverbrauch verringerte sich auf 200 g/kWh und darunter.
Ein anderer, ebenfalls strukturell bedingter Trend

Ford versuchte mit einem 38-t-Modell „Transcontinental" in den europäischen Markt einzudringen. Die einzelnen Komponenten wurden von verschiedenen Herstellern bezogen, zum Beispiel Motor: Cummins; Kabine: Berliet; Getriebe: Eaton; Achsen: Rockwell; Elektrik: Lucas. Die Montage erfolgte in Amsterdam. 1982 wurde die Fertigung des „Transcontinental" eingestellt.

Mehr Erfolg hatte Ford mit dem Transporter „Transit", der heute in der dritten Generation weltweit hohe Stückzahlen erreicht. Sowohl als Kastenwagen als auch mit Pritsche steht der Ein- bis Fünftonner im Programm.

nahm 1977 Einfluß auf die zweckorientierte Entwicklung von Nutzfahrzeugen. Reine Straßenfahrzeuge für den Güterfernverkehr unterschieden sich jetzt von Baustellen- oder Verteiler-Lastwagen nicht nur in der Fahrerkabine mit Schlafplätzen. Vielmehr waren die Antriebseinheit, Motorleistung und Getriebeauslegung, die Achsaufhängung sowie die Leichtbauweise zur Nutzlaststeigerung spezifische Merkmale solcher Fahrzeuge. Baustellenfahrzeuge dagegen waren robuster und in ihren Auslegungen schwerer. Auch die Motorleistungen unterschieden sich, ebenso die Getriebeausstattungen. Bei den Verteilerfahrzeugen lagen diese Details umgekehrt. Alles war wesentlich leichter, längere Übersetzungen bei kleineren Motoren zählten zu dieser Kategorie. Auch ein normaler Fahrzeug-Aufbau reichte nicht mehr aus für die aufkommende Vielfalt an Gütern. Diese generelle Neuorientierung bestimmte weitgehend Grundkonstruktionen von Fahrgestell, Fahrerhaus und Aufbau, so zum Beispiel bei Betonmischfahrzeugen, Betonpumpen, Muldenkippern oder Kranfahrzeugen, bei Getränkefahrzeugen, Möbelfahrzeugen, Tank- und Silofahrzeugen für flüssiges, granuliertes oder staubförmiges Transportgut. Die ebenfalls vielfältige Palette von Fahrgestellen für kommunale Bedürfnisse, also Müllfahrzeuge, Kehrfahrzeuge, Brandschutzfahrzeuge und Sonderfahrzeuge unterschiedlicher Art, erforderten ebenso dringend eine neue Gesamtphilosophie. Der Wandel war somit unausbleiblich.

Vertriebsstrategien und Baukastenkonzepte

Kundengerechte Flexibilität des Produktionsprozesses wurde zur notwendigen Voraussetzung für eine erfolgreiche Vertriebsstrategie. Als unmittelbare Folge entstanden neue Produktionsmethoden für Nutzfahrzeuge. Computergesteuerter Fertigungsablauf sowie automatische oder halbautomatische Lagerhaltung und innerbetriebliche Transportsysteme ermöglichten neue Fahrzeugkonzepte, die auf wirklichen Baukasten-Serien aufbauen. Dieser Entwicklungsprozeß mit den damit verbundenen fabrikatorischen Umstrukturierungen war Ende der siebziger Jahre bei den maßgeblichen Nutzfahrzeug-Herstellern weitgehend abgeschlossen. Manche kämpften ums Überleben.
Parallel dazu entwickelten sich neue Projekte, die gleichermaßen alle Nutzfahrzeug-Hersteller Europas aufgriffen. Hierzu gehörten Beratungs-Systeme für den Güterverkehr mit Nutzfahrzeugen. Zwei Überle-

gungen standen hinter diesen Dienstleistungen. Einmal wird der Fahrzeugkunde für das Fabrikat motiviert, zum anderen werden die ökonomischen Voraussetzungen des Kundenbetriebs auf die Gewinnoptimierung ausgerichtet.
Logistik hieß das neue Stichwort. Von Daimler-Benz über MAN, IVECO, Volvo, Scania und Renault bis zu Steyr existierten unterschiedliche, aber auf die gleichen Ziele gerichteten Vertriebsberatungsprogramme. Alle begannen mit einer Beratung zu einer der Transportaufgabe adäquaten Fahrzeugwahl, einer sorgfältigen Transportplanung, der Ausschaltung von Unkostenquellen, einer angemessenen Service- und Wartungsplanung bzw. Ausführung.
Anfangs weckte diese Transportberatung den Verdacht der Schnüffelei. Heute nimmt die Zahl derer, die sich mit dem System anfreunden, in dem Maß zu, wie die Kosten steigen. In den letzten zehn Jahren haben sich Löhne und Sozialkosten in der Bundesrepublik Deutschland – nicht nur in der Automobilindustrie – mehr als verdoppelt, während sich die Fahrzeugpreise dagegen nur halb so stark erhöhten. Diese sich immer mehr öffnende Schere zwischen Lohn-, Kapital- und Nebenkosten erzwang bei Zunahme des zu transportierenden Gütervolumens ein Umdenken sowohl bei Herstellern als auch bei den Fahrzeugkunden. Die Forderung der Stunde hieß: Entwicklung rationeller Transportsysteme, in die das Nutzfahrzeug als Teil integriert ist. Diesem Trend sind die deutschen Nutzfahrzeugfirmen zuerst, später alle europäischen Wettbewerber mit „neuen Lkw-Generationen" nachgegangen.

Aufbruch in eine neue Nutzfahrzeug-Zukunft

Ein deutliches Beispiel dieser neuen Phase in der Nutzfahrzeug-Entwicklung ist die absolute Dominanz des Dieselmotors mit Turbolader und Ladeluftkühlung schon bei kleineren Hubvolumen. Bislang unterschiedliche Leistungsgruppen hat man auf eine Basiskonstruktion zurückgeführt, die jeweils Saug- wie Turboladerversionen einschließt. Die 300 kW-(400 PS)-Schwelle ist überschritten worden. Sowohl Sechszylinder-Reihenmotoren als auch V8-Triebwerke dominieren im Lastwagen und Omnibus. Der Hubraum liegt allgemein zwischen 10 l und 15 l. Aber auch die Fahrwerke sind erneut überarbeitet worden.
Alle Typenprogramme der „neuen Generation" sind Baukastenmodelle. Aus einer Basis entstehen viele Varianten, fast maßgerecht auf den Kundenwunsch abgestimmt. Bei den Leicht-Lkw bzw. Transportern gewinnt der Allrad-Antrieb an Bedeutung.

Innovation mit neuen Partnern

Das Jahr 1985 gehört wiederum zu den wichtigen und zugleich widersprüchlichen Abschnitten in der historischen Entwicklung des deutschen Nutzfahrzeugbaus. Einerseits mußten Überkapazitäten und Personalbestand der neuen Absatzlage angepaßt werden; die Produktionszahlen lagen um 35 Prozent unter denen von 1980, weil eine schwerfällige Gesetzgebung – diesmal sogar EG-weit – Maße und Gewichte nicht zu koordinieren vermochte. Sie leistete damit Diskriminierungen Vorschub, weil die seit Jahren andauernde Wirtschaftrezession sowohl in Europa als auch auf den Auslandsmärkten sowie aufkeimende Marktabschottungen dem angestrebten freien Warenaustausch zuwiderlaufen, da die japanische Konkurrenz sich auch im Nutzfahrzeugbereich deutlicher als je zuvor bemerkbar macht.
Andererseits ist trotz dieser negativen Vorzeichen der Innovationswille der Nutzfahrzeug-Industrie ausgeprägter vorhanden ist als je zuvor. Die Investitionen erreichen Milliardenhöhe, Forschungs- und Entwicklungszentren warten mit neuen Techniken auf. Direkte Folge dieser Entwicklung sind Zusammenschlüsse oder Kooperationen zwischen Firmen verschiedener Branchen. So hat sich Daimler-Benz mit der AEG verbunden, das Unternehmen hat zudem Dornier übernommen und die MTU-Anteile von der MAN gekauft. Eine jüngste Vereinbarung des Untertürkheimer Managements betrifft die Beteiligung am Wankel-Forschungs-Institut in Lindau. Bosch und die ZF kooperieren im Elektronik-Sektor; IVECO und die amerikanische Firma Eaton produzieren gemeinsam Getriebe für Lkw, nachdem bereits 1981 mit Rockwell eine gemeinsame Achsproduktion in Cameri (Provinz Novara, Oberitalien) angelaufen ist. MAN und Eaton kooperieren bei Achsen mit Einfachuntersetzung, die beiden ältesten Motorenhersteller Klöckner-Humboldt-Deutz (KHD) und Motorenwerke Mannheim (MWM) gingen zusammen. Faun beteiligte sich zu 51 Prozent an Orenstein und Koppel AG.
Hierin zeigt sich deutlich eine neue Phase der Nutzfahrzeugindustrie, die damit endgültig über den nationalen Bereich hinauswächst in internationale Dimensionen.
Die Wettbewerbsfähigkeit der deutschen Nutzfahrzeughersteller liegt im Export. Sie besteht ausgeprägt seit Jahren, obgleich der Verdrängungswettbewerb voll entbrannt und die Ausgangsposition nicht günstig ist. Schon die Rentabilitätsunterschiede zwischen USA und Fernost werfen Schatten. Man braucht nur die Verschiebung der Anteile an der Welt-Automobilproduktion zu vergleichen: 1960 waren es noch 50 Prozent für die USA, 40 Prozent bei den EG-Ländern und nur 3 Prozent bei Japan. Heute sind es 27 Prozent bei Japan, 29 Prozent in Westeuropa (EG und EFTA) und 26 Prozent in USA! Die Frage lautet: Wie kann die Konkurrenzfähigkeit erhalten werden?
Die Antwort ist eindeutig: sowohl mit der Verteidigung des Spitzenniveaus als auch mit einer Steigerung der Produktivität, die wesentlich das Preis/Leistungs-Verhältnis bestimmt. Elektronik bei der

Fahrzeugkonstruktion und bei den Rationalisierungsbestrebungen sowie Flexibilisierung der Produkte spielen eine dominierende Rolle.

1985: Technik erreicht höchsten Stand

Die Nutzfahrzeug-Entwicklung in Deutschland bis zur Jahreswende 1985/86 hat zweifellos ein technisches Niveau erreicht, das weltweit als führend gelten kann. Die Lkw-Marken Mercedes-Benz, MAN, Magirus im IVECO-Verbund – bei den Omnibussen außer Daimler-Benz und MAN auch Kässbohrer, Neoplan, Auwärter und Drögmöller – sind auf den internationalen Märkten eingeführt. Die 51. IAA 1985 vermittelte ein Spiegelbild dessen, was in diesem Nutzfahrzeugbereich geleistet worden ist und noch geleistet wird.

Die neue Epoche der Nutzfahrzeug-Technik ist kennzeichnend durch verstärkte Anwendung von Elektronik: Motoren mit elektronischer Einspritzung, Getriebe, in denen das Einlegen der Gangstufen elektronisch gesteuert wird, Bremsen, die eine Elektronik regelt; Fahrpedalbewegungen werden über eine Elektronik auf die Einspritzpumpe übertragen, zum Beispiel im Gelenkomnibus. Heizung und Belüftung funktionieren auch in Lkw-Fahrerhäusern mit Hilfe elektronischer Sensoren, nachdem solche Hilfsmittel in den letzten Jahren die Omnibus-Klimaanlage beherrschen.

Die Motorleistungen haben heute endgültig die 300 kW (400 PS)-Grenze überschritten. Daimler-Benz führt den stärksten Motor mit 320 kW-(435 PS)-V8-Motor im Programm, dann folgen Scania mit 309 kW (420 PS)-V8, Renault mit 286 kW (389 PS)-V8, Volvo mit 272 kW (370 PS), MAN und DAF mit je 265 kW (360 PS).

Erstmals waren auch die vom Gesetzgeber nach langem Streit zugelassenen Vierachser mit 30 t Gesamtgewicht und bis zu 19 t Nutzlast auf der 51. IAA vertreten. In erster Linie sind solche Chassis für Sonderaufbauten, zum Beispiel für Betonmischer und Muldenkipper, vorgesehen. Seit dem 1. 8. 1986 sind 11 t Achslast (angetriebene Achse) und 40 t Gesamtzuggewicht offiziell genehmigt. Die Wirtschaftlichkeitsrechnung hat eine bessere Basis bekommen.

Aber auch die Mittelklasse im Bereich 6 t bis 11 t hat sich dem neuen Trend angepaßt: erhöhte Nutzlasten sowie sparsamere, geräuschgedämpfte, langlebige und wartungsärmere Triebwerke. Auf diesem Sektor haben die Techniker für die nächsten Jahre ein Optimum erreicht. Nicht viel anders verhält es sich bei Transportern und Leicht-Lkw.

Auch der Transportunternehmer steht vor einer Wende

Am Ende des Jahres 1985 war die Situation gekennzeichnet durch die Probleme, die sich aus der Sättigung des europäischen Nutzfahrzeugmarktes ergaben, aber auch daraus, daß die Anzahl der kleineren Transportunternehmen ständig abnimmt und an ihre Stelle mittlere und große Firmen und Werkverkehrsabteilungen treten. Dies bedeutet für die Zukunft abnehmende Verkaufsziffern. Dieser Wandel wird nicht ohne Einfluß auf die europäischen Nutzfahrzeug-Hersteller bleiben.

Ein anderes Problem ergibt sich aus dem Fortschreiten der Technik. Die Gebrauchserwartung der Fahrzeuge und die Ersatz-Intervalle sind länger geworden. Daraus ergeben sich zwangsläufig weitere Strukturanpassungsprozesse der Automobilindustrie, eine verstärkte Orientierung auf ausländische Märkte, vor allem auf Entwicklungsländer. Allerdings muß hier bedacht sein, daß Forderungen nach nationaler Produktion, d. h. Montagewerke vor Ort, zunehmen. Die Folge ist eine weitere Kapazitätsminderung in den europäischen Fahrzeugwerken. Internationale Wirtschaftsforscher raten deshalb, an dieser Entwicklung aktiv mitzuwirken, indem bei einem industriellen Start in den Entwicklungs- und Schwellenländern durch Übertragung des notwendigen technischen Wissens aus den europäischen Nutzfahrzeugfirmen beiden Partnern Vorteile erwachsen.

Insgesamt bleibt festzustellen, daß durch zunehmende Verflechtungen sowie durch den Einzug neuer technischer Errungenschaften in den Nutzfahrzeugbau der Automobilindustrie ein Zeitabschnitt tiefgreifender Strukturanpassungen bevorsteht. Es dürfte deutlich werden, daß die neuen Techniken niemanden bedrohen, daß sie dem Menschen vielmehr – wie in den zurückliegenden 100 Jahren – dienen und sein Leben bereichern.

Die neue „leichte Klasse" der Mercedes-Benz-Modelle 709-1120 für 6,5 t bis über 11 t Gesamtgewicht mit hohem technischen Standard wurde 1984 vorgestellt. Mit aufgeladenen Motoren von 66 kW bis 148 kW und aufwendigen Verbesserungen im Fahrwerk, Triebstrang und Fahrerhaus erreichte man höhere Wirtschaftlichkeit und besseren Komfort für den Fahrer bei vergrößerter aktiver und passiver Sicherheit.

Daimler-Benz hat für Sattelschlepper eigens einen Luftleitkörper in Verbindung mit seitlichen Endkantenklappen entwickelt. Diese Einrichtung, die ab Werk geliefert wird, verbessert die Umströmung des Lastzugs und setzt den Luftwiderstand bei hohen Geschwindigkeiten erheblich herab.

Mit neuen 13-Tonnen-Lastwagen erweitert Daimler-Benz die Baureihe der leichten Wörther Lkw bis in den Bereich der Mittelklasse hinein. Als Antriebsaggregat stehen der Sechszylinder-Saugmotor OM 366 mit 100 kW (136 PS) sowie die beiden Ladervarianten mit 125 kW (170 PS) bzw. 148 kW (201 PS) zur Verfügung.

Der neue 38-t-MAN-Lastzug mit 266 kW-(361 PS)-Motor, 6 Zylinder, unterflur angeordnet.

MAN-Vierachs-Lkw 8 × 8 mit einem Feuerwehraufbau.

Ford Cargo: Das im Windkanal geformte Fahrerhaus dieses Lastzugs trägt zu günstigem Kraftstoffverbrauch bei. Das Cargo-Programm umfaßt die Gewichtsklassen von 6 t bis 22 t. Das zulässige Gesamtgewicht reicht bis 32 t.

190.42 PT-TurboStar: Luftgefederter Fernverkehrssattelschlepper. GG 16000/19000 kg, ZGG 28000/44000 kg; 309 kW (420 PS), 1900 Nm (193 kpm).

TurboDaily 49.10: Leichter Sattelschlepper speziell für den Schweizer Markt für größte Transportleistung mit Kat. B-Führerausweis.
GG 3500 kg, ZGG bis 6800 kg; 69 kW (92 PS), 216 Nm (22 kpm).

Renault-38-t-Zug mit V8-Turbomotor, 286 kW (389 PS), 14,8 l Hubraum.

DAF-Turbolader-Motoren mit und ohne Ladeluftkühlung sind bis 331 kW (450 PS) im Angebot. Die Fahrzeugklasse reicht bis zum Typ 3000-ATI-Turbo-Intercooling.

VW-LT 50 mit Allradantrieb und 75 kW (102 PS)-Dieselmotor.

Scania P 112 H 8 × 4 mit Betonmischer-Aufbau Stetter Am 8 FH (8 m³ Trommelinhalt); Scania-Vierachsfahrgestell mit zwei angetriebenen Achsen, Turbomotor mit 224 kW (305 PS), 10-Gang-Rangegetriebe, Ganzstahl-Fahrerhaus CP 13 C; vom Motor direkt angetriebener, schaltungsunabhängiger Nebenantrieb EK 421.

Scania P 112 H 8 × 4: Der Arbeitszylinder in Fahrtrichtung links dient zur Unterstützung des Lenkgetriebes.

Sonderfahrzeuge 1986

Die Spezialisierung im Transportwesen und die sich immer mehr ausweitende Mobilität der Dienstleistungen erforderten entsprechende Nutzfahrzeugkonstruktionen. Heute gibt es eine ganze Palette solcher Spezialfahrzeuge.

Mobiles Fernsehstudio (Aufbau Neoplan).

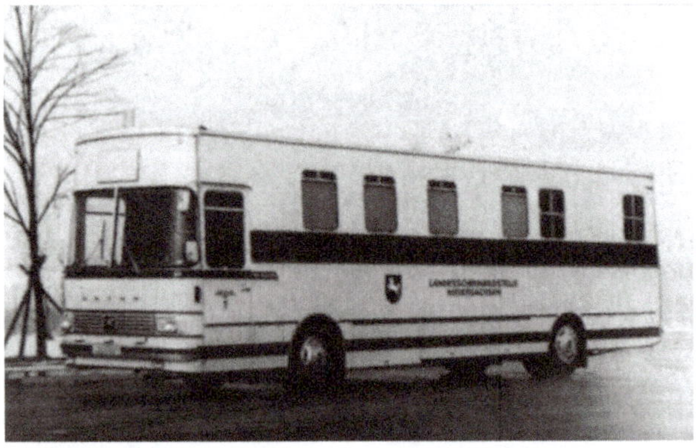

Röntgen-Bus der Landesschirmbildstelle Niedersachsen (Aufbau Kässbohrer).

Möbel-Ausstellungsbus (Aufbau Kässbohrer).

Gefängnis-Transporter (Aufbau Kässbohrer).

Vorführwagen für Kopiergeräte; Schulungsbus (Aufbau Neoplan).

Informationsbus eines Kunststoffenster-Herstellers (Aufbau Kässbohrer).

Innenansicht eines mobilen Service-Centers.

Personentransport in Israel.

Die israelischen Touristikbusse sind Einfachkarosserien, die auf Lkw-Chassis aufgesetzt werden.

Moderne Omnibusproduktionsanlagen in Mannheim und Ulm.

China

Ein Mitteleuropäer kann sich die Flächengröße der Volksrepublik China nur schwer vorstellen: 1,04 Milliarden Menschen leben in einem Land von 9,6 Millionen Quadratkilometern, von denen allerdings ein beträchtlicher Teil aus unbewohnbaren Wüsten und Bergen besteht. Auf europäische Abmessungen übertragen nähme China eine Fläche ein, die von Irland bis zum Ural und von Norwegen bis in die Sahara reichen würde.

Während der Zeit der Mao-Herrschaft waren die Grenzen Chinas für den Außenhandel und Wissensaustausch praktisch verschlossen. Die ersten Schritte für eine innere Lockerung und die Aufnahme außenwirtschaftlicher Beziehungen wurden 1979 getan. Seitdem hat sich vieles geändert, wenn auch die Öffnung nach außen zögernd fortschreitet.

Hauptverkehrsmittel der Chinesen ist das Fahrrad. Die Anzahl der Motorfahrzeuge ist gering und Privatautomobile gibt es praktisch überhaupt nicht. Auch das Eisenbahnnetz ist sehr weitmaschig, und der Schienenverkehr spielt sich überwiegend auf eingleisigen Strecken ab. Im Lauf der letzten 30 Jahre hat die chinesische Automobilindustrie etwa zwei Millionen Fahrzeuge gebaut. Von diesen waren 90 Prozent Lastkraftwagen, etwa 150000 Einheiten Geländefahrzeuge für das Militär und der Rest etwa 50000 Personenwagen. Die Produktionszahlen für 1984 lassen erkennen, daß sich das Bild zu wandeln beginnt. Der Jahresausstoß belief sich auf 250000 Einheiten. Hierin waren bereits 6000 Personenwagen enthalten.

Das erste chinesische Automobilwerk entstand 1953 in Changchun zu einer Zeit, als sich die Sowjetunion bemühte, Einfluß auf die entstehende Industrie zu nehmen. Sie lieferte die Ausstattung für die Fabrik und die Konstruktion des 4,5-t-Lastwagens „Jiefang" (baugleich mit dem sowjetischen Modell 11 SIS 150) und der ersten Ausführung der Funktionärslimosine „Hongki" sowie des kleineren Personenwagentyps „Feng Huang", dessen Fertigung inzwischen eingestellt wurde.

In den sechziger Jahren wurde in verschiedenen inzwischen errichteten Fabriken auch der Bau von Zweiachs- und Gelenkbussen nach sowjetischen und tschechoslowakischen Vorbildern aufgenommen. Das zweitgrößte Automobilwerk entstand 1978 unter Mitwirkung von Renault bei Wu Han. Während der großen „Kulturrevolution" zwischen 1966 und 1976 stagnierte die industrielle Weiterentwicklung.

1982 wurde in China eine Zentralbehörde für die Automobilindustrie gegründet mit dem Auftrag, technisches Wissen aus dem Ausland zu beschaffen und sich um die Entwicklung der landeseigenen Automobilindustrie und ihre Ausstattung mit modernen Einrichtungen zu kümmern. In den folgenden Jahren entstand eine Anzahl von „Joint-Ventures" – Gemeinschaftsunternehmen chinesischer Staatsbetriebe mit Automobilfabriken in Europa, den Vereinigten Staaten und Japan.

Die gegenwärtige chinesische Motorfahrzeug-Industrie ist in sechs großen Gruppen organisiert, mit Schwerpunkten in Changchun, Peking/Tientsin, Tsinan, Sian, Nanking und Shanghai. Insgesamt zählt dieser Industriezweig gegenwärtig elf große Fahrzeugfabriken und etwa 30 kleinere Betriebe, 120 Motorenwerke und 2000 Zulieferer unterschiedlicher Größe. In Changchun werden Nutzfahrzeuge mit einer Tragkraft zwischen 4 t und 6 t und in kleinen Stückzahlen die inzwischen etwas modernisierte Hongki-Limousine hergestellt. Die Jahresproduktion liegt in diesem Werk bei etwa 70000 Einheiten. Technische Zusammenarbeit besteht mit Chrysler, Daimler-Benz, Toyota und Volvo. In Sian (Zentralchina) werden ebenfalls 4-t- bis 6-t-Lastwagen gebaut, etwa 80000 je Jahr. Das Werk Nanking baute bisher leichtere Nutzfahrzeuge von 2,5 t bis 4 t Tragkraft, vereinbarte aber 1985 einen Kooperationsvertrag mit der IVECO für eine Lizenzproduktion. Die bisherige Jahresleistung von etwa 15000 Fahrzeugen soll kräftig gesteigert werden.

Der Komplex Peking/Tientsin hat relativ früh die Fertigung von Geländewagen aufgenommen und seine Aktivitäten inzwischen auch auf Kleinbusse ausgedehnt. Partner sind hierbei AMC und Daihatsu. Aufgrund eines weiteren Joint-Venture-Abkommens mit Steyr-Daimler-Puch werden in Tsinan Lastwagen mit einer Tragkraft zwischen 8 t und 10 t gefertigt.

Das im Ausland am stärksten beachtete Kooperations-Projekt hat die Volkswagen AG zum ausländischen Partner. In dem Werk in Shanghai, in dem vorher das Personenwagenmodell Feng Huang hergestellt wurde, läuft nunmehr der „chinesische" VW Santana vom Band.

Außer Nutzfahrzeugen als Hauptprodukt und einem erst langsam ansteigenden Personenwagen-Anteil produziert die chinesische Fahrzeugindustrie in zunehmenden Stückzahlen Traktoren; sie erhält hierbei technische Hilfe unter anderem von FIAT und John Deere.

Ein wesentliches Hindernis für eine zügige Motorisierung des Landes besteht in dem mangelhaften Straßennetz von gegenwärtig nur insgesamt 920000 km. Die vorhandenen Straßen sind schmal, meist nicht asphaltiert und überwiegend in schlechtem Zustand. Die Regierung plant einen Ausbau auf 1,2 Mio. km bis zum Jahr 2000, darunter sind zwei autobahnähnliche Schnellstraßen.

Zur Zeit finden Verhandlungen über weitere Kooperationen und Joint-Ventures statt. Überwiegend soll es sich dabei um Montagewerke für ausländische Fahrzeugmodelle handeln. Als Gesprächspartner der Chinesen werden dabei unter anderem Daimler-Benz, Daihatsu, General Motors, MAN, Nissan-Diesel, Suzuki und Toyota genannt. In verhältnismäßig kleinen Stückzahlen werden auch ausländische Fahrzeuge importiert.

Frankreich

Die Entwicklung der Lastkraftwagen nahm in Deutschland ihren Anfang. 1896 stellte Gottlieb Daimler den ersten Lastwagen der Welt vor. Zwei Jahre später präsentierte er einen Lastwagen auf der Automobilausstellung in Paris. Die Franzosen folgten der Entwicklung mit vielerlei Versuchen, teils in der Motorenkonstruktion, teils im Fahrzeugbau. Fernand Forest hatte schon 1891 einen Vierzylindermotor mit Zentral-Glührohrzündung entwickelt, der eine richtungweisende Konstruktion darstellte. Die ersten Fahrzeugtypen waren sogenannte „Camionetten", also kleine Güterfahrzeuge. Panhard & Levassor – Emile Levassor war 1897 an den Folgen eines Rennunfalls gestorben – stellte kurz nach der Jahrhundertwende einen Lastwagen vor, der von einem in Daimler-Lizenz gebauten 6 kW (8 PS)-Phoenix-Motor angetrieben wurde.
Ab 1906/1907 brachten dann Berliet und Renault (Société Anonyme des Usines) 2-t- bis 5-t-Lastwagen mit 9 kW (12 PS)-Motoren auf den Markt. 1912, im Vorfeld des Ersten Weltkrieges, erreichte Berliet eines Jahresproduktion von 4000 Lkw, allerdings mit einem US-Auftrag von Pitkins.
Außer den dominierenden Renault- und Berliet-Lastwagen existierten zwei weitere potente Lastwagen- und Omnibus-Hersteller: die Firma Latil in Suresnes und die „Société des Outillage Mecanique et des Usinage de Artillerie" (SOMUA) die zum Schneider-Stahl-Konzern gehörte. Latil-Lkw waren die großen Konkurrenten zu Berliet, vor allem bei den schweren 8-t-Lastwagen. Eine Serie von 2,5-Tonnern wurde sogar mit Frontantrieb gebaut, der sich jedoch nicht durchsetzte. Auch SOMUA hatte sich vorwiegend auf schwere Lkw spezialisiert, wobei die Armee als Hauptabnehmer auftrat. Beide Firmen fusionierten nach dem Zweiten Weltkrieg zur Saviem, der späteren Tochtergesellschaft der Renault-Gruppe.
Latil wurde bekannt, als er 1911 einen Vierradantrieb-Lkw offerierte. SOMUA war der erste Omnibus-Hersteller größeren Maßstabs, und ein lukrativer Export stützte seine Stückzahlen.
Ursprünglich hatte auch Citroen Leichtlastwagen gebaut, sich dann allerdings auf Kastenwagen der Transporterklasse konzentriert. Später gingen diese Entwicklungen in der Peugeot-Gruppe auf.
Der Erste Weltkrieg brachte auch der französischen Nutzfahrzeug-Industrie eine tiefe Zäsur. Renault lieferte während des Krieges leichte Panzer und Ambulanzen, Berliet dagegen Lastwagen. Auch Panhard lieferte eine Anzahl Lkw an die Armee.
Kurz nach dem Krieg zeichnete sich wieder ein starker Aufschwung ab. Berliet baute sein Werk Venissieux vollständig aus, Renault Billancourt. Exporte großen Stils wurden aufgenommen. Hierbei war es besonders UNIC (vormals Dubois), die mit Taxis und „Camionetten" Erfolge verzeichnete. 1923 liefen in London über 5000 französische Taxis, ebenso leichte Lastwagen, vorwiegend 1,5-Tonner. Berliet installierte Verkaufsbüros in London, Barcelona, Athen und Konstantinopel. 1926 organisierte Marius Berliet seine erste Sahara-Durchquerung von Algier nach Tombouctou über 8000 Kilometer mit Dreiachs-Lkw.
1922/23 hatte Citroen als erster die Sahara mit Spezial-Lkw, die auf Gleisketten-Antrieb umgebaut waren, bewältigt, obgleich Citroen zu jener Zeit keine Lastwagen baute. Erst 1926 kam ein Eintonner

Sattelzug des französischen Fahrzeugherstellers Willème aus dem Jahre 1962. Diese Marke war bekannt für ausgefallene Konstruktionen, wie zum Beispiel der übermäßige Vorbau des Sechszylinder-Dieselmotors.

Aus der französischen Fahrzeugproduktion

Autobus de la région parisienne (type Renault).

Arroseuse municipale (type Renault).

Voiture de sapeurs-pompiers (type Renault).

Fourgon postal (type Delahaye).

Véhicule à six roues pour le transport rapide des bestiaux (type Berliet-Diesel six cylindres).

Camion-citerne articulé : tracteur avec semi-remorque, (type Delahaye).

Un imposant ensemble : camion, remorque. Le freinage des deux véhicules est assuré par l'air comprimé (type Saurer).

Eine Zugmaschine aus der „Titan"-Reihe, die Saviem bis Ende der sechziger Jahre gebaut hatte, beim Rangieren mit einem Container-Chassis.

auf den Markt. Zehn Jahre später ein Zweitonner, und bis 1933 folgten in langen Abständen Typen bis acht Tonnen. Alle waren mit Benzinmotoren ausgerüstet.
Ab 1931 konstruierte und fertigte Berliet seine Dieselmotoren selbst nach der Lizenz von Ricardo. Bereits acht Jahre später erreichte die Produktion 8000 Motoren.
Bis zum Zweiten Weltkrieg hatten auch Renault und Unic eigene Motoren in Produktion, die hauptsächlich in Lkw-Programme eingingen. Von 1,5 t bis 10 t reichte das Angebot. Renault konstruierte auch Sonderfahrzeuge, zum Beispiel einen 75-Tonner für den Export. Mit einem Sechszylinder-Direkteinspritzer-Diesel und doppelter Hinterachs-Untersetzung wurden solche „Riesen" nach Kundenwunsch gebaut. 1935 lieferte Renault Frontlenker-Lkw mit 20 t Gesamtgewicht. Gleichzeitig begann man mit liegenden Motoren zuerst in Omnibussen, viel später auch in Lastwagen. Es ist bemerkenswert, daß im Omnibus damals schon ein vollautomatisches Getriebe zur Serienausstattung gehörte.
Unic hatte 1931 einen 74 kW (100 PS)-Dieselmotor als Lizenzbau von Saurer im Angebot. Die erste Eigenkonstruktion wurde 1939 knapp vor Kriegsbeginn vorgestellt.
Für die Armee nahm Citroen 1938 die Fertigung von Raupenfahrzeugen wieder auf, die 1934 eingestellt worden war. Mit Vier- und Sechszylinder-Benzinmotoren ausgestattet, dienten sie dem Truppentransport und als Verwundetenfahrzeuge mit spezieller weicher Federung. Sowohl die elastischen Ketten aus Gummigewebe als auch die Fahrgestelle entstanden nach Patenten des ehemaligen technischen Direktors der Garagen des Zaren Nikolaus II., des Ingenieurs Adolphe Kegresse.
Der Zweite Weltkrieg brachte die französische Last-

Eine recht erfolgreiche Transporterreihe baute Renault viele Jahre. Es gab Modelle ab 3,5 t bis 5,5 t – sogar mit Allradantrieb.

Als 1978 Saviem und Berliet mit Renault kooperierten, blieben die Marken an den Fahrzeugen noch lange erhalten. Im Bild der 7,5-Tonner Saviem und der Berliet mit dem damals stärksten V8-Dieselmotor mit 262 kW (356 PS) Leistung.

Renault produzierte 1978 ebenfalls ein Schwer-Lkw-Programm mit Turbomotoren. Hierzu gehörte der R 310 mit einem 228 kW (310 PS)-Dieselmotor.

wagenindustrie unter die Verfügungsgewalt der deutschen Administration; dies führte nach dem Ende 1944 zur Verstaatlichung der Renault-Firmengruppe. Berliet blieb in der Familie. Paul Berliet übernahm den Betrieb. Bereits Mitte der fünfziger Jahre fusionierten SOMUA und Latil unter den Fittichen von Renault zur Saviem-Tochter.
Berliet erhielt 1955 die Motorenlizenz von MAN, verkaufte die Motoren unter der Bezeichnung „Magic" und expandierte ins Ausland. 1958 wurden in Algerien, ein Jahr später in Marokko Produktionszweigwerke eröffnet. 1964 produzierten alle Werke zusammen 14 000 Lkw ab 10 t. Davon ging ein Teil nach China. 1970 wurden bereits 21 500 Einheiten erreicht, zudem 1100 Omnibus-Chassis.
Inzwischen umfaßten die Fahrzeugprogramme ab

Berliet und Saviem produzierten lange Zeit gleiche Omnibusse; die Entwicklung lag bei Berliet. Der „Cruisair" von 1975 hatte die sogenannte Airlam-Federung und zählte zur Luxusklasse.

7,5 t („Stradair") bis zu 40 t Muldenkipper und auch Omnibusse. Der erste große Berliet-Erfolg war der PR 100, ein Stadtomnibus, dessen Lizenz 1973 an Polen ging, und zwar an Jelcz, die Tochter-Gesellschaft von Polmot. Trotzdem kämpfte Berliet ums Überleben. 1971 verlor das Unternehmen 20 Prozent Marktanteile in Frankreich, davon den größten Teil an Importfahrzeuge (26,6 Prozent), ein Rest an Saviem, das als einziges Lastwagenwerk seinen Marktanteil um 7 Prozent steigern konnte.
So war es nur logisch, daß Berliet 1973 mit Volvo Fusionsverhandlungen begann, jedoch ohne Erfolg. Ein Jahr später kam es zur Gründung der Renault Vehicules Industriels S.A. (RVI) mit direkter Einbindung von Berliet und Saviem. Saviem hatte 1965 noch mit MAN eine Kooperation abgeschlossen, die Motorenlieferungen über 110 kW (150 PS) aus München vorsah. Dafür lieferte Saviem aus dem Werk Blainville leichte Nutzfahrzeuge und Motoren für mittelschwere MAN-Lkw ab 7,5 t bis 12 t sowie Fahrerhäuser. Diese Vereinbarung lief 1980 aus infolge der Kooperation von MAN mit VW.
1981 übernahm Renault von Peugeot die Dodge-Trucks Europa mit Werken in England und Spanien und stieg gleichzeitig bei Mack Trucks in USA ein. Anzumerken ist, daß der Erfolg in den USA mit dem Viererclub-Typ aus dem Jahre 1975 bis heute anhält. Damals begann die bisher einzige, aber erfolgreiche Zusammenarbeit von vier Lastwagen-Herstellern:

Der sehr kreative Omnibusbauer Heuliez war die Nummer Eins in Frankreich. Viele gute Ideen flossen bei Berliet und Saviem ein. So wie dieser Prototyp eines Superbusses aus dem Jahr 1977 in manchen Details die Zukunft vorwegnahm, so produzierte Heuliez Teile für die beiden „Großen" für Lkw und Omnibusse.

Magirus, Volvo, DAF und Saviem zur Entwicklung und Produktion eines 7,5-Tonners, zu dem jeder der vier einen bestimmten Part liefern mußte, außer Motor und Getriebe. 1985 ist Volvo als erster aus diesem Verbund praktisch ausgeschieden. DAF, IVECO und mit Einschränkung Saviem bauen diesen Viererclub-Lkw noch weiter.
Die RVI gilt heute in Europa als drittgrößter Nutzfahrzeug-Hersteller mit einer Gesamtkapazität von etwa 70 000 Einheiten.

Von Heuliez stammt auch diese Idee, die in französischen Schulbussen schnelle Verbreitung fand: Beim sicheren Ein- und Aussteigen durch die Hecktür kommen die Kinder nicht unmittelbar mit dem Verkehr zusammen.

Großbritannien

Die Geschichte der britischen Nutzfahrzeug-Industrie unterscheidet sich von jener der anderen Industrieländer durch die Rolle, die in diesem Land der Dampfantrieb spielte. Die Firma Sentinel in Shrewsbury lieferte noch im Jahr 1950 die letzten dampfbetriebenen Lastwagen nach Südamerika. Das war zwar der falsche Kurs, aber viele der später bekannten Hersteller hatten mit Dampffahrzeugen begonnen, und es dauerte seine Zeit, bis sie sich umstellten. Die Lancashire Steam Motor Co. – der Vorgänger von Leyland – sowie Foden, Atkinson und Thornycroft waren die ersten, die dampfbetriebene Nutzfahrzeuge herstellten.
Erstmals wurde 1896 auf der Automobilausstellung im Londoner Kristallpalast ein Lastwagen gezeigt. Er stammte von Thornycroft; sein Dampfmotor trieb über Rollenketten die Vorderräder an. Im Jahr darauf stellte der gleiche Hersteller den wahrscheinlich ersten Lastwagen mit Kipperpritsche vor, und ein weiteres Jahr danach folgte eine Sattelschlepper-Konstruktion.
Im Jahr 1896 zählte die Leyland Steam Motor Company zu den wichtigsten Straßenfahrzeug-Herstellern, doch erst 1900 unternahm sie erste Versuche mit Lastkraftwagen. Damals trat auf dem britischen Markt lediglich die Daimler-Motoren-Gesellschaft mit Nutzfahrzeugen von 1,5 t bis 5 t Tragkraft auf, die vom British Motor Syndicate Ltd. – einer Gründung von F. Simms – verkauft wurden.

Bosch-Magnet bahnbrechend

Die Hersteller in England erkannten zwar schon früh die Überlegenheit des Ottomotors und seine große Zukunft, doch dauerte es bis in die zwanziger Jahre, ehe die ersten Diesel in Erscheinung traten. Viel und recht erfolgreiche Entwicklungsarbeit konzentrierte sich bald nach der Jahrhundertwende auf Ölmotoren, vor allem bei Ruston und Hornsby-Ackroyd. Für diese Motoren gab es bereits mechanische Einspritzung. Im Fahrzeugbau traten sie allerdings nicht in Erscheinung.
Der Siegeszug des Ottomotors kam erst mit der Einführung des Bosch-Zündmagneten langsam in Gang: Mehrere Hersteller bauten damals nebeneinander Modelle mit Benzinmotoren und andere mit Dampfantrieb. Dennis Bros. in Guildford traten als Pioniere des Antriebs über die Kardanwelle hervor. 1904 schuf dieser Hersteller einen Schneckentrieb für die Hinterachse, der auch von anderen Marken übernommen wurde.
Erst 1904 begann Leyland mit dem Bau von Benzinmotoren, die in 2-t- und 4-t-Lkw eingebaut wurden. 1905 war es Maudslay, der Motorlastwagen mit 11 kW (15 PS) und später 20 kW (27 PS) mit einem Dreizylindermotor und Antrieb über Kardanwelle für Nutzlasten bis 5 t baute.
In das erste Jahrzehnt nach der Jahrhundertwende fallen auch wichtige Entwicklungen auf dem Gebiet der Getriebe. Lanchester schuf ein mehrstufiges Planetengetriebe, das alsbald mit den gängigen Schubradgetrieben in Wettbewerb trat. Als Meilenstein im Getriebebau ist auch das Linley-Vorwähler-Getriebe anzusehen, das (1905) von der Commercial Cars Ltd. (Commer) benutzt wurde, die später in den Besitz der Rootes-Gruppe (nachher Chrysler und schließlich Renault) überging. Später folgte dann das Wilson-Vorwählgetriebe, das man als einen der Vorgänger heutiger Automatgetriebe ansehen kann.
Das Unternehmen AEC, als Lastwagen-Hersteller schon recht erfolgreich, entwickelte in seiner Omnibusfabrik in Walthamstow mit dem B-Typ den ersten Doppeldecker-Stadtbus. Die ersten Exemplare wurden 1909 an die London General Omnibus Co. ausgeliefert – tausende weitere sollten ihnen folgen.

Scammell-Zugmaschine. Dieser Hersteller benutzte schon in den sechziger Jahren faserverstärkte Kunststoffe für die Kabine.

Ford baute die Transcontinental-Baureihe von 1973 bis 1983.
Das Foto zeigt einen Vierundvierzigtonner.

Ein Seddon-Zug aus den frühen Siebzigern, bevor das Unternehmen mit Atkinson vereinigt wurde.

Die Nutzfahrzeuge der Jahre vor dem Ersten Weltkrieg waren in erster Linie für den Stadtbetrieb konzipiert. Es tauchten damals die ersten Tankwagen für den Wassertransport und Spezialausführungen für Kanalreinigung und Müllabfuhr auf. Halford Stevens baute 1908 benzin-elektrische Hybrid-Omnibusse, deren Fertigung von 1910 bis 1930 von Tilling Stevens in Maidstone weiter betrieben wurde.

Der Krieg brachte, wie in den anderen europäischen Ländern, auch der Automobilindustrie in Großbritannien einen starken Schub an Innovationen im Motorenbau in bezug auf die Fertigungsrationalisierung. So lieferte AEC über 10000 Lastwagen an die Armee, Dennis und Wolsley über 7500, Leyland und Thornycroft je 5000 bzw. 6000 Einheiten. Bemerkenswert waren dabei die Verbesserungen am Chassis mit härteren Stählen für die Längsträger und die erstmals direkt an die Motoren angeflanschten Getriebe, an deren dritten Gang sich eine Overdrive-Stufe zuschalten ließ. Auf diese Weise sollte der Unterschied zwischen beladenem und unbeladenem Lkw in der Geschwindigkeit ausgeglichen werden. In diese Zeitspanne fällt auch die schnelle Ausbreitung des halbautomatischen Wilson-Getriebes für Omnibusse. Der Fahrer brauchte nur noch einen kleinen Hebel in der Schaltkulisse zu bewegen, die vorgewählte Fahrstufe rückte dann beim Durchtreten des „Kupplungspedals“ ein.

Dem Kriege folgte eine Phase der Konsolidierung des zersplitterten Automobil-Marktes. Für Leyland begann damals der eigentliche Aufstieg zum führenden Konzern, der sich 1968, nach der Fusion mit der British Motor Holdings Ltd., als größter britischer Fahrzeugproduzent etablierte.

Der Diesel tritt in Erscheinung

In der Nachkriegszeit entstand in Großbritannien eine große Zulieferindustrie, vor allem für die Kraft-

Die Fertigung des Ford Cargo wurde 1982 aufgenommen. Das Foto zeigt ein 16-t-Modell.

Ein Leyland-Road-Train-Chassis von 1986.

Der Freight-Rover ist sehr wahrscheinlich das erste Serien-Nutzfahrzeug, das mit Blattfedern aus faserverstärktem Kunststoff ausgerüstet wird.

Typisch für das Londoner Stadtbild sind die roten Doppelstock-Omnibusse. Rechts im Hintergrund die ältere Ausführung mit Motorhaube vor zwei jüngeren Leyland-G 15-Frontlenkern.

Das 1983 von Ford vorgestellte Cargo-Konzept enthielt eine Anzahl interessanter Details, wie zum Beispiel Blattfedern aus Verbund-Kunststoff, aerodynamische Verfeinerungen und eine gut ausgestattete Fahrerkabine.

fahrzeugelektrik. 1921 wurde die Scammell Lorries Ltd. gegründet, die sich bald mit ihren Sattelschleppern und Schwertransportern einen Namen machte. 1920 hatten die Brüder Gardner in Petricroft bei Manchester die Produktion des ersten in England konstruierten Dieselmotors aufgenommen – bemerkenswerterweise mit Direkteinspritzung. Er wurde von verschiedenen Nutzfahrzeugherstellern eingebaut.

Einen wichtigen Beitrag zum Erfolg des Selbstzünders leistete der Wissenschaftler und Motor-Experte Sir Harry Ricardo, einen weiteren die Firma CAV Ltd. mit ihren Einspritzpumpen. 1930 hatte sich der Diesel im Nutzfahrzeug praktisch durchgesetzt. Einer der erfolgreichsten Hersteller von Dieseltriebwerken ist seither die in jener Zeit von Frank Perkins in Peterborough gegründete Marke, die seinen Namen trägt. Perkins Engines Ltd. entwickelte sich im Lauf der Zeit zum größten unabhängigen Hersteller von Dieselmotoren in Europa. Im Jahr 1984 erwarb das Unternehmen die Dieselmotoren-Abteilung von Rolls-Royce und 1986 den Dieselmotoren-

Das erste von Leyland im Jahr der Firmengründung 1896 gebaute Nutzfahrzeug hatte Dampfantrieb.

Auch geschlossene Fahrerkabinen mit Windschutzscheibe kamen erst in den zwanziger Jahren auf.

Luftreifen wurden erst in den zwanziger Jahren zunehmend üblich. Die Höchstgeschwindigkeit dieses „High-speed"-Lkw war auf 20 km/h beschränkt.

Für eine Reihe von Jahren baute Leyland nebeneinander Motorfahrzeuge und Fahrzeuge mit Dampfantrieb wie dieses, das 1918 nach Australien geliefert wurde.

Tilling-Stevens wurde durch Nutzfahrzeuge mit benzinelektrischem Antrieb bekannt (links). – Die schottische Firma Albion brachte eine Anzahl von fortschrittlichen Konstruktionen heraus. Das Foto rechts zeigt ein Modell von 1920.

Der erste ERF-Lastwagen von 1933 mit Gardner-Dieselmotor.

Ein AEC Mammoth Major-Schwerlastwagen aus den dreißiger Jahren mit zwei gelenkten Vorderachsen. Solche Fahrzeuge waren bis zu den Gesetzesänderungen 1964 im Ferntransportverkehr stark vertreten.

1948 nahm Leyland den 7-t-Typ Comet in Produktion. Die anfängliche Motorleistung von 55 kW (75 PS) wurde im Lauf der Jahre gesteigert, ebenso die Nutzlast auf 10 t.

Auch der vierachsige Scammell Routeman mit Kipper-Aufbau hatte eine Kunststoff-Kabine. Das Modell wurde in den sechziger Jahren in Produktion genommen und bis 1974 gebaut.

Foden ist eine der früher zahlreichen Marken, die Krieg und Krisen überlebt hat. 1973 brachte sie diesen Sattelschlepper mit Fahrerkabine aus faserverstärktem Kunststoff heraus.

Zu den weit verbreiteten Lkw der Nachkriegszeit zählte der Bedford, der aus einem während des Krieges in großen Stückzahlen gebauten Modell entwickelt wurde. Das Bild zeigt einen Kipper von 1950.

Hersteller L. Gardner & Sons. Im gleichen Jahr setzte Perkins einen Meilenstein mit dem ersten schnellaufenden kleinen Vierzylinder mit Direkteinspritzung.

1931 zeigte Leyland seinen ersten Dieselmotor auf der Motor-Show in London. Als Ausgangsbasis diente der 7,6-l-Benzinmotor. Im gleichen Jahr begann die General-Motors-Tochter Bedford, Lkw in England zu bauen. 1932 experimentierten die Leyland-Ingenieure mit dem hydraulischen Wandlergetriebe nach dem Lysholm-Smith-Patent. Ein Jahr später war auf der Motor-Show das wohl erste vollautomatische Getriebe für den Omnibus in Europa zu sehen.

Im Zweiten Weltkrieg war die Fahrzeugindustrie Großbritanniens fast ausschließlich für die Armee-Motorisierung tätig. 8000 Lkw und 3000 Tanks lieferte Leyland, 27 000 Lkw ab 0,75 t bis 3 t Nutzlast wurden von Bedford geliefert. Dies bedeutete für die stark am Export orientierte Schwerfahrzeugindustrie einen beträchlichen Rückschlag. Unter den Folgen des Krieges litten auch die Mitbewerber. Foden brachte übrigens 1934 den ersten 32-t-Vierachser mit 11,25 t Nutzlast und Sechszylinder-Zweitaktmotor eigener Konstruktion von 166 kW (225 PS) Leistung auf den Markt. Atkinson, Thornycroft, Seddon, Guy, E.R.F., besonders aber Albion und Scammell folgten diesem Beispiel.

Nachkriegsentwicklung

Nach 1945 beherrschten fünf Hersteller den britischen Markt für leichte und mittlere Nutzfahrzeuge: Morris Commercial, Austin, Bedford, Commer und Ford. Ihr Programm wurde nach und nach um die höheren Gewichtsklassen erweitert, doch blieb man bei Zweiachs-Fahrzeugen. Alle diese Hersteller vollzogen in diesen Jahren den Übergang zu Dieselmotoren.

Ein weiterer Trend war die Ausbreitung der Frontlenker-Bauart. Commer (Rootes-Gruppe) erregte mit einer recht ungewöhnlichen Motorkonstruktion Aufsehen: mit einem Dreizylinder-Gegenkolben-Dieselmotor von 99 kW (135 PS) Leistung. Auch Foden wartete mit einem Zweitakt-Diesel eigener Konstruktion auf. Beide Motoren blieben für 20 Jahre in Produktion. Ford hielt am Ottomotor fest, bot für seine Nutzfahrzeuge aber wahlweise Perkins-Diesel an. Eine eigene Diesel-Fertigung begann erst 1957 mit dem Modell Thames Trader.

Leyland übernimmt alles Erreichbare

In den fünfziger und sechziger Jahren veränderte sich die Struktur der britischen Nutzfahrzeugindustrie grundlegend. Durch Fusionen und direkten Erwerb brachte Leyland nach und nach Albion Motors (1951), Scammell Lorries Ltd. (1955), ACV mit der Tochter AEC (1962), Crossley, Maudslay und Thornycroft in den sich lawinenhaft vergrößernden Konzern ein. 1963 wurde die Leyland Motor Corporation neu formiert. Mit der Fusion mit British Motor Holdings (1968) kamen die Nutzfahrzeugzweige von Austin und Morris hinzu sowie die 1961 in der Jaguar-Gruppe integrierte Nutzfahrzeugmarke Guy Motors.

Der zusammengeflickte Gigant erwies sich als recht anfällig: Zu viele untereinander konkurrierende Modelle, Verwirrung im Händlernetz, Uneinigkeit im Management und fehlende Mittel für dringend notwendige Investitionen lähmten die Aktivität. Hinzu kamen noch Probleme durch die Legislative: Bisher hatte die Obergrenze für Lkw bei 28 t gelegen. 1964 wurde sie für Sattelschlepperzüge auf 32 t gesteigert, während auf dem „Kontinent" 38 t zulässig waren. Allein hierdurch büßte Leyland seine bisherige Spitzenstellung unter den europäischen Nutzfahrzeugherstellern ein.

Weiterer Schaden entstand durch Vorschriften, die in Großbritannien Schlafkabinen für Nutzfahrzeuge verbot. Auch mit den Motor-Neukonstruktionen lief nicht alles nach Wunsch. Weder der von AEC geschaffene V8 noch der Typ 500 von Leyland konnten sich richtig durchsetzen.

Im Gegensatz hierzu lieferte bis dahin Bedford den 500 000sten Lkw aus, von denen ein großer Teil über Opel Rüsselsheim verkauft wurde. Mit dem Eintritt Großbritanniens in die EG 1973 paßte Leyland das gesamte Lkw-Programm dem Festland-Standard an. Die Leyland Lkw-Typen „Terrier" und „Boxer" wurden in Schottland montiert. „Mastiff" und „Super-Mastiff" erhielten Perkins-Motoren, der schwere „Marathon" (als Europa-Lkw bezeichnet), der 1978 Premiere hatte, einen neuen Sechszylindermotor mit 55 kW (75 PS) Leistung (Saugversion) und 107 kW (145 PS) Leistung (Turbolader). Dieses Programm sollte den Konzern aus den roten Zahlen führen. Aber weder „Marathon" noch anderen Modellen ist es gelungen, die schwierige Phase des Konzerns zu überbrücken. Außer der ungünstigen Wirtschaftslage taten die streiksüchtigen Gewerkschaften ein übriges, um die Krise zu einem Dauerzustand zu machen.

Der Marktanteil von Leyland schmolz im eigenen Land in den siebziger Jahren beträchtlich zusammen. Erst 1983 wurde durch ein Investitionsprogramm von etlichen Millionen Pfund diese Tendenz gestoppt. Der Wandel trat mit der Einführung der Reihe T45 ein, deren „Road-Train"-Modelle und schwere Sattelschlepperzüge gut aufgenommen wurden. Ihnen folgten die Ausführungen Freighter und Constructor sowie 1984 der Roadrunner, der das Modell Terrier aus den siebziger Jahren ablöste. In diesem Jahrzehnt wechselten noch zwei bekannte Unternehmen den Besitzer: Foden wurde von der amerikanischen Paccar-Gruppe übernommen und Seddon Atkinson von der spanischen ENASA, deren Nutzfahrzeuge den Markennamen Pegaso tragen.

Mit der Baureihe „TM“ unternahm Bedford in den siebziger Jahren einen energischen Versuch, in der 32-t-Klasse Fuß zu fassen. Der abgebildete Sattelschlepper mit Boalloy-Tautliner-Auflieger entstand 1975.

Mit der D-Serie engagierte sich Ford/England 1978 als Hersteller großer Lkw.

Mit erheblichem Investitionsaufwand schuf Leyland die T.45-Baureihe für die achtziger Jahre.

Mit der Baureihe „B“ brachte ERF 1976 für seine großen Modelle besonders komfortable Fahrerkabinen heraus. Den Antrieb besorgte ein Cummins-Diesel, Typ NH 250.

Bei den neueren britischen Nutzfahrzeugmodellen, zum Beispiel bei diesem Seddon Atkinson „401“, wurde großer Wert auf eine moderne Fahrerkabine gelegt.

Der nächste Schritt war der Ford Transcontinental. Die Produktion dieser schweren Zugmaschine wurde 1983 wieder eingestellt.

Holland und Belgien

Die Anfänge mit Dampfwagen und Elektrofahrzeugen fielen in Holland in eine Zeit, in der die Entwicklung des Kraftfahrzeugs in den Nachbarländern schon einen eindrucksvollen Weg zurückgelegt hatte. Holländische Pioniere waren die Brüder Spyker, die Kutschwagen bauten und diese dann mit Motoren versahen, die sie sich in Deutschland besorgten. Diese Entwicklung brachte bis 1924 ausschließlich kleine Automobile hervor, die zwar als kleine Frachtwagen verkauft wurden – doch Lastwagen im heutigen Sinne waren sie nicht.

1928 begann dann mit der Gründung der „Hub van Doorne's Maschinenfabriek C.V." die eigentliche Geschichte des Nutzfahrzeugbaus in den Niederlanden. Der erste Schritt waren Lastanhänger, die „Van Doorne's Aahangwagenfabriek N.V." produzierte – die Abkürzung DAF entstammt dieser Firmenbezeichnung –, aus denen dann Sattelauflieger mit automatischen Bremsen und einer Patentkupplung wurden. Kurz vor dem Krieg kamen Lkw-Chassis und drei Jahre später sogar Panzerwagen hinzu. Schon während des Krieges konstruierte „Minheer" Hub in Eindhoven Lastwagen, die dann 1950 zuerst als Pickup, später als Leicht-Lkw am holländischen Markt erschienen.

Ab 1957 begann man mit dem Bau von Dieselmotoren, was allerdings noch nicht sonderlich erfolgreich verlief. Es dauerte noch einmal zwei Jahre, bis ein

DAF-Lkw, 5 t und 10 t. – DAF Trucks ist ein internationaler holländischer Konzern mit etwa 2 Milliarden Gulden Jahresumsatz und 8700 Mitarbeitern. Die Nutzfahrzeugproduktion wurde 1949 aufgenommen (Gründung 1928 als Anhängerfabrik).

DAF-Mannschaftstransportwagen aus dem Jahr 1949.

DAF-Dreiachs-Zug- und Transport-Lkw für militärische Zwecke (Baujahr 1951).

brauchbarer Dieselmotor, überraschenderweise sofort mit Turbolader, erschien. 1926 reihte die erste marktgängige Lkw-Serie „2600" den holländischen Nutzfahrzeugbau in die Phalanx der bereits etablierten Marken ein.
Der Erfolg blieb DAF treu. Motoren und Lastwagenserien sowie Armeeaufträge sorgten für Kapazitätsauslastung. 1961 wurde in Spanien die Anhängerproduktion aufgenommen. 1971 investierten die Van Doorne's 88 Millionen Gulden in neue Produktionsanlagen. Im gleichen Jahr trat DAF dem Viererclub bei und beteiligte sich an der Entwicklung des 7,5-t-Mittelklasse-Lkw zusammen mit Volvo, Magirus und Saviem. 1972 ging Wim van Doorne die Kooperation mit International Harvester ein, die allerdings nur wenige Jahre währte.
Die Anhängerfertigung in Spanien war inzwischen aufgegeben worden. Künftig sollte es aus Eindhoven nur noch Lastwagen und Motoren geben. Im übrigen hatte die Rezession auch DAF erreicht. Dieser verhältnismäßig kleine Hersteller war naturgemäß von der allgemeinen Krise stärker betroffen. Der holländische Staat jedoch kam mit zwei Stützungsaktionen dem einzigen und größten Betrieb mit über 6000 Arbeitern zu Hilfe. Es lohnte sich, denn das kurze Zwischenspiel mit IHC ging ohne Verlust über die

1950 baute DAF auch Omnibusse. Als besondere Lösung wurde die „Motor-Schublade" angeboten.

1973 führte der holländische Hersteller den Turbo-Diesel mit Ladeluftkühlung serienmäßig ein.

Bova ist die zweite und jüngste holländische Fahrzeugfabrik, die heute ausschließlich Omnibuskarosserien herstellt. 1986 wurde die erste große Exportlieferung von zehn Reisebussen nach Australien vereinbart; Fahrgestelle lieferte DAF.

Bühne. Der Verkauf des größeren stufenlosen Getriebes mit Schubgliederband aus Stahl für leichte Lkw brachte Luft in die expandierende Lkw-Division.
Heute zählt DAF zu den leistungsfähigen Nutzfahrzeugherstellern Europas mit guten Chancen im Export und steigenden Zulassungszahlen auf allen europäischen Märkten. Zu den Lastwagenserien, deren Spitzenmodelle 38 t Zuggewicht überschreiten, und den Dieselmotoren mit Turbolader und Ladeluftkühlung, die 206 kW bis 265 kW (280 PS bis 360 PS) bei 2000 min^{-1} leisten, sind Omnibus-Chassis gekommen, die sowohl für Stadt- als auch für Reisebusse angeboten werden.
Nachzutragen ist, daß Ford in Amsterdam einst den „Transcontinental"-16-t-Lkw aus amerikanischen, englischen und deutschen Teilen – letztlich erfolglos – montierte und Scania in Zwolle eine florierende Lkw-Produktion betreibt.
In Belgien fehlen klassische Lastwagenhersteller, dafür gibt es den gut fundierten Omnibus- und Anhänger-Hersteller Van Hool sowie einige Mittelbetriebe, wie zum Beispiel Jonckheere (Omnibusse) und LAG (Omnibusse und Lastanhänger), die international Bedeutung haben.
Die vorgenannten Firmen des Nutzfahrzeugbaus entstanden nach dem Zweiten Weltkrieg. Dabei verzeichnete Belgien bereits um 1906 einen hoffnungsvollen Aufwärtstrend in der Automobilindustrie, so daß eine günstige Prognose nahe lag. Aber die Wettbewerbssituation hatte sich durch den gewaltigen Aufschwung vor allem in Frankreich und England, mit Abstand in Deutschland und Italien, so verschlechtert, daß die nationale Initiative aus Wirtschaft und Handwerk nicht ausreichte.
Hatte der Erste Weltkrieg bereits schwere Einbrüche in die Wirtschaft gebracht, so zwang der Abwärtstrend Ende der dreißiger Jahre Belgien endgültig zur Einstellung eigener Produktionen. So blieb es bis 1947. In diesem Jahr entstand Van Hool aus einem weitgehend mechanisierten landwirtschaftlichen Betrieb. Der Seniorchef Bernard van Hool begann mit dem Bau von Chassis für Militärfahrzeuge. Lastanhänger kamen hinzu; sie werden heute noch gebaut. Auf Fremdchassis, vorwiegend von FIAT, wurden Omnibuskarosserien aufgesetzt.
Van Hool produziert heute je Jahr mehr als 1000 Omnibusse, zum Teil nach eigenen Konstruktionen, zum Teil als Aufbauten auf Fremdchassis (Mercedes-Benz, IVECO, Scania, Volvo). Das Werk in Koningshooikt zählt zu den modernsten Omnibusherstellern in Europa. Der Export ist besonders auf England,

1986 zählte DAF zu den erfolgreichen Nutzfahrzeugherstellern in Europa mit einem Programm für schwere Lkw. Ab 1986 wird ein Joint-Venture mit Land-Rover, Großbritannien, für leichte Lkw betrieben.

Komfort-Hochdecker-Gelenkzüge für den Fernreiseverkehr mit gelenkter Nachlaufachse im Nachläufer sind eine Spezialität bei van Hool.

Südafrika, Libanon und Südamerika ausgerichtet. Die Anhängerfertigung orientiert sich am europäischen Markt.
In Genk ist Ford mit einem Produktionswerk ansässig geworden. Hier wird neben der Pkw-Fertigung der Transporter „Transit" mit Linkslenkung für den kontinentaleuropäischen Markt gebaut. Das Werk in Genk ist ein Zweigbetrieb von Ford in Köln.
Die Nutzfahrzeuge (Cargo) kommen aus Großbritannien. In Alsemberg (südlich Brüssel) montiert Volvo jährlich etwa 12000 mittelschwere und schwere Lastwagen.

Als größter belgischer Nutzfahrzeughersteller produziert van Hool vorwiegend Omnibusse unterschiedlicher Größe. – Im Bild ein Bus-Sattelzug für 50 Fahrgäste aus dem Jahr 1976. Diese „Komfortbusse" hatten Klimaanlage, Thermoverglasung, Toilette, Küche, Telephon-Funk und die erste Radio-Stereoanlage.

Jonckheere ist der älteste belgische Omnibus-Karossier (gegründet 1881), der heute auf verschiedene Chassis europäischer Marken aufbaut. Zum 100jährigen Jubiläum erschien der Typ „Jubilee".

Italien

Von den Firmen, die in der Frühzeit der Motorisierung in Italien Autos bauten, befaßte sich als einzige Bianchi, Mailand, mit dem Bau von Lastwagen, der 1955 eingestellt wurde. Im Jahr 1903 trat FIAT mit Lastwagen in Erscheinung. „Il carro del trasporto" trug 4 t Lutzlast. Sein Zweiblock-Motor nach Daimler leistete 18 kW (24 PS) bei 800 min^{-1}. Der Antrieb erfolgte auf die Hinterräder über Ketten.

Zu Demonstrationszwecken fuhr 1904 einer dieser FIAT-Motorlastwagen mit einer Ladung von 3,3 t die Strecke Turin–Genua–Nizza und zurück. Die Durchschnittsgeschwindigkeit betrug etwas mehr als 10 km/h. Ein Chronist jener Epoche schrieb: „Die Berghänge der hohen verschneiten Hügel der Seealpen wurden erstmals von einem Benzinwagen erreicht. Weder steile Steigungen noch enge Kurven der Straßen beeinträchtigten den regelmäßigen Pulsschlag des Motors".

Nach wenigen Jahren mußte FIAT sein Modellprogramm, das ausschließlich vom Typ „24 HP" abstammte, erheblich erweitern. Hinzu kam die Nutzbarmachung des Lastwagens für den organisierten Personentransport. Die ersten FIAT-Omnibusse gehen auf die Periode von 1907 bis 1910 zurück, als man einen leichten 14-Sitzer und ein größeres Modell vorstellte, das maximal 26 Personen bei einer Höchstgeschwindigkeit von 39 km/h befördern konnte. Der Erfolg machte sich sofort in den Verkaufszahlen bemerkbar: Zwischen 1912 und 1914 wurden mehr als 2500 Einheiten geliefert. Zu Beginn des Ersten Weltkrieges stellte FIAT als Nachfolger des „15 BL" den Lkw-Typ „18 BL" vor, mit 29 kW (40 PS)-Motor und der doppelten Nutzlast seines Vorgängers. Es war der erste Frontlenker mit festem Dach über dem Fahrersitz. In sieben Jahren verließen 20000 Exemplare das Werk in Piemont.

Erste Fahrerkabinen

Im Laufe der Jahre wurde die von einer Windschutzscheibe geschützte Fahrerkabine eingeführt und die mit Seitenklappen und Schnellverschlüssen versehene Ladefläche in das Serienangebot aufgenommen.

Die italienische Nutzfahrzeugentwicklung dieser Epoche war nicht nur von FIAT bestimmt, obwohl diese Firma schon damals den „Knotenpunkt" der Motorisierung auf der Halbinsel darstellte. Da gab es die von Giovanni Battista Ceirano gegründete Firma „Rapide", die 1908 einen Omnibus konstruierte, der erstmals auf der Strecke Mailand–Rom verkehrte. Busse stellte auch die „Auto-Car" in Alessandria her, die ausländische Bauteile, zum Beispiel Getriebe, Motoren und Achsen für ihre Fahrzeuge verwendete. Diese Fahrzeuge liefen in Brescia und Pesaro. In

1903 trat FIAT mit dem Bau von Lastwagen in Erscheinung. 4 t Nutzlast und ein 18 kW (24 PS)-Zweiblock-Motor nach Daimler waren die wichtigsten technischen Daten. Der Antrieb erfolgte über Ketten auf die Hinterräder.

Der 18 BL mit einem 29 kW (40 PS)-Motor war ab 1914 bis Anfang der zwanziger Jahre der erfolgreichste Lkw aus dem Werk in Piemont.

Brescia war „Bianchi Camion“ ansässig, aus der 1910 die „Fabriccia automobili e velocipedi Edoardo Bianchi“ (1910 bis 1955) hervorging. Die Lastwagen-Produktion von Bianchi blieb auf wenige Modelle beschränkt.

1914 gründeten Matteo Ceirano und Michele Ansaldi die „S.P.A.“ – die „Società produzione automobili“. War die Produktion anfangs auf leichte Fahrzeuge beschränkt, konzentrierten sich die industriellen Aktivitäten später fast nur auf schwere Lastwagen, angefangen von Stadtfahrzeugen über Schwertransporter (diese hatten ein Gesamtgewicht

Italien war mit verschiedenen Lkw-Aufbauten von Anfang an ein Pionierland. Schon während des Ersten Weltkrieges entwickelten begabte Designer Aufbauten für verschiedene Güter. Im Bild ein Tankwagen mit vier abgeschlossenen Kammern für den Benzin-Transport.

FIAT-Lkw 626N der 6-t-Klasse mit einem Sechszylinder-Dieselmotor, der aus 8,3 l Hubraum 55 kW (75 PS) leistete. Dieser Frontlenkertyp wurde bis 1945 gebaut und stellte einen Wendepunkt in der Nutzfahrzeugentwicklung in Italien dar.

von 4 t) bis zu einem Zehntonner, der jedoch ein Prototyp blieb.

Erste Fusion

Zwischen 1929 und 1930 wurde das „Consorzio FIAT Veicoli Industriali" gegründet. Ihm gehörten FIAT, S.P.A. und Ceirano an. Damit sollte eine rationelle Fertigung aller drei Modellprogramme ermöglicht werden – mit guten Gewinnen für die drei Hersteller, die jedoch als Handelsgesellschaften voneinander getrennt blieben.

Das erste Ergebnis der Fusion war das Modell „621", ein mittelschwerer Lastwagen mit einer Nutzlast von 2 t. Angetrieben von einem Sechszylinder-Benzinmotor mit 2,5 l Hubraum zeichnete sich dieser Wagen durch ein Fahrerhaus mit verglasten Türen aus, ferner durch eine verstellbare Windschutzscheibe, eine lange Motorhaube mit neu gestalteter Kühlerpartie sowie durch eingelassene Kotflügel.

Als erste dieselgetriebene italienische Lastkraftwa-

Aus der 1930 gegründeten „Consorzio Fiat Veicoli" ging dieser Lkw-Typ der 10-t-Nutzlast-Klasse hervor. Dieser FIAT Spa A 10 000 begründete nach dem Krieg die neue Lkw-Serie des Konzerns.

Auf dem Mailänder Salon von 1930 präsentierte Alfa Romeo den ersten Lkw mit 5 t und 6 t Gesamtgewicht. Allerdings ging später diese Produktion zurück, und das Schwergewicht lag bei den leichten Lkw. Im Bild der A 12 Autocarro mit 44 kW (60 PS)-Motor, der noch 1969 hohe Stückzahlen erreichte.

Lancia hatte schon 1911 begonnen, Lastwagen für das Heer zu bauen. Erst nach dem Krieg 1931 konzentrierte sich die Produktion auf zivile Fahrzeuge. So erschien 1931 der erste Frontlenker, ein 6,5-Tonner mit Junkers-Motor. Doch dominant blieb dieses Haubenfahrzeug, der Lancia RO aus dem Jahr 1933.

gen nahm FIAT 1931 die Modelle „632 N" mit 4 t Nutzlast und „634 N" mit 6 t Nutzlast ins Programm. Sie hatten bereits direkteinspritzende Dieseltriebwerke mit vier bzw. sechs Zylindern. Der „634 N", der bis 1939 in Produktion blieb, galt als avantgardistische Lkw-Konstruktion. Mit einem Hubraum von 8,3 l leistete er 55 kW (75 PS) bei 1700 min^{-1} und erreichte eine Höchstgeschwindigkeit von 37 km/h. Dieses Modell wurde später auch mit Schlafkabine geliefert – der ersten in der Geschichte des italienischen Nutzfahrzeugbaus!

Alfa Romeo baute Lastwagen

Auf dem Mailänder Salon von 1930 präsentierte Alfa Romeo seinen ersten Lkw mit einem 3-l-Sechszylinder-Benzinmotor. 1931 folgten Modelle mit einem Gesamtgewicht von 5 t und 6 t mit Deutz-Vorkammer-Dieselmotoren. Alfa Romeo produzierte zu jener Zeit viele neue Modelle, vorwiegend als Frontlenker, die durch ihre aerodynamische Linienführung auffielen. 1934 präsentierte Bianchi leichte Lkw mit einem Gesamtgewicht von 3 t mit Vierzylinder-Daimler-Benz-Motoren, wahlweise mit 40 kW (60 PS) oder 48 kW (65 PS). Wie bei vielen anderen Lkw dieser Zeit funktionierte die Bremsanlage entweder hydraulisch oder pneumatisch-hydraulisch. Das am weitesten verbreitete Getriebe hatte vier Gänge jeweils mit Vorschaltgruppe, also acht Schaltstufen.

Schon wenige Jahre nach der Gründung des „Consorzio FIAT Veicoli Industriali" verschlechterte sich die Situation für den Partner Ceirano. Er schied aus,

1950 zählten zu den bekanntesten Lkw in Italien die Lancia-„Esata"-Modelle, die bis zu 19 t Gesamtgewicht ausgelegt waren. Als Motor wurden Sechszylinder-Dieseltriebwerke mit 138 kW (187 PS) in Saugversion und 155 kW (210 PS) mit Turbolader verwendet. 1969 wurde Lancia von FIAT übernommen.

OM – „Officine Mecchaniche" – trat in Mailand ab 1928 mit einer Motorenlizenz von Saurer-Lastwagen als Konkurrent zu FIAT auf. Später kamen aus dem Werk Brescia die 6- bis 9-t-Modelle, die bis zur Fusion mit FIAT 1933 gebaut wurden. Im Bild der Typ „Leoncino", ein 2,5-t-Nutzfahrzeug, das in Frankreich von UNIC und in der Schweiz von Saurer-Berner produziert wurde.

OM Ursus, Baujahr 1939, ein 4,5-Tonner mit einem Sechszylinder-Dieselmotor. OM gehörte zwar zu FIAT, doch blieb sowohl die Marke OM als auch das Lkw-Programm erhalten. Erst 1968 wurde die volle Integration in den FIAT-Konzern vollzogen.

OM-Lkw mit 88 kW (120 PS)-FIAT-Motor. Dieser 7,5-Tonner war die letzte Serie der OM-Reihe 1969. Mit der Gründung der IVECO 1970 verblieb nur noch der Markenname.

und die Fertigung ging an die S.P.A., die das Markenzeichen Ceirano bis zum Zusammenschluß mit FIAT 1947 fortführte.

Trotz dieser allgemeinen Krise drängten drei neue Fahrzeugfirmen auf den italienischen Markt, die später große Bedeutung in der Geschichte des italienischen Lastkraftwagenbaues erlangen sollten: Isotta Fraschini, Lancia und OM.

Drei neue Wettbewerber

Die im Jahr 1906 gegründete Gesellschaft· Isotta Fraschini hatte schon vor 1918 Transportfahrzeuge hergestellt. Ihre endgültige Anerkennung erhielt sie jedoch erst im Jahr 1934, als sie Pläne von einigen MAN-Modellen erwarb. Mit Sechszylinder-Dieselmotoren ausgestattet wiesen sie Gesamtgewichte von 4 t bis 8 t auf. Ein größerer Erfolg blieb jedoch aus. 1949 verordnete die italienische Regierung die Schließung des Werkes. Breda-Fraschini wollte die Marke in den folgenden Jahren mit einem recht avantgardistisch anmutenden Fahrzeug reaktivieren. Der „D 160", ein 10-t-Lkw mit Sechszylinder-Dieselmotor, der aus 10,2 l Hubraum 114 kW (155 PS) schöpfte, hatte ein vollsynchronisiertes Achtgang-Schaltgetriebe, pneumatische Kupplungshilfe, eine pneumatisch gesteuerte Bremsanlage sowie eine Hinterachse mit doppelter Untersetzung. 1959 wurde der Plan aufgegeben.

Interessanter verlief die Geschichte der Marke Lancia, die bereits 1911 eine Lkw-Produktion aufgenom-

UNIC-Lkw aus dem Werk Trappes bei Paris waren zuletzt FIAT-Konstruktionen mit Modifikationen für den französischen Markt. UNIC-Lastwagen waren vorwiegend der schweren Kategorie zugeordnet und erfolgreich im Exportgeschäft.

men hatte. Sie war allerdings in ganzem Umfang dem italienischen Heer vorbehalten. In der Nachkriegszeit stellte Lancia eine Reihe verschiedener Lkw-Modelle vor, die sich recht gut verkauften, zum Beispiel 1931 den ersten Frontlenker sowie einen 6,5-Tonner mit Junkers-Motor. 1938 erschien ein 4-Tonner mit Fünfzylinder-6,9-l-Diesel.

Die Produktion solcher Lkw mit Pritsche bzw. Plattform wurde bis zum Zweiten Weltkrieg fortgeführt. Wirtschaftliche Erfolge stellten sich aber erst 1955 mit der Modellreihe „Esatau" ein, die man sowohl als Lkw als auch als Omnibus im Programm führte. Es folgten „Esadelta" und „Esagamma" (1958 und 1962). Der Esagamma war für ein zulässiges Gesamtgewicht von 19 t entworfen und bot serienmäßig Servolenkung und Druckluftbremse. Der Motor war ein Sechszylinder mit 10,5 l Hubraum, der in der Saugversion 138 kW (187 PS), mit Turbolader 155 kW (210 PS) leistete.

Ende der fünfziger Jahre nahm Lancia erneut die Produktion von Militärlastwagen auf. 1969 mußte dann auch Lancia unter die FIAT-Fittiche schlüpfen. Damit kam das Aus für die Lastwagen dieser bekannten Turiner Marke.

Der Ursprung der „Officine Meccaniche" (OM) geht zurück bis ins Jahr 1849. Die Brüder Grondona in Mailand produzierten zuerst Eisenbahnzubehör und Dampfwagen, um dann 1900 mit dem Bau von Autos zu beginnen. Nach wechselvollen Jahren und endgültiger Hinwendung zum Lastwagenbau wurde 1928 eine Motorlizenz von Saurer erworben. Lastwagen in der Größenordnung um 6 t bis 9 t mit Motoren ab 52 kW (70 PS) bis 74 kW (100 PS) bildeten den Kern der OM-Produktion. Ein Lkw mit Vierradantrieb und luftgekühltem Deutz-Motor kam hinzu. Die ersten OM-Lkw aus Brescia waren Nachbauten von Modellen der Schweizer Marke Saurer, des Lizenzgebers.

1933 wurde dann auch OM von FIAT erworben. Damit war es den Turinern gelungen, die Führung auf dem italienischen Markt zu übernehmen. Allerdings blieb die Marke OM mit ihrem eigenständigen Produktions-Programm erhalten. Erst 1968 erfolgte die vollständige Integration in den FIAT-Konzern.

Die bedeutendste Fahrzeugserie nach 1933 hieß „Titan". Ein 11,5-l-Motor mit 101 kW (137 PS), ein Fünf- bzw. Achtganggetriebe und ein hydraulisches Bremssystem gehörten zu seiner technischen Auslegung. Später gab es eine 8 × 4-Version mit 211 kW (287 PS). 1946 wurde das erste Frontlenker-Fahrzeug, der „Supertaurus", ein 5-Tonner mit Vierzylinder-Dieselmotor mit 5,8 l Hubraum und Achtganggetriebe, vorgestellt. Diesem folgte der kleine „Leoncino" (2,5 t), der nach 1950 in Frankreich von UNIC, in der Schweiz von Saurer/Berna produziert bzw. verkauft wurde. 1954 folgten die Typen „Lupetto" und „Tigrotto". Mit der Gründung der IVECO 1970 verblieben nur noch der Markenname und ein von der Mutterfirma getrenntes Verkaufsnetz.

UNIC – 1906 in Frankreich von Richard und Dubois gegründet – war bis 1966 ein französisches Nutzfahrzeugwerk, das 1931 mit dem schweren Lkw-Bau begonnen und 1939 den ersten in Frankreich entwikkelten Dieselmotor präsentiert hatte. 1960 kamen

Zwischen 1948 und 1951 kamen viele neue FIAT-Modelle – vom 639 N bis zum 680 N – auf den italienischen Markt. 1952 wurde das Modellprogramm mit dem Typ „682 N" (8 t Nutzlast) vervollständigt, der das Basismodell für die Reihe der nun als neues Konzept nachfolgenden Fahrzeuge bildete.

40 000 Motoren aus diesem Werk, dem ab 1955 auch Saurer-France seinen Stempel aufdrückte. UNIC-Lastwagen waren vorwiegend der schweren Kategorie zugeordnet und erfolgreich im Exportgeschäft. Als FIAT 1963 seine Beteiligung an dem Simca-Werk abgab, übernahmen die Turiner im Austausch die Simca-Beteiligung an UNIC und wurden dadurch dessen Mehrheitseigner.
UNIC-Zeichen sind auch heute noch an den IVECO-Lastwagen zu finden, ebenso wie „Magirus" und „OM".
Aufgrund der schlechten Auftragslage wurde 1985 das UNIC-Werk in Trappes bei Paris geschlossen. Die Herstellung der bis dahin dort gefertigten Typen wurde nach Turin verlegt.

FIAT ist Italien – Italien ist FIAT

Zu Beginn der vierziger Jahre erschienen bei FIAT zwei neue Lastwagen vom Typ „Unificato". Es handelte sich dabei um den „626 N" der Mittelklasse sowie den schweren „666 N". Beide sollten einen endgültigen Wendepunkt in der Reihe italienischer Transportfahrzeuge darstellen. Die wichtigste Neuerung war die Frontlenkerkabine.
Der Zweite Weltkrieg löschte fast die gesamte in Betrieb befindliche Lkw-Flotte Italiens aus. Mit der Wiederbelebung der Wirtschaft nach dem Krieg erlangte FIAT wieder seine Position als Marktführer. Zwischen 1948 und 1951 kamen viele neue Modelle – von „639 N" bis zum „680 N" – auf den italienischen Markt.
1952 wurde das Modellprogramm mit dem Typ „682 N" (8 t Nutzlast) vervollständigt, der das Basismodell für die Reihe der nun als neues Konzept nachfolgenden Fahrzeuge bildete.
Mit den Typen „697 N" und „619 N" entstehen die Stammväter der gegenwärtigen Industriefahrzeug-Generation des Turiner Werkes.

Die nächste Fusion: IVECO

Das Jahr 1970 brachte die Bildung einer großen Industriegruppe im Umkreis des FIAT-Konzerns. Fast zwangsläufig erfolgte die Gründung der IVECO (Industrial Vehicles Corporation), in der die Firmen FIAT, OM, UNIC und Magirus zusammengefaßt sind. Der italienische Lastwagenbau wird inzwischen nur noch durch diese Gruppe repräsentiert, in deren Umkreis sich einige kleinere Hersteller befinden, die auf die Produktion von Fahrzeugen für bestimmte Bereiche des Transportwesens spezialisiert sind.
Das IVECO-Programm reicht heute vom „Daily"-Transporter mit 53 kW (72 PS) bis zum „TurboStar" mit 309 kW (420 PS) – von 2,8 t bis 40 t Gesamtgewicht. Pritschenwagen und Sattelzugmaschinen, verschiedene Fahrerhäuser, Drei- und Vierachser-Lkw, Sonderfahrgestelle und Kommunalchassis, dazu ein Brandschutzfahrzeug-Programm und Omnibusse bilden das derzeitige Konzernangebot.

1970 entstand eine große Industriegruppe im Umkreis des FIAT-Konzerns: Die IVECO (Industrial Vehicles Corporation) vereinigte FIAT, OM, UNIC und Magirus. Der italienische Lastwagenbau wird durch diese Gruppe repräsentiert; einige kleinere Hersteller sind auf bestimmte Bereiche des Transportwesens spezialisiert.

Japan

Zu Beginn des 19. Jahrhunderts gab es auf dem Inselreich Japan nur wenige, schmale Straßen. Lasten wurden auf dem menschlichen Buckel oder mit Rikschas transportiert: ein schlechter Start für Nutzfahrzeuge.

1916 wiesen die japanischen Statistiken die ersten 24 Nutzfahrzeuge aus, wahrscheinlich handelt es sich um Importe aus westlichen Ländern. Denn – so die Geschichtsschreibung – die als Schiffswerft 1853 gegründete Firma Ishikawajima montierte als erste heimische Firma Lkw (Lizenz Wolseley Company). Ein Jahr später stellte die Tokyo Gas and Electric Co. Armee-Lastwagen und die ersten Viertonner, die „Schneider-Trucks", her. Mitsubishis Start als Autoproduzent (1921) wurde „aus Kostengründen" wieder aufgegeben. Erst 1932 tauchten die „drei Diamanten" als Firmenzeichen auf dem Fuso-B46-Bus wieder auf.

Das „große Kato-Erdbeben" Ende 1923 hatte den größten Teil der Schwerindustrie zwischen Tokyo und Yokohama und die Eisenbahnverbindungen – das Rückgrat des japanischen Verkehrssystems – empfindlich getroffen, brachte aber die Wende: 1920 waren nur 644 Lkw registriert, 1923 waren es 2099 und 1924 kamen 6394 weitere Lkw auf den Markt (Busse nicht mitgezählt). 1928 wurden erstmals mehr motorisierte Fahrzeuge als Rikschas gezählt. Dabei betrug das Verhältnis Pkw zu Lkw genau 2 : 1.

1935 wurde die Nihon Diesel Industries gegründet, um in Lizenz Krupp-Zweitakt-Dieselmotoren zu produzieren. Zwei Jahre zuvor war das „Nutzfahrzeug-Produktions-Gesetz" erlassen, das die Herstellung von fünf Standard-Nutzfahrzeugtypen (1,5- und 2,0-t-Lkw sowie drei Autobus-Modelle) mit wassergekühltem Sechszylinder-Motor von 33 kW (45 PS) bei 1500 min^{-1} förderte. Dies erinnert an den deutschen „Regellastwagen" aus jener Zeit.

1937 eskalierte der Krieg mit China, die japanische Automobilindustrie – sie produzierte in jener Zeit fast nur noch Nutzfahrzeuge – profitierte davon. Die

Der Mazda-Kipper „Titan" wird mit Benzin- und Dieselmotoren geliefert und mit unterschiedlicher Nutzlast-Auslegung von 2000 kg bis 4100 kg angeboten.

Der erste Mazda-Lastwagen (1931) für den privaten Bedarf. Mitsubishi war Zulieferant für den Tank, deshalb die „drei Diamanten" auf dem Fahrzeug.

Der Mitsubishi-Bus „Fuso BD 46" aus dem Jahr 1935 mit einem Sechszylinder-Dieselmotor, 33 kW (45 PS), war für 16 Personen zugelassen.

In den Fünfzigern wird der amerikanische Einfluß deutlich, so etwa bei dem mittelschweren „Jupiter T 10" von Mitsubishi, der ab 1959 auf den Markt kam.

Der Toyota G1 Truck (1935) zeigt den Einfluß des Militärs. Der G1 hatte eine Nutzlast von 1500 kg. Die meisten Autofirmen stellten ähnliche Lkw her.

Dieser schwere Kipper (1977) zeigt die Tendenz zu größeren Nutzfahrzeugen. Beide Hinterachsen sind angetrieben. Fassungsvermögen: bis zu 10 m³.

Toyota Dyna, ein hochmoderner Zweitonner-Diesel mit Direkt-Einspritzung und Vierstufen-Automatik mit Wandlerüberbrückung für den Verteilerdienst.

Herstellung von Pkw wurde den beiden US-Firmen Ford und General Motors überlassen, die in Japan bis 1939 Montagewerke unterhielten.
Daihatsu begann 1929, einen dreirädrigen Kleinlastwagen für den privaten Nutzfahrzeugmarkt zu produzieren (Motorrad mit Ladefläche), der besonders wegen des günstigen Preises von den Klein-Gewerbetreibenden begeistert aufgenommen wurde. Auch Japan hatte damals unter der Weltwirtschaftskrise zu leiden. Mazda brachte 1931 ein ähnliches Modell heraus. Bis 1937 wurden 15 230 „Dreiräder" gebaut. Dann trat die Produktion der militärisch nutzbaren Lkw zwingend in den Vordergrund.
Nach dem Zweiten Weltkrieg gab es keine geschlossene japanische Schwerindustrie mehr. Der Oberbefehlshaber der Besatzungsmacht USA, General Douglas McArthur, setzte sich bald für den Wiederaufbau der japanischen Wirtschaft ein. Nur – die Automobilproduktion wurde erst 1949 wieder völlig freigegeben.
Bis dahin deckten reparierte, alte Militärfahrzeuge beider Armeen den dringendsten Privatbedarf. Als erste begannen Nihon Diesel, Toyota und Nissan mit der Nachkriegsproduktion, gefolgt von der Diesel Jidosha (später Isuzu), Mitsubishi und Hino. Nihon stellte 1949 mit ihrem „TN 93" (7,5 t Nutzlast) den damals größten Lkw des Landes vor. Schnell war der Vorkriegsrekord von 50 000 Nutzfahrzeug-Einheiten im Jahr erreicht; dazu kamen jährlich 5000 Busse. Mitsubishi begann 1946 mit Viertonnern (Fuso KT1) und Dreirad-Lastwagen (Mizushima); auch Daihatsu und Mazda nahmen die Produktion dieser beliebten Kleinlaster wieder auf. In den fünfziger Jahren stieg die jährliche Nutzfahrzeug-Baurate auf 200 000 Einheiten.

Einen entscheidenden Einfluß hatte auch der Korea-Krieg der Amerikaner. Sie bezogen einen Großteil der militärischen Fahrzeuge (Lkw) von japanischen Herstellern. Zum Vergleich: Der Pkw-Anteil in Japan lag 1955 bei 20 000 Einheiten im Jahr. Erst 1968 überholten die Pkw die Lkw/Bus-Produktion. Statistisch kam 1960 ein Nutzfahrzeug auf 68,7 und ein Pkw auf 240 Einwohner. Nur zehn Jahre später hatte sich das Bild geändert: 1970 teilten sich nur noch zwölf Personen einen Pkw, und ein Lkw kam auf 5,9 Menschen.
Ende der Fünfziger wurde Nihon von Nissan übernommen.
Erst Anfang der fünfziger Jahre entstand ein umfangreiches Straßenbauprogramm. Hierdurch änderten sich die Voraussetzungen für den Bau von Nutzfahrzeugen.
Nach der Ölkrise um 1973 expandierte der Lkw-Export besonders im südostasiatischen Markt, er ging aber auch in den Mittleren Osten und nach Afrika. In Australien werden Nissan-Lkw (Vier- bis Sechstonner) bei International Harvester montiert; inzwischen gibt es auch Nissan-Montagewerke in Pakistan, Indonesien und China. Seit 1985 vertreibt Nissan Diesel in den USA ihre Fünf- bis Sechstonnen-Trucks und mittelgroße Sattelzüge.
Weiterhin gibt es mehrere Verbindungen zwischen amerikanischen und japanischen Autofirmen. So verkauft General Motors Isuzu-Lastwagen in Amerika. (Isuzus Kunden können unter 27 verschiedenen Fahrgestellen mit Kabine und 9 Bussen wählen). Ford vertreibt den Leichttransporter Mazda Bongo unter dem Namen „Econovan" auch in der Bundesrepublik Deutschland, und Chrysler arbeitet seit 1969 mit Mitsubishi zusammen. Hino Motors, 1935 entstan-

Nissan Diesel baut Nutzfahrzeuge von 4,25 t bis 45 t. Das Foto zeigt einen CWA 52 HD mit 220 kW (300 PS) für 12 000 kg Nutzlast. Beide Hinterachsen werden angetrieben.

Dieser Haubenkipper (TWD 52 TD) wird mit einem V8-Saug-Dieselmotor (14 131 cm^3, 220 kW/300 PS) angetrieben und kann 19,2 t Nutzlast transportieren.

Der Fuso FP112/3 DR-A von 1977 wird in zwei Diesel-Versionen angeboten: als 34-Tonner mit 13 273 cm³, 195 kW (265 PS) und als 39-Tonner mit 14 886 cm³, 224 kW (305 PS).

den, baute anfänglich auch Renault-Pkw, schwenkte aber bald in die reine Nutzfahrzeug-Produktion ab. Im Jahr 1966, nach der Freigabe der japanischen Importbeschränkungen für Automobile, rettete sich Hino in den Konzernschutz von Toyota, arbeitet dort aber als eigenständiges Unternehmen.

Seit den siebziger Jahren bringen die japanischen Nutzfahrzeugfirmen moderne Schwerlaster und Großbusse auf den Markt, die sich vor den europäischen „Elefanten" nicht zu verstecken brauchen. Bisher jedoch sind diese Fahrzeuge in Europa nur nach Norwegen und Portugal exportiert worden. „Die hochindustrialisierten Länder wie die Bundesrepublik Deutschland, Frankreich und England werden von uns bisher nicht bedient" meinte der Nissan-Diesel-Präsident Takashige Matsuyama kürzlich, und dies trifft auch für die anderen Hersteller dieser Fahrzeugklasen zu. Anders zu sehen ist das Geschäft bei den Klein-, Leicht- und mittelschweren Transportern aus Japan. So wurden laut KBA in den Jahren 1984/85 insgesamt 15 966 Nutzfahrzeuge der ganz leichten Kategorien in der Bundesrepublik Deutschland mit einem stabilen Marktanteil von 7,5 Prozent verkauft.

Trotz des Bullet-Train (Geschwindigkeit über 300 km/h) sind Busse in Japan wichtige Transportmittel. Dieser moderne RA 51 (Nissan) ist für 40 Personen ausgelegt.

Mitsubishi MT-90 X (Zukunfts-Lkw). – An diesem Versuchsträger will Mitsubishi den idealen Lastwagen für die neunziger Jahre finden. Besonders wurde auf den Kraftstoffverbrauch, die erhöhte Sicherheit, gutes Handling und Fahrverhalten sowie auf den Komfort für den Fahrer geachtet.

Jugoslawien

Jugoslawien hat seine eigene Nutzfahrzeugproduktion sehr früh mit Lizenzen aufgebaut. So begann die TAM in Maribor, mit Magirus- und Deutz-Motoren das Lkw-Programm aus Ulm zu erstellen. Im Bild der TAM 5500, ein 5,5-Tonner mit V6-Zylinder-Deutz-Motor, Baujahr 1970.

Ein Land, das vorwiegend mit Lizenzen die Nutzfahrzeugproduktion aufrechterhält, ist Jugoslawien. Magirus, Daimler-Benz und MAN sind Partner für TAM (Automobil- und Motorenfabrik Maribor), FAP-FAMOS und Avtomontaža. Der älteste Lizenzvertrag stammt aus dem Jahr 1954 und wurde von FIAT-OM und ZCZ-Zastava unterschrieben. Es ging um Transporter und Lkw-Herstellung von 2,8-t-„Daily" bis zum Schnellastwagen mit 8 t Gesamtgewicht. Die Jahresproduktion lag bei etwa 6500 Einheiten.

Seit 1957 besteht eine Kooperation der Klöckner-Humboldt-Deutz AG (KHD) unter damaliger Einbeziehung von Magirus und der in Maribor ansässigen Nutzfahrzeug- und Motorenbaufirma TAM. Fahrzeug- und Motorenkomponenten werden hier zu der Eigenproduktion von Chassis, kompletten Lkw und Omnibussen ab 8 t bis 26 t Gesamtgewicht hinzugeliefert.

Zur Zeit gibt es keine Anzeichen, daß die IVECO — als „Mutter" von Magirus — an dieser alten Vereinbarung etwas ändern will. Weshalb auch —, denn diese TAM-Erzeugnisse sind im Exportgeschäft gefragt. Ähnlich steht es bei der MAN-Kooperation mit der Avtomontaža. In diesem Fall geht es um Omnibusaufbauten nach MAN-Muster sowohl auf MAN-Chassis als auch auf TAM-Chassis. Beide Produkte werden exportiert, und zwar mit Erfolg nach Nahost und Nordafrika. Die Kapazität dieses sehr gut organisierten Montagebetriebes in Ljubljana liegt bei 4 bis 5 Omnibussen je Tag auf zwei Produktionsbändern. Avtomontaža montiert und vertreibt außerdem MAN-Lkw und Schwerlastzugmaschinen aufgrund einer Vereinbarung mit der österreichischen MAN-Tochter ÖAF/Gräf & Stift. Muldenkipper bis 40 t und Lkw mit 324 kW (440 PS)-Dieselmotoren werden über diese Schiene in Drittländer exportiert.

Der FAP-FAMOS-Partner ist Daimler-Benz. Seit 1978 hält Untertürkheim eine Minderheitsbeteiligung an dieser jugoslawischen Fabrik. Montiert und produziert werden Lkw der 13/16- und 32-t-Klasse mit und ohne „Stern". Dazu kommen Eigenentwicklungen von 16-t- und 26-t-Frontlenker-Lkw unter Verwendung von Mercedes-Benz-Komponenten, zum Beispiel von komplettem Fahrerhaus, Motoren und Achsen. Omnibusse der Typenreihe O 303 zählen ebenfalls zu diesem Kooperationsprogramm. Hierbei geht es in erster Linie um Überlandlinien-Ausführungen, die im Land selbst dem Personenverkehr dienen.

Auch Omnibusse lieferte das Werk. Viele Teile kamen anfangs noch aus Ulm; später fertigte die TAM die kompletten Fahrzeuge in eigener Regie. Das Foto zeigt den L 117 mit dem gleichen Sechszylinder-Deutz-Dieselmotor im Heck.

Ein anderer Lizenznehmer war FAP-FAMOS in Belgrad. In diesem Fall war es die Daimler-Benz-AG, die Aggregate lieferte und weitgehende Unterstützung gab.

Avtomontaža hat seit 20 Jahren eine Kooperation mit der MAN und baut Omnibusse, die nicht nur in Jugoslawien abgesetzt werden, sondern ebenso im Ausland. Im Bild der 12m-Kombi-Bus für Linie und Reiseverkehr.

Österreich

Die ersten Nutzfahrzeuge in Österreich kamen 1899 aus der Daimler-Werkstatt in Cannstatt. Es waren drei Lastwagen und ein Omnibus, die mit dem üblichen Zweizylinder-Phoenix-Motor ausgerüstet waren.

Auf der „II. Internationalen Automobil-Ausstellung" im Wiener Prater 1901 waren ein Lastwagen mit 4 kW (6 PS)-Zweizylindermotor sowie ein Lastwagen mit 6 kW (8 PS)- und einer mit 9 kW (12 PS)-Vierzylindermotor ausgestellt. Trotzdem blieb der Absatz von Nutzfahrzeugen in Österreich hinter den Erwartungen zurück. So war also eine Neuorientierung nötig. 1902 wurde die „Österreichische Daimler-Motoren-Gesellschaft" gegründet. Als persönlich haftender Gesellschafter und technischer Leiter wurde Paul Daimler bestimmt. 1903 entwickelte der Sohn Gottlieb Daimlers im Werk Wiener Neustadt einen geländegängigen Lastwagen mit Allradantrieb, der 2 t Nutzlast trug und mit einem 10 kW (14 PS)-Vierzylindermotor ausgerüstet war. Dies war eine Pioniertat, die später im Werk Marienfelde zu einer Serienproduktion für die Armee führte.

Bei den österreichisch-ungarischen Manövern 1904 wurde zum ersten Mal die Verwendung von Lastwagen für militärische Zwecke demonstriert. Für die Mannschaftsversorgung wurde ein 12 kW (16 PS)-Daimler-Lastwagen aus Cannstatt mit 3 t Nutzlast verwendet. Ein Daimler-Lastwagen mit einem 22 kW (30 PS)-Vierzylindermotor wurde als „mechanischer Train", der sich unter dem Namen Daimler-Train einbürgerte, erprobt. Er konnte zwei oder drei Anhänger ziehen.

1905 wurde ein schwerer Daimler-Zugwagen mit Vierrad-Antrieb an die österreichisch-ungarische Armee geliefert. Die Bewährung dieses Zugwagens führte dazu, daß Wiener Neustadt Hauptlieferant der österreichisch-ungarischen Armee für Zugwagen bis Ende des Ersten Weltkriegs blieb. Ein vielbeachtetes Fahrzeug war der 1906 beim Kaiser-Manöver vorgeführte Panzerwagen mit Vierradantrieb mit einem 22 kW (30 PS)-Vierzylindermotor. Seine Steigfähigkeit erreichte 25 Prozent, die Maximalgeschwindigkeit betrug 24 km/h. Bemerkenswert ist, daß die Franzosen alle Pläne und Patente schon ein Jahr später aufkauften, weil die k & k-Heeresleitung das Fahrzeug ablehnte mit der Begründung, „die Pferde könnten scheu werden".

1905 wurde anstelle von Paul Daimler, der nach Stuttgart ins Hauptwerk ging, Ferdinand Porsche als Konstruktionschef nach Wiener Neustadt berufen. Er kam von Ludwig Lohner, der sich mit dem Gedanken trug, den nicht rentablen Bau von Elektrofahrzeugen aufzugeben.

Der Aufschwung in Wiener Neustadt erforderte eine Kapitalaufstockung. So kam es unter dem Einfluß des Wiener Bankvereins 1910 zur Konstituierung der „Österreichischen Daimler-Motoren-Aktiengesellschaft". Daran schloß sich eine Interessengemeinschaft mit der Skoda-Werke AG an. Ursprünglich eine kleine Maschinenfabrik im Besitze des Grafen Ernst von Waldstein, war dieses Unternehmen 1868 von Emil Skoda übernommen worden, nachdem er es zwei Jahre geleitet hatte. Der zunehmende Einfluß von Skoda begünstigte die finanzielle Loslösung des Werkes Wiener Neustadt von der Daimler-Motoren-Gesellschaft in Untertürkheim. Die technische Tren-

Steyr Typ 12, Baujahr 1926, 1,5-l-Reihen-Sechszylinder-Benzinmotor, 22 kW (30 PS).

Steyr 1500 Allrad, Baujahr 1942, einzeln aufgehängte Vorderräder, 5 t Gesamtgewicht, 3,5-l-V8-Benzinmotor, luftgekühlt, 55 kW (75 PS) bei 2400 min^{-1}.

nung war bereits mit dem Weggang von Paul Daimler und der Nachfolge durch Ferdinand Porsche vollzogen worden.
1913 führte die Fusion mit der Skoda-Werke AG zur Aufnahme von Karl Ritter von Skoda in den Vorstand der österreichischen Daimler-Motoren-AG. Dieser Zusammenschluß entsprach vor allem dem Verlangen der österreich-ungarischen Heeresverwaltung nach einer Koordinierung des Baus schwerer Geschütze und der zu ihrer Fortbewegung benötigten Spezialzugwagen. Aufgrund dieser Zielsetzung entstanden die damals aufsehenerregenden 74 kW (100 PS)-Zugwagen mit Vierradantrieb für die 30,5-cm-Skoda-Mörser und die Fahrgestelle der sogenannten C-Züge mit einem 88 kW (120 PS)-Benzinmotor, gekoppelt mit einem 70-kW-Gleichstrom-Generator für den elektrischen Antrieb der Räder. Dazu kamen noch Lastzüge für den sogenannten „Landwehr-Train", benannt nach ihrem Initiator General Landwehr von Pragnau. Sowohl die C-Züge als auch der „Landwehr-Train" konnten auch auf Eisenbahnschienen fahren.
Auf die konstruktive Entwicklung der neuen Lastwagen-Typen hatte Ferdinand Porsche in Wiener Neustadt entscheidenden Einfluß. Die Österreichische Daimler-Motoren-AG wurde 1935 nach der Fusion mit Steyr und Puch zur Steyr-Daimler-Puch-AG stillgelegt. Skoda war bereits 1918 wie Tatra eine rein tschechoslowakische Automobilfabrik geworden.
Steyr, 1864 als Waffenfabrik gegründet, befaßte sich nach Plänen des technischen Leiters Hans Ledwinka ab 1922 mit 2,5-t-Lastkraftwagen, die Sechszylindermotoren mit 25 kW (34 PS) Leistung aus eigener Fertigung erhielten. Ledwinka war ein Jahr zuvor zu den nach dem Ersten Weltkrieg tschechisch gewordenen Tatra-Werken zurückgegangen, wo er schon vor seiner Tätigkeit bei Steyr bis 1915 gewirkt hatte.
Interessant ist der Zusammenhang zwischen Tatra und Karl Benz, Mannheim. Im Gebiet der k & k-Monarchie existierte eine Nesselsdorfer Wagenbau-Fabrikgesellschaft in Mähren. Diese hatte 1896 Lizenzen von Benz gekauft, um Automobile zu bauen. Der Anfang waren Fahrgestelle, in die Benz-Contra-Motoren eingebaut wurden. Nach dem Ersten Weltkrieg wurde aus dieser ersten österreichischen Automobilfabrik in Nesselsdorf die tschechische Fahrzeugfirma Tatra, deren Fahrzeuge sich

Steyr 370 4 × 2, Baujahr 1946, 7,2 t Gesamtgewicht, 3,5-l-V8-Benzinmotor, 59 kW (80 PS) bei 2600 min^{-1}.

durch das Zentralrohr-Chassis auszeichneten, das Hans Ledwinka entworfen hatte. Bis zum heutigen Tag wird dieses Prinzip angewandt.
Die österreichische Nutzfahrzeug-Industrie hat heute ihren Schwerpunkt bei der Steyr-Daimler-Puch-AG. Außerdem existieren die österreichische Automobil-Fabrik AG (ÖAF) und die Gräf & Stift-Werke AG. Zwischen der ÖAF – damals noch Austro-FIAT-Werke – und MAN bestand seit 1934 eine Zusammenarbeit. 1938 übernahm MAN die Aktienmehrheit.
1968 schlossen Magirus-Deutz und Gräf & Stift einen Vertrag zur Zusammenarbeit im Omnibusbau für Österreich und die EFTA. Magirus lieferte die Chassis, die Wiener die Karosserien für 20 bis 57 Plätze. 1971 mußte eine neue Klärung der Verhältnisse gefunden werden, nachdem Gräf & Stift 90 Prozent des Aktienkapitals von ÖAF übernommen hatte.
Heute ist die ÖAF/Gräf & Stift eine Tochtergesellschaft der MAN. Es werden vorwiegend Omnibusse und auch Lastwagen gebaut; hierbei entstammen die Basisgruppen-Komponenten dem MAN-Programm.
Steyr-Daimler-Puch ist heute das bedeutendste Unternehmen der österreichischen Fahrzeugindustrie und das größte Industrieunternehmen Österreichs. Das Produktionsprogramm ist weit gespannt und reicht vom Fahrrad bis zum Traktor und Schwer-Lkw.
Mittelpunkt aller Fertigungsbetriebe des Unternehmens ist das Hauptwerk in Steyr, zu dem organisatorisch die Landmaschinenfabrik in Sankt Valentin gehört.
Nach dem Zweiten Weltkrieg wurden knapp 118 000

Steyr 380 4 × 2, Baujahr 1952, 7,8 t Gesamtgewicht, 5,3-l-Reihen-Vierzylinder-Dieselmotor, Vorkammer-Einspritzsystem, 63 kW (85 PS) bei 2400 min^{-1}.

Lkw der Nutzlast-Kategorie von 3 t bis 32 t, 32 300 Geländefahrzeuge und seit fünf Jahren knapp 31 000 der neuen G-Wagen produziert, die gemeinsam mit Daimler-Benz entwickelt wurden. Außer der eigenen Erzeugung spielt im Umsatz auch das Handelsgeschäft mit FIAT-Automobilen, das einer langen Tradition der Zusammenarbeit entspricht, eine bedeutende Rolle.
Steyr produziert eine eigene Dieselmotoren-Reihe, die 1985 mit einem 228 kW (310 PS)-Motor in neue Dimensionen vorstieß. Dieser Sechszylinder-Reihen-Dieselmotor mit Ladeluftkühlung hat einen Hubraum von 9,726 l und liefert seine Nennleistung bei 2200 min^{-1}. Zum ersten Mal im Dieselmotoren-

Steyr 586 4 × 2, Baujahr 1965, 10,5 t Gesamtgewicht, 5,9-l-Reihen-Sechszylinder-Dieselmotor, 88 kW (120 PS) bei 2800 min^{-1}.

Steyr 790 4 × 2, Baujahr 1975, 13 t Gesamtgewicht, 6,6-l-Reihen-Sechszylinder-Dieselmotor, 96 kW (130 PS) bei 2800 min^{-1}.

bau wird eine Sechs-Loch-Einspritzdüse benutzt. Nach der neuen ECE-R-49-Regelung liegen die CO- und HC-Werte erheblich unter den vorgeschriebenen Grenzwerten.
Steyr benutzt für seine Lastwagen und Omnibusse Reihenmotoren und V8-Triebwerke. Bei Omnibussen liegt das Schwergewicht auf Stadt- und Überlandlinienomnibussen einschließlich Gelenkzügen. Hierfür werden unter anderem Mercedes-Benz-Triebwerke benutzt. Bemerkenswert ist ein mit Erdgas betriebener Stadtomnibus, der 140 kW (190 PS) bei 2300 min^{-1} liefert.
Der östereichische Markt hatte Ende 1984 einen Gesamtfahrzeugbestand von 233 000 Lastkraftwagen und Omnibussen. Hierin enthalten ist auch die Anzahl der Transporter und Kleinlieferwagen.

Die neuen mittelschweren Lkw von Steyr. Diese Neun- bis Sechzehn-Tonner fahren mit Sechszylinder-Reihenmotoren mit 100 kW (136 PS), 130 kW (177 PS) und 154 kW (210 PS) Leistung.

Tschechoslowakei, Ungarn Rumänien, Polen

Es ist in unseren Tagen kaum bekannt, daß es im Gebiet der heutigen Tschechoslowakei eine im Verhältnis zur Landesgröße beträchtliche Anzahl von Nutzfahrzeugherstellern gegeben hat. Außer den bekannten Namen wie Skoda, Tatra, Praga und Laurin & Klement, gab es zwischen „Adam" und „Z" noch 25 andere Marken, die nur kurzlebig waren. Tatra und Skoda sind die ältesten Nutzfahrzeug-Hersteller in Osteuropa.

Der Vorgänger von Tatra im damals österreichischen Kronland Böhmen wurde 1853 als Wagenbaubetrieb gegründet, Skoda 1859 als Maschinenfabrik von Graf Ernst von Waldstein. Das ältere der beiden Unternehmen hieß damals Nesselsdorfer Wagenbau AG. Nesselsdorf – heute Koprivnice – und beherbergt auch jetzt noch die Produktionsanlagen der Tatra-Lastwagen, für deren Konstruktion das Zentralrohr-Chassis und die Pendelachse typisch sind.

Die Tatra-typischen Pendelachsen traten 1921 zuerst an Personenwagen und erst vier Jahre später bei den Lastwagen auf. Bemerkenswert war die Verwendung von Zylinderfedern bei Lastwagen zur Federung der Vorderachse. Teleskopstoßdämpfer dämpften die Schwingungen. Bei der heutigen Typenreihe werden an der Vorderachse Drehstäbe verwendet.

Schon vor dem Zweiten Weltkrieg wurde an Tatra-Lastwagen die Luftfederung erprobt. Als Feder diente ein Kolben in einem mit Luft gefüllten Zylinder. Die Abdichtung des Kolbens im Zylinder blieb jedoch unbefriedigend. Nach dem Krieg wurden diese Arbeiten fortgesetzt. Viele der heute modernen Federungen dieser Art gehen auf Patente der Tatra-Werke zurück. Die hydropneumatische Tatra-Federung weist eine minimale Länge im Verhältnis zum Hub auf. Sie ist universell verwendbar. Durch die Verbindung der einzelnen Teile untereinander kann ein Widerstand gegen Neigung und Nicken des Wagens erzielt werden.

Im Motorenbau hatten sich die Tatra-Werke auf Luftkühlung der Motoren eingestellt. Nach den mit den Personenwagen gewonnenen guten Erfahrungen wurde die Luftkühlung 1940 auch für die Lkw übernommen. Die Vorteile der Konstruktion gingen in das Baukastenprinzip ein. Aus der typisierten Zylindereinheit stellte man V4-, V6-, V8- und V12-Motoren zusammen.

Tatra realisierte als erster in der Serienfertigung die Kühlungsregelung bei Dieselmotoren durch einen Lüfterantrieb mit hydrodynamischer Kupplung. Unter vielen Möglichkeiten wirtschaftlicher Kühlung entwickelte Tatra auch eine Ejektor-Kühlung. Diese

Als dieser 3-t-Pritschenwagen von Hollmann & Jeřábek 1907 gebaut wurde, gab es noch keine Seitenklappen an der Ladefläche.

Rösler & Jauernig in Aussig (jetzt Ústi nad Labem) bauten 1908 diesen 10 kW (14 PS)-Wagen mit eisenbereiften Rädern.

Der RAF „FDL" (1909) der Reichenberger Automobilfabrik hatte einen 3,4-l-Motor von 16 kW (22 PS).

Laurin & Klement, Modell 500 von 1925, ein Sattelzug-Omnibus mit 24 Sitzplätzen und einem 4,7-l-Vierzylindermotor von 26 kW (35 PS).

Tatra-Zugmaschine Typ 813 6 × 6 von 1975 mit luftgekühltem V12-Dieselmotor mit 17,6 l Hubraum und 189 kW (257 PS).

Skoda-Liaz 706 RS-Kipper von 1955. Der 11,8-l-Dieselmotor leistete 99 kW (135 PS).

Praga V3S SK-Kastenwagen (1979) mit luftgekühltem Sechszylinder-Tatra-Diesel, 7,4 l, 72 kW (98 PS).

Tatra 148 SL-Muldenkipper mit zwei doppelt bereiften, angetriebenen Pendel-Hinterachsen (1973).

Spezialfahrzeug mit Hebe-Kipper und 156 kW (212 PS)-Dieselmotor auf dem Fahrwerk des Tatra 148 (1975).

Tatra 815 Agro-Tankwagen (1982) mit 15 t Tragkraft. Der luftgekühlte V10-Diesel leistet 208 kW (283 PS).

Omnibus Karosa 706 RTO Lux von 1959. Mit einem Sechszylinder-Skoda-Diesel (11,8 l, 118 kW bzw. 160 PS) erreichte er eine Geschwindigkeit von 90 km/h.

wurde 1950 in Rennwagen erfolgreich angewendet. Bei den Lastwagen konzentrierte sich Tatra hauptsächlich auf Schwerfahrzeuge für den Geländebetrieb. Schon die Zehntonner-Typen erreichten dank der unabhängigen Federung unter schweren Bedingungen hohe Fahrgeschwindigkeiten. Die jüngst in Serie gegangenen Tatra-Dreiachser T 815 S 6×6 (Muldenhinterkipper) und T 815 S 3 6×6 (Dreiseiten-Kipper) sind bei 26 t Gesamtgewicht mit luftgekühlten V10-Zylinder-Tatra-Dieselmotoren mit 208 kW (282 PS) ausgerüstet.
Skoda war erst 1923 in den Kreis der Nutzfahrzeug-Hersteller getreten, und zwar mit einer Lizenz von Hispano-Suiza. Bis 1939 bestand eine Kapitalverflechtung mit dem französischen Rüstungskonzern Schneider & Cie. Danach konzentrierte sich bis 1945 unter deutschem Einfluß der Lastwagenbau mehr auf Spezialfahrzeuge. 1946 wurde der Konzern verstaatlicht.
Die heutige Lkw-Produktion umfaßt Schwer-Lkw der 16-t-Klasse mit 220 kW (272 PS), 220 kW (301 PS) und 224 kW (305 PS) aus aufgeladenen Sechszylinder-Dieselmotoren. Das stärkste Triebwerk erreicht mit Ladeluftkühlung 235 kW (320 PS) bei 2000 min^{-1}. Die Gesamtzug-Gewichte werden bei allen Typen mit 38 t angegeben.

Ungarn

Ungarn baut Lastkraftwagen schon seit 1904 und nahm 1919 den Omnibus auf. Nach dem Zweiten Weltkrieg wurde unter veränderten Verhältnissen die Kraftfahrzeugbranche neu organisiert. Auf den Pkw-Bau wurde verzichtet, und es ist auch nicht vorgesehen, ihn wieder aufzunehmen. Das 1968 von der Regierung beschlossene „komplexe Entwicklungsprogramm" für die ungarische Fahrzeugindustrie sah zwei Schwerpunkte vor: Entwicklung unter besonderer Berücksichtigung des Omnibusbaus und Reorganisation mit dem Ziel einer Groß-Serienfertigung moderner Motorfahrzeuge für öffentliche Zwecke. Für dieses Programm wurden damals 12 Mrd. Forint Investitionsmittel bereitgestellt.
Die ungarische Nutzfahrzeugindustrie konzentriert sich heute auf zwei für mitteleuropäische Begriffe große Fabriken. Die eine ist die seit 1896 bestehende „Ungarische Waggon- und Maschinenfabrik" in Györ (Rab). Dort ist die Produktion spezialisiert auf Lastkraftwagen über 10 t Nutzlast, Sattelschlepper,

Skoda baute auch Oberleitungsomnibusse, wie zum Beispiel diesen Typ TR 10 von 1970.

Ikarus-Omnibus aus dem Jahr 1968 mit einem Sechszylinder-92-kW-(125-PS)-Dieselmotor (Csepel 613).

Muldenkipper sowie auf Dieselmotoren bis 276 kW (375 PS) nach MAN-Linzenz.
Das zweite Unternehmen ist die seit 1949 bestehende Automobilfabrik Csepel. Hauptsächlich werden Fahrzeug-Chassis und Spezialfahrzeuge für den Transport staubförmiger und flüssiger Güter produziert. Außerdem baut Csepel Fahrgestelle für Omnibusse und Zubehörteile.
Im Omnibusbau hat Ungarn eine durchaus starke Position. Die „Ikarus"-Karosserie und Omnibusfabrik entstand 1948 und zählt heute zu den größten Unternehmen dieser Art. Die Kapazität liegt bei etwa 12 000 Omnibussen je Jahr. Das Programm umfaßt praktisch alle gängigen Omnibustypen für Stadt- und Überlandlinienverkehr sowie Gelenkomnibusse in Standard- und Luxusausführung. In den sechziger Jahren bestand eine enge Verbindung zwischen den Verkehrsbetrieben von Hamburg einerseits und Ikarus.
Der Verband öffentlicher Verkehrsbetriebe (VÖV) in der Bundesrepublik Deutschland hatte in Zusammenarbeit mit maßgeblichen Omnibus-Herstellern das Konzept zur Entwicklung eines Standard-Linienbusses (für Stadt und Überland) ausgearbeitet. Nach diesem Konzept baute Ikarus für die Hansestadt eine Omnibusserie. Versuche, diese Fahrzeuge in größe-

Die ungarische Nutzfahrzeugindustrie besteht aus Rába-Lkw, die ausschließlich Lizenzbauten (MAN-Motoren, DAF-Fahrerhäuser, ZF-Getriebe, Eaton-Achsen) sind.

Ikarus ist das Omnibuswerk mit einer Jahreskapazität von etwa 12 000 Einheiten. Auch hier wurden Lizenzen benutzt, die zum Teil bis auf VÖV-Standardbusvorgaben zurückreichen, die über Hamburg nach Budapest kamen. Das Bild zeigt den ungarischen Gelenkomnibus, wie er überwiegend in den Ostblockstaaten eingesetzt wird.

Die Mehrzahl der Fahrzeuge mittlerer Tonnageklasse, die Ungarns Verteilerverkehr besorgen, stammt aus polnischer, tschechischer, rumänischer und ostdeutscher Produktion. Im Bild ein IFA-Lkw mit 7,5 t Gesamtgewicht.

rem Umfang auf dem deutschen Markt abzusetzen, schlugen fehl. Auch in der Schweiz und in Schweden blieb der Verkauf in den Ansätzen stecken. Der größte Teil der Omnibus-Produktion wird von der UdSSR abgenommen, der Rest geht in die Ostblockländer, nach Afrika und in die USA (Gelenkzüge). Die ungarische Nutzfahrzeugindustrie arbeitet mit zahlreichen Lizenzen, zum Beispiel von ZF, DAF und Eaton auf dem Gebiet der Achsen und von Anfang an mit einer MAN-Motorenlizenz für liegende, stehende und schräggestellte Zylinderanordnungen. Zeitweise gab es auch eine Vereinbarung zwischen

Ein 5-t-Lkw aus Lublin.

2,5-t-Leichttransporter mit einem Zweitaktmotor aus Polen.

Ikarus-MAN-VW-Kleinbus, Baujahr 1984. Dieser 30sitzige Bus mit ungarischem Aufbau sollte von MAN in der Bundesrepublik Deutschland vertrieben werden.

Ikarus und MAN über den Verkauf eines Ikarus-Kleinbus, der von MAN im Rahmen des Münchner Omnibus-Programms abgesetzt werden sollte. Es blieb jedoch bei der Absichtserklärung.

Der „Ursus" war der erste, 1928 in Polen gebaute Lkw. Er basierte auf einer FIAT-Lizenz; Nutzlast 1,5 t.

Der Polski-FIAT 621 von 1932 hatte eine Nutzlast von 2,5 t. Sein Sechszylindermotor leistete 34 kW (46 PS).

Der in Polen entwickelte 713 war 1939 bei Kriegsbeginn serienreif als Frontlenker oder Haubenwagen; Nutzlast 3,5 t.

Rumänien

Die Nutzfahrzeug-Fertigung begann 1954 in Brasov (Kronstadt) mit dem Nachbau eines sowjetischen SIS-Modells mit einem 70 kW (95 PS)-Ottomotor. Als Tragkraft wurden zuerst 3 t angegeben, die 1956 auf 4 t gesteigert wurde. Die erste Eigenentwicklung – das Modell „Karpati" SR 131 – erschien 1961. Die Nutzlast betrug wiederum nur 3 t, die Motorleistung 96 kW (130 PS) bei 3600 min^{-1}. Der gleiche V8-Ottomotor zog zwei Jahre später in das neue Modell „Bucegi" SR 113 mit einer Tragkraft von 5 t ein. Von diesem Modell gab es erstmals auch Ausführungen mit Allradantrieb. In den Jahren 1963 bis 1969 entstanden auf der Ausgangsbasis des SR-113-Chassis Omnibusse, Sattelschlepper mit 13-t-Anhänger, Kühlwagen, Autokrane, Feuerlöschfahrzeuge, Tankwagen und Kommunalfahrzeuge.
Die 1970 in Produktion genommenen Lastwagentypen „Roman" und „Dac" wurden erstmals mit Sechszylinder-Dieselmotoren nach MAN-Lizenz ausgerüstet: Reihen- Sechszylinder mit Leistungen von 99 kW (135 PS), 158 kW (215 PS) und mit Turboaufladung 188 kW (256 PS). Die mit diesen Motoren versehenen Fahrzeuge hatten Tragfähigkeiten von 6 t, 8 t, 10 t, 12 t und 19 t. Am Ende der siebziger Jahre, als der 500 000. Lkw in Brasov ausgeliefert wurde, verfügte das Programm über 17 Modelle mit zahlreichen Varianten. Außerdem werden auf den serienmäßigen oder abgewandelten Fahrgestellen nach Bedarf Sonderkonstruktionen aufgebaut.

Polen

Die polnische Nutzfahrzeugindustrie war von Anfang an auf den nationalen Bedarf zugeschnitten. 1928, als die erste Lkw-Serie „Ursus" in der Nähe von Warschau produziert wurde, nutzte man eine italienische Lizenz (S.P.A.). Der „Ursus" war ein 1,5-Tonner, der bis zur 6 x 4-Ausführung variiert wurde. Dieser Typ, mit einem Vierzylinder-3,9-l-Benzinmotor von 44 kW (60 PS) Leistung ausgestattet, blieb bis 1933 unverändert im Programm. Insgesamt erreichte man 1200 Einheiten in dieser Zeit.
Ab 1930 began ein zweites Werk mit dem Bau von Lkw nach einer Lizenz von Saurer. Diese 4,5- und 6-Tonner hatten ebenfalls Benzinmotoren mit 47,8 kW (65 PS) und 62,5 kW (85 PS); hierbei wurden auf diesen Chassis auch Omnibusse aufgebaut mit einer Fahrgastkapazität ab 30 bis 45 Personen. Zwei Jahre später fertigte man in FIAT-Lizenz einen 2,5-t-Transporter, der vorwiegend für Ambulanzen, Feuerwehr und kommunalen Bedarf vorgesehen war.
Zwischen 1936 und 1939 kamen Leicht-Lkw bis 7 t Gesamtgewicht in die Produktion. Hier bestand erstmals die Wahl zwischen Frontlenker- oder Hau-

Die militärische Version des 713 mit einem 4,7-l-Sechszylindermotor mit 55 kW (75 PS).

ben-Bauweise. Diese neue Serie erhielt einen Vierzylinder-Dieselmotor mit 47,8 kW (65 PS) Leistung sowie eine Hydraulikbremse mit Druckluftunterstützung. Dieses Modell diente als Basis für Omnibusse und Armeefahrzeuge.
Nach dem Krieg 1948 begann der polnische Nutzfahrzeugbau mit einem 3,5-Tonner („Star 20"). Der Vierzylinder-4-l-Motor brachte es auf 62,5 kW (85 PS) bei 2500 min^{-1}. Das Viergang-Getriebe war nicht synchronisiert. 1962 erhielt die „Star"-Reihe einen modernen Vierzylinder-Dieselmotor mit einem auf 5,6 l vergrößterten Hubraum und einer

1970 wurde der „Star" mit 6 t Nutzlast und 110 kW (150 PS)-Diesel-Direkteinspritzer in Produktion genommen.

Der Star 266 mit Allrad-Antrieb: Motorleistung 110 kW (150 PS), Nutzlast im Gelände 3,5 t, auf der Straße 5 t.

Die schweren Straßen-Lkw werden seit 1959 in Jelcz (nahe Breslau) gebaut. Das Bild zeigt den Jelcz 316 mit 13,5 t Nutzlast.

Leistung von 74 kW (100 PS) bei 2600 min^{-1}. Sechs Jahre später wurde die „Star"-Reihe auf 6 t ergänzt und das Lastzuggewicht auf 17 t angehoben. Aus der gleichen Serie entstand später noch ein Dreiachser 6×6, der 4 t Nutzlast durch schwieriges Gelände transportieren und etwa 1 m tiefe Wasserläufe durchwaten konnte. Im Zuge technischer Verbesserungen wurde das Gesamtgewicht erneut angehoben und ein Sechszylinder-Dieselmotor mit 110 kW (150 PS) eingebaut.

Die Jelcz-Sattelzugmaschine für ein Gesamtzuggewicht von 30 t mit einem Leyland-Lizenz-Motor (180 kW/244 PS).

Seit 1958 wird in Lublin der leichte Transporter ZuK hergestellt: 52 kW (70 PS), Nutzlast 900 kg.

Der Paralleltyp war ein 4 × 4-5-Tonner, der sogar 1,6 m Wassertiefe bewältigte.

Polens Schwer-Lkw werden heute in Jelcz gebaut. Mit einem Achttonner begann das Programm, es wurde im Laufe der Zeit bis auf 38 Tonnen Gesamtgewicht erweitert, das Zuggewicht auf 36 t festgesetzt. In der technischen Auslegung kam eine neue Kabine in die Serie, ein Sechsganggetriebe (ZF-Lizenz) und ein neuer Sechszylinder-11-l-Dieselmotor mit Turbolader (Lizenz Leyland) mit einer Leistung von 179 kW (243 PS) bei 2000 min^{-1}.

Auf der gleichen Basis entstanden Omnibusse mit einem Platzangebot für 43 Personen. Jelcz entwikkelte sich Anfang der siebziger Jahre zum Zentrum des polnischen Omnibusbaus, wozu die Berliet-Lizenz für den PR 110 beitrug. 1972 begann die Produktion dieses Stadtlinienbusses für 109 Personen. Die polnischen Ingenieure waren ehrgeizig genug, aus dieser Lizenz auch einen 12M-Reisebus zu entwickeln. Er bietet 46 Plätze, hat einen Sechszylinder-Dieselmotor mit 136 kW (185 PS) im Heck, ein Sechsganggetriebe und eine recht komfortable Innenausstattung.

Die Stückzahlen der polnischen Nutzfahrzeugindustrie sind nur dort überdurchschnittlich hoch, wo ein Export in andere Ostblockländer stattfinden kann, zum Beispiel in die DDR, die keine schweren Nutzfahrzeuge produziert. Der größte in der DDR gebaute Lkw ist der IFA W 50, ein Fünftonner (Nutzlast) der 10- bis 14-t-Klasse. Es gibt davon Varianten – Kipper, Kastenwagen, Omnibusse –, jedoch nur einen Motor, den Vierzylinder-6-l-Diesel (MAN-Verbrennungssystem), der 95 kW (125 PS) leistet. Das Fünfganggetriebe ist nur teilsynchronisiert.

Der Nysa, seit 1957 im gleichnamigen Ort (Neisse) mit selbsttragender Karosserie gebaut, mit den gleichen Daten des ZuK.

In Posen läuft seit 1972 der „Tarpan" vom Band, ein vom Pkw abgeleiteter Pickup. Er hat den Motor des ZuK; Nutzlast 600 kg.

Skandinavien und Finnland

Beim Entstehen der Automobilindustrie in Schweden, Dänemark und Norwegen, besonders beim Bau von Motorlastwagen, gab es wesentliche Unterschiede sowohl in der Startphase als auch in der späteren Entwicklungsgeschichte.
Schon 1887 bestanden Verbindungen zwischen Schweden und Gottlieb Daimler. Dieses Land gehört – nach Frankreich – zu den Ländern mit den am weitesten zurückreichenden geschäftlichen Verbindungen mit dem deutschen Ingenieur. Die Firmen „Vulcan" und „Zacco-Bruhn und Co." waren die ersten Geschäftspartner von Daimler in Schweden. Die mechanische Werkstätte „Vulcan" in Norrköping übernahm nach 1900 den Lizenzbau von Daimler-Motoren.
Als erster schwedischer Pionier des Automobilbaus gilt der Ingenieur Gustav Erikson, der bis 1900 in Deutschland, Frankreich und England Motorenbau studierte. Seine Ideen zur Lastwagen-Entwicklung übernahm nach seinem frühen Tod die Metallfabrik Surahammars Bruk, bekannt unter der Marke Vabis.
Die ersten Lastwagen wurden 1902 von Vabis und dem neuen Konkurrenten Scania fast gleichzeitig gebaut. Vabis benutzte einen 6,6 kW (9 PS)-Zweizylinder-Petroleum-Motor von Scheibler (in Aachen 1898 gegründet) und Scania einen Zweizylinder-Viertakt-Benzinmotor von Kämper (in Berlin 1901 gegründet). 1903 begann Scania mit dem eigenen Motorenbau. 1905 waren in Schweden 193 Automobile registriert, darunter 19 Lastwagen. Drei davon stammten aus der Daimler-Produktion Berlin, einer von der NAG Berlin-Oberschöneweide, die restlichen von Scania und Vabis.
1911 entstand mit dem Zusammengehen von Scania und Vabis die erste leistungsfähige Automobilfertigung Skandinaviens. 1925 kam dann Volvo AB hinzu. Der erste Lastwagen von Volvo wurde 1928 vorgestellt. Es war ein Dreitonner mit Vierzylinder-Petroleum-Motor, der 21 kW (28 PS) leistete. 996 Stück wurden von diesem Typ produziert, ehe er 1929 von dem Sechszylinder-Modell gleicher Ton-

Vabis-Lkw 1903. – Damals waren Vabis (Malmö) und Scania (Södertälje) Wettbewerber. Der 1,5-t-Lkw hatte einen Daimler-Zweizylindermotor mit 11 kW (15 PS) Leistung.

Scania-Vabis-Bus aus dem Jahr 1911. Motor: 4 Zylinder, 18 kW (24 PS); 10 bis 12 Sitzplätze. Der Fahrgastaufbau war bereits um das Chassis gebaut, so daß eine relativ tief liegende Bodenhöhe erreicht wurde. Die Blattfedern waren länger als beim Lkw, und deshalb war die Federung komfortabler.

Vabis-Lkw mit Faltplane aus dem Jahr 1912. Der Vierzylinder-Benzinmotor hatte bereits 26 kW (36 PS). Der Ritzelantrieb war noch immer aktuell. Petroleum- oder Carbid-Lampen waren verfügbar.

Scania-Vabis-Kipp-Lkw, Baujahr 1928. Ein Sechszylindermotor mit 74 kW (100 PS) Leistung war für den Viertonner serienmäßig. Das Fahrerhaus war erstmals bis auf die Seitenteile geschlossen, und vor der Fahrerscheibe war ein Scheibenwischer für Handbetätigung angebracht.

Überland-Linienomnibus mit Winterausrüstung. Diese Scania-Vabis-Fahrzeuge waren normale Serientypen, denen lediglich die Raupenkonstruktion untergesetzt wurde. Dazu war die Aufhängung der Hinterachse so angelegt, daß mit wenig Aufwand die Spurräder eingehängt werden konnten. Der Hinterradantrieb blieb unverändert.

1935 führte Scania-Vabis den Frontlenker-Lkw ein. Hierbei war der Motor im Fahrerhaus integriert, und der Antrieb erfolgte auf die Vorderachse. Deshalb ergab sich unterschiedliche Bereifung.

nage abgelöst wurde. Das Viergang-Schiebrad-Getriebe mit außenliegender Bandbremse war eine Eigenkonstruktion.
Volvo und Scania sind heute die führenden Nutzfahrzeug-Hersteller im skandinavischen Raum, aber ebenso starke Wettbewerber von GM, Ford, Daimler-Benz, IVECO und Renault in West- und Osteuropa sowie in den USA. Offensichtlich war 1967 die Entscheidung gegen eine Fusion richtig, denn beide gehen getrennte Wege sowohl in der Motorenphilosophie als auch im Fahrzeugbau selbst – und das erfolgreich. Volvo setzt auf den Sechszylinder-Reihenmotor, Scania hat Reihen- und V8-Motoren im Programm. Aufladung und Ladeluft-

Die Holzwirtschaft verlangte sehr früh Hilfsmittel für die Stämme-Beladung. Scania-Vabis konstruierte diesen ersten Fahrzeug-Ladekran, dessen Tragkraft allerdings beschränkt war. Bemerkenswert ist die Heizplatte vor der Hinterachse. Diese diente dazu, das Zusammenfrieren der Hölzer zu verhindern. Das Heizen besorgte das Auspuffrohr, das durch diese Heizplatte führte.

Die Nutzfahrzeuge der neuen Generation hatten überwiegend Turbomotoren mit 6 und 8 Zylindern, von 7,8 l bis 14,2 l und Leistungen ab 140 kW (190 PS) bis 309 kW (420 PS).

Das für Scania typische Bus-Chassis für alle Karosserien der Welt. Vorder- und Hinterwagen lassen sich ohne Funktionsbeeinträchtigung trennen und den jeweils gewünschten Radständen anpassen. Der Versand ist in dieser Kurzbauform platz- sowie kostensparend.

Volvo entstand 1925 mit Hilfe von SKF-Kugellager. Der erste Lastkraftwagen mit einem Petroleum-Motor wurde 1928 vorgestellt.

kühlung sind seit Jahrzehnten eingeführt. Dementsprechend groß ist der Erfahrungsschatz.
Während Volvo mit dem 7,5-t-Fahrzeug F4, einer Entwicklung aus dem Viererclub, außer den schweren Lkw bis 62 t (F 10) auch die Mittelklasse besetzt, konzentriert sich Scania auf die schweren Lastkraftwagen von 16 t aufwärts. Scania hat zudem sehr früh (1911) mit dem Omnibusbau begonnen, im Gegensatz zu Volvo. 1971 wurde mit dem Stadtlinienwagen CR 111 M der erste Omnibus mit einem vollständig gekapselten Motor vorgestellt. Seitdem sind im Programm Reisebusse, Hochdecker, Doppeldekker und Gelenkzüge mit einer eigenen Anti-Knick-Steuerung. Bei den Stadtbusmodellen karossiert Scania in Katrineholm selbst, bei den anderen werden die Chassis geliefert. Besonderes Scania-Merkmal ist das geteilte Chassis, d. h., Vorderwagen mit allen Steuerungen und Hinterwagen mit Antriebsblock sind getrennt, so daß der Omnibus-Karossier alle Radstände, die der Kunde wünscht, liefern kann.
Scania verkaufte 1984 22000 Lkw und 2000 Omnibusse, außerdem 4800 Motoren. Die Exportquote lag bei 91 Prozent. Etwa 80 Märkte in der Welt werden bedient. Zentralproduktion ist in Södertälje, außerdem gibt es sechs weitere Werke in Schweden. In Holland werden die Fahrzeuge für die EG-Länder montiert – 6800 Einheiten waren es 1984. Weitere Produktionen liegen in Brasilien, Argentinien, Australien, im Irak und in Tansania. Im deutschen Markt liegt Scania mit über 1000 verkauften Nutzfahrzeugen weit vor Volvo mit knapp 800 Einheiten.
Volvo hat 1984 mit dem Komplettbus begonnen. Bau-Merkmal: Der C 10 M basiert auf einer Nirostastahl-Bodengruppe. Bis zu diesem Zeitpunkt lieferte Volvo ausschließlich Chassis mit Front- bzw. Heckmotor-Auslegungen sowie Unterflur-Motoren. Das am stärksten expandierende Produkt im Volvo-Omnibusbau ist das Gelenkzug-Chassis, das in Skandinavien marktführend ist und auch in den USA bis 1986 produziert wurde.
Volvo verkaufte 1984 42000 schwere und mittelschwere Lastwagen – doppelt soviel wie vor zehn Jahren. Der Inlandabsatz in Schweden liegt bei 6 Prozent, 94 Prozent werden exportiert. Produktionsstätten sind außerhalb Schwedens in Belgien und Großbritannien, Montagewerke in Portugal, Marokko, Peru und Iran. In den USA existieren bereits drei Werke. In Brasilien und Australien werden ebenfalls sowohl Lkw als auch Omnibusse hergestellt.
In Dänemark hatte von 1913 bis 1920 Rudolf Kramper in Horsens (Jütland) Lastwagen ausschließlich aus dänischen Komponenten hergestellt und dann die Segel gestrichen. 1918 fusionierten die bis dahin mit geringem Erfolg produzierenden Firmen Jan, Thrige und Anglo-Dane zur „Forenede Automobilfabriker A/S" und bauten bis 1940 leichte Nutzfahrzeuge der Marke „Triangel". In Norwegen konnte sich überhaupt keine einheimische Nutzfahrzeug-Industrie entfalten. Bis zum Ersten Weltkrieg hatte

Der erste Sechszylindermotor im 4-t-Lkw von 1929.

Volvo-Dreiachser von 1951, bekannt unter der Bezeichnung „Titan". 1954 erhielt der schwerste Typ den ersten Turbolader-Motor mit 154 kW (210 PS) Leistung, den Volvo baute.

Sisu – O.Y. Suomen Autoteollisuus AB –, die einzige finnische Nutzfahrzeugfabrik, entstand 1931 in Helsinki. Die ersten Lkw (2,5 t) kamen 1932 in den Markt. Motoren und Lenkungen, Getriebe und Achsen wurden importiert. Erst später kam es zur Eigenproduktion dieser Teile. – Die abgebildeten Fahrzeugmodelle zählten zur Klasse der Dreitonner, die meist mit englischen Motoren ausgerüstet waren.

Scania-Vabis in Dänemark und Norwegen Montagewerke betrieben. Der Bedarf, der aus der einheimischen Produktion nicht gedeckt werden konnte, wurde hauptsächlich durch Importe aus Schweden und Deutschland befriedigt. So wurden zum Beispiel 1909 etwa 100 Lastkraftwagen deutscher Marken eingeführt.

Finnland dagegen hatte vor dem letzten Krieg Omnibusse auf Holzkarosserien aufgebaut. Heute sind Ajokki und Kutter bereits leistungsfähige Karossiers, die freilich jetzt Stahlaufbauten herstellen, in erster Linie auf Chassis von Scania und Volvo.

Die einzige finnische Nutzfahrzeugfabrik entstand 1931 in Helsinki: die Sisu Auto O.Y. In den Jahren 1931 bis 1974 war Sisu in Privatbesitz. 1974 ging die Aktienmehrheit in den Besitz des finnischen Staates über, der heute 83,9 Prozent der Aktien hält. Weitere Aktionäre sind Saab-Scania AB, Schweden, mit 10,5 Prozent, British Leyland International Holdings Ltd., Großbritannien, mit 5,3 Prozent sowie finnische Kleinaktionäre mit 0,3 Prozent.

Die Sisu-Produktion umfaßt Chassis für Lkw, Geländefahrzeuge und Omnibusse, Spezialfahrzeuge, Terminaltraktoren für Ro-Ro-Verkehre sowie Kranchassis und Lkw-Fahrerhäuser. Früher wurden auch Schienenfahrzeuge hergestellt sowie Benzinmotoren

1985 präsentierte Volvo die neue Generation der mittelschweren Lkw-Klasse, die im Zug bis zu 38 t Lastzuggewicht erreichen können. Motoren ab 112 kW (152 PS) bis 220 kW (299 PS) sind verfügbar.

und hydraulische Motoren. Besonders letztere als Radnabenantrieb sind in der Bundesrepublik Deutschland sehr schnell bekannt geworden.
Als ein ziemlich kleines Unternehmen – international betrachtet – konzentriert Sisu einen bedeutenden Anteil seiner Herstellung auf Erzeugnisse, die kaum in Produktionsprogrammen der großen multinationalen Firmen erscheinen. Sisu ist für die hohe Qualität und Konkurrenzfähigkeit seiner Erzeugnisse bekannt. So überrascht es nicht, daß bei Sisu bedeutende Entwicklungen begannen, zum Beispiel kippbare Fahrerhäuser oder die Kunststoffanwendung Anfang der sechziger Jahre zunächst bei der Motorhaube, später bei Kotflügeln. In beiden Fällen war Sisu der Pionier in Europa.
Sisu hat vier Produktionsstätten: in Helsinki, Hämeenlinna, Karjas und Mäntyharju. In Bogota (Kolumbien) unterhält das Unternehmen für den Kundendienst in Südamerika eine Tochtergesellschaft.
Seit den dreißiger Jahren werden Sisu-Produkte nach 62 Ländern exportiert. Bemerkenswert ist, daß Sisu auch die Geländefahrzeuge für die Friedensschutztruppe der UNO im Nahen Osten lieferte. In Finnland vertritt die Sisu außerdem Produkte von Leyland und Rolls-Royce Ltd.

Heute zählt Sisu zu den Pioniermarken im Spezialfahrzeugbau, die manche Details den großen Marken zur Auswertung überlassen, zum Beispiel den hydrostatischen Motor in der Radnabe, Kunststoffanwendungen oder Automobilkräne. Das Foto zeigt die neuen Modelle R 142 und 162 BEV mit Cummins-Motoren der Reihe 405.

Schweiz

1897 wurde in der Schweiz der erste Lastwagen von Dufour hergestellt, der späteren Société des Camions Dufour. Diese Entwicklung verdient Erwähnung, weil Dufour 1903 einen Lkw mit 12 kW (16 PS) aus einem gegenläufigen Zweizylindermotor baute, der mit 5 t Nutzlast noch 12 Prozent Steigung bewältigen konnte. Ein solcher Dufour-Lkw war der erste Lastwagen, der 1903 den Großen St. Bernhard bezwang. Dieses Fahrzeug hatte eine Art Vierrad-Stollen-Bremse, die über einen einzigen Hebel betätigt wurde. Für 48 Kilometer von Martigny bis Paßhöhe benötigte der Lkw zehn Stunden. Acht Fahrgäste erlebten diese Fahrt. Dufour entwickelte später einen Dreizylindermotor mit 13 kW (18 PS) Leistung, baute jedoch keine Lastwagen mehr, da inzwischen Saurer und Berna den Markt beherrschten.

In der Schweiz existierten um 1900 etwa 36 Firmen, die Automobile bauten; nur vier davon versuchten es mit Lastwagen und eigenen Motoren. Eine davon war Martini, die ihr erstes Objekt 1901 in Paris ausstellte: einen Viertonner mit Daimler-Motor. Ein Jahr später konstruierte Adolphe Saurer in Arbon (1853 in St. Georgen gegründet) Lastwagen mit Petroleum-Motoren. Saurer hatte bereits 1888 mit Einzylinder-Petrol-Motoren begonnen und 1896 das erste 1,1 kW (1,5 PS)-Auto gebaut.

1915 übernahm MAN das Saurer-Werk in Lindau am Bodensee. Das nun als Kraftwagenwerke MAN-Saurer GmbH firmierende Unternehmen baute in Lizenz Lkw mit Nutzlasten von 2,5 bis 5 t. 1918 wurde das Werk völlig in die MAN eingegliedert.

Seit 1902 baute Saurer Lastwagen für die Alpenpost. Bemerkenswert ist, daß Saurer 1904 ein Patent für eine Motorbremse erhielt, die später für Omnibusse sehr wichtig wurde.

Weitere Schweizer Gründungen waren die Firmen J. Wyss, Schweizerische Automobilfabrik Berna (ab 1929 mit Saurer liiert), und Franz Brozincevic (FBW) in Zürich-Wetzikon. Erwähnenswert ist auch, daß Rudolf Diesel 1893 mit den Brüdern Sulzer in Winterthur einen Entwicklungsvertrag für Dieselmotoren abschloß. Er wurde als einer der wichtigsten Verträge bezeichnet, die jemals von Sulzer eingegangen worden sind, obgleich dieser Zusammenarbeit kein Erfolg beschieden war. 1897 arbeitete Diesel mit der MAN in Augsburg zusammen. Trotzdem blieb

1902 begann Saurer in der Schweiz, Lastwagen zu bauen. Eine Reihe von Patenten stützten die Entwicklung, so die über Nockenwelle betätigte Motorbremse (1904), das Acro-Luftspeicherverfahren, den Dieselmotor mit Kreuzstromsystem (1932) und den Dieselmotor mit Direkteinspritzung. Das Foto zeigt den Typ AM 2 aus dem Jahr 1914.

1928 nahm Saurer eine OM-Lizenz aus Brescia und baute Leicht-Lkw mit 44 kW (60 PS)- und 59 kW-(80 PS)-Motoren. Am 17. 11. 1980 wurde die Exklusiv-Generalvertretung der IVECO für die Schweiz übernommen.

Die letzte schwere Lkw-Serie von Saurer offerierte Motoren mit 232 kW (315 PS) für alle Typen vom Zweiachser bis zum 6 x 6-Lkw. Im Bild die Sattelzugmaschine D 330 F 6 x 2.

Rudolf Diesel der Schweiz verbunden und baute im Jahr 1908 bei Safir, der Züricher Niederlassung von Saurer, den ersten schnellaufenden Dieselmotor der Welt.

Die Schweiz ist heute in der Produktion von Nutzfahrzeugen eine Domäne von Daimler-Benz. Mit der Übernahme von FBW und Saurer und der Bildung der Nutzfahrzeugwerke Arbon/Wetzikon (NAW) wurde zwar ein großer Teil der Arbeitsplätze der traditionellen Fahrzeugbetriebe erhalten, doch die Marken sind untergegangen. Der Untertürkheimer Konzern nutzt die Kapazitäten – und hat sie sogar erweitert – für die Herstellung von Sondermodellen und Fahrzeugtypen, deren Stückzahlen eine Großserienfertigung nicht rechtfertigen.

Die Schweiz war von jeher ein Importmarkt für Nutzfahrzeuge und Omnibusse, obwohl bis Anfang der achtziger Jahre FBW und Saurer beide Kategorien produzierten. Doch die Stückzahlen und auch die Technik waren Faktoren, die das Kostengefüge für beide nationale Fertigungen unverhältnismäßig belasteten.

Dieser 13-Tonner ist ein Objekt aus der neuen Verbindung: Die Frontseite zeigt die drei Embleme: Saurer/OM/IVECO.

Sowjetunion

In Rußland war um die Jahrhundertwende ein Ingenieur Boris Lutzky tätig, der an der Technischen Hochschule München studiert hatte. Im Auftrag der russischen Regierung arbeitete er bei der Lieferung von Lastwagen mit der Motor-Fahrzeug- und Motorenfabrik AG Berlin-Marienfelde zusammen, die seit 1902 zur Daimler-Motoren-Gesellschaft gehörte. Er leistete wichtige Beiträge zu Fahrzeug-Konstruktionen. Daraufhin erhielten die Lastwagen die Bezeichnung Daimler-Lutzky. Es existiert ein Pressebild aus dem Jahr 1903, das zeigt, wie Lutzky einen Daimler-Lutzky-Lastwagen dem Zaren von Rußland vorführt. Die Firma G. A. Lessner in St. Petersburg, die Lizenzen der Daimler-Motoren-Gesellschaft besaß, baute bis 1904 Marienfelder Lastwagen, ging dann aber zum Bau eigener Lastwagen über. Dieser Zeitpunkt war – nach den 1966 getroffenen Feststellungen eines Mitgliedes des Verbandes der Historiker in Moskau – der Beginn der Automobilproduktion in Rußland.

1896 exportierte Benz den sechssitzigen Landauer mit 4,4 kW (6 PS), also einen der ersten Omnibusse, nach Moskau. 1903 belieferte das Marienfelder Daimler-Werk den Verkehrsbetrieb in St. Petersburg.

Das erste Nutzfahrzeug der nachrevolutionären Zeit kam 1924 aus dem Moskauer Werk „AMO". Als 1,5-Tonner erreichte dieses Modell in zehn Jahren 6000 Einheiten. Unverändert blieb während dieser Zeit auch der 26 kW (35 PS)-Benzinmotor. Die einzige Veränderung kam am Ende der Periode mit einem Omnibus, der 26 Plätze auf dem AMO-Lkw-Chassis bot.

1933 änderte man die Bezeichnung „AMO" in „SIS" (Stalin-Werk). Gleichzeitig wurde auch eine Neuordnung im Lastwagenbereich vorgenommen. Denn von diesem Datum an erschien der Fünftonner „SIS-5", der gleichsam eine Basis-Konstruktion war, nicht nur deshalb, weil 25 000 Stück je Jahr hergestellt wurden, sondern weil mit der gleichen Konstruktion und geringen Detailanpassungen auch höhere Ladegewichte erreicht werden konnten. So gab es den „SIS 1,5" als Dreiachser mit 10 t Nutzlast als Haubenwagen der klassischen Bauart.

1948 löste die „SIL"-Serie den „SIS" ab. Wesentliches Merkmal waren ein neuer V8-Motor mit 110 kW (150 PS) und die Nutzlastanhebung um eine Tonne. Die Serie erhielt jetzt Varianten, wie zum Beispiel Kipper, Muldenkipper, Sattelschlepper, dazu 4 × 2/6 × 4- und 6 × 6-Versionen. Der schwerste Typ hatte 10 t Nutzlast und einen 10-l-V8-Dieselmotor mit 151 kW (205 PS) Leistung. Dazu kamen ein Fünfganggetriebe und die Zugzulassung für 29 t Gesamtgewicht.

Zum Verständnis sei angemerkt: Alle Automobilwerke der UdSSR mit Ausnahme von SIL werden mit der Abkürzung AS bezeichnet. AS heißt Awto Sawod (Autofabrik). Davor wird meistens der Anfangsbuch-

Der erste 1933 im Autowerk Gorki gebaute GAS AA, ein Lizenz-Modell des Ford AA für 1,5 t Nutzlast.

Das erste Nutzfahrzeug, das in Moskau gebaut wurde: AMO-F 15, 26 kW (35 PS). Bis 1934 wurden 6000 Stück hergestellt.
Das AMO-Werk (Awto Sawod Moskwa) hieß ab 1933 SIS und ab 1956 SIL.

Der heutige Diesel-Lastwagen SIL aus dem Lichatschow-Werk in Moskau in seiner Dreiachs-Version 6 × 4, Typ 133.

Der SIL 131, ein 6 × 6-Lastwagen für schweren Geländebetrieb.

Der ab 1945 in Gorki gebaute GAS 51 mit Benzinmotor und 2,5 t Nutzlast.

stabe der Stadt oder des Rayons gesetzt, zum Beispiel GAS gleich Gorki Awto Sawod (Autowerk in Gorki), BELAS gleich Belorussisches Autowerk. Das SIL ist nach seinem früheren Leiter Lichatschow benannt.

Ein besonderes Datum der russischen Nutzfahrzeugentwicklung war die Eröffnung der zweiten Lkw-Großproduktion in Gorki (1932). Die Kapazität war auf 100 000 Einheiten je Jahr ausgelegt; gebaut wurden allerdings nur 1,5-Tonner. Der verwendete Motor – 3,2 l und 31 kW (42 PS) – war eine Ford-Lizenz. Auf diesem Chassis wurden noch Kleinbusse für 16 Personen aufgebaut.

Innerhalb eines Zeitraums von zehn Jahren wurde dieser Typ technisch modifiziert und bietet heute 2,5 t Nutzlast. Der Sechszylinder-Benzinmotor mit 51,5 kW (70 PS) wurde in der Leistung etwas verbessert. Ab 1965 hatte sich das Gorki-Lkw-Programm noch auf einen Viertonner eingestellt mit V8-Motor und Zehnganggetriebe.

In der Zwischenzeit – bis 1965 – war auch die dritte Lkw-Fabrik im Ural fertiggestellt worden. Hier konzentrierten sich die schweren Dreiachser („Ural 375") 6 × 4 der 8-t-Klasse (16 t Gesamtgewicht) mit einem V8-Triebwerk mit 132 kW (180 PS). Diese Fahrzeuge hatten eine Kurzhauben-Kabine. Später hatte man die V8-Maschine (Ottomotor) auf 152 kW (207 PS) gesteigert.

Fast gleichzeitig mit der Produktionsaufnahme im Ural war auch in Minsk die „MAS"-Serie zur Auslie-

Aus dem Jahr 1965 stammt der aufgelastete GAS 53 mit 4 t Nutzlast.

Der Geländewagen GAS 66 war 1964 einer der ersten Frontlenker sowjetischer Herkunft.

Der Allrad-Wagen „Ural“ aus dem Werk in Miass (südlicher Ural), Nutzlast 5 t bis 8 t.

ferung fertig. Das Programm sah 25-t- bis 40-t-Lkw (4 × 2/6 × 4) mit dem ersten Turbo-Diesel (14,8 l und 99 kW (135 PS) bis 432 kW (587 PS) und hydraulisch-mechanische Getriebe vor.

Anfang der sechziger Jahre startete die vierte Lkw-Produktion der Sowjetunion in Krementschug (Ukraine), die – schon recht betagt (von 1925) – völlig neu errichtet worden war. Sie liefert jetzt Lastzugeinheiten mit 40 t bis 70 t Gesamtgewicht. Die Lastwagen dieses Werkes tragen die Bezeichnung „KRAS“.

Das Spezialwerk für Muldenkipper BELAS in Minsk produziert die größten Einzelfahrzeuge bis zu 180 t Tragkraft. Es handelt sich ausschließlich um Muldenkipper. Die V12-Diesel-Turbomotoren bieten Leistungen von 390 kW (530 PS) bis 1700 kW (2300 PS).

Das jüngste und größte Lkw-Werk befindet sich in

Ein modernes Schwerfahrzeug aus dem Minsker Werk als Lastwagen oder Sattelzugmaschine (bis 431 kW/585 PS).

Aus Krementschug am Dnjepr kommen Schwerstlastwagen. Hier eine Sattelzugmaschine 6 × 4 mit 30-t-Auflieger.

Das belorussische Autowerk BELAS baut schwere Muldenkipper. Das abgebildete Modell hat eine Nutzlast von 30 t.

Ein Muldenkipper aus dem neuen Werk an der Kama. Die Typen werden als Dreiachser mit Nutzlasten von 8 t bis 12 t gebaut.

Nabereshnyje Tschelny (Tatarische ASSR) an der Kama. Hier entstehen Acht- bis Zwölftonner. Die Kapazität war ursprünglich (1979) für 150000 Fahrzeuge und 250000 Dieselmotoren ausgelegt, dürfte inzwischen aber auf gut 800000 Stück gestiegen sein. Alle möglichen Varianten stehen im Programm: 4 × 2/6 × 2/6 × 4/6 × 6. Die Motorleistungen liegen um 184 kW (250 PS) bei 10 l Hubraum. Ein Zehnganggetriebe ist serienmäßig. Das „KAMAS"-Programm steht vollständig in der Exportliste von „Autoexport".

Für die Omnibusproduktion existieren Werke in Pawlowsk und in Lwow. Im ersten werden Kleinbusse bis 24 Plätze, im zweiten 9- und 11-m-Wagen gebaut. Die Auslegungen sehen sowohl Frontmotor- als auch Heckmotor-Chassis vor. Die 11-m-Busse werden ausschließlich mit Heckmotor-Anordnung gebaut. LIAS in Likino (östlich von Moskau) baut Stadt- und Überlandlinienbusse mit Luftfederung und Automatikgetriebe.

Weitere Nutzfahrzeug-Aktivitäten der UdSSR sind die RAF (Rigaer Autofabrik) in Jelgawa (früher Mitau). Dort werden Kleinbusse auf der Basis des Pkw Wolga von GAS hergestellt. Das UAS in Uljanowsk an der mittleren Wolga baut den Geländewagen UAS 469 „Tundra"; der Motor kommt vom WAS (Wolga-Autowerk) in Togliatti am Wolga-Staubecken. Dieses Werk baut in erster Linie den Pkw Lada und, davon abgeleitet (sofern als Nutzfahrzeug gewertet), den Geländewagen Niwa. Weitere Geländewagen gibt es von GAS, KRAS, SIL, außerdem den Typ Ural (vermutlich aus Ischewsk). In Miass (südlicher Ural), Kutaisi (südlicher Kaukasus) und Mytistschi (nordöstlich Moskau) werden Lkw, Schlepper, Kipper und Spezialfahrzeuge montiert. In Krasnojarsk (Südwest-Sibirien) werden Sattelzugmaschinen, Anhänger und Traktoren gebaut, in Neftekamsk an der Kama Kipper, in Stawropol (nördlicher Kaukasus) Anhänger.

Das NIIAT ist ein Forschungsinstitut für Kraftver-

Ein KAMAS-Allrad-Wagen mit 10,85-l-V8-Motor und Zehngang-Getriebe.

Ein leichter Lieferwagen, hier als Kombi, aus der Rigaer Autofabrik RAF auf der Basis der Moskwitsch- und Wolga-Pkw. (Das Werk liegt in Jelgava, früher Mitau.)

kehrswesen, das NAMI ein Forschungsinstitut für Kfz-Entwicklung, beide in Moskau. Den Export leitet die „VO Awtoexport" in Moskau. (VO heißt etwa „Allunions-Vereinigung".) Die Hauptabsatzgebiete liegen im Ostblock, in Afrika und in einigen arabischen Ländern. Über tatsächlich produzierte Stückzahlen gibt es keine zuverlässigen Angaben, ebensowenig über das Exportvolumen.

Ein KAMAS-Fernlastzug mit Motorwagen 6 × 4 und 213 kW (290 PS) für 40 t Zuggewicht.

Spanien

Die Nutzfahrzeug-Industrie Spaniens läßt zwei Perioden ihrer Entwicklung erkennen: Die erste begann um 1900 und endete 1936 mit dem Ausbruch des Bürgerkrieges, die zweite fing in den fünfziger Jahren an und dauert bis heute.
In jeder dieser Perioden existierte eine Marke, die den spanischen Markt beherrschte. In der ersten war es Hispano-Suiza, mit einer Technik, die durchaus mit der allgemein bekannten vergleichbar ist. In der zweiten übernahm Pegaso diese Position unter weitgehender Übernahme der Hispano-Suiza-Vorarbeit und bestimmte viele Jahre das Geschehen in der spanischen Nutzfahrzeug-Industrie.
Ende 1908 begann Hispano-Suiza nach einer mit Schweizer Hilfe ermöglichten Neugründung der Fábrica de Automóviles S.A. (technischer Leiter Marc Birkigt) mit der Produktion von Chassis für Nutzfahrzeuge. Damit veränderte sich in Spanien das Transportwesen grundlegend. Mit Beteiligung des Fahrzeugherstellers wurden mehrere Unternehmen für die Personen- und Güterbeförderung gegründet. 1910 funktionierten schon 30 verschiedene Linien mit insgesamt 52 sogenannten Kombinations-Fahrzeugen.
Die ersten Modelle (Typ 12/15 CV) waren mit einem Vierzylindermotor ausgerüstet, der etwa 11 kW (15 PS) leistete. Die Transportkapazität bot Platz entweder für zehn Passagiere oder 1000 kg Ladung. Ein Folgemodell (24/30 CV mit 22 kW/30 PS) erweiterte das Angebot auf 18 Plätze oder 2000 kg Fracht. Technisch bemerkenswert ist, daß beide Fahrzeuge noch eine unzulängliche Dreigangschaltung hatten. 1912 erschien dann erstmals ein Vierganggetriebe, das die Leistung deutlich verbesserte.
Das bekannteste Modell der gesamten Hispano-Suiza-Historie war der 40/50 CV. Mit einem Vierzylindermotor von 4712 cm^3 Hubraum und 37 kW (50 PS) repräsentierte dieser Kombilastwagen trotz Lederkonus-Kupplung schon einen Fortschritt. Der Motor wurde zur Dämpfung der Vibration an drei Punkten aufgehängt; dies war ein absolutes Novum. Die fast geschlossene Karosserie bot Platz für 22 Passagiere, oder es ließen sich bis zu 3000 kg Güter laden.
Dieses Fahrzeug blieb mehrere Jahre unverändert im Programm, mußte sich allerdings 1918 den Markt mit einem technisch verbesserten Modell teilen. Wesentliches Neuheiten-Merkmal war ein mechanischer Regler, der die Motordrehzahl bei 1400 min^{-1} stabilisierte. Dieses Modell war zugleich der Start in den Export nach Lateinamerika, wo es der spürbaren US-amerikanischen Konkurrenz entgegentrat.
In den folgenden Jahren wurde unter dem Einfluß der Schweizer die gesamte Fahrzeugtechnik Detail für Detail verbessert. So kam 1928 der erste Motor mit demontierbarem, einteiligem Zylinderkopf heraus. 1931 erschien der Typ 69 mit einem Sechszylinder-Reihenmotor und 74 kW (100 PS) Leistung im Angebot. Der Typ 69 schloß außer der Lastwagenserie auch einen Omnibus ein, der bereits 50 Plätze aufwies. Mit diesem Programm verhältnismäßig moderner Nutzfahrzeuge verschaffte sich Hispano-

Spaniens Nutzfahrzeug-Industrie begann 1900 mit der Gründung der Hispano-Suiza. Dieses Modell 30/40 wurde 1908 gebaut. Der 3-t-Lkw hatte Ritzelantrieb, der Motor – eine Saurer-Lizenz – leistete 37 kW (50 PS) und wies bereits eine Dreipunktaufhängung auf. Ein weiteres Merkmal war die Leder-Konus-Kupplung.

1921 war der Nutzfahrzeugbau noch weitgehend von Saurer bestimmt. Chassis und Fahrerhaus zeigen unverkennbar die Schweizer Handschrift. Der Motor leistete inzwischen 44 kW (60 PS), und ein Vierganggetriebe gehörte zur Grundausrüstung. Das Bild zeigt das 3-t-Chassis mit Wassertankaufbau.

Suiza auf dem spanischen Markt endgültig jene Position, die den Namen des Unternehmens weit über die spanischen Grenzen hinaus bekannt machte und sogar zu Lizenznahmen führte.
Im Schatten der marktbeherrschenden Hispano-Suiza existierten noch andere Firmen mit ihren Fahrzeug-Produktionen. An erster Stelle ist hier Elizalde zu nennen, der zwar Pkw produzierte, jedoch mit Unterstützung der Regierung Chassis für Klein-Lieferwagen oder Transporter baute, die in erster Linie für Handwerker, Hotels und Warenhäuser von Interesse waren. Als Triebwerk wurde ein 2,2-l-Vierzylindermotor benutzt. Das größte Modell dieser Transporter-Reihe war ein 24sitziger Kleinbus.
Ende der zwanziger Jahre produzierte diese Firma auf dem 5-t-Lkw-Chassis einen Omnibus, der 45 Passagiere transportieren konnte; hierbei wählte man interessanterweise für die Hinterräder eine Doppelgelenkachse. Im Grunde war dies der erste große Omnibus mit unabhängig aufgehängten Vorderrädern und De Dion-Hinterachse!
1925 schickte sich der amerikanische General-Motors-Konzern an, in Spanien Nutzfahrzeuge unter eigener Regie zu bauen. Bis zum Beginn des Bürgerkriegs 1936 hatte GM bereits einen wichtigen Marktanteil erreicht. Während des Bürgerkriegs schlossen sich die Arbeiter von GM zu einer Kooperation zusammen, um den „Marathon" gegen Widerstände der heimischen Wettbewerber auf den Markt zu bringen. Es war ein Omnibus-Modell, das dem GM-Vorbild weitgehend nachgebaut worden war, jedoch unter Einschluß spanischer Technik. Mit dem 63 kW (86 PS)-Motor und Achtganggetriebe präsentierte sich dieses Kombinations-Fahrzeug als modernere Version früherer Hispano-Suiza-Modelle.
Über einen eigenen Omnibusbau verfügten die Verkehrsbetriebe von Barcelona. Von 1929 bis 1939 entstanden Stadtlinien-Busse unter Nutzung von marktgängigen Komponenten in einer kleinen Werkstatt. Auffallend an diesen Fahrzeugen war ihre zweistöckige Karosserie mit Platz für 60 Passagiere. Als Motor wurde ein 66 kW (90 PS)-Triebwerk mit elektrisch schaltbarem Getriebe benutzt (Wilson).

Nach dem Niedergang von Hispano-Suiza im Lkw-Bau übernahm 1946 die ENASA (Empresa Nacional de Autocamiones) die Produktionsanlagen. Die ersten Lkw mit Dieselmotoren waren Achttonner und erhielten den Namen „Pegaso". Im Bild das Modell aus dem Jahr 1950 mit zwei gelenkten Vorderachsen.

Der moderne „Pegaso"-Lastzug hat inzwischen eigene Dieselmotoren mit Turbolader und 258 kW (350 PS) Leistung. Getriebe und Lenkungen kommen von der ZF. Die großen Motoren haben vier Ventile je Zylinder.

Zwischen 1936 und 1950 stagnierte in Spanien die Nutzfahrzeug-Produktion. Wagen, die zu dieser Zeit auf den spanischen Straßen fuhren, stammten aus der Vorkriegszeit oder waren importierte Modelle, allerdings in geringer Anzahl, weil die Einfuhrzölle sehr hoch waren. Das Vakuum füllten Kleinfahrzeuge, die zum Teil in Eigenbau mit Motorradmotoren eine Ladekapazität bis etwa 750 kg erreichten.
Erfolgreich war damals der Elektro-Transporter „Autaquia", ein Fahrzeug mit zwei bis drei Tonnen Nutzlast. Der Elektromotor erlaubte eine Geschwindigkeit von 30 km/h bei einer Reichweite bis 65 km.
Der Wiederbeginn einer spanischen Nutzfahrzeug-Industrie fiel in das Jahr 1946. Zu diesem Zeitpunkt bildete sich die ENASA (Empresa Nacional de Autocamiones). Sie hatte die Betriebseinrichtungen der Hispano-Suiza in Barcelona übernommen und sich durch Verträge deren Techniken gesichert. Der erste Großauftrag lautete auf Lastwagen mit Dieselmotor der 8-t-Klasse. Dieses Produkt erhielt 1949 den Markennamen „Pegaso", eine Bezeichnung, die später für alle weiteren Produkte der ENASA übernommen wurde. Der erste „Pegaso" hatte einen Sechszylinder-Reihenmotor mit 88 kW (120 PS) Leistung und 8 t Nutzlast. Der Erfolg dieses Modells war überraschend groß. Dies veranlaßte die ENASA, sehr schnell technisch weiter verbesserte Fahrzeugtypen herauszubringen. Unter den folgenden Serien war der 1955 erschienene Z 207 „Barajas" besonders erfolgreich, ein Modell mit modernster Technik. Neu waren der Sechszylinder-V-Motor sowie die vordere Einzelradaufhängung. Das für viele Jahre typische Pegaso-Styling, die „Wellblechkabine", wurde mit diesem neuen Fahrzeug kreiert.
1962 unterschrieb ENASA einen Kooperationsvertrag mit Leyland. Das Resultat war der Pegaso-„Komet 1090". Dieser Achttonner erhielt einen Sechszylinder-Dieselmotor mit 92 kW (125 PS). Die Hinterachse wies einen schaltbaren Reduktionsgang auf. Zudem wurde die Fahrerkabine großzügiger verglast.
Mitte der sechziger Jahre produzierte Pegaso Omnibusse und Lkw, zeitweise auch Militärfahrzeuge. Aufgenommen wurden stärkere Motoren bis 258 kW (350 PS); hierbei kamen erstmals vier Ventile je Zylinder auf. Der erste Pegaso-Omnibus mit selbsttragender Karosserie, als Hochdecker konzipiert, erhielt den neuen Turbomotor mit 228 kW (310 PS) ins Heck.
Außer ENASA hatte sich Barreiros einen Namen im Nutzfahrzeugbau gemacht. Die persönliche Initiative von Eduardo Barreiros sorgte für eine gut organisierte Produktion leichter und mittlerer Lkw, die sich sehr schnell am spanischen Markt durchsetzten. Zeitweilig übertrafen sogar Barreiros-Zulassungen die des direkten Konkurrenten Pegaso. Doch trotz des Erfolges wurde Barreiros von der aufkommenden Krise erfaßt und von Chrysler übernommen: Die Fahrzeuge liefen weiter unter der Bezeichnung „Dodge".
1981 übernahm Renault von der Peugeot-Gruppe die Chrysler-Anteile (50 Prozent) an der Dodge-Europa (Spanien und Großbritannien). Monate später entstand daraus die „Société Hispano Francais de Vehicules Industriales" (SHFVI). Die Marktanteile der neuen Gesellschaft lagen bei Schwerlastwagen ab 12 t bei 40 Prozent. 1983 entschied man in Frankreich, die Barreiros-Dodge-Fahrzeuge unter der Marke „Renault" zu vermarkten.
1980 begann die Veränderung bei EBRO. Diese Marke der Motor Iberica (MISA) – 1920 in Cadiz als Ford-Lizenzproduktion gegründet – drängte noch 1956 mit 3,5 t Leicht-Lkw auf den spanischen Markt. Der Erfolg war viele Jahre gut. Aber die Krise Ende der sechziger Jahre zwang auch hier zur Suche nach

einem Partner, den man zunächst in Massey-Ferguson fand. Massey-Ferguson verkaufte dann jedoch seine Motor-Iberica-Anteile an Nissan. Heute hält Nissan 87 Prozent der Anteile von MISA. Der erste Schritt, mit japanischen Leicht-Lkw in die Fahrzeugmärkte Europas einzudringen, war somit vollzogen.

Produziert wird heute der Nissan-„Patrol"-Geländewagen anstelle des EBRO-Jeep. 4000 bis 5000 Einheiten je Jahr sollen von den Bändern laufen. Ab Mitte 1985 kam Nissans Kleintransporter „Vanette" dazu. Es ist nur eine Frage der Zeit, bis die ersten Nissan-Lkw über Spanien in den europäischen Markt einfahren. Beim Transporter sind es bereits 54 Prozent Marktanteil in Spanien. Starker Konkurrent ist hier Mercedes-Benz Espana S.A. mit vier Modellen. Der dritte Transporterhersteller ist ENASA, doch der Typ J 4 ist veraltet.

Zur Historie der spanischen Nutzfahrzeug-Industrie gehören auch kleinere Firmen, die später entstanden und vorwiegend Transporter und Leicht-Lkw bis zu 3,5 t herstellten. Eine davon war Imosa. Sie wurde 1955 bekannt mit dem Auto-Union-Transporter, dem 1960 das Modell F 100 L, exklusiv für die ganze Welt fabriziert, folgte. Als 1958 die Auto-Union von Daimler-Benz übernommen wurde, wechselte auch Imosa zum neuen Konzern und baute fortan Mercedes-Transporter. Imosa wurde inzwischen vollständig von Daimler-Benz übernommen.

Der spanische Markt stellt sich heute nicht viel besser dar als die vergleichbaren in Europa. Im harten Wettbewerb stehen Nutzfahrzeuge von Pegaso und Renault, gegen die auf Importlizenzen

Außer „Pegaso" gab es die Marke „Barreiros". Sie wurde Jahre später von Chrysler übernommen und 1981 von Renault. Das Foto zeigt den 2,5-t-Lkw, Jahrgang 1962.

angewiesene Firmen vorläufig kaum nennenswerte Chancen haben, weil die Importzölle so hoch sind. Diese sollen jedoch im Zuge des Beitritts von Spanien in die EG innerhalb von acht Jahren abgebaut werden.

1983 wurden in Spanien 17 000 Nutzfahrzeuge über 5 t zugelassen, 1984 dagegen nur 13 000. Auch diese Zahlen weisen auf eine deutliche Abschwächung bei Nutzfahrzeugen hin. Im Vergleich dazu das Jahr 1972: Damals wurden noch 39 770 Lastkraftwagen verkauft.

Mit dem Jahr 1986 begann in Spanien eine neue Ära. Infolge der Mitgliedschaft Spaniens in der EG dürfte sich auf dem dortigen Nutzfahrzeugmarkt in absehbarer Zeit einiges anders darstellen.

EBRO – ursprünglich eine Ford-Lizenzfertigung um 1920 in Cadiz – stieg zur Nobelmarke der „Motor Iberica" (MISA) auf, vorwiegend mit 3,5-t-Lkw. Heute gehört EBRO der japanischen Firma Nissan. Im Bild das 2,5-t-EBRO-Chassis von 1967.

USA

Auch in Amerika hatte es – ähnlich wie in Großbritannien und Frankreich – seit den zwanziger Jahren des 19. Jahrhunderts nicht an Bemühungen gefehlt, Straßen-Dampfwagen zu bauen. Erst in den sechziger Jahren wurde diese frühere Aktivität neu belebt, nachdem verschiedene Erbauer von Dampffahrzeugen, zum Beispiel Battin 1861, Roger 1863, Dickson 1865, Curtis 1866 und Carhart 1871, mit erfolgversprechenden Bauarten hervorgetreten waren.
Die Weltausstellung von Philadelphia 1876 zeigte erstmals einen Verbrennungsmotor als neue Kraftquelle: den Brayton-Motor. Dieser wurde zwar bald von dem Otto-Viertakter verdrängt und eignete sich auch nicht für Straßenfahrzeuge. Brayton verfügte aber über Patente, die lange Zeit der amerikanischen Automobilindustrie im Wege standen.
Einen erfolgreichen Start hatte die Daimler Manufactoring Co. durch Steinway, Long Island. Auf der ersten Internationalen Automobilausstellung in New York 1900 hatte sie mehrere Lieferwagen gezeigt. Ein Jahr später beteiligte sie sich erfolgreich an der Zuverlässigkeitsfahrt Long Island und verkaufte daraufhin fünfzehn Lieferwagen an namhafte New Yorker Warenhäuser. 1902 richtete die Daimler

Aus dem Jahre 1911 stammt der erste Transporter von General Motors Truck Company (GMC). Er hatte Kettenantrieb.

Als Mehrzweckfahrzeug im Militärbereich diente der 2,5-Tonner von GMC.

Dieses GMC-Fahrzeug von 1914 wurde nicht nur Straßentests unterzogen.

GMC ist in den USA der führende Nutzfahrzeughersteller. Der „Aero Astro" von GMC (oben) wurde 1983 mit völlig neuem Kabinen-Styling in den Markt gebracht. 1984 folgten der Leicht-Lkw „Forward" (unten links) mit 7,5 t Gesamtgewicht. Die Mittelklasse wird nach wie vor mit dem für US-Lkw typischen, wuchtigen Fahrerhaus gebaut (unten rechts).

Manufactoring Co. in Philadelphia eine Reparaturwerkstatt ein, die einen Pannendienst unterhielt, havarierte Fahrzeuge abschleppte und den Besitzern von Reparaturwagen leihweise Ersatzfahrzeuge überließ: Es war der erste Nutzfahrzeug-Kundendienst in den USA.

In dieser Zeit, 1903, wurde die Ford Motor Co. in Detroit gegründet und 1908 die General Motors Corporation in New Jersey. Beide begannen sehr schnell, Lastwagen in Serie zu bauen.

Cyros H. McCormick, der 1902 mit einer Landmaschinenfabrik begonnen hatte, stellte 1907 den ersten „Buggy", einen zum Automobil umgebauten Lastkarren vor, wie er in den Staaten auf dem Lande üblich war. Ein Zweizylindermotor, Daimler-Lizenzprodukt aus Chicago, genügte als Antrieb mit Kette auf die Hinterräder. Bemerkenswert an diesem Ur-Mobil der späteren „International Harvester Company" waren die ungewöhnlich großen Räder. Sie waren genau richtig für die unbefestigten Wege. Hierin lag sicher auch das Geheimnis, weshalb dieser „Buggy" sehr schnell Interesse bei den Farmern fand und McCormick sich in der Lage sah, schon im ersten Jahr 1500 Stück abzusetzen.

1928 baute McCormick in seiner Fabrik Fort Wayne mehr als 39 000 Stück 2-t-Kleinlaster. Damit war jedoch die Kapazitätsgrenze erreicht. Über die bereits bestehenden Landmaschinen-Verbindungen mit

International Harvester zählt außer GMC zu den aktivsten Nutzfahrzeugherstellern. 1928 lag die Kapazität für Frachtwagen bei 39 000, 1947 stieg die Produktion auf 165 000 Lastwagen. Das Bild zeigt eine Dreiachs-Sattelzugmaschine mit einem 184 kW (250 PS)-Cummins-Dieselmotor der 1900-Serie für 38-t-Züge. Im Hintergrund die 6 + 2-Zugmaschine mit Haubenfahrerhaus und separater Schlafkabine und Cummins-NTC-400-Motor mit 294 kW (400 PS).

Frankreich, England, Deutschland, Rußland und Holland ergaben sich schnell auch Exportchancen. 1929 baute IHC eine eigene Prüfstrecke für seine Automobile. 1937 entstand in Indiana eine Motorenfabrik, in Holland eine Montageanlage. Während des Krieges baute IHC auch Militärfahrzeuge, und ein Jahr nach Kriegsende wurde ein Produktionsrekord mit 165 000 Fahrzeugen erreicht. Das Programm besteht jetzt aus großen Pickup-Transportern mit 2,5 t, einem Mittelklasse-Lkw mit 4 t und einem schweren Lkw mit 5,5 t Nutzlast sowie einem Traktor. Die Jahresproduktion beträgt 150 000 Autos. 1972 versuchte es der amerikanische Landmaschinenkonzern sogar mit Beteiligungen in Europa (DAF), die aber nach wenigen Jahren scheiterten. Ein Brüderpaar namens Mack befaßte sich sehr früh

Mack ist in den USA bekannt als Schwerlastwagen-Hersteller. Eine wegweisende Motorenentwicklung war in den fünfziger Jahren der „Maxidine"-Dieselmotor mit einer extremen Drehmomentüberhöhung. Mack ist heute mit Renault liiert. Erfolge brachte der aus dem „Viererclub" entwickelte 7,5-Tonner, der mit importierten Aggregaten in den USA montiert wird.

Ford hat seit 1980 begonnen, den in der Bundesrepublik Deutschland und England entwickelten „Cargo" zum weltweiten Lkw-Vertrieb anzubieten. Auch in den USA wird diese neue moderne Generation produziert und verkauft. Im Bild die „Cargo"-Sattelzugmaschine mit 150 kW (204 PS)-Cummins-Dieselmotor.

(1892) mit Automobilen, allerdings mit Elektroantrieb, und begann um 1910 offene Omnibusse mit Benzinmotoren zu bauen. Der erste Erfolg stellte sich vier Jahre später ein, als ein 2-t-Chassis mit Frontmotor auf den Markt kam. Daraus wurde der Leicht-Lkw „Junior", dem wiederum zwei Jahre danach ein Fünftonner und ein Siebentonner folgten. 1939 waren diese Lkw-Serien die Produktionsbasis für Mack. Der Krieg verschaffte dem Werk einen Heeresauftrag für 4500 Lkw für 3,5 t bis 5 t Nutzlast. Ein Dreiachser, der „Traffic", wurde ebenfalls in das Programm aufgenommen und zu einem Erfolg geführt, denn weder Ford noch GM hatten solche speziellen Lastwagen zu bieten.
1937 startete Mack mit Dieselmotoren in Lastwagen und stellte das Lkw-Programm mehr auf schwere Modelle um. Ein besonderes Ereignis mit großer Wirkung war für diesen Lastwagenhersteller die Markteinführung des „Maxidyne"-Dieselmotors (1966). Bei diesem 155 kW (210 PS)-Dieselmotor waren erstmals Turboaufladung und Kraftstoffeinspritzung so aufeinander abgestimmt, daß die Leistung im mittleren bis oberen Drehzahlbereich nur um etwa 10 Prozent variierte. Im Vergleich zum „normalen" Dieselmotor, der in diesem Drehzahlbereich gut 30 Prozent abfällt, bedeutete diese Lösung eine höchst elastische Triebswerksauslegung. Mit anderen Worten: Beim „Maxidyne"-Motor wurde weniger geschaltet, weniger Kraftstoff verbraucht und die Laufzeit verlängert.

Diese Studie zeigt, wie sich Ford einen künftigen Koffer-Lkw vorstellt. Seit Jahren laufen umfangreiche Versuche mit c_w-Wert-Verbesserungen, aber ebenso gibt es technische Konzepte für eine Fahrgestell-Konstruktion, die leichter und stabiler ist und mehr Schutz gegen Auffahrunfälle bietet.

Mack gehört gegenwärtig zu den sechs großen US-Lastwagenbauern GM, Ford, IHC, Freightliner (Mercedes-Benz) und White (Volvo). Mack wird heute fast vollständig von dem Anteileigner (Renault) beherrscht. Über Mack verkauft Renault den schon in Europa so erfolgreichen „Viererclub"-Lkw in USA und konkurriert hier direkt mit IVECO und Volvo, die mit dem gleichen Typ den US-Markt bedienen, auf Kosten von Ford und GM.
Die General Motors Corporation (GMC) ist heute

1984 überraschte eine Karosseriefirma in Washington die Öffentlichkeit mit diesem Sattelzugbus. Solche unflexiblen Fahrzeugkombinationen – von der Praxis längst verworfen – kann sich der US-Markt noch leisten.

Ein ganz moderner Reisebus von „Prevost", dem größten Luxusreisebus-Hersteller in den USA.

der größte Nutzfahrzeughersteller in den USA. Der Konzern entstand 1908 aus der „Rapid Motorvehicle Company". Er bietet heute ein Lastwagenprogramm von 1 t bis 40 t in Kooperation mit Volvo und dazu ein breites Motorenprogramm mit Zwei- und Viertakt-Versionen sowie eine Serie vollautomatischer Fahrzeuggetriebe der konzerneigenen „Allison Division".
GMC hat als erste Firma ihre Schaltgetriebe synchronisiert, die Vierradbremse eingeführt, Zwei-Gang-Hinterachsen benutzt, Druckschmierung in die Fahrwerke und eine geschlossene Fahrerkabine serienmäßig eingeführt. Zu welcher Leistung der Konzern fähig ist, bewies der Zweite Weltkrieg. Binnen kurzer Zeit wurde die Produktion umgestellt, und man lieferte bis Kriegsende 600 000 Lastwagen an die Streitkräfte, darunter auch ein Amphibien-Lkw, der in 38 Tagen entwickelt, getestet und in Produktion genommen worden war. 1964 war GMC der erste Hersteller von Schwerfahrzeugen mit Gasturbinen. Die Leistungen reichten bis 368 kW (500 PS).
Bei Henry Ford spielte am Anfang (1903 bis etwa 1908) der Pkw-Bau die Hauptrolle. Später wurde auf dem T-Modell auch ein Eintonner-„Frachtwagen"

Fords leichte Lkw-Chassis werden oft für Kleinbusse dieser Art verwendet. Meist sind sie als Shuttle-Busse für Hotels oder Gesellschaften im Charter-Verkehr zu finden.

aufgebaut. Zur gleichen Zeit entstand auch der erste Sattelschlepper (1914). Als Zugwagen wurde ein verkürztes A-Modell benutzt, dessen Stummelchassis eine flexible Kupplung erhielt. Die Motorleistung lag bei 15 kW (20 PS).

1933 führte Ford den ersten V8-Benzinmotor für Leichtlastwagen ein, die bis 3,5 t belastbar waren. 1955 kamen die modernen 2,5-t- bis 3,5-t- und 5-t-D-Serien sowie der Ford FK – ein Transporter der 1-t-Klasse – hinzu.

Der jüngste Sproß der Lkw-Familie von Ford, der „Cargo", wurde in England und Deutschland entwikkelt. Er gehörte zu den modernsten Lastwagen-Serien und wird in der ganzen Welt verkauft. 1986 kommt der völlig neu entwickelte Ford „Transit" auf den Markt. Er löst eine in den letzten 20 Jahren sehr erfolgreiche Transporter-Serie ab. Die Rechtslenker-Versionen werden in Southampton, die Linkslenker-Modelle in Genk (Belgien) gebaut.

Die Produktion von Nutzfahrzeugen liegt in Nordamerika in den Händen von sechs, mit den Newcomern Scania und IVECO in den Händen von acht Unternehmen. Drei von ihnen machen 85 Prozent der gesamten nordamerikanischen Produktion aus, darunter bereits ein „Europäer" – Freightliner mit Daimler-Benz. Alle acht zusammen stellen mehr als die Hälfte der Weltproduktion her. Seit 1980 hat allerdings der europäische Wettbewerb den „Großen" manche, bislang unangefochtene Domäne abgenommen. Als Beispiel sei der Bereich Omnibusse genannt. Der Schwabe Auwärter war der erste, der eine Omnibusfabrik in den USA eröffnete (Lamar/Colorado) und mit heute über 4000 verkauften ADB-Linienbussen zum Marktführer geworden ist. Inzwischen betreibt Auwärter in den USA drei Omnibuswerke.

MAN ist seit sechs Jahren Marktführer bei Omnibus-Gelenkzügen und führte 1985 den neuen Zweiachser „Americana" erfolgreich ein.

Der zweite Schwabe ist Kässbohrer, der mit einem speziell für den US-Markt entwickelten Reisebus die „Einbruchstelle" des deutschen Omnibusbaus im US-Markt erweitern hilft.

Die Kraftwagenindustrie ist das Stahlskelett der US-amerikanischen Wirtschaft und die Nutzfahrzeug-Produktion das Rückgrat dieser Industrie.

Anfang der achtziger Jahre kam für die deutschen Omnibusbauer Neoplan und MAN der große Durchbruch im amerikanischen Markt. Mit dem sogenannten ADB (Advanced Design Bus) übernahm innerhalb von drei Jahren Neoplan die Marktführerposition, und die MAN folgte mit Gelenkzügen. Oben links: der erfolgreichste ADB-Bus von Neoplan, genannt „Transliner", der MAN-„Americana", der seit 1984 in USA gebaut wird (oben rechts), und der ADB-Standard-Bus von Scania (unten).

Der stärkste Wettbewerber ist GMC mit dem neuen Modell „RTS TV", einem Fahrzeug mit vielen neuen Ideen, hergestellt unter Verwendung von Chemiewerkstoffen sowohl im Aufbau als auch im Chassis.

Antriebstechnik

Theo Delfried Domina

Die ersten spezialisierten Nutzfahrzeuge

Von Anfang an dachten die französischen Lizenznehmer des Daimler-Motors, Panhard & Levassor, an die Entwicklung von Omnibussen. Schon 1892 versuchte man dort, mit einem Einachsanhänger die Transportkapazität des leichten Viersitzers zu vergrößern, und 1893 entstand das Versuchsmuster für einen Pritschen-Lastwagen, der bereits alle technischen Merkmale des Nutzfahrzeugs der folgenden zwei Jahrzehnte zeigte: den vorne stehenden Motor, die Konuskupplung, das Zahnradschaltgetriebe mit anschließendem Kegelraddifferential, von dessen Achsstummeln aus die Hinterräder über Ketten angetrieben wurden.

1896 hatte die Daimler-Motorengesellschaft (DMG) zwar ein komplettes Lkw-Programm für Nutzlasten zwischen 1500 kg und 5000 kg bei Motorleistungen zwischen 2,9 kW (4 PS) und 7,4 kW (10 PS) angeboten, doch ist von diesen Lastwagen mit Heckmotor kein Bildzeugnis überliefert.

Nachgewiesene Verbreitung fand hingegen der Daimler-Lastwagen von 1898 mit dem berühmten Phoenix-Motor, der nun hinter dem Röhrchenkühler über der Vorderachse eingebaut war. Das Interesse an diesen ersten „richtigen" Lastwagen war in den

Die zweite Generation des DMG-Lkw – hier der Fünftonner 1898 in Paris – hatte den von nun an gültigen Standard-Triebstrang: Motor–Getriebe–Kardanwelle–Achsgetriebe.

2

verkehrstechnisch noch nicht so gut erschlossenen Ländern sehr groß und wurde noch übertroffen vom Interesse für den Omnibus im öffentlichen Personenverkehr.
In weitflächigen Ländern und insbesondere in den Vereinigten Staaten von Nordamerika war das Automobil von Beginn an vor allem ein praktisches Transportmittel, ein Nutzfahrzeug. Der Markt hierfür war riesig, und somit lag eine Großserienproduktion nahe. Mit dem Erscheinen des ersten Großserien-Autos, des Ford-T-Modells von 1909, gab es bereits Bausätze zum Umbau des T-Modells in einen Lkw. So konnte man mit dem „Form-a-Truck"-Bausatz von A. D. Smith den Fahrgestellrahmen verlängern und verstärken und die Serienantriebsachse zur Kettenritzelachse umfunktionieren. Von hier aus wurden über Ketten die neuen Antriebsräder mit Vollgummireifen angetrieben. Ein solcher „Truck" erreichte 1,5 t Nutzlast.
Erst 1917 sollte ein echtes Lkw-Fahrgestell mit Kardanwelle und Schneckenrad-Achsgetriebe serienmäßig bei Ford hergestellt werden. Für dieses Ford-TT-Lkw-Modell eignete sich der 2,9-l-Vierzylindermotor mit 15 kW (20 PS) bei 1400 min^{-1} durchaus, denn er war so elastisch, daß man mit dem ursprünglich von den Dodge-Brüdern entwickelten Zweigang-Planetengetriebe und mit der höheren Achsübersetzung auskam. Das wichtigste aber war: Die vom Pkw abgeleiteten Antriebsaggregate waren zuverlässig — eine typische Folge der in der Großserie erzwungenen Qualitätssicherung.
Das Beispiel der Ford-T-Trucks als Ableitung vom Pkw blieb bis in die heutige Zeit für leichte Nutzfahrzeuge richtungweisend.

Der Motor-Transport erwies sich als wirtschaftlicher

Die 1898 gebauten DMG-Lastkraftwagen mit 9 kW (12 PS)-Phoenix-Motor — mit einem viergängigen Stirnradwechselgetriebe mit Rückwärtsgang und Kulissenschaltung — stellten bei Tests in den Jahren 1899 und 1901 in Großbritannien ihre Gebrauchstüchtigkeit glänzend unter Beweis. Im Liverpool-Test 1901 wurde der 4,4 kW (6 PS)-DMG-Lastwagen mit einer Goldmedaille ausgezeichnet. Mit 2 t Nutzlast hatte er eine 65-km-Fernfahrt mit 20,5 l Treibstoff bei einer Durchschnittsgeschwindigkeit von 12 km/h bewältigt.
Das Gesetz über „Lokomotiven auf Straßen" hatte den berüchtigten „Red-Flag-Act" im Jahr 1896 aufgehoben. Umgehend begannen viele der britischen Dampf-Lkw-Hersteller, Motor-Lastwagen zu bauen. Da ging es bald hart zur Sache, nämlich um Wirtschaftlichkeit, die der Transport mit dem neuen und sehr viel leichteren Motor versprach.

Im DMG-Fünftonner von 1896 übertrug noch ein Riemengetriebe mit vier Gängen die Leistung vom Untersitzmotor auf die Ritzelachse.

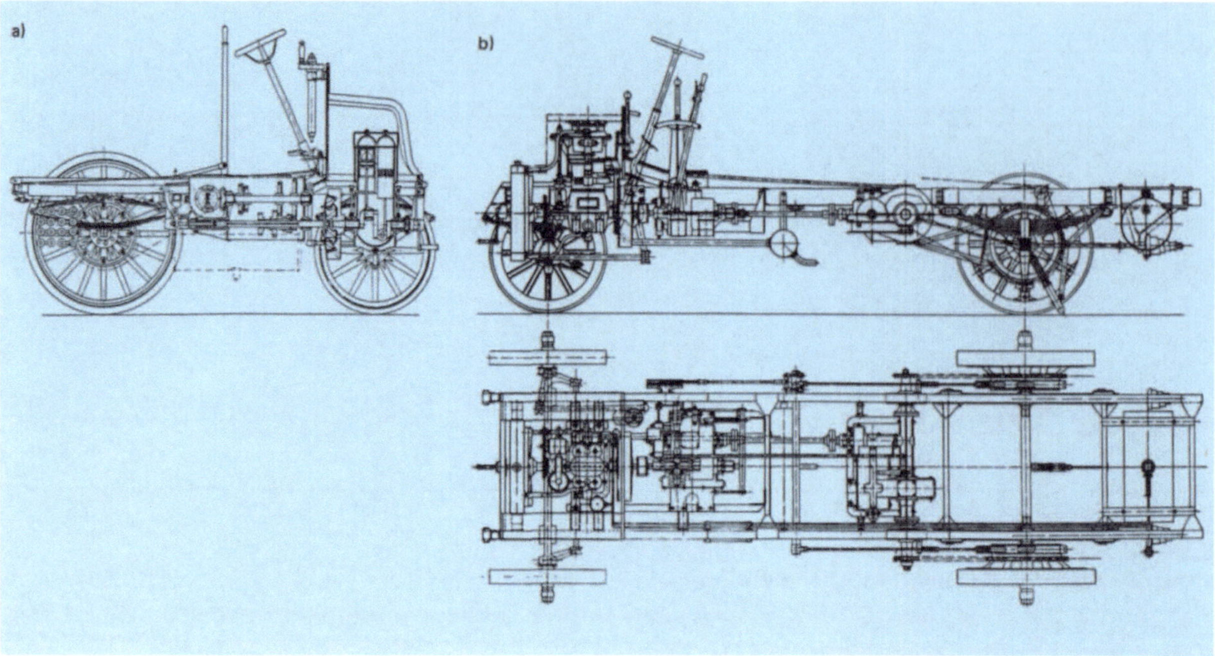

Den ersten leichten Lkw mit Standard-Antrieb hatten Panhard und Levassor schon 1893 mit dem Daimler-Phoenix-Motor verwirklicht (a), und Büssings erster Dreitonner von 1904 hatte je zwei Gangstufen im Schaltgetriebe und im Kettenbrückengetriebe, also vier Gänge (b).

Vom Eisenreifen zum Allradantrieb – logisch

Auch Karl Benz hatte um die Jahrhundertwende beschlossen, das Programm der Geschäfts- und Lieferwagen durch schwerere Lastwagen zu ergänzen. Mit dem Zweizylinder-Boxermotor „Contra", der 4,4 kW (6 PS) bis 10 kW (14 PS) Nennleistung abgab – je nach Hubraum –, hatte er den zuverlässigen Motor für Lastwagen mit bis zu 5000 kg Nutzlast. Dieser Motor wurde auch an andere Fahrzeugbauer verkauft. So baute Tatra in den ersten 5,5-t-Lastwagen dieser Marke zwei der Contra-Motoren im Heck ein, von denen jeder 9 kW (12 PS) bei 600 min^{-1} auf ein gemeinsames dreigängiges Kettengetriebe mit Rückwärtsgang abgeben konnte. Bei Benz wurde der Motor bald nicht mehr im Heck, sondern im Vorderteil des Rahmens angeordnet. Infolgedessen vergrößerte sich der Abstand des Motors zur querliegenden Antriebswelle, so daß ein gegen Streckung weniger empfindlicher Riementrieb entstand, der seltener gespannt werden mußte. Die Elastizität und Ruckfreiheit beim Anfahren und beim

Der ab 1899 von Benz gebaute „Contra-(Boxer-)Motor" war als Einbaumotor beliebt: Zwei davon, im Heck eingebaut, trieben den ersten Tatra-Lkw an.

Geschwindigkeitswechsel waren für Benz Grund genug, diesen Riementrieb auch bei den Lastwagen zunächst beizubehalten.
Zu diesem Zeitpunkt, nämlich im Jahr 1901, war bei der DMG bereits der Vierzylindermotor fertig. Er leistete bei der Drehzahl von 900 min^{-1} bis zu 18 kW (25 PS) und wurde von Anfang an mit der 1898 eingeführten Bosch-Niederspannungsmagnetzündung ausgerüstet.
1905 lieferte das Nutzfahrzeugwerk NAG – eine AEG-Tochter – die ersten Armeelastzüge an die Heeresverwaltung. Es waren die Vorläufer der „Subventionslastzüge", die schon bestimmte Merkmale haben mußten, damit ihre Käufer 25 Prozent des Preises subventioniert erhielten. Der erste Subventions-Lkw von 1908 konnte bei 9 t Gesamtgewicht eine Nutzlast von 4 t tragen und wurde von einem Motor mit mindestens 22 kW (30 PS) angetrieben. Er mußte in der Lage sein, einen Anhänger zu ziehen, der bis zu 7,5 t schwer war und etwa 5 t Nutzlast tragen konnte.
Das Problem, einen Lastzug von maximal 16,5 t Gesamtgewicht über nur zwei Räder mit Eisen- oder Vollgummibereifung anzutreiben, stellte eindeutige Aufgaben: So versuchte der Berliner Ingenieur Robert Schwenke als einer der ersten, dieses Problem durch den mechanischen Vierradantrieb zu lösen. Bei Skoda entwickelte Ferdinand Porsche eine 59 kW (80 PS)-Zugmaschine mit benzinelektrischem Antrieb nach dem Lohner-Porsche-System. Alle Räder der Zugmaschine wurden von elektrischen Radnabenmotoren angetrieben. Angesichts des großen technischen Wissens jener Zeit über Elektroantriebe war dies die naheliegende Bauweise eines zuverlässigen Allradantriebs.
Einen Straßenlastzug für eine auf sechs Anhänger verteilte Gesamtnutzlast von 30 t entwickelten 1908 die Ingenieure Wilhelm A. Th. Müller und Paul Erwin Aders: In ihrer Zugmaschine trieben zwei Motoren von 110 kW (150 PS) bis 132 kW (180 PS) einen Generator an, der den Strom für die Radnabenmotoren des gesamten Zuges lieferte. Die vorläufig letzte brennkraft-elektrische Antriebsentwicklung blieb die 74 kW (100 PS)-Zugmaschine von Ferdinand Porsche 1917; denn erst Robert G. Le Tourneau trieb in den fünfziger Jahren seine Off-Road-Trains für Forschungsaufgaben wieder dieselelektrisch an.

Hochleistungs-Lkw für die Feuerwehr

Das erste wirklich spezialisierte Nutzfahrzeug mit Hochleistungstriebwerk war das Feuerwehrfahrzeug. Bei den bedeutenden Nutzfahrzeugstellern spielte es ab 1908 etwa die gleiche Rolle wie bei den Pkw-Herstellern die Entwicklung von Hochleistungs-Sportautomobilen.
Die geforderte Zuverlässigkeit der Dauerleistungsabgabe zum Antrieb von Hochleistungs-Kreiselpumpen zog eine klare Grenze für die Leistungsausbeute über Drehzahlsteigerung. Die damals gebräuchlichen Vierzylindermotoren gaben entsprechend den Normen des Subventionsfahrzeugs 22 kW (30 PS) bis 26 kW (35 PS) bei 800 min^{-1} bis 900 min^{-1} ab. Bei einer Nenngeschwindigkeit bis zu 35 km/h genügte eine solche Leistung für die 3 t schweren Feuerwehrfahrzeuge. Um aber die nötigen Wassermengen fördern zu können und einen Spritzdruck von 10 bar zu erreichen, brauchte man größere Leistungen. So erhielt der 1912 für Moskau von der DMG gefertigte Feuerwehr-Lkw auf einem 3,5-t-Fahrgestell einen Vierzylindermotor von 63 kW (85 PS) Nennleistung bei 1000 min^{-1}. Solche Motoren hatten oft mehr als 2 l Zylinderinhalt und wurden für den Pumpenbetrieb mit einer Zusatzkühlung ausgestattet. Die Doppelzündung war obligatorisch.

Der „Subventions-Lastzug" – hier der Daimler ALZ13 von 1908 – stellte wegen des Anhängers hohe Ansprüche an die Zugkraftübertragung.

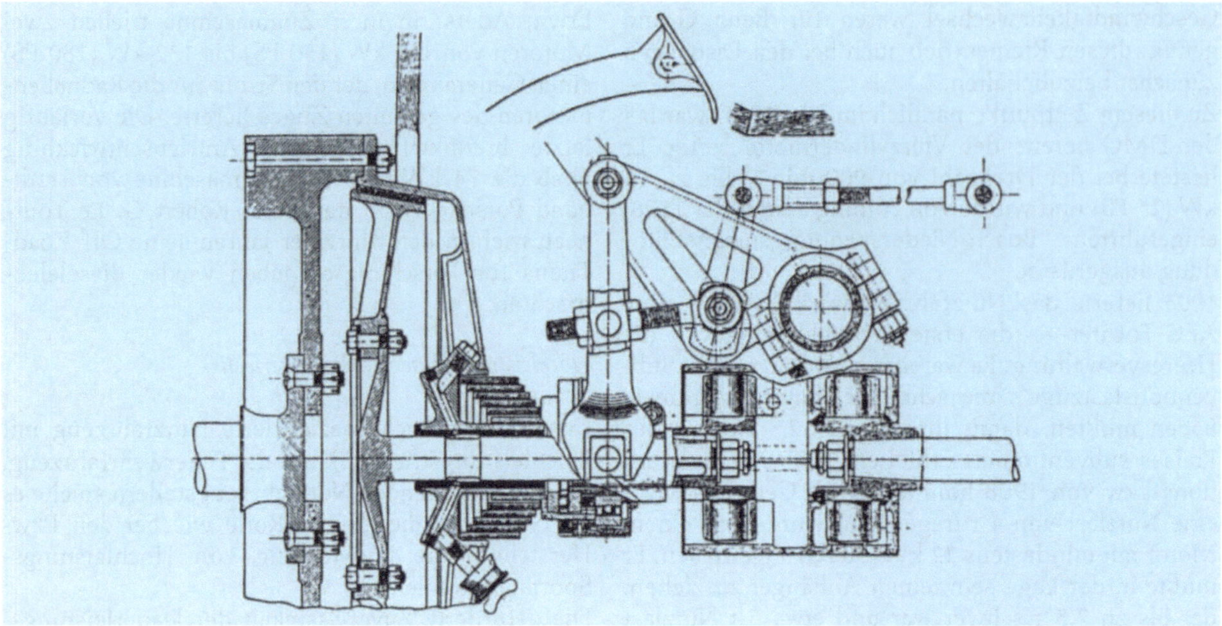

Typische Konuskupplung mit zentraler Anpreßfeder.

Im übrigen lief die technische Entwicklung der Nutzfahrzeug-Antriebe bis zum Einbau der ersten brauchbaren Fahrzeugdieselmotoren parallel zur allgemeinen Automobilentwicklung. Die technischen Möglichkeiten wurden vorerst hauptsächlich durch die Erfindung neuer Werkstoffe, wie zum Beispiel der Leichtmetallegierungen, neuer Maschinenelemente, der Wälzlager und neuer Fertigungstechniken, gekennzeichnet.
Zu Beginn der zwanziger Jahre wurden Lieferwagen und Lkw ausschließlich von Vierzylinder-Ottomotoren angetrieben. Konuskupplungen mit Lederbelag übertrugen die Leistung auf viergängige Schubradgetriebe mit einer Gesamtübersetzung zwischen 4:1 und 5,9;1. Bei den leichten Nutzfahrzeugen dominierte der Kardanantrieb auf ein Achsgetriebe mit Kegelraddifferential, und Kettenantriebe mit entsprechend hohen Endübersetzungen waren nun schon auf schwere Lkw beschränkt.
Trotz der Bemühungen, zuverlässige höhere Leistung aus Sechszylindermotoren mit höherer Drehzahl zu holen – diesbezüglich hatten sich schon früh Büssing und Stoewer versucht –, zeigt eine Übersicht aus dem Jahr 1916 ausschließlich Vierzylindermotoren mit 4,9 l bis 8,5 l Hubraum, mit Dauerleistungen von 26 kW (35 PS) bis 37 kW (50 PS) bei Drehzahlen von kaum mehr als 1000 min^{-1}. Die ersten Sechszylindermotoren scheiterten übrigens an der mangelhaften Schwingungsfestigkeit des Kurbeltriebs.

Schwachpunkt Kupplung

Die im Laufe der Entwicklung gesteigerten Zugkraftwerte der Motoren verlangten naturgemäß auch entsprechende Kupplungen. Als der Durchmesser des Schwungrads nicht mehr für hohe Momentübertragung ausreichte, wurde die einfache Konuskupplung durch die Doppelkonuskupplung ersetzt. Große Kupplungsdurchmesser aber erhöhten das Schwungmoment der rotierenden Getriebemassen und beeinflußten die Qualität des Schaltens. Denn bei jedem Aufwärtsschalten mußten diese Massen verzögert und beim Abwärtsschalten beschleunigt werden. So versuchte man zunächst durch Leichtbau der Kupplungsscheiben in Blechkonstruktionen oder in Duraluminguß und durch Konzentration der Anpreßfedern auf kleinste Durchmesser die Schwungmomente so klein wie möglich zu halten. Wo eine große Anzahl von Anfahrvorgängen unvermeidbar war – etwa im Linienomnibus und im Lieferdienst der Lkw –, ersetzte man bald die Konuskupplung durch Mehrscheiben- oder Lamellenkupplungen. In den schweren Lastwagen war die Lamellenkupplung noch Anfang der zwanziger Jahre die Regel. Natürlich hatten findige Chauffeure bald herausgefunden, wie man unnötig lange Zugkraftunterbrechungen bei Aufwärtsschalten vermeidet: durch Doppelkuppeln nämlich. Aber diese Fahrtechnik beanspruchte die Kupplungsbeläge zusätzlich, so daß schwere Kupplungen immer häufiger mit Kupplungsbremsen ausgerüstet wurden. Dies waren kleine Lamellen- oder Konuskupplungen, die nach em Lösen der kraftschlüssigen Verbindung zwischen Motor und Getriebeeingangswelle mit weiterem Kupplungspedalweg die rotierenden Massen abbremsten.
Die bei den serienmäßig hergestellten leichten Lkw in den USA bereits regelmäßig eingebauten Scheibenkupplungen wurden erst Anfang der dreißiger Jahre auch bei schweren Lastwagen eingeführt.

Bei den Schaltgetrieben hatte sich das viergängige Schubräder-Wechselgetriebe durchgesetzt. Die Zweiwellengetriebe der einfachsten Bauart hatten eine Getriebeeingangswelle mit Keilnutverzahnung, auf der Schubräderpaare mittels einer Schaltgabel verschoben werden konnten. Auf der Abtriebswelle waren die entsprechenden Zahnräder für vier Vorwärtsgänge so aufgereiht, daß mit dem Verschieben des ersten Zahnradpaares zur einen Seite der erste Gang und zur anderen Seite der zweite Gang eingeschaltet werden konnte.

Einen besseren Wirkungsgrad und vor allem mehr Laufruhe brachte die im Prinzip bis heute übliche Ausführung mit dem direkten schnellsten Gang. Hierbei sind Eingangs- und Ausgangswelle koaxial gelagert; die Vorgelegewelle wird am Getriebeeingang durch eine konstante Übersetzung angetrieben und ergibt durch Einschieben der Stirnräder auf der keilnutverzahnten Abtriebswelle die Gänge eins bis drei. Das Stirnrad des dritten Gangs kann mit seiner Innenverzahnung so auf das Konstantzahnrad am Getriebeeingang geschoben werden, daß die Abtriebswelle direkt mit der Eingangswelle gekuppelt ist.

Bei den schweren Lastwagen dominierte der Endantrieb über Ketten zu den Antriebsrädern. Die Schalt-

Das Schubräder-Getriebe blieb über Jahrzehnte hinweg die Normalbauart.

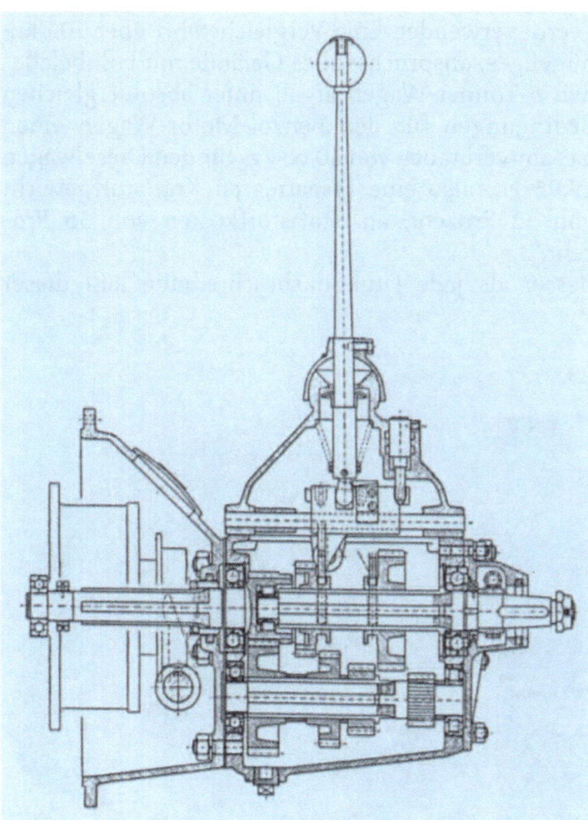

Achsgetriebe der frühen Jahre: a) DMG-Ritzelachse, b) Kardanachse mit Doppelübersetzung und Spannseilversteifung von NAG und c) der wegen seiner hohen Übersetzung und guten Laufruhe beliebte Schneckentrieb (DMG).

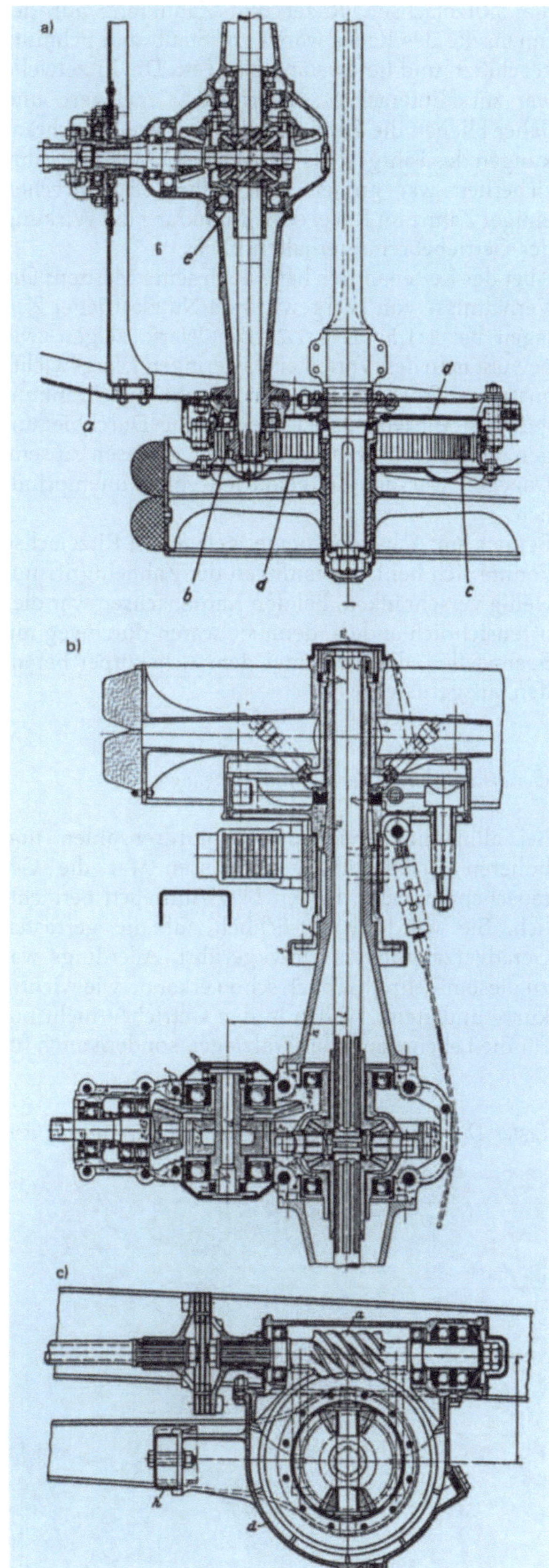

getriebe wurden deshalb in einem Gehäuse mit den Kegelraddifferentialgetrieben zu den Kettenritzeln zusammengebaut. Die Differentiale waren bereits durch Klauenkupplungen über ein Hebelwerk sperrbar.
Eine andere bewährte Achsgetriebeausführung war die „Ritzelachse". Ritzel und Zahnkranz auf der Innenseite des Rades waren vor Staub und Schmutz geschützt, und liefen ständig in Fett. Die Ritzelwelle war zur Hinterachse „unverrückbar" gelagert, und daher blieben die Zahneingriffe von den Verschränkungen des Fahrgestells unabhängig. Auch die Fahrsicherheit war größer, weil selbst beim Brechen einiger Zähne im Ritzel oder Zahnkranz die Wirkung der Getriebebremse erhalten blieb.
Aber der Kettenantrieb hatte auch seine Meriten: Die Verhältnisse von Leergewicht zu Nutzlast jener Zeit lagen bei 1:1,5 bis 1:1,2. Die Werte zeigen, wie bewußt man den Vorteil eines geringen Leergewichts anstrebte. Trotzdem schienen sowohl Verschränkungen des Antriebs als auch elastische Durchbiegungen der Achskörper unvermeidlich gewesen zu sein. Dagegen war der Kettenantrieb völlig unempfindlich.
Bei der am Achsfahrschemel gelagerten Ritzelachse konnte sich bei Überlastungen der Zahneingriff nur wenig verschränken. Bei den Kardanachsen war dies offensichtlich anders, denn sie waren durchweg mit Spannseilen, die sich unter dem Achskörper befanden, ausgerüstet.

Geräuschprobleme der Kraftübertragung

Bei allmählich steigenden Motordrehzahlen und höheren Übersetzungsverhältnissen war die Geräuschentwicklung in den Lkw-Antrieben beträchtlich. Sie wurde hauptsächlich auf die gefrästen Geradverzahnungen zurückgeführt. Allerdings war zu diesem Zeitpunkt auch schon erkannt, wie wichtig kurze und steife Wellen in den Getrieben nicht nur für die Lebensdauer der Wälzlager, sondern auch für die Geräuschentwicklung sind. Die geschliffenen Maag-Räder waren seit 1912 bekannt, kamen jedoch erst über die 1915 gegründete Zahnradfabrik Friedrichshafen (ZF) in die Fahrzeuggetriebe. Dies führte zwischenzeitlich zu einer Periode der Schneckenantriebe in den Achsübersetzungen, vor allem bei Omnibussen. Bei den großen Achsübersetzungen erzielte man nicht nur erheblich verminderte Laufgeräusche, sondern angeblich auch einen besseren Wirkungsgrad der besonders gut geschmierten Paarung aus einem Stahl-Schneckenrad und dem Zahnkranz aus Bronze.
1913 wurde amtlicherseits bekanntgegeben, daß Achslasten von mehr als 6 t nur noch bis zum 1. Juni 1919 auf öffentlichen Straßen zugelassen werden. Diese Ankündigung war, mehr noch als die Forderungen der Militärs, ein Grund für zahlreiche Konstrukteure, sich mit dem Allradantrieb für Lastkraftwagen verstärkt zu beschäftigen. Das Hauptproblem blieb nämlich aktuell: Wie sollte man die Zugkraft zur Fortbewegung eines maximal 24 t schweren Zuges über eine 6-t-Achse, mit also nur 25 Prozent Adhäsionslast, auf die Straße bringen? Der Erste Weltkrieg machte dieses Problem nur vorübergehend gegenstandslos.

Der Dieselmotor setzt sich durch

Wettlauf um den leichten Fahrzeugdiesel

„... der Motor arbeitet gleichmäßig, ist elastisch und regulierfähig ... Als Kraftstoff wurde Braunkohlen-Teeröl verwendet. Eine Vergleichsfahrt über 103 km hügeliges, anspruchsvolles Gelände mit voll beladenen 5-Tonner-Wagen ergab unter absolut gleichen Bedingungen für den Benzol-Motor-Wagen einen Gesamtverbrauch von 40,66 kg, für den Dieselwagen 29,95 kg, also eine Ersparnis an Kraftstoffgewicht von 32 Prozent, an Kraftstoffkosten von 86 Prozent."
Besser als jede Funktionsbeschreibung läßt dieser

Erster Diesel-Lkw mit Benz-Vorkammer-Dieselmotor von 1923.

Der erste MAN-Lkw mit Direkteinspritzer-Diesel von 1924 vor der Fahrt von Augsburg nach Nürnberg.

Auszug aus einem Probefahrtbericht der Benz-Werke Gaggenau vom 10. September 1923 erkennen, warum sich die Motorenbauer besonders auf dem Nutzfahrzeugsektor nun schon fast zwanzig Jahre lang bemühten, den schnellaufenden, für den Fahrzeugbetrieb geeigneten Dieselmotor zu schaffen. Bis zum Erlöschen des Diesel-Grundpatents im Jahr 1907 hatte sich der Selbstzünder als starker Wettbewerber im Markt ortsfester Gasmotoren erwiesen. Zuverlässigkeit und Wirtschaftlichkeit legten die Aufgabenstellung für den schnellaufenden Fahrzeug-Dieselmotor nahe.

Prosper L'Orange als Leiter des Benz-Motorenbaus in Mannheim

Eine der ersten Aufgaben von Prosper L'Orange als Leiter des Benz-Motorenbaus in Mannheim war es 1909, den leichten kleinen Dieselmotor ins Programm zu bringen. Dabei konzentrierten sich seine Vorstellungen auf kompressorlose Schwerölmotoren mit einer Drehzahl von 400 min^{-1}, wie sie im Kleingewerbe und auf transportablen Maschinenanlagen gebraucht wurden. Er war überzeugt, mit der Idee des Vorkammer-Verfahrens nach dem DRP 340517 von 1909 das umständliche Lufteinblase-Verfahren durch ein Verbrennungssystem ersetzen zu können, das mit einfacher mechanischer Kraftstoffeinspritzung arbeitet.

Zu diesem Zeitpunkt gab es jedoch die Einspritzvorrichtung, mit der Kraftstoff dosiert in die Vorkammer einzuspritzen war, noch nicht. Erst zehn Jahre später nahm L'Orange die Arbeit am Vorkammer-Diesel wieder auf. Dem Schweden Harry Leissner war es nämlich gelungen, einen kompressorlosen Dieselmotor zu entwickeln, dessen Arbeitsweise auf das L'Orange-Vorkammerpatent der Firma Benz zurückging. Die Arbeit am schnellaufenden Dieselmotor erhielt neuen Auftrieb, und nach guten Erfahrungen mit einer im Juni 1922 aufgelegten Serie von fünf Vorkammer-Motoren – Zweizylindermotoren mit 18 kW (25 PS) Nennleistung bei 800 min^{-1} – wurde im Februar 1923 der Vierzylinder-Dieselmotor für das Fünftonner-Fahrgestell des Benz-Werkes Gaggenau „eingeschrieben". Die erste Serie von zehn Motoren des Typs OB 2 mit 33 kW/37 kW (45 PS/50 PS) bei 1000 min^{-1} aus 8,8 l Hubraum war im August für den Einbau in die Fahrgestelle bereitgestellt. Das Ergebnis der ersten Versuchsfahrt im September ist eingangs zitiert.

Bei MAN, wo man seit 1915 Lastwagen herstellte, lief der erste kompressorlose Fahrzeugdiesel am 15. Dezember 1923. Nach einem Einzylinder-Versuchs-

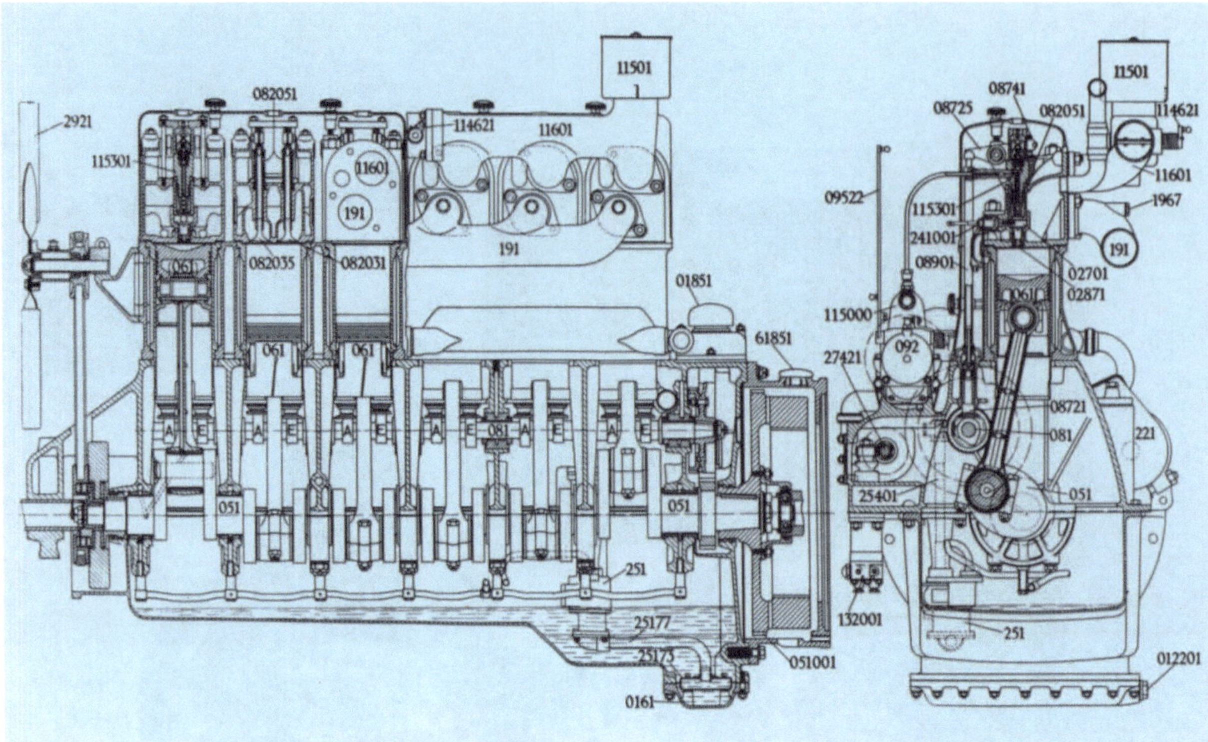

Der OM 5 von 1929/30 mit senkrecht über dem Kolben angeordneter Vorkammer. Als OM 5S leistete er 52 kW (70 PS) bei 1300 min^{-1} aus 8,6 l Hubraum.

motor rüstete man zunächst drei Vierzylinder-Ottomotoren mit Diesel-Zylindern aus. 26 kW (35 PS) bei 1000 min^{-1} aus 7,5 l Hubraum leistete der im Versuchs-Lkw eingesetzte Motor mit Direkteinspritzung.

Die Zeit war reif für den Fahrzeugdiesel: Seit 1922 arbeitete Bosch intensiv an der mechanischen Einspritztechnik; im September 1923 zeigte die DMG den absolut ersten Diesel-Lkw in Berlin, dessen Motor noch mit Preßlufteinblasung des Brennstoffs lief; aber schon auf der Ausstellung in Amsterdam stand im Februar 1924 der Fünftonner von Benz mit dem Vorkammer-Diesel, und im Dezember 1924 gesellte sich auf der Berliner Automobil-Ausstellung der Dreineinhalbtonner Diesel-Lkw von MAN dazu. Sein Motor mit Direkteinspritzung leistete nun 33 kW (45 PS) bei 1050 min^{-1}.

Die Hersteller ohne eigene Dieselentwicklung versuchten nun, ihre Ottomotoren leistungsmäßig attraktiver zu machen. Schon 1924 führte Büssing das Dreiachs-Fahrgestell mit den ersten Riesenluftreifen ein und rüstete den Großraumomnibus auf diesem Fahrgestell mit dem 8,55-l-Ottomotor aus. Der Sechszylinder leistete bis zu 53 kW (72 PS) bei 1400 min^{-1}.

An der TH München hatte Dr. Ing. Hans Schrön die Massenkräfte und Kräfteverhältnisse am Kurbeltrieb von Hubkolbenmotoren untersucht und bessere theoretische Voraussetzungen für die Berechnung von Mehrzylindermotoren geschaffen. Angesichts der Otto-Konkurrenz wurde der neue Dieselmotor von Daimler-Benz als 8,55-l-Sechszylinder (105 mm:165 mm) ausgelegt und sollte 52 kW (70 PS) bei 1300 min^{-1} abgeben. Wie eine Übersicht von 1927 kurz nach seinem Erscheinen auf dem Markt zeigte, wurde seine Leistung durch Senkung des Arbeitsdrucks auf 44 kW (60 PS) bei gleicher Drehzahl zurückgenommen. Die Daimler-Benz-Chronik sprach von „einer Reihe von unüberschaubaren Schwierigkeiten, die sich vor allem in der verminderten Haltbarkeit der Kolben äußerten." Offensichtlich war die Rede von einer typischen thermischen Überbeanspruchung, die die Entwicklung des Vorkammermotors im Lkw bis zur Umstellung der Brennverfahren auf Direkteinspritzung begleiteten. Wichtig war, daß die Dieselmotoren mit den gleichen Betriebsdrehzahlen arbeiten konnten wie die Ottomaschinen im gleichen Fahrzeug. Dabei kam es durchaus nicht auf ein paar Kilowatt mehr oder weniger Spitzenleistung an, denn der Dieselmotor brachte von Anfang an zumindest gleichwertige, meist aber höhere Zugkraft im unteren Drehzahlbereich als der Ottomotor.

Niemand erwartete, daß eine so junge Entwicklung auf Anhieb problemlos ablief. Die wirtschaftliche Überlegenheit des Dieselantriebs für Lkw war so eindeutig, daß binnen kurzem eine ganze Reihe von Lkw-Herstellern nach Benz-Vorkammerpatenten Motoren oder – zum Beispiel MAN, Krupp und andere – Dieselmotoren mit direkter Strahleinspritzung herstellten. Eine tabellarische Übersicht aus dem Jahr 1928 zeigt, daß die Drehzahlgrenze bei etwa 1400 min^{-1} lag und der Gegenkolben-Zweitakter von Junkers, der übrigens mit direkter Strahleinspritzung und relativ hohem Einspritzdruck arbeitete, erwartungsgemäß die höchste Hubraumleistung und das günstigste Leistungsgewicht erreichte. Der Mercedes-Benz-Vorkammerdiesel OM 5 bot die höchste Viertakter-Hubraumleistung, und der MAN-Direkteinspritzer arbeitete mit der höchsten Nenndrehzahl bei 1500 min^{-1}. Mit der Mengenfertigung mechanischer Einspritzeinrichtungen für Dieselmotoren, die ab 1928 einsetzte, und mit der Lizenzvergabe für ein Luftspeicher-Verbrennungsfahren (Acro) gab vor allem Bosch der Entwicklung starke Impulse. Dabei zeigte bald der Dieselmotor mit indirekter Einspritzung bessere Eignung für höhere Betriebsdrehzahlen. Schon 1932 erreichten die Vorkammermotoren von Daimler-Benz und die nach Benz-Lizenzen hergestellten Diesel von Büssing, Hanomag und Magirus Nenndrehzahlen von mehr als 2000 min^{-1}. Der höchste mittlere Arbeitsdruck wurde von Daimler-Benz mit 6,6 bar gefahren, und die mittlere Kolbengeschwindigkeit, die man diesen wirklich schnelläufigen Dieselmotoren zumutete, lag bei 8,7 m/s. Die notwendigen Einspritzdrücke erreichten 65 bar bis 85 bar, während die Direkteinspritzer von MAN den Kraftstoff bereits über Mehrlochdüsen mit 130 bar bis 150 bar abspritzten. Allein, mit der Drehzahlsteigerung war MAN bei den Direkteinspritzern kaum weitergekommen, so daß es beim Langhuber (180 mm Hub) blieb.

Auch die 1933 ins Programm genommenen Motoren DO 530 und 540 mit Luftspeicher und 7,3 l Hubraum wurden vergleichsweise maßvoll auf eine Nenndrehzahl von 1800 min^{-1} eingestellt, bei der sie 66 kW (90 PS) abgaben. Entsprechend dem technischen Trend der Zeit experimentierte MAN mit Brennraumformen, die eine ähnlich kultivierte Verbrennung wie die Motoren mit indirekter Einspritzung ermöglichen sollten. Der trichterförmige Verbrennungsraum mit Zapfendüse und darunterliegender Luftkammer war in diesem Sinne so brauchbar, daß die Tatra-Werke AG in Prag eine Lizenz auf dieses Brennverfahren nahmen. Andere Hersteller, zum Beispiel Isotta-Fraschini in Mailand und die später von MAN gekaufte Österreichische Automobil-Fabrik-AG (ÖAF) in Wien, folgten Anfang der dreißiger Jahre als Lizenznehmer.

Frühe Diesel-Brennverfahren mit dem Ziel, geringe Drucksteigerungsgeschwindigkeit zu erreichen: a) Vorkammer, b) Wirbelkammer, c) Wälzkammer, d) Lanova-Luftspeicher.

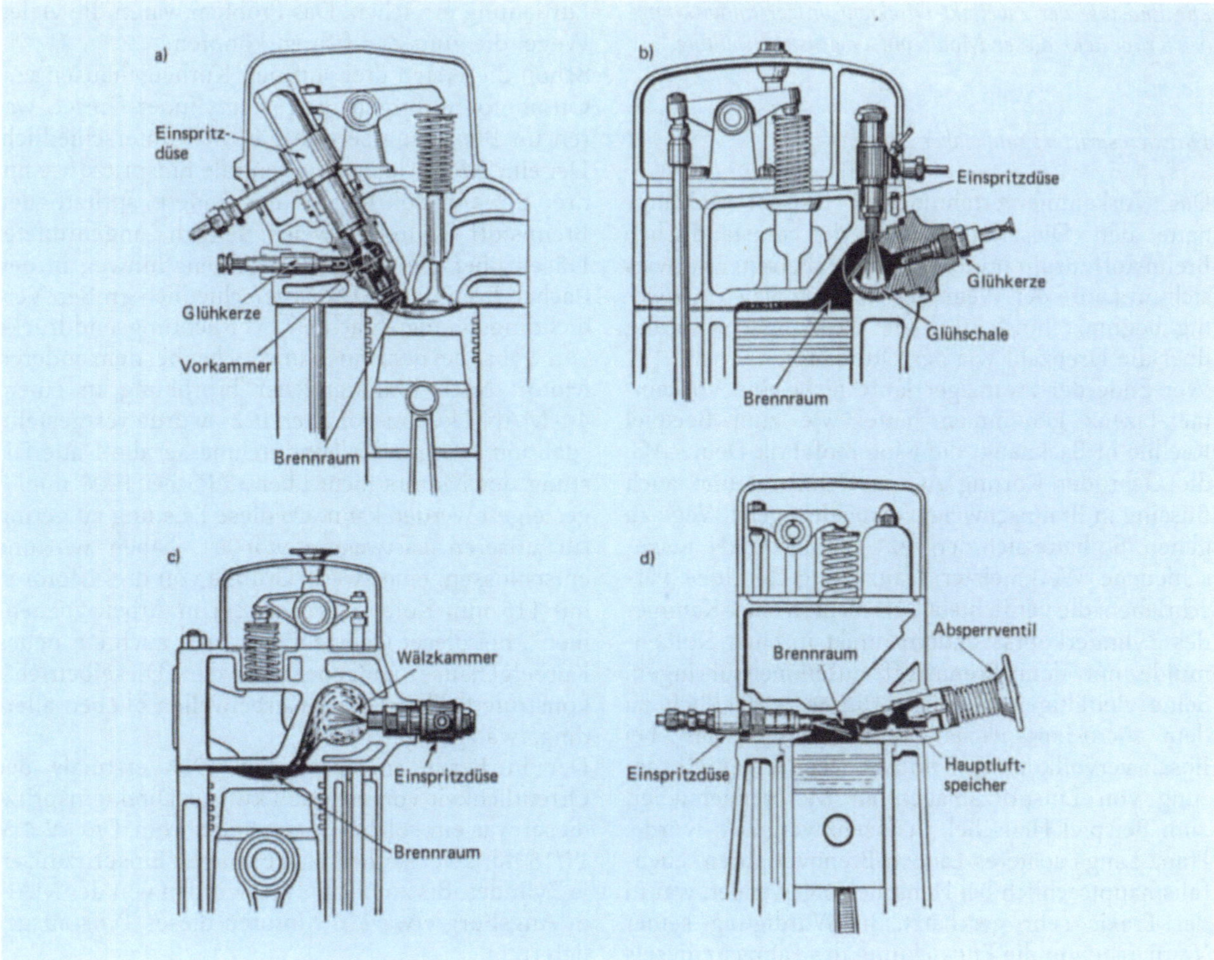

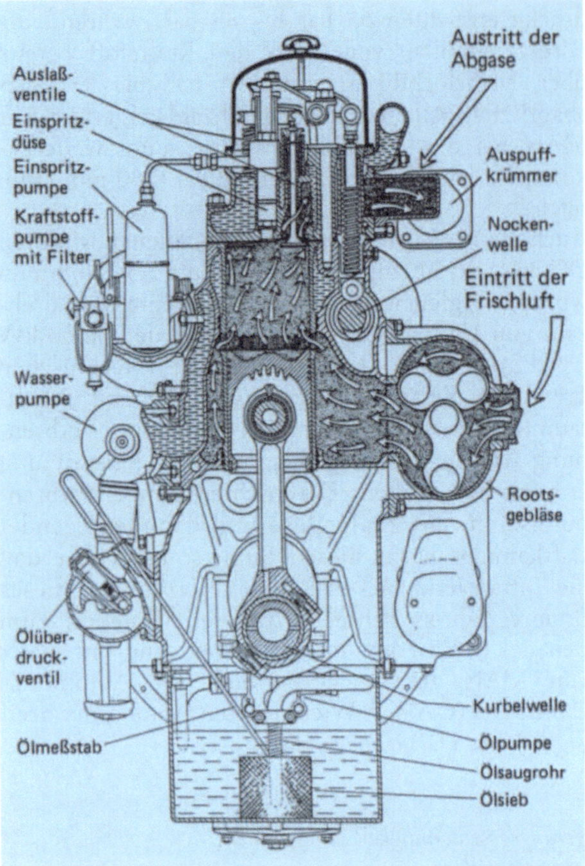

Die Endstufe der Zweitakt-Direkteinspritzer-Entwicklung bei Krupp war dieser Motor mit Gleichstromspülung.

Direkteinspritzer: rauh, aber zuverlässig

Das Vorkammerverfahren von Prosper L'Orange hatte den Dieselmotor von der umständlichen Brennstoffzufuhr mittels Druckluft befreit. Es erwies sich im Laufe der Weiterentwicklung als ebensowenig begrenzt hinsichtlich der Leistungsgewinnung über die Drehzahl wie der Ottomotor.
Wer Ende der zwanziger Jahre nicht eine Vorkammer-Lizenz genommen hatte, wie zum Beispiel Kaelble in Backnang, die Motorenfabrik Deutz AG, die Gebrüder Körting AG in Hannover und auch Büssing in Braunschweig, versuchte eigene Wege zu gehen. So hatte sich der 1921 aus der MAN ausgeschiedene Werkmeister Franz Lang der Idee verschrieben, die verdichtete Luft nicht in einer Kammer des Zylinderkopfs sondern direkt in einer Kolbenmulde mit dem Brennstoff zusammenzubringen. Seine vielfältigen Versuche führten schließlich zu dem Acro-Luftspeicher-Brennverfahren, das bei Bosch vervollkommnet und zwecks Verkaufsförderung von Einspritzanlagen an Motorenhersteller, zum Beispiel Henschel, in Lizenz vergeben wurde. Franz Langs späteres Lanova-Brennverfahren, ebenfalls hauptsächlich bei Henschel angewendet, war in der Praxis sehr geschätzt. In Würdigung seiner Verdienste um die Entwicklung des Fahrzeugdiesels wurde Franz Lang 1950 zum Dr.-Ing. e.h. der TH München ernannt.
Junkers in Dessau erprobte ab 1926 einen Zweitakt-Dieselmotor, der im Gegenkolbenverfahren arbeitete. Diese Motorbauart reizte die Konstrukteure immer wieder, in erster Linie wegen des im Zweitaktverfahren möglichen günstigen Leistungsgewichts, in diesem Fall aber auch wegen des Fortfalls der Zylinderkopfdichtung im Gegenkolbenmotor. Ferner war es naheliegend, den Motor mit einer direkten Brennstoffeinspritzung auszurüsten. Die Firma Junkers entwickelte eine Einspritzanlage, die bereits mit 250 bar bis 300 bar den Kraftstoff über eine Einlochdüse in die hoch verdichtete Ladung zwischen die Kolben spritzte.
Die Zuverlässigkeit, also das Fehlen von anfälligen Komponenten, wie zum Beispiel der elektrischen Zündung, war es, die auch eine Attraktion für Transporteure darstellte. Dafür war man um 1930 bereit, andere Strapazen auf sich zu nehmen – nur um sicher anzukommen.

Neigung zum Kompromiß bei MAN

Bei MAN und Saurer in Arbon war es Ehrensache, der „reinen Lehre" Rudolf Diesels zu folgen. Der beste Wirkungsgrad des Dieselmotors ließ sich nur durch direkte Einspritzung des Brennstoffs in die Luftladung erreichen. Das Problem waren die vielen Wege, die zum Ziel führen könnten.
Schon die ersten drei, auf den Kurbelgehäusen von Ottomotoren aufgebauten Vierzylinder-Diesel, waren im Brennraumbereich gänzlich unterschiedlich. Der eine Motor hatte eine zentrale Einspritzdüse mit drei 0,2-mm-Bohrungen, der andere spritzte den Brennstoff mittels zweier seitlich angeordneter Düsen über die Fläche des Kolbens hinweg in den flachen Brennraum. Die unterschiedlich großen Verdichtungsräume brachten Verdichtungsenddrücke von 29 bar bei dem einen und 19 bar bei dem anderen Motor. Nach umfangreicher Erprobung in einem 4-t-MAN-Lkw im Sommer 1924 wurde festgestellt, „daß mit 105 mm Kolbendurchmesser die Dauerleistung des Motors nicht über 35 PS bei 1000 min^{-1} gesteigert werden kann. Da diese Leistung zu gering für unseren Lastwagenmotor ist, haben wir uns entschlossen, eine zweite Gruppe von drei Motoren mit 115 mm Kolbendurchmesser in Arbeit zu nehmen". Bei dieser Gelegenheit wurde auch ein neues Kurbelgehäuse, „angepaßt an den Dieselbetrieb", konstruiert. Pleuel- und Kurbelwellen blieben allerdings wälzgelagert.
Der in Berlin im Dezember 1924 erstmals der Öffentlichkeit vorgestellte Lkw mit Direkteinspritzdiesel war ein solcher Vierzylinder vom Typ W 4 V 11/18 mit zwei seitlich angeordneten Einspritzdüsen je Zylinder. Bis zum Jahr 1932 wurden von der MAN in Augsburg etwa 210 Motoren dieses Typs ausgeliefert.

Schon in dieser Entwicklungszeit übernahm das Lkw-Werk Nürnberg den Bau und die Weiterentwicklung der Fahrzeugmotoren. Als erstes ersetzte man die offenen Einspritzdüsen durch geschlossene Düsen mit Nadelventilen. Die zusammen mit Friedrich Deckel in München gebaute Einspritzpumpe erhielt Überströmventile und einen Fliehkraftregler zur Begrenzung der Höchst- und zur Sicherung der Leerlaufdrehzahl.

MAN-Nürnberg ersetzte bald die beiden seitlichen Düsen durch eine zentral angeordnete Vier- oder Sechslochdüse. Der Motor wurde so zwangsläufig ein Vierventiler, der 74 kW (100 PS) bei 1500 min^{-1} leistete und einen besten spezifischen Vollastverbrauch von 245 g/kWh (180 g/PSh) hatte. Nimmt man die Verbrauchs-Zielsetzung des zeitgenössischen Vorkammerdiesels OM 5 von Daimler-Benz mit 272 g/kWh bis 299 g/kWh (200 g/PSh bis 220 g/PSh) als Maßstab, so war der Verbrauchsvorteil der Direkteinspritzer deutlich. Der Vorteil wäre wohl noch größer ausgefallen, hätte man schon die Bedeutung des Einlaßdralls der Ladung richtig eingeschätzt. Der von den Wirbelschirmen an den Einlaßventilen erzeugte Luftdrall war jedoch beim Motor mit zentraler Einspritzdüse „als entbehrlich" gehalten worden. Und so konstruierte man – wohl auch angeregt durch die Wettbewerbsmotoren mit verschiedenen Vor- und Luftkammern – einen neuen, 1932 vorgestellten Motor. Der Kompressionsraum wurde als schrägseitlich im Zylinderkopf liegende, trichterförmige „Kanone" ausgebildet, an deren oberstem Ende die Zapfendüse, von außen frei zugänglich, angeordnet war. Jetzt konnte der Motor also wieder mit nur zwei Ventilen und einem erheblich einfacheren Ventiltrieb arbeiten. Aber unterhalb der „Brennkammer" gab es noch eine „Nachkammer", die durch ihre Blaswirkung eine intensive Mischung des Brennstoffs mit der Verbrennungsluft erwirkte.

Diese Brennraumausführung sei der mit zentraler Düse praktisch gleichwertig gewesen, war bis zu Drehzahlen von 2400 min^{-1} gut verwendbar und „wurde dank ihrer praktischen Bewährung in größerem Umfang von der übrigen Motorenindustrie übernommen", so wird berichtet.

Aus heutiger Sicht freilich kann dieser „deutsche Einheitsmotor" nur als Sündenfall der MAN-Motorentechnik verstanden werden, denn er ließ eine deutliche Annäherung an die damals dominierenden Kammermotoren erkennen. Da der Gaswechsel über die Nachkammer nicht ohne Verluste möglich war, mußte dieses Verbrennungsverfahren einen schlechteren Energieumsetzungsgrad haben als das Direkteinspritzverfahren ohne Nachkammer. Aber in diesen Pionierjahren des Diesel-Lkw hatte der Dieselmotor in erster Linie gegen den Ottomotor zu konkurrieren. Deshalb wurden spezielle Begleiterscheinungen, wie zum Beispiel ruhiger Motorlauf und gutes Kaltstartverhalten, höher bewertet als etwa der Brennstoffverbrauch.

Wandlungen des MAN-Direkteinspritzverfahrens von 1923 bis zum „G"-Verfahren 1937.

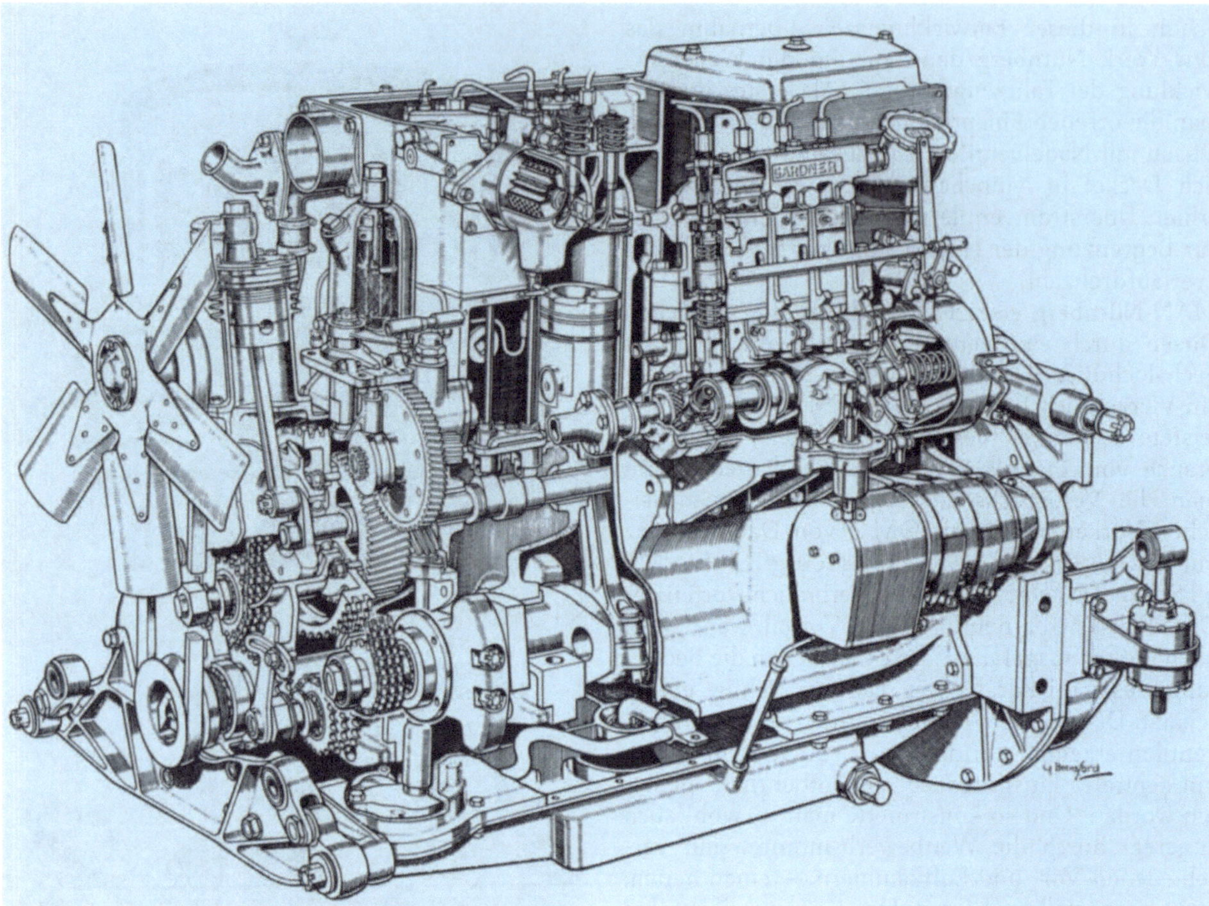

Die englische Schule: Der 4LK-Motor von Gardner war 1933 schon die dritte Generation schnellaufender Direkteinspritzer: 3,8 l Hubraum (94 mm × 133 mm), 63 kW (85 PS) bei 3000 min⁻¹.

Gardner: Zuverlässigkeit zuerst

Vor allem als Schiffsmaschinen setzte man im Ausland nach dem Zweitaktverfahren auch mit Glühkopf arbeitende „Halbdiesel" ein. Seit Mitte der zwanziger Jahre arbeiteten auch die englischen Brüder Gardner auf diesem Gebiet, die sich bald mit der rein durch komprimierte Luft gezündeten Maschine beschäftigten.

1928 ging der erste Direkteinspritzer-Diesel vom Typ „L 2" der Vollendung entgegen. Er hatte 1,4 l Hubraum je Zylinder (109 mm × 153,5 mm) und bot in seiner Serien-Form bis zu 9,2 kW (12,5 PS) je Zylinder bei 1300 min^{-1}. 1929 wurde der Motor erstmals auf der Marineshow im Olympia gezeigt. Ein Mr. Trever Barton ruhte nicht eher, bis er ihn in seinem Lancia-Omnibus eingebaut hatte.

Der erste Einsatz des Gardner-Diesels mit offenem Brennraum und Mehrlochdüse im Omnibus war ein ungeheurer Erfolg: Der Vierzylindermotor erforderte nach 30 000 km Laufleistung im Bus nicht mehr als das Einschleifen der Ventilsitze. Die bald auch mit fünf und sechs Zylindern gebauten L2-Motoren kamen immer häufiger in Fahrzeugen zum Einsatz.

Speziell für den Kraftwagen konstruiert wurde die Baureihe „LW". Der Vierzylindermotor von 1931 war um fast 40 Prozent leichter als sein Vorgänger der L 2-Serie und entwickelte 50 kW (68 PS) bei nun schon 1700 min^{-1}. Der Verbrauch war unter 231 g/kWh (170 g/PSh) abgesenkt. Auch einen Sechszylinder mit 75 kW (102 PS) Nennleistung gab es in dieser Baureihe.

Die neuen Direkteinspritzer-Diesel von Gardner erwiesen sich in bezug auf die Zuverlässigkeit sogar den vergleichbaren Ottomotoren überlegen; dies trug sehr zur schnellen Verbreitung bei.

Saurers Erfolg: der Einlaßdrall

Bei Saurer in Arbon hatte man die Versuche von Dechamps, im Auftrag von Rudolf Diesel einen Saurer-Ottomotor zum Fahrzeugdiesel umzubauen, keineswegs vergessen. Und bei der um 1928 wieder aufgenommenen Arbeit am Dieselmotor – zunächst mit Acro-Luftspeicherverfahren – hatten von vornherein Eigenschaften, wie zum Beispiel Brennstoffverbrauch, Zuverlässigkeit und Lebensdauer, besondere Priorität. Der dann 1934 vorgestellte Direkteinspritzer mit „Doppelwirbelverbrennungsverfahren" hatte bereits die Merkmale, die bis heute für die

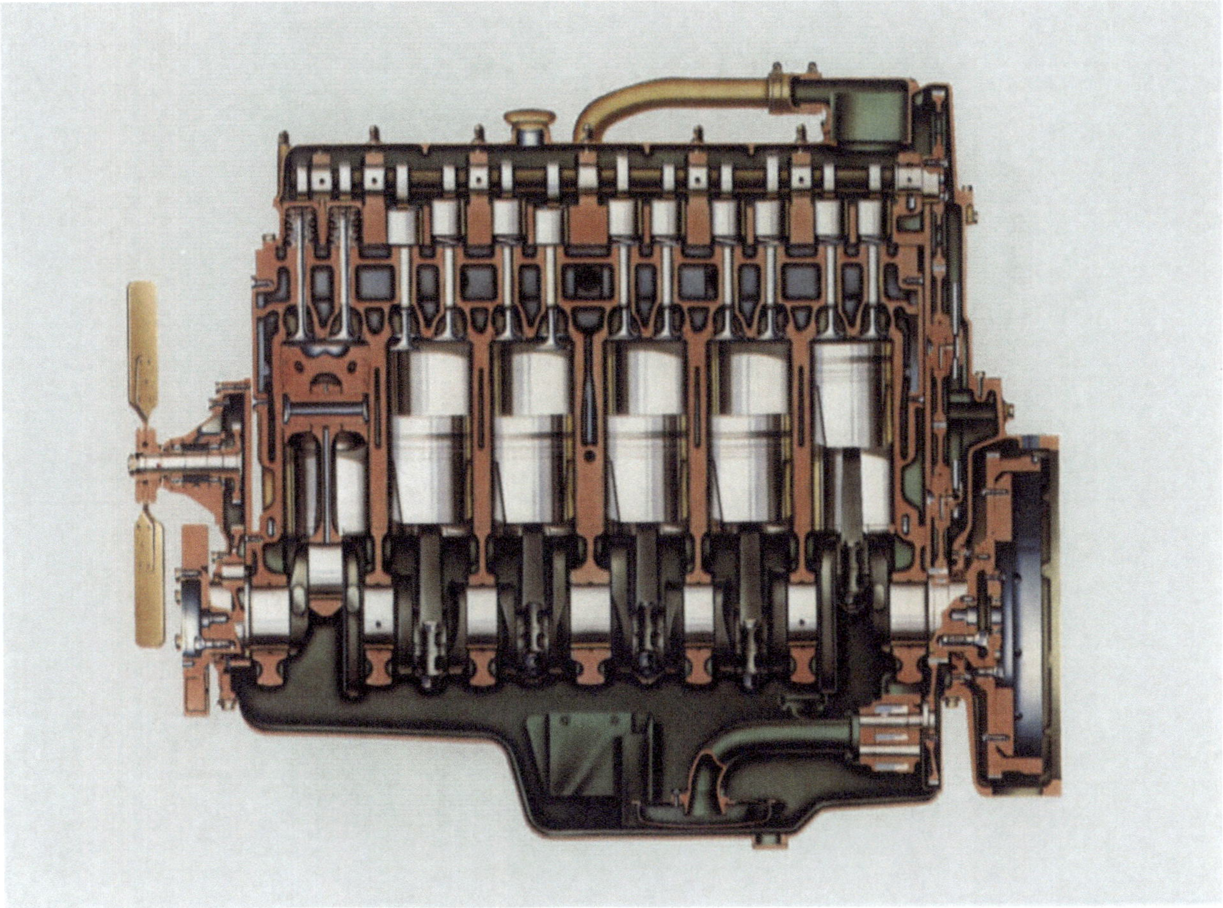

Der „Fixed Head 500" von Leyland war Anfang der siebziger Jahre ein Versuch, die Schwachstelle Zylinderkopfdichtung zu vermeiden: Zylinderköpfe und Block waren ein Gußteil. Der Motor entttäuschte jedoch in der Praxis.

beste Gemischbildung im Dieselmotor als unverzichtbar gelten: den Einlaßdrall und die tiefe Kolbenmulde, in die eine Mehrstrahldüse mit hohem Druck einspritzt. Die Bezeichnung Doppelwirbel ist zwar irreführend, wie man heute weiß, aber schließlich kommt es auf den Effekt an. Der durch ein Schirmventil erzeugte Drall der Ladung wird in dem tiefen Brennraum des Kolbens gegen Ende des Verdichtungshubs extrem beschleunigt, so daß dieser rasende Luftwirbel sich besonders gut mit den feinen eingespritzten Kraftstoffteilchen mischt. Die Verbrennung erfolgt in kurzer Zeit und sehr intensiv. Von Anfang an hatten deshalb diese Saurer-Diesel einen mit zunehmender Lastaufnahme nagelnden Lauf, waren aber deutlich sparsamer im Brennstoffverbrauch als die in Deutschland gebauten Dieselmotoren. Außerdem erwiesen sie sich als vergleichsweise problemlos und langlebiger. Bald schon wurde Saurer neben MAN einer der bedeutendsten Lizenzgeber für Diesel-Direkteinspritzverfahren.

Aus Saurers Patentschrift zum Einlaßdrall, der heute Grundlage aller modernen Direkteinspritzmotoren ist.

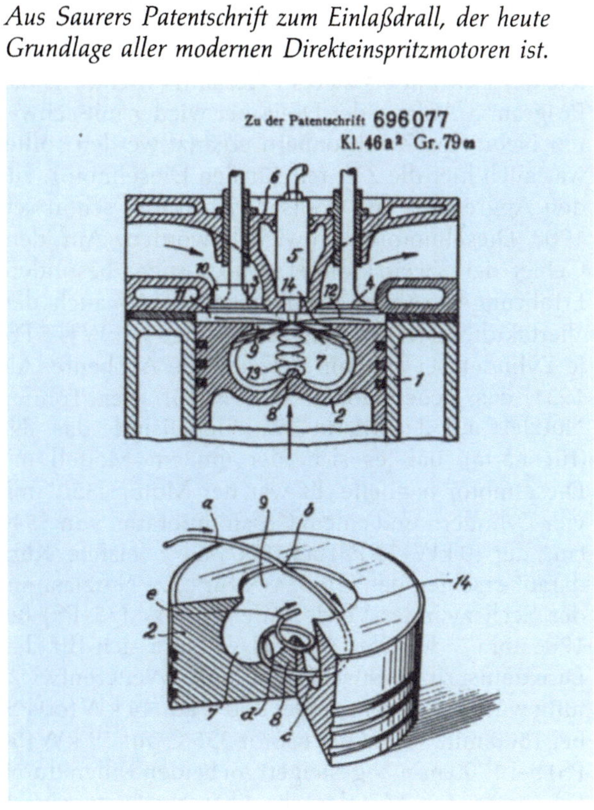

FIAT hatte Erfahrungen mit dem Marine-Diesel

Bei FIAT in Italien hat man bis 1945 die letzten schweren Lkw mit großvolumigen Ottomotoren

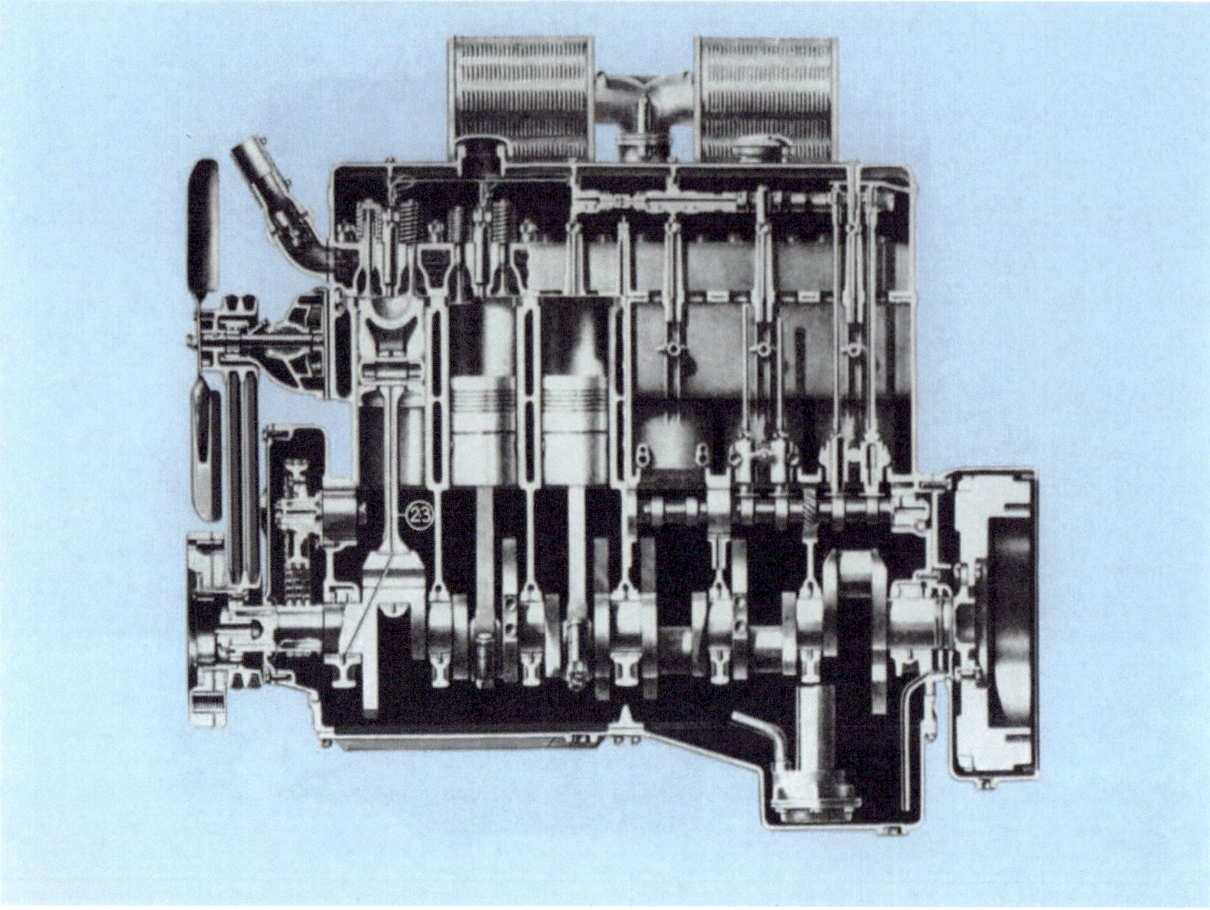

FIATs erster Lkw-Diesel 355C von 1933: Mit Direkteinspritzung in den Halbkugelraum lieferte der Motor schon 1931 aus 8,5 l Hubraum 55 kW (75 PS), dann 59 kW (80 PS) bei 1700 min^{-1}.

gebaut. In den zwanziger Jahren konzentrierte man sich auf die rationelle Fertigung verhältnismäßig leichter Lkw mit bis zu 6,4 t Gesamtgewicht. Als das Programm Anfang der Dreißiger wieder mit schweren Neun- bis Zwölftonnern ergänzt werden sollte, war auch hier die Zeit reif für den Dieselmotor. Für den Aggregate- und Bootsantrieb waren schon seit 1908 Dieselmotoren entwickelt worden. Auf dem Gebiet der Zweitaktdiesel gab es sogar besondere Erfahrungen. Ab 1928 entwickelte FIAT auch den Viertaktdiesel mit Direkteinspritzung: 11 kW (15 PS) je Zylinder bei 750 min^{-1} waren die Ausbeute. Als 1931 das neue Modell 632 N für vier Tonnen Nutzlast auf den Markt kam, signalisierte das „N" (für nafta), daß es sich hier um ein Modell mit Dieselmotor handelte. Es war der Motor „350" mit vier Zylindern und einem Gesamthubraum von 5540 cm^3, der 40 kW (55 PS) bei 1800 min^{-1} leistete. Kurz darauf erschien der Typ 634 N für 6,2 t Nutzlast mit der Sechszylinder-Version, der 55 kW (75 PS) bei 1700 min^{-1} leistete. Auch FIAT hatte sich für den Direkteinspritzer entschieden. In der Weiterentwicklung wurde der Vierzylinder 350 C auf 44 kW (60 PS) bei 1800 min^{-1} und der Motor 355 G auf 59 kW (80 PS) bei 1700 min^{-1} gesteigert, in beiden Fällen durch Erhöhung des Mitteldrucks über ein systematisch verbessertes Verbrennungsverfahren. Schon 1934 gelang es FIAT mit dem Motor-Typ 324 von 4,6 l Hubraum, die beachtliche Nenndrehzahl von 2200 min^{-1} und damit die respektable Leistung von 39 kW (53 PS) zu erzielen – aus einem Direkteinspritzer!

MAN kehrt zum „harten" Diesel zurück

Auch bei MAN hatte man nicht aufgehört, die Möglichkeiten zur Beeinflussung des Verbrennungsablaufs weiter zu erforschen. So gelang 1937 der nächste entscheidende Schritt: Der Brennraum wanderte wieder in den Kolben, und eine Flachsitzdüse spritzte nun in breitem Strahl in den kugelförmigen Brennraum. Die Gemischbildung war sehr schnell und intensiv. Dementsprechend hart nagelte nun wieder der MAN-Direkteinspritzer. Und daß die Verbrennung sehr vollkommen war, davon zeugte ein spezifischer Kraftstoffverbrauch zwischen 211 g/kWh und 231 g/kWh (155 g/PSh und 170 g/PSh) – je nach Zylindergröße. Konstruktionschef Paul Wiebicke nannte dieses Brennverfahren wegen des „globalen" Brennraums das G-Verfahren. Es „löste spontan die bisher von Nürnberg verwendeten Verbrennungsverfahren ab", stellte der Chronist Eduard Klein 1973 fest.

Scania und Volvo wechselten früh zur Direkteinspritzung

In Schweden hatte sich Scania-Vabis 1930 mit dem Hesselmann-Motor befaßt, einem Dieselmotor, der noch mit Benzin gestartet und aufgewärmt wurde. 1936 war schließlich der erste eigene Scania-Vabis-Dieselmotor marktreif. Die Vorkammermaschine mit 7,75 l Hubraum gab 88 kW (120 PS) bei 2000 min^{-1} ab. Für mehr als zehn Jahre war dies die Standardmaschine für schwere Fahrzeuge. Weil man 1939 dem Motor mit Direkteinspritzung die größeren Zukunftschancen einräumte, wurde mit der Neukonstruktion begonnen. Scania-Vabis suchte die Kooperation mit Lkw- und Busherstellern in Großbritannien, weil man das Gefühlt hatte, sich in Sachen Dieselmotor einer „Technologie-Lücke" gegenüberzusehen. 1940 kam es zu einer zehnjährigen Vereinbarung mit Leyland.
Bei Volvo in Göteborg begann man erst 1928 mit dem Lkw-Bau und konstruierte mit dem Wachsen der Modelle in schwerere Gewichtsklassen 1940 den ersten Dieselmotor, einen Direkteinspritzer mit 70 kW (95 PS) Nennleistung aus 6,12 l Hubraum. Mit den Startqualitäten dieses Motors im skandinavischen Winter war man aber nicht zufrieden und konstruierte ihn deshalb in eine Vorkammermaschine um. Der „VDA"-Motor wurde 1946 erstmals in einem Serien-Lkw der Typenreihe LV 150 geliefert. Bald schon machte man auch den „Umweg" wieder rückgängig und lieferte ab 1950 den Motor als Direkteinspritzer „VDC" mit 74 kW (100 PS) Nennleistung. Von nun an blieb es dabei, und die Kontinuität der technischen Entwicklung, vor allem aber auch der interne schwedische Wettbewerb brachte anhaltenden Erfolg.

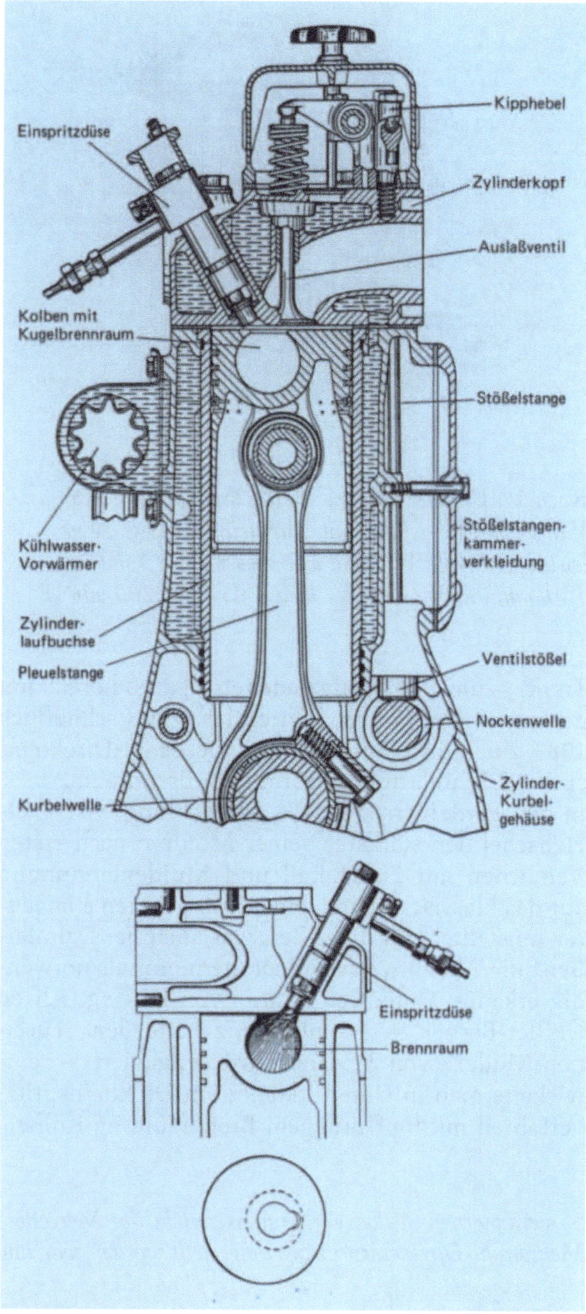

MANs Rückkehr zur „harten" Verbrennung 1937: Der spezifische Verbrauch des „G"-Motors lag auf Anhieb unter 217 g/kWh (160 g/PSh).

Die Wende zum Direkteinspritzer in Deutschland

In Deutschland versuchten nach dem Krieg Daimler-Benz, Büssing, Hanomag, Borgward, Kaelble und Magirus-Deutz ihre zwar „weich" verbrennenden, bei kurzzeitiger Hochbeanspruchung aber zuweilen thermisch überlasteten Vorkammermotoren weiterzuentwickeln. Technisch anspruchsvolle, aber nie ausgereifte Neukonstruktionen, zum Beispiel die Gleichstrom-Zweitakter von Krupp oder die ventillosen Zweitaktdiesel von Ford, ließen letztendlich den gesamten Produktionszweig „Lkw" in diesen Firmen aussterben.
Den Anschluß an die internationale Motorenentwicklung fand die deutsche Nutzfahrzeugindustrie erst wieder Anfang der fünfziger Jahre, als bei MAN das hart arbeitende G-Verfahren in das weichere Mittenkugel-(M)-Verfahren geändert wurde. Selbst sein Erfinder, Prof. Dr.-Ing. Siegfried Meurer, sieht rückblickend den Effekt der geringen Drucksteigerungsgeschwindigkeit des M-Verfahrens und seinen hohen Luftnutzungsgrad nicht mehr gegeben durch die Abtragung des Kraftstoffs von der Kugelwand. Vor allem die Weiterentwicklung der M-Motoren zu den HM-Motoren 1962 brachte die Erkenntnis, daß in erster Linie der extrem hohe Luftdrall für die gute Gemischbildung im Mittenkugelbrennraum sorgt und den eingespritzten Kraftstoff möglichst gar nicht an die Wand kommen läßt.
Die höheren Anforderungen des Marktes an die Verbrauchsökonomie der Dieselmotoren und der

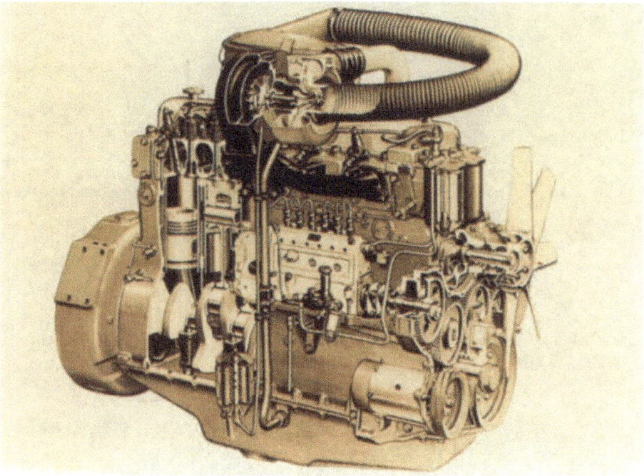

Nach Vorkammermotoren ab 1936 entwickelte Scania-Vabis den „D"-Motor mit Direkteinspritzung. Seine leistungsstärkste Variante war dieser DS 10 mit Turboaufladung (151 kW bzw. 205 PS, 2200 min^{-1}).

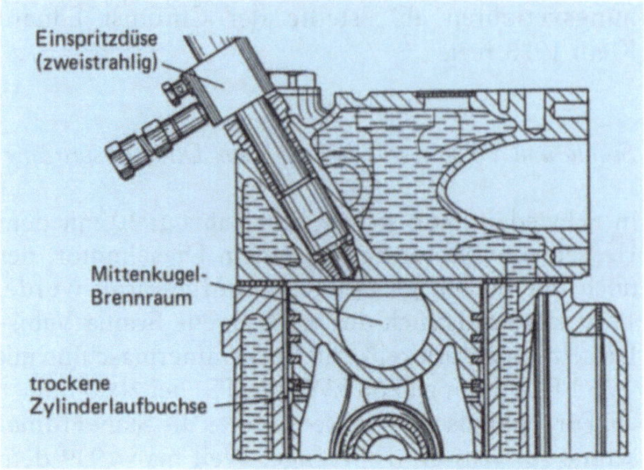

Entscheidend für den „M-Effekt" war beim Mittenkugelbrennraum nicht die vermutete Wandabtragung des aufgespritzten Kraftstoffs, sondern die Gemischbildung im Drall des Mittenkugelbrennraums.

Trend zum hochaufgeladenen Turbodiesel mit gesenkten Drehzahlen führten bei MAN schließlich 1983 zur Umstellung auf ein Vierstrahl-Direkteinspritzverfahren mit topfförmigem Brennraum.

In den Fünfzigern ging die Entwicklung weiter, als Henschel den stärksten seiner Motoren nach ersten Versuchen mit Einlaßdrall und Muldenbrennraum auf das klassische Direkteinspritzverfahren à la Saurer umstellte. Um diese Zeit war auch bei Daimler-Benz die Abkehr vom Vorkammermotor als notwendig erkannt. Unter der Leitung von Dr.-Ing. Alfred Müller-Berner – Daimler-Benz hatte den „Turbinen-Müller" von Leyland zurückengagiert – entwickelte man in Untertürkheim ein Direkteinspritzverfahren mit topfförmigem Brennraum im Kolben, mit Drall-Einlaßkanälen und einer schräg nach unten in die Kolbenmulde einspritzenden Vierstrahldüse. Das Ergebnis war, gemessen an den spezifischen Kraftstoffverbräuchen, eine erheblich verbesserte Gemischbildung mit mäßiger Drucksteigerungsgeschwindigkeit und entsprechend moderatem Lastnageln. Ab 1964 wurden zügig alle Daimler-Benz-Lkw-Motoren auf Direkteinspritzung umgebaut. Binnen kurzer Zeit folgten auch die anderen Hersteller großer Lkw-Motoren, wie etwa Büssing und Magirus-Deutz, diesem Beispiel. Alle waren zuvor von mehr oder weniger großen Problemen mit Kolbenklemmern oder Zylinderkopfrissen geplagt. Von nun an gehörten diese Erscheinungen der Vergangenheit an.

So veränderte sich das Verbrauchskennfeld des Mercedes-Benz-Vorkammermotors OM 326, nachdem er auf Mehrstrahl-Direkteinspritzung umgestellt worden war und OM 346 hieß.

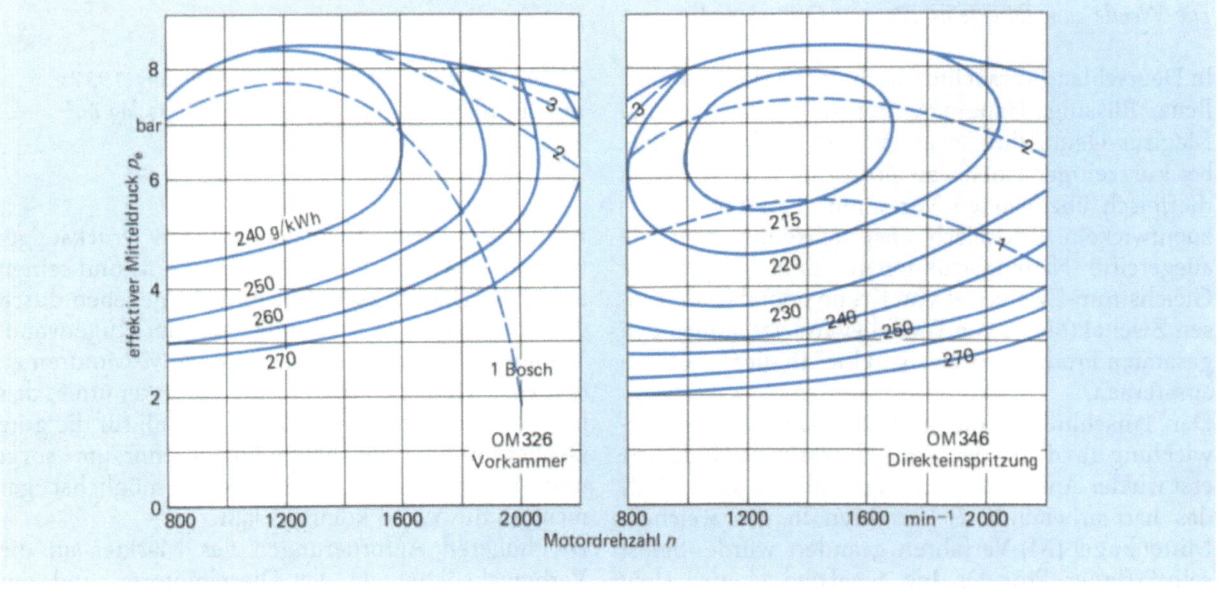

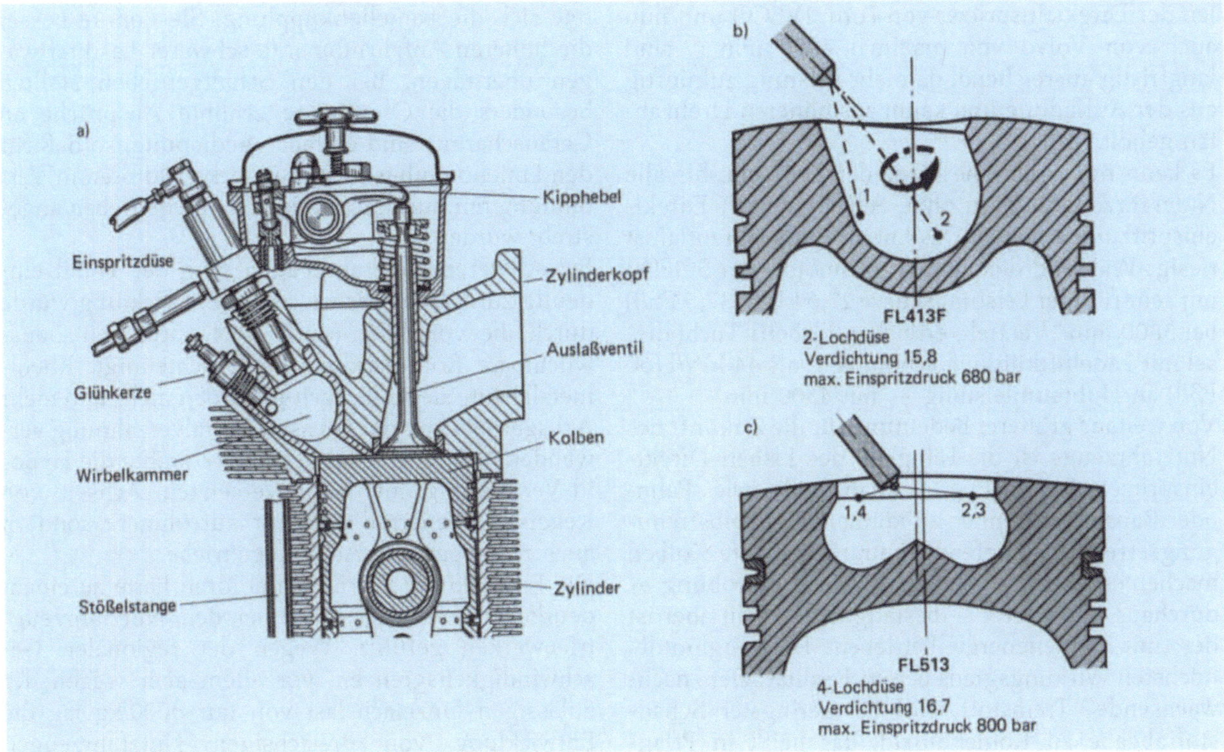

Die Veränderung des luftgekühlten Deutz-Motors:
a) mit der Wirbelkammer oft in thermischen Schwierigkeiten,
b) mit Zweistrahl-Direkteinspritzung aller Probleme bar und c) mit Vierstrahl-in-Drall-Verbrennung sparsamer.

Der Sonnenenergie-Motor ist Realität

Es sollten aber nochmals 15 Jahre ins Land gehen, bis Ford den ersten wirklich schnellaufenden Direkteinspritzer für den Transporter präsentierte und IVECO mit dem Turbo-Direkteinspritzer mit ähnlichen Abmessungen folgte. Der 2,5-l-Motor von Ford (B:H = 93,67 mm:90,54 mm) leistet 50 kW (68 PS) bei 4000 min^{-1}, und der von vornherein als Turbodiesel ausgelegte 2,45-l-Motor von SOFIM leistet 68 kW (92 PS) bei 3800 min^{-1}. Damit war die Prognose des Motorenexperten Michael L. Monaghan (Ricardo) von 1978 überholt, nach der bei schnellaufenden Pkw- und Transportermotoren der Vor- und Wirbelkammer die Zukunft gehöre.

1978 liefen bereits bei der Elsbett-Konstruktion in Hilpoltstein „wärmedichte" Direkteinspritzer bei einer Nenndrehzahl von 4600 min^{-1}. Während aber der Direkteinspritzerdiesel von Ludwig Elsbett mit der problemlosen Zapfendüse arbeitete, entwickelten Bosch und Lucas für die Produktions-Direkteinspritzer spezielle Verteiler-Einspritzpumpen, die ausreichend hohe Drücke für die winzigen Mehrlochdüsen produzieren konnten. Die Nenndrehzah-

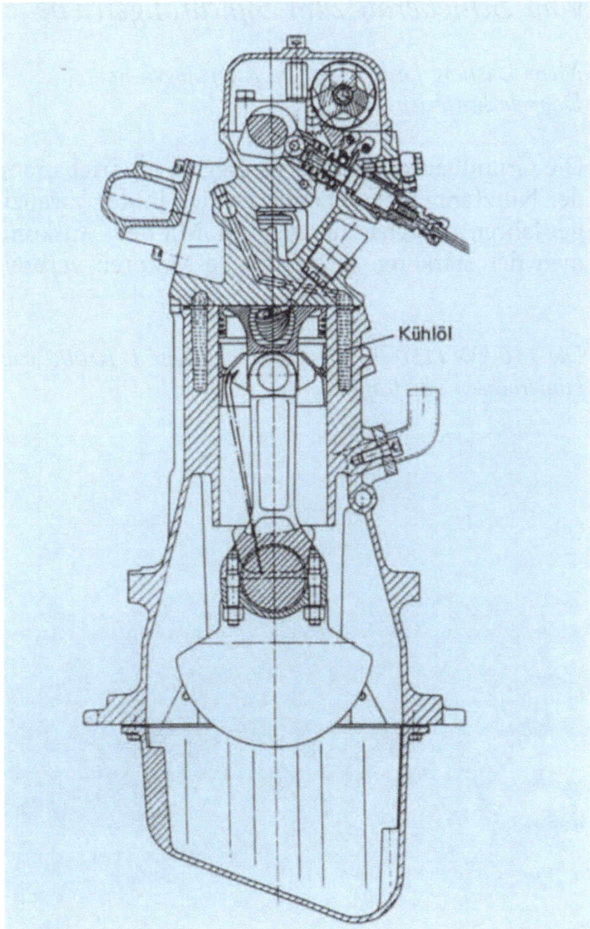

Elsbetts „wärmedichter" Turbo-Direkteinspritzer, der nur noch mit Motoröl und durch Ladeluftkühlung (LLK) gekühlt wird und problemlos unbehandelte Pflanzenöle mit bestem Wirkungsgrad verbrennt.

len der Direkteinspritzer von Ford, IVECO und nun auch von Volvo von maximal 4000 min^{-1} sind langfristig ausreichend, da mehr Leistung zukünftig aus der Aufladung und kaum aus höheren Drehzahlen geholt wird.
Es kann nur noch eine Frage der Zeit sein, bis alle Nutzfahrzeugmotoren ohne Ausnahme mit Direkteinspritzung arbeiten. Das Entwicklungspotential ist riesig: Während der Produktionsmotor von SOFIM mit sehr fülliger Leistungskurve 27,6 kW/l (37,5 PS/l) bei 3800 min^{-1} erzielt, erreichen Elsbetts Turbodiesel mit Ladeluftkühlung schon mehr als 44 kW/l (60 PS/l) an Hubraumleistung – mit 4500 min^{-1}.
Von weitaus größerer Bedeutung für die Zukunft des Nutzfahrzeugs ist die Fähigkeit des Elsbett-Direkteinspritzers, unraffinierte Pflanzenöle wie Palm- oder Rapsöl verbrennen zu können. Der Selbstreinigungseffekt der Zapfendüse und der dichte Kolben machen es möglich, wie eine Langzeit-Erprobung – durchaus unerwartet – bestätigt hat. Somit aber ist der „mit Sonnenenergie betriebene Fahrzeugmotor" höchsten Wirkungsgrads bereits Realität: Der „nachwachsende" Treibstoff wird bei geringster Schadstoffabgabe zu Kohlendioxid, das heißt in Pflanzennahrung umgewandelt. Der Dieselmotor mit dem niedrigsten Energieverbrauch macht den Sonnenenergie-Kreislauf mit dem geringsten Umweltrisiko möglich.

Vom Schieberad zum Synchrongetriebe

Mehr Leistung fordert stärkere Kupplungen und Doppelachsantrieb

Die Grundbauformen der Aggregate im Triebstrang der Nutzfahrzeuge veränderten sich in den zwanziger Jahren zunächst nur langsam. Mit dem Aufkommen der stärkeren Nutzfahrzeug-Motoren verbreitete sich die Lamellenkupplung. Sie konnte besser die höheren Anfahrmomente schwerer Lastkraftwagen übertragen. Bei den Schaltgetrieben stellten besonders die Omnibusse erhöhte Ansprüche an Geräuscharmut und einfache Bedienung, so daß für den Linienomnibus leistungsstarke Motoren in Verbindung mit nur dreigängigen Schaltgetrieben angestrebt wurden.
Bei schweren Nutzfahrzeugen ging der Trend eindeutig zur Kardan-Achse. Diese Entwicklung wurde durch die von Fritz Faudi 1924 entwickelte, auswuchtbare Rohr-Kardanwelle beschleunigt. Rheinmetall baute sie. Gleichzeitig wurden mehr und mehr Achsgetriebe mit der Gleason-Spiralverzahnung verwendet. Nur wenige Jahre später erlaubte die Hypoid-Verzahnung mit höhenversetzten Achsen von Kegel- und Tellerrad nicht nur laufruhigere, sondern auch raumsparende Achs-Kegeltriebe.
Die Entwicklung der Dieselmotoren hatte zu einem deutlichen Leistungsschub bei den Nutzfahrzeugtriebwerken geführt. Wegen der regionalen Geschwindigkeitsgrenzen, vor allem aber wegen der zulässigen Einzelachslast von nur 6000 kg lag die Entwicklung von dreiachsigen Nutzfahrzeugen nahe.
Mit zwei angetriebenen Achsen von je 5000 kg Belastbarkeit waren dank der neuentwickelten Luftreifen gegenüber dem maximal 11 000 kg schweren Zweiachser nicht nur um ein Drittel mehr an Nutzlast, sondern auch bessere Fahrleistungen im Bergland erzielbar. Dreiachsige Lkw und Omnibusse waren also eine logische Konsequenz. Solche Dreiachser entwickelten nach Büssing 1924 die NAG, Vomag, etwas später die Daimler-Motorgesellschaft und MAN.
Richard Bussien wies 1931 darauf hin, daß von den zahlreichen Achsantrieben nur wenige für den schnellen Straßenverkehr geeignet seien, weil sie vom geländegängigen Militärfahrzeug abgeleitet

Die 110 kW (150 PS) des Mercedes-Benz L 10 000 wurden über eine Gelenkwelle zu den beiden Hinterachsen übertragen.

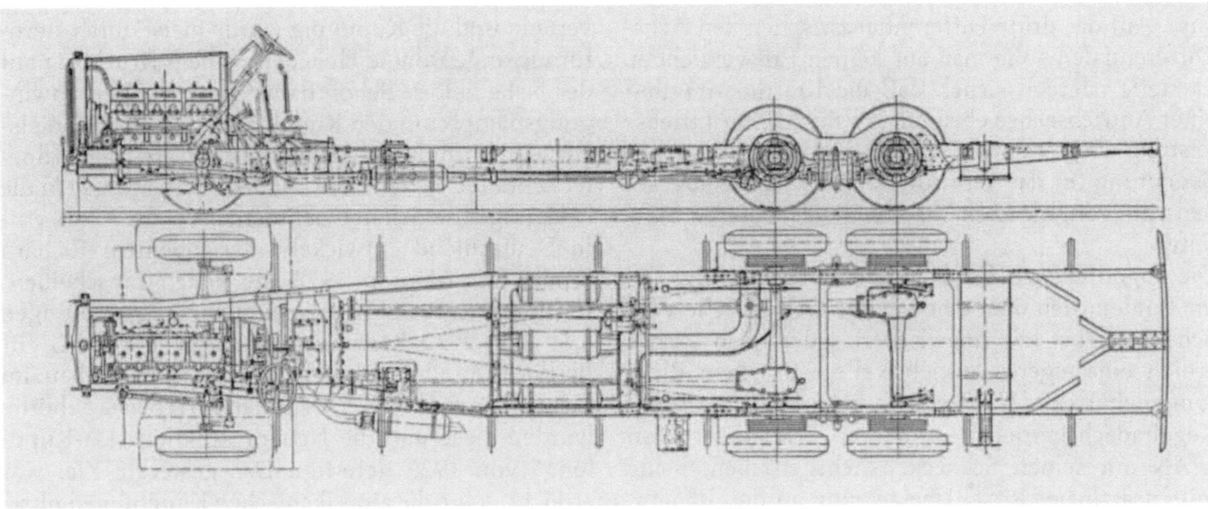

Büssing-Dreiachs-Fahrgestell für Omnibusse: Jede Achse wurde von einer eigenen Gelenkwelle angetrieben.

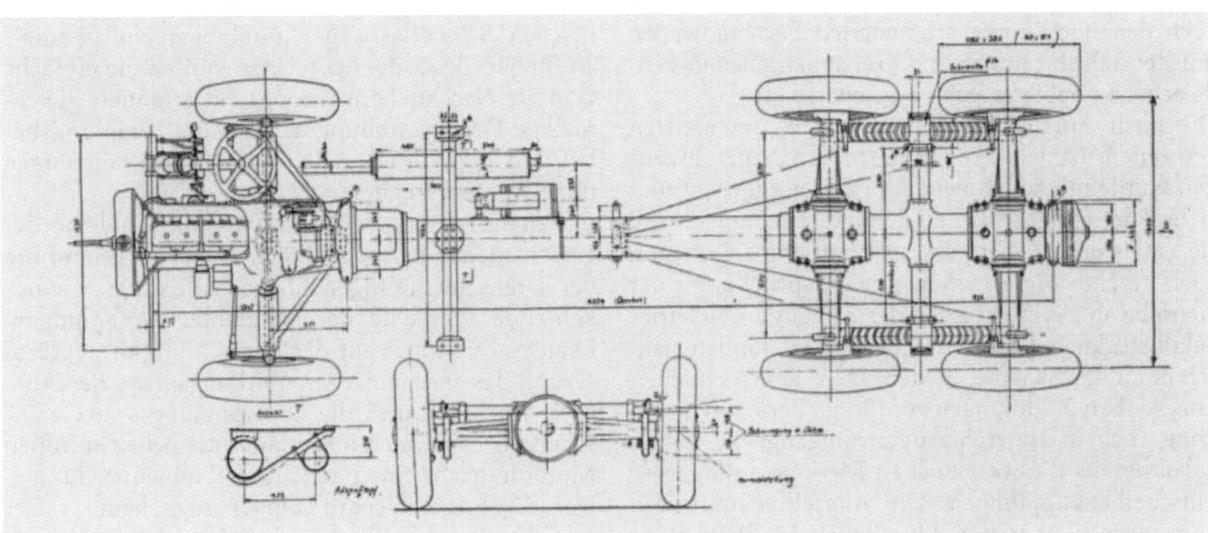

Tatras 6-t-Allrad von 1930. Das Zentralrohr-Pendelachsenkonzept hat sich bis heute nicht verändert.

1930 waren 21 Prozent der Nutzfahrzeuge mit Kegel-(Konus-)Kupplungen (a), 17 Prozent mit Mehrscheibenkupplungen (b) und erst 30 Prozent mit Einscheibenkupplungen (c) ausgerüstet. Die moderne F&S-Lkw-Kupplung mit Teller-Anpreßfeder hat sich nicht sehr verändert (d).

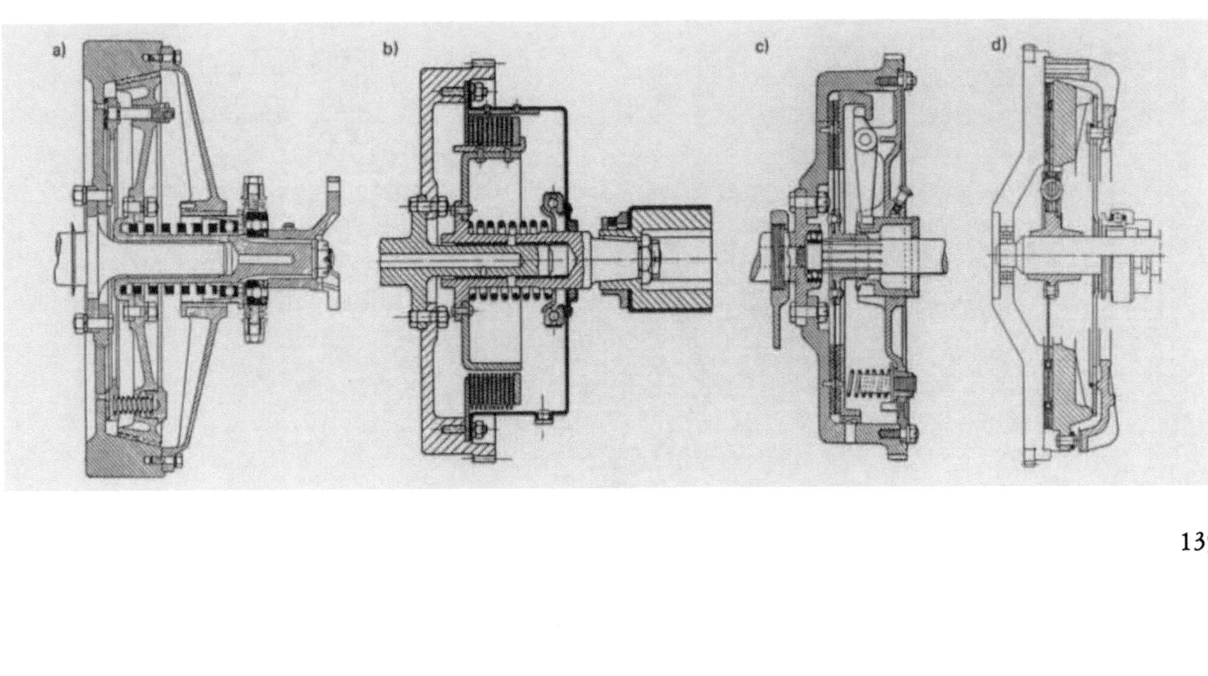

sind. Auf das dritte Differential zwischen den Achs-Differentialen solle man auf keinen Fall verzichten. Es stelle nämlich sicher, daß die Kraftübertragung einer Antriebsachse eben nur für die halbe Antriebsleistung ausgelegt werden muß, sei also von großer Bedeutung für das verbaute Gewicht – ganz abgesehen vom verminderten Verschleiß der teureren Luftreifen.

Die angetriebenen Doppelachsen wurden entweder im Tandemtrieb über eine einzige Gelenkwelle vom Schaltgetriebe her angetrieben, oder jede Achse erhielt eine eigene Antriebswelle. Zur einen Richtung gehörten der Mercedes-Benz-Dreiachser mit Kegelradachsgetrieben und der Dreiachser von MAN mit seinen Schnecken-Achsgetrieben, beide mit zusätzlicher Ritzel-Übersetzung an den Rädern. Das Büssing-Omnibusfahrgestell hingegen hatte parallele Antriebswellen, die vom Zwischenachs-Verteilergetriebe zu den beiden Antriebsachsen mit seitlich angeordneten Differentialen führten. Und auch den noch heute produzierten Sechsradwagen mit Zentralrohrrahmen und drei angetriebenen Pendelachsen von Tatra gab es bereits 1931.

Die noch Anfang der dreißiger Jahre am meisten verbreitete Lamellenkupplung in den Nutzfahrzeugen wurde mit zunehmendem Fahrzeuggewicht und steigender Endgeschwindigkeit unbefriedigend, weil sie „meistens zu hart die Last aufnahm. Das ging auch nicht ohne erhöhte Beanspruchung der Getriebe ab", erinnerte sich der damalige ZF-Getriebekonstrukteur Ottmar Schneider. So fanden bald schon in Europa die in den USA gebräuchlichen Einscheiben-Kupplungen von Borg&Beck sowie von Long auch in Nutzfahrzeugen Eingang. Sie hatten dabei bereits die wesentlichen Merkmale moderner Einscheibenkupplungen: Die Anpreßfedern waren konzentrisch über den Mittelkreis der Reibbeläge verteilt, und die Kupplung wurde meist durch sternförmig angeordnete Hebel von einem Druckring auf der Nabe gelöst. Schon damals gab es Drehschwingungsdämpfer in den Kupplungsscheiben, beispielsweise in Form kreisförmig auf der Nabe angeordneter Schraubenfedern. Sie konnten die Nabe gegen die belagtragende Scheibe abfedern.

In Deutschland entwickelte der Ingenieur Richard Binder bei Mecano 1928 die ersten Einscheiben-Kupplungen für Lkw. Als Nutzfahrzeugkupplungen L 50 und L 70 kamen sie zunächst bei NAG für Berliner Omnibusse und bei Büssing zum Einbau. Im Stempelwerk, das ab 1931 zu Fichtel & Sachs gehörte, wurden diese und die Neukonstruktion „LA-Kupplung" von 1929 gefertigt. Das gesteckte Ziel war erreicht, „eine die amerikanischen Kupplungen übertreffende zu schaffen. Denn innerhalb von nur zwei Jahren kamen diese LA-Kupplungen bei allen deutschen Lkw-Fabriken und verschiedenen ausländischen zur Einführung und verdrängten die amerikanischen Schwerlastwagenkupplungen vollständig", so Binder. Besonders geschätzt wurden die einfache zentrale Nachstelleinrichtung, die garantiert gleichmäßige Druckverteilung auf die drei Kupplungshebel und der Vorteil, daß sie bei Schwerfahrzeugen ohne Rupfen arbeiteten.

Die Standzeit- und Reibschwingungsprobleme der verschiedenen Belagsqualitäten sowie die Dämpfung der Drehschwingungen blieben allerdings wiederkehrende Probleme der Nutzfahrzeugkupplungen. Ebenso waren im Lauf der Entwicklung die Verbesserung des mechanischen Wirkungsgrads der Ausrück-Mechanik und die Unterbindung von Geräuschen im unbelasteten Leerlauf oder bei einer hohen Motordrehzahl eine permanente Problemstellung.

Der 82jährige Richard Binder sagt heute: „Der erreichte Stand der Technik bei Nutzfahrzeug-Kupp-

Das meistverwendete Lkw-Getriebe hatte Schubräder, zum Beispiel das von Scania gebaute K 40 (ZF-Lizenz) (a). Nur für Omnibusse waren geräuscharme Klauenschaltgetriebe mit Dauereingriffsrädern gefragt (b).

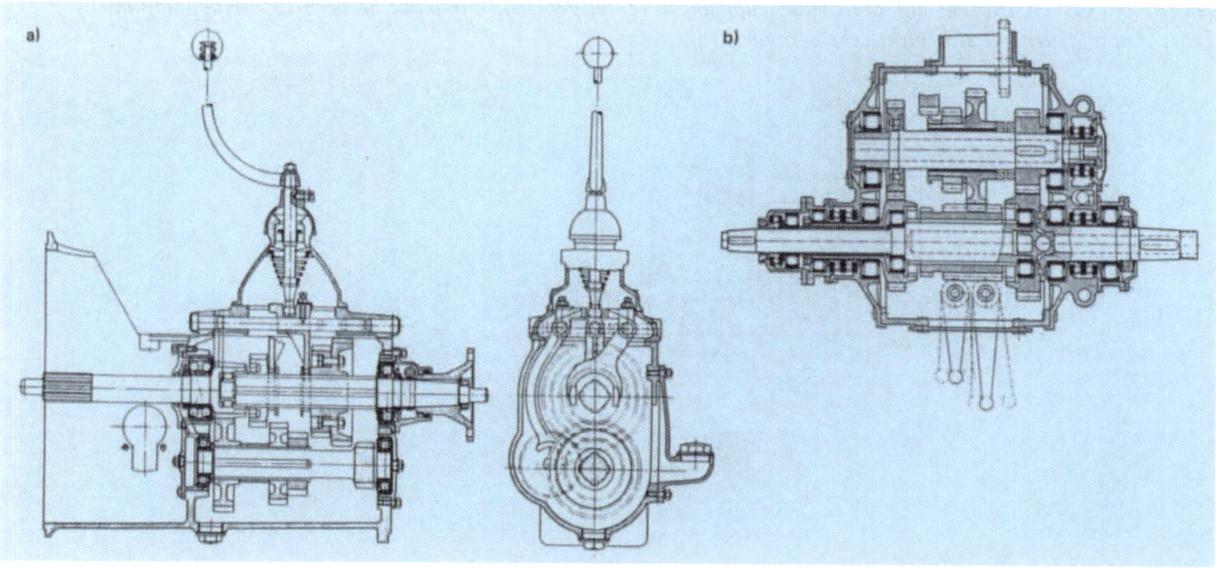

lungen ist zwar auch durch die verbesserten Beläge zu erklären, die höhere spezifische Flächendrücke aushalten können, mehr aber wohl auf die Schonwirkung der drehmomentstarken Motoren zurückzuführen, die erheblich schaltärmeres Fahren und vor allem das Anfahren mit niedrigen Drehzahlen ermöglichen. Somit brauchen sie weniger Schlupf beim Anfahren, und die thermische Kupplungsbelastung sinkt beträchtlich. Wenn ich da an den leistungsschwachen Lkw mit Holzvergaser denke – der brauchte zum Anfahren fast die Nenndrehzahl!"

Viele Gangstufen – wichtiger als Schaltkomfort

Die Zahradfabrik Friedrichshafen AG begann 1925 mit der Produktion des „Einheitsgetriebes". Das robuste K-Getriebe mit vier Gängen und Eingangsdrehmomenten von 300, 400, 500 und 600 Nm hatte einen mittig angeordneten Schaltknüppel mit Kugelgelenk. Am Stand der Technik gemessen empfand man aber die Einfachkonstruktion mit Schieberädern als technischen Rückschritt „auf höchster Stufe". Aber gerade dieses Robustgetriebe für Nutzfahrzeuge wurde ein großer Erfolg. Das Gehäuse war statt aus Aluminium nun wieder aus Gußeisen, so daß das teure Ausbuchsen der Wälzlagersitze entfiel. Die gehärteten und geschliffenen Zahnräder wurden aus bestem Chrom-Nickel-Stahl gefertigt, der das harte Aneinanderprallen der rundgeschliffenen Stirnkanten beim Schalten aushielt.
Dank der Mittenkugelschaltung war es nun für den Fahrer eines Lkw erheblich einfacher als mit der vorherigen Zweihebelbedienung, die Zahnräder mittels Zwischengas und Doppelkuppeln ungefähr auf Gleichlauf zu bringen. Und man befand sich in Friedrichshafen mit der Philosophie vom robusten Einfachgetriebe in bester Gesellschaft: In den USA, wo kommerzieller Erfolg stets mehr bedeutete als geniale Technik, hatte sich nämlich die von der Fuller-Familie gegründete Firma allein auf die Herstellung von Schwerlastwagengetrieben spezialisiert, auf Getriebe mit Schieberädern in drei- und viergängiger Ausführung. Sie waren bis in die fünfziger Jahre noch in Lkw und Bussen akzeptierter Stand der Technik.
Nur der Omnibusbau stellte höhere Ansprüche. Professor Buschmann hatte höchst plausibel für die Kombination stärkster Omnibusmotoren mit einfachen Dreigang-Getrieben plädiert. So entstand bei ZF aus dem viergängigen K 50 durch Ausrüstung mit einem anderen Zahnradsatz das dreigängige DK 50 für Omnibusse. Und die allgemeine Berliner Omnibus-Aktiengesellschaft (ABOAG) ließ sich von ZF ein eigenes Dreigang-Getriebe bauen – ein robustes Klauengetriebe.
Wesentliche Impulse für die spätere Nutzfahrzeug-Getriebeentwicklung wurden aus den Getriebeentwicklungen für schwere Reiselimousinen gewonnen: Die geräuscharmen Aphon-Getriebe von ZF

Fortschritt, der 1933 zu früh kam: Weder das mit zwei Knüppeln geschaltete Splitter-Getriebe ZG 55 von ZF (oben) noch das geräuscharme und im vierten und fünften Gang synchronisierte FAKS-Getriebe mit Spiral-Keilnutwelle wurden für Lkw akzeptiert.

besaßen breite, schräg verzahnte Dauereingriffräder in den oberen Fahrgängen, die per Klauenkupplungen geschaltet wurden. Aus dem Wunsch, bei der Fahrt auf den ersten Schnellstraßen die Motordrehzahl zu senken, entstand das von Maybach konstruierte und von ZF hergestellte Schnellganggetriebe, das – an ein K 60-Getriebe angeflanscht – für leichte Langstreckenomnibusse eine praxisgerecht gesteigerte Nenngeschwindigkeit anbot. Diese Entwicklungen zielten freilich auf eine noch unbekannte Zukunft der Nutzfahrzeuge ab. Sie fanden in der tiefsten wirtschaftlichen Depression statt. Unter die-

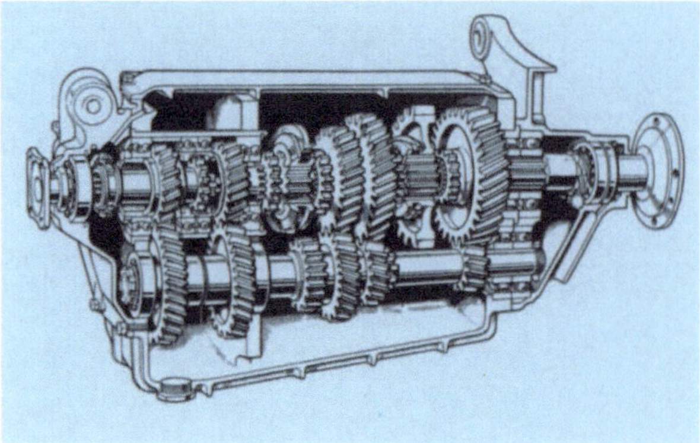

Im bergigen Italien setzte sich das gesplittete Viergang-Getriebe mit acht Stufen schnell durch; hier das für den FIAT 666 N mit „riduttore" per Lenkradhebel.

sem Vorzeichen kam auch das ZF-Getriebe ZG 55 (1932) zu früh für eine wirtschaftlich erfolgreiche Produktion. Es war also ein gesplittetes Vierganggetriebe mit Vorschaltgruppe und insgesamt acht Gangstufen. Die Splitterstufe war durch einen zweiten Schalthebel leicht zu schalten.
Aus den Erfahrungen mit den klauengeschalteten Aphon-Getrieben entstanden 1933 die FAKS-Getriebe für Lkw mit bis zu 500 Nm Eingangsdrehmoment und fünf Gängen. Das Besondere waren die im Dauereingriff befindlichen zwei oberen Zahnradsätze mit Schrägverzahnung, die durch Klauenkupplungen mit der Hauptwelle verbunden wurden, und die auf einer Spiral-Keilnutwelle verschiebbaren Schrägzahnräder für die unteren drei Gänge. Obwohl es Schieberäder waren, konnte also auch in den unteren Gängen eine Schrägverzahnung angewendet werden. Den Axialschub nahm bei diesen „Spiralgetrieben" das Hauptlager über die schraubenförmige Keilnutwelle auf.
Die Anwendung der Klauenschaltung bei schrägverzahnten Dauereingriffsrädern war besonders für Geländefahrzeuge wichtig. Der Fahrer braucht hierbei die Aufmerksamkeit in schwierigen Fahrsituationen weniger auf den Schaltvorgang zu richten. Klauenschaltungen sind auch noch bei größeren Drehzahldifferenzen – wenn auch hörbar – sowohl sicher als auch schnell zu betätigen.
In Italien, wo der Lkw mit erheblich schwierigeren topographischen Verhältnissen fertig werden mußte, war sowohl das schnelle Schalten – besonders in den unteren Gängen – als auch eine möglichst feine Abstufung der Getriebe eine naheliegende Forderung. So ist festzuhalten, daß der 1939 auf den Markt gebrachte FIAT 666 N, also ein Diesel-Lastwagen, nicht nur mit einem Allklauengetriebe ausgerüstet wurde, sondern auch noch mit acht Gangstufen! Der maximal 12,15 t schwere Solo-Lkw wurde von einem 74 kW (100 PS)-Dieselmotor angetrieben und konnte dank der splittenden Vorschaltgruppe Steigungen bis zu 30 Prozent bewältigen. Seine Nenngeschwindigkeit war 51 km/h, so daß der Gesamtsprung von 7,52 auch auf extremen Bergstraßen keinen Zauberkünstler am Schaltknüppel erforderlich machte. Die vier Hauptgänge wurden mit dem Knüppel, die Splitterstufe – die „Reduktion" – mit einem Lenkradhebel geschaltet.
Auch in den USA waren die Ziele der Getriebeentwicklungen für Nutzfahrzeuge klar in Richtung Leistungsnutzung gesteckt. So spricht die Fuller-Chronik vom „Zeitalter des Zwei-Hebel-Schaltens und des Drei-Hand-Fahrens in schweren Lastwagen". Ab 1936 gab es solche, dem Viergang-Schubradgetriebe nach- oder vorgeschalteten Splittergruppen.
Doch das zweihändige Schalten war nicht nur in den USA bis in die Nachkriegszeit hinein mehr Geschicklichkeitsprobe als Zweckmäßigkeit. Ein halbwegs routinierter Fahrer hatte es nämlich bald heraus, einfacher über einen Hauptgang hinweg zuerst den ganzen Gang, dann erst gegebenenfalls den halben Gang zu schalten. Die vergleichsweise feinere Abstufung solcher sechs- oder achtstufigen Splitter-Getriebe erleichterten jedenfalls das Fahren schwerbeladener Lkw und Lkw-Züge bei hohem Fahrwiderstand erheblich.

Von der Schaltachse zum gesplitteten Range-Getriebe

Der enorme Transportbedarf zum Wiederaufbau des zerstörten Deutschland, aber auch ausgemusterte ehemalige Militärfahrzeuge ließen eine Vorliebe für Allradfahrzeuge entstehen. Vor allem wurde die zusätzliche Geländeübersetzung im Verteilergetriebe sehr geschätzt. Damit standen bei Nenngeschwindigkeiten bis zu 70 km/h effektiv zehn verschiedene Übersetzungen zur Verfügung. Auf der Straße konnte man somit verhältnismäßig schnell, abseits der Straße oder im Bergland mit geringen Geschwindigkeiten fahren. Mancher Lastzugwagen wurde nur deshalb mit Allradantrieb gekauft.
1947 brachte die Zahnradfabrik Friedrichshafen zwei neue Getriebe für schwere Lastwagen heraus. Alle sechs Vorwärtsgänge der „Allklauengetriebe" AK 6-50 und AK 6-75 besaßen nun Klauenschaltungen. Die umfangreichen Erfahrungen mit bis zu siebengängigen Schaltgetrieben für Militärfahrzeuge hatten Pate gestanden. Die später im gleichen Gehäuse auch mit Kegelsynchronisierung ausrüstbaren Sechsgang-Getriebe sollten für die nächsten 20 Jahre Standardausrüstung der schweren Lkw bleiben. Zunächst aber bremste Mitte der fünfziger Jahre das Verbot des 40-t-Lastzugs die technische Entwicklung des Nutzfahrzeugantriebs erst einmal ab. Für den nur 24 t schweren „Seebohm-Lastzug" brauchte man nur 106 kW (144 PS) Antriebsleistung. Wer, wie Daimler-Benz, ein eigenes Fünfganggetriebe zur Verfügung hatte, versuchte, mit diesem leichteren Getriebe auszukommen.
Ein bewährtes Mittel, bei allmählich steigenden Nenngeschwindigkeiten der Lastwagen dennoch mit

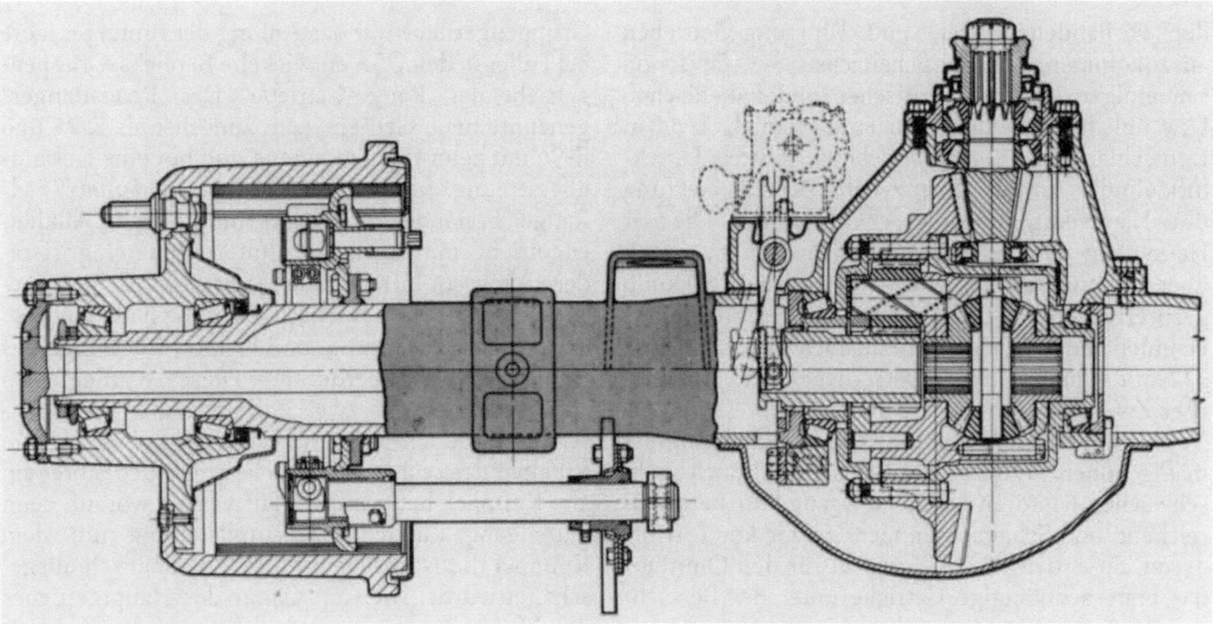

Zweigang-Schaltachsen wie diese von Eaton mit klauengeschalteter Planetenübersetzung waren probate Lösungen zu feiner gestuften Geschwindigkeiten.

Das S8-45 war das erste achtstufige Synchrongetriebe mit integrierter luftgeschalteter Vorschaltgruppe.

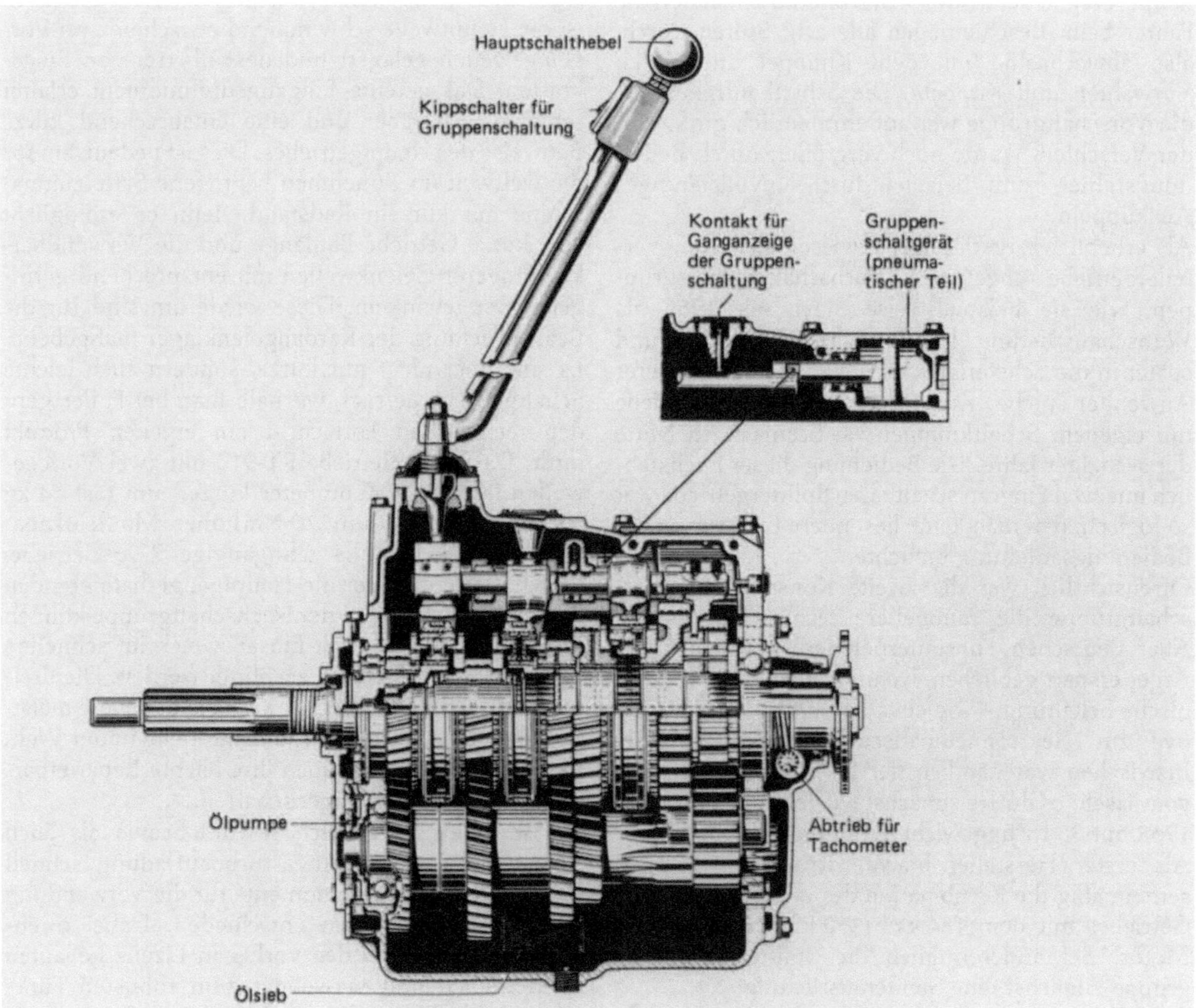

den vorhandenen Vier- und Fünfgang-Getrieben auszukommen, war die Schaltachse. Sie war schon seit einigen Jahren in britischen und italienischen Lkw üblich und wurde von Ford erstmals 1954 in Deutschland im FK 4000 angeboten. Mittels Druckluftzylinder konnte eine zweite Achsübersetzung über Klauenkupplungen geschaltet werden. Die vier Hauptgänge des Schaltgetriebes mußten nur noch über einen Geschwindigkeitsbereich bis zu 50 km/h gespreizt werden. Ende der fünfziger Jahre rüstete Daimler-Benz die neuen Kurzhauben-Lkw L 322 und 337 mit eigenen Fünfgang-Getrieben und zusätzlicher Zweigang-Hinterachse aus.

Vor allem bei den Omnibussen mit ihren verhältnismäßig hohen Endgeschwindigkeiten bei noch recht schwachen Motoren waren Fünfganggetriebe unzureichend und Schaltachsen nicht gerade komfortfördernd. So entwickelte ZF speziell für den Omnibus das erste achtgängige Getriebe unter der Bezeichnung S 8-45. Die vier synchronisierten Hauptgänge wurden mit dem Knüppel geschaltet; das vorgeschaltete Split-Getriebe wurde von einem Schalter am Knüppel angewählt, und anschließend setzte der Schaltvorgang während des Kuppelns elektropneumatisch ein. Dieses S 8-45-Getriebe wurde zum Prüfstein für die Vorschaltgruppenkonzeption überhaupt. Wegen der schwachen Motoren schalteten die Fahrer beim Beschleunigen alle acht Stufen durch, also abwechselnd mit dem Knüppel und durch Vorwählen und Kuppeln. Die Schalthäufigkeit für die Vorschaltgruppe war außerordentlich groß, und der Verschleiß wurde noch vergrößert durch Bedienungsfehler, zum Beispiel durch unvollständiges Auskuppeln.

Als erheblich zuverlässiger erwiesen sich vom Verteilergetriebe abgeleitete Nachschalt-Splittergruppen, wie sie beispielsweise Steyr seit 1955 als Wunschausrüstung in die Mittelklasse-Lkw und später in die Schwerlastwagen einbaute. Ein anderer Anwender solcher nachgeschalteter Splittergetriebe mit eigenem Schaltknüppel war Scania noch Mitte der sechziger Jahre. Die Bedienung dieser buchstäblich mit zwei Fingern schaltbaren Splittergetriebe war so logisch, daß man keine besondere Erklärung oder Bedienungsanleitung brauchte.

Offensichtlich war die zweite Konstante als Vorschaltgruppe die rationellere technische Lösung. Aber deutschen Fuhrunternehmern wäre mancher Ärger erspart geblieben, wenn man eine rein mechanische Schaltung – wie etwa bei FIAT – als Alternative zur elektropneumatischen angeboten hätte. Inzwischen war nämlich der Seebohm-Lkw wieder vom Tisch; es durfte zunächst wieder mit 32 t und ab 1965 mit 38 t Zuggewicht gefahren werden.

Als erster Hersteller brachte Krupp im LF 1080 serienmäßig die Kombination des zwölfstufigen ZF-Getriebes mit dem 184 kW (250 PS)-Cummins-V8-Motor. Bei anderen blieb die Splitter-Vorschaltgruppe zunächst eine Sonderausrüstung.

Erheblich günstiger beansprucht als das splittende Gruppengetriebe war das Anfang der fünfziger Jahre bei Fuller in den USA entwickelte Bereichs-Gruppengetriebe, das „Range-Getriebe". Das „Road-Ranger" genannte neue Getriebe kam zunächst als R-95 und R-96 mit zehn Gängen heraus und bot eine Gesamtübersetzung von 12:1. Die ersten Fuller-Road-Ranger bestanden aus einem fünfgängigen Allklauengetriebe mit schrägverzahnten Dauereingriffsrädern, dem ein luftgeschaltetes Stirnrad-Gruppengetriebe folgte. Diese Nachschaltgruppe hatte einen so großen Getriebesprung, daß er die fünf Gänge des Hauptgetriebes überdeckte. Diese wurden also zunächst über die zwei Zahnradpaare der Nachschaltgruppe der Reihe nach durchfahren. Vor dem Schalten des sechsten Gangs betätigte der Fahrer ein am Knüppel befindliches Luftventil, worauf beim Durchgang durch die Neutralstellung mit dem Knüppel die Nachschaltgruppe pneumatisch ausgeschaltet wurde. Die fünf Gänge des Hauptgetriebes durchfuhr man nun als sechsten bis zehnten Gang in der schnellen Bereichsgruppe.

Bei in den USA rapide steigenden Motorleistungen der Otto-Motoren für Lkw fand man schließlich 1963 mit dem Fuller-„Zwei-Vorgelegewellen (Twin-Countershaft)-Getriebe" eine elegante technische Lösung für außerordentlich kompakte und zuverlässige Vielstufengetriebe. Bei diesen „RT"-Getrieben ist die Hauptwelle schwimmend zwischen zwei Vorgelegewellen gelagert und deshalb frei von Biegekräften. Das geteilte Eingangsdrehmoment erlaubt schmale Zahnräder und eine entsprechend kurze Bauweise des Hauptgetriebes. Dies ist bedeutsam für die weltweit im Zunehmen begriffene Sattelzugmaschine mit kurzem Radstand, denn es ermöglicht eine kurze Getriebe-Baulänge und die Verwendbarkeit längerer Gelenkwellen mit entsprechend geringeren Beugewinkeln. Diese wiederum sind für die Beanspruchung der Kardangelenklager maßgebend. Es sind aber nicht nur kurze, sondern auch leichte Schaltgetriebe gefragt, weshalb man bei Fuller gern den technischen Fortschritt am eigenen Produkt mißt: Das neue Getriebe RT-910 mit zwei Vorlegewellen ist um 27 Zentimeter kürzer, um fast 64 kg leichter und hat eine um 270 Nm höhere Momentkapazität als das ebenfalls zehngängige R-96-Getriebe. Durch Anfügen einer die Hauptgänge halbierenden Splitterübersetzung in der Nachschaltgruppe können die RT-Getriebe je nach Einsatzzweck im schnellen oder langsamen Bereich gesplittet werden. Die dreizehnstufigen RTO-Getriebe sind bis heute die meistverwendeten Vielstufen-Klauengetriebe in der Welt. Ihre Lebensdauer und auch ihre leichte Reparierbarkeit sind geschätzte Eigenschaften.

In Schweden hatten sich sowohl Scania als auch Volvo trotz der bei Abgasturboaufladung schnell steigenden Motordrehmomente für die Verwendung von Synchrongetrieben entschieden. Dabei orientierte sich Scania an den vorher in Lizenz gebauten ZF-Getrieben und verwendet zum robusten Fünfgang-Synchrongetriebe als Mittel zur Feinstufung

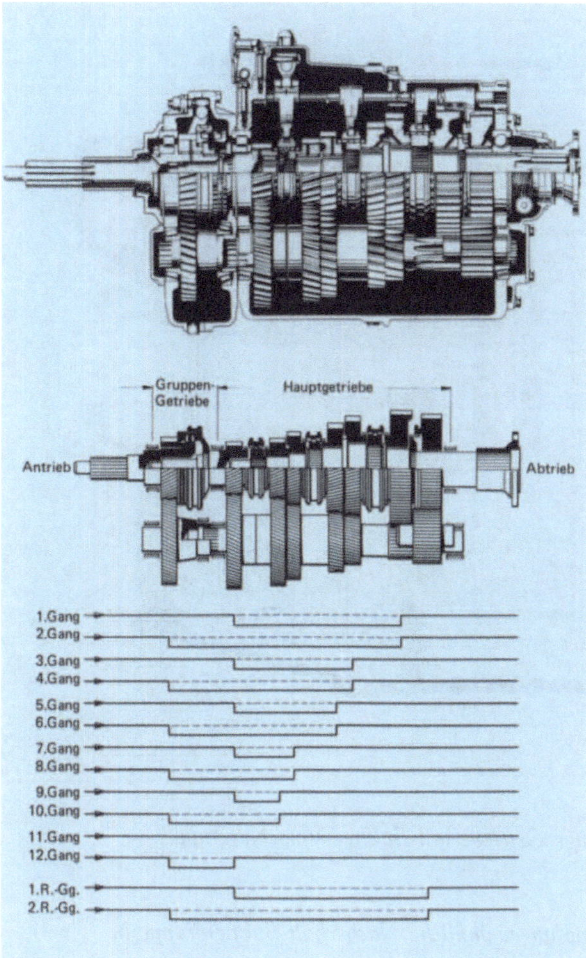

Das AK(S)6-80-Getriebe mit GV80 von ZF und sein Kraftfluß in den 12 Stufen.

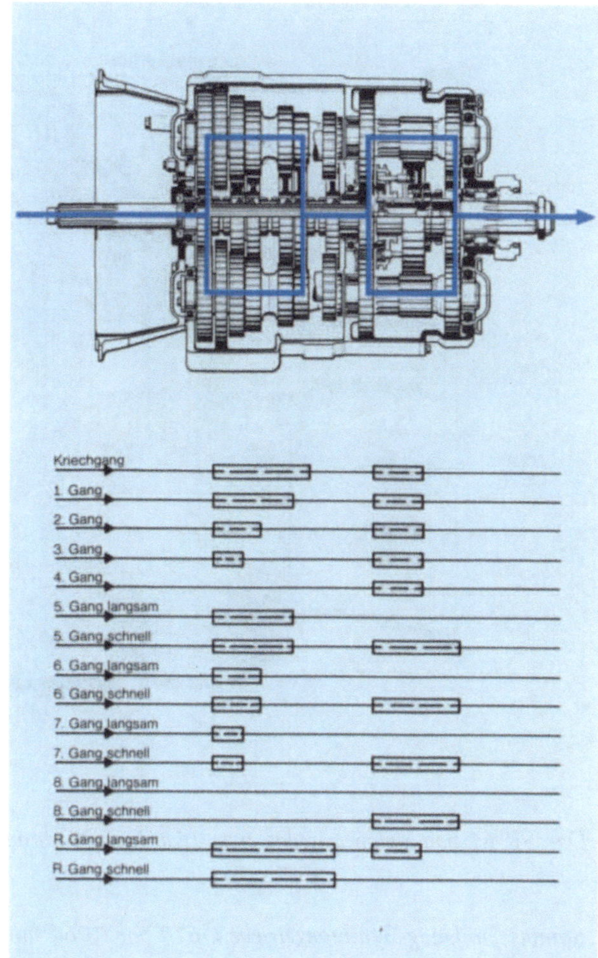

Das kompakte Fuller-RT-Getriebe mit zwei Vorgelegewellen, Stirnrad-Range- und Splitter-Nachschaltgruppe sowie das Kraftflußschema.

ein Nachschalt-Splittergetriebe mit einem Planetenradsatz. Später wurde das Grundgetriebe durch eine Bereichs-Nachschaltgruppe zum Range-Getriebe mit zehn Gängen ausgebaut.

Im Herbst 1965 brachte Volvo das erste europäische Achtgang-Getriebe in Range-Bauart. Es war selbstverständlich vollsynchronisiert und wurde schon vier Jahre später mit einer splittenden Vorschaltgruppe ausgestattet, so daß der Schwerlastwagen F 88 mit einer nunmehr 191 kW (260 PS)-Turboladermaschine serienmäßig mit 16 Gangstufen ausgestattet war.

In der Bundesrepublik Deutschland war es zunächst Büssing, deren Konstrukteure sich rechtzeitig nach der Umstellung auf die Direkteinspritzung und Weiterentwicklung zur Turboaufladung nach einem zuverlässigen Getriebe umsehen mußten. Als Büssing den BS 16 L 1969 mit 228 kW (310 PS)-Turboladermaschine (bei 2200 min^{-1}) und einem maximalen Drehmoment von 1190 Nm auslieferte, war dieses Fahrzeug mit einem Fuller-Getriebe RT 909 A ausgerüstet. Bald schon bot Büssing auch das RT 913-Getriebe mit gesplittetem schnellen Bereich an.

Daimler-Benz stellte im Sommer 1969 den Lkw LP 1632 mit einem 235 kW (320 PS)-V10-Motor (bei 2500 min^{-1}) vor, gleichzeitig hatte das neuentwikkelte ZF-Range-Getriebe 5 S 110 GP Premiere. Dieses Achtgang-Getriebe mit Crawler hatte anfangs erhebliche Probleme und verhalf in der Bundesrepublik Deutschland dem Fuller-RT-Getriebe zu neuen Kunden. Bei MAN und Büssing wurde das Fuller-Getriebe zeitweilig zur Regelausrüstung. Es gab damals Spediteure, die nach dem Kauf eines Daimler-Benz-Lkw auf das Fuller-Getriebe umrüsteten. Dabei war dieses keineswegs ohne Fehl und Tadel. Daß deutsche Lkw-Fahrer nicht vom Vorwählen der Splittergruppe lassen wollten und deshalb schnellen Schaltgabelverschleiß erzeugten, konnte man nicht dem Getriebe anlasten. Wohl aber verhinderte vor allem das starke Laufgeräusch der grob- und geradverzahnten Räder den wahlweisen Einbau von Fuller-Getrieben bei Daimler-Benz. Als Eaton-Fuller die neuen Baureihen mit Feinverzahnung eingeführt hatte, genügte dieses Getriebe zwar den Daimler-Benz-Anforderungen, doch nun war auch das ZF-Range-Getriebe ausgereift.

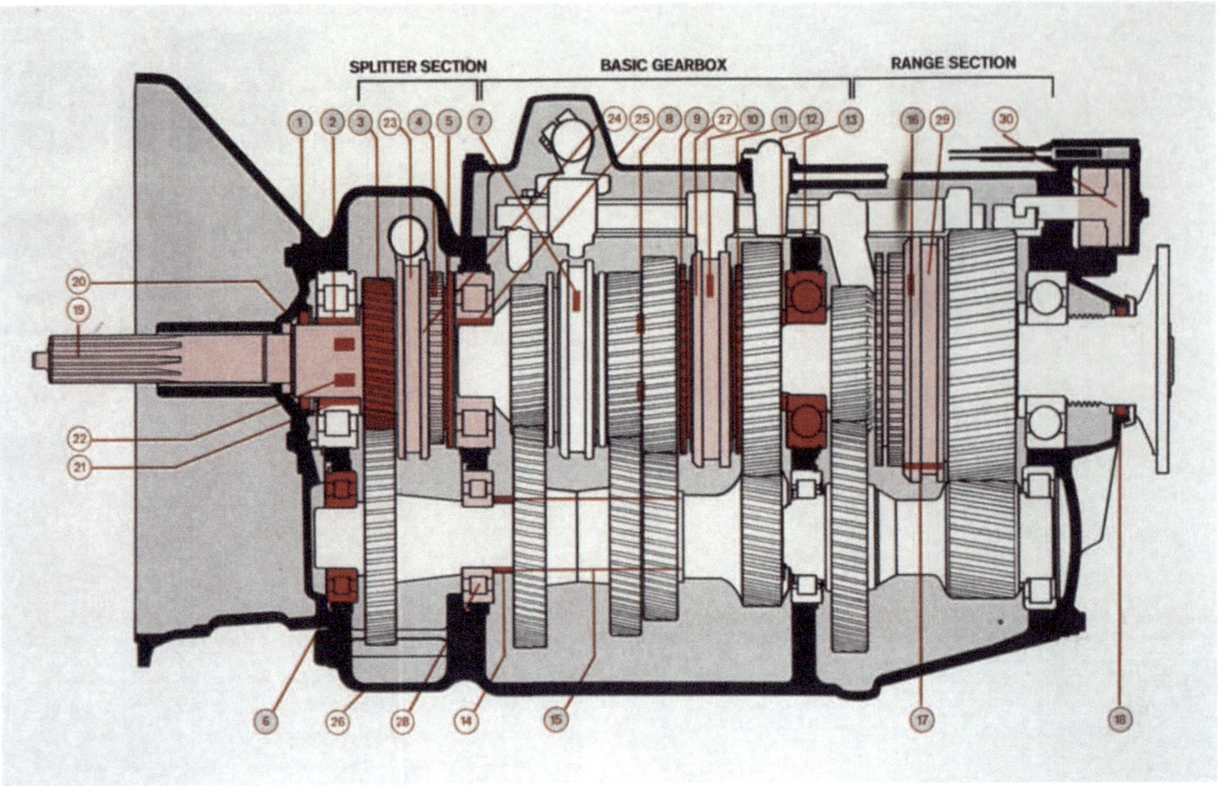

Das SR 61 von Volvo war das erste 16stufige Synchron-Range-Getriebe mit Splitter-Vorschaltgruppe.

Scanias Fünfgang-Synchrongetriebe G670 von 1964 hatte eine ungewöhnliche Nachschalt-Splittergruppe in Planetenbauart.

Reibungsarme Koppelstangen und Schaltschwingen machten 1969 das erste Neungang-Getriebe deutscher Entwicklung, das 5 S-110 GP für die starken Motoren, leicht schaltbar.

Das Anfang der achtziger Jahre eingeführte 16stufige „Ecosplit"-Getriebe von ZF mit integrierter Splittergruppe war so gut wie frei von Kinderkrankheiten und begünstigte von Anfang an durch die klar definierte Schaltung im Doppel-H-Schema die inzwischen populär gewordene wirtschaftliche Fahrweise.

Synchrongetriebe für schwere Lkw?

Die Frage wurde erst durch die serienmäßige elektropneumatische Schaltung von Vielstufengetrieben in schweren Lkw eindeutig zustimmend entschieden. Bis zur Einführung der computergestützten Schaltung (CAG) bei Scania (1984) und der elektropneumatischen (EPS) bei Daimler-Benz wurden und werden noch heute alle Schaltgetriebe in Lkw – also auch die synchronisierten Getriebe – durch ein Zwischengas abwärts und meistens durch Doppelkuppeln aufwärts geschaltet. Gerade diese, nur bei unsynchronisierten Getrieben erforderliche Schalttechnik sollte ja durch die Synchronisierung vermieden werden. Die ab 1951 in leichten Lkw, ab 1955 in Omnibussen und ab 1969 auch in Schwerlastwagen serienmäßig eingebauten Synchron-Schaltgetriebe schienen also ihren Hauptzweck, nämlich die einfachere Bedienung, verfehlt zu haben.
Erst der elektronisch gesteuerten Getriebeschaltung gibt die Synchronisierung wieder eine optimale Basis. Dabei fing alles so plausibel an: Die im Pkw übliche Kegel-Sperrsynchronisierung fand zunächst bei den Transportern Eingang, die mit Pkw-Triebwerken ausgerüstet wurden. So war ab 1949 das Schaltgetriebe des Borgward B 1250 im dritten und vierten Gang synchronisiert. Als Ford 1951 den FK 3500 D – mit 4,1 l-Vorkammer-Diesel von Herkules – herausbrachte, war er als erster Lkw der damaligen Mittelklasse mit einem Synchrongetriebe amerikanischer Herkunft ausgestattet. Die Gänge zwei bis vier waren synchronisiert, und der Ford-Pressedienst schrieb: „Der Ford-Lkw ist jetzt ebenso leicht zu schalten wie ein Taunus 12 M. Das macht den Fahrer automatisch schaltfreudiger ... er wird eher bereit sein, vor einem Gefälle in einen niedrigeren Gang zu gehen ...".
Welche Verkennung der realen Praxis! Über mehr als 25 Jahre hinweg wurde nämlich von den Konstrukteuren die Ergonomie am Fahrerplatz mit „wie im Pkw" gleichgesetzt. Solange blieb das Synchrongetriebe im schweren Nutzfahrzeug, an der Schnittstelle Fahrer–Triebwerk, Auslöser der meisten Probleme für die Motoren- und Getriebetechnik.
Akzeptiert wurde das Sychrongetriebe im Omnibus erst am Ende des fünften Jahrzehnts, nachdem ein Unfall mit Todesopfern im deutschen Mittelgebirge die Aufmerksamkeit auf die Sicherheit des Synchrongetriebes gerichtet hatte: Als die Bremsen versagten, wäre bei dem Omnibus die Notschaltung in einen niedrigeren Gang mit Synchrongetriebe

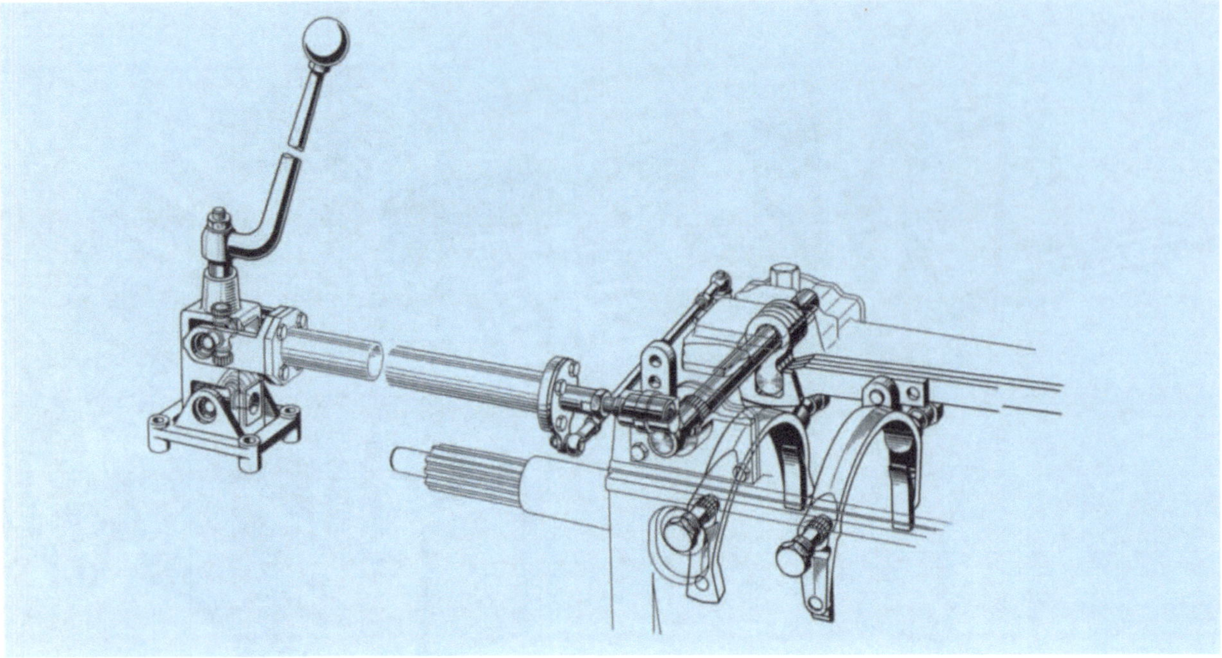

Die ZF-Drehwellenschaltung verbesserte den mechanischen Wirkungsgrad von kaum mehr als 30 Prozent auf über 75 Prozent.

wahrscheinlich gelungen, und der Motor hätte das Fahrzeug abgebremst.
Im Lkw wurde diesem Sicherheitsaspekt weniger Bedeutung zugemessen, und die Synchrongetriebe kamen serienmäßig fast ausschließlich durch die Entscheidung der Fahrzeughersteller zum Einbau, zunächst in leichte und mittelschwere Lkw, wie sie im Verteilerverkehr eingesetzt sind und bis zu 7,5 t Gesamtgewicht vorwiegend von Fahrern mit Pkw-Führerschein gefahren werden. Diese nutzten sofort den zweiten Sicherheitsvorteil des Synchrongetriebes, wenn es galt, die Geschwindigkeit stark zu verringern: Dank Synchronisierung kann man hierbei nämlich mit dem Fuß auf der Bremse bleiben und gleichzeitig abwärts schalten.
Beim Omnibus fand das Synchrongetriebe noch aus einem anderen Grund schnell Eingang: Der Reisebus mit Heckmotor war inzwischen zur Standardbauart geworden. In großer Entfernung vom Fahrer ließ sich der Motor akustisch zunehmend schlechter kontrollieren, und dies war für die Dosierung des Zwischengases schon wichtig. Der Omnibus mit Heckmotor ließ noch ein anderes Problem akut werden: Der mechanische Wirkungsgrad der Schaltkraftübertragung vom Knüppel zur Schaltgabel im Getriebe war äußerst schlecht.
Bei Lkw setzte sich zunehmend der Frontlenker durch, ein Lkw also mit dem Fahrerhaus über dem Motor und mit dem gleichen Schaltproblem. Rührte beim Haubenwagen der Fahrer noch über lange Hebel direkt im Getriebe, so gelangten die Schaltkraft und die Bewegung bei der Bus- und Frontlenker-Fernschaltung über den Umweg einer mehr oder weniger langen Schaltwelle zu den Schaltgabeln. Es soll damals, so ZF-Konstruktionschef Alfred Magg Fernschaltungen gegeben haben, die 70 Prozent dei aufgewendeten Schaltarbeit am Hebel durch Reibung und Elastizität auf dem Wege zu den Schaltgabeln verloren.
Magg löste 1962 das Problem bei ZF durch die „Drehwellenschaltung". War vorher nur die Wählbewegung – die ohnehin kaum Kraft benötigte – eine drehende gewesen, das Einlegen der Gänge aber durch axiales Verschieben der Schaltwelle und -gabeln bewirkt, so wurden die kraftübertragenden Schaltbewegungen ebenfalls weitgehend in drehende umgesetzt. Der erzielte Effekt war so eindrucksvoll, daß man schon bei der nächsten Getriebegeneration auch die Schaltgabeln über drehend bewegte Schwingen auf die Schaltmuffen wirken ließ. Heute liegt der Wirkungsgrad mechanischer Schaltungen oberhalb 90 Prozent.
Zunächst aber lief der technische Fortschritt wieder einmal in die falsche Richtung: Bei den leichten Lkw, zum Beispiel im Hanomag, wurde „wie im Pkw" die Lenkradschaltung der letzte Schrei. Und weil es nun einmal bei den leichten akzeptiert war, begannen auch Schwerlastwagenhersteller bei ihren Frontlenkern die Lenkradschaltung einzubauen, zumal so zwei Fliegen mit einer Klappe zu schlagen waren: An die V-Motoren konnte man zu Wartungszwecken nur heran, wenn das Fahrerhaus kippbar war. Die Lenkradschaltung ermöglichte einerseits problemlose Schaltkraftumlenkung im Drehpunkt des Fahrerhauses und andererseits, am breit ausladenden V-Motor vorbeizukommen. Die Schwierigkeit, bei einem normalen AK-6-80-Getriebe mit der Lenkradschaltung einigermaßen geräuscharm zu schalten,

war indessen kein Problem der Lenkradschaltung, sondern eines der ungleichmäßigen Abstufung der Gangsprünge.
Weil es fast unmöglich war, je nach Getriebeöltemperatur die richtige Schaltpause zum geräuscharmen Aufwärtsschalten auf Anhieb zu treffen, andererseits aber besonders das gekonnte Schalten als Befähigungsnachweis des Lkw-Fahrers galt, gewöhnten sich damals routinierte Fahrer diese Schalttechnik an: Auch beim Aufwärtsschalten gaben sie nach einer betont langen Schaltpause Zwischengas – und so war der Gang fast geräuschfrei eingelegt. Diese Schalttechnik mit Zwischengas beim Abwärts- und beim Aufwärtsschalten behielten die Fahrer meist auch dann bei, wenn sie auf ein Fahrzeug mit Synchrongetriebe umsteigen mußten. Vom Vorzug der Synchronisierung, beim Bremsen auch abwärtsschalten zu können, machte man durchaus Gebrauch. Beim Abwärtsschalten am Berg jedoch wurde Zwischengas obligatorisch, weil dann fast keine Synchronisierkraft aufgebracht werden mußte, und rein subjektiv der Gang sogar schneller geschaltet war. Objektiv jedoch war die Zugkraftunterbrechung beim richtigen Schalten eines Synchrongetriebes ohne Zwischengas zeitlich kürzer, und somit blieb auch der Geschwindigkeitsverlust während der Zugkraftunterbrechung kleiner.
Volvo- und Scania-Lkw mit ihren synchronisierten Range-Getrieben waren in der Bundesrepublik Deutschland noch selten, als Daimler-Benz 1969 den „1632" herausbrachte und erklärte, von nun ab nur noch Synchrongetriebe liefern zu wollen. Bald schon mußte man sich aber bereit erklären, auf Wunsch auch unsynchronisierte 5K110GP-Getriebe zu liefern. Denn „Murphys Gesetz" trat bei den Fahrern in Kraft, nach dem es „bei zwei oder mehr Möglichkeiten, etwas zu tun, sich garantiert jemand findet, der die Möglichkeit wählt, die falsch ist."
Bei der Einführung des Synchron-Range-Getriebes in deutsche Lkw hatte man die Gefahr des Verschaltens in einen zu niedrigen Gang richtig erkannt. Infolge der Angewohnheit fast aller Fahrer, einen zu hohen Synchronisierdruck mit Zwischengas zu vermeiden, wurde es möglich, daß der Fahrer unbeabsichtigt zum Beispiel vom achten Gang in den fünften anstatt in den siebten schaltete. Ohne Zwischengas hätte der Fahrer den Versuch abgebrochen, weil bei erheblich höheren Synchronisierkräften das deutliche Geräusch der beschleunigten Getriebemassen die Fehlschaltung angezeigt hätte.
Also erhielten die 5S110GP-Getriebe eine „Verschaltsicherung", eine über den Drehzahlvergleich von Geschwindigkeit und Motordrehzahl gesteuerte Sperre der Schaltung für alle Versuche, in einen zu niedrigen Gang zu schalten. Für den Fahrer, der im allgemeinen nichts von der Verschaltsicherung wußte, entstand dabei der Eindruck, die Ganggasse nicht richtig getroffen zu haben. Also probierte er es noch einmal ein wenig daneben, und schon stand das Fahrzeug – an starker Steigung!
Aber nicht nur diese Verschaltsicherung brachte das 5S110GP schnell in Verruf, sondern auch vorzeitige Verschleißerscheinungen an den Synchronringen. Sie waren werkstoffbedingt und konnten nach einiger Zeit behoben werden.
Auch bei Scania-Lkw blieb der Vorstoß mit Synchrongetrieben in Drehmomentbereiche von weit über 1000 Nm nicht ohne Probleme. Vor allem war es das gewohnheitsmäßig „schaltfreudige" Fahren – hervorgerufen durch die eigentlich zu schwachen Motoren –, das die Schalthäufigkeit allgemein unnötig erhöhte. Das fünfgängige Scania-Getriebe aber verfügte nun über erheblich größere rotierende Massen, die bei jedem Schaltvorgang durch die Synchronkupplungen abzubremsen oder zu beschleunigen sind. Auch hierbei wurde erheblicher Entwicklungsaufwand für langlebigere Synchronkupplungen getrieben. Das Problem des Verschal-

Das Scania-GR-Getriebe und sein Schaltschema: Die fünf Hauptgänge werden nach Umlegen des Range-Ventils ein zweites Mal durchgeschaltet.

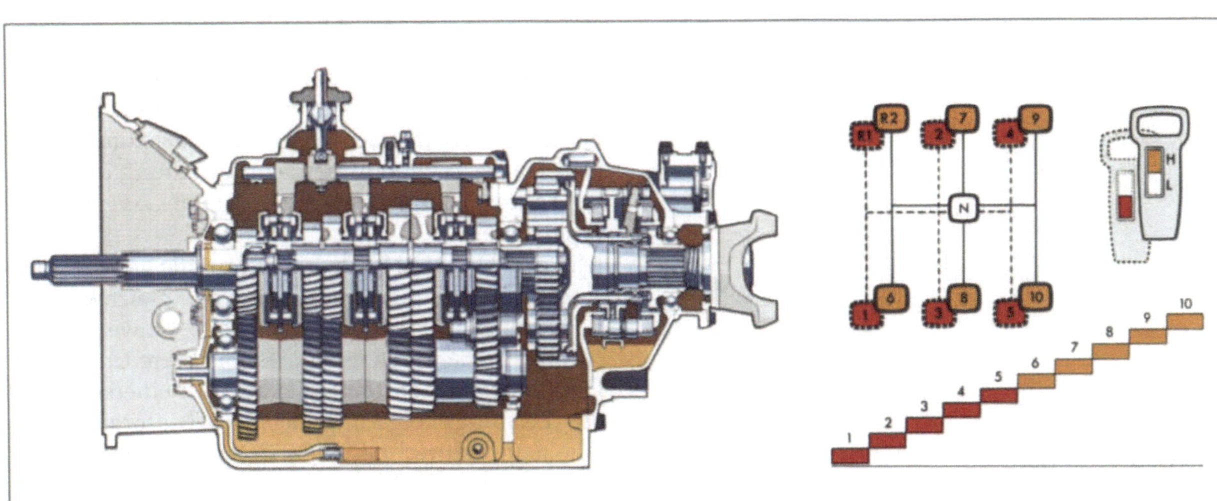

Das 16stufige Ecosplit-Getriebe und seine Doppel-H-Schaltung: Acht Gänge im H-H-Schema können noch gesplittet werden.

Im „Twinsplitter" von Eaton werden die vier Hauptgänge mit dem Knüppel geschaltet. Jeder hat drei Splitterstufen, die über breite Geschwindigkeitsbereiche nur das Anwählen mit anschließendem Lastwechsel oder Zwischengas erfordern.

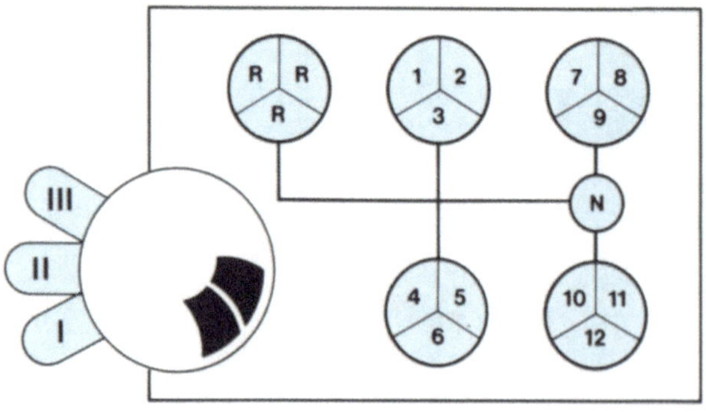

tens beim Wechsel der Bereichsgruppe allerdings entfiel bei Scania. Dafür gab es nur eine Erklärung, nämlich das fünfgänge Grundgetriebe. Beim Gruppenwechsel, also beim Schalten vom fünften in den sechsten Gang – oder umgekehrt – brauchte man stets nur mit dem Knüppel zum gegenüberliegenden Ende der Wählgasse zu fahren, um sicher beim Hochziehen im richtigen Gang zu sein.
Wie außerordentlich stark die Akzeptanz und problemlose Bedienung synchronisierter Range-Getriebe von der Qualität der Schaltung abhängt, wurde schlagartig mit der Einführung der Doppel-H-Schaltung offenbar: Nun mußte der Fahrer nicht mehr das H-Schaltschema nach vorherigem Umlegen des Bereichsschalters zweimal durchschalten; die acht Fahrgänge lagen in einem H-H-Schema direkt nebeneinander. Beim Übergang vom einen H zum anderen wird – als Widerstand spürbar – die Planeten-Nachschaltgruppe pneumatisch ein- oder ausgeschaltet.
Das beste aber an dieser neuen Schalttechnik war die automatische Einstellung des Schaltknüppels in die Mitte der Schaltgasse drei bis vier beziehungsweise fünf bis sechs. Von dieser Neutralstellung aus kann der Fahrer jederzeit den gewünschten Gang eindeutig erfühlen.
Mit der Doppel-H-Schaltung war die verwirrende Verschaltsicherung entfallen. Von gleichwertiger Bedeutung aber für die Akzeptanz schwerer Synchrongetriebe waren von nun an mehrere Umstände. Die Energiekostensteigerung ab 1974 einerseits und die Leistungssteigerung der Lkw-Motoren haben eine neue Fahrtechnik populär gemacht: das Durchziehenlassen des Motors bis in sehr niedrige Drehzahlen bei gleichzeitig vorausschauender Fahrweise,

die totales Anhalten zu vermeiden trachtet. Die Folge dieser Fahrweise, vor allem durch schnellfahr-elastische Turbomotoren begünstigt, ist eine starke Verminderung der Anzahl der Schaltungen und somit eine Senkung der Beanspruchungen von Synchronkupplung und Antriebsstrang.
Die veränderte Fahrtechnik mag erklären, warum Volvo, soweit man hört, problemlos das Getriebe SR 70 einführen konnte. Sein Schaltschema für 2 x 3 x 2-Gänge entspricht einem H-Schema mit weggelassenem vierten Gang. Dieses Getriebes wegen hat das Unternehmen den Trend zur Doppel-H-Schaltung nicht mitgemacht; es ist vielmehr bei der normalen Bereichsgruppenschaltung geblieben. Trotz des ungewöhnlichen Schaltschemas und zweier Gruppenschalter am Knüppel wird es ebenso von Fahrern akzeptiert wie das unsynchronisierte Fuller-RTO-Getriebe, bei dem man ebenfalls mit einem erhöhten Maß an Konzentration fahren muß. Aus Befragungen weiß man außerdem, daß das neueste 16stufige Ecosplit-Getriebe mit Doppel-H-Schaltung keineswegs von den Fahrern bevorzugt wird. Die Fahrermeinungen und ihre Schaltgewohnheiten lassen darauf schließen, daß die notwendige Fertigkeit zum geräuschfreien Schalten eines Klauengetriebes als Statuswert gesehen wird.
Aus Sicht der Fahrer schwerer Lkw im Fernverkehr ist deshalb der Wettstreit der Systeme noch keinesfalls für das Synchrongetriebe entschieden.

Automatgetriebe nur im Linienbus erfolgreich

Hermann Föttingers hydrodynamisches Strömungsgetriebe mit der Fähigkeit, Leistung mit stufenloser Drehzahlwandlung verschleißfrei und bei größter Schonung aller kraftübertragenden Elemente übertragen zu können, mußte vor allem den Nutzfahrzeug-Konstrukteur neugierig machen. Folgerichtig bemühten sich die Konstrukteure bei ZF, Saurer, FIAT – ähnlich wie schon Wilson in den dreißiger Jahren – um ein leicht schaltbares, mindestens vierstufiges Vorwähl- oder Lastschaltgetriebe, dem zum Zweck des Anfahrens eine hydraulische Kupplung oder ein Föttinger-Wandler vorgeschaltet werden konnte.
Im Omnibus waren es mehrere Probleme, die man durch Anwendung eines Automatgetriebes zu lösen erhoffte: Ab 1947 hatte Krauss-Maffei die Entwicklung eines neuen Omnibusses mit Hecktriebsatz begonnen. Dabei machte das mehr als zehn Meter vom Fahrer entfernte Schaltgetriebe erhebliche Schwierigkeiten. Die entsprechende Anfrage bei Voith hatte die sofortige Konstruktion des ersten Diwa-Busgetriebes zur Folge. Im Sommer 1950 kam es schon zum Einbau in den Krauss-Maffei-Bus KMO 130 und absolvierte in der Folge eine kurze Erprobungszeit. Nach aufsehenerregenden Vergleichsfahrten im Schwarzwald wurden andere Bushersteller aufmerksam, und vor allem Büssing als Hauptlieferant der Berliner Verkehrsgesellschaft (BVG) begann mit der Erprobung des Diwa-Busgetriebes 200 D im Stadtlinienbus. 1967 taten allein bei der BVG mehr als 1000 solcher Automatgetriebe ihren Dienst.
Die Berliner Erfahrungen veranlaßten bald auch andere Großstädte Europas, ihre Linienbusse mit Diwa-Busgetrieben auszurüsten. Nicht nur die Zuverlässigkeit und Langlebigkeit des Voith-Getriebes, sondern vor allem auch die Möglichkeit, Verschleißreparaturen in den eigenen Werkstätten durchführen zu können, waren geschätzte Eigenschaften.
Die Zahnradfabrik Friedrichshafen hatte 1951 das sechsgängige Lastschaltgetriebe 6-M-50/75 entwikkelt, in dem eine elektrisch getriebene Schaltwalze die Lamellenkupplungen für die einzelnen Gänge kraftschlüssig machte. Zwei Jahre später entstand aus diesem „Media-Getriebe" das Hydromedia-Getriebe 3 HM-40. Dieses Omnibus-Getriebe hatte einen Trilok-Anfahrwandler mit drei hydraulisch über Lamellenkupplungen geschalteten Vorwärtsfahrgängen in Vorgelegebauart. Auch dieses Getriebe konnte sich in der Folge in einigen Stadtverkehrsbetrieben im Omnibus durchsetzen, auch deshalb, weil Verschleißreparaturen einfach in der Betriebswerkstatt durchzuführen waren.
In den USA waren bei Clark und Allison Lastschaltgetriebe mit hydrodynamischem Anfahrwandler in großer Anzahl für Bulldozer, Schaufellader und Scraper entwickelt worden. Aus diesen Erfahrungen entstanden dann bei Allison Nutzfahrzeug-Automatgetriebe mit vier bis sechs Gängen jeweils mit Anfahrwandler. Die lastgeschalteten Gangstufen wurden durch Planetenradsätze mit Lamellenkupplungen dargestellt, und als Drehmomentwandler kam der einst in Karlsruhe von den Professoren Kluge, Spanhake und von Sanden entwickelte einfache Trilok-Wandler zum Einbau.
Auch ZF und Daimler-Benz entschieden sich später für das Konzept eines Planeten-Lastschaltgetriebes mit Anfahrwandler. Bei Voith und bei Renk in Augsburg versuchte man hingegen, die betriebstechnischen Vorteile der hydrodynamischen Drehmomentwandlung weiter auszubauen.
So entwickelten sich die im Vergleich zum Trilok-Wandler mit einem erheblich größeren Wandlungsbereich arbeitenden Diwa-Busgetriebe zu speziell für den Linienbus geeigneten Getriebeautomaten. Der hohe Wandlungsbereich des Drehmomentwandlers führte aber im Diwa-Busgetriebe durchaus nicht zu einem schlechten Wirkungsgrad; denn mit zunehmender Geschwindigkeit wurde über das vorgeschaltete Differentialgetriebe ein immer größerer Leistungsanteil rein mechanisch und ein kleiner werdender Leistungsteil hydrodynamisch übertragen. So war es möglich, daß im allgemeinen mit einer einzigen nachgeschalteten Zahnradübersetzung und dem Durchtrieb verhältnismäßig hohe Nenngeschwindigkeiten abgedeckt werden konnten. Diese

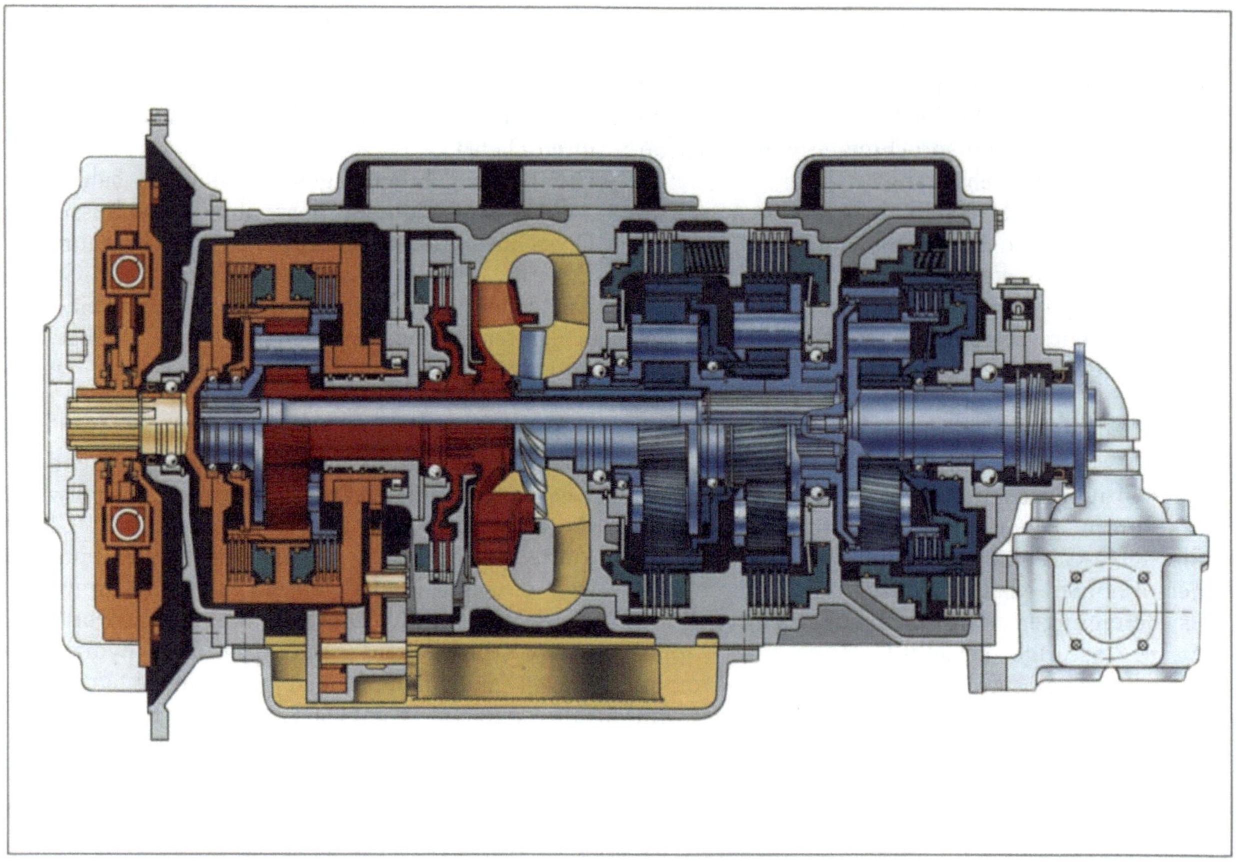

Die letzte Entwicklungsstufe des Diwa-Getriebes 854 von Voith: viergängig, elektronisch gesteuert; der Differentialwandler arbeitet auch als Retarder.

Mit dem serienmäßigen Einbau des W 3 D 080 in den Standard-Linienbus von Mercedes-Benz setzte sich das Automatgetriebe endgültig durch. Es ermöglichte erst die Konzeption des Schubgelenkbusses.

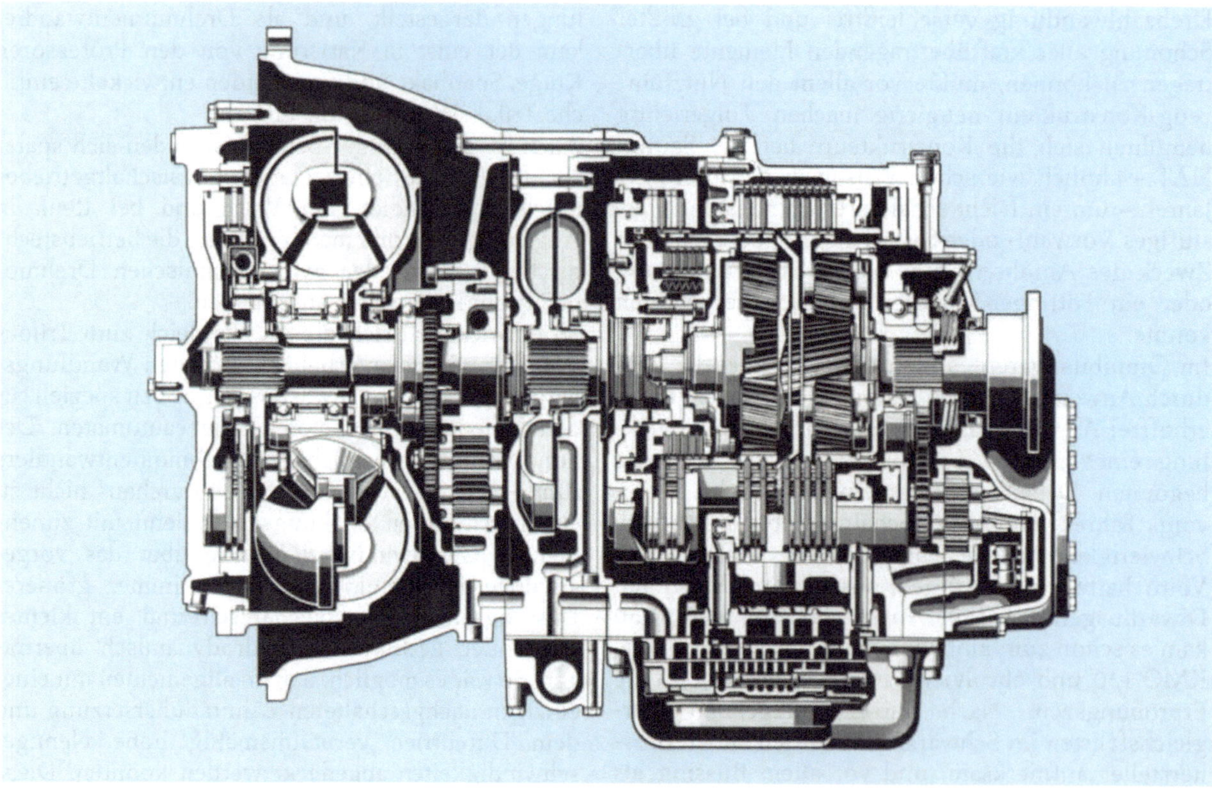

sind beispielsweise beim Einsatz auch auf Stadtautobahnen erforderlich. Der Wandler-Anfahrbereich erstreckt sich über etwa einem Drittel des gesamten möglichen Geschwindigkeitsbereiches.
Da aber öffentliche Verkehrsbetriebe immer defizitär sind, wurde schon bald nach Ersteinführung des Diwa-Busgetriebes die Frage nach Verbilligung gestellt. So entstand Ende der fünfziger Jahre für den kurzen City-Bus das Voith-Getriebe 145 D 2 und später das auch zweigängige 501, bei dem der Wandlerbereich erst bei der halben Nenngeschwindigkeit völlig abgeschaltet wurde. Es gab also einen teilhydraulischen und einen mechanischen Fahrgang. Das leichte Getriebe 145 D 2 war sogar nur mit einem einfachen Schieberad für Vorwärts- und Rückwärtsfahrt ausgerüstet. Die Konstruktion verlangte die Unterbrechung der Wandlerströmung bei laufendem Motor, damit der Rückwärtsgang eingelegt werden konnte. Man erreichte den gewünschten Effekt durch einen vom Fahrpedal gesteuerten Ringschieber und beseitigte gleichzeitig damit die bei Strömungsgetrieben so wenig geschätzte Neigung zum Kriechen des Fahrzeugs beim nicht abgebremsten Stillstand.
In den Verkehrsbetrieben wurde nach einigen Jahren Erfahrung der Ruf nach verbrauchsgünstigeren Automatgetrieben immer lauter. Da gleichzeitig die Standardisierung der Linienbusse aktuell wurde, entschloß sich auch Daimler-Benz zur Entwicklung eines Standard-Linienbus, der selbstverständlich ein Automatgetriebe haben sollte. Das erste Mercedes-Benz-Automatgetriebe war das W 3 D 080, ein dreigängiges Planeten-Lastschaltgetriebe mit Anfahrwandler in Trilok-Bauart und mit einem integrierten Retarder.
Der neue Konkurrent W 3 D 080 förderte den Wettbewerb und somit die technische Entwicklung: Bei Voith entstand in den sechziger Jahren das D 851, ein Dreigang-Automat mit Differentialwandler, dessen Drehmomentwandler durch Gegenlauf des Wandler-Turbinenrads ohne Ansprechverzögerung zum Retarder mit drei Bremsstufen umgeschaltet werden konnte, gesteuert nun elektronisch in Abhängigkeit von Motorbelastung, Motordrehzahl und Fahrgeschwindigkeit. Die übertragbare Leistung war 191 kW bei 2200 min^{-1} (etwa 830 Nm), und das Trockengewicht des Getriebes wurde mit 284 kg angegeben.
1975 stellte die Zahnräderfabrik Renk auf der IAA ein weiteres Automatgetriebe vor, den „Doromat". Es konnte bis zu 235 kW (maximal 1000 Nm) übertragen, war etwas länger und etwas schwerer als das Voith-Getriebe und arbeitete mit einem Zweistufen-Wandler sehr großer Gesamtübersetzung. Nachgeschaltet waren eine oder zwei mechanische Gangstufen. Auch im Doromat-Automaten wurde der ständig gefüllte Wandler durch Umsteuern des Leitrades zum Retarder mit zweistufiger Wirkung. Die gesamte Steuerung erfolgte elektronisch-hydraulisch.

Ein Test der Fachzeitschrift Omnibusrevue von 1976, also bereits nach der ersten Energieteuerung, brachte aufschlußreiche Ergebnisse: Im Stadtverkehr mit verhältnismäßig kurzem Haltestellenabstand trugen zwar die „Wandler-Getriebe" von Renk und Voith zu einem Mehrverbrauch in der Größenordnung von fünf Prozent bei, der mit zunehmendem Haltestellenabstand kleiner wird. Beide aber sind elektro-

Renk-Doromat mit Zweistufenwandler und elektronisch gesteuerten optimierten Schaltpunkten. Auch dieser Wandler arbeitet als Retarder. Die Schnittbilder zeigen Aufbau und Funktionsweise.

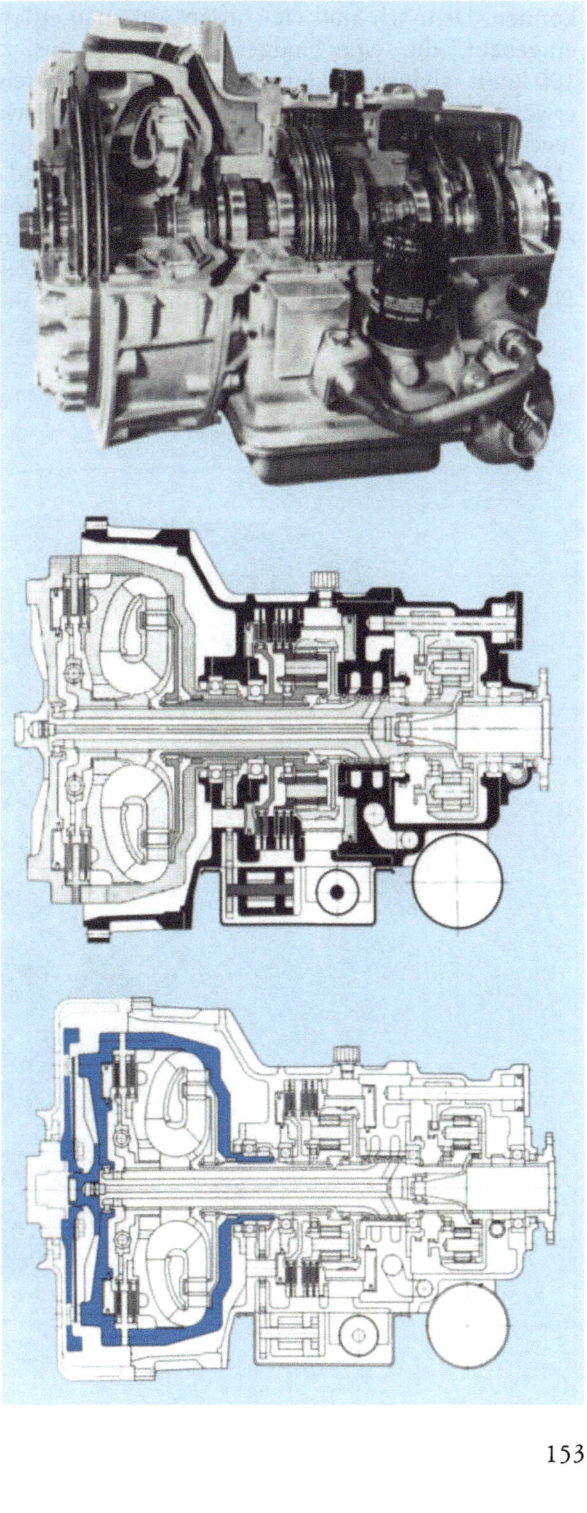

nisch, also von außen gesteuert und so aufgebaut, daß nach wie vor Reparaturen auch in den Betriebswerkstätten der Verkehrsbetriebe durchgeführt werden können. Die hydraulische Steuerung des Daimler-Benz-Automaten verlangt indessen die Instandsetzung in staubsterilen Räumen und kann deshalb nur vom Getriebehersteller durchgeführt werden. Dies empfinden Daimler-Benz-Kunden jedoch nicht als Nachteil, da eine Versorgung mit Tauschaggregaten jederzeit gewährleistet ist.
Im Frühjahr 1979 testete die Omnibusrevue „Automatgetriebe für schnelle Überlandbusse". Solche Omnibusse brauchen erheblich höhere Nenngeschwindigkeiten, damit sie auch auf der Autobahn noch ökonomisch – bei gesenkter Drehzahl – fahren können. Dennoch sind vielstufige Automatgetriebe eingebaut, die eine Endgeschwindigkeit bis zu 100 km/h abdecken können. Außer dem bereits erwähnten Doromat-874 A von Renk mit nur zwei mechanischen Nachschaltstufen gibt es nun das Diwa-Busgetriebe 854 mit drei Nachschaltstufen, das viergängige Lastschaltgetriebe W 4 A 080 mit Trilok-Anfahrwandler und Primär-Retarder und – neu hinzugekommen – das ZF 5 HP 500-R, ebenfalls ein Planeten-Lastschaltgetriebe mit fünf Gängen und Trilok-Anfahrwandler plus Primär-Retarder. Gravierende Unterschiede in bezug auf Fahrleistung und Kraftstoffverbrauch bei den Automatgetrieben gab es in diesem Test nicht mehr.
Bis zum hundertsten Geburtstag des Automobils freilich änderten sich abermals die Bedingungen für Nutzfahrzeugeinsätze, die Automatgetriebe wünschenswert machen.
Die vollautomatisierte Schaltung des gängigen Synchrongetriebes ist bereits entwickelt. Selbst beim Omnibus, bei dem der Fahrer ja nur noch Gas geben, bremsen und lenken soll, ist die Notwendigkeit des hydrodynamischen Anfahrwandlers in Frage gestellt, weil der Einfluß auf den Verbrauch größer ist als der Gewinn aus verringertem Verschleiß gegenüber Reibkupplungen. Kann da das klassische Automatgetriebe mit Anfahrwandler noch eine Zukunft haben?
Bud Richards, der Konstrukteur des genial-einfachen Snapper-Getriebes von Fuller gab 1975 eine Antwort auf diese Frage: „Ich habe 30 Jahre lang bei Allison Automatgetriebe konstruiert und dabei gelernt, daß ein Drehmomentwandler die teuerste Art ist, eine Übersetzung von 2:1 herzustellen." – Er scheint recht zu behalten.

Leistung aus viel Hubraum und hoher Drehzahl schien gefragt: Die V-Motoren aus dem Baukasten kamen: als erster der luftgekühlte Deutz FL 413.

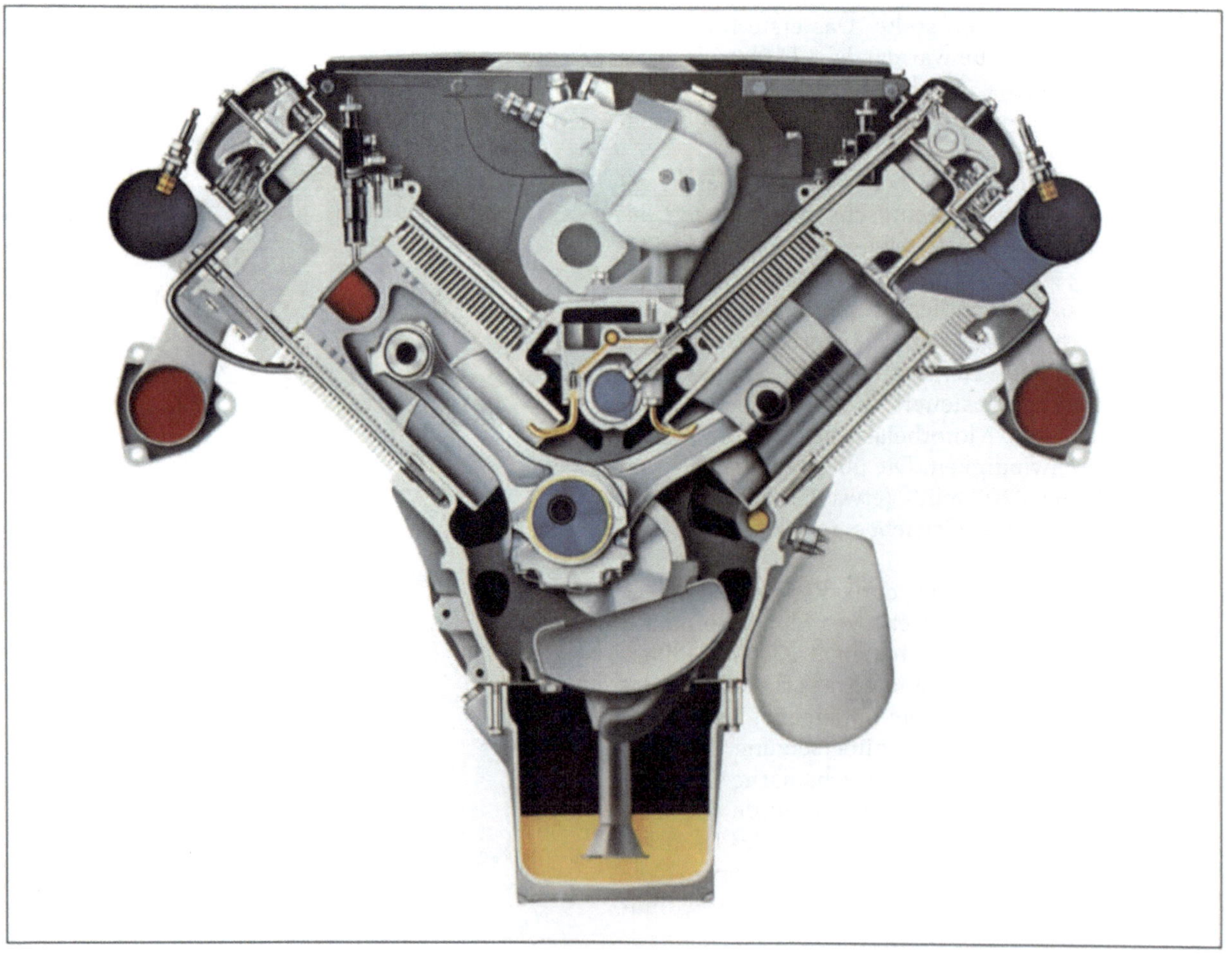

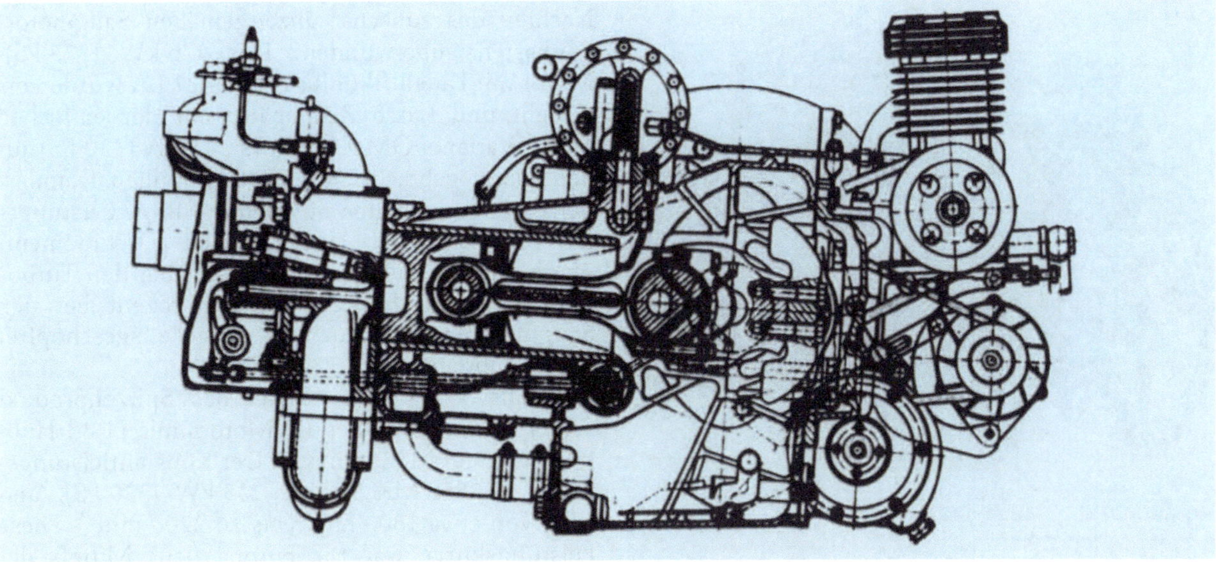

Der 228 kW (310 PS)-Büssing-Motor U12D war der erste deutsche Motor mit der turbo-typischen „fülligen" Leistungskurve.

Energiekosten erzwingen wirtschaftliche Motoren

Wegen technischer Fehlkonzeption der Motoren gab Ford seine Kölner Lkw-Produktion im Jahr 1961 auf. Der Prospekt-Slogan „Kraftstoff ist billiger als verlorene Nutzlast" fand zu wenig Anklang. Das nervenzerfetzende Geräusch dieser Zweitakter verschreckte manchen Kunden; es war ein erster Hinweis auf die Umweltverträglichkeit, die zunehmend von der Technik erwartet wurde.

Bis 1967 war dann auch die Krupp-Krawa wegen technischer Probleme der Gleichstromzweitakter ausgeschieden. Der neue für Cummins ab 1963 in Lizenz gebaute V6 (VIM) mit 147 kW (200 PS) und später als V8 (VVINE) mit 191 kW (260 PS) bei jeweils 2600 min^{-1} konnte die Krupp-Krawa nicht mehr retten. Die ultrakurzhubigen Vierventiler deuteten aber bereits die Richtung an, die im Großserienbau für richtig gehalten wurde: Leistung aus Drehzahl und Leistungsstufung mittels „Zylinder-Baukästen".

Auch die Produktplaner von Klöckner-Humboldt-Deutz mit der Lkw-Fabrik in Ulm und die von Daimler-Benz mußten wohl diese Richtung favorisiert haben. Dabei spielten auch politische Entwicklungen eine Rolle, denn ab dem 1. Mai 1965 durfte mit dem 38-t-Zug gefahren werden. Dessen Mindestleistungsgewicht aber sollte bis 1972 stufenweise auf 6 kW/t (8 PS/t) angehoben werden. Dann wären also 224 kW (304 PS) Nennleistung für den 38-t-Zug erforderlich. Auch die EG-Nachbarländer tendierten zu dieser Formel, die zwangsläufig Motorenkonzepte nahelegte, die mit acht Zylindern 188 kW (256 PS) für den 32-t-Zug brachten.

KHD entwickelte für die Magirus-Lastwagen die luftgekühlte V-Baureihe FL 413 und produzierte sie ab Oktober 1968 mit zunächst 21 kW (28,5 PS) Zylinderleistung bei 2600 min^{-1}. Daimler-Benz baute in Mannheim ein neues Motorenwerk, in dem ab 1970 die Baureihe 400 als V6, V8, V10 und V12 gefertigt wurde. Die Zylinderleistung war 24 kW (32 PS) bei 2500 min^{-1}. Hanomag-Henschel war inzwischen von Daimler-Benz übernommen worden, und MAN integrierte die traditionsreiche Marke Büssing.

Anläßlich des Jubiläums des Dieselmotors (75 Jahre) gab Dr.-Ing. Hans Moll, der Chef des Münchner MAN-Werkes, die vereinbarte Kooperation zwischen Daimler-Benz und MAN in der Fertigung von Komponenten für Dieselmotoren und Achsen bekannt. Ziel war die kostengünstige Großserienfertigung. Gleichzeitig kam der neue Daimler-Benz-V8-Motor OM 402 auf den Markt, der 188 kW (256 PS) für den 32-t-Zug bot und somit etwas mehr Leistung als der 177 kW (240 PS)-R6-Motor OM 355 hatte, der sogar für den 38-t-Lastzug inzwischen äußerst beliebt geworden war. In letzter Minute wurde die 6 kW/t-Formel noch abgewendet, und die meisten Transporteure begnügten sich auch für den 38-t-Zug mit den bewährten 177 kW-R6-Motoren.

Zunehmend wurde „studienhalber" auch der V8 von Daimler-Benz gekauft. Aber die Voraussetzungen zum Einbau der Kooperationsmotoren waren ohne 6 kW/t-Formel für MAN nicht mehr gegeben. Die Münchner forcierten ihre V-„M"-Motoren aus Mannheim nicht besonders.

Die lauter werdende Forderung nach Motoren mit wenig Kraftstoffverbrauch Mitte der siebziger Jahre machte die Entscheidung für MAN leicht, sich nun gänzlich der Weiterentwicklung der 11,4-l-Reihenmaschine zu widmen, die man im Rahmen der Kooperation nicht nur für die eigenen Nutzfahrzeuge, sondern auch für die Daimler-Benz-Linienbusse als OM 407 baute.

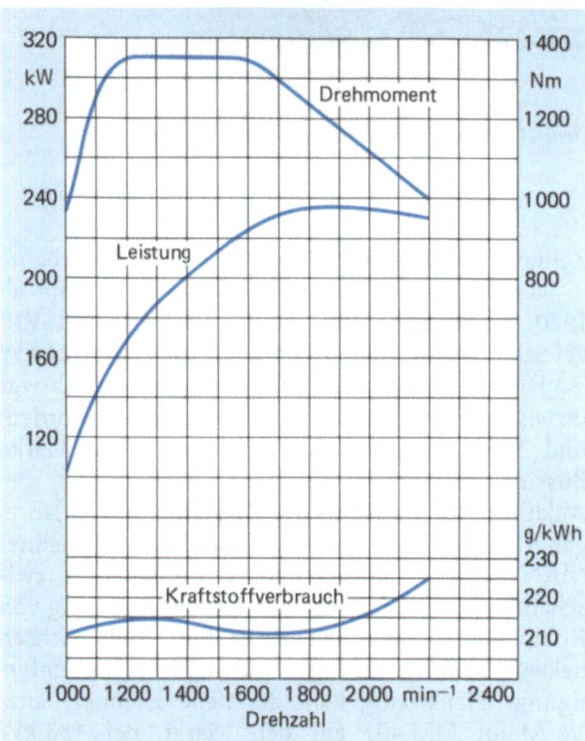

Mit „kombinierter Aufladung" durch Resonanzrohre, ATL und LLK erreichte MAN beim 11,4-l-Motor D 2566 MKF eine breite Konstantleistungsspitze und nutzbare Dauerleistung ab 1000 min^{-1}.

Turbo-Diesel setzen sich durch

Die dank des Petro-Dollars aufnahmefähig gewordenen Nahost-Märkte wollten genau die Lastwagen, die Daimler-Benz baute: überlastbar und technisch problemlos. Die Saugmotoren waren da gerade recht. Dies änderte sich auch noch nicht nach dem zweiten Ölpreissprung 1978, denn in der Bundesrepublik Deutschland war man gegenüber den Hochleistungsturbos aus Schweden und Holland sehr skeptisch. Mancher Transporteur hatte mit Turboladermaschinen deutscher Provenienz schlechte Erfahrungen gemacht.
Erst zur IAA 1979 war auch bei Daimler-Benz der Nachteil des zunächst unzeitgemäßen Saugmotor-Baukastens überwunden: Der 276 kW (375 PS)-Motor mit Ladeluftkühlung OM 422 LA wurde vorgestellt und kurze Zeit später mit der einfachen Turbo-Variante OM 422 A und 243 kW (330 PS) auf den Markt gebracht. Alle großvolumigen Daimler-Benz-Motoren zeigten nun betont füllige Leistungskurven als Folge einer starken Drehmomentüberhöhung von bis zu 40 Prozent bei den Turbos und immer noch mehr als 20 Prozent bei den Saugmotoren, aber auch als Folge ausgeschöpfter Drehzahlbreite bis zu 2300 min^{-1}.
Ebenfalls 1979 stellte MAN das Spitzenprodukt seiner Entwicklung des R6-Motors mit 11,4 l Hubraum (125 mm/155 mm) vor. Der Konstantleistungsmotor D 2566 MK leistete 235 kW (320 PS), und zwar von etwa 1800 min^{-1} bis zu 2200 min^{-1}. Diese Leistungskurve war für Europa neu: Mittels der Kombination von Resonanzaufladung im unteren Drehzahlbereich und Turboaufladung mit Ladeluftkühlung gelang es, das maximale Drehmoment von 1370 Nm ziemlich konstant zwischen 1200 min^{-1} und 1600 min^{-1} zu halten. So konsequent hatte bisher noch kein Nutzfahrzeughersteller den praktischen Effekt des Konstantleistungsmotors geboten: eine extrem gute Schnellfahrelastizität die starke Schwankungen des Fahrwiderstands mit vergleichsweise geringerem Geschwindigkeitsverlust verarbeitet. Dieser Effekt zwingt außerdem weit weniger oft zum Schalten in höhere Drehzahlen und kommt deshalb dem Verbrauch zugute. So gelang es MAN auch, den durch das M-Verfahren bedingten Mehrverbrauch gegenüber dem internationalen Wettbewerb auszugleichen.

Konsequente Entwicklung in Nordeuropa

Die Protagonisten der Turbo-Diesel in Schweden und Holland hatten es leichter. Ihre technische Entwicklung wurde nicht durch widersprüchliche Gesetzesankündigungen und zunehmenden Laieneinfluß gestört. Volvo, Scania und die jüngste der europäischen Lkw-Fabriken, DAF in Holland, waren stets exportorientiert, und die Technik mußte sich betont an den Realitäten des Leistung/Kosten-Verhältnisses beim Fahrzeughalter orientieren.
Bei Volvo legte man 1954 eine Serie von 200 Turbomotoren des Typs TD 96 auf. 9,6 l war der Inhalt des Direkteinspritzers, der als Saugmotor 110 kW (150 PS) bei 2200 min^{-1} und mit Turboaufladung 136 kW (185 PS) abgab. Trotz zahlreicher Probleme mit diesen Motoren zeigte die schwedische Kundschaft großes Interesse, und deshalb wurde die Produktion fortgeführt. Die so erzwungene Weiterentwicklung kostete Volvo sehr viel Geld, brachte aber 1958 schon die nächste Leistungsstufe TD 96 B mit 144 kW (195 PS) bei 2200 min^{-1}.
Bei Scania-Vabis in Södertälje ging zu diesem Zeitpunkt der neue und für Turboaufladung von vorne-

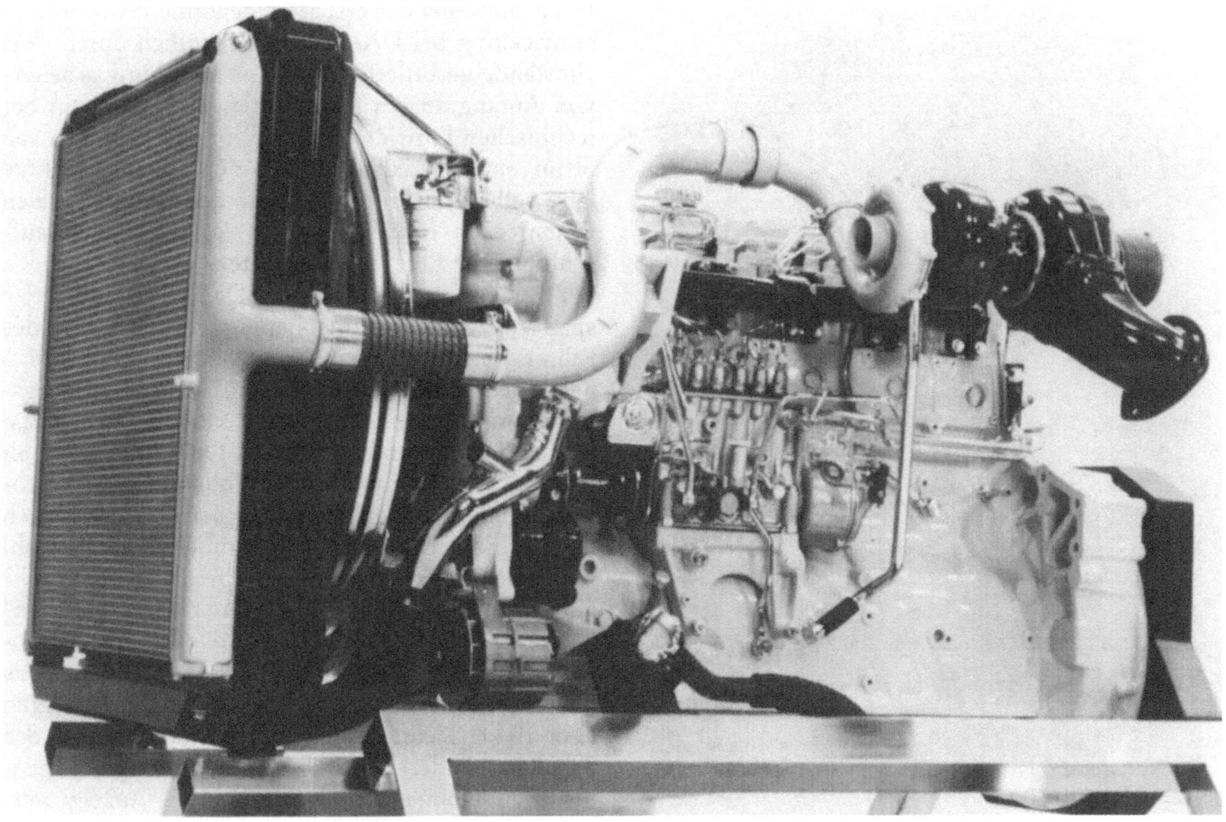

TD 101F heißt die letzte Entwicklungsstufe des über 20 Jahre gebauten Volvo-Motors mit 9,6 l Hubraum (120 mm × 140 mm). Mit Ladeluftkühlung bringt er 220 kW bei 2150 min⁻¹.

herein ausgelegte Sechszylinder-Diesel D10 mit 121 kW (165 PS) Saugleistung bei 2200 min^{-1} in Produktion. 1960 war dann auch der DS10 mit Turboaufladung und 151 kW (205 PS) bei 2200 min^{-1} fertig. Der Aufladegrad von 24 Prozent war noch mäßig. Dennoch konnte mit einer Drehmomentüberhöhung von knapp 21 Prozent schon eine erheblich bessere Schnellfahrelastizität als bei vergleichbaren Saugmotoren vorgezeigt werden. Das Verhältnis Bohrung/Hub ließ noch die Entscheidung für Drehzahl- oder Hubraumsteigerung offen. Bald war die Entscheidung für die Hubverlängerung zum 11-l-Motor gefallen: 1963 kam der DS11 mit verlängertem Hub heraus, der 166 kW (225 PS) bei 2200 min^{-1} (900 Nm maximales Drehmoment bei 1400 min^{-1}) leistete.

Von nun an trieben sich die beiden schwedischen Konkurrenten gegenseitig in der Motorenentwicklung voran, denn der mit 9,7 l Hubraum kleinere TD 96 C von Volvo lieferte bereits 169 kW (230 PS) bei 2200 min^{-1} und das vorgenannte maximale Drehmoment. 1965 gab der vollständig überarbeitete, im Hubraum aber unveränderte Motor TD 100 A von Volvo 191 kW (260 PS) ab, und der Scania DS11 wurde von 184 kW (250 PS) auf 202 kW (275 PS) gesteigert. Ein Jahr später war man sich der eingeschlagenen Richtung so sicher, daß Volvos Entwicklungschef für Motoren, Åke Larborn feststellte: „Wir werden keine neue Fabrik für V-Motoren bauen, sondern die Leistungsabstufung über wenige Reihenmotoren mit verschiedenen Aufladegraden vornehmen. Es ist die wirtschaftlichere Art, Leistung zu produzieren."

Diese Entscheidung hat sich bis heute als richtig erwiesen, denn es gelang Volvo stets – und auch mit dem verhältnismäßig kleinen Hubraum des 12-l-Motors TD 120 – in der leistungsbezogenen Spitzengruppe zu bleiben. Bei unverändertem Verhältnis Hub/Bohrung wird heute die dritte Generation der Motoren TD 61, TD 71, TD 101 und TD 121 mit Turboaufladung und 14 bar Mitteldruck, bei Ladeluftkühlung mit bis zu 16 bar, gefahren. Sie erfüllen dabei alle Abgasvorschriften, und ihr energetischer Wirkungsgrad liegt bei mehr als 42 Prozent.

Als einziger auf Schwerlastwagen spezialisierter Hersteller in Europa mußte Scania die Sicherheit haben, alle Leistungsanforderungen der Zukunft erfüllen zu können. 1969 brachte man deshalb die hochaufladbare V8-Maschine DS 14 mit 14,2 l Hubraum heraus, die zunächst mit 258 kW (350 PS) bei 2300 min^{-1} und mit 1270 Nm bei 1400 min^{-1} den Scania 140 antrieb. Der Motor leistet heute mit Ladeluftkühlung 309 kW (420 PS) bei 1900 min^{-1} und 1725 Nm bei 1250 min^{-1} und war bis 1985 stets Leistungs-Spitzenreiter.

Bei DAF in Eindhoven waren 1967 – 10 Jahre nach dem Start mit einer eigenen Motorenfertigung – die Direkteinspritzer DKD 1160 und DH 825 produk-

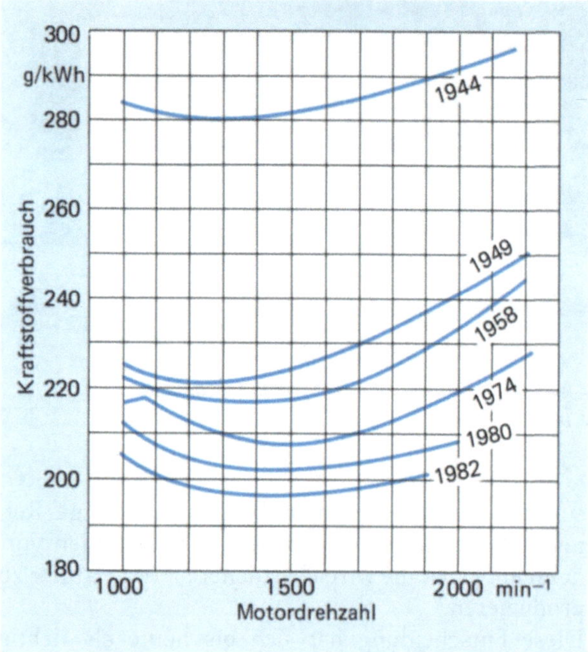

Scanias DSC 14 leistet bis zu 309 kW bei 1900 min^{-1}. Die Entwicklung des spezifischen Vollastverbrauchs und der Nenndrehzahl seit dem ersten DI-Motor von 1949 zeigt den Fortschritt durch Turboaufladung.

tionsreif. 1973 brachte DAF den ersten europäischen Lkw mit serienmäßiger Ladeluftkühlung, mit „Intercooling" also, heraus. Dieser DKS 1160 leistete 228 kW (310 PS) bei 2200 min^{-1} (1150 Nm bei 1450 min^{-1}). Noch ist in der Praxis wenig bekannt, daß die Ladeluftkühlung – in diesem Fall mit einem Luft-Luft-Kühler vor dem Wasserkühler – ein höchst probates Mittel ist, die Zuverlässigkeit der Motoren durch Verminderung der thermischen Beanspruchung ohne Nachteile zu erhöhen. Als 1976 der 825 DHU-Intercooler mit 169 kW (230 PS) bei 2400 min^{-1} auf den Markt kam, gab es immer noch keinen Wettberwerber in Europa, der sich dieser Zuverlässigkeitstechnik bediente. Der nächste war 1978 ein Volvo mit dem Motor TD 70 F, aus dessen nur 6,7 l Hubraum mit Ladeluftkühlung solide 162 kW gebremst wurden.

Die Kontinuität der erst 1957 begonnenen Motorenentwicklung bei DAF wurde wesentlich durch zwei Umstände gefördert: Ohne Unterbrechung arbeitete von Anfang an ein kaum verändertes Team in der technischen Entwicklung, und man hatte mit Jo van Strijp einen Praxistechniker, der zwei Jahrzehnte lang selbst die Prototypen auf den internationalen Fahrstrecken fuhr und so in kürzester Zeit aufschlußreiche Ergebnisse brachte.

1979 wurde mit dem Motor DKSE 1160 der erste sparsame Motor – unabhängig vom Können des Fahrers – im Schwerlastwagen 2800 vorgestellt. Man hatte dem DKS-Motor eine so füllige Leistungskurve angezüchtet, daß sie bei 1800 min^{-1} schon fast konstant verlief und bei 206 kW (280 PS) abgeregelt wurde, bevor der spezifische Vollastverbrauch progressiv anstieg. Der Motor reagierte im Verbrauch unempfindlich auf Fahrer, die immer noch Drehzahl mit Geschwindigkeit verwechselten.

Gleichzeitig mit diesem „automatisch sparsamen" Motor brachte DAF als erster Hersteller ein „Ökonometer" in den 2800 mit dem DKS-Motor. Das Instrument namens „Visar" hat einen ausgeprägten Lehreffekt. Lichtsignale empfehlen nicht nur das Schalten, sondern zusätzlich gibt ein Zeiger permanent den Momentanverbrauch an. Die Anzeige veranlaßt den Fahrer, im „stationären" Fahrzustand die optimale Teillast-Gaspedalstellung zu suchen.

1985 schließlich dokumentierte DAF Trucks die erreichte Detailoptimierung mit den drei Motorvarianten des „Advanced-Turbo-intercooling": Die „ATi"-Motoren auf der 1160er Basis sind auf anwendungsspezifische Leistungscharakteristika zwischen 206 kW bei 1800 min^{-1} und 265 kW bei 2000 min^{-1} eingestellt und unterschreiten, teilweise bis zur Nenndrehzahl, die 200-g/kWh-Linie des spezifischen Vollastverbrauchs.

Aber die flinken Niederländer waren nur die ersten, die das Ergebnis zeitgemäßer Entwicklungsarbeit so offen präsentierten. Die Detailoptimierung mit verminderten mechanischen und thermischen Verlusten, vor allem aber mit dem Ziel, den höheren Anforderungen der Emissions-Regeln längerfristig zu genügen, fand überall statt: Bei Steyr heißt das Ergebnis „HPCE-Verfahren", und bei Daimler-Benz sind die Motoren OM 442A und OM 442LA, in gleicher Weise und mit fast gleichen Mitteln optimiert, das Hauptaggregat des „integralen Antriebssystems".

MAN hatte 1983 den „361" vorgestellt. Der auf 12 l Hubraum aufgebohrte R-Sechszylinder bringt seitdem 265 kW Konstantleistung zwischen 1800 min^{-1} und 2200 min^{-1} und erreicht ebenfalls 200 g/kWh Vollastverbrauch. Die Ursache: Eine Vierstrahldüse spritzt in eine topfförmige Kolbenmulde. MAN hatte also das „M-Verfahren" verlassen.

1985 wurden die Varianten mit 243 kW und mit 213 kW Nennleistung vorgestellt. Beide Motoren bringen die typische MAN-Charakteristik nun auch ohne „kombinierte Turboaufladung". Die Resonanz-

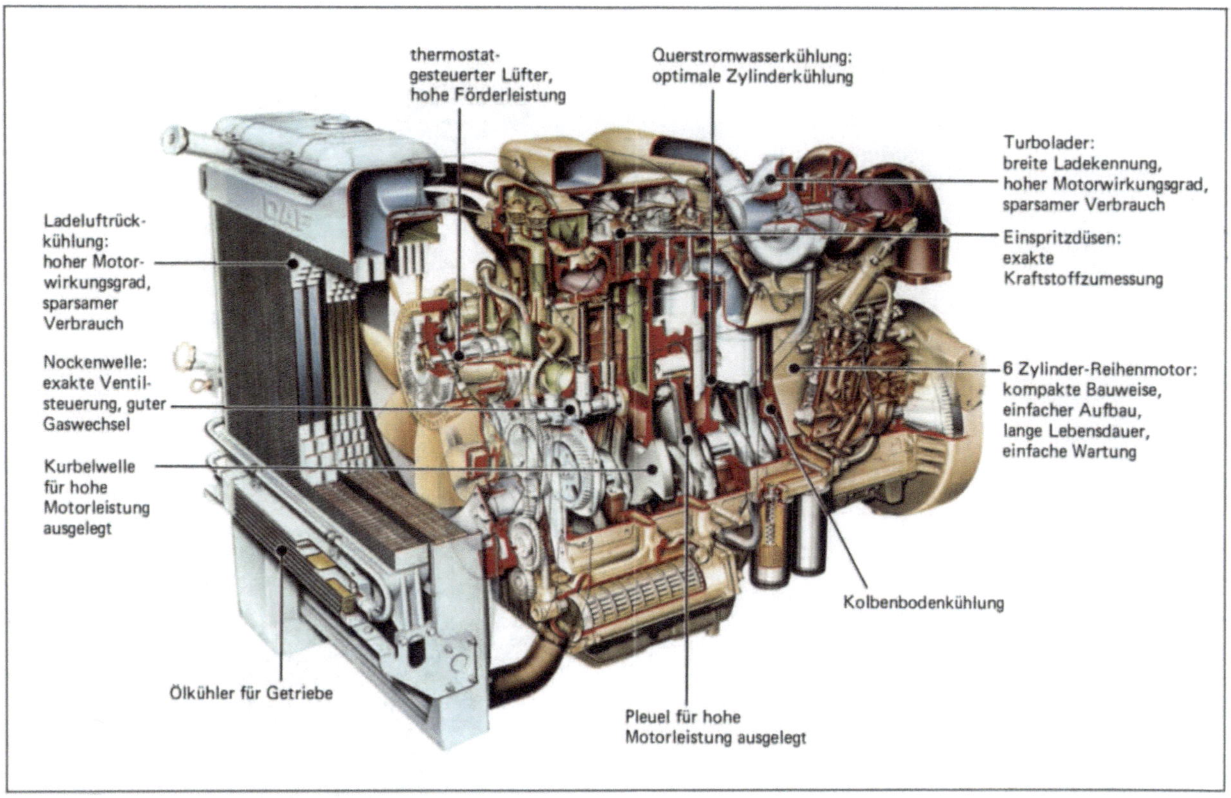

Die Merkmale aktueller Motorentechnik, hervorgehoben an dieser letzten Ausführung des DAF-Motors DKZ 1160 ATi mit 265 kW Nennleistung bei 2000 min^{-1}.

Nicht nur die Motoren der Mittelklasse mit etwa 1 l Hubraum je Zylinder, wie zum Beispiel der OM 366 (a), folgen dem Trend zur Direkteinspritzung, sondern auch ausgesprochene Schnelläufer für leichte Transporter. Der IVECO 8140.21 liefert aus 2,45 l Hubraum mit Turboaufladung 67 kW bei 3800 min^{-1}.

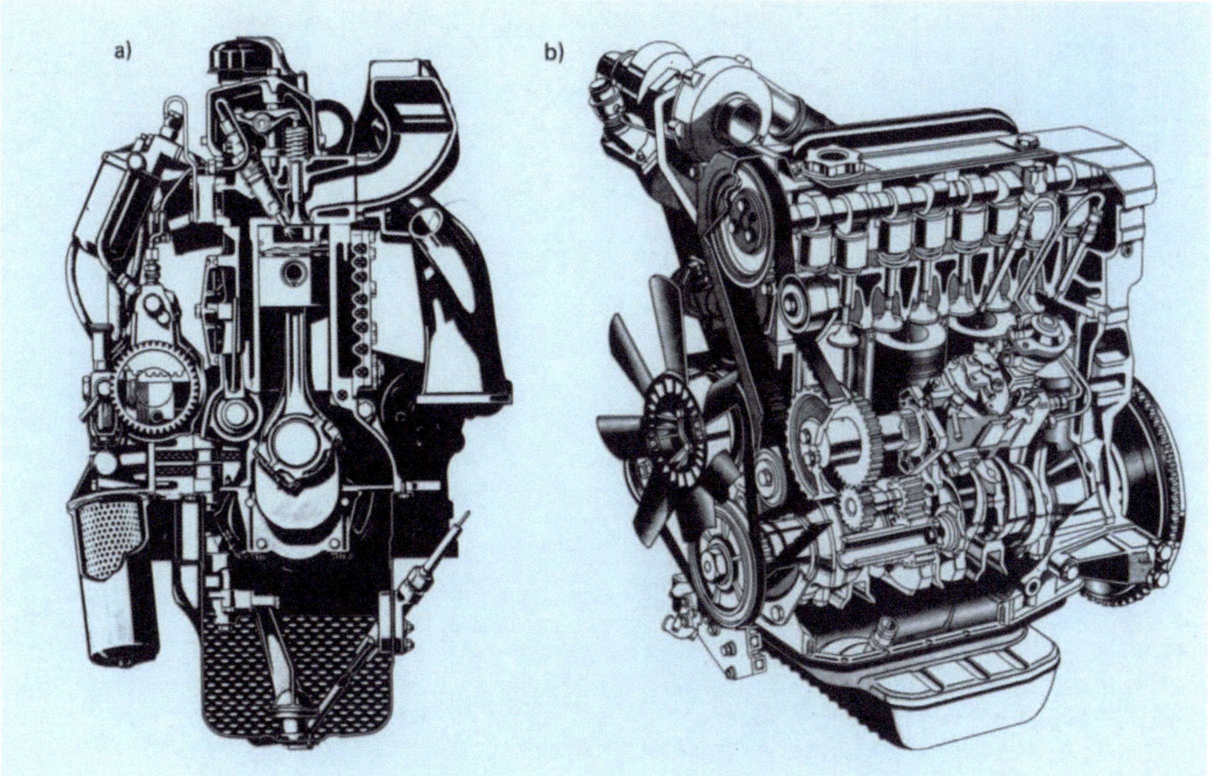

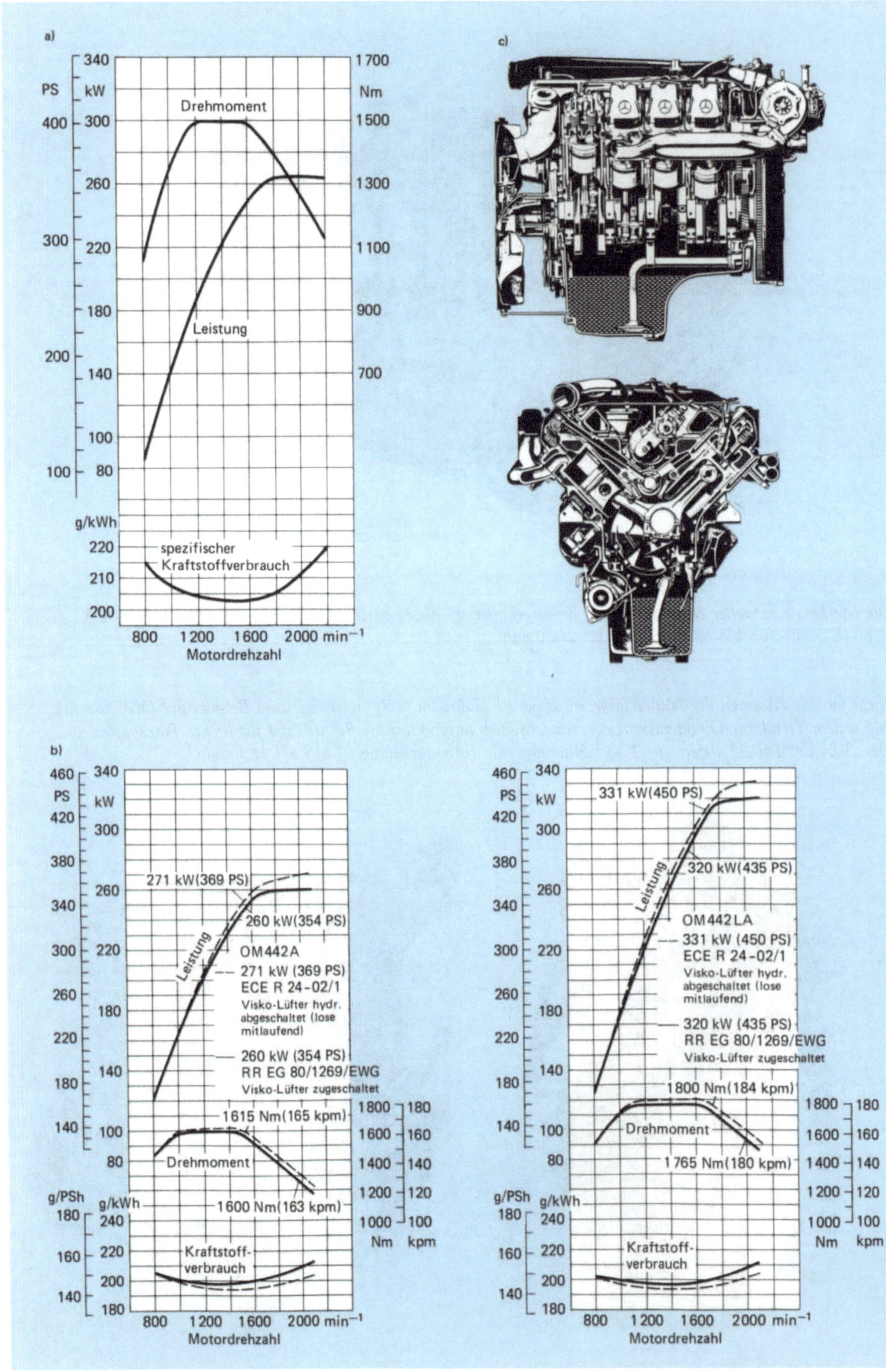

a)
PS
kW
Nm
Drehmoment
Leistung
g/kWh
spezifischer
Kraftstoffverbrauch
800 1200 1600 2000 min⁻¹
Motordrehzahl
c)
b)
271 kW(369 PS)
260 kW(354 PS)
Leistung
OM442A
271 kW (369 PS)
ECE R 24-02/1
Visko-Lüfter hydr.
abgeschaltet (lose
mitlaufend)
260 kW (354 PS)
RR EG 80/1269/EWG
Visko-Lüfter zugeschaltet
1615 Nm(165 kpm)
Drehmoment
1600 Nm(163 kpm)
g/PSh
g/kWh
Kraftstoff-
verbrauch
Nm kpm
331 kW(450 PS)
320 kW(435 PS)
OM442LA
331 kW (450 PS)
ECE R 24-02/1
Visko-Lüfter hydr.
abgeschaltet (lose
mitlaufend)
320 kW (435 PS)
RR EG 80/1269/EWG
Visko-Lüfter zugeschaltet
1800 Nm(184 kpm)
1765 Nm(180 kpm)

1983 stellte MAN den 12-l-Motor D 2866 (a) auf Mehrstrahl-Direkteinspritzung um, blieb aber bei der betonten Konstant-Nennleistung, deren Bedeutung für den wirtschaftlichen Fahrbetrieb von Daimler-Benz 1985 bestätigt wurde: Bei den neuen Hochleistungsmotoren OM 442A und LA wird die gleiche Charakteristik durch eine Doppelfeder-LDA (ladedruckabhängige Angleichung) erreicht (b, c).

rohre konnte man weglassen, und der Motor sieht wieder einfacher aus.

Zwei Philosophien der Motorcharakteristik zeichnen sich nun ab: Die eine favorisiert den stark drehzahlreduzierten Motor, bei dem auch die Nennleistung mit niedrigem spezifischem Verbrauch gefahren werden kann und deshalb keine besonderen Fahrregeln befolgt werden müssen. Extremster Vertreter dieser Richtung ist der DAF DKZE-ATi, die um 10% in der Drehzahl reduzierte Version des 265-kW-DAF 3600.

Die andere Richtung wird speziell von den beiden deutschen Herstellern bevorzugt, nämlich der Motor mit ausgeprägt konstanter Nennleistung. Solche Motoren sind universeller einsetzbar, haben einen sehr wirtschaftlichen mittleren Drehzahlbereich und einen ausgeprägten Bereich hoher „Reserveleistung". Sie verlangen allerdings vom Fahrer die Beachtung der wirtschaftlichen Fahrregeln. Dann ist vor allem das Einhalten hoher Fahrdurchschnittswerte ohne höheren Verbrauch besser möglich als bei den drehzahlbeschnittenen Motoren.

Beide Auslegungen setzen Turboaufladung mit Ladeluftkühlung und maximal angehobene Drehmomente im mittleren Drehzahlbereich voraus, das eine zur Abgasverbesserung und Senkung der thermischen Motorbeanspruchung, das andere zur Minimierung des notwendigen Schaltens. Und hier liegt die Schnittstelle der Motoren zum „Antriebsmanagement".

Computergestützte Schaltung serienmäßig?

Die Erfahrungen der letzten 20 Jahre Lkw-Entwicklung haben unmißverständlich deutlich gemacht, daß der Einfluß ungeregelter Fahrweise bedeutende technische Fortschritte wertlos machen kann. Aber die Erfahrung hat auch gezeigt, daß Antriebstechnik so darzustellen ist, daß sie bestimmte günstige Fahrweisen nahelegt. Die Entwicklung kostengünstiger Kleincomputer ermöglichte die Anwendung für die geregelte Bedienung der Nutzfahrzeuge. Auf dem Wege zum „automatisierten" Schaltgetriebe wurde die Bedeutung der Motorcharakteristik und der Schaltqualität bald erkannt. Die Benutzerforderung eines Höchstmaßes an Zuverlässigkeit im Betrieb empfahl zudem, nur das Notwendige im Bereich der Antriebsbedienung zu versuchen. Das zuerst von Scania angebotene „Computer Aided Gearshifting" (CAG) ging dabei weiter als die von Daimler-Benz zwei Jahre später serienmäßig im „integralen Antriebssystem" eingebrachte elektropneumatische Schaltung (EPS).

Die EPS hat – wie das CAG – keine mechanische Verbindung mehr zwischen Schalthebel und Getriebe. Wohl gibt es noch so etwas wie einen Schalthebel, der nun „Geber" heißt. Drückt ihn der Fahrer bei getretener Kupplung leicht nach vorn oder nach hinten, wird ein Gang im Hauptgetriebe aufwärts oder abwärts geschaltet. Die Splitterstufen lassen sich wie gewohnt schalten. Alle Schaltungen werden auf einem Display oberhalb des Armaturenbretts angezeigt.

Eine weitere Verbesserung bringt die EPS im Vergleich zur mechanischen Synchronschaltung durch die Möglichkeit, nach starken Abbremsungen – etwa vor dem Abbiegen – einfach die Neutralstellung im Getriebe herzustellen und anschließend den für die momentane Fahrgeschwindigkeit richtigen Gang zu treffen.

Die EPS arbeitet selbstverständlich mit einem Kontrollcomputer, der nur solche Signale an die Magnet-

Mit der EPS läßt sich ein 16-Stufen-Getriebe mit zwei Fingern schalten. Sie ist serienmäßiger Teil des integralen Antriebssystems. Dem Fahrer wird es leicht gemacht, im grünen Drehzahlfeld zwischen 1000 min^{-1} und 1800 min^{-1} zu fahren. Die elektronische Ganganzeige befindet sich auf dem Instrumentenkasten.

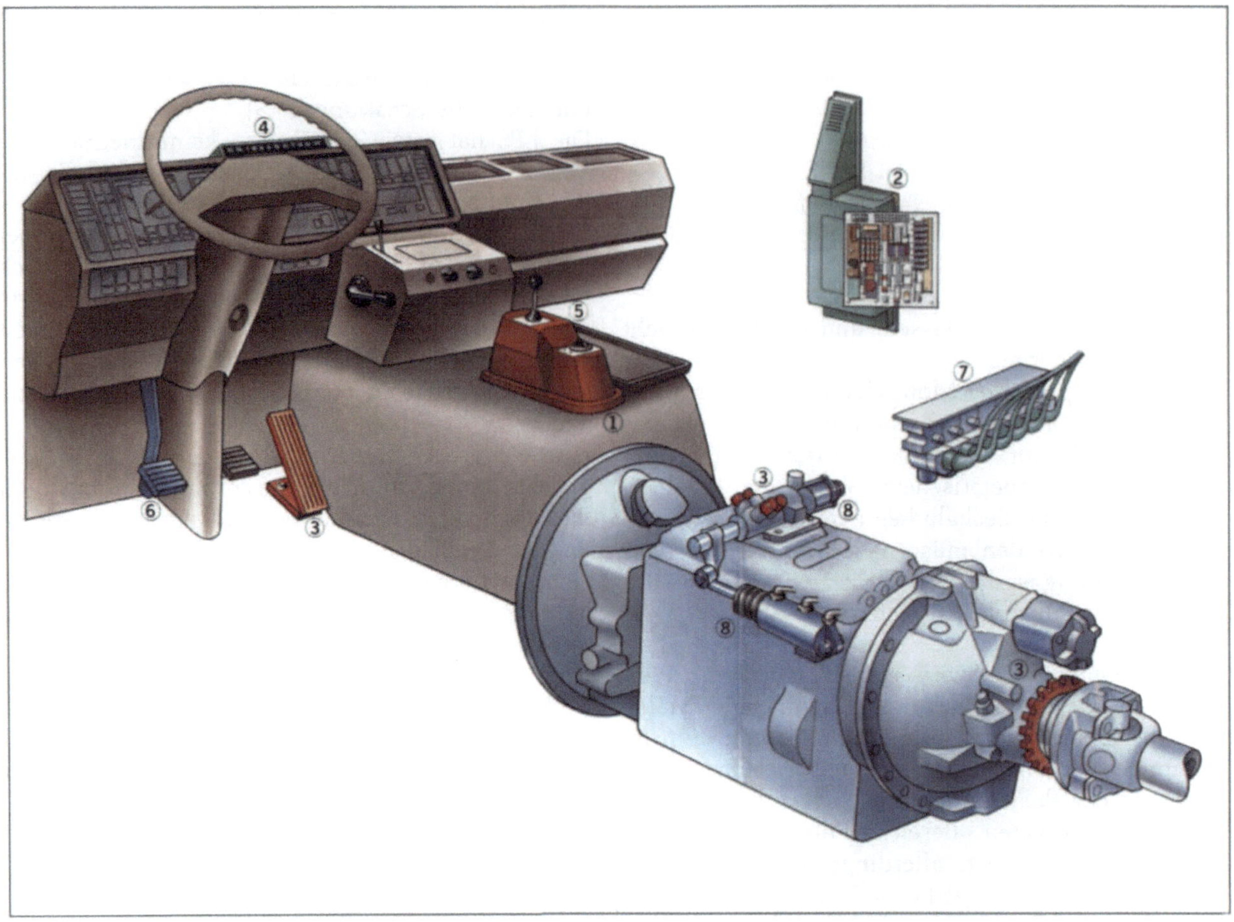

Die CAG-Anlage für Scania-Getriebe enthält im Display (4) eine Schaltempfehlung, der aber der Fahrer nicht folgen muß, wenn er bessere Kenntnis zum Betriebszustand hat. Geschaltet wird bei Treten der Kupplung, eingeschaltet und korrigiert wird mit dem Fingertiphebel (5).

ventile gibt, die das Schalten der Gänge über die Luftzylinder in normale Betriebsbereiche des Motors gewährleisten.

Das CAG von Scania gibt es sowohl für die gesplitteten Getriebe als auch für die Range-Getriebe in allen Scania-Lkw. Die Lkw-Tester Europas waren sich nach den ersten Testfahrten einig darin, daß dies die perfekteste Bedienungshilfe für Lkw und Busse ist und möglicherweise eine weitere Automatisierung geradezu fragwürdig macht. Die Nachfrage ergab stets die gleiche Begründung: Dieses CAG tut genau das, was der Fahrer will, nicht mehr und nicht weniger.

Und so arbeitet das CAG von Scania: Anstelle des Schaltknüppels ist rechts vom Fahrer eine Konsole mit einem Fingertiphebel und einem Drehschalter angebracht. Mit dem Drehschalter wird das CAG eingeschaltet und zwar auf die Stellung „manuell" oder „Automatik". In der Stellung „manuell" werden die Gänge nur nach Betätigung des Fingertiphebels in Richtung aufwärts oder abwärts geschaltet. In der Stellung „Automatik" tippt der Fahrer vor dem Anfahren den gewünschten Anfahrgang ein und tritt weiterhin nur die Kupplung durch, sobald die Ganganzeige auf dem Armaturenbrett mit der blinkenden Ziffer des empfohlenen Ganges die Schaltung anrät. Diese Schaltempfehlung wird vom Computer auch unter dem Gesichtspunkt des ökonomischen Fahrens gegeben. Folgt der Fahrer der Schaltempfehlung und tritt er die Kupplung, so zeigt ein akustisches Signal, daß wieder eingekuppelt werden kann.

Eine weitere computergestützte Schaltung für das Eaton-Fuller-Getriebe „Twinsplitter" ist produktionsreif. MAN stellte sie 1985 vor. Der Automatisierungsgrad ist abermals erweitert: Es gibt, wie bei CAG, eine ökonomisch begründete Schaltempfehlung, der der Fahrer durch Tippen eines Hebels folgen kann – oder auch nicht. Insofern entspricht das System von Eaton dem CAG von Scania in dessen Stellung „manuell". Bei der Semi-Automatic-Mechanical-Transmission (SAMT) beschränkt sich die Betätigung der Kupplung allerdings nur auf das Anfahren und das Anhalten. Die Automatisierung der Kupplungsbetätigung ist in diesem Fall deshalb erforderlich, weil das Schaltgetriebe ein viergängiges Klauengetriebe mit zwei Vorgelegewellen ist, dessen Hauptgänge in je drei Splitterstufen aufgeteilt werden. Es muß also Zwischengas beim Abwärtsschalten und Abbremsen der rotierenden Massen beim Aufwärtsschalten stattfinden.

Weitere Automatisierung fragwürdig

Folgerichtig gibt es bei den Getriebeherstellern bereits weitergehende Automatisierungsgrade, bei denen sich der Computer den zweckmäßigen Fahrgang selbst sucht.

Bei Probefahrten mit der vollautomatisierten elektronisch gesteuerten Schaltung eines Vielstufengetriebes von ZF wurden im Vergleich zur einfachen elektropneumatischen Schaltung des gleichen Getriebes die Nachteile einer „Überautomatisierung" deutlich: Das vollautomatisierte Getriebe kann nicht vorausschauen und produziert deshalb aus der Sicht des Fahrers unsinnige Schaltvorgänge. Damit aber ist es bereits für den Fahrer „disqualifiziert".

Die außergewöhnlich beschleunigte Entwicklung der Nutzfahrzeug-Antriebstechnik in den letzten Jahren hat wie nie zuvor aufgezeigt, daß ein optimiertes Nutzfahrzeug-Antriebssystem ohne Berücksichtigung des Fahrers als „Kommandant" des Fahrzeugs keine Aussicht auf Erfolg haben wird. Die Optimierung einzelner Funktionen, wie zum Beispiel der elektronischen Einspritzsteuerung von Dieselmotoren, sind selbstverständliche Optimierungsmaßnahmen, sobald die erforderliche Zuverlässigkeit sichergestellt ist. Die bereits vollzogenen Entwicklungsschritte zur elektronisch gestützten elektropneumatischen Schaltung in Kombination mit integrierten oder rein informativen Ökonometern – der farbig gekennzeichnete Drehzahlmesser erfüllt diese Funktion schon weitgehend – scheinen überraschend früh an einem vorläufigen Endpunkt angekommen zu sein.

Doch dies scheint nur so, denn längst einsatzbereite elektronische Systeme sind zumindest in Kreisen der Betreiber von Nutzfahrzeugen in ihrem tatsächlichen Wert noch nicht erkannt: Hierzu zählen die Antriebsschlupf- und die Geschwindigkeitsregelung. Beide Regelsysteme greifen in die Steuerung der Motoren ein und können im „elektronischen Gaspedal" zusammengefaßt werden. Die Antriebsschlupfregelung erhöht in höchstem Maße ebenso wie das Antiblockier-System die Fahrstabilität und kann für Fahrzeuge im Straßenverkehr eine Differentialsperre erübrigen. Der Geschwindigkeitsregler, wie er beispielsweise als „Tempostat" von VDO entwickelt wurde, ist hervorragend geeignet, exakt kalkulierbare Fahrzeiten, besonders im Mittelstrecken- und Fernverkehr, bei gleichzeitig gesenkten Betriebskosten möglich zu machen. Im Unterschied zu anderen Systemen bleibt nämlich beim Tempostat-Gerät der Fahrer „Kommandant": Die gewünschte Konstantgeschwindigkeit gibt er ein und kann sie verkehrsgerecht variieren; somit ist ein schwungvolles, energiesparendes Fahren – durchaus ohne Überschreitung zulässiger Werte – möglich.

FIATs Achtgang-Getriebe mit Wandler-Schaltkupplung (WSK) und integriertem Retarder veraltete mit der Ölteuerung.

Fahrwerk und Federung

Jürgen Helling und Heinz Junker

Das Fahrwerk eines Nutzfahrzeugs ist – ebenso wie Antriebsstrang und Aufbau – eine seiner wesentlichen Baugruppen. Zum Fahrwerk gehören Rahmen, Achsen, Räder, Federung, Dämpfung und Lenkung. Die Ausführung dieser Komponenten sowie ihr Zusammenwirken und ihre Abstimmung aufeinander beeinflussen wesentliche Fahrzeugeigenschaften, wie zum Beispiel Tragfähigkeit, Gewicht, Fahrstabilität, Kurvenverhalten, Komfort, Fahrbahn- und Ladegutbeanspruchung sowie Herstellkosten.
Während in den Anfangstagen der Nutzfahrzeug-Entwicklung die verschiedenen Fahrzeugarten und -größen über ein mehr oder weniger einheitliches, weitgehend vom Pferdefuhrwerk übernommenes Fahrwerkskonzept verfügten, kristallisierten sich später für die zum Personentransport entwickelten Nutzfahrzeuge – die Omnibusse – sowie für die leichten Gewichtsklassen, die sogenannten Transporter, eigenständige Fahrwerkskonzepte heraus. Dieser Entwicklung soll in diesem Abschnitt dadurch Rechnung getragen werden, daß deren Fahrwerke jeweils gesondert beschrieben werden.

Anfangsevolution

Die Anfänge der Nutzfahrzeugentwicklung lassen sich fast 5000 Jahre zurückverfolgen. Die Entwicklung verlief – ausgehend von „Schlepprutschen" und „Gleitzeugen" – über Rollhölzer zu Räder-Fahrzeugen. Es gibt ein Mosaik aus Mesopotamien aus der Zeit um 3200 v. Ch., das einen von Pferden gezogenen Wagen mit Scheibenrädern zeigt. Funde von Achsen und Scheibenrädern aus den Moorgebieten von Weser, Ems, Hunte und Wümme belegen, daß es auch im europäischen Nordwesten schon vor etwa 5000 Jahren Wagen auf Rädern gegeben hat. Die Theorie, die ersten Scheibenräder seien von dicken Baumstämmen abgeschnittene Scheiben gewesen, ist vermutlich falsch. Denn es gab damals sowohl in Vorderasien als auch in Nordeuropa nur wenige Bäume mit einem für Räder ausreichenden Durchmesser des Stammes. Darüber hinaus hatten die Altvorderen keine Werkzeuge, um solche Scheiben abzutrennen. Sie konnten Holz spalten – aber nicht schneiden. Außerdem ist Hirnholz – um ein solches würde es sich dabei handeln – die brüchigste und daher für Räder unbrauchbarste Holzstruktur.
Wichtige Meilensteine in der frühen Fahrwerksentwicklung waren die Erfindung des Speichenrades und die Einführung der Drehschemellenkung. Lösungsansätze, zweiachsige Transportfuhrwerke lenkbar zu gestalten, waren nach ihrer Erfindung durch die Römer lange Zeit in Vergessenheit geraten und tauchten erst um 1500 mit der Kutschenentwicklung wieder auf.
Zu dieser Zeit kam es zu einem neuen Anfang im Straßengüterverkehr. Der Transport von überseeischer Handelsware und ein allgemeiner wirtschaftlicher Aufschwung führten auch zu neuen Entwicklungen im Wagenbau. Im Fahrwerksbereich wurde dies deutlich durch die Einführung des gefederten Kutschenaufbaus. Wurde zunächst noch eine Aufhängung an Lederriemen gewählt, so bilden ab 1700 metallische C-Federn die Verbindung zwischen Fahrwerkrahmen und Aufbau. 1804 erfand der Engländer Obadiah Elliot die Blatt- oder Elliptikfeder, die bis heute das dominierende Federungselement im Nutzfahrzeugbau geblieben ist. Generell kam die Weiterentwicklung des Nutzfahrzeug-Fahrwerks nur langsam voran, da die mögliche Geschwindigkeit durch das Pferd als Antriebsquelle begrenzt war.
Der Gedanke, „alternative" Antriebskräfte für die Fortbewegung der Fuhrwerke zu nutzen, führte 1771 zu dem großen Lastkarren mit Dampfantrieb des französischen Ingenieurs Cugnot. Hierbei handelte es sich um ein Dreirad, dessen Kessel und Dampfmaschine vor dem einzelnen Vorderrad angeordnet waren, wodurch im Heck des Fahrzeugs eine große Ladefläche verfügbar wurde. Über einen Sperrklinkenantrieb wirkte die Kolbenstange direkt auf das Vorderrad. Als Hinterachse diente ein starres Achsrohr.
1816 konstruierte der Münchener Hofwagner Georg Lankensperger eine Achsschenkellenkung. Bei ihr schwenken jeweils nur kurze Achsschenkel um Drehpunkte, die am Achskörper weit außen liegen. Beim Einschlagen der Lenkräder bleibt der Radstand

3

annähernd gleich und die Seitenabstützung des Fahrzeugs erhalten.
1803 erschien in England erstmalig ein Dampfomnibus. 20 Jahre später gab es bereits regelmäßig verkehrende Bus-Dienste zwischen verschiedenen englischen Städten. Die größere Geschwindigkeit der Dampfwagen führte in Verbindung mit ihrem hohen Gewicht zu Straßenschäden. Sie veranlaßte auch die Eisenbahnfreunde und Besitzer von Pferdewagen zu politischer Einflußnahme. Diese legislativen Einschränkungen hatten dann für die englische Industrie sehr negative Folgen: Frankreich übernahm die Führung im Dampfwagenbau. Die ab 1873 von Kontrukteur Amédée Bollée entwickelten Dampfomnibusse zeigten grundlegende neue Lösungen auch im Fahrwerksbereich. Hatten bisher stets starre Achsen als Verbindungselement der Räder gedient, tauchten nun zum ersten Mal unabhängige Führungen der einzelnen Räder auf. Graf Albert de Dion, dessen Starrachskonstruktion mit dem am Aufbau befestigten Achsgetriebe noch heute als aktuell gelten kann, verringerte das hohe Gewicht seiner Dampffahrzeuge, indem er bestimmte Konstruktionselemente, zum Beispiel Rohrrahmen, Drahtspeichenräder und Gabellenkung, einführte.
Trotz des schlechten Wirkungsgrades von Dampfmaschinen, des hohen Aufwandes für Betrieb und Wartung sowie des großen Platzbedarfs von Kessel und Triebwerk wurden bis 1930 Lastwagen mit Dampfantrieb gebaut. Der letzte war ein von der Sentinel Steamwagon Co. Ltd. in Shrewsbury (England) gebauter Vierachser mit zwei gelenkten Vorderachsen.
Mit der Erfindung und Einführung der leichteren Ottomotoren änderten sich die Anforderungen an Fahrwerke gravierend. Zunächst wurden allerdings die neuen Antriebsquellen in die vom Pferdefuhrwerk abgeleiteten Fahrwerke eingebaut, so daß deren Gestaltung noch eine eher untergeordnete Rolle spielte. Daimler und Maybach verwendeten noch stahlbandbereifte Holzspeichenräder, die mit positivem Sturz an starren Achsrohren gelagert waren.
In Frankreich hatten Panhard und Levassor 1893 nach Daimler-Patenten einen leichten Omnibus sowie einen Lieferwagen gebaut. Dessen Drehschemellenkung wurde nicht wie beim Pferdefuhrwerk über eine Deichsel, sondern über Ketten und Gestänge betätigt.
Benz betrachtete das Straßenfahrzeug bereits als eine Einheit und verwendete viel Sorgfalt auch auf die Entwicklung seines Fahrwerks. Dies wird zum Beispiel durch die erste Anwendung der Zahnstangenlenkung dokumentiert. Die nach dem Ackermann-Prinzip spurende Achsschenkellenkung wurde von Bollée 1878 und zum dritten Mal von Benz 1893 patentiert.
Der Daimler-Motor-Lastwagen erhielt für die Vorderachse eine querliegende Blattfeder und für die Hinterachse zwei Schraubenfedern. Der zunächst im Heck eingebaute Motor wurde später zwischen die Achsen verlegt, eine Lage, die man heute als Unterflur-Bauweise kennt.
Unterdessen hatten Panhard und Levassor eine Kombination von Frontmotor und Hinterachsantrieb eingeführt, die als Standardantrieb von Nutzfahrzeugen auch heute noch üblich ist. Vom Motor erfolgte die Kraftübertragung über ein Zahnradgetriebe auf eine vor der Hinterachse querliegende Welle, die über Ketten auf die starre Hinterachse wirkte. Diese Kraftübertragung wurde bei vielen Nutzfahrzeugen noch einige Jahre beibehalten, obwohl Renault bereits 1898 im ersten luftbereiften Wagen den Kardanantrieb vorstellte. Dieser wirkte sich weitreichend auf die Hinterachskontruktion aus, da das Differentialgetriebe in den Achskörper integriert werden konnte.
Hinsichtlich der Fahrwerkstechnik hatte sich ein verhältnismäßig einheitliches Konzept durchgesetzt. Nahezu alle Fahrzeuge verfügten über einen Leiterrahmen mit vorn eingebautem Motor. Die Leistung wurde über eine Vorgelegewelle mit Ketten oder über Kardanantrieb auf die nun gummibereiften Hinterräder übertragen. Das dominierende Federungselement war die Blattfeder, die sowohl Federungs-, Dämpfungs- als auch Führungsaufgaben für die starren Achskörper übernahm.
Als Lenksystem hatte sich die Achsschenkellenkung durchgesetzt.

Achsen und Radaufhängung

Die Achsen der ersten Straßenfahrzeuge bestanden aus massiven Rundhölzern. Sie waren mit den üblicherweise verwendeten Holzspeichenrädern fest verbunden, Rad und Achse drehten sich als Einheit in einer Lagerung unter dem Wagenboden. Bei späteren Konstruktionen wurden dann die Räder mit einer Nabe auf der Achse drehbar gelagert. Sie liefen gegen eine Stoßscheibe und waren mit einem Splint gesichert.
Die Entwicklung der Nutzfahrzeug-Fahrwerke steht in enger Wechselbeziehung zur Entwicklung von Achskörpern und Lagerungen. Starrachsen bieten gute Führungseigenschaften und sind wegen ihrer kompakten, einfachen Bauweise robust und wenig störanfällig; dies ist besonders beim Nutzfahrzeug von großer Bedeutung. Deshalb haben sich Einzelradaufhängungen mit besseren kinematischen Eigenschaften bisher nur bei Nutzfahrzeugen mit hohen Komfort- und Fahrdynamik-Ansprüchen, wie zum Beispiel bei Omnibussen und Transportern, durchsetzen können.
Mit Beginn des 19. Jahrhunderts tauchten zunehmend handgeschmiedete eiserne Achsen auf. Wie ihre Vorgänger, die Holzachsen, hatten sie konische Achsschenkel mit Fettschmierung. Sie waren zunächst nur für ungefederte Fuhrwerke und Lastentransporter bestimmt. Mitte des 19. Jahrhunderts – mit der Erfindung der Blattfeder – wurden diese Achsen dann zur Befestigung der Federn mit Achs- oder Federlappen ausgestattet, die man aus dem vollen Material der Achskörper anschmiedete. Diese Achskonstruktionen verwendete man in kaum veränderter Form bis in das frühe 20. Jahrhundert noch bei den ersten Lastkraftwagen mit Ottomotor und auch bei Anhängern.
In der Zwischenzeit hatten grundlegende Erfindungen zweier Londoner Wagenbauer zu einer Verbesserung der Gleitlagerachsen und zur Abkehr von der Fettschmierung geführt. Die „Safety- und Mail-Patentachse" von Besaut und die „Patent-Achse" von Collinge wiesen erstmals eine Ölschmierung auf. Die Achsschenkel waren nicht mehr konisch, sondern zylindrisch geformt, überdreht und geschliffen. Die Radlagerung war völlig gekapselt. Das Prinzip der Dauerschmierung wurde damit erstmals verwirklicht. Die Collinge-Achse wies zudem eine Einstellvorrichtung des axialen Spiels der Räder auf, so daß sie sich trotz der teuren Fertigung später als überlegen erwies. Gleichwohl konnten sich die Patent-Achsen bei den Transportfahrzeugen nur zögernd durchsetzen.

Verschiedene Ausführungen von Patentachsen.

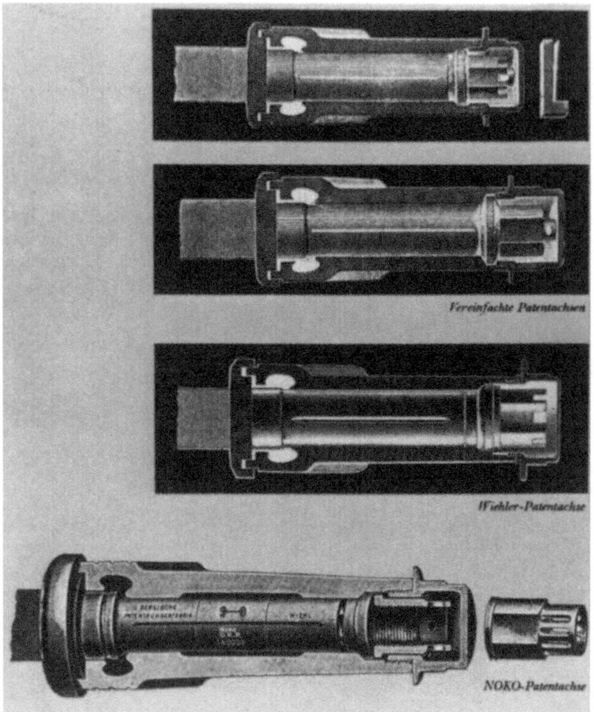

Formen von Omnibus-Achsen mit angeschmiedeten Federlappen.

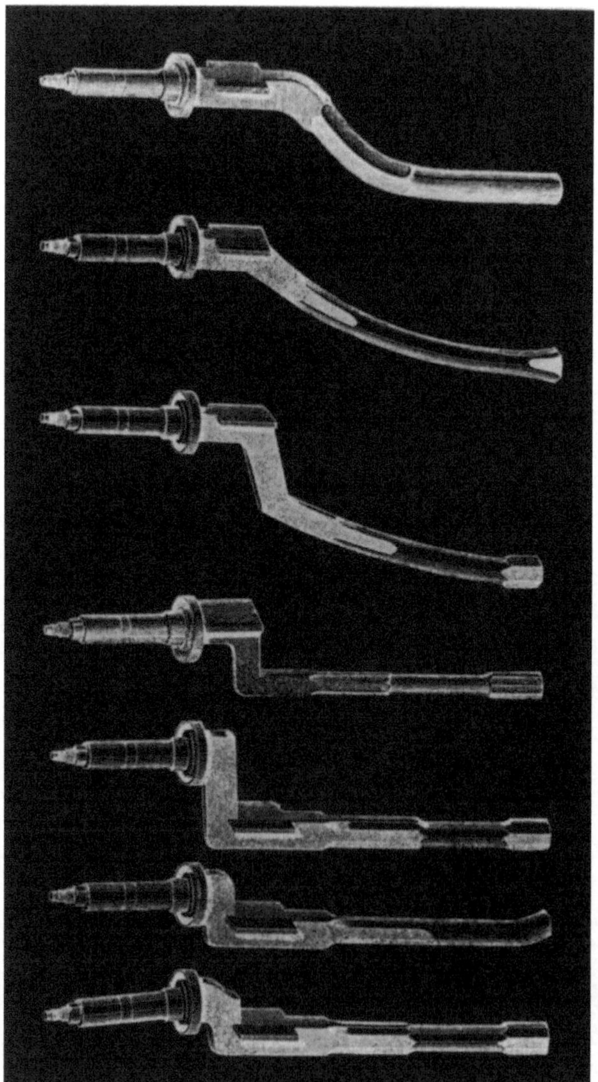

Auch an den Patent-Achsen verwendete man anfangs noch Holzspeichenräder, die später vollgummibereift waren. Ein wesentlicher Nachteil der Holzspeichenräder bestand darin, daß die Radlager bei höherer Geschwindigkeit heißliefen und das Holz zu stark erhitzten. Zwischen Rad und Achsschenkel fügte man deshalb lose gelagerte Gleithülsen. Mit Hilfe spiralförmig in der Hülse angeordneter Löcher erreichte man eine gleichmäßige Verteilung des Schmieröls. Solche Achsen, die in der Regel ein doppelt gekröpftes Mittelteil und angeschmiedete Federlappen hatten, fanden um 1910 vorwiegend im Omnibusbau Anwendung.
Die sogenannte „Subventions-Achse", die durch staatlich-militärische Förderung der Nutzfahrzeug-Industrie entstand, war ebenfalls eine Gleitlagerachse mit Stahlnabe und einer zusätzlichen schwimmenden Gleithülse. 1920 stellte die Bergische Patentachsenfabrik Wiehl (BPW) eine ausgereifte Version der Gleithülsenachse vor, die sich einen breiten Anwendungsbereich sowohl bei Lastkraftwagen als auch bei Anhängern erschloß. Ihre Weiterentwicklung war die 1923 aufgekommene Eyth-Achse mit hohlgebohrten Achsschenkeln.
Ein dauerhafter Erfolg blieb diesen Achsen allerdings versagt, da die Wälzlagertechnik Fortschritte machte und sich im Fahrzeugbau durchzusetzen begann. Der Engländer Vaugham hatte schon um 1794 das Patent für ein Kugellager bekommen. Dessen Entwicklung zu einem technisch nutzbaren Maschinenelement nahm dann noch einen langen Zeitraum in Anspruch, obwohl die Probleme bei Gleitlagern, wie zum Beispiel Reibung und Verschleiß, die Verwendung von Wälzlagern nahelegten. Erst in den letzten Jahrzehnten des 19. Jahrhunderts führten Fortschritte in der Wälzlager-Technik und -Fertigung – verbunden mit den Namen Fischer und Höpflinger – zu Wälzlager-Achsen mit Ring- oder Pendelkugellagern. Diese waren allerdings zunächst den im Fahrbetrieb auftretenden Stoßbelastungen nicht ausreichend gewachsen. So entstanden als nächste Entwicklungsstufe in den USA geeignetere Zylinder- und Kegelrollenlager. Sie wurden von der Timken Roller Bearing Company für Nutzfahrzeuge in Serie gefertigt.
In Schweden befaßte sich die SKF mit der Weiterentwicklung des Kegelrollenlagers, das sich schließlich als brauchbare Lösung erwies. Die Vorteile des Kegelrollenlagers sind bis heute die leichte Einbaumöglichkeit, die Nachstellbarkeit bei Lagerverschleiß sowie radiale und axiale Belastbarkeit. In den Jahren 1924/25 entwickelten die Firmen SKF und BPW gemeinsam für Nutzfahrzeuge jene Achskonstruktion, die in ihren Grundprinzipien bis heute erhalten blieb: die Kegelrollenlagerachse. Es gelang eine schnelle Markteinführung, und ab 1926 wurde dieser Achstyp auch von anderen Herstellern produziert.
Bei den Vorderachsen von angetriebenen Nutzfahrzeugen führte die Einführung der Achsschenkellenkung bald zu einer Drei-Teilung des Achskörpers: Radseitig verwendet man den Achsschenkel, der gleichzeitig als Sitz für die zwei Kegelrollenlager der Radlagerung dient. Die Achsschenkel sind dann jeweils über den Achsschenkelbolzen, der die Lenkdrehachse darstellt, mit dem Mittelteil, dem eigentlichen Achskörper, verbunden.
Im Lauf der Zeit haben sich zwei Formen dieser typischen Vorderachskörper durchgesetzt: die Faustachse und die Gabelachse. Der Hauptunterschied liegt in der unterschiedlichen Aufnahme des Achsschenkelbolzens. Die Achskörper sind in der Regel als Doppel-T-Profil aus Schmiedestahl hergestellt und zur Fahrzeugmitte hin nach unten gekröpft, um Platz für Federn und Motor zu schaffen. Diese bereits vor Jahrzehnten eingeführte Bauform der nichtangetriebenen Vorderachse von Lastkraftwagen ist bis heute so gut wie unverändert geblieben.
In die über Kardanwellen angetriebenen Hinterachsen wurden Achsgetriebe und -differential integriert. Die Konstrukteure beschäftigten sich bald mit zwei prinzipiell unterschiedlichen Hinterachskonzepten. Im ersten Fall waren Tragachse und Achsantrieb zwei getrennte Baueinheiten. MAN stellte 1926 eine solche geteilte Antriebsachse vor. Die Antriebswellen liefen vom Achsgetriebe parallel zur Achsbrücke auf ein Seitenvorgelege, das eine zusätzliche Untersetzung schuf. Ein Vorteil dieser aufwendigeren Bauart war ihre größere Bodenfreiheit. Insofern eignete sich diese Achse besonders für Geländebetrieb. Bei der zweiten Bauart, die sich im Lauf der Zeit weiter verbreitete, wurden die Antriebswellen mittig durch den hohlen Achstragkörper hindurchgeführt. Das in das Hinterachsgehäuse integrierte Achsgetriebe gab diesen Achsen ein charakteristisches Aussehen, das

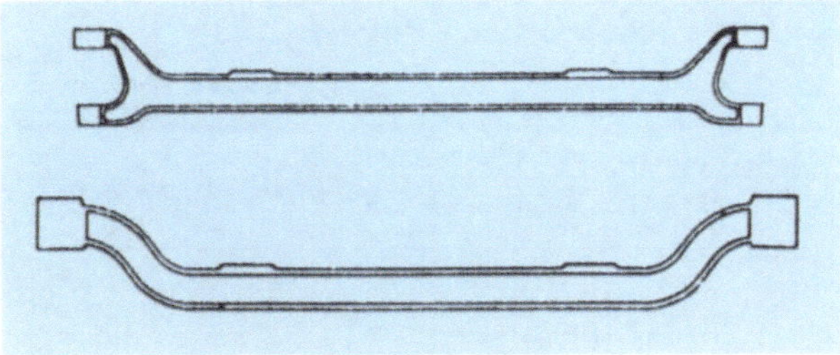

Typische Bauformen von Gabelachse und Faustachse.

Geteilte MAN-Antriebsachse von 1926.

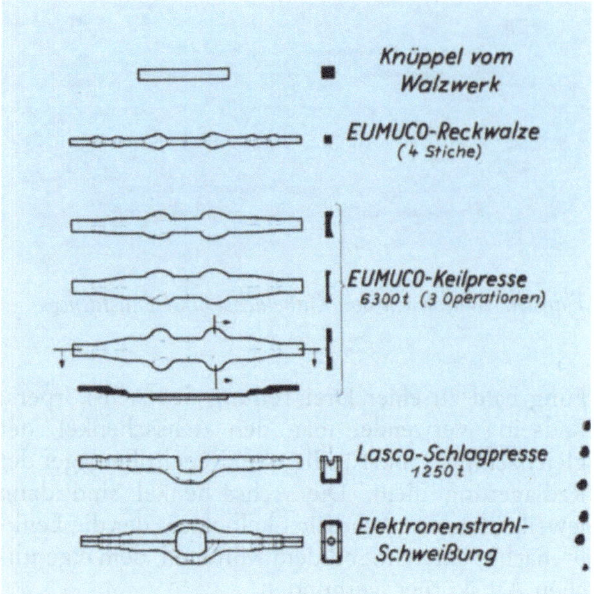

Fertigungsstadien der Tragkörper einer Banjo-Antriebsachse.

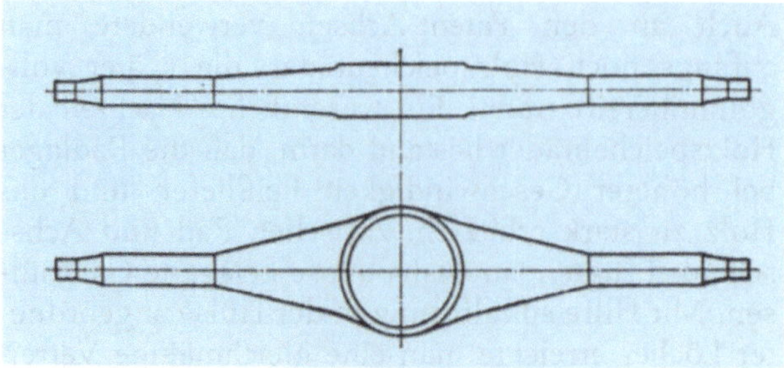

Typische Bauform einer Banjoachse.

zu der Bezeichnung „Banjoachse" führte. Ihre Tragkörper wurden meist in getrennten Bearbeitungsgängen durch Walzen und Pressen hergestellt und aus zwei Hälften zu einer Einheit verschweißt. Außerdem gab es auch hinreichend dünnwandige Gußausführungen.

In den letzten Jahrzehnten wurde auch der Drehmomentenfluß von der Motor-Getriebe-Einheit zu den Antriebsrädern verbessert. Um das maximale Drehmoment erst an den Antriebsrädern wirken zu lassen, integrierte man in die Hinterachsen eine zusätzliche Untersetzung, wie dies schon bei den ersten geteilten Achsen mit Seitenvorgelege geschah. Diese Ansätze führten unter anderem zu Achsen mit zentralem Vorgelege. Das zur Zeit vorteilhafteste Achskonzept für schwere Nutzfahrzeuge mit großen Leistungen und Drehmomenten ist die Außenplaneten-Achse: Erst im Radkörper erzeugt ein Planeten-Getriebe das erforderliche hohe Raddrehmoment. Die Außenplaneten-Achse hat zudem den Vorteil, daß man im Differential ein kleines Tellerrad mit niedriger Übersetzung verwenden kann. Das Differentialgehäuse ist dadurch weniger umfangreich, die Bodenfreiheit größer (Baustellenfahrzeuge).

Als Alternative zu starren Antriebsachsen verwendet der tschechische Nutzfahrzeug-Hersteller Tatra eine Pendelachse in Verbindung mit einem Zentralrohrrahmen. Bestimmten Vorteilen im Bereich der Geländegängigkeit stehen fahrdynamische Nachteile infolge Sturzänderungen der Räder in Abhängigkeit vom Beladungszustand gegenüber.

Ebenso wie andere Kraftfahrzeuge hatten Nutzfahrzeuge in der Regel zwei Achsen. Der Wunsch, immer größere Nutzlasten zu transportieren, führte dann in Verbindung mit verschiedenartigen Restriktionen hinsichtlich zulässiger Achslasten und Gesamtgewichte zur Verwendung von Anhängern und – nach dem Ersten Weltkrieg – zur Entwicklung von Nutzfahrzeugen mit zusätzlichen Achsen.

Eine dritte Achse wird überwiegend als zusätzliche Hinterachse konstruiert, häufig als ungelenkte, nicht

Moderne Außenplaneten-Antriebsachse.

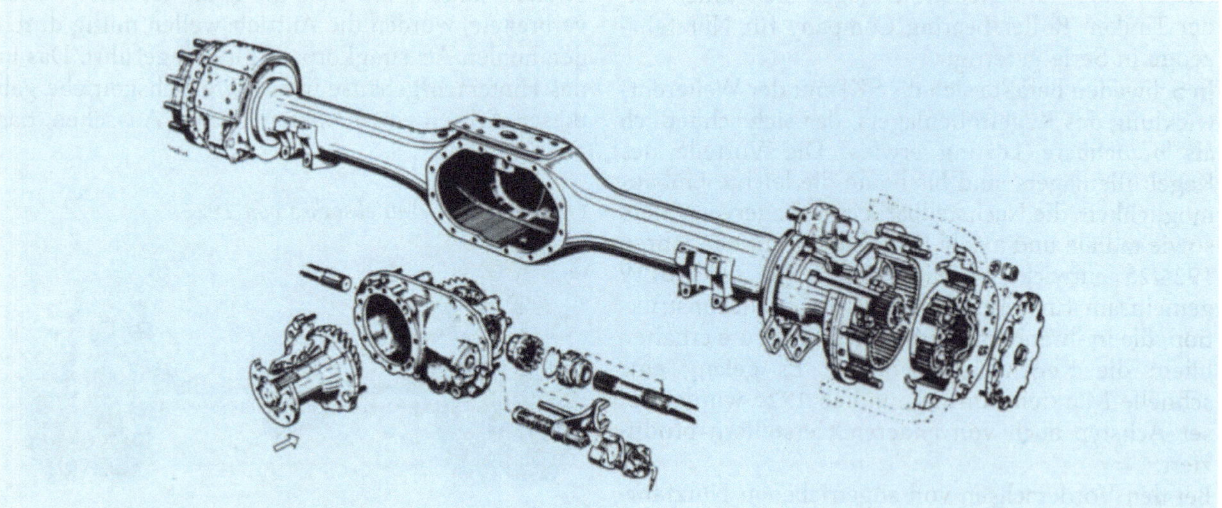

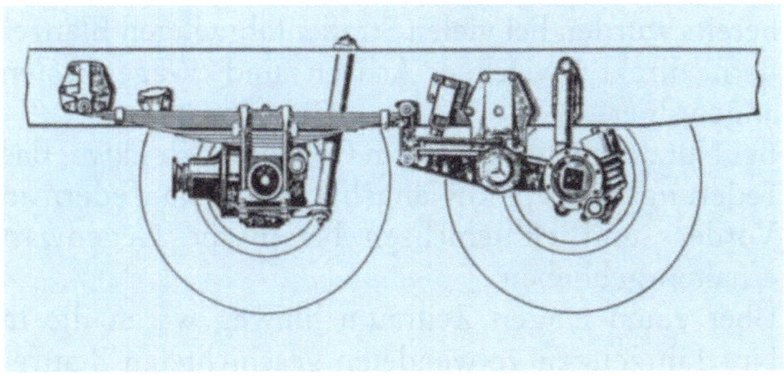

Daimler-Benz-Antriebsachse mit Nachlaufachse.

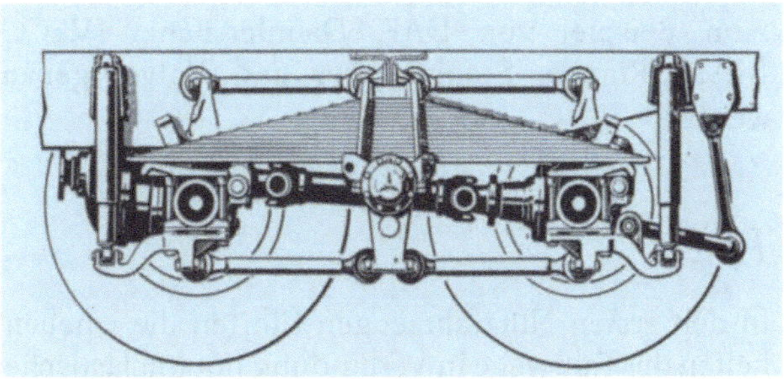

Angetriebenes Doppelachsaggregat von Daimler-Benz mit Waagebalken-Blattfeder, Teleskopdämpfern und doppelter Längslenkerführung.

angetriebene Nachlaufachse, die bei Leerfahrt angehoben werden kann (Liftachse). Es gibt auch, etwa bei Steyr, Vorlaufachsen.

Insbesondere schwere Baustellenfahrzeuge müssen bei guter Traktion große Unebenheiten befahren können. So entstanden angetriebene Doppelachsen mit Blattfedern, die in der Mitte drehbar am Rahmen gelagert und an ihren Enden an den Achsen angelenkt werden. Diese für Geländebetrieb gut geeigneten Waagebalkenachsen neigen bei schnellerer Straßenfahrt zu schwer zu dämpfenden Pendelschwingungen.

In der Zeit nach dem Zweiten Weltkrieg, als sich der Güterfernverkehr sehr erweiterte, wurden zunehmend Doppelachsaggregate für Nutzfahrzeuge und Anhänger entwickelt, die sich durch geringere dynamische Ladegut- und Fahrbahnbeanspruchung auszeichneten. Gegenwärtig werden von Nutzfahrzeugherstellern und Zulieferern konstruktiv unterschiedliche Doppelachsen mit und ohne Achslastausgleich, mit Blatt- und Luftfedern gebaut und ständig weiterentwickelt.

Die Entwicklung vielachsiger Nutzfahrzeuge wurde stark durch die Gesetzgebung beeinflußt. So führte in den sechziger Jahren in der Bundesrepublik Deutschland eine zeitweise Herabsetzung der zulässigen Achslast der angetriebenen Hinterachse von 10 t auf 8 t („Seebohm-Achse") zu dreiachsigen Lkw mit zwei gelenkten Vorderachsen, so zum Beispiel beim Daimler-Benz Typ LP 333 sowie bei Henschel-Fahrzeugen.

Vierachsige Nutzfahrzeuge werden seit langem zum Beispiel in Italien, Frankreich und Großbritannien in größerer Stückzahl gebaut. Auch in Deutschland wurden von 1937 bis 1950 von Büssing-NAG und den Faun-Werken derartige Fahrzeuge gefertigt. Der Zweite Weltkrieg unterbrach die damals begonnene Vierachser-Entwicklung.

Seit 1968 gab es im kombinierten Verkehr eine Ausnahmeregelung, die für den Transport schwerer Behälter vierachsige Fahrzeuge mit maximal 35 t Gesamtgewicht zuließ. Seit 1985 besteht diese Möglichkeit bis zu einem Gesamtgewicht von 30 t auch für den allgemeinen Straßengüterverkehr. Diese neue Regelung führte rasch zu einer größeren Anzahl vierachsiger Fahrzeugtypen mit zwei gelenkten Vorderachsen, die von europäischen Herstellern,

Luftgefedertes Doppelachsaggregat einer Magirus-Sattelzugmaschine mit Teleskopdämpfern und Längslenkerführung.

Kurbellenker-Einzelradaufhängungen für Anhänger und Auflieger.

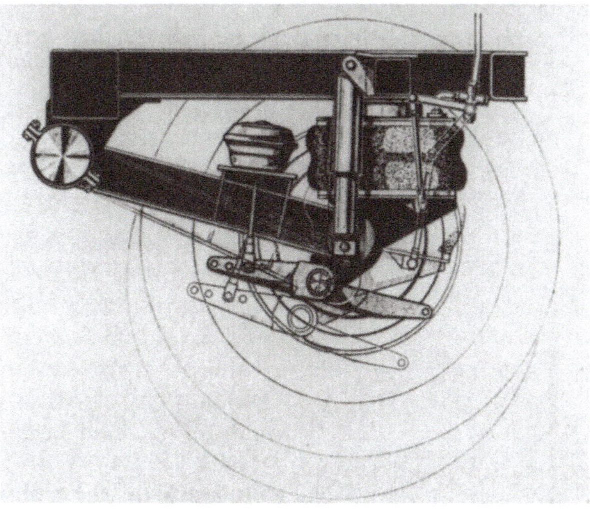

zum Beispiel von DAF, Daimler-Benz, IVECO, MAN, Roman, Scania, Steyr und Volvo, gebaut werden.

Federn

In den ersten Nutzfahrzeugen führten die Unebenheiten der Fahrwege in Verbindung mit unelastischer Bereifung und starrer Verbindung zwischen Achse und Wagenkasten zu einem sehr unkomfortablen Fahren. Darüber hinaus war der Transport empfindlicher oder zerbrechlicher Güter nahezu unmöglich. Die ersten Ansätze zu einer Verbesserung durch eine Federung stammen aus dem 15. Jahrhundert. Man hängte die Wagenkästen an Lederriemen auf, um zumindest die gröbsten Fahrbahnstöße zu mildern. Elastische Federn aus Stahlblättern tauchten erstmalig im 17. Jahrhundert auf. Durch ihre Einschaltung zwischen Achse und Aufbau schuf man – allerdings unbeabsichtigt und zunächst noch unbewußt – ein schwingungsfähiges System, das grundsätzlich eine Dämpfung erforderlich macht, etwa um Resonanzspitzen abzubauen.
Die sogenannte C-Feder galt als eine besondere Errungenschaft des Fahrzeugbaus im 17. Jahrhundert. Sie bestand aus übereinandergelegten, C-förmigen Stahlblättern, die den Wagenkasten auf dem Fahrzeugrahmen federnd trugen. Mit ihr wurden schon wesentliche Fortschritte im Hinblick auf ein erschütterungsarmes Fahren erzielt. Ein weiterer, wichtiger Schritt war die Einführung der Blatt- oder Elliptikfeder ab 1804. In den nächsten Jahrzehnten bereits wurden bei vielen Straßenfahrzeugen Blattfedern direkt zwischen Achsen und Wagenkasten angeordnet.
Bei Nutzfahrzeugen ist – im Gegensatz zu Pkw – das Federungskonzept mit längsliegenden Blattfedern an Vorder- und Hinterachsen bis in die Gegenwart erhalten geblieben.
Über einen langen Zeitraum hinweg waren die in Nutzfahrzeugen verwendeten geschichteten Blattfedern aus einer größeren Anzahl einzelner Lagen aufgebaut, d. h. hoch und verhältnismäßig kurz. So waren sie problemlos in der Lage, die zur Achsführung erforderlichen Längs- und Querkräfte sowie die Antriebs- und Bremsmomente aufzunehmen. Auch die große Reibung zwischen den Blättern und in der hinteren Federlagerung am Rahmen mittels Gleitschuh erwies sich insofern als Vorteil, als man häufig auf zusätzliche Stoßdämpfer verzichten konnte.
Härte und Reibung derartiger Blattfedern waren allerdings die Hauptursachen für sehr unbefriedigende Federungseigenschaften, die gesundheitliche Schäden von Fahrern, hohe Ladegutbeanspruchungen und Straßenschäden zur Folge hatten. Diese Nachteile konnten im Verlauf einer längeren Entwicklungsphase, die seit den sechziger Jahren durch neue Verfahren der Versuchs-, Meß- und Rechentechnik gefördert wurde, entscheidend beseitigt werden. Die Blattfedern wurden länger und weicher. Die Reibung wurde durch Substitution der Gleitschuhe durch drehbar gelagerte Gehänge verringert sowie durch weniger Lagen bei größerer Blattstärke – bis hin zur parabelförmig ausgewalzten Einblattfeder.
Durch gestuftes Parallelschalten von Zusatzfedern

Blattfeder als Abwälzfeder.

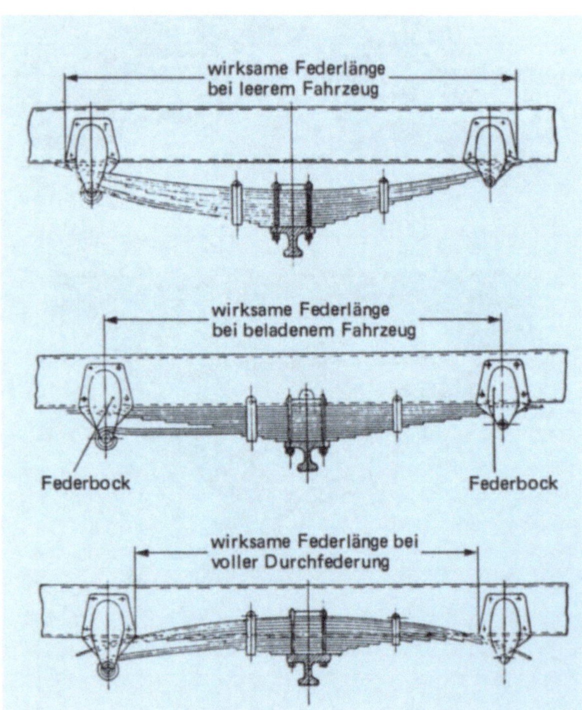

Lkw-Parabelfeder.

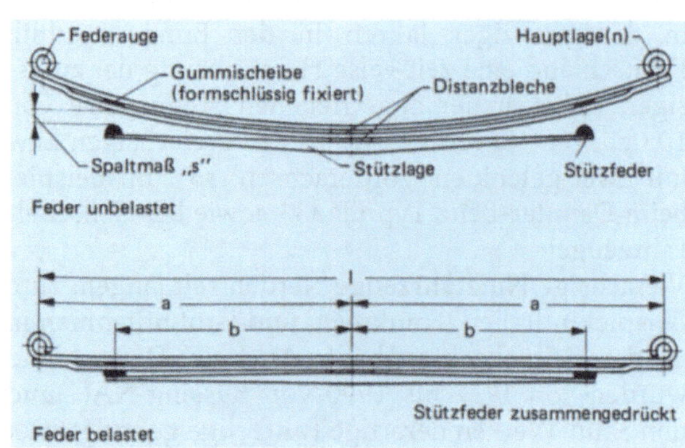

Zusatzfederung von IHC zur Erzielung einer progressiven Kennlinie.

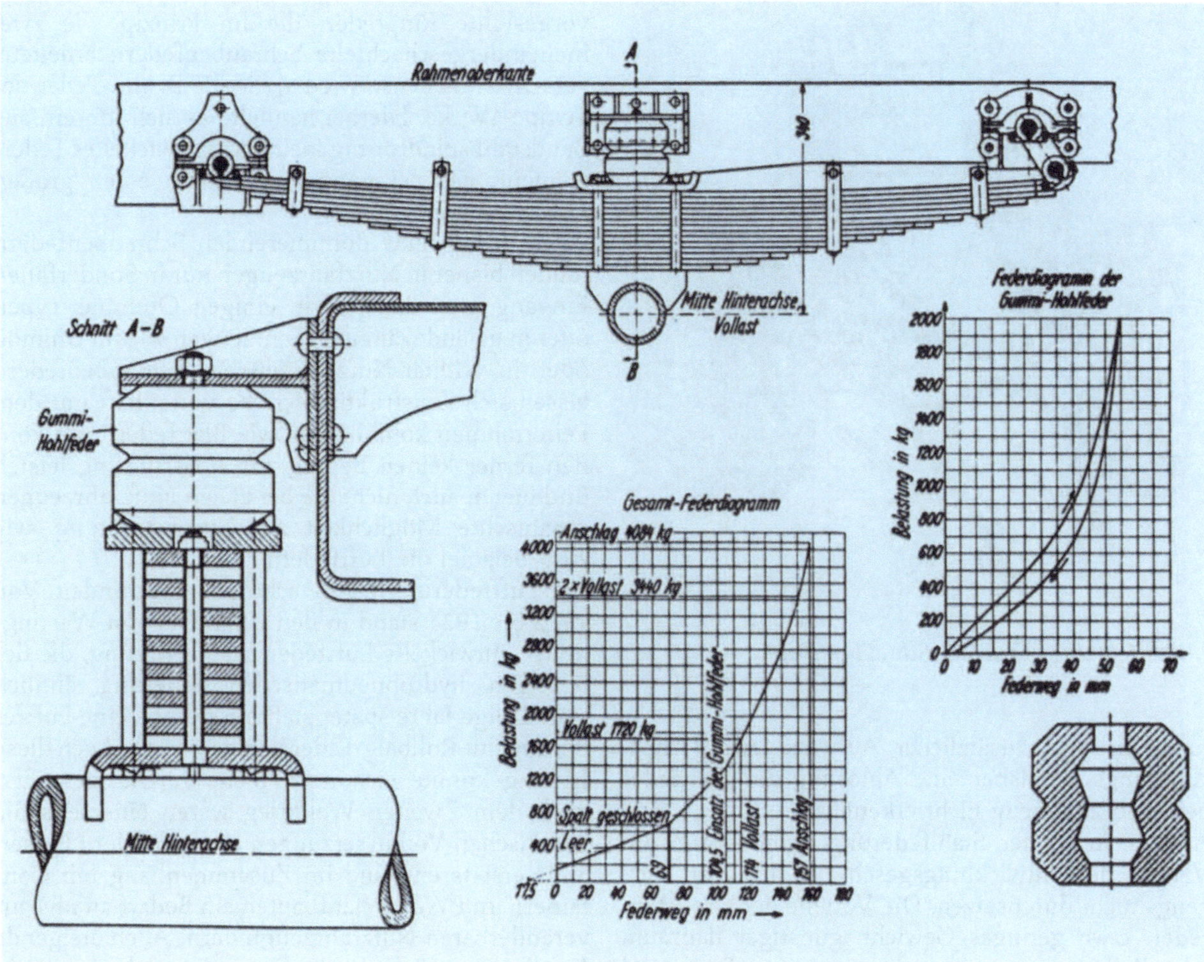

Einfluß einer Gummizusatzfeder auf die Federkennlinie am Beispiel einer Hanomag-Federung.

erreichte man progressive Federkennlinien. Hierfür gab es eine Fülle verschiedenartiger Konstruktionen. Auf diese Weise trug man besonders den erheblichen Unterschieden der Federbelastung in leerem und beladenem Zustand an der Hinterachse Rechnung.

Gegenwärtig weltweit betriebene Entwicklungen zielen darauf ab, Blattfedern zum Beispiel aus Glasfaser-Verbundwerkstoffen herzustellen. Hierdurch ergibt sich eine erhebliche Gewichtseinsparung im Bereich der ungefederten Massen. Infolge solcher Maßnahmen geht die ursprüngliche Einfachheit der Blattfeder und ihrer Peripherie zunehmend verloren und besonders hinsichtlich Dämpfung und Achsfüh-

Typische Mehrstufenfeder von Daimler-Benz.

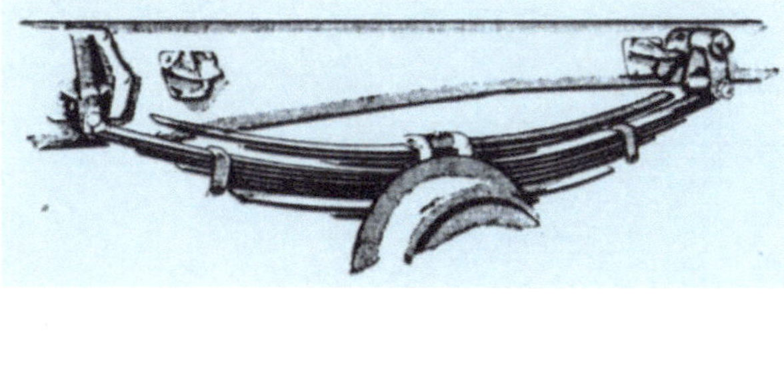

Sortiment unterschiedlicher Blattfedern aus Faserverbund-Werkstoff des britischen Herstellers GKN für verschiedene Fahrzeug-Gewichtsklassen.

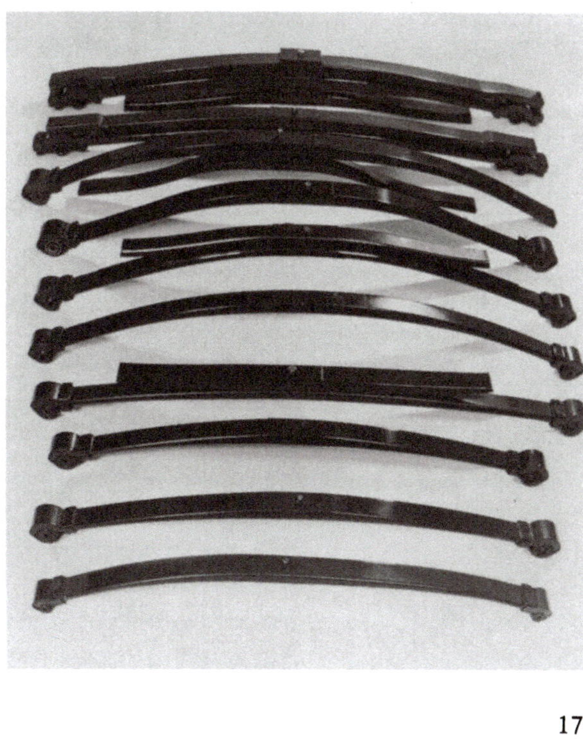

Militärfahrzeug-Achse mit Schraubenfedern.

rung wird ein zusätzlicher Aufwand erforderlich. Allerdings ist bisher eine Ablösung der Blattfeder beim Nutzfahrzeug nicht erkennbar.
Andere Arten der Stahlfederung konnten sich im Verlauf der Entwicklungsgeschichte des Nutzfahrzeugs nicht durchsetzen. Die Vorteile der Drehstabfeder, etwa geringes Gewicht, günstiger Bauraum und Reibungsarmut, wurden nur von Tatra und General Motors zeitweise genutzt. Auch die 1950 vorgestellte Ringfeder, die im Prinzip wie zwei ineinandergeschachtelte Schraubenfedern arbeitete, verschwand ebenso wieder wie die Evolut-Feder der Tempo-Werke. Hierbei handelte es sich um ein aus Bandstahl spiralförmig ineinandergewickeltes Federelement, das bei geringer Bauhöhe einen großen Federweg ermöglichte.
Auch die im Pkw dominierenden Schraubenfedern fanden bisher in Nutzfahrzeugen nur in Sonderfällen Eingang, zum Beispiel in einigen Omnibus-Typen oder in geländegängigen Fahrzeugen wie im Unimog oder in Militär-Nutzfahrzeugen. Schraubenfedern lassen sich konstruktiv nicht so vorteilhaft mit dem Leiterrahmen kombinieren wie Blattfedern, sie können ferner keinen Beitrag zur Achsführung leisten und bieten auch nicht die bei vielen Nutzfahrzeugen erwünschte Möglichkeit zur Niveauregelung, wie zum Beispiel die Luftfedern.
Die Luftfederung wurde schon 1847 erfunden. Von 1912 bis 1924 stand in den USA eine von Westinghouse entwickelte Luftfeder zur Verfügung, die der heutigen hydropneumatischen Federung ähnlich war. Einige Jahre später stellte Firestone eine Luftfederung mit Rollbalg-Federelementen vor. Auch diese Lösung konnte sich noch nicht durchsetzen. Erst nach dem Zweiten Weltkrieg waren einerseits die technischen Voraussetzungen für Luftfedern besser, andererseits entstand im Zusammenhang mit Containern und Wechselaufbauten ein Bedarf an niveauveränderbaren Nutzfahrzeugfedern. Auch steigende Komfortansprüche förderten die Entwicklung der in dieser Hinsicht vorteilhaften Luftfederung.
In dieser Zeit entstanden zunächst in USA Luftfederungen, deren Balgfedern im Hinblick auf das Druckniveau von etwa 6 bar der Lkw-Bremsanlagen ausgelegt waren. Ende der fünfziger Jahre konnten auch in Europa viele Nutzfahrzeug-Hersteller Fahrzeuge wahlweise mit Luftfederung anbieten.
Die zugehörigen Federbälge wurden im allgemeinen von Reifenherstellern, wie zum Beispiel Continental, Pirelli und Phönix, entwickelt. Zunächst waren Ring-

Funktionsweise des Luftfeder-Faltenbalgs.

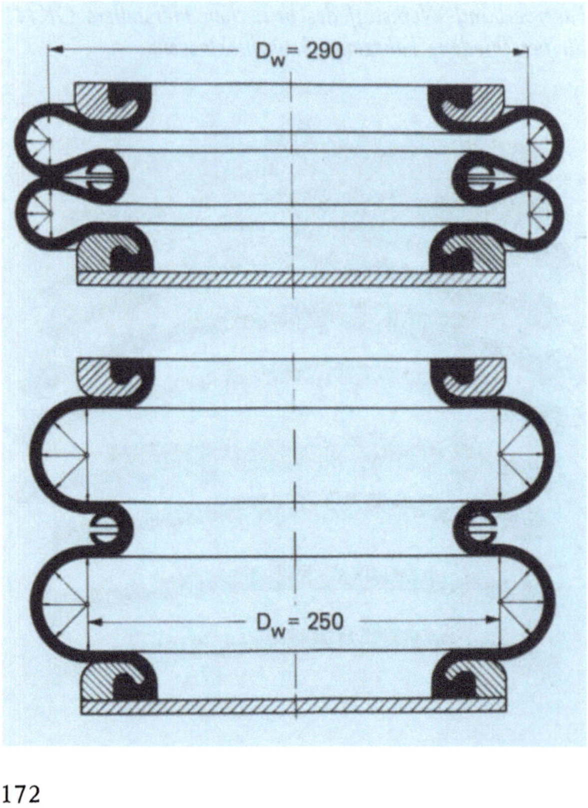

Funktionsweise der Rollbalg-Luftfederung.

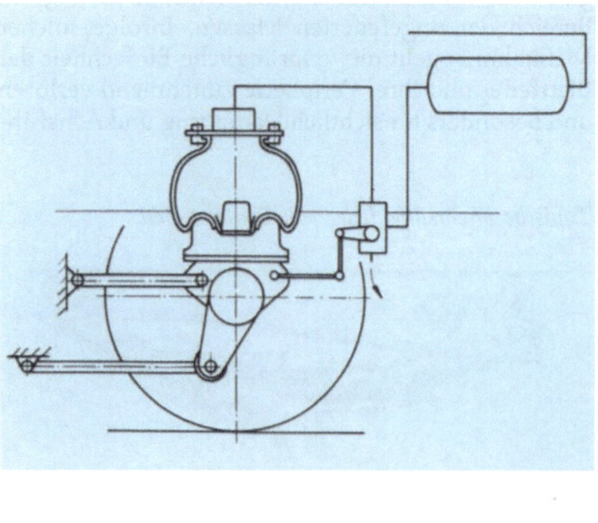

bälge serienreif, die verhältnismäßig einfach aufgebaut sind, aber bauartbedingt eine dem Komfort abträgliche steife Federkennlinie haben. Sie werden heute vorzugsweise für Anhänger als wirtschaftliche, niveaugeregelte Feder benutzt.
Eine günstigere und in weiteren Grenzen beeinflußbare Kennlinie haben Rollbälge, die inzwischen aus Komfortgründen besonders als Omnibusfeder große Verbreitung gefunden haben und neuerdings zunehmend auch bei Lastwagen auftreten.

Rollbalg-Luftfederung an der Antriebsachse eines Schwerlastfahrzeugs.

Schwingungsdämpfer

Im Lauf der Fahrwerks-Evolution waren als Folge der Einführung von Fahrzeug- und Reifenfedern die schwingungsfähigen Teilsysteme Aufbau und Achse entstanden, die nach einer Stoß- oder — genauer — Schwingungsdämpfung verlangten. In den zwanziger Jahren entstanden erste Reibungs-Dämpfer, die — als Band- oder Scherendämpfer ausgeführt — zwischen Achse und Aufbau angeordnet werden konnten. Deren Relativbewegungen wurden in eine gegenseitige Verdrehung aufeinandergepreßter Reibbeläge umgewandelt. Diesen Umweg vermied man bei einem späteren Teleskop-Reibungsstoßdämpfer mit Kolben und Reibbelag.
Wegen der hohen Eigenreibung der in Nutzfahrzeugen üblichen Blattfeder verzichtete man etwa bis zum Zweiten Weltkrieg in der Regel auf zusätzliche Dämpfer. Dann wurden zunächst die weicher gefederten und für den Federungskomfort im Fahrerhaus wichtigeren Nutzfahrzeug-Vorderachsen mit Dämpfern ausgerüstet. Dies waren meist hydraulische Teleskopstoßdämpfer in Zweirohrbauweise, die vorzugsweise die Ausfederbewegung dämpften. Sie waren anfangs unterdimensioniert und schon nach verhältnismäßig kurzen Laufleistungen kaum noch

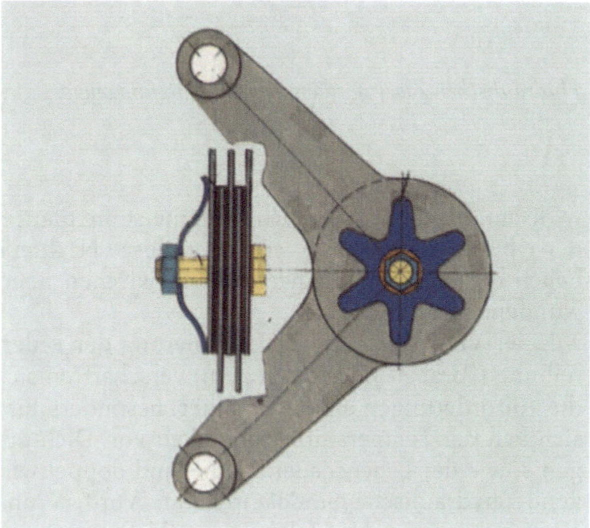

Scherendämpfer.

Teleskopreibungsdämpfer.

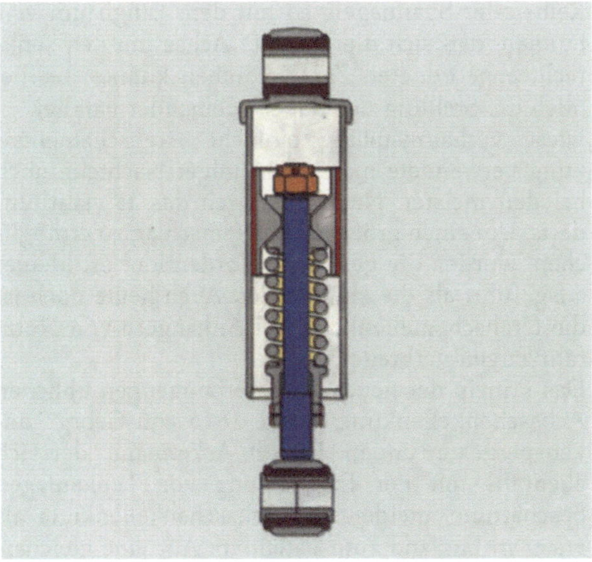

Hydraulischer Einwegdämpfer.

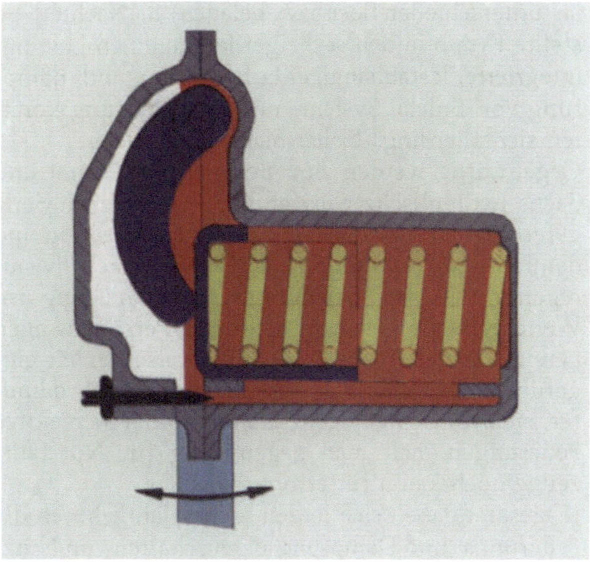

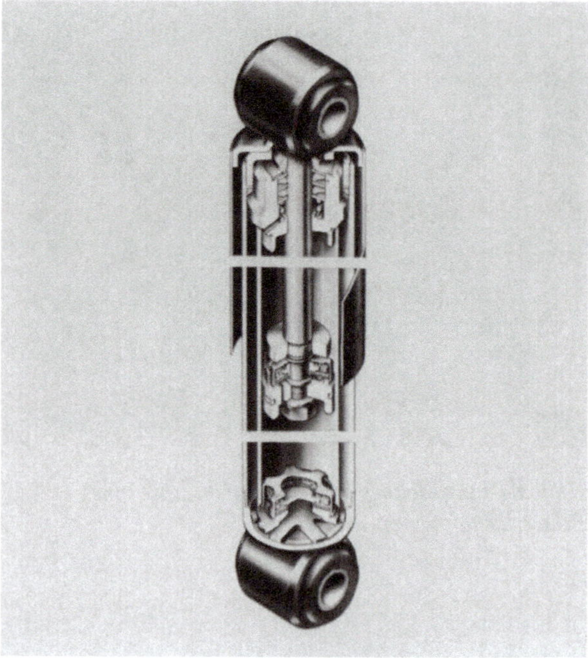

Hydraulischer Zweirohrdämpfer für Nutzfahrzeuge.

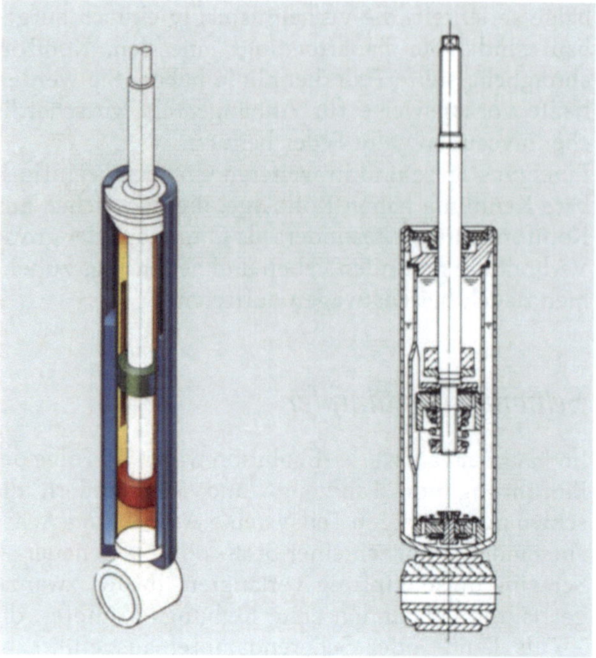

Hydraulischer Zweirohrdämpfer mit Bypass-Nut für variable lastabhängige Dämpfung der Firma Fichtel und Sachs.

wirksam; bis dahin hatte sich dann meist die Blattfederreibung hinreichend erhöht. Diese Nachteile haben die Nutzfahrzeughersteller inzwischen überwunden.

Mit der Verringerung oder Eliminierung der Federreibung (Parabel- oder Luftfedern) verschärften sich die Anforderungen an die Dämpfer, besonders hinsichtlich der Temperaturbeständigkeit von Dichtungen sowie der Lebensdauer. Heute sind doppeltwirkende hydraulische Stoßdämpfer an Vorder- und Hinterachsen von Nutzfahrzeugen üblich.

Die in bezug auf die geschwindigkeitsabhängige Dämpfungsfunktion günstigen hydraulischen Dämpfer sind – im Gegensatz zur Reibungsdämpfung – im allgemeinen nicht lastabhängig. Dies erweist sich bei Nutzfahrzeugen mit großen Achslastunterschieden (leer bzw. beladen) als Nachteil. So stellte Krupp in den sechziger Jahren einen Lkw mit integrierter lastabhängiger Luftfederung und -dämpfung vor. Solche Systeme mit Luftdämpfung konnten sich allerdings bisher nicht durchsetzen.

Gegenwärtig werden zum Beispiel von Fichtel und Sachs hydraulische Nutzfahrzeug-Dämpfer in Serie gefertigt, deren Dämpfung von der Hubposition und damit – in Verbindung mit Federn ohne Niveauregelung – vom Beladungszustand abhängig ist. Weitergehende Lösungen, die beim Personenwagen bereits verbreitet sind beziehungsweise derzeit eingeführt oder entwickelt werden, etwa Einrohrdämpfer, elektronisch geregelte Dämpfer oder semiaktive Federungen, hält man gegenwärtig für Nutzfahrzeuge noch kaum für erforderlich.

Insgesamt haben sich in den letzten Jahrzehnten die Federungs- und Dämpfungseigenschaften von Nutzfahrzeugen denen von Personenwagen angenähert. Ein Defizit besteht noch bei Doppelachsen und Anhängerfederungen.

Lenkung

In der Frühzeit bestand die einzige Möglichkeit zur Fahrtrichtungsänderung darin, das Wagenheck anzuheben und das Fahrzeug so in die gewünschte Richtung zu bringen. Diesem kraft- und zeitaufwendigen Vorgang setzte die Erfindung der Drehschemel-Lenkung durch die Römer um 100 v. Chr. ein Ende. Damals diente als Tragrahmen von Nutzfahrzeugen ein Langbaum. Bei der Drehschemellenkung wurde die Vorderachse mit Hilfe eines sogenannten Reib- oder Spannagels so mit dem Langbaum verbunden, daß sich die gesamte Achse um den senkrecht angeordneten Zapfen drehen konnte; hierbei blieb die Stellung der Räder zueinander parallel.

Diese verhältnismäßig einfache Drehschemellenkung verwendete man trotz einiger Nachteile noch bei den meisten Nutzfahrzeugen des 19. Jahrhunderts. Um einen größeren Lenkeinschlag zu ermöglichen, wurden die gelenkten Vorderräder oft kleiner ausgeführt als die Hinterräder. Auch heute noch ist die Drehschemellenkung bei Anhängern von Nutzfahrzeugen verbreitet.

Das Prinzip der heute bei Kraftfahrzeugen üblichen Achsschenkellenkung wurde 1816 von Georg Lankensperger erfunden. Rudolf Ackermann, der sich ebenfalls mit der Entwicklung von Lenkanlagen beschäftigte, meldete die Achsschenkellenkung als erster in England zum Patent an. Auf eine gleichar-

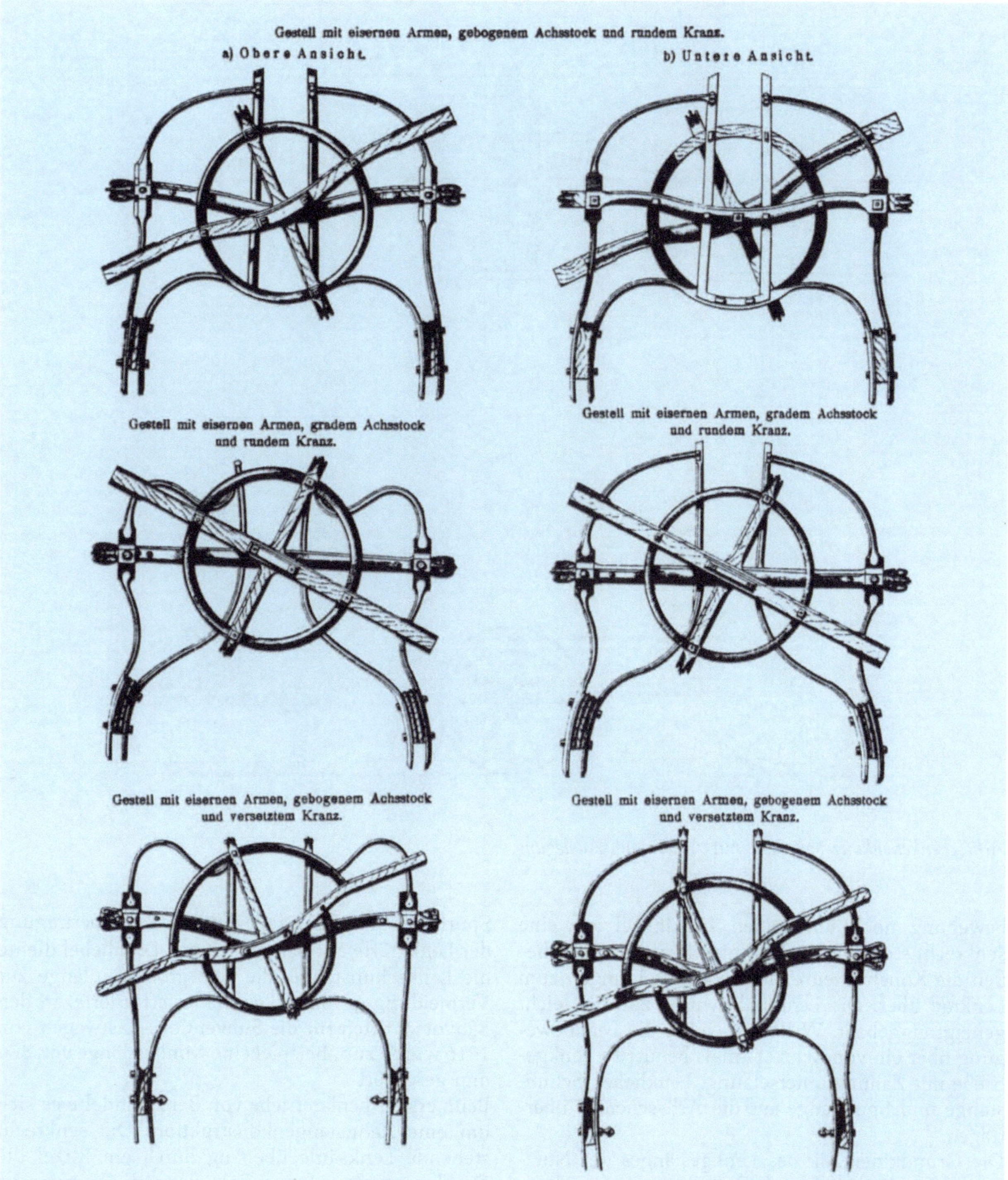

Drehschemel-Vorderwagengestelle aus dem Jahr 1894.

tige Erfindung erhielt Amédée Bollée 1875 in Frankreich ein Patent. Die gelenkten Vorderräder wurden bei dieser Lenkung um je einen Achszapfen drehbar mit dem Vorderachskörper verbunden. Die Achsschenkellenkung ermöglichte durch die sogenannte statische Ackermann-Auslegung erstmals eine Lenkkinematik, die zu einem einwandfreien Abrollen aller Räder bei Kurvenfahrt führte. Auch die positive Wirkung anderer Parameter der Lenkungskinematik wurde bald erkannt, und dies konnte man durch die Verwendung der Achsschenkellenkung mit Erfolg nutzen. Die durch den Nachlaufeffekt bewirkte Geradeauslaufstabilisierung der Räder wandte man erstmals beim Stahlradwagen von Daimler/Maybach an. Die Spreizung des Lenkzapfens wurde 1902 eingeführt. Sie bewirkt eine Anhebung des Fahrzeugs beim Lenken, so daß sich die Lenkung automatisch zurückstellt.

Bei den ersten motorisierten Nutzfahrzeugen vor der Jahrhundertwende erfolgte die Einleitung der Lenk-

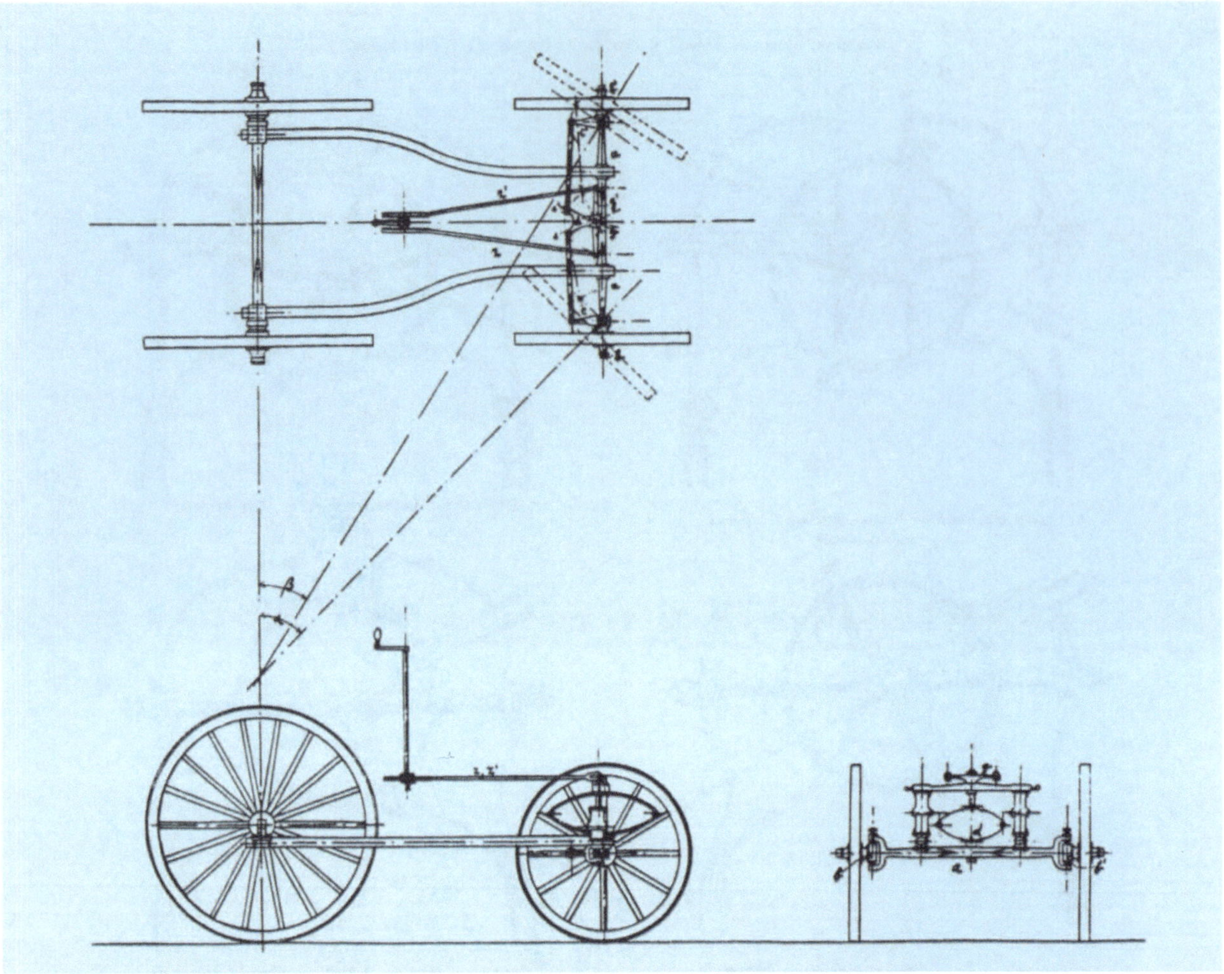

Achsschenkellenkung von Benz mit Ackermann-Auslegung.

bewegung noch über einen Handhebel auf eine senkrecht stehende Säule. Einige Jahre später verließen die Konstrukteure diese Form und gingen zum Lenkrad über. Die Lenksäule wurde zumeist leicht geneigt eingebaut. Weiterhin wurde die Lenkbewegung über ein von Benz erstmals benutztes Lenkgetriebe mit Zahnraduntersetzung, Lenkhebel, Schubstange und Spurstange auf die Achsschenkel übertragen.
Die Grundkinematik des Lenkgestänges der Nutzfahrzeuge blieb bis zum Aufkommen von Einzelradaufhängungen, die sich jedoch hauptsächlich auf den Omnibus- und Transporterbereich beschränkten, im wesentlichen bis heute erhalten. Die Kinematik von Lenkgestänge und Radaufhängung beziehungsweise Achse wurde so aufeinander abgestimmt, daß möglichst geringe Lenkfehler beim Ein- und Ausfedern der Räder auftraten. Hierdurch konnten negative Auswirkungen auf die Fahrstabilität und die bei Nutzfahrzeugen häufig auftretenden, verschiedenartigen Flatterschwingungen der Vorderräder vermieden oder gemildert werden.
In Verbindung mit den starren Nutzfahrzeug-Vorderachsen verwendete man stets einteilige Spurstangen, die zusammen mit dem Achskörper und den Spurhebeln das Lenktrapez bilden. Zur Übertragung der Lenkkräfte auf den radseitigen Lenkhebel diente die Lenkschubstange, die eine große Baulänge zur Vermeidung größerer Lenkfehler erforderte. In den Bauvorschriften für die Subventions-Lastwagen von 1916 wurde zum Beispiel eine Mindestlänge von 800 mm gefordert.
Beim ersten Lenkgetriebe von Benz handelte es sich um eine Zahnstangenkonstruktion. Die senkrecht stehende Lenksäule übertrug durch ein Ritzel die Drehbewegung auf zwei Zahnstangen, die ihrerseits die Schiebebewegungen an die Spurstangenhebel weitergaben.
Die weitere Entwicklung führte zur Schraubenspindellenkung, die Daimler im Typ DC1 verwendete. Die Schraubenspindel wurde über eine Fußpumpe mit Schmieröl versorgt. Charakteristisch für diese Lenkgetriebebauart waren Selbsthemmung und hohe Reibung, so daß Stöße von den damals noch sehr schlechten Straßen gedämpft wurden. Die hohen Beanspruchungen infolge der Fahrbahnunebenheiten führten zu einem beträchtlichen Verschleiß im Lenkgetriebe, und dies wirkte sich in einem schnell zunehmenden Lenkungsspiel aus. Da die Schraubenspindellenkung keine Möglichkeit zur Nachstellung

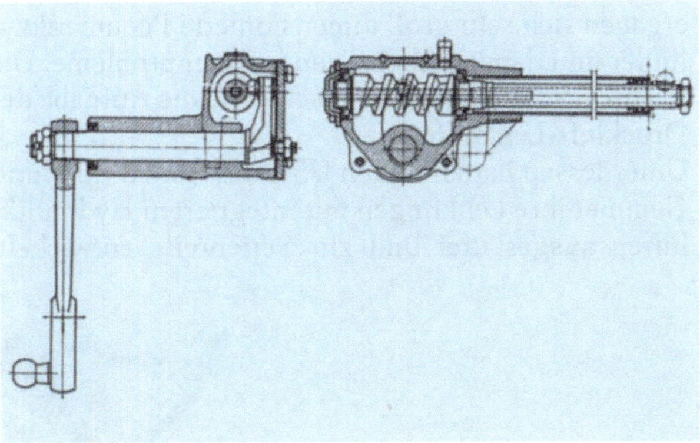

Längs- und Querschnitt einer Fingerlenkung der Firma Ross, Gears and Tool Co. (USA).

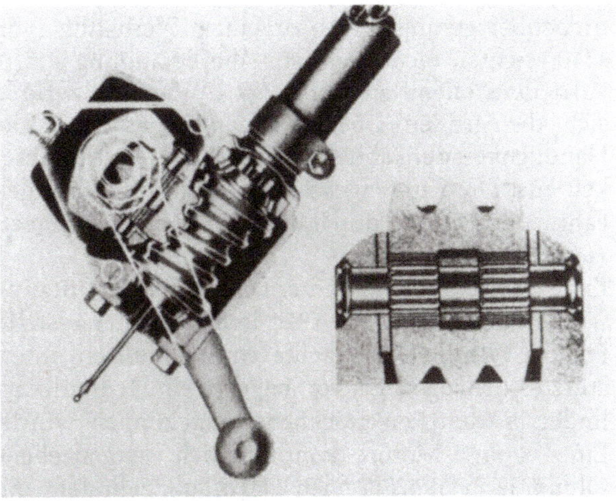

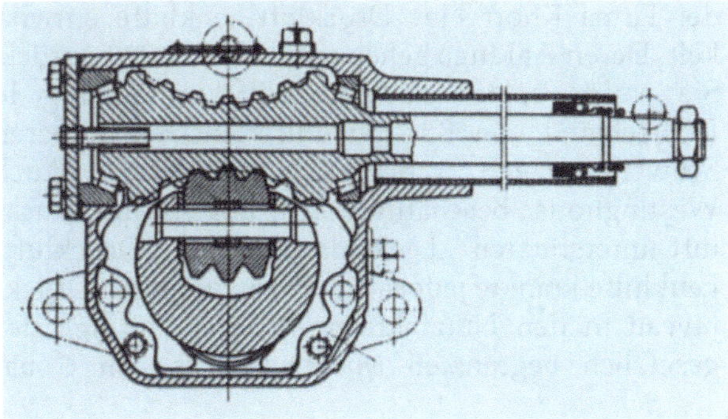

Prinzip und Querschnitt einer Schneckenrollenlenkung der Gemmer Manufacturing Co.

bot, erreichte man nur eine kurze Lebensdauer mit dieser Mechanik.
Verbesserungen versprach die Fingerlenkung, die in den USA von der Ross, Gear and Tool Co. entwickelt wurde und 1927 erstmals Anwendung in Nutzfahrzeugen fand. Bei dieser Ross-Lenkung wurde die Drehung der Lenkschnecke in einem kompakten Lenkgetriebe auf einen Fingerhebel übertragen. Die integrierte Nachstellmöglichkeit und eine in bestimmten Grenzen variable Übersetzung begründeten den technischen Vorsprung dieses Prinzips, das auch heute noch von verschiedenen Fahrzeugherstellern benutzt wird. Aus dem Bestreben nach Leichtgängigkeit, großen Lenkeinschlagwinkeln und kleinen äußeren Abmessungen entwickelte die Gemmer Manufacturing Co. auf der Basis der Ross-Lenkung die inzwischen weit verbreitete Schneckenrollenlenkung. Die Lenkschnecke verjüngt sich zur Mitte hin und überträgt ihre Drehung auf eine Dreizahnrolle und weiter auf eine Lenkrollenwelle, die ebenfalls eine einfache Nachstellmöglichkeit und damit spielfreien Betrieb bietet. Ihre größte Verbreitung liegt heute bei Lenkachslasten von 700 kg bis 6000 kg.
Außer den bereits erreichten Neuerungen in der Lenkgetriebeentwicklung strebte man weitere Verbesserungen hinsichtlich des Wirkungsgrades und der Leichtgängigkeit an. Fortschritte ließen sich durch den Übergang von der Gleitreibung im Muttergewinde zur Rollreibung erreichen. Mit dieser Zielsetzung, an der unter anderem die General-Motors-Abteilung Saginaw beteiligt war, begann 1940 die Entwicklung der Kugelumlauflenkung. Hierbei sind Lenkspindel und -mutter mit einer eingängigen Gewindebahn versehen, die mit Stahlkugeln gefüllt ist. Auf diese Weise entstehen zwei endlose Kugelketten, die sich durch je ein Rücklaufrohr schließen. Die Weiterentwicklung und Optimierung dieser Lenkungsbauart wurde stark von Daimler-Benz geprägt; dieses Unternehmen bot auch erstmals 1953 den Typ L 4500 mit der Kugelumlauflenkung an. Ab 1961 wurde sie in die mittlere Gewichtsklasse übernommen. Dieses Lenkgetriebe ist heute im gesamten Typenprogramm vertreten.

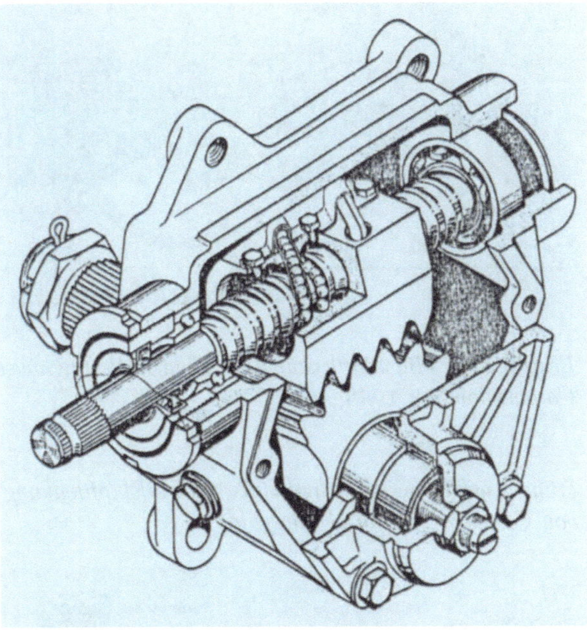

Kugelumlauflenkung (Fulmina-Prinzip).

Mit den in der Zwischenzeit immer stärker und schwerer gewordenen Nutzfahrzeugen nahm auch die Achslast der Lenkachse zu, so daß sich unzumutbar hohe Lenkkräfte ergaben. Selbst große Lenkgetriebeübersetzungen bis zu einem Verhältnis von 1:40 reichten nicht mehr aus, die Betätigungskräfte zufriedenstellend zu verringern. Außerdem wirkten sich die großen Übersetzungen negativ auf die Handlichkeit der Fahrzeuge und die Manövrierfähigkeit aus. Die Kurvengeschwindigkeit der damaligen Fahrzeuge wurden durch die indirekte Lenkübersetzung begrenzt.

Erste Überlegungen zu einer Lenkkraftunterstützung wurden deshalb bereits 1926 in den USA angestellt. Francis Wright Davis stellte ein hydraulisch unterstütztes Lenkaggregat vor, bei dem ein Hydraulikzylinder an den Lenkstockhebel angekoppelt wurde. Eine vom Motor kontinuierlich angetriebene Ölpumpe versorgte den Hydraulikzylinder mit Drucköl. Parallel hierzu wurde in Deutschland von der Firma Knorr eine Druckluft-Lenkhilfe entwikkelt. Deren Anfänge gehen auf das Jahr 1928 zurück. Sie wurde später als erste Hilfskraftlenkung in Deutschland von Büssing und Henschel in deren Schwerlastwagen serienmäßig eingebaut. Auch Westinghouse beschäftigte sich zunächst mit druckluft-unterstützten Lenkanlagen. Die Druckluft-Lenkhilfe krankte jedoch an dem zu geringen Druckniveau in den Nutzfahrzeug-Anlagen. Infolge des gesetzlich begrenzten Maximaldrucks von 6 bar ergaben sich sehr groß dimensionierte Pneumatikzylinder und damit einhergehende Raumprobleme. Die Kompressibilität der Luft erschwerte die Aufgabe der Druckluft-Lenkhilfe.

Unterdessen hatten in den USA die Firmen Ross und Gemmer ihre Lenkungen mit integrierten Hydraulikhilfen ausgestattet und zur Serienreife entwickelt.

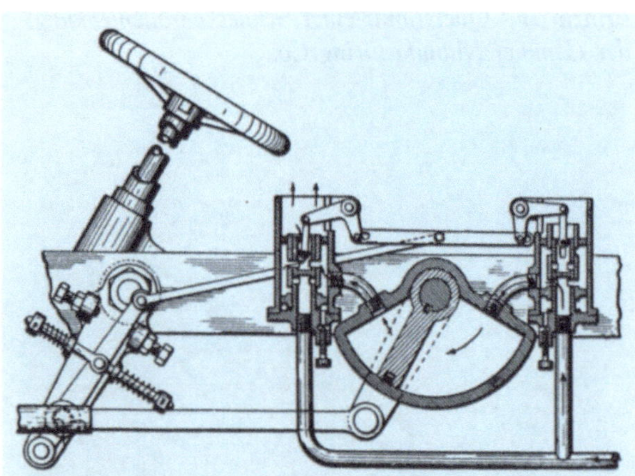

Prinzip einer Hilfskraftlenkung der Bendix-Westinghouse Corporation von 1938.

Frühe Ausführung einer hydraulischen Hilfskraftlenkung von Gemmer, System „Hydraguide".

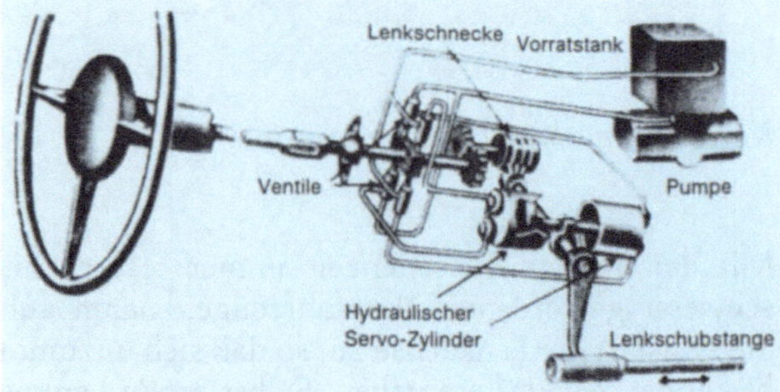

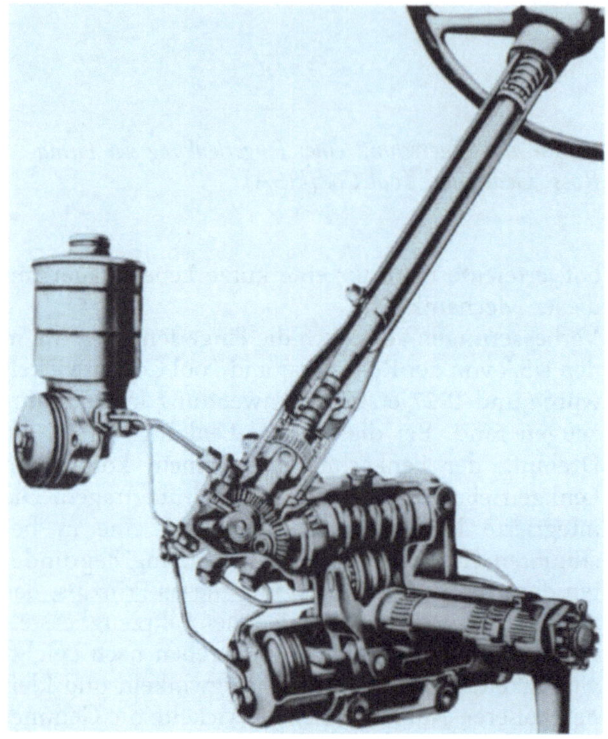

Gemmer-Lenkung mit integrierter hydraulischer Unterstützung (Lizenzbau der Zahnradfabrik Friedrichshafen).

ATE-Ausführung der Ross-Servolenkung in Halbblockbauweise zum nachträglichen Einbau.

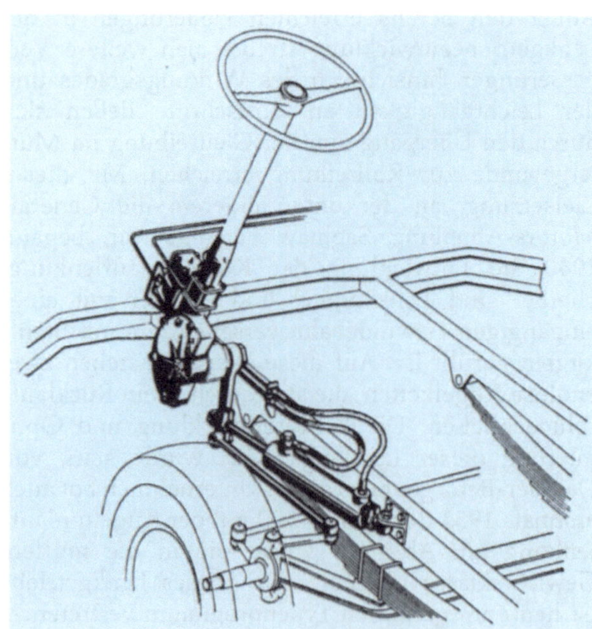

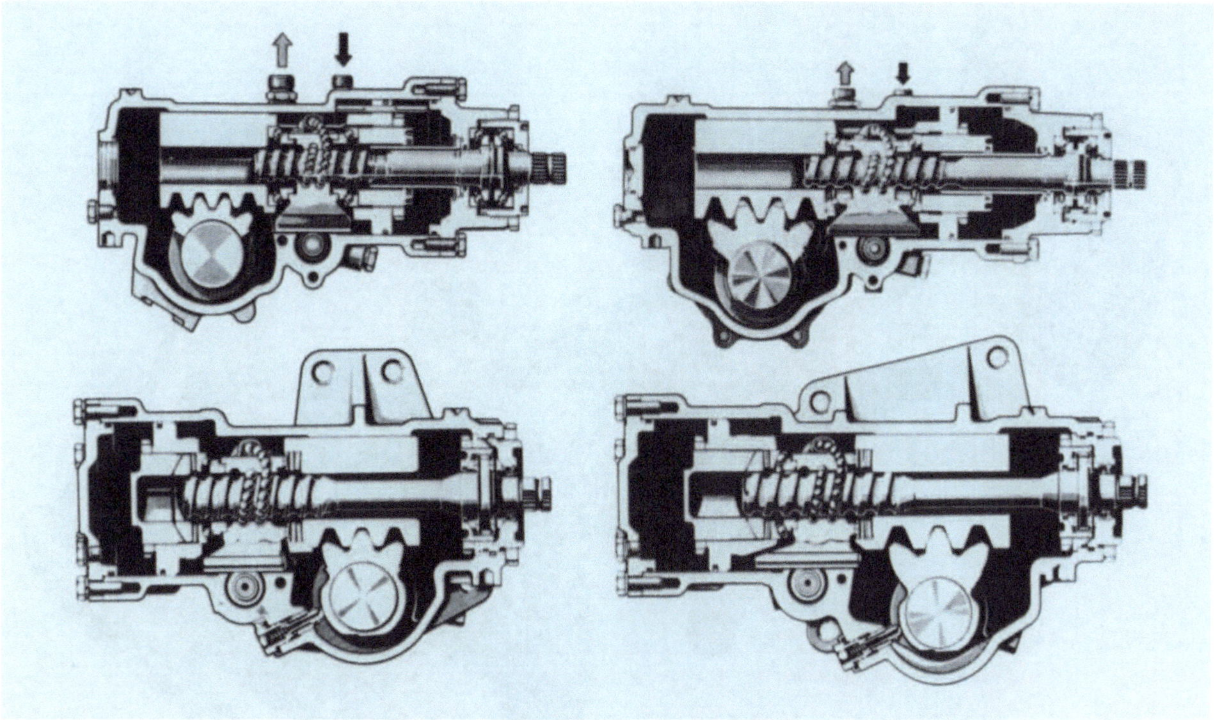

Baureihen hydraulisch unterstützter Kugelumlauflenkungen von Daimler-Benz.

Chrysler übernahm 1950 als erster Fahrzeughersteller die hydraulischen Servolenkungen in die Großserie. Die Ergebnisse waren so ermutigend, daß andere amerikanische Automobilfirmen bald folgten.
In Deutschland erwarb wenig später die Zahnradfabrik Friedrichshafen (ZF) die Lizenz für die „Hydraguide"-Lenkung von Gemmer, während ATE das „Hydrapower"-System von Ross aufgriff und weiterentwickelte. In den nächsten Jahren setzten sich diese hydraulischen Servolenkungen bei fast allen Nutzfahrzeugherstellern durch. General Motors und Daimler-Benz betrieben Eigenentwicklungen, die auch zur hydraulisch unterstützten Kugelumlauflenkung führten.
Andere Nutzfahrzeug-Firmen mit meist geringeren Fertigungstiefen und -stückzahlen übernehmen heute überwiegend die Entwicklungen der führenden Lenkungshersteller, wie zum Beispiel ZF, Thompson, Ramo and Woolridge (TRW) und Bendix. Das Druckniveau der Lenkanlagen ist inzwischen von ursprünglich 70 bar auf über 180 bar bei gleichzeitig erhöhter Pumpendrehzahl gestiegen. Damit können deutlich verringerte Abmessungen und ein höherer Wirkungsgrad erzielt werden.
Beim heutigen Entwicklungsstand der Nutzfahrzeug-Servolenkung ist sogar im Stand die gesamte Achslast der Lenkachse mit einem dem Pkw ähnlichen Kraftniveau lenkfähig. Gleichzeitig werden bei hohen Fahrgeschwindigkeiten gute Dosierbarkeit der Lenkung und guter Fahrbahnkontakt erzielt.
Im Zusammenhang mit der Entwicklung vielachsiger Nutzfahrzeuge wurde in vielen Fällen auch eine Mehrachs-Lenkung erforderlich. Besonders die im europäischen Ausland verbreiteten Vierachser, die aufgrund der neuen Gesetzesänderungen nun auch in der Bundesrepublik Deutschland allgemein zugelassen sind, benötigen in der Regel zwei gelenkte Vorderachsen.

Lenkkinematik nach Ackermann zum einwandfreien Abrollen aller Räder bei Zweiachs-Lenkungen.

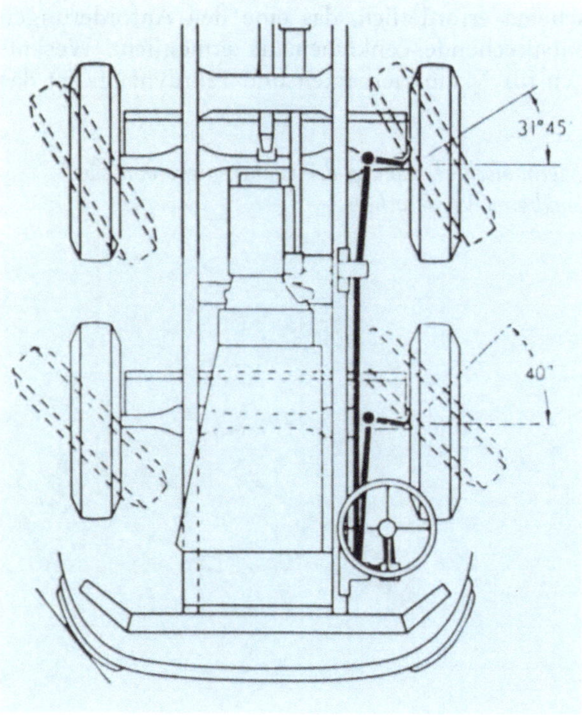

Fahrgestell des Daimler-Benz LP 333 mit zwei gelenkten Vorderachsen.

Bereits 1958 verfügte der im Hinblick auf die damalige Achslastreduzierung entwickelte LP 333 von Daimler-Benz über eine Doppelachslenkung, deren Konzept man auch in den heutigen modernen Vierachsern beibehielt. Um zwei gelenkte Vorderachsen verwenden zu können, ist ein besonderes Lenkschema erforderlich, das eine den Anforderungen entsprechende Lenkkinematik ermöglicht. Wesentlich für Manövrierbarkeit und Fahrdynamik ist das schlupfarme Abrollen der Räder; nach Ackermann wird dies durch das Spuren aller Räder um einen gemeinsamen Kurvenmittelpunkt ermöglicht. Für die Lenkung einer Doppelachse bedeutet dies einen geringeren Lenkeinschlagwinkel der zweiten Achse. Der Differenzwinkel läßt sich in Abhängigkeit von den Radständen der Fahrzeuge ermitteln.

Die konstruktive Lösung erfolgt in der Regel durch eine mechanische Kopplung der beiden Lenkgestänge. Der Lenkgetriebeausgang wirkt auf eine zweite Schubstange, die über einen zwischen den Achsen am Rahmen befestigten Umlenkhebel das Lenktrapez der zweiten Achse betätigt. Durch die richtige Wahl des Übersetzungsverhältnisses dieser mechanischen Kopplung läßt sich der gewünschte Lenkdifferenzwinkel zwischen erster und zweiter Achse herstellen. Die Lenkkräfte liegen dann – wie bei nur einer Lenkachse – bei gleicher Achslast auf gleichem Niveau.

Mechanische Kopplung der Lenkgestänge von zwei lenkbaren Vorderachsen.

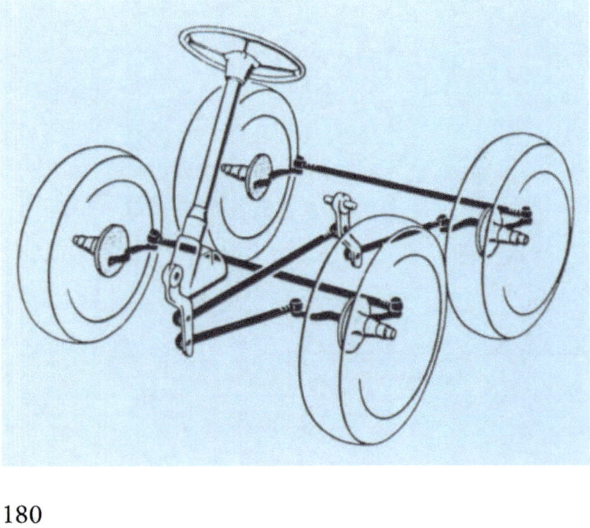

Rahmen

Der Rahmen ist der zentrale Tragkörper eines Nutzfahrzeugs. In dieser Funktion ist er sehr hohen Beanspruchungen ausgesetzt. Biegebelastungen entstehen durch die Nutzlast, das Eigengewicht und durch dynamisch wirkende vertikale Massenkräfte. Torsionsbelastungen werden durch Fahrbahnun-

ebenheiten, besonders im Gelände- und Baustellenverkehr, aber auch durch unsymmetrische Belastung oder bei Kurvenfahrt durch eine verhältnismäßig höhere Wanksteifigkeit an der Hinterachse hervorgerufen. Zug- und Druckbeanspruchungen resultieren aus Brems- und Antriebsvorgängen; hierbei spielt der Anhängerbetrieb eine wesentliche Rolle.
Außer der Tragfunktion und der Aufnahme aller Kräfte und Momente, die auf den Rahmen einwirken, hat dieser die Aufgabe, eine günstige Anordnung aller Hauptbaugruppen und Anbauteile zu ermöglichen. Dabei müssen zahlreiche Varianten berücksichtigt werden mit Unterschieden hinsichtlich Radständen, Achslasten, Motoranordnung, Fahrerhaus-Bauweise und -Länge sowie verschiedenartiger Aufbauten.
Der „Rahmen" der ersten Lastenfuhrwerke diente zugleich als Ladefläche und bestand anfangs nur aus einem Weidenrutengeflecht, später aus einer Bretterplattform und danach aus einer sattelförmig gezimmerten Kiste. Es bestand damals keine Trennung zwischen Rahmen und Aufbau. Erst mit der Erfindung des „Langbaums", der die beiden Achsen miteinder verband, entstand ein Rahmengestell, das eine vom Aufbau unabhängige Tragfunktion ausübte.
Als im 19. Jahrhundert auch bei Lastenfuhrwerken eine Federung eingeführt wurde, verschwand der Langbaum-Rahmen. Da man inzwischen in der Lage war, Stahl herzustellen und zu verarbeiten, traten an die Stelle des Langbaums zwei seitlich am Wagenkasten verlaufende Stahlschienen, an denen sich die Federung abstützen konnte und die somit das Fahrgestell bildeten. Bei den ersten selbstfahrenden Nutzfahrzeugen diente dieses Konstruktionsprinzip Ende des 19. Jahrhunderts als Grundlage für weitere Rahmenentwicklungen.
Die Rahmen der Daimler-Nutzfahrzeuge von 1898/99 bestanden aus Eichenholz-Längsträgern, die durch Pratzen mit einem weiteren aus zwei Stahlrohren bestehenden Zwischenrahmen verbunden waren. Der erste Büssing-Lastkraftwagen von 1903 und der Marienfelder Transportwagen hatten dann schon Rahmen aus gepreßtem Stahlblech mit zusammengenieteten Längs- und Querträgern.
Auf der Berliner Automobil-Ausstellung 1907 präsentierte die Daimler-Motoren-Gesellschaft eine neue Stahl-Rahmenkonstruktion für Fahrzeuge mit 5 t und 6 t Gesamtgewicht. Wegen seiner höheren Tragfähigkeit wurde der Rahmen wesentlich verstärkt, die Längsträger waren in ihrer Grundform bereits den statisch richtigen Festigkeitsformen angenähert. Die seitlichen Aufnahmen für die Motor- und Getriebelagerungen waren direkt an die U-förmigen Längsträger angepreßt. Entgegen den bisher üblichen Kettenantrieben für die Hinterachse tauchten auch die ersten Kardan-Konstruktionen auf.
Den „Grundlegenden Bauvorschriften für Dreitonner" aus dem Jahr 1916 sind gesetzliche Auflagen zur Rahmenkonstruktion zu entnehmen, die unter dem Gesichtspunkt der militärischen Verwendbarkeit der Fahrzeuge erlassen wurden. Darin hieß es beispielsweise: „Der Rahmen muß vorn so durch einen Querträger versteift werden, daß der Kühler durch Verschränkungen des Rahmens und die beim Anschleppen auftretenden Kräfte nicht beschädigt wird. Vorn am Rahmen sind zwei Haken, an denen der Wagen geschleppt werden kann, hinten am Rahmen zwei Zughaken für Sicherheitsketten eines Anhängers anzuordnen; die Haken sind für eine Zugkraft von je 2000 kg auszuführen."
Eine Neuorientierung machte sich dann 1923 bemerkbar, als erste Überlegungen zu Niederrahmen-Fahrgestellen angestellt wurden. Den Anstoß hierzu lieferte die unzweckmäßig große Beladungs-

Ritzelrahmen für 3,5 t Nutzlast (1905).

Kardanrahmen (Schubrohr-Hinterachse) für 1,5 t Nutzlast (1909).

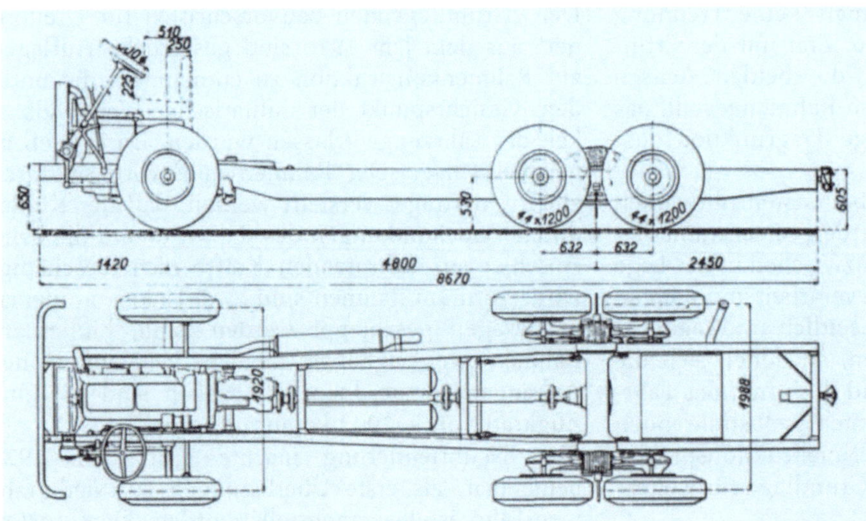

Niederrahmenfahrgestell für drei Achsen von Krupp für 9 t Nutzlast.

Torsionsweiche Leiterrahmen mit offenen Profilen.

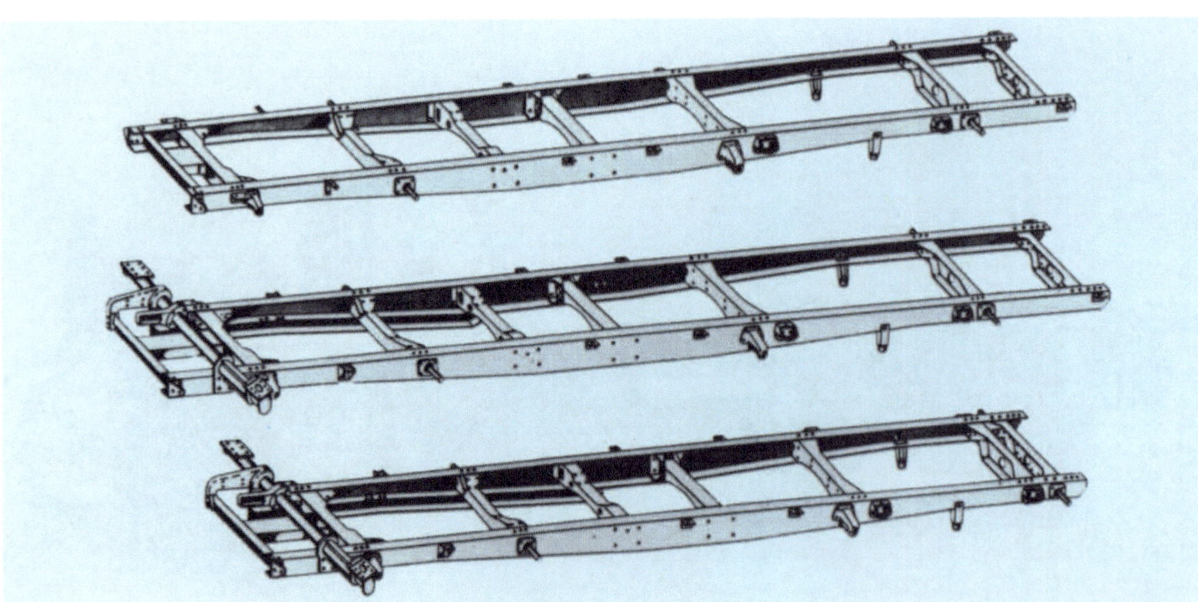

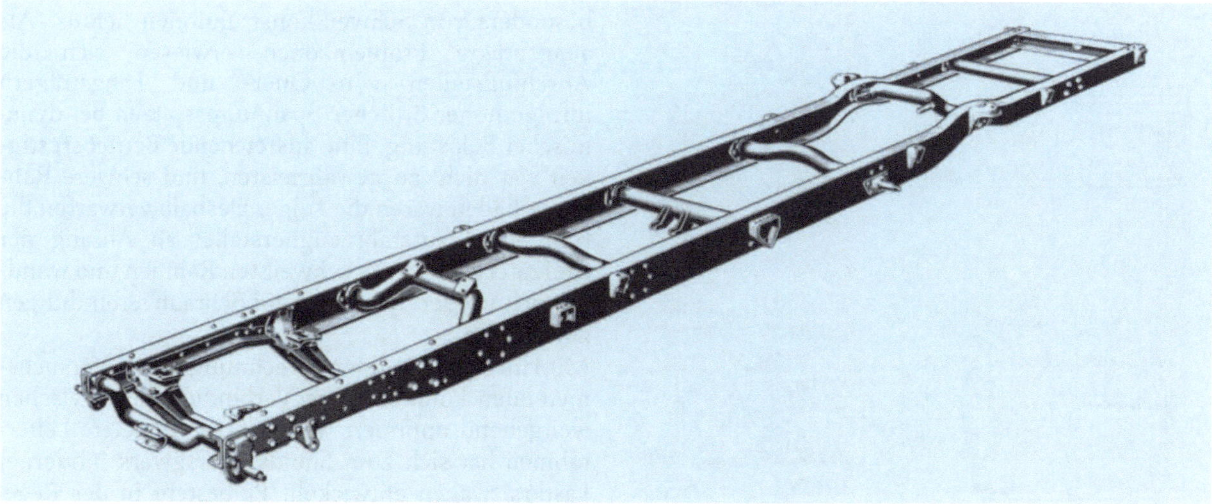

Torsionssteifer Leiterrahmen mit Rohrquerträgern.

höhe bei Müllfahrzeugen. Durch ein Tieferlegen des Rahmens konnte die Einschütthöhe und damit der Arbeitsaufwand verringert werden. Die bisher gerade verlaufenden Längsträger wurden über den Achsen nach oben gekröpft und konnten damit im Mittelteil und am Rahmenende tiefer gelegt werden.
1927 unternahm man Versuche, den gesamten Rahmen elektrisch zu verschweißen. Gleichzeitig wurden grundlegende Studien über die Biege- und Torsionssteifigkeit der Rahmen begonnen: Die Biegesteifigkeit sollte zur Verringerung der elastischen Durchbiegung und – wie man später lernte – zur Verminderung von Biegeschwingungen möglichst so groß sein, wie es die zulässige Höhe des Rahmenlängsträger gestattet.
Hinsichtlich der Torsionssteifigkeit ergeben sich verschiedenartige Anforderungen. Die Lagerung der seinerzeit aus Holz gefertigten Fahrerhäuser und der Aufbauten erforderten torsionssteife Rahmen. Bei häufig im Gelände betriebenen Fahrzeugen muß zur Unterstützung der Federung der Rahmen torsionsweich ausgeführt werden, um auch bei großen Verschränkungen der Achsen eine ausreichende Übertragung von Längs- und Querkräften zwischen Reifen und Boden zu gewährleisten.
Man fand frühzeitig heraus, daß die Torsionssteifigkeit durch die Ausbildung der Rahmenquerträger und ihrer Anschlüsse an die Längsträger wesentlich beeinflußt werden kann. So führen mit den Längsträgern verschweißte Rohrquerträger zu sehr torsionssteifen Rahmen.
In der Zwischenzeit waren außer der reinen Leiterrahmen-Bauweise andere Rahmenkonstruktionen entstanden. Beim sogenannten X-Rahmen wurden zwischen die beiden Längsträger zwei diagonal verlaufende Streben eingesetzt, die in erster Linie zu einer Versteifung der Gesamtkonstruktion beitragen sollten. Diese Bauweise wurde von General Motors eine Zeitlang in sehr konsequenter Form für Sattelzugmaschinen verwendet. Einen ähnlichen Zweck sollte der Mittelträgerrahmen erfüllen, dessen Konstruktionsprinzip stark an die Urform des Langbaums erinnert. Wegen des recht hohen Aufwandes derartiger Spezialkonstruktionen konnten sie sich nicht allgemein durchsetzen. Gleichwohl finden sie auch heute noch vereinzelt Anwendung. So werden X-Rahmen bei Kipper-Fahrzeugen verwendet, um eine zu starke Rahmenverschränkung bei ungleichmäßiger Belastung während des Kippvorgangs zu vermeiden. Bei Tatra ist man bis heute dem Zentralrohrrahmen treu geblieben, der in Verbindung mit Pendelachsen ein traditionelles Konstruktionsprinzip dieser Firma darstellt.
Der Trend zu Fahrzeugen mit geringerem Eigengewicht und damit gesteigerter Nutzlast führte nach

X-Rahmen-Fahrgestell von Berliet-Stradair.

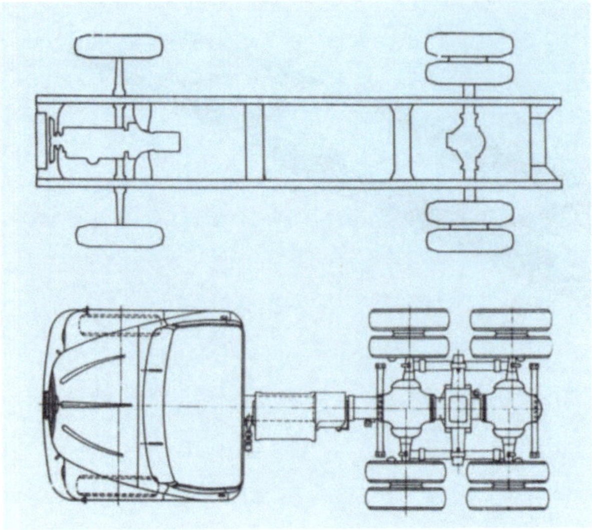

Prinzip von Leiterrahmen und Mittelträgerrahmen.

den Kriegsjahren zu einer spezifisch höheren Belastung der Rahmenkonstruktionen. Bei diesen Bemühungen um Gewichtsverminderung wurden bald die dynamischen Rahmenbelastungen zu einem wesentlichen Auslegungskriterium. Die Biegeeigenfrequenz des Rahmens sollte bei vollbeladenem Fahrzeug 5 Hz nicht unterschreiten, um Fahrverhalten und Komfort nicht zu beeinträchtigen. Wegen der verbesserten Materialausnutzung ist diese Forderung heute kritischer als die der statischen Biegefestigkeit, die problemlos erreicht werden kann.

Als weitere Folgen des Leichtbaus von Rahmen stellte sich bald die ungenügende Betriebsfestigkeit besonders von Schweißkonstruktionen heraus. Als ausgeprägte Problemzonen erwiesen sich die Anschlußstellen von Quer- und Längsträgern infolge hoher örtlicher Spannungsspitzen bei dynamischer Belastung. Eine ausreichende Betriebsfestigkeit war nicht zu gewährleisten, und schwere Rahmenschäden waren die Folge. Deshalb verwarfen die führenden Nutzfahrzeughersteller ab Anfang der fünfziger Jahre die geschweißten Rahmen und wandten sich wieder den Niet- und Schraubverbindungen zu.

Mit Hilfe aufwendiger Berechnungs- und Versuchsmethoden konnten diese Verbindungen inzwischen weitgehend optimiert werden. Der genietete Leiterrahmen hat sich zum Standard-Tragwerk moderner Lastkraftwagen entwickelt. Er besteht in der Regel aus zwei kaltverformten U-Profil-Längsträgern sowie aus einer unterschiedlich großen Anzahl von Querträgern. Für die Rahmenlängsträger wurde die sogenannte Fischbauchform entwickelt, die sich heute bei den meisten Herstellern findet. Sie gestattet bei möglichst niedriger Bauhöhe des Fahrzeugs große Federwege in Verbindung mit ausreichender Festigkeit. Die Querträger sind meistens als U- oder Hutprofil ausgeführt und werden über aufwendig gestaltete Anschlußstellen an die Längsträger genietet. Diese tragen auch angenietete Konsolen und Lagerböcke, die unter anderem der Aufnahme und Befestigung von Fahrerhaus, Aufbau, Federn und Dämpfern dienen.

Als Werkstoff für den gesamten Rahmen verwendete man bis in die ersten Nachkriegsjahre normalen Baustahl. Ausgelöst durch die Leichtbaubestrebungen ging man zu immer höherwertigem Material

Leiterrahmen eines Haubenfahrzeugs von 1954 mit genieteten Querträgern.

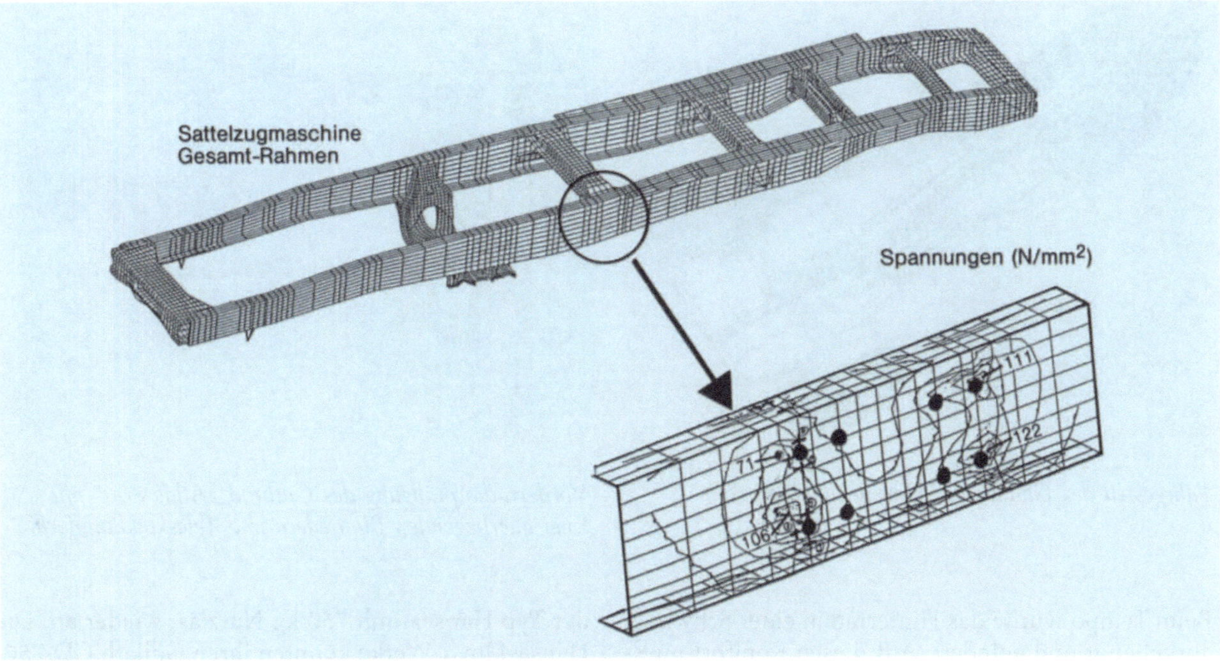

Finite-Element-Berechnungsmodell eines gewichtsoptimierten Monorahmens einer schweren Sattelzugmaschine von 1985.

über. So werden heute in Europa durchweg thermisch vorbehandelte, höherfeste Sonderstähle verwendet, die in ihren Festigkeitseigenschaften normalen Stahlsorten weit überlegen sind.
In den USA wird als Rahmen-Werkstoff außer Sonderstählen auch Aluminium verwendet. So bietet Freightliner für sein Sattelschlepper-Programm komplette Aluminium-Rahmen mit längsgewalzten Längsträgern an. Auch die Fischbauchform wird hierbei realisiert, indem die Längsträgerenden ausgeschnitten und anschließend zusammengedrückt und verschweißt werden.
Als Alternative zu Leichtmetall-Rahmen werden zur Zeit in Europa auch Rahmen aus verschiedenartigen Verbundwerkstoffen untersucht.

Fahrwerke von Kleinlastwagen und Transportern

Gegen Ende der zwanziger Jahre hatte das Nutzfahrzeug bereits eine große wirtschaftliche Bedeutung. Auch kleine Firmen und Handwerksbetriebe wollten die Vorteile der Lastkraftwagen nutzen. Sie bevorzugten allerdings im Rahmen ihres Transportbedarfs und ihrer wirtschaftlichen Möglichkeiten eher kleinere, kostengünstigere Nutzfahrzeuge.
Einige Motorradfirmen erkannten diese Marktlücke und konstruierten ihre Zweiräder zu Dreirädern um. Über der Hinterachse wurde Platz geschaffen für eine Ladefläche, die man mit einer großen Anzahl verschiedener Aufbauten versehen konnte. Ein solches Konzept wurde bei der sogenannten Cyclonette verfolgt. Direkt über dem einzelnen blattgefederten Vorderrad war die Motor-Getriebe-Einheit angeordnet. Die Kraftübertragung erfolgte über eine Kette auf die Vorderradnabe. Diese gesamte Einheit war drehbar am Chassis der Cyclonette gelagert, das aus einem Rahmen aus nahtlosem Stahlrohr bestand. Die starre Hinterachse war blattgefedert. Bei einer Nutzlast von etwa 300 kg und zwei Passagieren erzielten die kleinen Fahrzeuge eine Geschwindigkeit bis zu 50 km/h.
Den umgekehrten Weg gingen zunächst die Hansa-Lloyd-Werke von Borgward und die Tempo-Werke. Sie boten ab 1926 „Vorderlader" an, bei denen über der starren, blattgefederten Vorderachse eine verhältnismäßig geräumige Ladefläche angeordnet war. Als Antrieb dienten Motorradmotoren, die über Kette das einzelne Hinterrad antrieben. Die Position des Fahrersitzes entsprach etwa der des Motorrads.

Dreirad-Cyclonette als Kleinlastwagen.

Fahrgestell des Goliath der Hansa-Lloyd-Werke.

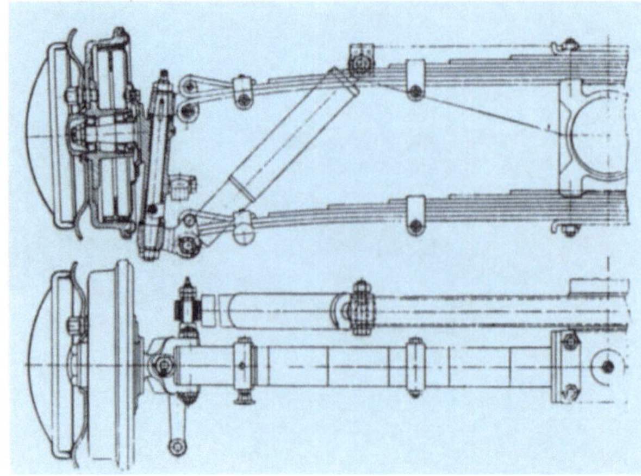

Vorderradaufhängung des Gutbrod „Atlas 800“ mit zwei querliegenden Blattfedern und Teleskopdämpfern.

Beim Tempo wurde das Hinterrad in einer Schwinge aufgehängt und gefedert. Auf diesen Komfort mußten die Fahrer des Goliath der Hansa-Lloyd-Werke verzichten. Die Nutzlast dieser Vorderlader betrug bis zu 750 kg.

1933 änderten die Hersteller der Dreirad-Transporter wieder ihr Konzept: Man verwendete nun ein einzelnes, lenkbares Vorderrad. Die Ladefläche wanderte hinter den Fahrer und wurde von der starren Hinterachse getragen. Während der Tempo nun einen Frontantrieb aufwies – man hatte das Antriebskonzept beibehalten –, wurde beim Goliath die Leistung vom mittig angeordneten Motor über einen Kardanantrieb auf die hintere Antriebsachse übertragen.

Der Rahmen bestand aus zwei Stahlblechlängsträgern und kräftigen Rohrtraversen, die für eine hohe Torsionssteifigkeit sorgten. Zur Fahrzeugfront verjüngte sich der Leiterrahmen und trug an seiner Spitze das Lager für den Schwingarm des Vorderrades mit nachstellbarer Schneckenlenkung. Aufgrund des unterschiedlichen Antriebskonzepts und der tieferen Schwerpunktlage erreichte der Goliath eine für ein dreirädriges Fahrzeug günstige Fahr- und Kippstabilität.

Die Ära dieser Dreirad-Kleinlaster überdauerte den Zweiten Weltkrieg. 1945 lief in den Tempo-Werken der Typ Hanseat mit 750 kg Nutzlast wieder an. Die Hansa-Lloyd-Werke konnten ihren Goliath GD 750-Kasten- und -Lieferwagen ab 1949 wieder anbieten. Er wurde bis 1955 gebaut und war in der Nachkriegszeit ein beliebtes, wendiges und sparsames Transportmittel.

Dem Wunsch nach mehr Ladekapazität begegneten die Tempo-Werke dann mit ihrem Typ Matador, einem Vierrad-Kleinlaster mit 1000 kg bis 1400 kg Nutzlast. Der Matador wies ein Rahmen-Chassis mit zwei Längsträgern auf, die im Heck zusammenliefen und dort eine schraubengefederte Pendelachse aufnahmen. Der hinter der Vorderachse angeordnete Motor trieb die einzeln an Querlenkern und einer querliegenden Blattfeder geführten Vorderräder an.

In der Zwischenzeit hatten sich auch andere Hersteller des Marktsegments der Lieferwagen und Transporter angenommen. Während vor dem Krieg die kleinen Schnellaster von Ford und Opel bis zur Gewichtsklasse des Typs Blitz im wesentlichen dem normalen Lkw-Konzept mit Leiterrahmen und starren, blattgefederten Achsen folgten, wurden ab 1950 für die Transporter-Klasse eigenständige technische Lösungen entwickelt, die auf die speziellen Anforderungen dieser Fahrzeuggattung besser abstimmt waren.

Abweichend von der einheitlichen Bauweise der Lkw entwickelte sich in der Transporterklasse eine große Bauart-Vielfalt. Als Beispiele dafür können die Kleinlastwagen der Firmen Gutbrod, Auto-Union und VW gelten. Der Gutbrod „Atlas 800“ erhielt einen Zentral-Rohrrahmen, der auch als Tragelement für den Heckmotor diente. Die Vorderachse bildeten zwei Halbelliptik-Querblattfedern mit Teleskopdämpfern, während die angetriebenen Hinterräder von einer schraubengefederten Pendelachse geführt wurden. Der DKW-Transporter der Auto-Union verfügte über einen leichten Leiterrahmen aus geschlossenen Längsprofilen. Den hinteren Abschluß bildete eine kräftige Rohrtraverse, die gleichzeitig zur Aufnahme der Kurbellenkerachse mit Torsionsstabfede-

Fahrgestell des Tempo-Matador.

Vorderradaufhängung des Tempo-Matador mit querliegender Blattfeder und unteren Dreieckslenkern.

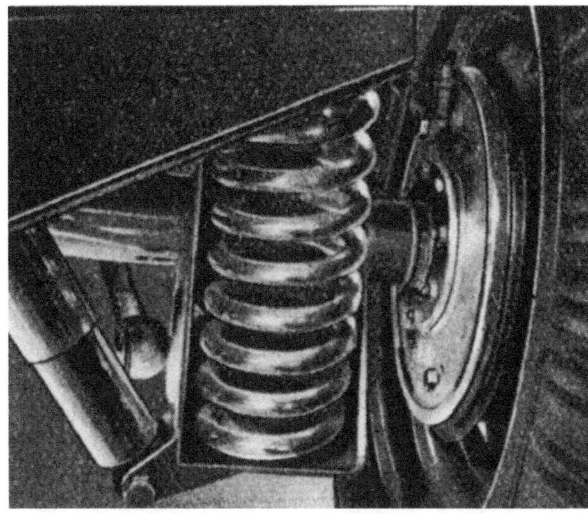

Hinterradaufhängung des Tempo-Matador mit Schraubenfedern und Teleskopdämpfern.

rung diente. Der vor der Vorderachse installierte Frontmotor schuf in Verbindung mit dem Frontantrieb Voraussetzungen für ein sehr geräumiges Ladegefäß. Die Vorderräder waren einzeln an einer querliegenden Blattfeder und unteren Querlenkern aufgehängt. An beiden Achsen dämpften Teleskopdämpfer die Schwingungen.

Für den VW-Transporter, dessen Fahrwerk sich stark an die Konstruktion des Volkswagens anlehnte, wurden auch Heckmotor und Heckantrieb übernommen. Die geringe Bauhöhe des Boxermotors kam der darüber angeordneten Ladefläche zugute. Das Leiterrahmenfahrgestell der ersten Generationen trug vorn eine torsionsstabgefederte Kurbellenkerachse und hinten als Antriebsachse eine ebenfalls über Torsionsstäbe abgefederte Pendelachse. Die Weiterentwicklungen des VW-Transporters, dessen Fahrverhalten konzeptbedingt zunächst nicht befriedigte, führten zu wesentlichen Verbesserungen von Rahmenstruktur und Radaufhängungen. Die gegenwärtigen Modelle weisen eine schraubengefederte Doppelquerlenker-Vorderachse und eine Schräglenker-Hinterachse auf. Mit diesen aufwendigen Radführungen werden auch bei ungünstiger Beladung und Gewichtsverteilung Pkw-ähnliche Fahreigenschaften erzielt.

Auch die Transporter von Hanomag hatten eine integrierte Antriebseinheit, die allerdings vorn eingebaut wurde. Daraus resultierte insbesondere eine größere Flexibilität hinsichtlich des eigentlichen

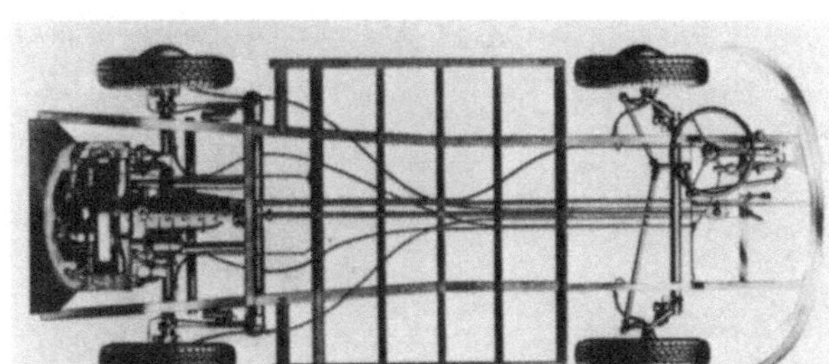

Fahrgestell des VW-Transporters mit Kurbelachse und Pendelachse.

Fahrgestell des DKW-Transporters der Auto-Union.

Leiterrahmen der Daimler-Benz-Transporter-Baureihe 207 bis 308.

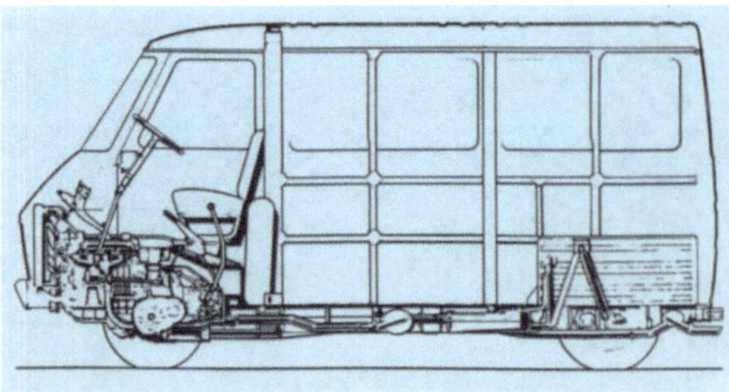

Fahrwerk des FIAT 242 mit vorderer Doppel-Querlenker-Aufhängung und hinterer Längslenker-Aufhängung.

Transportgefäßes – bis hin zu Triebkopf-Lösungen. An einem leichten, aber torsionssteifen Rahmenchassis aus Rundrohren waren die Räder der vorderen Antriebsachse ebenfalls einzeln aufgehängt. Nach der Übernahme von Hanomag durch Daimler-Benz wurde dieser flexible Transporter noch einige Zeit angeboten, dann aber durch die Daimler-Benz-Eigenentwicklung 207-308 ersetzt. Dieser Transporter weist alle Fahrwerksmerkmale der schwereren Daimler-Benz-Lkw auf. Ein Leiterrahmen aus geschlossenen Blechprofilen nimmt den Standard-Antriebsstrang und die blattgefederten Starrachsen auf.

Andere europäische Hersteller von Kleinlastwagen

Fahrwerk des Renault-Trafic, wahlweise mit Front- oder Heckantrieb.

und Transportern machen die Konzeptentscheidung zwischen Front- und Heckantrieb von der Gewichtsklasse abhängig. Während FIAT zum Beispiel den Typ 242 und dessen Nachfolger Ducato mit Frontantrieb und vier Einzelradaufhängungen ausstattet, verwendet man beim schweren Typ Daily einen Standardantrieb und eine blattgefederte hintere Starrachse. Renault bietet bei seinen Transporter-Typen Trafic und Master sogar die Wahl zwischen einer Front- und einer Heckantriebsvariante an. Während sich die Ausführung mit Frontantrieb und Federbein-Vorderachse durch den niedrigen Ladeboden für die unterschiedlichsten Aufbauformen und besonders für die Aufgaben des Verteiler-Verkehrs eignet, zeigt die Heckantriebs-Variante mit blattgefederter Banjo-Starrachse und stabilem Leiterrahmen Vorzüge bei offenen Aufbauten und für den Betrieb auf unebenem Gelände und Baustellen.

Wegen der sehr vielfältigen Aufgaben für Transporter werden in dieser Nutzfahrzeugklasse voraussichtlich auch künftig unterschiedliche Fahrwerkskonzepte nebeneinander Bestand haben.

Büssing-Omnibus auf normalem Lkw-Fahrgestell mit Vollgummibereifung (1904).

Omnibus-Fahrwerke

Zu Beginn der Nutzfahrzeugentwicklung basierten die Fahrzeuge für Personen- und Gütertransport auf den gleichen technischen Konzepten. Für Busse und Lastwagen wurden identische Fahrwerke verwendet.

MAN-Niederrahmen-Chassis von 1924.

Ford-Omnibus-Fahrgestell mit Frontmotor und Frontlenker-Anordnung.

Gitterkonstruktion aus nichtrostendem Stahlblech von General Motors. Die 7500 Schweißpunkte werden von einer rechnergesteuerten Anlage in einem Arbeitsgang gesetzt.

So entstanden die Benz-Kleinbusse von 1895. Ihnen folgten 1898 die Daimler-Busse, die auf verschiedenen Linien verkehrten. Den großen Durchbruch schaffte Büssing 1904. Autobusse dieses Herstellers wurden in Großstädten, wie zum Beispiel in Berlin und London, betrieben, etliche schon als Doppeldekker. 1905 entstanden die ersten NAG-Busse, und in Frankreich stellte Brillie Fahrzeuge mit Oberdeck vor.

Alle Hersteller vertrauten auf das vom Lastwagen her bekannte Fahrwerks-Konzept: Auf die normalen Lkw-Fahrgestelle setzte man Omnibus-Aufbauten. Erst allmählich entwickelten sich erste Unterschiede im Fahrwerksbereich. Während die Lkw noch mit Eisenbereifung ausgerüstet wurden, fuhren ab 1900 die Busse schon vereinzelt auf Vollgummireifen. 1908 lieferte Daimler-Benz schon Busse mit Luftbereifung an der Vorderachse; dies führte zu einer deutlichen Verbesserung des Fahrkomforts.

In den frühen zwanziger Jahren wurden dann für die Omnibusse die Tiefrahmen- bzw. Niederrahmenchassis entwickelt, die niedrigeren Einstieg und tieferen Schwerpunkt boten. Damit begann die unterschiedliche Entwicklung von Bus- und Lkw-Fahrwerken.

Dem Wunsch nach größerer Beförderungskapazität kam Büssing als erster mit einem Drei-Achser mit zwei angetriebenen Hinterachsen nach. Ein völlig neuartiges und technisch sehr bemerkenswertes Fahrwerkskonzept entwickelte VOMAG 1929 mit einem Triebkopf-Fahrzeug mit Frontantrieb. Dabei konnte der autarke Triebkopf komplett vom Passagierabteil getrennt werden. Dieses Konzept war seiner Zeit voraus, krankte aber an der hohen Vorderachslast. Wegen der damals noch nicht verfügbaren Servolenkung war es schließlich zum Scheitern verurteilt.

Über den Zweiten Weltkrieg hinaus konnten auf der Fahrwerksseite keine großen Fortschritte verzeichnet werden. Es blieb beim Leiterrahmen-Chassis mit blattgefederten Starrachsen.

Als erste Firma stelle Krauss-Maffei mit dem Typ KMO 130 ein Heckmotor-Konzept in Frontlenkerbauweise vor. Auch Ford präsentierte 1948 ein Frontlenker-Fahrzeug, jedoch mit einem verhältnismäßig konventionellen Chassis mit Frontmotor und daneben angeordnetem Fahrersitz. Die Vorteile des Frontlenker-Prinzips waren überzeugend, und auch die Heckmotor-Anordnung machte Schule. Daimler-Benz präsentierte 1951 den mit diesen Konstruktionsmerkmalen ausgestatteten Typ O 6600 H. Dessen Fahrwerk unterschied sich durch niedrigere Rahmenhöhe und weichere Blattfedern vom entsprechenden Lkw-Fahrwerk.

Im gleichen Jahr stellte Kässbohrer den ersten Bus mit selbsttragendem Aufbau vor. Die Typbezeichnung Setra steht dabei bis heute als Abkürzung für die selbsttragende Bauweise. Durch Verwendung einer freitragenden Gitterkonstruktion aus Vierkantstahlrohr konnte man auf den schweren Lkw-Leiterrahmen verzichten. Auch bei Daimler-Benz führten Grundsatzuntersuchungen zum Übergang auf eine Gitterrohrrahmen-Konstruktion, die in Unter- und Aufbau geteilt wurde. 1954 ging der Typ O 321 in Produktion. An der Vorderachse wurden erstmals reibungsfreie Schraubenfedern in Verbindung mit hydraulischen Schwingungsdämpfern benutzt. Die Führung des starren Achsrohrs übernahm ein Dreieck-Querlenker-Verbund. Zur weiteren Verbesserung des Federungskomforts wurde die gesamte Vorderachseinheit mit einem gummigelagerten Fahrschemel kombiniert. In den folgenden Jahren gingen auch die meisten übrigen Bus-Hersteller zum Rohrrahmen-Prinzip über.

Auch in England wurden mit dem Ziel der Gewichtseinsparung und der Verbesserung von Fahrstabilität und Komfort neue, viel beachtete Konstruktionen vorgestellt. Der Großraumbus Leyland Atlantean basierte auf einem Leichtmetall-Plattformrahmen mit Verstärkungen zur Aufnahme der Vorder- und Hinterachse. Die zunehmende Abkehr von der Lkw-Technik wurde bei den Radaufhängungen deutlich. Leyland verwendete eine unabhängige Doppelquerlenkeraufhängung mit ungleichen Lenkerlängen. Eine einstellbare Drehstabfederung ermöglichte es, das Fahrzeugniveau zu variieren. Beim direkt konkurrierenden Fahrzeug, dem Bridgemaster von AVC-Sales, wurden zur Federung einer ähnlichen Doppelquerlenker-Vorderachse Schraubenfedern verwendet. Die starre Hinterachse des Bridgemaster war in einem Hilfsrahmen angeordnet, der aus zwei langen Längslenkern mit Quertraversen bestand. Auf der hinteren Traverse stützten sich mit einer großen Federspurweite Schraubenfedern mit konzentrisch angeordneten Teleskop-Schwingungsdämpfern ab. In einer späteren Version wurden die Schraubenfedern durch Luftfeder-Faltenbälge ersetzt.

In der Bundesrepublik Deutschland führte Daimler-Benz 1957 beim Typ O 317 die Luftfederung ein. Auch MAN, Magirus und weitere Bus-Hersteller stellten nahezu gleichzeitig luftgefederte Fahrzeuge vor. Die reibungsarmen, komfortablen Luftfederungen führten allerdings in der Praxis zu einer Reihe von Problemen, die mit der Dämpfung zusammenhingen. So erwies sich die Lebensdauer der hydraulischen Schwingungsdämpfer und die Dämpfung der Achsen als unbefriedigend. Eine Folge waren hohe dynamische Achslasten und daraus resultierende Fahrbahnbeanspruchungen und Gebäudeschwingungen. In den folgenden Jahren mußte deshalb die bei den meisten Herstellern schon eingeführte Luftfederung nochmals überarbeitet werden. In der Zwischenzeit wurden manche Fahrzeuge wieder mit Schraubenfedern oder speziellen reibungsarmen Blattfedern versehen. Es gab auch Busse, wie zum Beispiel den Daimler-Benz O 302, die wahlweise mit Stahl- oder Luftfederung angeboten wurden. Nachdem die Anlaufprobleme der Luftfederung überwunden waren, wirkten sich deren Vorteile, etwa die weiche Federrate, gutes Ansprechverhalten, Niveauregelbarkeit und konstante Schwingungseigenschaften positiv aus. Die Luftfederung hat sich heute als Bus-Federung durchgesetzt; sie ist den anderen bekannten Federsystemen überlegen. Versuche von Neoplan mit einer hydropneumatischen Federung beschränkten sich auf die unteren Gewichtsklassen.

Als Omnibus-Radaufhängung wird an der Vorder-

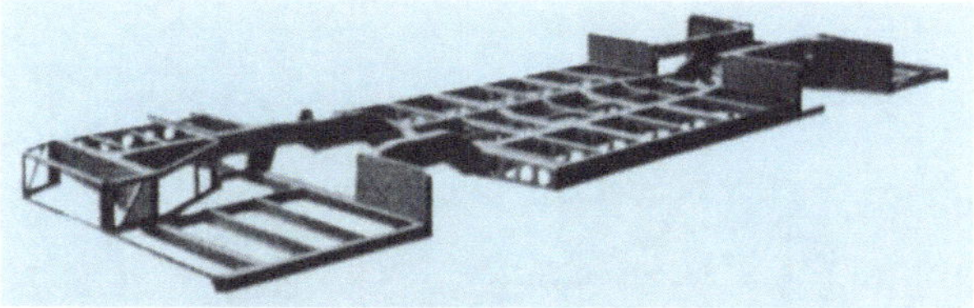

Leichtmetall-Plattform-Rahmen von Leyland Atlantean.

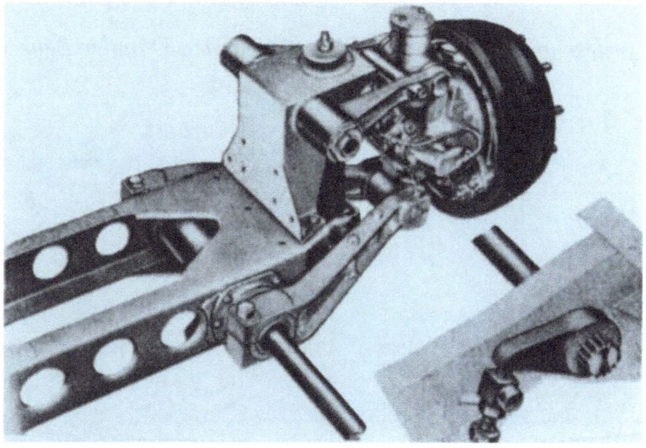

Doppelquerlenker-Vorderradaufhängung mit einstellbarer Drehstabfederung von Leyland.

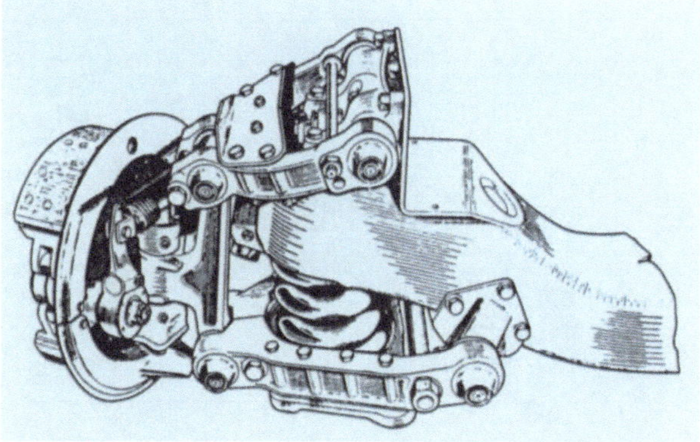

Doppelquerlenker-Vorderradaufhängung mit Schraubenfedern von AVC-Sales.

Hinterachse des Bridgemaster-Omnibus mit Längslenker-Hilfsrahmen und Schraubenfedern.

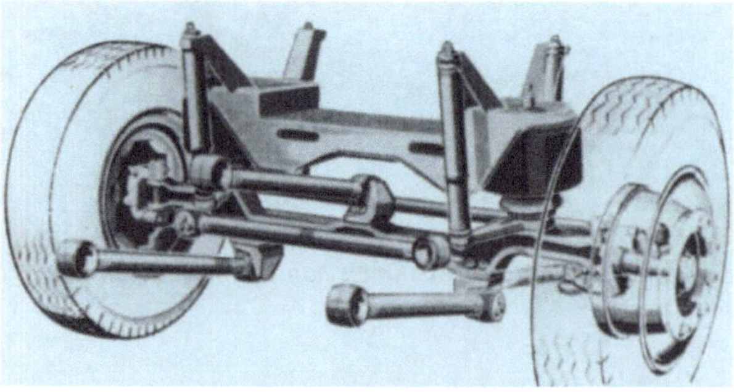

order- und Hinterachse des luftgefederten Daimler-Benz O 302.

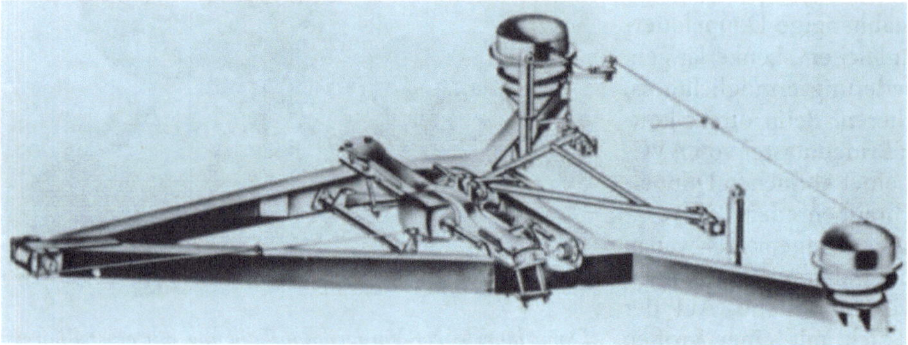

Hinterachsschwinge mit starrem Achsrohr, Rollbalgluftfedern und Teleskopdämpfern.

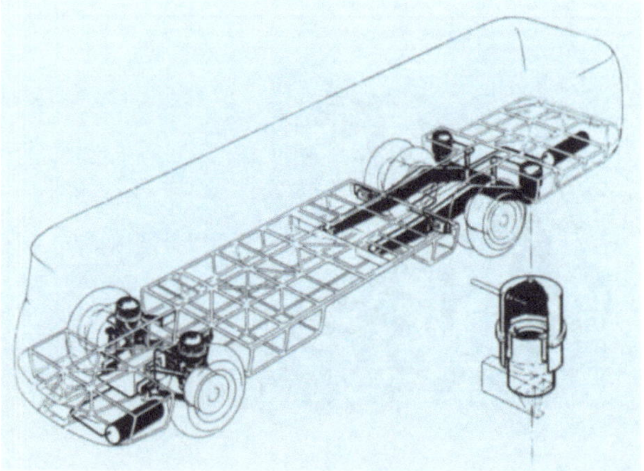

Luftgefederter MAN-Omnibus, schematisch.

Doppelquerlenker-Vorderradaufhängung mit Rollbalgluftfedern und Teleskopdämpfern.

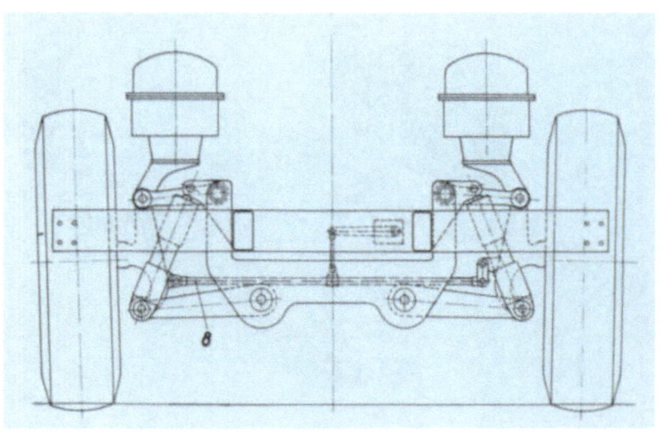

achse von den meisten Herstellern aufgrund der guten kinematischen Eigenschaften die Doppelquerlenker-Einzelradführung angewandt. Daimler-Benz verwendet in der Serie noch lenkergeführte Starrachsen, befaßt sich allerdings mit der Erprobung von vorderen Einzelradaufhängungen.

Als Bus-Hinterachsen sind heute fahrschemelgelagerte Starrachsen üblich. Ähnlich der Bridgemaster-Achsführung verwenden zum Beispiel Neoplan und MAN sogenannte Achsschwingen mit einem oder zwei Chassislagerpunkten weit vor der Achse und mit Federbälgen, die hinter den Reifen auf breiter Basis angeordnet sind. Die Seitenkraftübertragung übernehmen am Achsdifferential angeordnete Dreieckslenker. Als Achskörper werden wegen der Wirtschaftlichkeit im wesentlichen baugleiche und verhältnismäßig schwere Lkw-Starrachsen mit Zwillingsbereifung verwendet. Insofern ist schwer zu beurteilen, ob diese im Vergleich zum Pkw federungstechnisch ungünstigere Bauweise künftig durch komfortablere, aber aufwendigere Konstruktionen abgelöst werden kann.

Der Renault-R 390-Turbo-Intercooler mit dem großen Fahrerhaus wurde für den Langstreckenverkehr konzipiert. Der bullige V8-Dieselmotor arbeitet mit Turbolader und Ladeluftkühler und erreicht eine Leistung von 286 kW (389 PS). Auf dem Bild sind die Wege der Ansaugluft zum Turbolader und der verdichteten Luft zum Ladeluftkühler vor dem Wasserkühler und weiter zu den Zylindern erkennbar (1985).

Bremsen für Schwerfahrzeuge

Jan P. Norbye

Im Lauf von hundert Jahren Automobilgeschichte ist das Abbremsen von Straßenfahrzeugen zu einer so hoch entwickelten Wissenschaft geworden, daß ein ideales System nicht mehr in unerreichbarer Ferne zu liegen scheint. An ein optimales Nutzfahrzeug-Bremssystem sind bestimmte Forderungen zu stellen:

- Nutzung des vollen Reibwertes zwischen Reifen und Straße unter allen Betriebsbedingungen;
- Vermeidung jeglicher, durch den Bremsvorgang hervorgerufener Störungen der Richtungsstabilität;
- Verhinderung der Trampelneigungen von Starrachsen, die durch den Bremsvorgang angeregt werden;
- Maximierung der Lebensdauer von Reibbelägen durch gleichmäßige Verteilung der Bremskräfte;
- gleiche Bremsqualität bei unterschiedlichen Belastungen des Fahrzeugs.

Ein solches Lastenheft gab es noch nicht, als die ersten Nutzfahrzeuge entstanden. Es konnte erst geschrieben werden, nachdem über einen längeren Zeitraum genügend Erfahrung mit vielen Fahrzeugtypen und höheren Fahrgeschwindigkeiten gesammelt worden war. Hätten diese Forderungen durch ein Erkenntniswunder bestanden, hätte man sie dennoch nicht verwirklichen können, weil die Automobilbauer die Probleme noch gar nicht kannten und auch nicht über die Mittel zu ihrer Lösung verfügten. Die Nutzfahrzeug-Pioniere mühten sich lediglich um einen Mechanismus, mit dem der Fahrer eines oder mehrere Räder am Rotieren hindern konnte.

Selbst bei dieser recht primitiven Aufgabe sahen sie sich größeren Schwierigkeiten gegenüber als ihre Kollegen im Personenwagenbau. Die Personenwagen konnten zwar schneller fahren, aber die Nutzfahrzeuge waren erheblich schwerer, was entsprechend größere Verzögerungskräfte und viel höhere Bremstemperaturen bedeutete. Außerdem stellte sich für den Fahrer das Bremsmanöver ganz anders dar, je nachdem, ob das Fahrzeug leer oder bis zu seiner Nutzlastgrenze beladen war.

Der erste Daimler-Lastkraftwagen von 1896 mit „Unterflurmotor" und Riemenantrieb über Ritzelwelle hatte lediglich Klotzbremsen für die eisenbereiften Hinterräder.

4

Immerhin 5 t Tragkraft wurden für dieses Monstrum aus der Zeit vor der Jahrhundertwende angegeben. Auch in diesem Fall mußten zwei Bremsklötze die ganze Verzögerungsarbeit leisten.

Wie sahen nun die ersten Nutzfahrzeugbremsen aus? Die Ingenieure, von deren Zeichenbrettern sie stammten, kannten sich in der Regel mit Personenwagenbremsen aus und wandten deshalb zunächst die gleichen Konstruktionsprinzipien an. Lediglich die Abmessungen wurden größer gewählt – ebenso die Hebelverhältnisse des Betätigungsmechanismus.

Die Fahrzeuggeschwindigkeit nimmt zu

Die Bremsen des Daimler-Lastwagens von 1896 bestanden aus Reibklötzen, die durch ein Hebelsystem auf die Eisenreifen der Hinterräder gepreßt wurden. Diese primitive Bauart wurde mit geringfügigen Abweichungen von allen Nutzfahrzeug-Herstellern bis etwa 1905 angewandt. Panhard & Levassor setzten dabei die Klötze hinter das Rad (auflaufend), FIAT und andere zogen eine Anordnung an der Vorderseite des Rades (ablaufend) vor. Für beide Anordnungen wurden Vorteile geltend gemacht, die aber unbedeutend waren, denn die vom Pferdefuhrwerk übernommene Klotzbremse konnte den Ansprüchen der Motorwagen ohnehin nicht mehr gerecht werden.

Der nächste Schritt kam mit den Bremstrommeln, die außen von einem Bremsband umschlungen wurden. Es gab sie zuerst an Personenwagen, doch wurden sie alsbald auch von den Nutzfahrzeugherstellern aufgegriffen. Die Mehrzahl der Nutzfahrzeuge der

Frühzeit wies Kettentrieb der Hinterräder auf, und es bürgerte sich alsbald eine Bauart ein, die Bandbremsen auf die Antriebsritzelwelle statt an die Räder zu setzen. Hierdurch wurden die Betätigungsgestänge vereinfacht, doch die Bremskräfte wurden nur über die Ketten übertragen. Dieses Prinzip wurde zuerst 1905 von Diamond T in Chicago angewandt und in den Jahren 1906 bis 1910 von Mercedes, FIAT, Mack und Packard für Lastwagen und von Knox für Traktoren übernommen. Bis 1918 fand es nahezu allgemeine Anwendung. Jedoch begannen die Hersteller in diesen Jahren, sich vom Kettenantrieb abzuwenden.
Zu den ersten Unternehmen, die Nutzfahrzeuge mit einem Antrieb über die Kardanwelle zu bauen begannen, zählte Eugene Brillié, der 1905 in Paris mit einem neuartigen Omnibus-Chassis Aufmerksamkeit erregte. Bei diesem saßen die Trommeln für die Bandbremsen an den Naben der Hinterräder. In den folgenden Jahren gewannen bei Nutzfahrzeugen Außenbandbremsen auf der Kardanwelle zunehmend an Beliebtheit. Sie versahen die Funktion der Feststellbremse und sollten beim Versagen der Betriebsbremse die Möglichkeit bieten, das Fahrzeug zu verzögern. Ab 1909 waren die in den USA hergestellten Nutzfahrzeuge ausnahmslos mit zwei voneinander unabhängigen Bremssystemen ausgestattet. Verschiedentlich wurden damals die Handbremsen mit Ratschensystemen versehen, die es erlaubten, einen langen Gestänge-Zugweg durch mehrere Betätigungen des Handhebels zu überbrükken.
Die Nutzfahrzeugindustrie brauchte relativ lange, um sich mit dem Gedanken der Vierrad-Bremsung zu befreunden. Die erste Allradbremse trat 1913 zusammen mit Vierradantrieb am Jeffery-1,5-t-Quad auf. Drei Jahre später folgte der „FWD" (Four Wheel Drive Auto Co., Clintonville/Wisconsin). Vielleicht von diesen Beispielen angeregt, erschien 1919 in Frankreich der 4-t-Delaunay-Belleville ebenfalls mit Allradantrieb und Bremsen an allen Rädern. Vierradbremsen an einem Nutzfahrzeug mit zwei angetriebenen Rädern traten in USA erstmals 1918 an einer 2-t-Straßenzugmaschine von Walter auf.
Aus verständlichen Rücksichten auf die Sicherheit der Fahrgäste waren es vor allem die Hersteller von Omnibussen, die sich zunehmend für die Vierradbremse einsetzten, so 1919 Daimler (Coventry) für einen Doppeldecker-Stadtomnibus mit benzinelektrischem Antrieb nach Knight-Pieper-Lanchester-Patenten. Delahaye stattete 1923 die Serie 83-59 seiner Omnibus-Fahrgestelle ausnahmslos mit Vierradbremsen aus. Renault führte zwischen 1924 und 1926 Vierradbremsung für alle Lastwagenmodelle ein, und International Harvester entschloß sich 1925 zu Vierradbremsen für das Omnibus-Chassis SL-36. Da dieses auch für andere Aufbauten Verwendung fand, traten auch die Lastwagen dieser Marke bald mit Vierradbremsen an. General Motors tat den Schritt zur Vierradbremse 1927 zuerst für die T-

Die Außenbackenbremse war schon ein großer Fortschritt. Man ließ sie damals meist auf den Antrieb als Differential- und als Vorgelegebremse auf die Ritzelachse wirken.

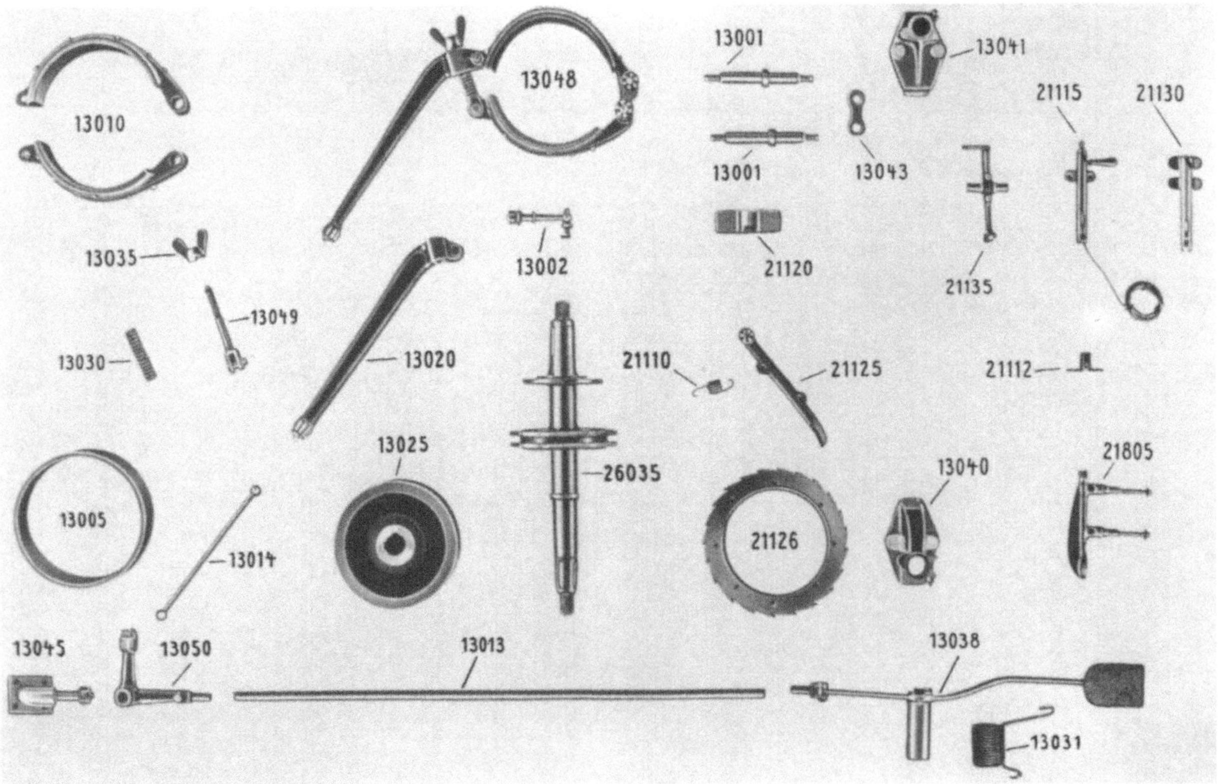

Baureihe seiner Lastwagen und ein Jahr später für alle Nutzfahrzeugtypen.
Gegen Ende der zwanziger Jahre trat in der Konstruktion typischer Nutzfahrzeug-Bremsanlagen ein Wandel ein. Die radseitigen Außenbandbremsen wurden nach und nach durch Innenbackenbremsen ersetzt – nur die Außenband-Feststellbremsen auf die Kardanwelle hielten sich noch etliche Jahre, obwohl es an Vorschlägen zu fortschrittlichen Alternativen – zum Beispiel zu einer Scheibenbremse – nicht fehlte.
Eine solche Scheibenbremse bot 1917 die American Chain and Cable Company an. Die auf der Kardanwelle montierte 14-Zoll-Scheibe aus Gußstahl mit beiderseitigen Bremsklötzen wurde zuerst von Studebaker in die Serienausstattung eingeführt und später auch von anderen Herstellern übernommen. Schon zu einem früheren Zeitpunkt waren Bremskraftverstärker in Gebrauch, und mit der hydraulischen Betätigung wurde experimentiert.
Ein Problem, das die Ingenieure sehr beschäftigte, war die Kühlung der Bremsen. Schon lange bereitete es im Zusammengang mit den immer größeren und schwereren Fahrzeuge Sorge. Einige Pioniere auf diesem Gebiet seien erwähnt. Ein 1902 von Napier konstruierter Lastwagen wurde mit einem Paar wassergekühlter Bremsen im Antriebsstrang ausgestattet. Knox versuchte es 1916 mit Luftkühlung und stattete die Bremstrommeln mit Schaufeln am Umfang aus. Diesen Weg schlug auch die Gunite Corporation ein. Die Trommelbremsen ihres Modells von 1931 waren mit radialen Schaufeln mit einem Abdeckblech versehen. Man wollte damit die Wirkung eines Zentrifugalgebläses erreichen.
Das Fehlen zuverlässiger Servobremsen verzögerte für etwa zehn Jahre die Einführung von Fahrzeugen mit höherer Tragkraft. Die Bremskraft mußte schließlich zu dieser Zeit lediglich durch den Beinmuskel des Fahrers aufgebracht werden. Die Hebelgesetze waren praktisch ausgereizt, und die höhere Bremskraftübertragung führte zu immer kleineren Spannwegen, so daß sich bei Trommeldehnung durch Wärme die Fadinggefahr vergrößerte. Auch automatische Nachstellvorrichtungen nutzten nicht viel.

Servobremsen

Das Aufkommen von Servobremsen – vor allem der Druckluftbremse – machte den Weg zu größeren Bremstrommeln, Strukturverstärkungen der gesamten Bremsanlage und der Einführung verschleißfesterer Reibbeläge frei. Bremsverstärkung gab es zuerst für mechanische Systeme. So erhielt 1925 der E-Typ-Dennis-Omnibus mit mechanischer Vierradbremse einen unter Rolls-Royce-Lizenz gefertigten, vom Getriebe betätigten mechanischen Verstärker. Ein ähnlicher, von Hispano-Suiza stammender Verstärker mit zwei hydraulischen Pumpen wurde noch 1935 vom französischen Hersteller Bernard benutzt.
Die mechanischen Servo-Vorrichtungen wurden schließlich durch den von Albert Dewandre erfundenen Unterdruck-Bremsverstärker verdrängt, der bald in vielen Ländern in Lizenz nachgebaut wurde. Dieses im Aufbau verhältnismäßig einfache und zuverlässige Gerät nutzte den im Saugrohr des Motors herrschenden Unterdruck. Erst mit dem Aufkommen des Dieselmotors mit seiner qualitätsbestimmten Gemischbildung wurde der Unterdruckverstärker durch andere Systeme abgelöst.
Unterdruckverstärker wurden zuerst an mechanischen Bremsanlagen angewandt, so 1924 für die Lastwagen der britischen Marke Maudslay und 1925 für einen Sechstonner-Typ von de Dion-Bouton.
Der A-Typ-Mack-Omnibus, zwischen 1926 und 1929 in Produktion, wurde mit mechanischen, servounterstützten Bremsen lediglich an den Hinterrädern ausgestattet. 1927 führte die gleiche Firma Vierrad-Servobremsen für alle ihre Lastwagenmodelle und Feuerwehrfahrzeuge ein. Die Unterdruckverstärkung setzte sich bei der amerikanischen Industrie Zug um Zug gegen die Druckluftbremse durch, die schon vor ihr im Markt gewesen war. Westinghouse bot während einer Reihe von Jahren beide Bauarten an, während Bendix mit dem „Hydrovac" bei den großen Herstellern bald zum wichtigen Erstausstatter wurde. Einen wichtigen Sieg im Kampf der Systeme errang der Unterdruckverstärker 1929, als White ihn für das neue 16-t-Modell der Baureihe 620/640 und alle kleineren Typen in die Serienausstattung aufnahm. Die Fahrzeuge von mehr als 16 t stattete White mit Druckluftbremssystemen aus. Für die nächsten 50 Jahre richtete sich die Nutzfahrzeugindustrie der USA nach diesem Muster. Bei den Omnibussen blieb man durchgehend bei der Unterdruckverstärkung, um die Verzögerung im Ansprechen der Druckluftbremsen zu vermeiden.
Ende der zwanziger Jahre stattete in Europa Lancia (1928) seinen Omicron-Omnibus mit gestängebetätigten Vierradbremsen und Dewandre-Unterdruckverstärker aus. Eine ähnliche Bremsanlage fand sich auch am Daimler-CF-Autobus von 1929. Ein Jahr danach führte FIAT für den Sechsrad-Omnibus Typ 640 Westinghouse Vierradbremsen mit Unterdruckverstärkung ein. Nach 1930 begann sich eine klare Trennung abzuzeichnen: Druckluftbremsen für die Schwerfahrzeuge und mechanische Vierradbremsen mit Unterdruckverstärkung für kleinere Modelle.
Die 1931 in Produktion genommenen mittelschweren Unic-Modelle CD2 und CD3 wurden mit unterdruckverstärkten Vierradbremsen ausgestattet. Studebaker bediente sich für seine von 1932 bis 1940 produzierte Dreitonner-Baureihe des Hydrovac, während in England Morris-Commercial für das 4- bis 5-t-Modell Courier und Peerless für seinen 12,5-t-Lastwagen den Dewandre-Verstärker für Systeme mit Allradbremsung wählten. Auch Dodge (USA) übernahm 1936 den Hydrovac für Lkw.

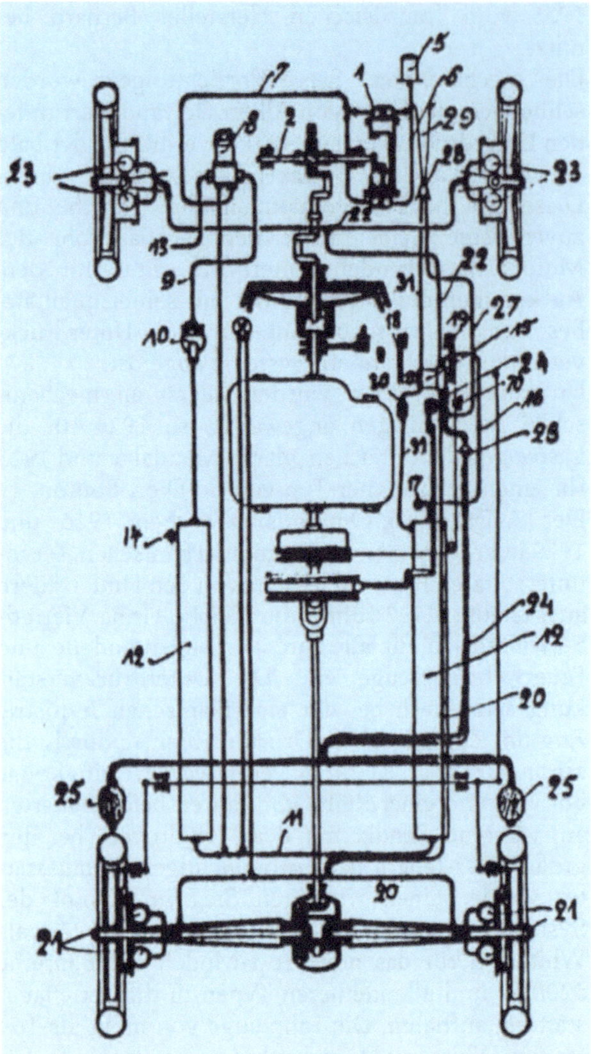

Die Druckluftbremse geht auf ein Westinghouse-Patent vom Februar 1922 zurück, aus dessen Darlegung diese Prinzipdarstellung stammt.

Druckluftbremsen

Der Gedanke, komprimierte Luft für die Betätigung mechanischer Bremsanlagen zu benutzen, war keineswegs mehr neu, als die ersten Versuche mit solchen Systemen an Nutzfahrzeugen unternommen wurden. Für die Eisenbahn gab es schon Druckluftbremsen, als George Westinghouse (1846 bis 1914) die Schule verließ, um seinem Vater in dessen Laden für Farmzubehör in Schenectady (New York) zur Hand zu gehen. Als junger Mann diente er dann während des amerikanischen Bürgerkrieges in der Armee und Marine der Union. Die Druckluftbremse war nicht die erste Erfindung von George Westinghouse. 1865 ließ er eine Rotations-Dampfmaschine patentieren, und später konstruierte er eine Vorrichtung, um entgleiste Eisenbahnwagen wieder auf die Gleise zu stellen. Seine Erfahrungen mit der Anwendung von Dampfkraft führten zu Überlegungen über die Möglichkeit, komprimierte Luft als Energiespeicher zu nutzen.

Sein Grundpatent auf Druckluftbremsen von 1869 wurde schon 1872 durch Hinzufügen eines Dreifach-Ventils ergänzt, mit dem das System unter Druck gehalten und andererseits die Bremsen automatisch betätigt wurden, sobald der Druck nachließ. Patente haben eine begrenzte Geltungsdauer (17 Jahre in den USA), und als die Nutzfahrzeughersteller Interesse an Servobremsen zeigten, war es nicht Westinghouse, sondern die Parker Air Appliance Company, die 1918 die erste Druckluftbremsanlage anbot. Die erste Anwendung erfolgte 1919 an Walter-Lastwagen und Troy-Anhängern. Parker kam dann allerdings nicht zu weiteren Erfolgen.

Die Druckluftbremse verdankt ihren Erfolg in den USA vielmehr S. G. Down, einem Verkaufsdirektor von Westinghouse, der die Westinghouse Air Brake Company veranlaßte, Druckluftbremssysteme für

Menschliche Muskelkraft reichte für eine wirksame Betätigung von Nutzfahrzeugbremsen nicht aus – erst recht nicht, wenn es sich um ganze Züge handelte. Daimler stattete diesen Vierwagenzug (etwa aus dem Jahre 1924) mit Knorr-Druckluftbremsen aus.

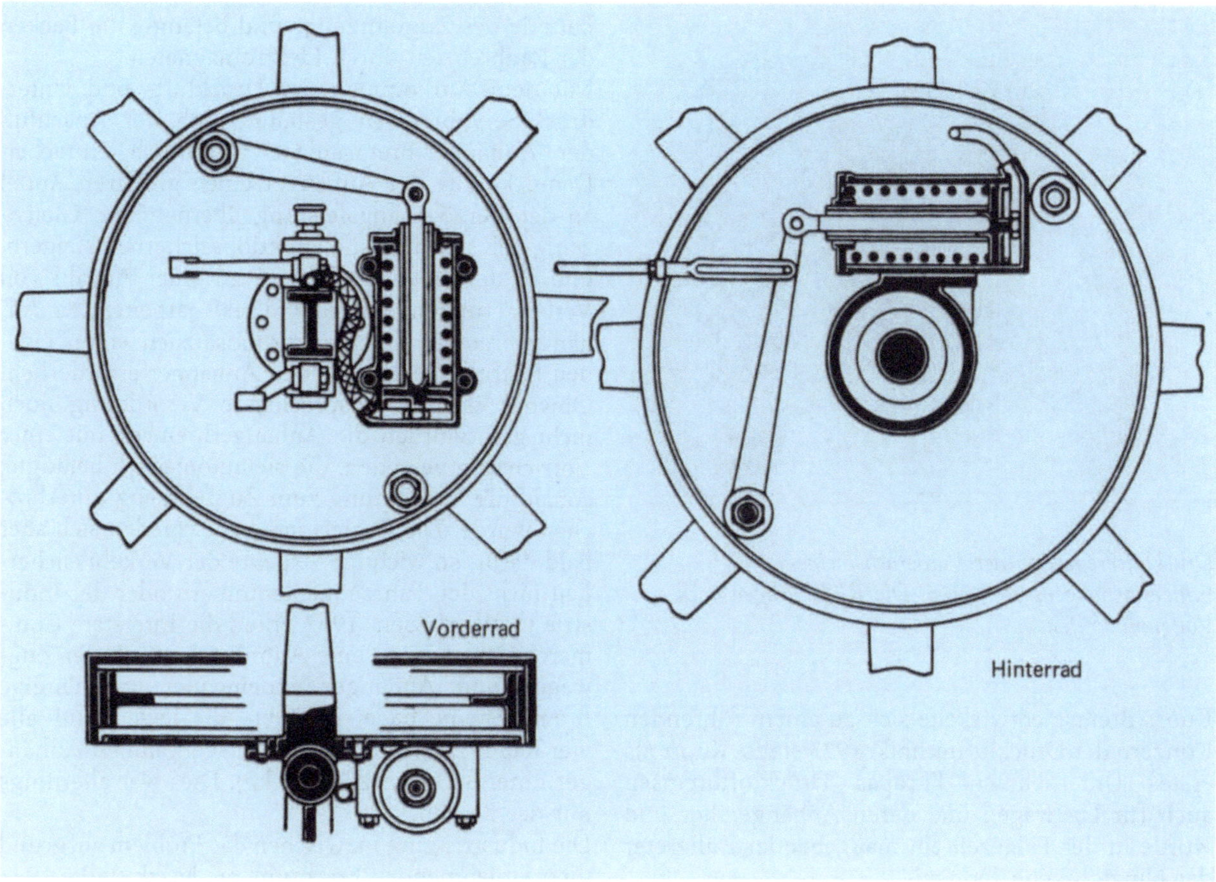

Prinzipdarstellung der ersten Knorr-Druckluftbremse.

Straßenfahrzeuge zu entwickeln. Vor allem waren es zwei Ingenieure des Unternehmens, die der Druckluftbremse zum Durchbruch verhalfen: Stephen Johnson jr., von dem der erste für eine Omnibus-Bremsanlage konstruierte Luftpresser stammte (1921) – eine Konstruktion, der später eine Reihe weiterer Patente folgte –, und Rupert L. Atkin, der 1924 den Westinghouse-Unterdruckverstärker erfand, der dann 1927 in Produktion genommen wurde.

Bei der ersten Westinghouse-Druckluftbremse für Straßenfahrzeuge wirkte der Druck in den Bremszylindern über Kolben und Druckstangen auf die Bremsnocken. Der einfach wirkende Luftpresser wurde von der Kurbelwelle aus beziehungsweise von der Aggregatewelle des Motors angetrieben und lieferte einen Druck von 5,5 bar bis 6,5 bar. Ein zweiteiliger Drehschieber aus Bronze am Einlaß und ein federbelastetes Tellerventil auf der Auslaßseite steuerten den Ladevorgang des Speichers. Dessen Volumen reichte nach Abstellen des Motors für mehrere Bremsungen des Fahrzeugs aus. Ein mechanischer Regler hielt den Druck im Speicher zwischen einem Minimal- und einem Maximalwert. Betätigte der Fahrer des Bremspedal, öffnete ein Ventil den Weg zwischen Speicher und Bremszylindern – ließ er das Pedal zurückkommen, schloß das Ventil die Verbindung zur Außenluft und öffnete die Verbindung zum Druckspeicher, so daß sich die Bremsen lösten.

Ein Schnellablaßventil beschleunigte die Entspannung durch Entleerung der Bremszylinder der Vorderräder. Die Bremszylinder, in denen der Luftdruck in mechanische Energie umgewandelt wurde, bestanden aus einem metallischen „Topf", in den eine Gummimembrane eingelegt war. Diese war mit einer Schubstange verbunden, die direkt auf die Bremsbacken wirkte. 1921 erprobte International Harvester Co. die Westinghouse-Druckluftbremse an einem Versuchsfahrzeug, und 1922 unterzog Fruehauf die Anlage ausgiebigen Tests an einem Sechsrad-Gelenkzug. 1924 tauchte die Druckluftbremse an einem Mack-Burney-Omnibus-Prototyp und einer Zugmaschine-Anhänger-Kombination der Four Wheel Drive Tractor Truck Co. auf. Bei Lastwagen, die für Anhängerbetrieb vorgesehen waren, wurde eine Druckluftleitung mit entsprechenden Kupplungen am Chassis angebracht, an die das Bremssystem des Anhängers angeschlossen werden konnte.

In Europa wurde die Luftbremse durch Knorr eingeführt. Nach Ablauf der Westinghouse-Patente sowie unter Hinzufügen neuer Konstruktionsprinzipien baute 1905 der deutsche Ingenieur Georg Knorr eine Druckluftbremse, die bald von den deutschen Eisenbahnen übernommen wurde. Das Unternehmen

Druckluftbremse an der Vorderachse eines Schwerlastwagens von 1926. Die Räder tragen noch Vollgummireifen.

Knorr-Bremse entwickelte sich zu einem führenden Konzern der Drucklufttechnik. 1923 stellte Knorr als erstes Unternehmen Europas Druckluftbremsen auch für Lastwagen und deren Anhänger her und wurde in der Folgezeit ein maßgebender Zulieferer der Nutzfahrzeug-Industrie.
Schon zu der Zeit, als es lediglich mechanische Bremsanlagen gab, wurden Anhänger (oberhalb einer bestimmten Tragfähigkeitsgrenze) mit einem eigenen Bremssystem ausgestattet. Die ursprüngliche Überlegung war es dabei wohl, die abgekoppelten Anhänger durch eine Feststellbremse sichern zu können. Die Wichtigkeit einer Betriebsbremse wurde allerdings sehr bald erkannt. In den USA waren Anhängerbremsen, die durch den Fahrer betätigt wurden, schon seit 1918 verbreitet. Solange allerdings die Anhängerkupplungen lediglich primitive Verriegelungen waren, blieb die Präzision der Betätigungsfunktion der Anhängerbremsen stets unbefriedigend. Als Folge zogen es die Fahrer meist vor, sie „lose" einzustellen.
Über lange Jahre gab es keinerlei Sicherungen gegen Brüche der Anhängerkupplung oder der Verbindung der Bremsanlage. Ein während der Fahrt verlorener Anhänger konnte unkontrolliert weiterrollen, bis er mit irgendeinem Hindernis zusammenstieß, das ihm in den Weg kam. Die ersten Sicherheitseinrichtungen, die solches verhindern konnten, kamen erst unmittelbar vor der Einführung hydraulischer Bremsanlagen auf. 1925 brachte Lapeer eine Anhängerkonstruktion auf den Markt, bei der die Anhängerbremse mit dem Zugfahrzeug durch eine Schubstange verbunden war. Sobald der Anhänger gegen den Zugwagen drückte, wurde seine Bremse betätigt.
1927 brachte die Warner Manufacturing Company eine elektrische Bremse für Zugfahrzeuge und Anhänger heraus. Sie bezog ihre Energie aus der Batterie des Zugfahrzeugs und betätigte die Backen der Radbremsen durch Elektromagneten.
Mit dem Aufkommen der Druckluft- und Unterdruck-Servobremsen gestaltete sich der Anschluß der Anhänger-Bremsanlage wesentlich einfacher. Damit konnte der Anhänger einen größeren Anteil an der Verzögerungsleistung übernehmen. Gleichzeitig ließ sich auch die Funktionssicherheit steigern, und in der Folgezeit kam es zu einer Anzahl von Verbesserungen. Diese „indirekt" arbeitenden Anhängerbremsen machten grundsätzlich einen eigenen Energiespeicher für den Anhänger erforderlich. Obwohl es eine entsprechende Verordnung noch nicht gab, wurden die Anhängerbremsen mit einer Vorrichtung versehen, die sie automatisch betätigte, sobald die Verbindung zum Zugfahrzeug unterbrochen wurde. Die Regierungen entschieden sich aber bald dafür, so wichtige Aspekte der Verkehrssicherheit nicht den Fahrzeugeigentümern oder der Industrie zu überlassen. 1937 erließ die Interstate Commerce Commission eine Anordnung, nach der Zugwagen und Anhänger voneinander unabhängige Bremssysteme haben mußten, die jeweils auf alle vier Räder zu wirken hatten (ausgenommen Anhänger unter 300 lbs bzw. 137 kg). Dies war allerdings nur der Beginn.
Die Industrie ging inzwischen das Problem aufgrund ihrer zunehmenden Erfahrung an. Mack stellte 1937 eine automatische Sicherheitsvorrichtung vor. Sie bestand aus einer Feststellbremse für den Sattelanhänger, die arretiert blieb, solange die Ladebordwände noch geöffnet waren. Diese wiederum ließen sich nur bei korrekt hergestellter Kupplung mit dem Zugfahrzeug schließen.
Warner Electric wartete 1941 mit einer neuartigen eletromagnetischen Bremse für Lastwagen und Sattelschleppzüge auf. Bei dieser Konstruktion waren Magnet und Anker innerhalb der Bremsbacken angeordnet. Der Fahrer konnte über einen Wähler am Armaturenbrett die Bremsleistung an das jeweilige Fahrzeuggewicht anpassen. Mehrere elektrische Kabel stellten die Verbindung zwischen Zugfahrzeug und Anhänger her.
In der Folgezeit wurden die Druckluftbremsen nach einem vielversprechenden Start auch an Fahrzeugen der leichten und mittleren Gewichtsgruppen von den weit preisgünstigeren Anlagen mit Unterdruckverstärkung verdrängt. Dieser Trend beschleunigte sich noch mit der Einführung der hydraulischen Bremse. Deren Erfolgskarriere begann 1924, als Watt Moreland in Burbank einen ersten Lastkraftwagen mit hydraulischen Lockheed-Bremsen versah und Westinghouse die Druckluft-Verstärkung baute.

Die hydraulische Bremse

Moreland zählte zu den kleinen Herstellern und spielte auf dem US-Markt eine geringe Rolle – der Wettbewerb nahm von seiner Neukonstruktion hin-

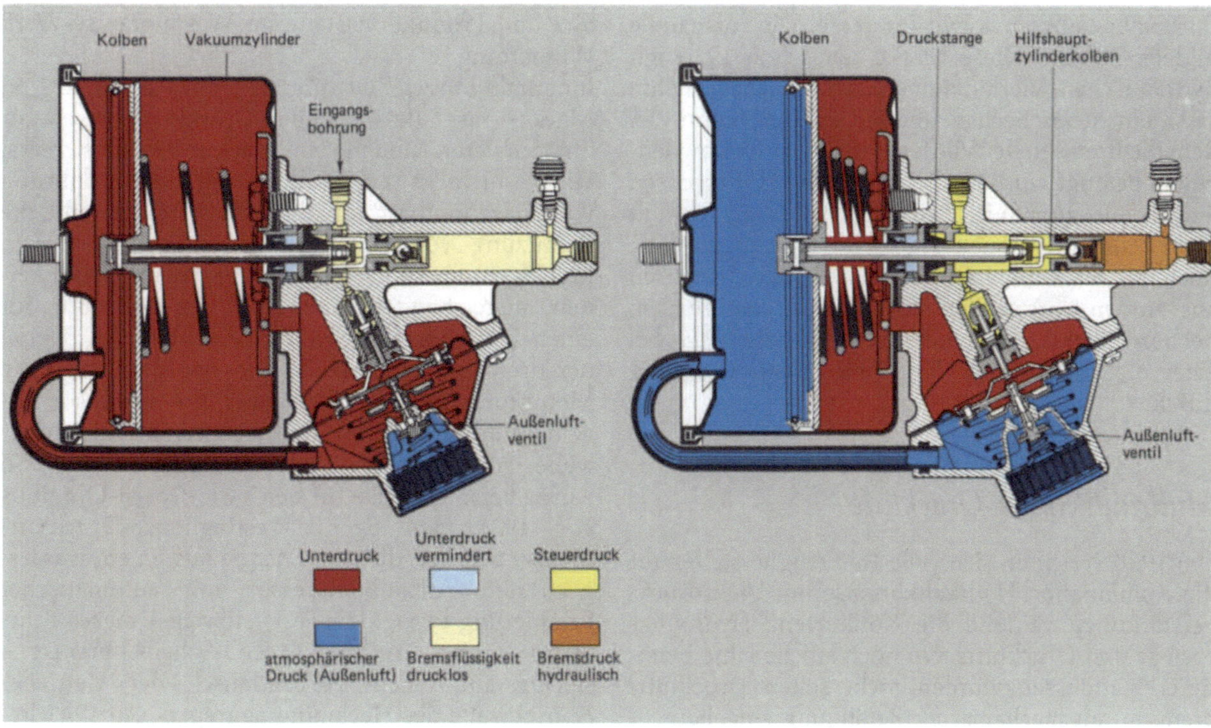

Der Unterdruckverstärker als Bremskrafthelfer setzte sich in der Automobilindustrie schnell durch. – Links: Ruhestellung, rechts: bei Vollbremsung.

gegen umgehend Notiz. Bis er sich dem Trend anschloß, sollte allerdings noch eine Zeit vergehen. Erst 1927 brachte Larrabee-Deyo einen Eineinhalbtonner mit hydraulischen Vierradbremsen heraus, und noch im gleichen Jahr folgte Relay und Commerce mit einem ganzen Programm von Typen zwischen 1 t und 4 t. Der endgültige Durchbruch kündigte sich dann 1928 an, als Diamond T sich dazu entschloß, sein ganzes Programm von 1 t bis 12 t mit hydraulischen Trommelbremsen an allen Rädern auszurüsten. Ein Jahr darauf wurde der Unterdruck-Verstärker hinzugefügt. Yellow Coach brachte einen kleinen Omnibus mit hydraulischer Vierradbremse auf den Markt. Der große Hersteller Federal führte für seine Modelle 1929 ein System mit hydraulisch betätigten Trommelbremsen an den Rädern und einer auf die Kardanwelle wirkenden Außenbandbremse ein, während Autocar für seine Modelle SA und SD an mechanisch betätigten Bremsen für die Hinterräder festhielt, die Vorderräder aber mit hydraulischen Bremsen versah. Der Grund für dieses Mischsystem war die Schwierigkeit der Bremsbetätigung an den gelenkten Rädern – durch die flexiblen Hydraulikschläuche wurde das Problem gelöst. Das Mißtrauen gegenüber der Verläßlichkeit der Hydraulik ließ diesen Hersteller aber an der mechanischen Betätigung für die Hinterräder festhalten.

Die besonders strengen Bestimmungen für Omnibusse für Schulkinder veranlaßten Crown in Los Angeles, ihren 1933 in Produktion genommenen Schulbus mit drei unabhängigen Bremssystemen zu versehen:

- hydraulische Vierrad-Trommelbremse
- mechanische Vierrad-Trommelbremse, handbetätigt, und
- Feststellbremse auf der Kardanwelle.

Während Kenworth um 1932 hydraulische Bremsen mit Unterdruckservo für alle Vier- und Sechsradzugmaschinen, Lastkraftwagentypen und Omnibusmodelle einführte, fand die hydraulische Bremse in

Druckluftbremse mit Einkammer-Bremszylindern (Knorr) von 1936 an einem MAN-Lastwagen.

Europa erstaunlich wenig Interesse. Die Ausnahme bildete Dewald. Diese Marke trat schon 1930 mit hydraulischen Vierradbremsen an. Delahaye nahm 1931 ein neues Sechsradmodell in Produktion, bei dem die Bremsen der Vorderachse noch mit Bowdenzügen betätigt wurden, die der beiden Hinterachsen jedoch mit Druckluft. Panhard & Levassor, Renault und Peugeot rüsteten ihre Nutzfahrzeugmodelle noch bis 1945 mit mechanisch betätigten Bremsen aus. In den USA setzten sich hydraulische Bremsen bei den Nutzfahrzeugmodellen von Dodge 1929, bei Chevrolet 1936 und bei Ford 1939 endgültig durch.

Hydraulik plus Druckluft

Um 1930 verlegten sich viele Fahrzeughersteller auf die Kombination Hydraulikbremse mit Unterdruckverstärkung, während die Konkurrenz Hydraulikbremse und Druckluftservo noch etliche Jahre benötigte. Stattdessen wurden nicht selten Druckluftbremsen mit mechanischer Betätigung eingebaut.
Die Entwicklung von Druckluftbremsanlagen mit integrierter Bremskraftverstärkung steckte noch in der Entwicklung. Die frühen Konstruktionen von Druckluftbremsen besaßen noch kein Schnellablaßventil, und selbst ein Sicherheitsventil war an den Anlagen der zwanziger Jahre noch nicht vorhanden. Die Steuerventile waren verhältnismäßig klein und ließen einen raschen Luftdurchtritt zu dem Bremszylinder noch nicht zu. Die Bremse sprach deshalb erst mit einer Verzögerung von mehreren Sekunden an und löste sich zudem viel zu langsam.
Als General Motors und White 1925 erstmals Westinghouse-Luftbremsen in ihren Nutzfahrzeugen anboten, nahm man auf dem Markt zur Kenntnis, daß es sich hier nicht mehr um Versuchsanordnungen handelte. Eine Anzahl weiterer Hersteller nahm nun ebenfalls eingehende Erprobungen auf. Um ihre Marktchancen zu verbessern, schlossen sich 1930 die Westinghouse Air Brake Company und die Bendix Aviation Corporation zusammen und gründeten eine gemeinsame Tochtergesellschaft Bendix-Westinghouse Automotive Air Brake Company mit Sitz und Produktionsstätte im Westinghouse-Werk Wilmerding.
Innerhalb kurzer Zeit führten – mit Ausnahme von Mack – fast alle Hersteller Druckluftbremsen für ihre schweren Modelle ein. Mack entschloß sich erst 1936 – nicht ganz freiwillig –, weil die Enführung von Dieselmotoren für die neue F-Typenfamilie die Benutzung von Unterdruckverstärkern ausschloß. Im Gegensatz zu Ottomotoren erzeugen Diesel keinen ausreichenden Unterdruck im Saugrohr für einen Unterdruck-Bremskraftverstärker. Zu Beginn der dreißiger Jahre wurde der ursprünglich in die Motorkonstruktion integrierte Luftkompressor allgemein durch ein über Keilriemen von der Kurbelwelle angetriebenes Einzel-Aggregat ersetzt. So wurde beispielsweise für den Twin-Coach-Omnibus von 1935 eine Bendix-Westinghouse-Druckluftbremse benutzt, die ihre Energie aus einem wassergekühlten Anbaukompressor mit automatischer Schmierung bezog. Die Feststellbremse dieses Fahrzeugs – eine Tru-Stop-14-Zoll-Scheibenbremse – steckte auf einem Außenflansch der Getriebe-Abtriebwelle des Heckmotoraggregats. Ab 1941 lieferte die American Chain & Cable Co. Tru-Stop-Scheibenbremsen mit Innenbelüftung, die als Feststellbremse für Nutzfahrzeuge an der Kardanwelle montiert war.
Die zunehmende Verwendung von Dieselmotoren für Schwerfahrzeuge sowie die Leistungsgrenzen des Hydrovac-Verstärkers veranlaßten die Nutzfahrzeughersteller bald, sich mit dem Gedanken der Luftdruckverstärker für hydraulische Bremsanlagen zu befreunden. Die erste Anwendung einer solchen Kombination erfolgte sehr wahrscheinlich 1934 bei der C-Baureihe der Fahrzeuge von Saurer (3C, 4C und 5C). Diese erhielten hydraulische Vierradbremsen mit pneumatischem Bremskraftverstärker.
Bei den originalen mechanischen Trommelbremsen mit Druckluftbetätigung wurden die Backen durch flache Nocken und flache Stößel gespreizt. Eine Verbesserung wurde nun durch S-förmige Nocken und Rollen erzielt. 1941 führte die Wagner Electric Corp. die „Hi-Tork"-Bremse ein, bei der die Bremsarbeit gleichmäßig auf die beiden Backen in der Bremstrommel verteilt wurde. Diese Bremse wurde

Anordnung der Druckluftbremse (Westinghouse 1934) an einem Zweiachs-Anhänger mit Drehschemellenkung.

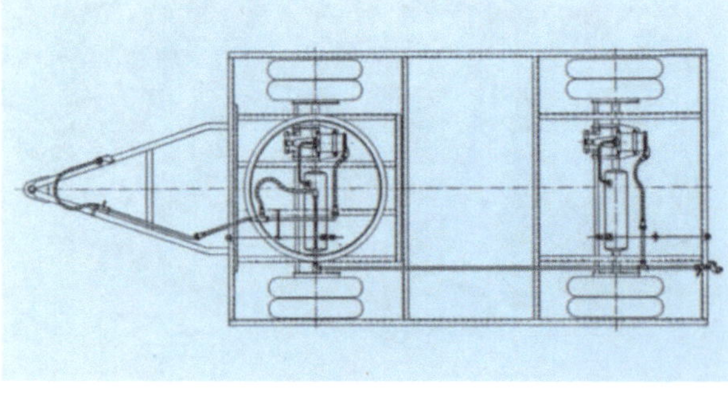

Stopfix-Auflaufbremse für leichte Anhänger (1936) mit Rückfahrsperre (g Notbremshebel, i Bremshebel).

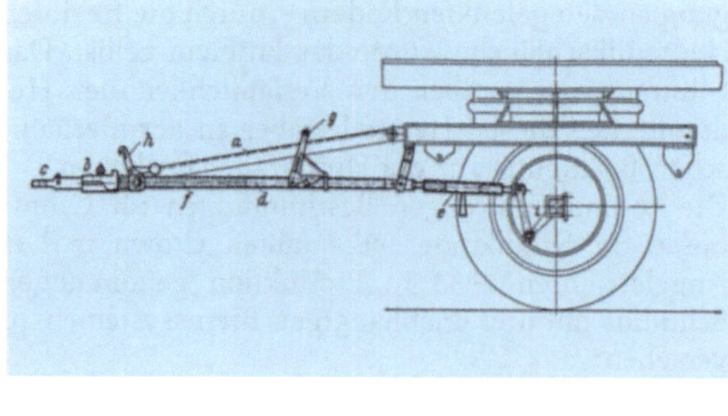

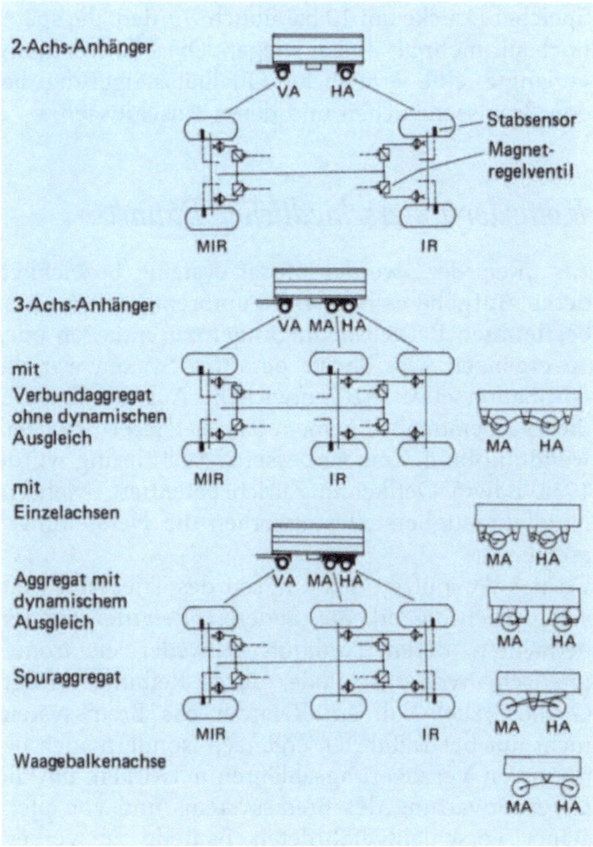

Moderne Druckluft-Anhängerbremsen mit Blockierschutz in verschiedenen Ausführungen.

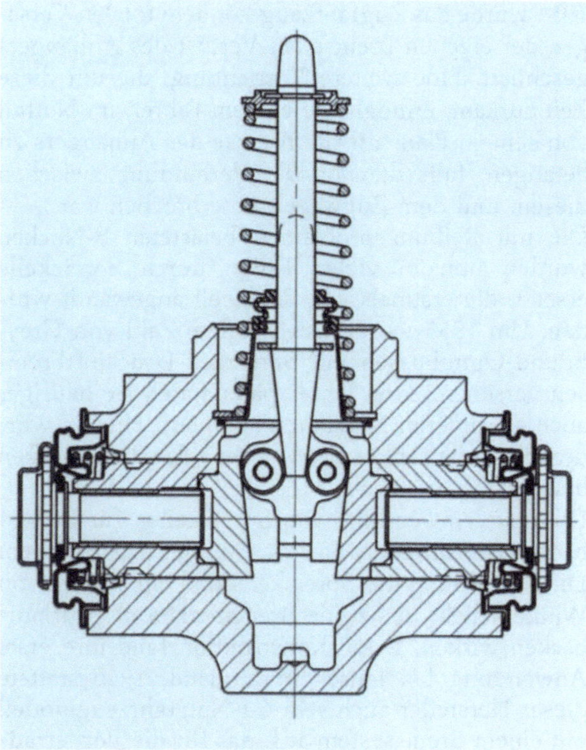

Die Betätigung der Bremsbacken von Trommelbremsen durch Spreizkeile verringerte die Betätigungskräfte erheblich. Die zwischen Keil und Schrägflächen plazierten Rollen (Mitte) minderten hierbei die kraftzehrende Reibleistung.

von International und von Studebaker für große Modelle übernommen.

Zwischen 1940 und 1960 blieb die Druckluftbremse mit S-förmigen Bremsnocken im Prinzip zwar unverändert, wurde aber im Detail erheblich verbessert. Wichtige Fortschritte gab es vor allem durch Materialverbesserungen bei den Bremstrommeln; Legierungen mit höherer Festigkeit verminderten die Arbeitstemperaturen, den Verschleiß und die Bruchgefahr der Trommeln. Auch in der Entwicklung der Bremsbeläge wurden große Erfolge erzielt, die in der Zeitspanne zwischen 1935 und 1960 zu einer Verdreifachung der Betriebslebensdauer führten.

Mit der Einführung des Rücklauf-Sperrventils um

Spreizung der Bremsbacken durch Z-Nocken (Girling); eine moderne Trommelbremse für Fahrzeuge ab 16 t mit gleicher Wegzugspannung je Backe und integrierter automatischer Nachstellung.

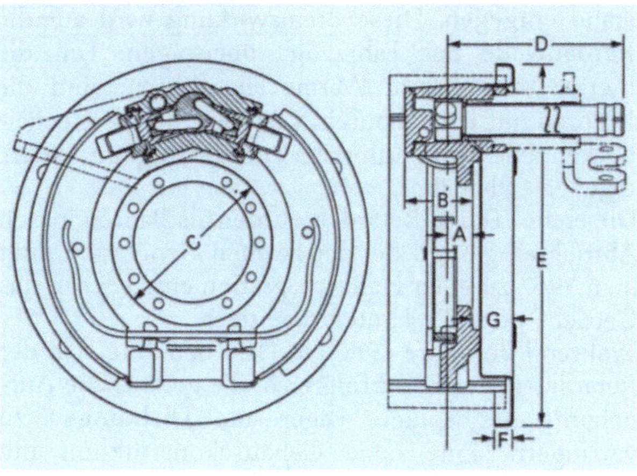

Girling-Trommelbremse mit Spreizkeil-Betätigung, schwimmenden Backen und integrierter automatischer Nachstellung für Nutzfahrzeuge mit 7,5 t bis 14,6 t zulässigem Gesamtgewicht.

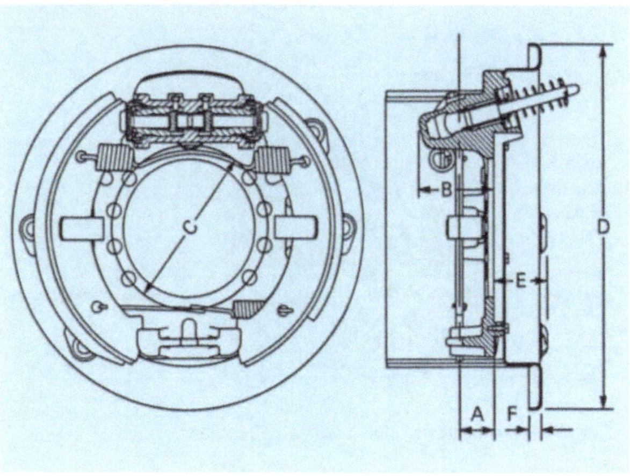

1951 wurde das Zugfahrzeug vor dem totalen Versagen der eigenen Bremse bei Verlust des Anhängers geschützt. Eine weitere Vorrichtung, die um diese Zeit aufkam, ermöglichte es dem Fahrer, im Notfall von seinem Platz aus die Bremse des Anhängers zu betätigen, falls die normale Verbindung zwischen diesem und dem Zugwagen unterbrochen war.
Die mit Reibungsproblemen belasteten S-Nocken wurden nun in vielen Fällen durch Spreizkeile ersetzt, die erstmals von Rockwell angewandt wurden. Um 1955 wurde eine größere Zahl von Greyhound-Omnibussen mit Spreizkeil-Druckluftbremsen versehen. Zwei Jahre später traten sie häufiger auch an anderen Nutzfahrzeugen auf. Hierbei wurden die Keile senkrecht zur Ebene der Bremsbacken bewegt.
Die erste Anwendung von Spreizkeilen für Bremsbacken in Europa ist Fawick-Girling zuzuschreiben. Die Anordnung des Spreizkeils und ein System von Winkelhebeln ließ beide Bremsbacken als Auflaufbacken wirken. Diese Konstruktion fand ihre erste Anwendung bei Jensen in England. 1946 stattete dieser Hersteller auch sein 6-t-Nutzfahrzeugmodell mit einem Bremssystem aus, das für die Vorderradbremsen je zwei Auflaufbacken hatte. Es schloß ferner einen Unterdruck-Bremskraftverstärker ein. Spreizkeilbetätigte Druckluftbremsen mit je zwei Keilen je Bremstrommel und einem Druckluftzylinder für jeden Spreizkeil wurden auch von anderen Herstellern benutzt. Höhere Fahrzeuggewichte und zunehmende Fahrgeschwindigkeiten veranlaßten sowohl Fahrzeug- als auch Bremsenhersteller zu Steigerung der pneumatischen Arbeitsdrücke. 1960 hatten schon drei amerikanische Nutzfahrzeughersteller die Einschaltdrücke für den Speicher auf 7 bar bis 8 bar und die Ausschaltdrücke auf etwa 9 bar angehoben. Um die Forderung nach 50 Prozent Überlastbarkeit zu erfüllen, mußte das Sicherheitsventil ein Maximum von 12,5 bar aufnehmen können. Der Trend ging aber eindeutig nach noch höheren Werten. Es dauerte nicht lange, bis für die Speicher Drücke um 20 bar üblich wurden, die später noch auf mehr als 30 bar stiegen. Diese Entwicklung verlangte eine erhebliche Qualitätssteigerung bei den Bremsschläuchen und deren Anschlüssen.

Elektromagnetischer Retarder (Wirbelstrombremse), während der Jahre 1951 bis 1969 von Bosch hergestellt.

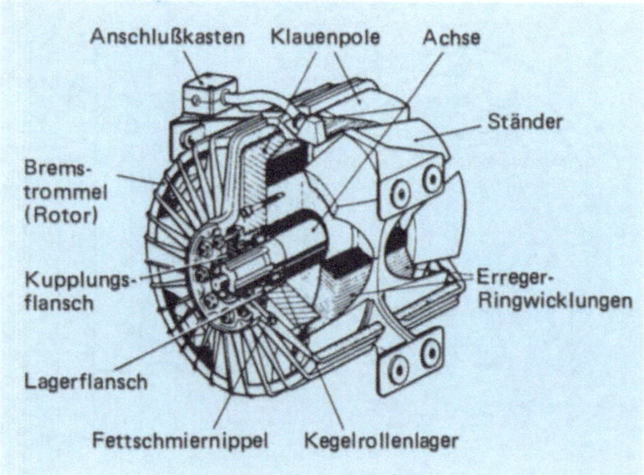

Retarder unterschiedlicher Bauart

Als „Retarder" werden Zusatzsysteme bezeichnet, deren Aufgabe es ist, das Hauptbremssystem unter bestimmten Betriebsbedingungen zu entlasten oder zu ergänzen. Das älteste derartige System war die von Saurer etwa 1920 entwickelte Auspuff-Bremse, die 1928 erstmals an einem Saurer-Diesel-Lkw Verwendung fand. Eine verbesserte Ausführung wurde 1931 Edwin Oetiker in Zürich patentiert. Mehrere Nutzfahrzeughersteller erwarben die Herstellungsrechte.
Da das Auspuffsystem ein Teil des Triebwerks ist, seien nachfolgend die anderen Retarderbauarten betrachtet, deren Funktion entweder elektromagnetisch, hydraulisch oder durch Reibung erfolgt. Grundsätzlich soll ein Retarder das Bremssystem nicht nur bei Talfahrten ergänzen, sondern auch bei normalen Verzögerungsabläufen mitwirken, um die Lebenserwartung des Bremssystems und vor allem seiner verschleißgefährdeten Bauteile zu verbessern.
Das erste Patent auf einen elektromagnetischen Retarder wurde bereits 1903 einem Erfinder namens Steckel erteilt. Angewendet wurde es offenbar nicht. Der erste Versuchseinbau eines solchen Geräts erfolgte 1936 durch Raoul Sarazin, der zwei Jahre später die kommerzielle Fertigung des Telma-Retarders aufnahm. Ab 1938 wurden Telma-Retarder als Wahlausstattung für Bernard-Nutzfahrzeuge angeboten. Der Telma-Retarder besteht aus einem Stator, an dem zwei Gruppen von je acht elektromagnetischen Spulen ringförmig angeordnet sind. Beiderseits dieser Magnetspulen, getrennt durch einen engen Luftspalt, drehen sich die mit der Antriebswelle verbundenen Weicheisenanker in Schrägrollenlagern. Der in einem kräftigen Rahmen gelagerte Stator ist in Silentblöcken mit dem Chassis verbunden. Wird der Retarder aktiviert, setzen die Magneten den rotierenden Ankern einen kräftigen Widerstand entgegen. Diese Bremswirkung wird auf die Kardanwelle des Fahrzeugs übertragen. Um die hierbei entstehende Wärme abzuführen, sind die Rotoren mit Luftschaufeln versehen, die als Gebläse wirken. Die Schmierung der Lager erfolgt aus einem eigenen Ölbehälter.
Die ersten Telma-Retarder wurden als Bauteil in den Abtrieb eingefügt. Bei der zweiten Generation ging man 1967 zu einer Halb-Integration entweder in das Getriebe oder die Hinterachse über.
Während der Jahre 1950 bis 1960 bemühte sich der Retarder-Hersteller erfolgreich, die gefährliche Aufheizung der Spulen, Lager und Dichtungen zu verringern. Eine neue Gehäusekonstruktion mit

Allison-Automatgetriebe mit integriertem Retarder Typ HTB 748 für die Getriebeausführungen MT 600 und HT 700.

unbehindertem Luftzutritt, Maßnahmen zur Kühlung bei ungünstigen Einbauverhältnissen und außerhalb des Retarders angeordnete Gebläse gehörten hierzu. Dennoch blieb die Aufheizung das Hauptproblem des elektromagnetischen Retarders – vor allem, weil der Wirkungsgrad bei steigender Temperatur abnimmt. Im Lauf der Zeit jedoch wurden hierbei beachtliche Fortschritte erreicht. Zuerst reichte eine Temperatur von 300 °C, bis der Retarder praktisch wirkungslos wurde. Um 1960 lag dieser „Nullpunkt" schon über 500 °C, und in den achtziger Jahren lieferten die Telma-Retarder bei 600 °C etwa 75 % ihrer Anfangsleistung und verloren ihre Wirkung erst im Bereich von 800 °C (je nach Legierung des Rotor-Werkstoffs). Telma war allerdings nicht mehr der alleinige Anbieter. In den Jahren 1951 bis 1969 produzierte auch die Robert Bosch GmbH elektromagnetische Retarder, und 1976 nahm der führende amerikanische Hersteller von Auspuffbremsen, die Jacobs Manufacturing Company, elektromagnetische Retarder in sein Programm.

Verzögerung mit Hydraulik

Mit Ausnahme von Frankreich hatte sich der hydraulische Retarder in vielen Ländern weitgehend durchgesetzt. 1956 verwendete Chevrolet ein Allison-Getriebe mit angebautem Retarder, und ein Jahr danach zog Ford mit seinem Transmatic-Drive nach. Europas führende Retarder-Hersteller sahen sich bald genötigt, gesetzlichen Auflagen zu genügen. Eine typische Forderung ist es, die Geschwindigkeit auf einem 7-Prozent-Gefälle über eine maximale Distanz von 6 km auf maximal 30 km/h zu verringern.

Im Prinzip ähnelt die Konstruktion der hydraulischen Retarder der hydrodynamischen Kupplung – nur wird in diesem Fall keine Leistung übertragen, sondern die Bewegungs-Energie in Wärme umgesetzt. Um die Bremswärme abzuführen, ist der hydraulische Retarder auf einen externen Wärmeübertrager angewiesen. Immerhin – ihm droht weniger Gefahr durch Überhitzung als seinem elektromagnetischen Wettbewerber. Bei ihm wird auch der Wirkungsgrad durch Übertemperatur weniger beeinflußt. Die erzielbare Bremswirkung ist abhängig vom wirksamen Ölvolumen, das durch Druckluft gesteuert wird (Höhe des Flüssigkeitsspiegels im Retarder.)

Bremskraft und Bremsmoment eines hydraulischen Retarders nehmen quadratisch mit der Drehzahl zu. Bei mittleren und hohen Fahrgeschwindigkeiten liefert er hohe Bremsleistungen, bei kleinen Geschwindigkeiten hingegen ist die Retarderleistung nur gering.

Das Bremsmoment allerdings ist weitgehend unabhängig von der Umlaufdrehzahl. Zwischen 250 min^{-1} und 1 000 min^{-1} kann der Retarder in der entsprechenden Stufe über eine weite Drehzahlspanne ein Bremsmoment zwischen 500 Nm und 1 000 Nm erwirken.

Welche Leistung ein Retarder aufbringen kann, sei an einem Beispiel dargestellt. Wenn ein 28-t-Lastzug auf einem 7-Prozent-Gefälle eine Geschwindigkeit von 60 km/h nicht überschreiten soll, liegt die benötigte Verzögerungsleistung bei etwa 920 kW. Unter Mithilfe des Roll- und des Luftwiderstands mobilisiert die Abgasbremse maximal 160 kW – die andere Teilleistung muß der Retarder bewältigen.

Ein führender Hersteller hydraulischer Bremsen ist die J. M. Voith GmbH in D-7920 Heidenheim. Sie stellt hydrodynamische Bremsen für Straßenfahrzeuge, Schienenfahrzeuge und stationäre Anlagen her. Im Straßenbereich lassen sich durch den regelbaren Füllungsgrad des Kreislaufs stufenlos verschiedene Bremsmomente einstellen.

Nutzfahrzeug-Scheibenbremse „Corvette" von Girling mit integrierter Feststellbremse für die Hinterräder von Fahrzeugen von 2,6 bis 11 t Gesamtgewicht.

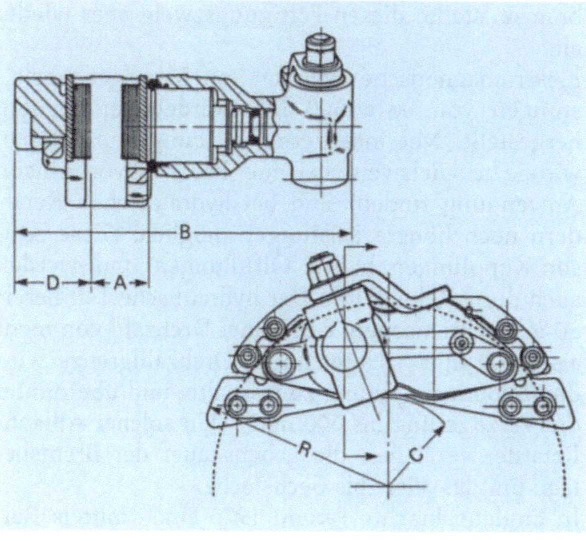

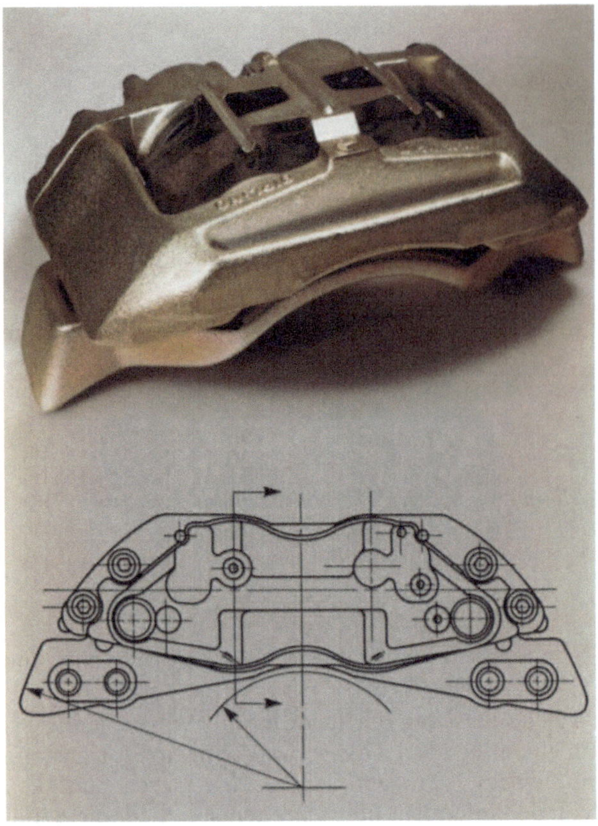

Sattel der Corvette-Bremse mit vollständig abgedichteten Gleitführungen (Vorderachs-Ausführung).

Teilweise – so von der Zahnradfabrik Friedrichshafen – werden hydraulische Retarder in Nutzfahrzeug-Getriebeautomaten integriert und vor dem Übersetzungsbereich angeordnet. Dabei wird der Retarder nicht nur mit der von der Geschwindigkeit abhängigen Drehzal der Abtriebswelle beaufschlagt, sondern mit einer Drehzahl, die durch die jeweilige Schaltstufe des Getriebes überhöht ist. Der Retarder kann somit erheblich kleiner dimensioniert werden.

Auch der Bremsenhersteller Alfred Teves baute in den siebziger Jahren eine hydraulische Strömungsbremse, stellte diesen Fertigungszweig aber wieder ein.

Elektromagnetische Retarder mit Verzögerungsleistungen von etwa 300 kW werden serienmäßig hergestellt. Mit integrierten Reibungskupplungen, wie sie beispielsweise bei einer Baureihe von Allison Anwendung finden, sind bei hydraulischen Retardern noch höhere Leistungen möglich. Diese Allison-Kupplungen haben Ölfüllungen und werden auch durch Öl gekühlt. Der hydraulische Teil liefert 80 % der Bremsenergie bei einer Drehzahl von mehr als 1 400 min^{-1}. Unter dieser Drehzahlgrenze wird die Reibungskupplung zugeschaltet und übernimmt die Verzögerung bis 600 min^{-1}. Ein solcher Allison-Retarder verlängert die Lebensdauer der Bremsbeläge um das Vier- bis Sechsfache.

In England brachte Ferodo 1976 einen mittels Reibung arbeitenden Retarder heraus. Es handelt sich dabei praktisch um eine ölgekühlte Lamellenkupplung, die in den Antriebsstrang eingefügt wurde. Das 55 kg schwere Gerät enthielt vier Stahl-Lamellen mit gesinterten Belägen und fünf Gegenlamellen aus Grauguß. Die vier Stahllamellen steckten auf einem mit Nuten versehenen Teil der Antriebswelle, während die Graugußlamellen auf vier Stiften axial verschiebbar im Stator verankert waren. Eine Rotorpumpe und ein Faltenbalg aus rostfreiem V_2A-Stahl brachten den Schließdruck auf die Lamellen. Außerdem bewirkte die Pumpe auch den Ölumlauf im Gehäuse. Für weitere Kühlung sorgte ein Wärmeübertrager, der an das Kühlsystem des Motors angeschlossen war.

Ein solcher Retarder wurde erstmals für einen Foden-Doppeldeckerbus mit einem Gesamtgewicht von 16 t benutzt. Über einen Nebentrieb angeschlossen, lief er minimal schneller als die Kardanwelle. Das Steuerventil für die Hydraulik wurde durch einen Druckluftzylinder aus dem Bremssystem betätigt. Es blieb jedoch bei dieser einzigen Anwendung.

Von der Trommel zur Scheibe

Scheibenbremsen hatten bei schweren Transportfahrzeugen schon erheblich früher Eingang gefunden, ehe sie für die Räder von Flugzeugen und danach bei Kraftwagenrädern verwendet wurden. Ein von Dr.-Ing. Hermann Klaue entwickeltes Scheibenbrems-System fand schon 1927 bei der Bergischen Stahlindustrie Anwendung für Eisenbahn-Schnellzüge. Im gleichen Jahr entwickelte Nelson Brownyer von der Timken-Detroit Axle Company eine belüftete Scheibenbremse für Straßenbahnen. Diese Bremse wurde unter anderem auch für trolleyelektrische Straßenbahnen – vor allem in Berlin – benutzt, fand aber nicht den Weg in Lastwagen und Omnibusse. Als die Hersteller von Lastkraftwagen und Omnibussen endlich der Scheibenbremse ernsthaftes Interesse entgegenbrachten, verfügten die Zulieferer bereits über jahrzehntelange Erfahrungen mit Scheibenbremsen für Flugzeuge und Personenwagen. Es war deshalb wohl ganz normal, daß die für Schwerfahrzeuge entwickelten Scheibenbremsen nicht anders aussahen, als Storchschnabelvergrößerungen von Personenwagenbremsen.

Aber die Überlegungen der Anwender in beiden Fahrzeugkategorien stimmten nicht überein. Während sich die Hersteller von Personenwagen der Scheibenbremse vor allem wegen des der Trommel überlegenen Fadingverhaltens zuwandten, stand bei den Nutzfahrzeugkonstrukteuren oft das Gewichtsverhältnis im Vordergrund. Teilscheibenbremsen für leichte Nutzfahrzeuge können bis zu 25 Prozent leichter sein als moderne Trommelbremsen, wenn ein identisches Verzögerungsmoment zugrundegelegt wird. Bei pneumatischen Scheibenbremsen für

schwere Fahrzeuge besteht dieser Vorteil allerdings nicht mehr.
Vollscheibenbremsen mit Selbstverstärkung hatte bereits der Raupenschlepper Ost (RSO) der deutschen Wehrmacht während des Zweiten Weltkriegs. Die Selbstverstärkung bewirkten Kugeln, die zwischen die axial verschiebbaren Reibscheiben eingelegt waren, beim Bremsen durch den Mitnahmeeffekt auf Keilflächen aufliefen und dadurch die Scheiben zusätzlich spreizten.
1953 trat Chrysler mit dem Prototyp eines Leichtbau-Heereslastkraftwagens von 2,5 t an, dessen Luftdruckbremse auf Scheiben statt Trommeln wirkte. Die Konstruktion der Radbremsen fußte auf denen des Personenwagenmodells Chrysler Imperial mit Selbstverstärkung durch Kugelrampen zwischen zwei Scheiben, die gegen die Innenwände des umgebenden Gehäuses gepreßt wurden. Dieses Modell wurde jedoch nicht in die Serienfertigung übernommen. Etwa um die gleiche Zeit faßte der durch seine Innovationsfreudigkeit bekannte technische Direktor der Birmingham and Midland Motor Omnibus Company, Donald Sinclair, den Entschluß, den „Midland-Red"-S-14-Autobus mit Scheibenbremsen an allen Rädern auszurüsten. Dieses für höhere Reisegeschwindigkeiten konzipierte Modell für 44 Fahrgäste mit einem Gesamtgewicht von 8 t wurde im September 1953 in Produktion genommen. Die Scheibenbremsen lieferte Girling.
Die Fahrbremse wurde hydraulisch betätigt; hierfür stellte eine an das Getriebe angeschlossene Lockheed-Pumpe die Energie bereit. Die Vorderrad-Scheibenbremsen wiesen Festsättel mit drei Bremskolbenpaaren an der Vorderseite auf. Bei den Hinterrädern saßen je vier Paare von Bremskolben in Sätteln über der Scheibe. Sie wurden durch außenliegende Bremszylinder und Winkelhebel betätigt. Zu dieser ungewöhnlichen Konstruktion hatte man sich entschlossen, um die Bremszylinder-Temperaturen auch unter ungünstigen Betriebsbedingungen möglichst niedrig zu halten. Auch die Feststellbremse wirkte auf eine Scheibe. Diese war an der Hinterachse unmittelbar vor dem Differential plaziert. Die Betätigung erfolgte hier mechanisch durch einen Spreizkeil und Winkelhebel.
Die Firma Girling erhielt Bestellungen für mehrere hundert dieser Bremsanlagen für den SA-14-Omnibus. Die Bremse bewährte sich in den folgenden Jahren im Dauerbetrieb, war in der Herstellung aber so kostspielig, daß sie anderweitig keine Anwendung fand. Ein anderer britischer Omnibushersteller, die Firma Guy Motors, stattete 1958 ihr Modell Wulfrunian – einen zweiachsigen Doppeldecker für 72 Fahrgäste mit einem Leergewicht von 8,6 t – mit einer Scheibenbremse unterschiedlicher Konstruktion aus. Die Zweikreis-Anlage stammte von Clayton-Dewandre und wirkte hydraulisch mit Druckluftservo auf Bremsscheiben an allen vier Rädern. Der Bremskraftverstärkung dienten zwei Airpak-Servogeräte. Diese Verstärker wurden über ein Paar

Faustsattel-Scheibenbremse von ATE. Zum zeitsparenden Belagwechsel lassen sich die Belagträger ausklappen.

Obwohl sich die Vollscheibenbremse in ihrem Temperatur- und Verschleißverhalten der Teilscheibenbremse überlegen erwies, unterblieb bisher – überwiegend aus Kostengründen – die Anwendung in der Serie. Das Bild zeigt die von der Bergischen Stahlindustrie erprobte Vollscheibenbremse von Dr.-Ing. Hermann Klaue (1973).

Neuere Ausführung der Klaue-Vollscheibenbremse. Die Reibringe werden mit selbstverstärkender Wirkung gegen die Innenwände des rotierenden Gehäuses gedrückt.

hydraulischer Bremszylinder bedient, die durch einen Waagebalken mit dem Bremspedal gekuppelt waren. Bei Ausfall der Druckluftversorgung oder einem Hydraulikdefekt blieb eine „mechanische" Bremsbetätigung erhalten.
Einen kurzlebigen „Flirt" mit der Scheibenbremse leistete sich auch der britische Nutzfahrzeughersteller ERF. 1958 wurde zuerst der Kipper 54G mit Scheibenbremsen an den Vorderrädern ausgerüstet, und 1962 folgte das Achtrad-Tankwagenmodell mit Scheibenbremsen an allen vier gelenkten Vorderrädern. Schon kurze Zeit später wurde dann aber im Zug einer Vereinheitlichung die Rockwell-Stopmaster-Trommelbremse für das gesamte ERF-Programm standardisiert. Ähnlich verfuhr auch Dennis. Das Unternehmen stattete 1962 seine Feuerlöschfahrzeugmodelle mit Scheibenbremsen aus, kehrte dann aber zur Trommelbremse zurück.
In Frankreich baute Berliet 1958 drei gigantische T-100-Sechsrad-Zugmaschinen zur Verwendung auf den Sahara-Ölfeldern. Sie wurden an allen Rädern mit aus dem Eisenbahnbau bekannten Mehrscheiben-Bremsen ausgestattet. Die Fertigung von Lastkraftwagen und Omnibussen blieb bei Berliet hiervon aber unbeeinflußt.
In den USA bemühte sich B. F. Goodrich im Jahr 1955, die Hersteller schwerer Geländefahrzeuge wie Euclid, Le Tourneau und Michigan für die Scheibenbremse zu gewinnen, hatte damit aber keinen Erfolg. Der Trend der Bremsentechnik richtete sich in den USA zwischen 1950 und 1970 vor allem auf Detailverbesserungen mit dem Schwergewicht auf mehr Sicherheit und Bedienungserleichterung. Vor allem bei der letzteren wurden Neuerungen im Personenwagenbau nun von den Nutzfahrzeugherstellern übernommen. So führte beispielsweise Chevrolet eine fußbetätigte Feststellbremse mit Löseknopf am Armaturenbrett ein. In England stattete Daimler seinen CVD-650-Omnibus ab 1948 mit einer druckluftunterstützten Feststellbremse aus, die ihre Energie aus dem gleichen Speicher bezog, der auch die Fahrbremse, die Getriebeschaltung und die Servolenkung versorgte.
Ebenfalls in den fünfziger Jahren gab es bei ATE in der Bundesrepublik Deutschland die Bremsgeräte T19 und T60 für kombinierte Druckluft-Hydraulik-Bremssysteme in Schwerfahrzeugen. 1967 begann Daimler-Benz die schweren Nutzfahrzeuge mit einer Feststellbremse nach dem Federspeicher-Prinzip auszurüsten. Hierbei wird die Betätigungskraft von einer starken Schraubenfeder (in anderen Fällen Ringfeder) erzeugt und über ein Gestänge auf die Bremsbacken übertragen. Zum Lösen der Bremse wird die Feder durch den in einem Druckluftzylinder gleitenden Kolben gespannt. Das bei der Kolbenbewegung mitgenommene Gestänge gibt die Bremsbacken frei. Nach längerem Stillstand des Fahrzeugs muß der zum Lösen der Bremse erforderliche Druck bei laufendem Motor vom Kompressor wieder aufgebaut werden. Bei völligem Druckausfall kann die Bremse gelöst werden, indem mit einer Spannmutter die Federkraft überwunden wird. Federspeicherbremsen haben den Vorteil, daß sie bei Druckverlust im Gesamtsystem wirksam werden, so daß das Fahrzeug in jedem Fall abgebremst wird.
1968 bot der Hersteller Midland-Ross eine durch Federdruck betätigte „Notbremse" an. Sie wurde automatisch betätigt, wenn sich am Bremssystem ein Defekt einstellte oder der für den Notfall vorgesehene Druckspeicher Druck verlor.
Wagner Electric konstruierte eine Luftventil-Steuerung, die eine kontrollierte Stopbremsung mit federbetätigten Notbremsvorrichtungen zuließ. Schließlich brachte Bendix-Westinghouse 1971 ein Doppel-Luftbremssystem heraus, das mit einer Dreiventil-Steuerung sowohl die normalen Bremsmanöver als auch die Notbrems-Vorrichtung beherrschte.

Weitere Scheibenbrems-Konstruktionen

1974 entwickelte Bendix einen Verstärker für Vorderrad-Scheibenbremsen in hydraulischen Bremsanlagen mit Luftdruckservo. Es handelte sich dabei im Prinzip um einen Druck-Verstärker mit drei wählbaren Verhältnissen. Das Gerät erhält einen Eingangsdruck von 0 bar bis 7 bar, den es im Ausgang auf etwa 90, 120 oder 160 bar heraufsetzt. Sowohl Teves (ATE) als auch Knorr hatten 1974 die Entwicklungen der Bremssysteme für schwere Straßenverkehrsfahrzeuge abgeschlossen. Knorr hatte sich dabei für eine Scheibenbremse mit Schwenksattel, Teves für eine Faustsattel-Konstruktion entschieden. Karl Kässbohrer wählte 1977 die Teves-Bremse für einige Modelle seiner Setra-Omnibusse. Der Unimog, ein Mehrzweckschlepper von Daimler-Benz, wurde mit einer gekapselten Scheibenbremse ausgerüstet, die im eigenen Haus entwickelt worden war und dort auch hergestellt wurde. Alle vier Räder trugen solche Bremsen. Das System enthielt eine lastabhängige Druckregelung.

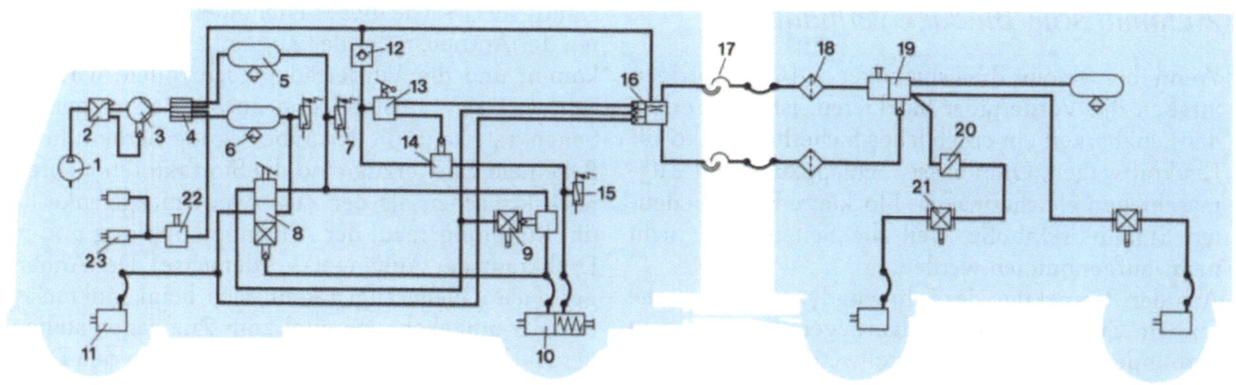

Aufbau einer Druckluftbremse für einen Lastzug.

Auf der IAA 1963 zeigte die Kronprinz AG eine neue Vollscheibenbremse nach der Konstruktion von Dr.-Ing. Hermann Klaue. Bei Vollscheibenbremsen werden stillstehende, mit Reibstoff belegte Scheiben an ein umlaufendes Gehäuse gepreßt. „Freie", das heißt vom Bremsbelag nicht bedeckte Flächen sind nicht vorhanden. Ein weiterentwickeltes System mit hoher Belagstandzeit zeigte die Bergische Stahl-Industrie auf der IAA 1973.

In den USA hatte sich seit 1964 Kelsey-Hayes als wichtigster Hersteller von Scheibenbremsen etabliert. 1977 bot das Unternehmen ein eigenes Luftdruckbremssystem mit Scheiben statt Trommeln an. 1969 hatte sich Ducellier-Bendix-Air Equipement (DBA) in der Entwicklung von Scheibenbremsen engagiert, doch erst 1981 konnten die Produktionsvorbereitungen aufgenommen werden. Das Unternehmen, das aus der ursprünglichen Bendix-France hervorgegangen war, bot 1985 erstmals druckluftbetätigte Scheibenbremsen für Schwerfahrzeuge an.

Nachdem UNIC als erster Nutzfahrzeughersteller 1981 seinen Lorraine-Omnibus mit Valeo-Doppelscheibenbremsen an den Vorderrädern versehen hatte, zog Renault 1984 mit seinen mittelschweren Lastwagenmodellen nach. Auch in diesem Fall beschränkte man sich auf Scheibenbremsen an den Vorderrädern. Ein Jahr später rüstete auch Volvo (Schweden) die Fahrzeuge seiner FL-6-Lastwagen-Baureihe mit Vorderrad-Scheibenbremsen aus, die von Girling bezogen wurden.

Die Girling-„Corvette"-(reaction beam)-Konstruktion wurde 1982 vorgestellt. Es handelt sich um eine Schwimmrahmenkonstruktion mit vollständig abgedichteten Gleitführungen, bei der die Spann- und Schubkräfte getrennt aufgenommen werden. Die Seiten des Sattels sind geschlossen, doch nach oben ist er offen, um gute Kühlung zu gewährleisten und einen einfachen Austausch der Reibbeläge zu gestatten.

Eine Mehrscheibenbremse im Ölbad führte Rockwell 1982 für geländegängige Nutzfahrzeuge ein. Im feststehenden Gehäuse verankerte Lamellen wechseln mit anderen ab, die mit der rotierenden Radnabe verbunden sind. Ein federbelasteter axialer Kolben liefert den Schließdruck. Das wesentliche Element dieser Bremskonstruktion besteht in einem mit dem Bremspedal verbundenen Ventil. Dieses moduliert den Federdruck auf dem Bremskolben. Diese Konstruktion ergab eine wesentliche Vereinfachung des hydraulischen Systems. Caterpillar wählte diese Bremse für seine gigantischen Kipper wegen der hohen Wärmeaufnahmefähigkeit und guten Wärmeableitung. Die Lamellen tragen auf beiden Seiten Beläge aus einem porösen Fasermaterial, das für einen stets vorhandenen dünnen Ölfilm zwischen den Lamellen und den feststehenden Scheiben sorgt und so deren Verschleiß verringert. Die Scheiben bestehen aus kaltgewalztem hochkohlenstoffhaltigem Stahl. Diese Bremsen fanden lediglich für die Hinterräder Verwendung, während die Vorderräder mit Trommelbremsen ausgestattet waren. Die Betätigung erfolgt hydraulisch mit Verstärkung durch Druckluft. Die Hinderradbremsen werden durch Öl gekühlt, dessen Kreislauf zwischen Bremsen und separatem Ölbehälter einen Wärmeübertrager einschließt.

Rockwell International trat 1983 mit einem Duramaster genannten Druckluft-Bremssystem für Lastkraftwagen, Zugmaschinen und Anhänger an. Seine Scheibenbremsen wiesen bei einigen Ausführungen Innenbelüftung auf. Es gab außerdem unterschiedliche Konstruktionen für gelenkte und für angetriebene Achsen. Alle Bremsen hatten Schwimmsättel und eine Nachstellautomatik.

Eine auf Scheiben wirkende Druckluftbremse für Schwerlastwagen und Omnibusse stellte in der Bundesrepublik Deutschland Perrot-Bendix im Jahr 1984 vor. Die Schwimmsättel weisen eine Federbetätigung auf, der Anpreßdruck wird durch Kugeln und Anlauframpen erzeugt. Die Schraubenfeder steckt in einem Zylinder auf der Luftablaß-Einheit und liefert ein maximales Moment von 20 000 Nm. Belagverschleiß wird automatisch kompensiert, zwangsweises Öffnen der Bremszange hält bei normaler Fahrt die Bremsklötze auf Abstand, so daß Reibverluste und Verschleiß vermieden werden.

Automatische Blockier-Verhinderer

Wenn bei einem Bremsmanöver auf schlüpfrigen Straßen die Vorderräder blockieren, ist der Verlust der Lenkbarkeit ein erhebliches Sicherheitsrisiko für Lastkraftwagen, Omnibusse, Schleppzüge und Zugmaschienen gleichermaßen. Blockierte Räder bedeuten Stabilitätseinbuße, weil die Seitenkräfte nicht mehr aufgenommen werden.
Aus der Perspektive der Fahrzeugdynamik kann die Einheit Zugmaschine-Sattelauflieger als ein innig verbundenes Doppel betrachtet werden. Die vordere Einheit ist ein Vierradfahrzeug mit kurzem Radstand und angetriebenen Hinterrädern, der Auflieger hingegen kann als Vorderradantriebs-Fahrzeug mit langem Radstand gelten, wobei allerdings der Königszapfen und die Sattelplatte wie eine Drehschemel-Lenkung wirken. Aus der Verbindung dieser Partner ergeben sich im Extremfall bei seitlichem Ausrutschen recht gefährliche Eigenschaften, die volkstümlich als „Klappmessereffekt" bezeichnet werden. Häufigste Ursache dieses Phänomens ist ein Blockieren der Antriebsräder der Zugeinheit. Wenn es dazu kommt und die Vorderräder noch rollen, wird das Fahrzeug sehr unstabil und auch eine nur geringe Seitenkraft kann die Klappbewegung herbeiführen. Bei einem Gliederzug sind die Störfaktoren insofern noch kritischer, als der Zug zwei Knickgelenke hat (im Kupplungsmaul der Anhängerkupplung und im Drehkranz der Anhänger-Vorderachse). Der Anhänger eines Gliederzuges kann sich beim Einknicken notfalls umgekehrt parallel zum Zugwagen stellen; der Auflieger eines Sattelzuges schert um den Drehpunkt des Königszapfens das Fahrerhaus ab mit möglicherweise schlimmen Folgen.
Die Suche nach Mitteln und Wegen, ein Blockieren überbremster Räder zu verhindern, hat die Fahrzeugingenieure seit mindestens einem halben Jahrhundert beschäftigt.
Einige GMC-Modelle wurden 1959 mit automatischer Bremskraftverteilung ausgestattet, und 1960 trat Midland-Ross mit einer Bremsdrucksteuerung

Diese Fotos sagen viel aus: Auf regennasser Straße erreicht der Sattelzug mit Blockierschutz nicht nur gute Verzögerungswerte, sondern er bleibt auch sicher in der Spur und vollständig lenkbar. Auf dem Foto unten erkennt man an den Wasserkeilen vor den Rädern, daß diese bereits rutschen. Der Zug ist damit nicht mehr sicher lenkbar, und es kann zu dem gefürchteten Einknicken kommen.

für Anhänger auf. In Großbritannien bemühte sich Dunlop, das Antiblockiergerät Maxaret, das in Flugzeugbremsen schon Eingang gefunden hatte, auch bei der Nutzfahrzeugindustrie anzubringen. Bendix-Westinghouse nahm 1957 die Entwicklung eines Blockier-Verhinderers auf, der in den Jahren 1959, 1961 und 1962 weitgehend verbessert und erprobt wurde.

Die um diese Zeit getesteten Blockierschutzgeräte arbeiteten ohne Ausnahme auf mechanischer Grundlage, während Sensoren und Steuerung elektromechanisch wirkten. Diese Anlagen funktionierten unter bestimmten Bedingungen sehr gut, ließen die Anpassungsfähigkeit an den harten Normalbetrieb aber vermissen. Als das Problem ein Jahrzehnt später wieder aufgegriffen wurde, geschah dies unter Anwendung elektronischer Systeme und der individuellen Steuerung der Radbremsen. Eine Fertigung solcher Anlagen wurde 1973 aufgenommen.

1966 hatte in den USA Kelsey-Hayes mit Straßenerprobungen seines Hytrol-Blockierschutzgeräts für Anhänger-Bremsen begonnen. In der Zeit zwischen 1966 und 1969 wurden mehr als 2 000 Achsen mit diesem ABV-Gerät ausgestattet. Es funktionierte elektro-mechanisch und war etwa eine Kreuzung zwischen dem System, an dem Kelsey-Hayes zehn Jahre lang arbeitete, und der Abwandlung eines Antiblockiergeräts für Flugzeugbremsen für Landfahrzeuge, für das Kelsey-Hayes die Rechte von der Hydro-Aire Division der Crane Company erworben hatte. 1970 stellte Kelsey-Hayes dann die zweite Generation seines ABV vor – erstmals mit elektronischem Steuergerät –, genannt Computer Brake Control (CBCX).

CBCX paßte sich automatisch der Last an, war mit einer Fail-safe-Vorrichtung versehen und zeigte dem Fahrer auftretende Funktionsstörungen an.

Auch Borg-Warner begann 1969 mit der Entwicklung eines lastabhängig funktionierenden Blockierschutzgeräts.

Im Oktober 1968 stellte Dunlop das Maxaret IIE vor. Es war für Sattelzugmaschinen vorgesehen. Im Gegensatz zu den vorangegangenen Maxaret-Ausführungen, deren Blockiersensor auf mechanischer Grundlage arbeitete, wurden für das IIE erstmals elektronische Sensoren benutzt. Die Kardanwelle trug ein Zahnrad, und ein elektromagnetischer Aufnehmer erhielt von diesem das Geschwindigkeitssignal. Bei Meldung ungewöhnlich hoher Verzögerung betätigte dann das Steuergerät elektromagnetische Ventile im Druckmodulator. Bei offenem Ventil strömt Luft aus einem Extraspeicher in die Kammern der beiden Impulsgeber. Diese stehen normalerweise mit der Außenluft in Verbindung. Stehen die Kammern unter Druck, begrenzt ein Steuerventil den Druck in den Hauptzylindern zu den Radbremsen, die zu blockieren beginnen. Die Bremsen werden damit freigegeben und das Steuergerät schickt neuerlich ein Signal an die Ventile, so daß der Druck wieder hergestellt wird. Dieser Vorgang wiederholt sich, so lange die Blockierneigung besteht.

Komponenten eines Blockierschutzgeräts für die Bremsanlage eines Omnibusses oder Lastfahrzeugs.

Bremsanlage für einen Gelenkomnibus mit 6-(4 + 2)-Kanal-ABS (links) und ein (6 × 2)-Fahrzeug mit erweitertem 4-Kanal-Blockierverhinderer.

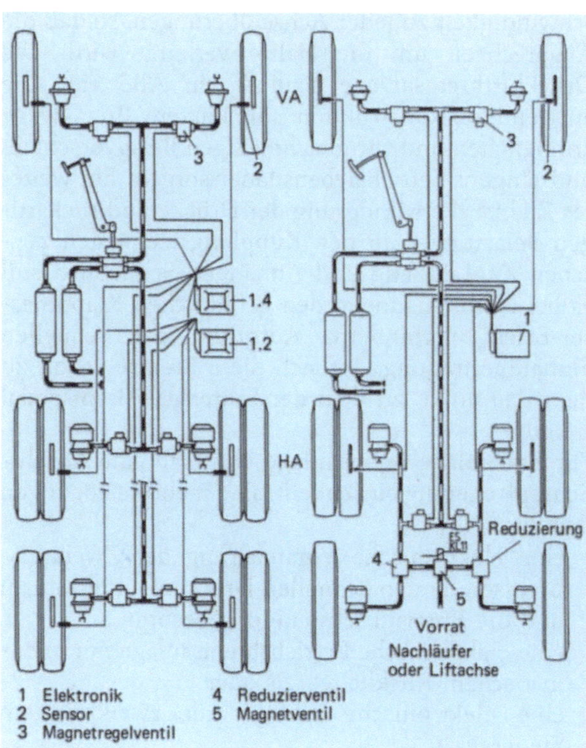

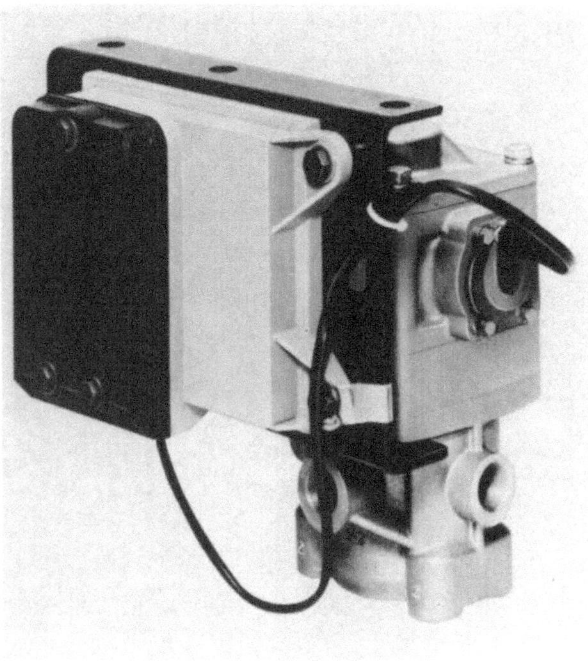

Antibloc-(MGX-2E)-Blockierschutzgerät für Anhänger-Bremssysteme von Graubremse.

MAN nahm 1971 Erprobungen des elektronischen Bosch-Knorr-ABS auf. Unter den mit diesen Anlagen ausgestatteten Testfahrzeugen befand sich auch ein zweiachsiger 16-t-Lastkraftwagen mit dreiachsigem 22-t-Anhänger.

Die Nutzfahrzeughersteller hatten bereits eine Menge Erfahrungen mit Blockierschutzanlagen gesammelt und auch Akzeptanz bei ihren Kunden gefunden, als das US Department of Transportation die MVS-Norm 121 erließ, die am 1. September 1974 in Kraft trat. Alle von diesem Datum an in den USA neu zugelassenen Lastkraftwagen mit Druckluftbremsen mußten nach dieser Vorschrift mit Blockierschutz für ihre Bremsanlagen versehen sein. Die Normen setzten außerdem strenge Vorschriften für Bremswege und Maximalabweichungen vom Kurs bei Notbremsungen fest. Ferner forderte MVS 121 Minimalwerte für das Ansprechen und Freigeben der Druckluftbremsen. Der Druck im Hauptbremszylinder mußte innerhalb von 0,35 s auf 4,3 bar steigen und bei Freigeben der Bremse innerhalb von 0,5 s von 6,8 bar auf 0,35 bar absinken.

Wie zu erwarten war, folgte Europa diesem Beispiel, wenn auch in weniger hektischer Weise. Der EEC-Entwurf im Dokument XI/370/74 wurde zur Grundlage der Direktive 75/524 der EEC. Sie betrifft unter anderem die Kompatibilität der Bremsanlagen von Zugmaschine und Auflieger.

Zu den amerikanischen Herstellern von Bremssystemen entsprechend MVS 121 zählen die AC Spark Plug Division (von General Motors), Bendix-Westinghouse, Berg Manufacturing Co. (unter FIAT-Lizenz), Borg & Beck, Eaton, B. F. Goodrich, Kelsey-Hayes, Rockwell-Standard und Wagner Electric Corp. Fruehauf führte sein „Positive Brake System" für Sattelauflieger 1974 ein. Bendix kam 1977 mit der zweiten Generation seines ABV heraus, und White stellte 1979 ein kostengünstiges, Air Brake Proportioning (ABP) genanntes System vor, das ohne elektronisches Steuergerät den Luftdruck in den Bremsen lastabhängig moduliert.

Ein von Wabco-Westinghouse entwickeltes und hergestelltes Blockierschutzgerät wurde ab 1981 von Mercedes-Benz als Wahlausstattung für Reisebusse und Fernlastzüge angeboten und später auf Wunsch auch für alle anderen Lastkraftwagen- und Omnibusmodelle freigegeben. 1984 nahmen Mercedes-Benz und Wabco-Westinghouse die Zusammenarbeit mit Telma (nunmehr zur Unternehmensgruppe Precision Mecanique Labinal gehörig) auf. Gemeinsam wurde ein System geschaffen, das automatisch bei Betätigung der Bremse auch den elektrischen Retarder zuschaltet. Hierzu gehört auch ein ABS-Gerät, so daß für einen optimalen Ausgleich in den Bremssystemen von Zugmaschine und Auflieger bzw. Anhänger gesorgt ist.

Der in den Jahren 1980 bis 1984 entwickelte Renault-FR-1-Omnibus ist mit einem Bendix-ABV ausgestattet, das bei einer Störung im System sowohl den Fahrer warnt als auch selbsttätig die nötigen Schaltungen ausführt, um nach den bestehenden Möglichkeiten die optimale Funktion zu sichern.

Scania nahm 1985 Versuche mit einer Bremsanlage auf, bei der ein neuer Weg für den Ausgleich der Bremssysteme zwischen Zugfahrzeug und Anhänger eingeschlagen wurde. Das gemeinsam von Scania und Bosch entwickelte System schließt eine zeitliche Synchronisierung des Greifens der Bremsen in Zugfahrzeug und Anhänger ein – und zwar für alle Räder. Die Bremsimpulse werden mit Lichtgeschwindigkeit zu jeder Achse übertragen, so daß die Ansprechzeit um die Hälfte verkürzt wird. Die Druckluftbremsanlage schließt ein ABS ein. Die aufwendige Konstruktion soll kürzere Bremswege ermöglichen und für gleichmäßigen Belagverschleiß und längere Betriebslebensdauer sorgen. Ein weiteres Ziel ist die Minderung der Drücke und ruckartigen Belastungen in den Kupplungselementen zwischen Zugfahrzeug und Anhänger. Schließlich soll es bei Notbremsungen den gefährlichen Klappmesser-Effekt verhindern. Aufgrund der schnellen Signalübertragung löst sich diese Bremse schon zu dem Zeitpunkt, zu dem der Fahrer das Bremspedal freigibt.

Für eine solche Bremsanlage, die auch eine Anfahr-Schlupfregelung einschließt, sind mehrere Lösungen denkbar:

- eine elektronische Vorsteuerung der Zweikreis-Bremse, die den schnellen Druckauf- und -abbau und die Bremsdrucksteuerung besorgt,
- eine elektronische Betriebsbremsanlage mit pneumatischem Rückhaltekreis oder
- eine elektronische Anlage mit zweikreisigem Steuergerät.

Die schwedische Nutzfahrzeugindustrie genießt mit den Unternehmen Scania und Volvo weltweit ein das Größenverhältnis ihres Landes übersteigendes Ansehen.
Das Bild zeigt eine Volvo-F-12-Sattelzugmaschine mit Tankauflieger, wie sie seit 1984 im Programm geführt wird. Der Reihen-Sechszylinder-Motor leistet mit Turbolader und Ladeluftkühlung 272 kW bei 2050 min^{-1}. Das Getriebe — eine Volvo-Eigenkonstruktion — bietet 2 × 6 Vorwärtsgänge und zwei Crawler-Stufen.
Die fortschrittliche Bremsanlage vereinigt Girling-Trommelbremsen mit Z-Nocken mit einem Wabco-Druckluftsystem, das auf Wunsch durch ein Vierkanal-Blockierschutzgerät mit Anschlußmöglichkeit für Anhänger bzw. Sattelauflieger ergänzt wird. Das Globetrotter-Fahrerhaus erfüllt den höchsten europäischen Sicherheitsstandard.

Räder und Reifen rollender Lasten

Heinz Thomass

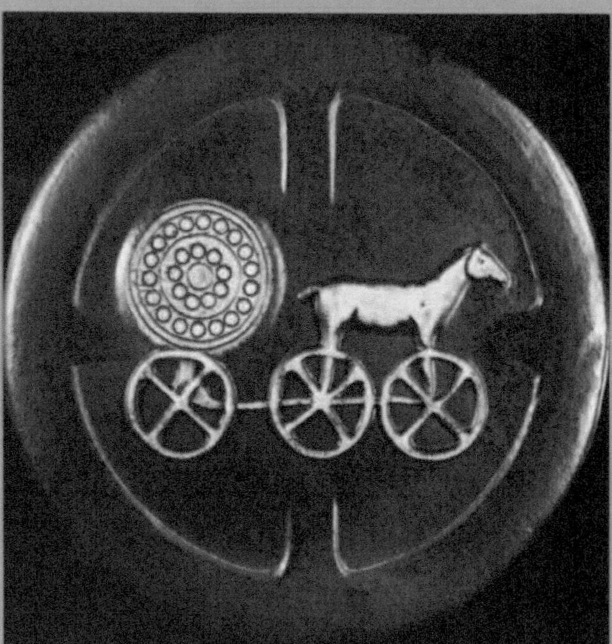

Ein uralter Traum der Menschen: der Wagen mit eigener Antriebskraft, hier symbolisiert durch das Pferd auf Rädern. Ein von der Bergischen Achsenfabrik gestalteter Schmuckteller zeigt eine Nachbildung des Sonnenwagens von Trundholm. Dieser Kultwagen aus der nordischen Bronzezeit (1400 bis 1200 v. Chr) wurde im Moor bei Nykøbing, Seeland (Dänemark), gefunden.

Der Reifen eines Lastwagens ist nicht schlechthin ein vergrößerter Pkw-Reifen. An den Lkw-Reifen werden nicht nur höhere, sondern auch andere Anforderungen gestellt als an den Reifen eines Personenwagens. Gewiß, auch der Lkw-Reifen hat die Aufgabe, einen kraft- und formschlüssigen Kontakt zwischen Fahrzeug und Fahrbahn herzustellen. Aber die meisten Einzeleigenschaften, zum Beispiel Tragfähigkeit, Traktion, Geradeauslauf, Kurvenstabilität, Schnellauftauglichkeit, Laufruhe, Lenkpräzision, Nässeeignung, Federungs- und Geräuschverhalten, – alle diese Kriterien haben bei Lkw-Reifen eine andere Bedeutung und Rangfolge als bei Pkw-Reifen. Der Reifen eines Pkw hat bei voller Beladung des Fahrzeugs etwa das 1,5fache der Last des Leerfahrzeugs zu tragen. Bei einem Lkw-Reifen kann es das achtfache sein.

Ein 38-t-Lastzug hat bei einer Geschwindigkeit von 80 km/h die gleiche kinetische Energie, die ein mit vier Personen besetzter Mittelklasse-Pkw bei 400 km/h hätte. Fährt der Personenwagen ebenfalls 80 km/h, dann ist die Wucht des Lastzugs 25mal größer. Und diese Energie muß beim Bremsen – manchmal in kürzester Zeit – abgebaut werden. Der Abbau erfolgt über die Reifen. Nun ließe sich einwenden: Dafür hat der Lastzug ja auch mindestens zwölf Räder (Zwillingsräder als zwei Räder gezählt), der Personenwagen nur vier. Dennoch hat jeder Reifen des Lastzugs beim Bremsen die achteinhalbfache Bewegungsenergie umzusetzen.

An diesen Vergleichen ist zu erkennen, welche unterschiedlichen Eigenschaften die Reifen von Lastwagen im Vergleich zu Personenwagenreifen haben müssen. Die Entwicklung der Lastwagenreifen ist von den ersten Anfängen an eigenen Gesetzen gefolgt und hat andere Wege beschritten als die der Pkw-Reifen.

Pionierzeit

Vorbilder versagen

Die ersten Lastkraftwagen hatten wie ihre älteren Vettern, die Pferdefuhrwerke, Holzräder mit Eisenreifen. Diese genügten den damaligen Anforderungen; denn erstens hatten die Ahnen unserer heutigen Trucks noch nicht so schwere Lasten zu tragen, zweitens fuhren sie noch längst nicht so schnell wie ihre Nachfahren, und drittens wurde das, was man heute Fahrkomfort nennt, bei den Motorwagen der damaligen Zeit noch recht gering veranschlagt, bei Lastfahrzeugen wahrscheinlich gar nicht.

Im gleichen Jahr 1896, in dem Gottlieb Daimler seinen ersten Personen-Motorwagen auf Pneumatiks stellte, rollte sein erster Lastwagen mit eisenbereiften Holzrädern aus der Cannstatter Werkstatt. Wenn man den Vollgummireifen als das „Darwinsche

5

Zwischenglied" in der Entwicklung zwischen Eisenreifen und Pneus bezeichnet, dann hatte damals der Lastwagenreifen gegenüber dem Pkw-Reifen einen Rückstand von zwei Entwicklungsstufen. Bald stellte sich heraus, daß die eisenharten Räder den Lastwagen schlecht bekamen. Sie beeinträchtigten weniger die Fuhrleute oder die Ladung als vielmehr die Mechanik. Durch die Erschütterungen setzten häufig die Motoren aus, oder Übertragungsteile gingen zu Bruch. Die Lösung war schnell bei der Hand: Die Eisenreifen wurden durch Vollgummireifen ersetzt. Aber sogleich trat eine neue Schwäche auf: Auch die Holzräder waren zu labil. Der Daimler-Lastwagen von 1896 erreichte bereits eine Geschwindigkeit von 12 km/h und wog in seiner stärksten Ausführung vollbeladen 7,5 t. 1897 stellte die Bergische Stahlindustrie (BSI) in Remscheid stählerne Lkw-Speichenräder her. Die Speichen hatten wegen der höheren Bruch- und Knickfestigkeit einen kreuzförmigen Querschnitt.

In der Bereifung der Lastwagen gab es einen ständigen Wettlauf zwischen den Fahrzeugleistungen und der Reifentauglichkeit. Bei starker Pressung durch ein großes Gewicht verhielt sich der Vollgummi- oder – wie er vielfach genannt wurde – Massivreifen fast so unelastisch wie ein starres Material.

Ein schwerer Sattelzug verlangt viel von seinen Reifen.

Eisenbereift wie seine pferdebespannten Vettern: der erste Daimler-Lastwagen.

Holzspeichen genügten nur am Anfang. Der Reifen wurde in Einzelfällen mit Gummisegmenten – zur besseren Elastizität durchlocht – auf die Felge geschraubt.

Der Vollreifen saß mit einer Verzahnung auf dem Stahlband, das Stahlband auf der abnehmbaren Felge und diese auf der Grundfelge.

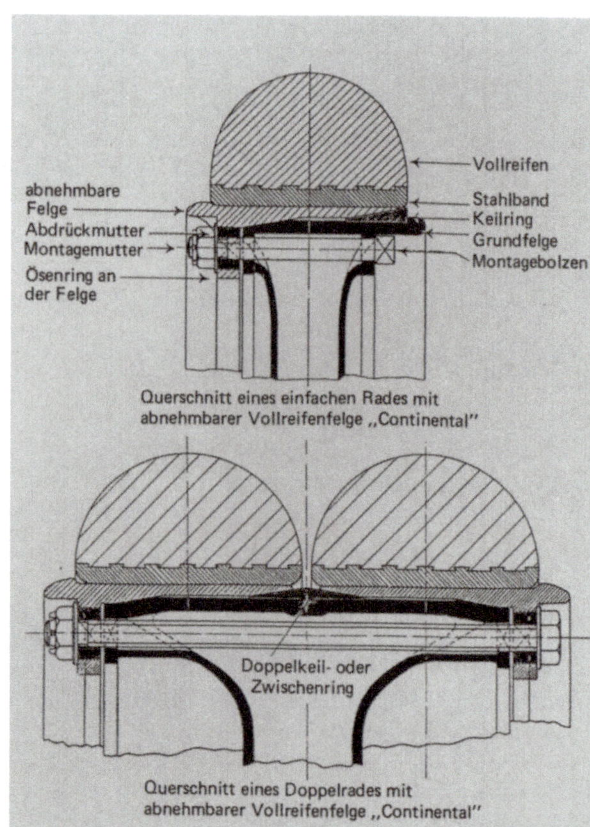

Ein Schweizer Orion-Lkw auf GF-Rädern mit Vollgummireifen.

Hydraulische Reifenmontage

Problematisch war es außerdem, die durch Belastung und Walkarbeit stark beanspruchten Massivreifen auf der Felge zu befestigen. Den Anfang mit einer sich später vervollkommnenden Entwicklung machte die Firma Pollack in Waltershausen (Thüringen). Sie stellte einen Vollreifen her, durch dessen Sohle ein breites, in Hartgummi gebettetes Stahlband gezogen war. Auf den Hartgummmi war dann der Reifengummi vulkanisiert. Der Reifen hatte also eine feste Basis. Um ihn montieren zu können, bekam die Felge ein abnehmbares Horn ähnlich den später üblichen Seiten- oder Verschlußringen.

Der Reifen mit Hartgummi-Stahl-Sohle wurde, weil zu kompliziert und zu teuer, wieder aufgegeben. Das später eingeführte Verfahren hielt sich praktisch bis zum Auslauf des Vollgummireifens Ende der zwanziger Jahre unseres Jahrhunderts. Danach hatte der Vollgummireifen als Unterbau einen etwa 12 mm dicken Ring aus Flachstahl, auf dessen Oberseite in Umfangrichtung – je nach Reifenbreite – drei bis acht schwalbenschwanzförmige Nuten verliefen. Der Vollgummireifen wurde im plastischen Zustand aufgepreßt, so daß sich Fußleisten aus dem „grünen" Gummi in die Nuten preßten. Nach dem Vulkanisieren ergab sich eine feste Verzahnung zwischen Reifen und Stahlring. Dessen Durchmesser war genau auf den äußeren Felgendurchmesser mit einer Schrumpftoleranz berechnet. Die derart „armierten" Reifen wurden dann mit hydraulischen Pressen auf die Felge gepreßt. Da diese Pressen in der Regel nur bei Rad- oder Reifenherstellern, allenfalls bei großen Reparaturwerkstätten vorhanden waren, bedingte ein Reifenwechsel meistens einen längeren Ausfall des Fahrzeugs.

Der Luftreifen liegt in der Luft

1902 kaufte die britische Dunlop Pneumatic Tyre Co. Ltd. einen Daimler-Lastwagen, um ihn mit Luftreifen auszurüsten, zumindest um es zu versuchen. Der Namenspatron des Unternehmens, John Boyd Dunlop, hatte zwar bei der Erfindung des pneumatischen Reifens an alles andere gedacht als an Autos –, aber da schon Personenwagen auf luftgefüllten Reifen rollten, lag es nahe, diese Errungenschaft auch dem Lastwagen zugute kommen zu lassen. Allerdings dauerte es noch Jahre, bis der erste Lastwagen auf brauchbaren Luftreifen einherfuhr, denn man sah lange Zeit in dem Vollgummireifen einen deutlichen Fortschritt gegenüber dem Eisenreifen. Problematisch blieb aber stets die Konstruktion des Rades: Mit zunehmender Last wurden die Fahrbahnstöße stärker und mit zunehmender Geschwindigkeit heftiger. Dazu kam die „Hebelwirkung" der Antriebsräder. Radkranz- und Speichenbrüche waren an der Tagesordnung.

1905 konstruierte der Berliner Ingenieur Osman Pfeffer für Lastwagenräder Speichen aus Stahlrohr, die stabiler waren als Holzspeichen und leichter zu

Immer noch Holzspeichen und Holzfelge. Die Gummiklötze des Reifens wurden durch verschraubte Laschen gehalten.

Büssing-Stahlgußrad mit Rohrspeichen, darüber eine Holzfelge, auf dieser ein Eisenreifen.

Für Krisenzeiten gab es radiale Schraubenfedern anstelle von Gummireifen.

Ein noch schlimmerer Notbehelf: Hanfseile.

bearbeiten. Im gleichen Jahr entwickelte die Bergische Stahlindustrie das erste deutsche Stahlgußrad für Lastwagen, außerdem Scheibenräder sowie Räder mit Rohrspeichen. Zur gleichen Zeit lieferten die Eisen- und Stahlwerke Georg Fischer, Schaffhausen, Stahlgußräder an die Automobilfabrik Orion in Zürich.
Aus diesen Entwicklungen ist zu ersehen, daß bei Lastwagen die Radkonstruktionen fast eine größere Bedeutung hatten als die Reifen. Sie verlangten von den Fahrzeug- und Teilekonstrukteuren immer wieder das Lösen neuer Probleme.

Unwillige Räder

Der Nutzfahrzeug-Pionier Heinrich Büssing befaßte sich sehr eingehend mit dem Rad-Reifen-System, das angesichts der damaligen schlechten Straßenzustände für ihn der Schlüssel zum nutzbringenden

Einsatz des Lastwagens war. Auch er begann mit dem Eisenreifen auf Holzfelgen. Nach alter Stellmacher-Praxis wurde der Eisenreifen auf die Holzfelge warm aufgeschrumpft. Aber durch das ständige Hämmern auf hartem Pflaster wurde der Reifen gestreckt und sprang von der Felge. Eisenreifen mit größerer Dicke waren schwer und machten einen Höllenlärm, der dem ohnehin beargwöhnten Lastwagen wenig Freunde verschaffte. Dann versuchte es Büssing mit Vollgummireifen auf Holzfelgen, denen immer noch eine bestimmte Elastizität eigen war. Dennoch waren die Federungseigenschaften miserabel, der Reifenverschleiß groß. Erst das Stahlgußrad erlaubte, Vollgummireifen mit einem Profil aufzulegen, das etwas Elastizität gewährte.

1906 entwickelte Büssing in Zusammenarbeit mit Continental einen Luftreifen für hohe Radlasten bei Omnibussen und erprobte ihn bei Versuchsfahrten im Harz. Zur Schonung des Reifens reichte das Felgenhorn bis zur halben Höhe der Reifenflanke. Aber die Lebensdauer des Reifens war zu kurz, um eine befriedigende Lösung zu bieten. 1906 nahmen die Gummiwerke Fulda die Produktion von Vollgummireifen für Automobile auf und legten dabei das Hauptgewicht auf die Bereifung schwerer Fahrzeuge. In der Folgezeit liefen Omnibusse in London und Mailand auf Fulda-Massiv-Reifen.

Verteilung der Lasten

Im Jahr 1906 begann die Entwicklung elastischer, federnder Räder ohne die Verwendung von Luftreifen, ja, unter Verzicht auf Gummi überhaupt. In den Schaltstellen der Wirtschaft und der Militärverwaltung war man sich darüber klar, daß im Falle kriegerischer Konflikte das Deutsche Reich von den Kautschuk-Erzeugungsgebieten abgeschnitten sein würde. Es wurden Möglichkeiten erprobt – zum Beispiel radiale Schraubenfedern und Hanfseilwicklungen –, die zehn Jahre später notgedrungen zur Anwendung kamen.

1907/1908 lieferte die „Süddeutsche Automobilfabrik", Gaggenau, Lieferwagen bis 750 kg Nutzlast mit Luftreifen, für höhere Nutzlasten bis 2000 kg mit Vollgummireifen. 1908 wurde in den USA der erste Luftreifen für größere Lastwagen bekannt. Aber er hatte noch zu große Schwächen, um eine erfolgreiche Entwicklung einzuleiten.

Im gleichen Jahr rüstete Michelin den in seiner Heimat zwischen Clermont-Ferrand und Champeix verkehrenden Omnibus mit Zwillingsrädern an der Hinterachse aus. Der Grund lag nahe: Die Widerstandsfähigkeit der damaligen Reifen reichte nicht aus, um die Radlasten der immer größer werdenden Motorfahrzeuge zu verkraften. Bei starker Beanspruchung riß das dehnungsunwillige Kreuzgewebe der Karkassen, und die Reifen platzten. Und die Rechnung war einfach: Wenn man an der Hinterachse das, was bisher zwei Reifen zu tragen hatten, nunmehr vier Reifen auflud, entfiel auf jeden nur noch die halbe Last – und die doppelte Haltbarkeit! Das Rezept hat sich bis heute bewährt.

Wenn Reifen zugrunde gehen

1909 existierten im Deutschen Reich 2000 Lastkraftwagen und Omnibusse. Die Herstellung von Autorädern, auch und besonders von Lastwagenrädern, wurde immer mehr zum Betätigungsfeld von Spezialfabriken. Führend waren die 1897 aus den Firmen Kronenberg und Prinz hervorgegangene Kronprinz AG in Solingen und die in Ronneburg bei Gera (Thüringen) ansässige Autoräder- und Felgenfabrik Max Hering. Die Eisen- und Stahlwerke Georg Fischer AG, die ihren Sitz in Schaffhausen (Schweiz) hat und in Singen am Hohentwiel ein Zweigwerk unterhält, hatte sich bereits 1905 mit dem Guß von Lkw-Rädern befaßt und der Entwicklung entscheidende Impulse gegeben.

1913 ging Continental zur Zwillingsbereifung über. In einer ausführlichen Anweisung „Der Continental Zwillingspneumatik" lesen wir: „Aus vorstehendem geht hervor, daß die Montage unserer Zwillingsreifen in der Tat höchst einfach ist. Es handelt sich um nur neun Einzelteile . . ." 1914 führte Continental die „abnehmbare Vollreifen-Felge" ein, die das vorherige Auf- und Abmontieren eines Voll(gummi)reifens mit hydraulischen Pressen erübrigte. Bei einem

Einer der ersten Luftreifen von Continental mit Gleitschutz auf dem Rad eines Büssing-Omnibusses. Das Felgenhorn ragte bis zur Reifenflanke hoch.

Der erste Bus mit Michelin-Zwillingsrädern.

Die Stifte zwischen den Speichen sind keine Ventile, sondern an ihnen wurden Gleitschutzketten eingehängt und versplintet.

Die Montage des Zwillingspneumatik von Continental war sehr einfach, denn beim Zerlegen fallen „nur" neun Einzelteile an.

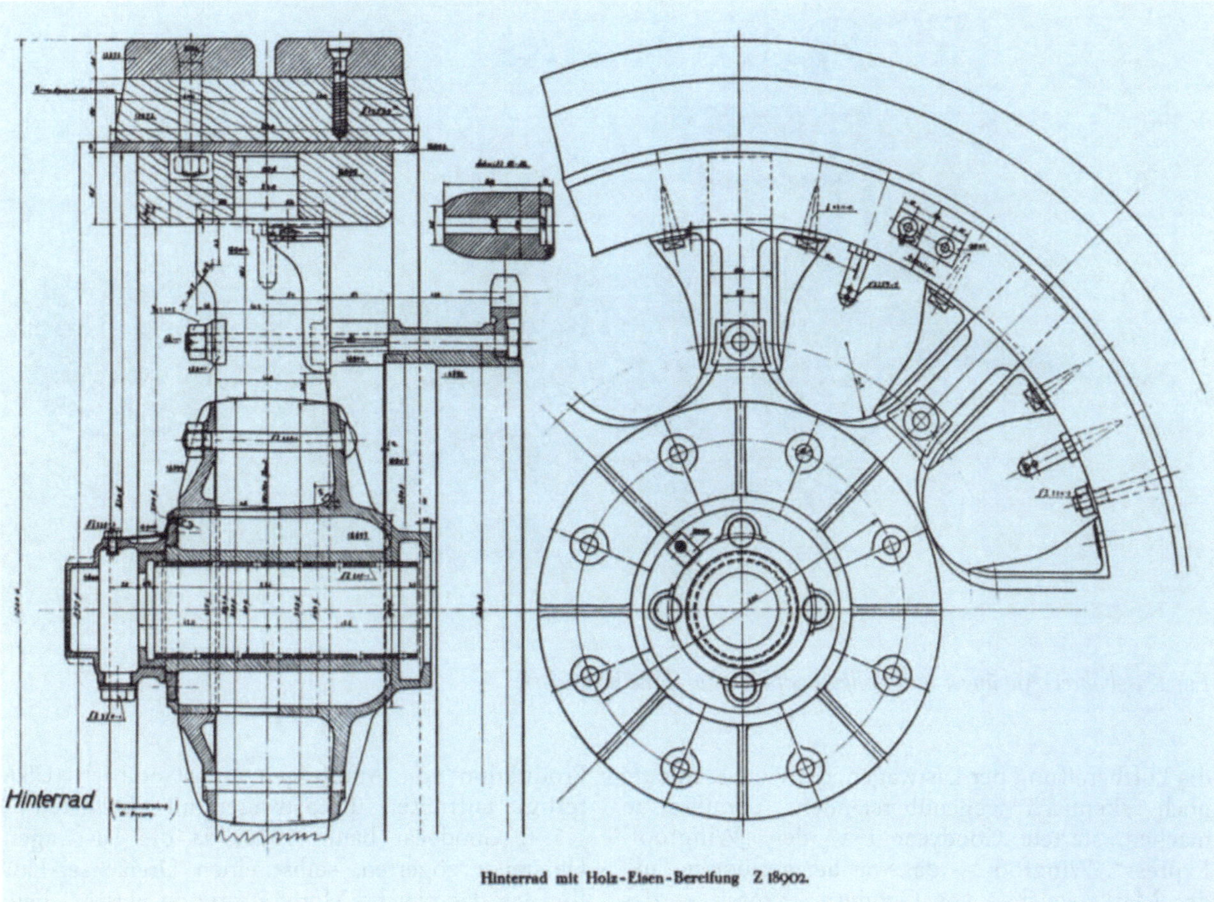

Büssing legte zwischen Radkranz und Eisenreifen eine dämpfende Holzfelge.

Reifenwechsel brauchte man also das Rad nicht mehr zum Standort einer Presse einzuschicken. Zum Vollreifen schrieb Continental: „Ein übermäßig angestrengter Reifen kann niemals rationell verbraucht werden; die Temperatur im Innern des Reifens ist anormal hoch und der Erfolg der Überanstrengung dokumentiert sich in einem zu frühen Zugrundegehen des Reifens."

Sturz und Aufstieg

Not lehrt beten – und erfinden

1914 gab es im Deutschen Reich 10 000 Lastkraftwagen und Omnibusse. Die Gummiwerke Fulda begannen mit der Herstellung von Vollgummireifen aus synthetischem Kautschuk. Die Erzeugung des künstlichen Kautschuks erfolgte nach einem 1909 patentierten Verfahren, das von Dr. Fritz Hofmann, einem Chemiker der Bayer AG, Leverkusen, enwickelt worden war. Die Kriegswirtschaft zwang die Industrie weitgehend zum Ersatz des Gummis durch andere Werkstoffe oder zu anderen Konstruktionen. Büssing baute Räder, bei denen der Radstern aus Stahlguß von einer Holzfelge umgeben war, auf der wiederum ein Eisenreifen saß. Später schrieb der Reichsverband der Automobilindustrie (RDA): „Wir haben während des Krieges erfahren müssen, wie ungeheuer schwer es ist, sogar mit Fahrzeugen neuerer Zeit ohne Betriebsstörungen und Brüche auf Eisenreifen zu fahren."

1916 stellte Goodyear in Akron (USA) den weltweit ersten Lastwagen-Reifen mit Cord-Karkasse her. Um

Der „Wingfoot-Express" durchquert über Hindernisse den nordamerikanischen Kontinent.

Ein Kässbohrer-Anhänger mit Vollgummireifen auf Scheibenrädern.

die Luftbereifung der Lastwagen, der viele Fachleute noch skeptisch gegenüberstanden, populär zu machen, startete Goodyear 1917 den „Wingfoot-Express". Wingfoot – das war der geflügelte Fuß, das Markenzeichen von Goodyear. Expreß – das war ein 5-t-Packard-Lkw. Dieser wurde auf die 2500 km lange Reise von Akron/Ohio nach Boston/Nordostküste geschickt und kam dort, nach 18 Reifenpannen und einem Motorschaden, nach 23 Tagen tatsächlich an. Die Rückfahrt wurde sogar in ganzen fünf Tagen bewältigt. Damit war die Tauglichkeit des Luftreifens für Lastwagen vor den Augen der Öffentlichkeit bewiesen.

Aufholjagd

1919 erwarb Johann Lemmerz die „Rheinische Metall- und Motorboot-Industrie" und nahm die Produktion von Autofelgen auf. Goodrich (USA) fertigte Luftreifen für Lastwagen mit Nutzlasten bis 1,5 t. Goodyear baute 1920, da die Lastwagen-Hersteller zögerten, selbst einen Dreiachser-Lkw. Ihm lag das gleiche Motiv zugrunde, das Michelin zum Einsatz des Zwillingsreifens veranlaßte: durch Lastverteilung auf mehrere Räder die Last auf dem Einzelrad verringern. Fulda baute die „Riesen-Kissenreifen". Diese waren im Prinzip Vollgummi-Reifen, deren Lauffläche aber durch tiefe Einschnitte eingekerbt war, so daß die einzelnen Blöcke – die „Kissen" – Eigenbewegungen ausführen und sich den Straßenunebenheiten besser anpassen konnten. Die Wagenbau-Firma Robert Schenk, Stuttgart-Feuerbach, baute vollgummibereifte Möbelanhänger. Anhänger waren bis zu diesem Zeitpunkt fast ausnahmslos eisenbereift, und den Möbeln, einem besonders empfindlichen Ladegut, bekam dies nicht immer gut.

Die Jahre 1921 und 1922 zeichneten sich in Deutschland trotz der galoppierenden Inflation aus durch das zielstrebige Aufholen des Rückstandes in der Technik.

In den USA hatte seit 1916 die Anwendung des Cord-Gewebes – es war bereits 1903 patentiert worden – eine neue Phase in der Entwicklung der Lkw-Reifen eingeleitet. Die Reifen-Dimensionen konnten nun auf die Maße vergrößert werden, die für schwere Lastwagen nötig waren. Nach dem Ersten Weltkrieg wurde diese Reifenbauart in Europa übernommen. Auf der Olympia-Veranstaltung 1920 in London wurden die durch Cordgewebe gefestigten „Riesenluftreifen" gezeigt, die die Bedingungen erfüllten, an denen die bisherigen Luftreifen bei schweren Lastwagen scheiterten: Tragfähigkeit, Verformungsfähigkeit, Federungsverhalten.

Vergleich zwischen Kreuzgewebe und Cordgewebe: Cord ist dehnfest, aber in der Ebene verwindungsfähig.

Der Riesen-Kissenreifen von Fulda federte besser als die Vollreifen der Konkurrenz

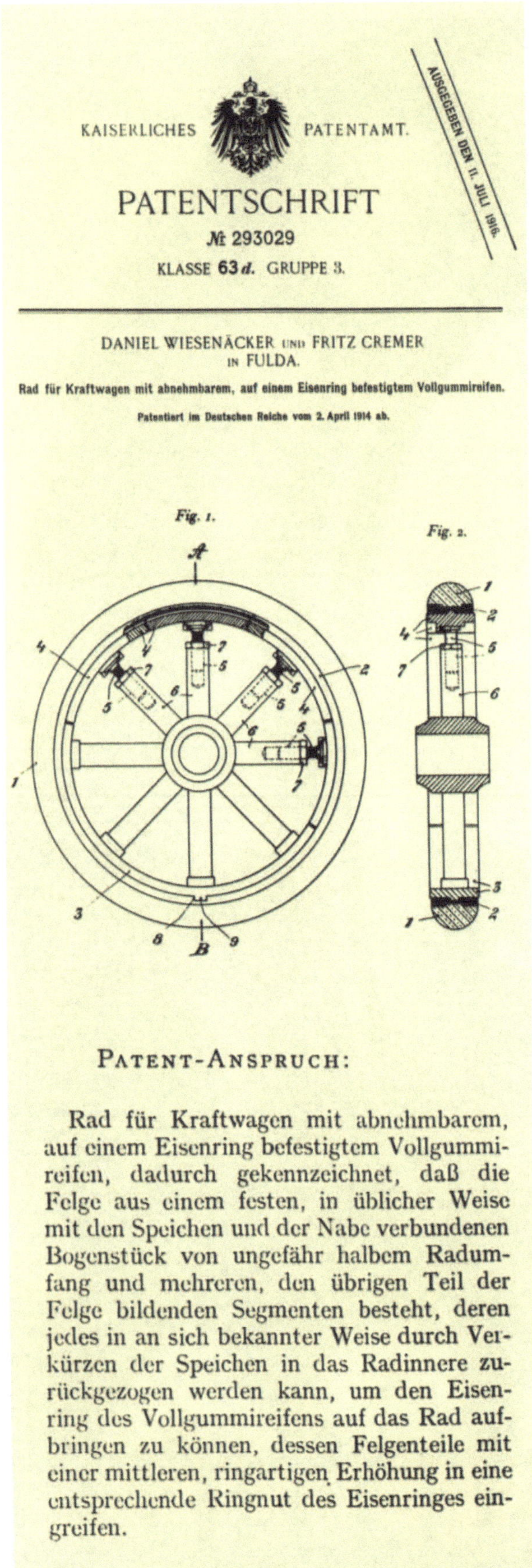

KAISERLICHES PATENTAMT.

AUSGEGEBEN DEN 11. JULI 1916.

PATENTSCHRIFT

№ 293029

KLASSE 63d. GRUPPE 3.

DANIEL WIESENÄCKER UND FRITZ CREMER IN FULDA.

Rad für Kraftwagen mit abnehmbarem, auf einem Eisenring befestigtem Vollgummireifen.

Patentiert im Deutschen Reiche vom 2. April 1914 ab.

PATENT-ANSPRUCH:

Rad für Kraftwagen mit abnehmbarem, auf einem Eisenring befestigtem Vollgummireifen, dadurch gekennzeichnet, daß die Felge aus einem festen, in üblicher Weise mit den Speichen und der Nabe verbundenen Bogenstück von ungefähr halbem Radumfang und mehreren, den übrigen Teil der Felge bildenden Segmenten besteht, deren jedes in an sich bekannter Weise durch Verkürzen der Speichen in das Radinnere zurückgezogen werden kann, um den Eisenring des Vollgummireifens auf das Rad aufbringen zu können, dessen Felgenteile mit einer mittleren, ringartigen Erhöhung in eine entsprechende Ringnut des Eisenringes eingreifen.

Eine pfiffige Lösung von Fulda, aber nicht von Dauer: Der Reifen wurde auf die (geteilte) Felge gespannt, indem man die Radhälften spreizte.

Nicht in die Egge fahren!

Nach diesem Vorbild stellte Continental 1921 seine Karkassen für Lkw-Reifen von Kreuz- auf Cordgewebe um. Diese Gewebeart, die fast nur aus Kettfäden besteht, vermeidet im Gegensatz zur Kreuzbindung ein zerstörendes Reiben der gekreuzten Fäden und erlaubt Schrägverwindungen – es ist eine Eigenschaft, die den Reifen anpassungsfähig und höher belastbar machte. Damit war der Weg zu einem weiteren Schritt in der Reifenentwicklung geebnet. Der Riesenluftreifen erhielt Dimensionen, die heute nicht mehr aufregen, die aber bis dahin unvorstellbar und mit einer Karkasse aus Kreuzgewebe auch gar nicht möglich waren. Das Cordgewebe erlaubte geringere Wandstärken der Reifen. Dadurch entstand beim Abrollen geringere innere Reibung, es wurden weniger hohe Temperaturen erzeugt und die Wärmeleitwege verkürzt. Aus all diesem ergab sich eine größere Belastbarkeit. Continental schrieb dazu: „Der Riesenluftreifen hat die Aufgabe, die wunderbar federnde Preßluft auch den Rädern der Gesellschafts-, Aussichts- und Lastkraftwagen dienstbar zu machen."

1921 warb Dunlop in England für den ersten britischen Lastwagen-Luftreifen in zwei Größen. Im gleichen Jahr lieferte bereits Hansa Lloyd, Bremen, einen Zweitonner auf Continental-Riesenluftreifen, der Geschwindigkeiten von 40 km/h bis 50 km/h erzielte. Aber die Omnibus- und Lastwagen-Hersteller verhielten sich noch abwartend, weil sie in Anbetracht der schlechten Straßen und der zahllos auf diesen Straßen herumliegenden Hufnägel die Pannenanfälligkeit der Luftreifen fürchteten. Continental gab Ratschläge zum Umrüsten von Vollgummi- auf Riesenluftreifen und warnte in einer Druckschrift: „In eine umgekehrte Egge darf man auch mit Continental-Riesenluftreifen nicht hineinfahren."

Wie gerädert?

1922 hatten 68 Prozent der deutschen Lastwagen bereits Stahlguß-Räder, 17 Prozent gaben sich noch mit Holzrädern zufrieden, der Rest hatte unterschiedliche Mischformen. 80 Prozent der Lkw in Deutschland fuhren auf Vollgummireifen, 17 Prozent auf Luftreifen. Zu den „Luftbereiften" gehörten vor allem die Omnibusse und die schnellen Leichtlastwagen. Bei den Omnibussen ging es um den Komfort für die Fahrgäste; aber auch mit den leichten Lastwagen geriet bei höherem Tempo die Fahrt auf Vollgummireifen zur Tortur.

Bei den Rädern und Felgen wurde ständig nach neuen Lösungen gesucht, um den Reifenwechsel zu erleichtern. Die Luftreifen waren, wie es etwas verniedlichend hieß, den „Nadelstichen der Landstraße" ausgesetzt. Die Vollgummireifen verursachten bei einer notwendigen Erneuerung störende Betriebsunterbrechungen. Die Luftreifen waren „Ge-

radseitreifen", das heißt, sie hatten keine Wulste, die von klauenartigen Felgenhörnern umklammert wurden, sondern Drahtseil-Wulste. Sie wurden auf Flachbettfelgen montiert.
Für Luftreifen gab es drei Rad-/Felgen-Kombinationen:

– Die abnehmbare geteilte Felge. Sie war auf dem – vielfach noch hölzernen – Radkranz durch Keile und Bolzen befestigt. Bei einem Reifenwechsel wurde nur sie abgenommen, das Rad blieb an der Nabe. Der Reifen wurde von einem Seiten- und einem Verschlußring gehalten.
– Das komplette Metallrad als Stahlspeichen- oder Scheibenrad. Es war mit Bolzen und Muttern auf der sogenannten Flanschnabe befestigt und wurde bei einem Wechsel als Ganzes abgeschraubt. Der Reifen wurde in ähnlicher Weise gehalten wie auf der abnehmbaren Felge. Hersteller von Rädern dieser Konstruktion waren in Deutschland Kronprinz und Hering.
– Das Simplex-Rad von Georg Fischer (GF). Die Felge bestand aus zwei seitlich geteilten Hälften, die von den klauenartigen Speichenköpfen des Radsterns zusammengehalten wurden. Das Montieren erfolgte durch ein versetztes Auflegen der bereiften Felge auf den Radstern und das folgende seitliche Eindrehen wie bei einem Bajonettverschluß. Später waren die Felgen nicht mehr in der Mitte ihres Bettes, sondern seitlich geteilt.

Pro und contra Luft

Fulda brachte 1923 ein patentiertes „Lastwagenrad für abnehmbare Vollgummi-Bereifung" heraus. Es hatte einen diametral in zwei Hälften geteilten Radkranz. Der eine Halbkranz war durch feste Speichen mit der Radnabe verbunden. Der andere Radkranz war seinerseits – je nach der Anzahl der Speichen – in drei oder vier Segmente geteilt. Diese Segmente stützten sich über Druckplatten und Spannschrauben auf den ihnen zugeordneten Speichenstummeln ab. Der Vollgummireifen wurde mit seinem Stahlband auf das lose zusammengefügte Rad gelegt. Dann wurden die Spannschrauben angezogen, so daß sich die Felgensegmente radialexpansiv gegen das Reifen-Stahlband preßten. Es konnte also in jedem Betrieb, notfalls auch unterwegs, ein fertiger Vollgummireifen ausgetauscht werden. Ob allerdings das Rad gänzlich ohne „Höhenschlag" rotierte, erscheint zweifelhaft.
Büssing entwickelte ein Nutzfahrzeug-Chassis mit zwei angetriebenen Hinterachsen und Riesenluftreifen. Auf das Fahrgestell wurde ein Omnibus karossiert, der eine Werbefahrt durch Deutschland machte und 1924 auf der Berliner Automobil-Ausstellung präsentiert wurde. Im Mai des gleichen Jahres schrieb die neu ins Leben gerufene Fachzeitschrift „Das Lastauto": „Das Maximum für einen Pneumatikreifen liegt bei einer Belastung ungefähr von 700 bis 750 kg pro Rad, das ist also für einen Wagen von ca. drei Tonnen. Mutet man dem Pneumatik eine Mehrleistung zu, dann läuft man Gefahr, daß der Mantel sehr rasch abgenutzt und ebenso leicht bei Wendungen aus der Felge herausgerissen wird."
In den Jahren 1923/24 bürgerte sich auch in Europa und in Deutschland bei der Kennzeichnung der Reifendimensionen das englische Zollmaß ein, das aus den USA übernommen wurde.

Der Ballonreifen kommt

1925 führte Goodyear einen Spezial-Ballonreifen für Omnibusse ein. Hiermit wurde ein folgerichtiger Schritt vollzogen. Je schneller die Nutzfahrzeuge wurden, um so mehr kam es auf Fahrstabilität an. Ein Kriterium der Fahrstabilität ist die Lage des Fahrzeug-Schwerpunktes, denn ein hochliegender

Bei dem K-Rad halten die „Clamps" die Felge auf den Speichen und zugleich den Sicherungsring auf der Felge (oben Vorderrad, unten Hinterrad).

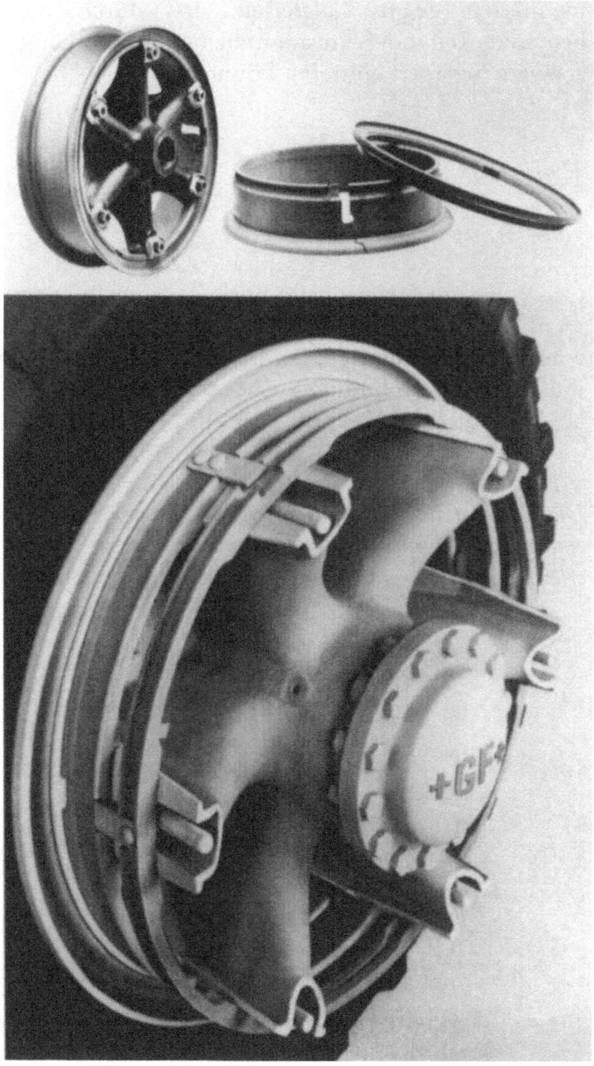

Schwerpunkt verstärkt die Kurvenneigung und verringert die Kippsicherheit. Ein Absenken des Schwerpunktes ist möglich zum Beispiel durch kleinere Räder. Das Stoßschluckvermögen von Luftreifen ist abhängig vom Luftvolumen. Wenn die Räder kleiner werden, muß, um das Luftvolumen zu wahren, der Reifenquerschnitt größer werden. Das Ergebnis ist der Ballonreifen.
Tatsächlich hatte vor etwa 60 Jahren ein Reifen mit einem Durchmesser von 1075 mm und einer Breite von 225 mm bei einem Luftdruck von 8 bar eine Tragfähigkeit von 1800 kg. Heute hat ein Reifen von 870 mm Durchmesser und 254 mm Breite die gleiche Tragfähigkeit bei 6 bar. Freilich haben im Laufe der Jahrzehnte noch andere Material- und Konstruktionsmerkmale zu dieser Leistungssteigerung beigetragen. Aber ein erster Schritt in diese Richtung war mit dem Ballonreifen getan.
1925 baute die Bergische Stahlindustrie in Lizenz von Georg Fischer Simplex-Räder und in Goodyear-Lizenz K-Räder. Diese Konstruktion war gleichsam eine billigere Version des Simplex-Rades. Bei ihr wurde die ungeteilte Felge auf dem Radstern und der Reifen-Sicherungsring gleichzeitig von Klammern („clamps") gehalten, die an den Speichenköpfen festgeschraubt waren. Anhänger-Hersteller argumentierten gegen Luftreifen, daß durch nicht bemerkte Reifendefekte am unbemannten Anhänger schwere Schäden eintreten könnten.

Reifezeit

Über Grenzen hinweg

Der Vollgummireifen hatte noch lange nicht ausgedient. Fulda führte 1925 den Parabel-Reifen ein, einen Vollgummireifen, der in seiner Fußzone einen umlaufenden Hohlraum aufwies. Hierdurch wurde bei Belastung das Verformen des Reifens begünstigt, die Elastizität gesteigert und die Erwärmung verringert. Nach der neuen deutschen Kraftverkehrsordnung (KVO) vom 5. Dezember 1925 durften Kraftwagen über 5,5 t Gesamtgewicht bis 30 km/h fahren, wenn sie Luftreifen oder besonders elastische Vollreifen hatten. Bei gewöhnlicher Vollgummi-Bereifung waren nur 25 km/h erlaubt.
Auch das Jahr 1926 hielt zahlreiche Neuheiten und Neuerungen bereit. Goodyear (USA) erleichterte die Montage und Demontage von Lastwagen- und Omnibusreifen durch die Einführung einer im Flachbett geteilten Felge, etwa entsprechend der Bauweise von Simplex. Michelin brachte den „Confort poids-lourd", einen Niederdruck-Reifen für Lastwagen, heraus. Fulda gewährte für seine Riesen-Kissenreifen eine Garantie von 25 000 km Fahrleistung. Das Ergebnis einer Gemeinschaftsentwicklung war das Michelin-Hering-Stahlblech-Scheibenrad mit patentierter Befestigung für Nutzfahrzeuge mit Riesenluftreifen, auch als Zwillingsrad.
Prof. Dr.-Ing. Gabriel Becker von der Technischen Hochschule Braunschweig stellte Vergleichsversuche mit Vollgummi-Kissenreifen und Riesenluftreifen an. Dies waren die Ergebnisse:

- Beim Überfahren eines Hindernisses erzeugt der Luftreifen nur 20 Prozent des Fahrbahndrucks eines Massivreifens.
- Der Riesenluftreifen benötigt eine längere Phase der Beruhigung, und
- der Luftreifen ist pannenanfälliger.

Ähnliche Ergebnisse lagen aus den USA vor.

Amerika vorn

Der Fachnormenausschuß der Kraftfahrzeugindustrie (FAKRA) im Normenausschuß der Deutschen Industrie (NDI) hatte 25 Normblätter für Räder, Felgen, Luft- und Vollreifen aufgestellt. Auf diese Weise wurde durch Normung die Anzahl der Last-

Die Kammer im Reifenfuß des Fulda-Parabelreifens enthielt keine Druckluft, sondern sollte nur das Einfedern erleichtern.

Vergleich der Vertikalstöße verschieden bereifter Lastwagen (Stoßmessungen des United States Bureau of Roads).

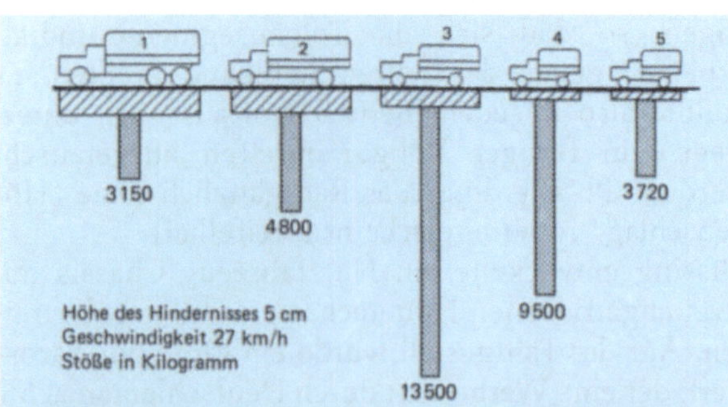

Nummer	1	2	3	4	5
Reifen	Pneu		Vollgummi		Pneu
Eigengewicht kg	4268	6247	3981	3352	3352
Nutzlast kg	8750	6000	5000	2000	2000
Gesamtgewicht kg	13018	12247	8981	5352	5352

wagen-Vollreifen von 34 auf 10 Größen verringert. 1928 vollzog sich im Deutschen Reich der Verkehr mit Pferdefuhrwerken durchschnittlich immer noch zu 48 Prozent, in Rheinland-Westfalen zu 33 Prozent, in Ostpreußen sogar noch zu 85 Prozent. Die Berliner Omnibus-Gesellschaft ABOAG stellte ihren Fahrzeugpark auf Büssing-Dreiachser mit Continental-Riesenluftreifen auf GF-Simplex-Rädern um. Die drei Schweizer Nutzfahrzeug-Hersteller Saurer/Arbon, Berna/Olten und FBW/Wetzikon verwendeten nur noch luftbereifte Simplex-Räder.
1928 entdeckte Goodyear ein Verfahren, bei dem der Gummi von Lastwagen-Reifen durch das Beimischen von Zinkoxid wärmebeständiger und bruchfester wurde. Fulda nahm in Zusammenarbeit mit der amerikanischen Seiberling Rubber Company (Akron/Ohio) die Herstellung von Luftreifen für Lastwagen und Omnibusse auf und wendete bereits das Niederdruck-Prinzip an. 1929 ersetzte Goodyear den Hochdruckreifen bei Omnibussen durch Ballonreifen. Im heutigen Sinne waren diese sicher noch keine Niederdruckreifen. Aber bei etwa 6 bar Luftdruck boten sie schon einen annehmbaren Komfort zur Personenbeförderung. Im selben Jahr bauten die Reifeningenieure in Akron den größten Reifen der Welt. Er war 3,66 m hoch und wog 820 kg. Im Jahr darauf brachte Pirelli (Mailand) einen Niederdruckreifen für Lkw heraus, den „Sigillo Verde", zu deutsch: Grünsiegel. Er war der Stammvater einer Reihe von Lkw-Reifen vor dem Zweiten Weltkrieg. Das Reichsmarineamt in Berlin erteilte den Auftrag zur Entwicklung eines Amphibienautos. Die Sicherheitsfelgen hierfür lieferte Kronprinz, Solingen.

Felgen-Physik

Den „schwarzen Freitag", den Börsenkrach in der Wallstreet am 25. Oktober 1929, sah man im allgemeinen als den Beginn der Weltwirtschaftskrise an. Dies blieb nicht ohne Auswirkungen auf die Kraftfahrzeug- und damit auf die Reifenindustrie. Die Bergische Stahlindustrie (Remscheid), und Georg Fischer (Schaffhausen/Singen), bildeten eine Arbeitsgemeinschaft zur Herstellung von Simplex-Rädern. Die Mannesmann AG, Düsseldorf, übernahm 1930 einen Anteil von 20 Prozent der Kronprinz-Aktien. 1931 wurde die Bridgestone Tire Company in Kurume (Japan) gegründet.
Die Hersteller von Lkw-Reifen wurden stets von neuem gefordert. Die Straßen wurden besser, die Lastwagen schwerer und schneller. Die weltwirtschaftliche Situation zwang zu Kosteneinsparungen. Firestone (Akron/USA) entwickelte die R-Felge, die auch auf gegossenen Speichenrädern lag, aber keiner mechanischen Bearbeitung bedurfte. GF entwickelte ein Zwillingsrad, das aus zwei Simplexrädern bestand, die auf einer gemeinsamen Nabe liefen, sich in Kurven aber unabhängig voneinander drehen konnten. Diese „Differentialräder" wurden für Sonderzwecke, insbesondere für geländegängige Anhänger verwendet.

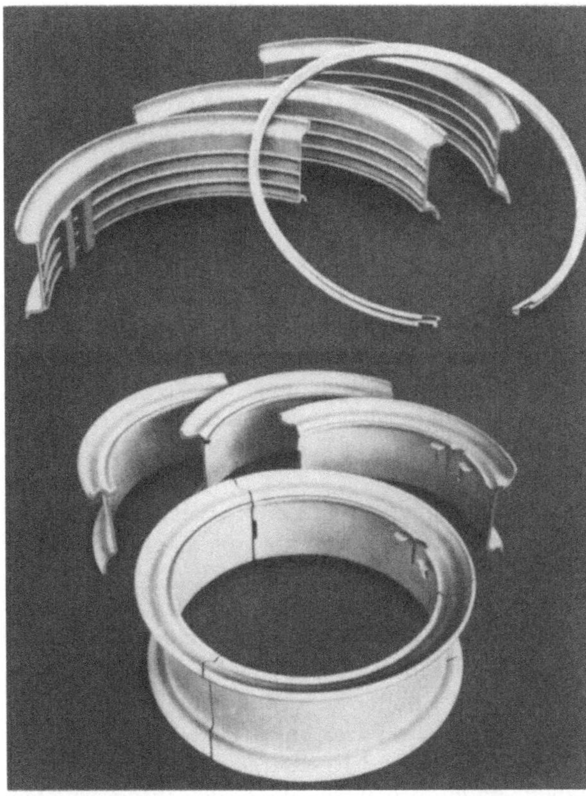

Die ersten Trilex-Räder: oben noch mit einem Spreizring, der zum Anlegen an den Radstern seitlich versetzt werden konnte, unten mit einem festen Begrenzungsring an der Unterseite des Felgenhorns.

1929 machte GF die ersten Versuche mit Trilex-Rädern. Bei ihnen ist die Felge nicht in Längsrichtung, sondern auf ihrem Umfang in drei Segmente quer geteilt. Hierzu die „Felgen-Physik": Bei der längsgeteilten Felge werden die vom Reifendruck auseinandergetriebenen Teilfelgen unter Zwang zusammengehalten. Die Kräfte wirken also dem Radgefüge entgegen. Bei der Trilexfelge preßt der Reifendruck die Felgensegmente konzentrisch in Richtung zur Radnabe. Die Kräfte wirken konvergent zum Radgefüge, also im gleichen Sinne wie die Belastung des Rades selbst.
1931 übernahm GF von Goodyear eine Lizenz zur Herstellung der kostengünstigen K-Felge. Das neue GF-K-Rad ermöglichte den Austausch der Felgen mit allen gebräuchlichen Reifengrößen auf dem gleichen Radstern und den Zusammenbau von Zwillingsrädern. Im folgenden Jahr nahm GF die Herstellung von Nutzfahrzeugrädern in Temperguß auf.

Kunstseide im Kommen

Versuche mit Rädern aus gegossenem Leichtmetall gehen schon auf die Mitte der zwanziger Jahre zurück. Die Vorteile waren aber nie so groß wie erhofft. Mit Rücksicht auf die geringere Festigkeit des Leichtmetalls müssen die Werkstücke erheblich an Volumen zulegen. Die Gewichtsminderung gegenüber Stahl beträgt daher nur etwa ein Drittel. Auch kommt diese nur wenig zur Wirkung, weil die Massen nahe an der Achse, also auf kleinem zentrifugalem Durchmesser liegen. Fertigungstechnisch wäre der Kokillenguß rationell; er setzt aber große Serien voraus, die damals im Nutzfahrzeugbereich noch nicht möglich waren. Beim Sandguß-Verfahren ergaben sich Festigkeitsprobleme. 1930 unternahm die Berliner Verkehrsgesellschaft Versuche mit Simplex-Rädern aus Elektron, einer Magnesium-Aluminium-Legierung. Man stellte diese Versuche aber wieder ein: Die Räder waren zu teuer und zu schwer.

1932 wurde in Deutschland die Verwendung von Vollgummireifen bei Geschwindigkeiten ab 8 km/h verboten. 1934 begann Goodrich (USA), anstelle von Baumwolle Rayon-Cord, also Kunstseide, für die Karkassgewebe zu verwenden. Ein Jahr später folgte Goodyear mit einem marktreifen Produkt dieser Art. Metzeler trat mit einem Omnibus-Spezialreifen, Pirelli mit dem Lkw-Niederdruck-Reifen „Ultraflex" an. Im Leunawerk Merseburg und bei der BASF Ludwigshafen begannen die Entwicklungsarbeiten zur Herstellung von Kfz-Reifen aus Buna. Anfangs mußten etwa 5 Prozent Naturkautschuk beigemischt werden.

1934 errichtete Bridgestone ein großes Reifenwerk in Kurume (Japan). In Deutschland bildete sich eine Arbeitsgemeinschaft der Räderfabriken zur Herstellung von Simplex-, K- und Trilex-Rädern: Georg Fischer AG, Singen, BSI, Remscheid, Mitteldeutsche Stahlwerke AG, Lauchhammer und das Eisen- und Stahlwerk Walter Peyinghaus, Egge a. d. Ruhr (nahe Hagen). Das Trilex-Einheitsrad aus Stahl und Temperguß wurde für schwere Lkw, Omnibusse und Anhänger verwendet. Die Wuppertaler Textil- und Gummiwerke Vorwerk & Sohn übernahmen die Aktienmehrheit der Gummiwerke Fulda.

Vorbote eines neuen Reifen-Zeitalters

1936 begann Georg Fischer mit der Herstellung von Trilex-Leichtmetallrädern und lieferte davon 600 Stück an Daimler-Benz für schwere Lkw und Omnibusse. Sie trugen den Namen „Avional", der sich herleitet von Avion (Flugzeug) und Al (Aluminium). 1937 produzierte Pirelli den „Celerflex" für Militärfahrzeuge und schnelle Lkw und ein Jahr später den „Durabilis", dessen Merkmal eine stark abgeflachte Lauffläche zur Verringerung der Walkarbeit war. Goodyear baute den größten „heavy duty truck tire". Er war für 32-Zoll-Felgen vorgesehen, 60 cm breit und wog 550 kg. Seine Karkasse hatte 30 Gewebelagen und verlieh ihm eine Tragfähigkeit von 11 300 kg. 1938 stellte Fulda die Herstellung von Vollgummireifen ein. Mannesmann erhöhte seine Beteiligung an Kronprinz auf 75 Prozent.

Bevor der Zweite Weltkrieg die wirtschaftliche und technische Entwicklung in vorwiegend militärische Bahnen zwang, war im Reifenbau noch ein Ereignis zu verzeichnen, das Geschichte machen sollte: 1938 schuf Michelin den „Métalic", den Lastwagen-Reifen mit einer Karkasse aus Stahlcord. Die Bindung von Gummi an Eisen wurde zwar schon um 1930 patentiert, jedoch überwiegend flächig zur Lagerung z. B. von Maschinen. Aber die gegenseitige Haftung von Gummi und Metall in einem feindrahtigen, dazu mehrdimensional und wechselnd hoch- und dauerbelasteten Metallgeflecht — das war ein epochemachender Fortschritt, der ein

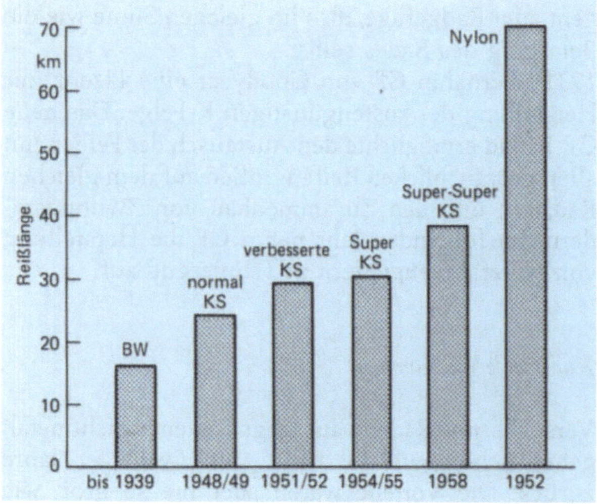

Die Reißlänge ist ein Maß für die Fadenfestigkeit. Sie besagt, daß der Faden, belastet mit seinem Eigengewicht, bei der angegebenen Fadenlänge reißen würde (BW Baumwolle, KS Kunstseide [Rayon]).

Beim Michelin „Métalic" gelang es zum ersten Mal, eine Bindung zwischen der Stahlkarkasse und Gummi herzustellen. Tragfähigkeit und Wärmebeständigkeit wurden entscheidend verbessert. Der „Métalic" war noch kein Gürtelreifen.

Gefördert von der Entwicklung auf militärischem Gebiet nahmen Geländereifen an Bedeutung zu; hier an einem Kipper 1942.

neues Reifenzeitalter einleitete. Der Krieg hatte die Nutzanwendung dieser Errungenschaft verzögert, ihr aber nichts an Wirksamkeit genommen.
Die Durchsetzung der Rayon-Karkasse hat im Zweiten Weltkrieg einen starken Schub in der US-Reifenindustrie bekommen. Durch den zeitweiligen Verlust der südostasiatischen Kautschukanbaugebiete sowie durch die Auswertung deutscher Patente nahm die Herstellung von synthetischem Kautschuk unerwartete Ausmaße an. Die ersten Reifen aus künstlichem Kautschuk erzeugten jedoch unter Belastung viel Wärme, so daß der Baumwoll-Cord zerstört wurde. Der kunstseidene Rayoncord war erheblich wärmeresistenter und gewann dadurch eine große Bedeutung für den Reifenbau, die er lange behielt.

Durchbruch des Neuen

Die Räder sind richtig

Eine der ersten deutschen Neugründungen nach dem Krieg war 1946 die Südrad GmbH in Ebersbach/Fils durch Louis F. Schuler und Paul Lemmerz. Sie nahm die Produktion von Autorädern auf. Als Sohn des Johann Lemmerz, der 1919 in Königswinter Autoräder zu bauen begann, brachte der eine der Gesellschafter die „Software" der Räderherstellung mit, der andere als Chef der Schuler-Pressen AG im Göppingen die „Hardware". Lemmerz konstruierte eine Schrägschulterfelge für die Lkw-Niederdruckreifen, die wieder gefragt waren. Goodyear lieferte 1947 den ersten Lastwagen-Reifen mit Nylon-Karkasse und ging zwei Jahre später eine Zusammenarbeit mit Bridgestone (Japan) ein, die 30 Jahre lang währen sollte.
Viele Jahre zwischen den Kriegen waren geprägt von der Entwicklung der Lastwagenräder. Gewiß, auch die Reifen durchliefen manche Phasen der Vervollkommnung. Aber ohne taugliche Räder taugt der beste Reifen nichts, und so waren es die Konstrukteure der Räder, denen immer wieder neue Aufgaben gestellt waren. Im Laufe der Jahre hatte man es aber gelernt, Lastwagenräder zu bauen, die schwere Lasten trugen, hohe Antriebsmomente übertragen konnten, im Alltagsbetrieb ohne großen Werkzeugaufwand zu montieren waren und die schließlich auch den Ansprüchen der Wirtschaftlichkeit genügten.
Nach dem Zweiten Weltkrieg verlagerte sich das Schwergewicht der Entwicklung wieder auf die Reifen. Dabei ging es in erster Linie um die Tragfähigkeit. 12-, 14-, ja sogar 16lagige Karkassen stießen

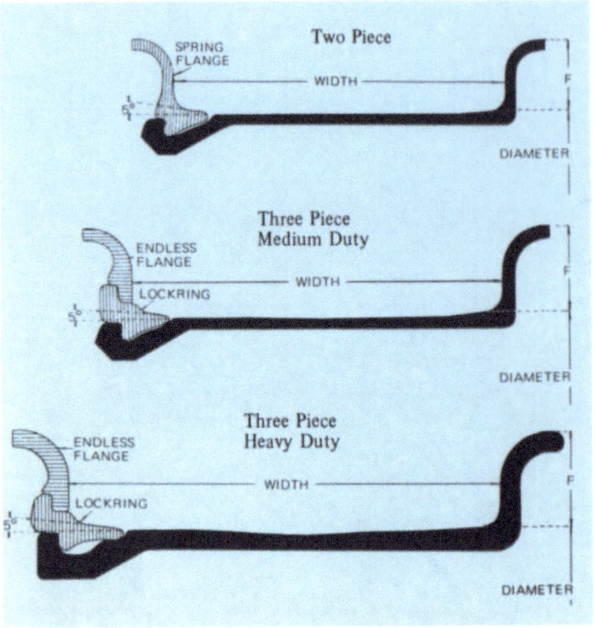

Felgenbauarten in zum Teil heute noch gebräuchlicher Form. – Oben: die zweiteilige Felge mit einem gleich als Felgenhorn ausgebildeten Sprengring für leichtere Fahrzeuge; Mitte: die dreiteilige Felge mit geschlossenem Seitenring und gespaltenem Sicherungsring für mittelschwere Fahrzeuge; unten: das gleiche System in stärkerer Ausführung für schwere Fahrzeuge. – Alle drei Ausführungen eignen sich nicht für schlauchlose Reifen.

Der klassische Diagonalreifen der fünfziger Jahre:
1 Laufstreifen,
2 Zwischenbau-Gewebelagen (Anklänge an den Gürtel, aber noch nicht dessen Funktion),
3 mehrfache, gekreuzte Cordlagen,
4 Drahtwulstringe.

allmählich an die Grenzen der thermischen Belastbarkeit, denn wegen der notwendigen großen Wanddicke entstand bei der Verformung eine zu hohe innere Reibung. Continental versuchte es 1950 mit Perlon- und auch schon mit Stahlcord. Diese Reifen waren aber noch keine Gürtelreifen.

Alles ist in Bewegung

Fulda baute 1951 einen Großreifen 14–22 eHD (extreme Heavy Duty) mit drei Wulstkernen. Infolge seiner Breite war er aber nur als Einzelreifen, nicht als Zwilling zu verwenden. Je größer ein Reifen ist, um so nachteiliger wirkt sich sein thermisches Verhalten aus. Da Gummi ein schlechter Wärmeleiter ist, werden bei dickwandigen Reifen die Wärmestauungen immer größer und somit die Reifentemperaturen immer höher; im Grenzfall kommt es zum thermischen Defekt („auskochen"). Der Stahlcord verhieß praktikable Lösungen. Durch seine Dehnfestigkeit konnten die Anzahl der Cordlagen und die Wandstärken verringert werden, so daß weniger Verformungswärme auftrat. Außerdem bewirkte die gute Wärmeleitfähigkeit des Stahls eine bessere Wärmeableitung.

Zur vollen Geltung kamen die Vorzüge des Stahlcords aber erst im Zusammenwirken mit der Gürtelbauweise. Die bisher verwendeten hochtragfähigen „Verstärkt"- und „Super"-Reifen bedurften eines hohen Luftdrucks. Entsprechend groß war der spezifische Flächendruck in der Aufstandsfläche (Druckellipse), entsprechend stark der Abrieb und entspre-

Fuldas „Heavy Duty" mit drei Wulstkernen. Die dickwandigen Flanken bargen die Gefahr von Wärmestauungen.

Der Bau von Lkw-Reifen im Fulda-Werk. Die Formen wurden in Autoklaven beheizt.

Ein früher Gürtelreifen von Pirelli: Er hatte noch eine Rayon-Karkasse, weil fremde Patente im Weg standen.

chend kurz die Lebensdauer der Reifen. Der Gürtelreifen mit der durch den Gürtel stabilisierten Lauffläche und deren verringerten Eigenbewegungen machte nun dem „Reifenfressen" ein Ende. 1953 kam Michelin mit einem Vollstahl-Gürtelreifen – Karkasse und Gürtel aus Stahlseilen – sowie mit einem Gürtelreifen für schwere Lkw auf den Markt. Im gleichen Jahr erhielt Firestone (USA) ein Patent auf die Steilschulterfelge, deren Nutzen sich noch später erweisen sollte. Südrad stellte in Lizenz von Goodyear eine neuartige zweiteilige Lkw-Felge her, die eine schnelle Montage und Demontage ermöglichte. Lemmerz errichtete eine Niederlassung in São Paulo (Brasilien), wo bereits die Auto-Union, Borgward, Mercedes-Benz, Volkswagen und andere deutsche Firmen der Kfz-Industrie Fertigungsstätten unterhielten. Metzeler entwickelte 1954 eine Serie übergroßer Niederdruckreifen für Baustellen- und Militärfahrzeuge. Dunlop baute 1955 M + S-Reifen auch für Omnibusse. Goodyear versuchte 1956 mit einem stärker geseilten Cord die Anzahl der Karkassen-Gewebelagen zu verringern. Im Jahr darauf kamen die Reifenbauer aus Ohio mit dem Unisteel, einem Lastwagenreifen, dessen Karkassen- und Gürtelkonstruktion nur noch Stahllitzen enthielt.

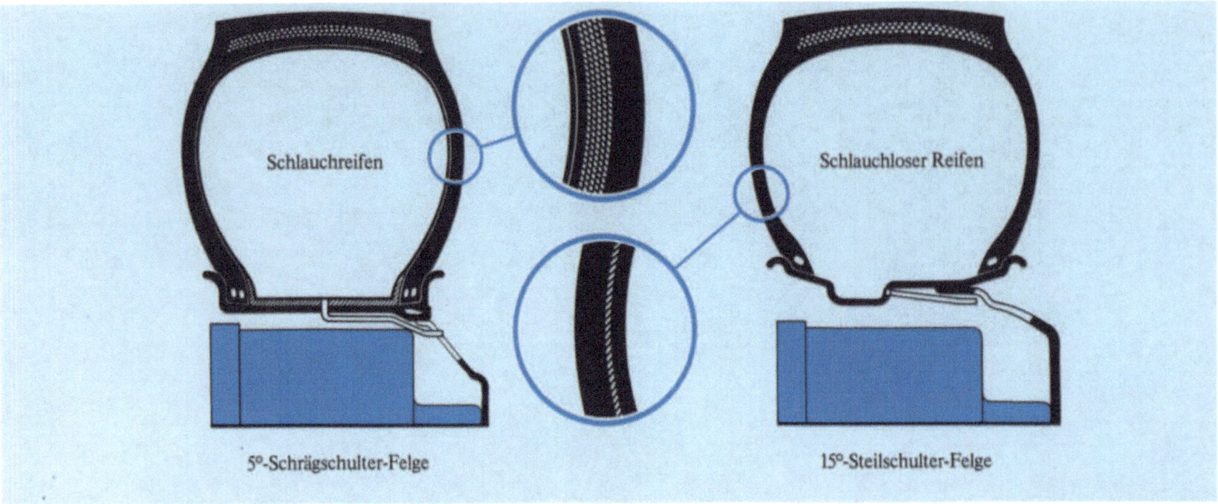

Gürtelreifen in zwei Entwicklungsstufen: links der Reifen mit mehrlagiger Cord-Karkasse und einliegendem Schlauch auf Schrägschulterfelge, rechts der schlauchlose Vollstahl-Gürtelreifen mit Einlagen-Stahlkarkasse auf Steilschulterfelge.

Stichwort: Steilschulter

1961 startete Michelin mit einem schlauchlosen Lkw-Reifen auf Tiefbettfelge. Die Tiefbettfelge ist einteilig, daher konstruktiv unkompliziert, die Reifenmontage aber ohne maschinelle Hilfe nicht möglich. Anfang der sechziger Jahre begann auch Semperit (Österreich) mit der Herstellung von Vollstahl-Gürtelreifen. 1962 setzte bei Goodyear die Produktion der „Super Singles" ein. Dies waren Lastwagen- oder Anhängerreifen mit hoher Tragfähigkeit, die als Einzelreifen verwendet wurden. Zur gleichen Zeit wartete der amerikanische Reifengigant wieder mit einem Rekord auf: Er baute die größte Felge der Welt mit einem Durchmesser von 1,30 Meter für den größten Erdhobel der Welt. In der Bundesrepublik Deutschland erwarb Goodyear das Aktienkapital von Fulda. Dieses Unternehmen leitete die Herstellung von Lastwagen-Radialreifen mit Stahlgürtel ein.
In der Folgezeit, im Jahr 1963, bürgerten sich in der Bundesrepublik Deutschland für Lastwagen-Anhänger anstelle der Doppelbereifung die Einzel-Breitreifen 8.25–20 bis 11–20 ein. Hierzu entwickelte die Georg Fischer AG eine einteilige Tiefbett-Steilschulterfelge in Lizenz von Goodyear und Firestone, dazu ein neues Speichenrad. 1965 errichtete Lemmerz (Königswinter) eine Stahlgießerei zur Herstellung von Radsternen (Lizenz Kelsey-Hayes/USA) für längsgeteilte Schrägschulterfelgen.
Inzwischen war Michelin in breiter Front mit Vollstahl-Gürtelreifen angetreten. Die Franzosen, die seit 1960 in ihrem neu errichteten Werk in Karlsruhe Lkw-Reifen produzierten, boten als Pioniere des Gürtelreifens Mitte der Sechziger an: Reifen mit Schlauch für Flachbett- und Schrägschulterfelgen, schlauchlose Reifen auf Spezial-Flachbettfelgen und schlauchlose Reifen auf Steilschulterfelgen. Die Reifen mit ganzzahligen Zollmaßen des Felgendurchmessers konnten auf konventionalle Felgen montiert werden. Die schlauchlosen Reifen für Steilschultern benötigten spezielle einteilige Tiefbettfelgen. Die Felgendurchmesser wurden, um Verwechslungen zu vermeiden, mit halbzölligen Maßen gekennzeichnet. Da es sich bei diesen Pneus um Niederquerschnittreifen in einem Verhältnis Höhe zu Breite von 85:100 handelte, waren die zugeordneten Felgendurchmesser bei vergleichbarem Abrollumfang um 1,5 Zoll bis 2,5 Zoll größer. Eine Umrüstung von 5° Schrägschulterreifen mit Schlauch auf 15° Steilschulterreifen schlauchlos war nach Freigabe durch den Fahrzeug-Hersteller möglich. Dabei müssen die austauschbaren Dimensionen eingehalten werden, um Übersetzungsverhältnisse, Geschwindigkeitsanzeige und Kilometerzählung zu wahren.

Der Gürtelreifen auf festem Fundament

Im Lauf der folgenden Jahre hatte sich die Kategorie der schlauchlosen Vollstahl-Gürtelreifen auf Steilschulterfelgen mehr und mehr durchgesetzt. Erst wurden die Lkw-Diagonalreifen weitgehend verdrängt, dann wurden die Gürtelreifen mit Schlauch auf Schrägschulterfelgen nach und nach abgelöst. Da bei einer Umrüstung von Schräg- auf Steilschulterfelgen neue Räder angeschafft werden mußten, gab Michelin, um die neuen Reifen einzuführen, die passenden Räder zeitweise zu Vorzugspreisen ab. Die neuen Reifen haben gegenüber den herkömmlichen unübersehbare Vorteile. Die Gürtelreifen rollen leichter, greifen fester, federn besser und leben länger. Die hohen Leistungen der immer stärkeren Motoren lassen sich mit Vollstahl-Gürtelreifen wirksamer und verlustärmer in Fahrleistungen umsetzen.
Inzwischen ist bei den Steilschulterreifen die einlagige Stahlcord-Karkasse üblich geworden. Die dadurch verringerte Wanddicke sorgt für einen

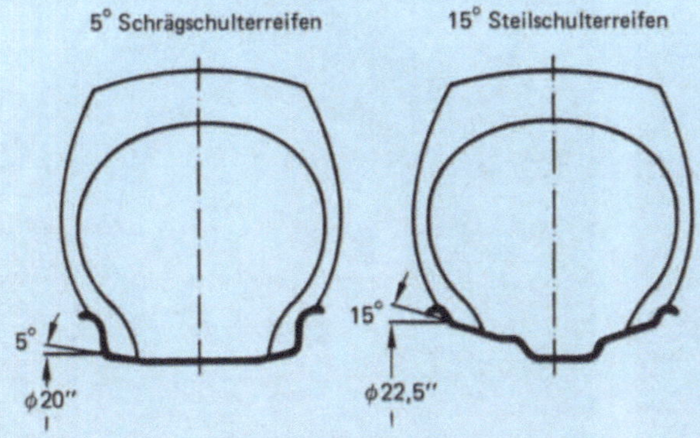

vergleichbare Reifengröße	
7,00 R 16	8 R 17,5
7,50 R 16	8,5 R 17,5
	9 R 17,5
8,25 R 16	9,5 R 17,5
	10 R 17,5
7,50 R 20	8 R 22,5
8,25 R 20	9 R 22,5
9,00 R 20	10 R 22,5
10,00 R 20	11 R 22,5
11,00 R 20	12 R 22,5
12,00 R 20	13 R 22,5

Vergleich von Schräg- mit Steilschulterreifen. Die entsprechenden Größen sind austauschbar.

„kühlen" Reifen. Die Steilschulterfelge gibt durch ihre größere Maulweite dem Reifen eine höhere Standfestigkeit und eine bessere Abstützung. Sie vergrößert das Luftvolumen, das seinerseits die Tragfähigkeit erhöht. Sie bewirkt eine flachere Aufstandsfläche des Laufstreifens, wodurch die Profilabnutzung verringert wird. Die Steilschulter verschafft dem Reifen einen festeren Sitz auf der Felge, da sich dieser unter dem Luftdruck auf den Felgenschultern festkeilt und einen besseren Kraftschluß herstellt. Heute nehmen bei den meisten Herstellern von Lkw-Reifen die schlauchlosen Vollstahl-Reifen mit Steilschulter-Wulst den breitesten Raum im Lieferprogramm ein.
Auch bei den leichten Lastwagen und Transportern setzte sich der Gürtelreifen durch, in diesem Fall jedoch mit Rayon-Karkasse beziehungsweise Kunstfaser-Corden. Die Reifen für 13- bis 16zöllige Felgen trugen den Kennbuchstaben C (Commercial), um den qualitativen Unterschied zu Pkw-Reifen deutlich zu machen. Auch Geländereifen für Profi- und Hobby-Off-road-Wagen waren in dieser Kategorie anzutreffen. In den Dimensionen ab 17,5 Zoll traten aber bereits Vollstahl-Gürtelreifen für Steilschulterfelgen in den Vordergrund.

Gummi und Stahl mögen sich

Im Rückblick sind aber noch einige Jahre aufzuholen. 1966 übernahm die adoptierte Goodyear-Tochter Fulda den Unisteel als Fuldasteel. Er war mit dem Verhältnis Höhe zu Breite von 85:100 ein Breitreifen. Seit 1966 ist Englebert, Aachen, mit der US-Rubber zu Uniroyal vereint. 1967 wurde Kronprinz gänzlich in die Mannesmann AG eingegliedert. Mit den siebziger Jahren setzte ein enormer Aufschwung der Vollstahl-Gürtelreifen für Steilschulterfelgen auf dem gesamten europäischen Reifenmarkt ein, der allerdings eine erhebliche Umstellung der Reifenindustrie und bedeutende Investitionen erforderte.
Die Felge an sich ist das Unproblematischste an dem neuen System: Sie ist einteilig, der Reifen sitzt fest, ist aber mit geeignetem Gerät gut über Horn und Hump zu montieren. Der Reifen besteht nur aus Gummi und Stahl. Aber beide Werkstoffe sind in dem Reifen mit unterschiedlichen und exakt aufeinander abgestimmten Eigenschaften vertreten. Die Mischung, die mit dem Stahlcord eine Bindung eingehen soll, ist ein hochgezüchteter Werkstoff, der nur in engen Toleranzen hergestellt werden darf. Neben den technischen und wirtschaftlichen Anforderungen wird von dem Lastwagenreifen erhöhter Komfort verlangt. Der Unterschied im Federungsverhalten bei Leer- und Lastfahrt muß zum Wohl des Fahrpersonals gemildert werden.
1970 brachte Michelin den Fernverkehrs-Reifen XZA mit guten Langstreckeneigenschaften in Komfort und Wirtschaftlichkeit. Zwei Jahre später kam der XZY, der sich für Straße und Baustelle eignet. Es tauchten immer mehr Spezialtypen unter den Nutzfahrzeug-Reifen auf. Dabei machte man Unterschiede zwischen querorientiertem Traktionsprofil auf Antriebsrädern und längsorientiertem Rollprofil auf Lenk- und Laufrädern.

Profil eines Ganzjahres-Reifens mit „geplanter Abnutzung".
Nach 60 Prozent Abnutzung entsteht aus dem Blockprofil (oben) ein sommertaugliches Rippenprofil.

Ein Monolex-Rad mit Steilschulterfelge, hier zur Montage als Einzelrad.

Komplettes Trilex-Rad mit Tublex-Felge für schwere Lastwagen.

Ein Trilex-Zwillingsrad zwecks Demonstration mit einer Steilschulterfelge (links) und einer Schrägschulterfelge.

Trilex-Radstern für eine Außenplaneten-Achse.

Radsysteme von Georg Fischer: Vorn links die Segmente einer Trilex-Schrägschulterfelge, rechts dahinter eine Tublex-Felge für schlauchlose Reifen, die auch auf den Trilex-Radstern paßt.

Spezialisten

Anfang der siebziger Jahre kam der Reifen der Dimension 14/80–20 auf. Dies ist ein großvolumiger Niederquerschnittreifen, der – als ausgesprochener Anhängerreifen konzipiert – als Einzelreifen die bisherigen Zwillingsräder ersetzt. Man entwickelte Ganzjahresreifen, die vor Eintritt des Winters aufgezogen werden. Nach etwa 60prozentiger Abnutzung treten zwischen den Profilstollen Stege an die Oberfläche, die aus dem winterlichen Blockprofil ein sommerliches Rippenprofil werden lassen. Omnibusreifen für den Linienverkehr müssen nicht sehr schnellauftüchtig, aber abriebfest für den ständigen Anfahr- und Stoppbetrieb sein. Zudem haben sie an den Flanken „Scheuerleisten" gegen das ständige Reiben an Bordsteinen und Haltebuchten.
1972 brachte Georg Fischer die „Tublex-Felge" für schlauchlose Reifen, die mit dem Trilex-Radsystem kombiniert war. Ein Jahr später wurde das Trilex-Rad

auch passend für Außenplaneten-Achsen geliefert. 1976 ließ sich Bridgestone mit einer Verkaufsgesellschaft in der Bundesrepublik Deutschland (Hamburg) nieder. 1977 baute Lemmerz 9 Millionen Pkw- und Lkw-Räder im Jahr. Zur gleichen Zeit trat Georg Fischer mit einem einteiligen Rad und „Monolex-Felge" für die neuen Vollstahl-Gürtelreifen auf den Markt.

Transportare necesse est

Nur noch eine Lage, aber die aus Stahl

Ab 1977 wurden zunehmend Reifen mit einem noch flacheren Querschnitt als 0,85 angeboten. Tragfähigkeit, Seitenstabilität, Haftvermögen sowie verbesserte Übertragung von Beschleunigungs- und Bremskräften waren die Forderungen, die der immer noch zunehmende Straßengüterverkehr stellte. Die Reifendimensionen 12/80–R20 und 13/80–R20 kamen diesen Forderungen entgegen. Sie wurden noch mit Schlauch auf Schrägschulterfelgen montiert. In den Folgejahren griff der Trend zu noch flacherem Niederquerschnitt auch auf die Steilwulstreifen über. Um sie zu kennzeichnen, wurden die Millimetermaße für die Reifenbreite eingeführt. Es entstanden die Dimensionen 295/80 R 22.5, 305/75 R 22.5, 315/70 R 22.5 und weitere Abmessungen.
1978 entfiel auch die Kennzeichnung der Tragfähigkeit durch die PR-Zahl. PR (Ply-Rating) bezeichnete die Anzahl der Gewebelagen der Textilkarkassen zur Bestimmung der Festigkeit. Es gab Reifen, die bis zu 16 Lagen hatten. Da jedoch beim Stahlcord die Anzahl der Lagen kein Tragfähigkeitsmerkmal mehr ist – zumal die modernen Vollstahl-Gürtelreifen nur noch eine Stahlcordlage haben –, wurde 1978 gemäß einer ECE-Regelung der „Load-Index" eingeführt. Dieser kennzeichnet die Tragfähigkeit mit einer zwei- oder dreistelligen Zahl; hierbei nimmt in aufsteigender Reihe je Kennzahl die Tragfähigkeit um etwa 3 Prozent zu. Zum Beispiel entspricht LI (Load-Index je Rad) 140 einer Reifentragfähigkeit von 2500 kg und LI 141 einer Reifentragfähigkeit von 2575 kg.
1979 nahmen die Räderhersteller in der Bundesrepublik Deutschland (Pkw + Lkw) in bezug auf den Produktionsumfang folgende Rangfolge ein: Lemmerz, Kronprinz, Südrad. Südrad baute arbeitstäglich 2000 Lkw-Räder. Continental übernahm die europäischen Aktivitäten der Uniroyal mit fünf Fabriken in Belgien, in der Bundesrepublik Deutschland, in Frankreich, England und Luxemburg.

Leichtes Rollen

Nach dem rapiden Ansteigen der Ölpreise infolge der Ereignisse in Nahost wurden Mittel und Wege gesucht, den Kraftstoffverbrauch der Kraftfahrzeuge, besonders der Lastwagen, zu senken. Fahrerschulung, Gewichtsverringerungen, Senkung des Luftwiderstandes sowie Optimierung des Wirkungsgrades im Antriebsstrang waren Schritte zu diesem Ziel.
Vor etwa 15 Jahren waren ungefähr 160 kW (220 PS) erforderlich, um einen 38-Tonnen-Lastzug in der Ebene ohne Gegenwind mit 80 km/h zu bewegen. Mit heutigen Lastwagen dagegen sind hierzu nur noch etwa 110 kW (150 PS) erforderlich. An der Verringerung des Leistungsbedarfs um 50 kW (70 PS) ist die Senkung des Rollwiderstandes der Reifen mit annähernd 45 kW (60 PS) beteiligt. Die Reifen der Lastwagen hatten also einen ganz entscheidenden Anteil an der in den letzten eineinhalb Jahrzehnten erzielten Verbrauchsminderung. Schon der Gürtelreifen in seiner Grundstruktur war ein

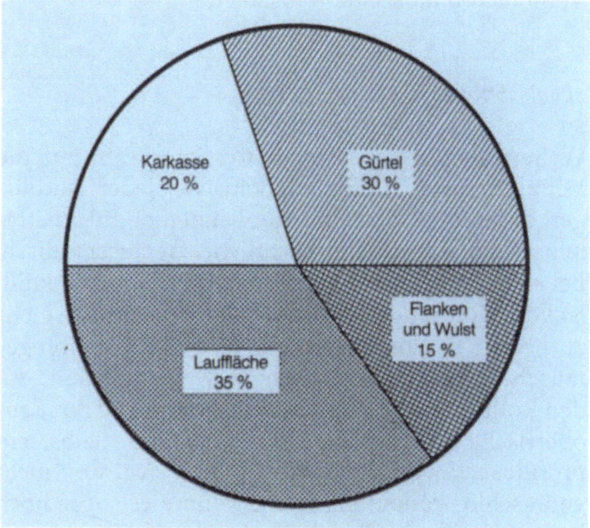

Einfluß der einzelnen Teile eines Lkw-Radialreifens auf den Rollwiderstand.

Die Schulterpartie ist starken Verformungen ausgesetzt. Dort Gummi abtragen heißt, den Rollwiderstand und die Erwärmung mindern.

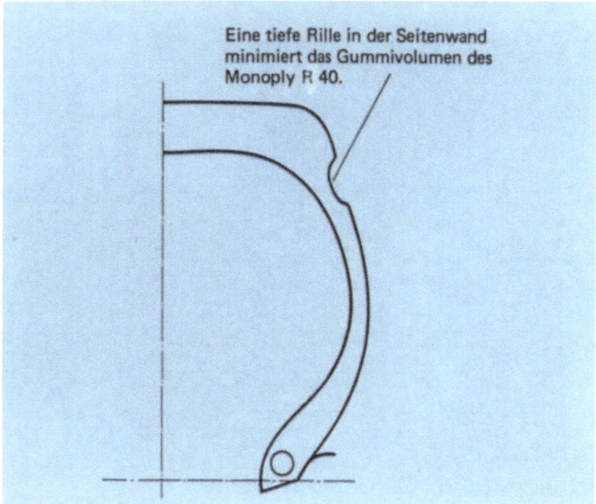

ausschlaggebender Einsparungsfaktor. Der Gürtelreifen mit Stahlcord-Karkasse senkte den Rollwiderstand noch um einen weiteren Betrag und somit auch den Kraftstoffverbrauch. Dann konnten, da ja der Stahlcord genügend Festigkeit bei gleichzeitiger Elastizität aufweist, die Reifen „abgespeckt", das heißt im Gummivolumen verringert werden. Hierdurch wurden Gewicht und Walkarbeit herabgesetzt. Schließlich verhalfen noch spezielle Gürtelkonstruktionen, hochelastische Gummimischungen, zum Teil in Zwischenschichten, Profilgestaltung und viele unscheinbare Kunstgriffe zum widerstandsarmen Rollen.

In Transportbetrieben und Fuhrparks ist derzeit allenthalben zu hören: „Seit dem ersten Ölschock sind die Kraftstoffpreise zwar um über 50 Prozent gestiegen, aber die betrieblichen Kraftstoffkosten haben sich kaum erhöht." Reifen, Motorleistung und Verbrauch bilden eine Kausalkette.

„Laute Straßen"

Weitere Bemühungen im Reifenbau zielen auf die Verminderung der Reifengeräusche. Jeder Mitbürger, der in der Nähe von Autobahnen oder Fernstraßen wohnt, kennt die nächtliche Geräuschkulisse. Bei einer Fahrgeschwindigkeit oberhalb von 60 km/h ist von Motoren- oder Antriebslärm fast nichts mehr zu hören: Es dominieren die Wind- und Reifengeräusche. Um es aber gleich vorwegzunehmen: An den Rollgeräuschen sind sowohl Straße und Straßenoberfläche als auch die Reifen beteiligt. Selbst ein profilloser, völlig glatter Reifen würde nicht geräuschlos rollen; bei Nässe könnte er sogar noch lauter sein als ein Profilreifen („Platschen").

Untersuchungen haben ergeben, daß das Reifengeräusch zwei Hauptursachen hat, nämlich die vom Abrollen angeregten Oberflächenschwingungen und das „Air pumping". Die letztgenannte Erscheinung ist darauf zurückzuführen, daß beim Zusammenpressen des Profils in der Aufstandsfläche die Luft aus den Profilrillen entweicht und beim Ausrunden des Reifens wieder einströmt. Die Oberflächenschwingungen werden durch das ständige Aufschlagen der Profilkanten auf die Fahrbahnoberfläche ausgelöst. Aber ein Profil muß jeder Reifen haben zwecks besserer Traktion, zum Bilden von Greifkanten beim Bremsen, zur Drainage bei Nässe, zur sicheren Führung beim Geradeauslauf und in Kurven. Geräusche und technische Funktionen des Reifens sowie die Sicherheit stehen nun einmal – leider – in einem Zielkonflikt zueinander. Aufgrund seiner Breite und der höheren Radlasten verursacht der Lastwagenreifen auch unvermeidlich mehr Geräusch als ein Personenwagenreifen.

Beim menschlichen Geräuschempfinden unterscheidet man zwei Komponenten: die Lautstärke – physikalisch etwa dem Schalldruckpegel entsprechend – und die Frequenzen, wahrnehmbar als Tonhöhe und „Klangfarbe". Bei den Frequenzen können sehr lästige Geräuschwirkungen auftreten. Wir wissen, daß eine in der Ferne kreischende Kreissäge lästiger sein kann als in der Nähe läutende Kirchenglocken. Die Frequenzkomponente des Reifengeräuschs ist durch in Längsrichtung angeordnete „asymmetrische" Profile erträglich gemacht. Die Stollen und Profilrillen wiederholen sich auf der Lauffläche nicht im Gleichmaß, sondern in unregelmäßigen Abständen. Die Frequenzen – verursacht durch regelmäßige Impulse – werden „gebrochen". Als Ergebnis ist festzustellen: Das „Geräuschminderungspotential" der geometrischen Laufflächengestaltung ist sehr gering. Messungen auf der Straße haben ergeben, daß bei gleichen Fahrzeug-, Reifen- und Fahrbedingungen auf unterschiedlichen Fahrbahnen Geräuschpegeldifferenzen bis 9 dB(A) vorkommen. Diese Differenz entspricht einer Steigerung oder Verringe-

Bei Geschwindigkeiten oberhalb 60 km/h dominieren bei einem Lkw die Reifengeräusche: Ein Geräuschprüfstand in der Reifen-Versuchsanlage von Goodyear bei Colmar-Berg (Luxemburg).

Das Nachschneiden des Profils verlängert das Reifenleben. Es muß aber noch genügend „Fleisch" vorhanden sein.

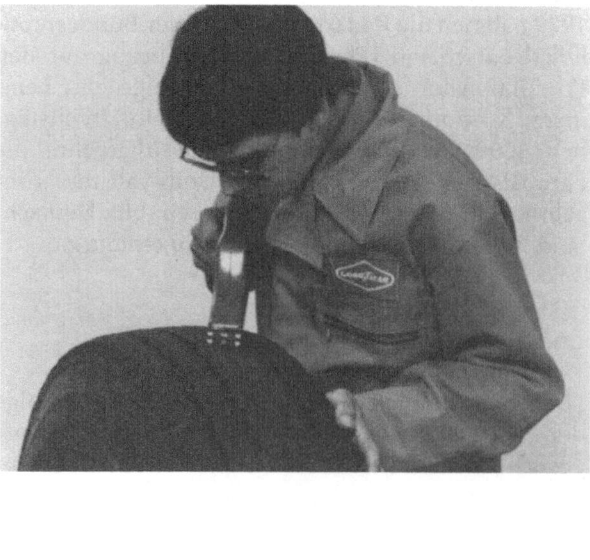

Vor dem Runderneuern wird der alte Laufstreifen abgerauht (Vergölst).

rung der Schallstärke um das Achtfache! Außer der Optimierung des Geräuschverhaltens der Reifen sollte also auch gleichzeitig dem Straßenzustand mehr Beachtung gegeben werden.

85 Prozent Abfall?

Gesichtspunkte der Wirtschaftlichkeit eines Lastwagenreifens sind auch die Möglichkeiten des Nachschneidens und der Runderneuerung. Beim Nachschneiden eines Profils muß selbstverständlich noch genügend „Fleisch" im Laufflächengrund vorhanden sein. Ein Tiefschneiden bis auf die Karkasse beziehungsweise den Gürtel ist unzulässig und gefährlich. Für das Runderneuern bieten besonders die Stahlcord-Reifen gute Voraussetzungen, da ihre Karkasse im allgemeinen keine Alterungsschäden – von Verletzungen abgesehen – erleidet und in der Lage ist, ein zweites oder gar drittes „Reifenleben" zu überstehen. In bezug auf die Volks- und Rohstoffwirtschaft ist nicht einzusehen, daß zum Beispiel von einem schweren Lkw-Reifen 60 kg Material als unbrauchbar vernichtet werden, nur weil lediglich 10 kg Gummi abgenutzt worden sind. Unter den Reifen-Runderneuerern gibt es die RAL-Güteschutzgemeinschaft[1], die die ihr angeschlossenen Mitglieder ermächtigt, runderneuerte Reifen mit einem Gütezeichen zu versehen, wenn der Betrieb, dessen Fertigungsmethoden und die runderneuerten Reifen bei einer Prüfung bestimmte Voraussetzungen erfüllen. Die Verleihung des Gütezeichens wird von den staatlichen Materialprüfungsanstalten überwacht.

Ein Reserverad für den ganzen Zug

Ein Trend in der Reifennutzung geht dahin, Lastzüge vollständig mit Reifen gleicher Dimension auszurüsten. Dies wären 12 bis 14 Reifen, für die nur ein Ersatzrad mitgeführt werden müßte. Der Wegfall nur eines Ersatzrades mit Halterung und Winde bedeutet einen Nutzlastgewinn von etwa 300 kg. Hierzu geeignete Reifen sind z. B. die der Dimension 315/80 R 22.5. Sie haben ausreichend Tragfähigkeit, um auch an schweren Lastwagen und Anhängern als Einzelreifen ihren Dienst zu tun. Andererseits erlaubt ihre Breite, sie auch auf Zwillingsräder zu montieren (was mit dem 14/80 R 20 nicht möglich ist). Die einheitliche Dimension besagt aber nicht, daß der Reifentyp auch einheitlich ist. Die Unter-

1) Ausschuß für Lieferbedingungen und Gütesicherung beim Rationalisierungs-Kuratorium der Deutschen Wirtschaft

scheidungen zwischen Reifen für Lenk-, Antriebs-, Lauf- und Hängerachsen werden immer größer, manchmal auch spitzfindiger. Aber wenn man bedenkt, daß der Wert der kompletten Bereifung eines schweren Lastzugs dem Preis eines gepflegten Mittelklasse-Personenwagens entspricht, dann ist es schon gerechtfertigt, daß für jede Radposition der Reifen mit der besten Eignung gewählt wird. Vor zwei bis drei Jahrzehnten waren Laufleistungen von 50 000 km guter Durchschnitt. Heute sind unter günstigen Bedingungen durchaus 200 000 km möglich.

Öfter mal was Neues

Demgegenüber behauptet sich aber immer noch der universelle Reifen für Fuhrparks, die ihren Betrieb nicht so gezielt steuern können und Mischprogramme mit zum Beispiel unterschiedlichen Ladungen, wechselnden Strecken, Solo- und Hängerbetrieb fahren. Warum sollte man nicht auch einmal einem Reifen, der auf Lenkrädern keine volle Leistung mehr bringt, auf dem Anhänger „den Rest geben"? 1980 trat Uniroyal mit dem „Monoply" auf den Plan, einem Reifen mit – wie der Name schon sagt – einlagiger Stahlcord-Karkasse. Er war ein vielseitig verwendbarer Reifen, der später durch den Monoply E abgelöst wurde. Das Prädikat E (Economy) hatte er sich mit Verbesserungen im Rollwiderstand verdient. 1981 kam Michelin mit der Serie 80 Pilote X

Nur ein Ersatzrad für den ganzen Lastzug bringt Nutzlastgewinn. Es muß aber die gleiche Reifendimension auf allen Radpositionen möglich sein.

Ein typischer Reifen für Lenk- und Laufachsen mit längsorientiertem Profil.

Ein typischer Reifen für Antriebsachsen mit querorientiertem Profil.

Die dicht stehenden Blöcke des Profils schließen sich in der Aufstandsfläche zu einem Rippenprofil zusammen.

„L". Das L ist ein Hinweis auf die Geschwindigkeitsklasse (Speed-Index) bis 120 km/h. Es handelt sich hierbei nicht um eine zulässige, sondern um eine technisch mögliche Geschwindigkeit (Referenzgeschwindigkeit). Die Reifen der Pilote-Serie 80 für 22,5-Zoll-Felgen sind extrem leicht und daher besonders rollwiderstandsarm. Goodyear brachte im gleichen Jahr seine Typen G 291 für Lenkachsen und G 124 für Antriebsachsen. Eine Patente beanspruchende Neuheit war die Unterteilung der Längsrippen des G 291 in keilförmige Blöcke. Durch die Einschnitte werden „Sollknickstellen" gebildet, die den Rollwiderstand senken. Infolge des Anpreßdrucks in der Aufstandsfläche schließen sich die Blöcke wieder zu Rippen zusammen.

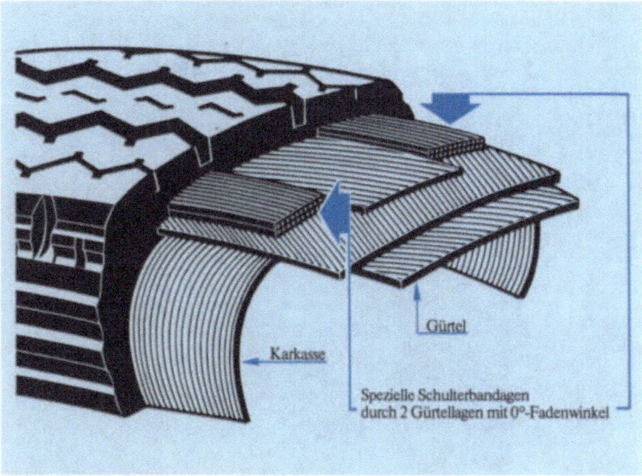

Das 0°-Konzept von Pirelli: Die in 0° angelegten Schulterbandagen stabilisieren die Gürtelkanten und verringern die in Verformungsarbeit und Wärme umgesetzte Energiemenge.

Zwei Zoll mehr

1982 machte Pirelli mit den Typen LS 91 und TH 20 von sich reden, auch in diesem Fall mit Zuordnung zur Lenk- und zur Antriebsachse. Beide Typen weisen eine neue Besonderheit auf: Über die beiderseitigen Gürtelkanten sind Bandagen aus zweilagigem gummierten Stahlcord so gelegt, daß sie in einem Fadenwinkel von 0°, also exakt in Längsrichtung, verlaufen. Dadurch wird der Reifen besonders in dem verformungsbelasteten Schulterbereich stabilisiert. Die Walkarbeit wird herabgesetzt, der Rollwiderstand gesenkt und die Gefahr des Wärmestaus verringert, der vorzugsweise in den Gummi-Metall-Verbindungen zu Ermüdungen führen kann. Außerdem werden die Reifen neben den Standard-Dimensionen als Niederquerschnitt-Reifen für 24,5-Zoll-Felgen geliefert. Sie erfordern also ein Umrüsten der Räder, sofern nicht die Rad-Reifen-Kombination als Option in der Erstausrüstung angeboten wird. Aufgrund des Querschnittsverhältnisses entsprechen die 24,5-Zoll-Reifen im Abrollumfang der Dimension 12 R 22,5. Die größeren Felgen ermöglichen eine bessere Kühlung der Bremsen oder erlauben die Auslegung größer dimensionierter Bremsaggregate. Dies führt zu einem Effekt, der bei der Umstellung auf asbestfreie Bremsbeläge von Nutzen sein kann.

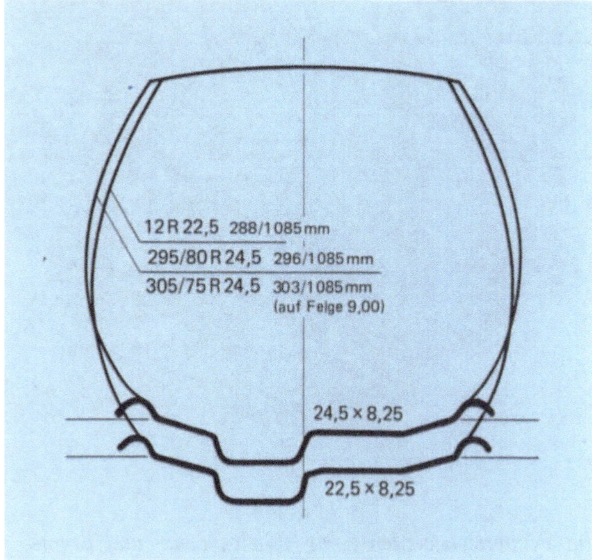

Das Plus-2-Konzept von Pirelli bedeutet: niedriger Reifenquerschnitt – größerer Felgendurchmesser; bessere Seitenstabilität der Reifen, größerer Abstand zu erhitzten Bremstrommeln, bessere Kühlung der Bremsen.

Nichts liegt näher als die Zukunft

1983 führte Continental die „Carcass-Garantie" ein. Das Werk gewährleistet eine Haltbarkeit der Karkasse für zwei „Reifenleben", also einschließlich der vollen Laufzeit nach der ersten Runderneuerung. Continental störte dadurch insofern sein Neureifengeschäft nicht allzu empfindlich, als einer der größten Reifenrunderneuerer in der Bundesrepublik Deutschland, die Firma Vergölst in Bad Nauheim, eine Conti-Tochter ist. 1984 präsentierte Dunlop den Antriebsreifen SP 511 für Lkw und Busse. Dieser 22,5-Zoll-Reifen ist das typische Beispiel eines „übersaisonalen" Reifens: Er beginnt seine Tätigkeit

Die drei Phasen des Dunlop-Ganzjahresreifens SP 511: links winterliches Stollenprofil; in der Mitte größere Profilblöcke, aber immer noch genügend Greifkanten für die „nasse" Übergangszeit; rechts Sommerprofil mit hohem Positivanteil.

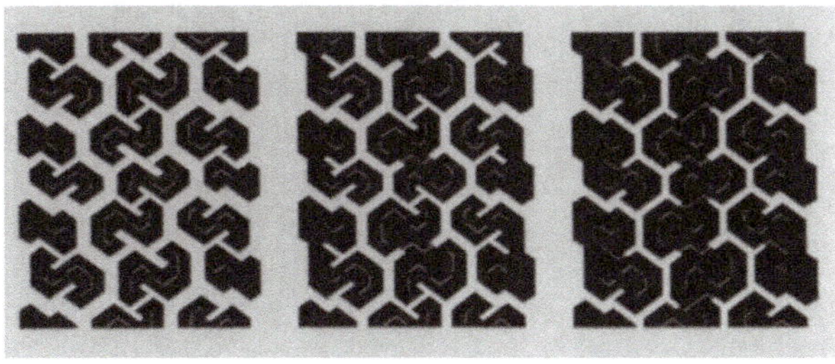

Langlauf- und Hochgeschwindigkeitsversuch auf der Prüftrommel.

Im Wintertest werden Greif-, Gleit-, Lenk- und Bremseigenschaften der Reifen geprüft. Mit dem geschleppten Unimog kann jeder Belastungszustand simuliert werden.

Die Verminderung des Rollwiderstands erreicht Continental durch eine veränderte Kontur, einen neuen Gürtel und durch dämpfungsarme Gummimischungen.

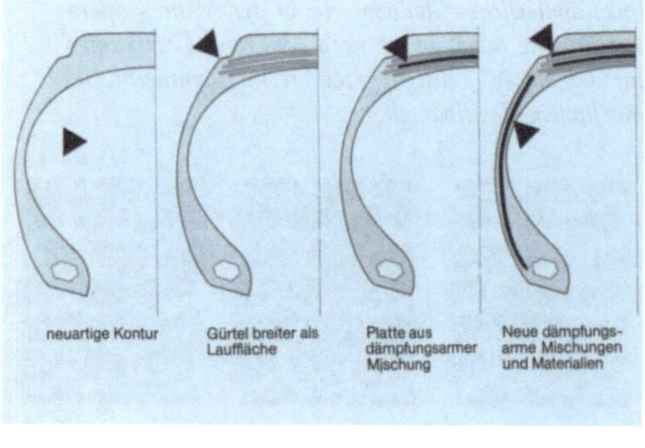

als Winterreifen mit griffigem Stollenprofil. In einer Übergangsphase – etwa im folgenden Frühjahr – verbreitern sich die kegelförmigen Profilstollen durch die Abnutzung und vergrößern dadurch den Positiv-Anteil des Profils. Es verbleiben aber noch durchgehende Kanäle für die Querdrainage. Nach weiterer Abnutzung entsteht nahezu ein Rippenprofil, allerdings noch mit traktionsfähigen Greifkanten. Uniroyal lieferte im gleichen Jahr die Reifen R 200 und R 300, den ersten für Lenkachsen, den zweiten für freilaufende Achsen oder Hänger der schweren Klasse. Da die Optimierung über den Rollwiderstand allmählich ausgereizt zu sein scheint, strebt Uniroyal eine gesteigerte Wirtschaftlichkeit über die Langlaufleistung an.

Im Jahr 1985 übernahm die Continental AG 75 Prozent der Anteile der österreichischen Semperit G.m.b.H. Die Gruppe Continental-Uniroyal-Semperit ist nunmehr einer der größten Reifenkonzerne Europas mit einem europäischen Marktanteil von 17 Prozent. Uniroyal, einer der Juniorpartner der Gruppe, stellte einen neuen Niederquerschnittreifen für leichte und mittlere Lkw vor. Er soll als betonter Traktionsreifen das Umrüsten auf Winterreifen überflüssig machen. Der Statthalter des japanischen Reifenriesen Bridgestone in der Bundesrepublik Deutschland erreichte 1985 auf dem Sektor der Lkw-Reifen einen Marktanteil von mehr als 10 Prozent.

In einer Studie kündigte Goodyear tiefgreifende Veränderungen in der Reifentechnologie an. Es werden voraussichtlich völlig neue Formen der Integration des Reifens in die vor allem elektronische Technologie des gesamten Fahrzeugs entwickelt werden. Reifen mit asymmetrischen Querschnitten auf entsprechend geformten Felgen werden mehr Raum zur Unterbringung von Bremsen und Radaufhängungen schaffen. Es werden integrierte Systeme von Reifen und Felgen entwickelt, die zu vollständigen Konstruktionseinheiten mit Bremsen, Sensoren und Federungssystemen erweitert werden können (Auszug aus DDD Nr. 5776/85).

Der Lastwagenreifen rollt weiter!

Neuer kraftstoffsparender Conti-Reifen

Die Wirkung eines Reifens, die den Kraftstoffverbrauch des Fahrzeugs beeinflußt, ist der Rollwiderstand. Hier setzten die Reifentechniker von Continental ihre Bemühungen an. Sie stellten im Frühjahr 1986 einen Lkw-Reifen vor, bei dem mit drei ineinandergreifenden Maßnahmen der Rollwiderstand deutlich verringert wurde:

- Verwendung dämpfungsarmer Gummimischungen,
- Verringerung der Verformung in der Aufstandszone,
- Abmagerung des Gummivolumens im Schulterbereich.

Bei der Verformung von Gummi wird ein Teil der aufgenommenen Energie in Wärme umgesetzt. Dieser Energieanteil geht also dem dynamischen Energieumsatz verloren. Der Energieverlust äußert sich bei Reifen als Rollwiderstand und Erwärmung. Es gibt definierte Gummimischungen, bei denen dieser Energieverlust gering ist. Solche Mischungen haben die hannoverschen Kautschuk-Experten bei dem neuen Lkw-Reifen angewendet. Seine Bezeichnung ist EOT (Energy Optimised Tyre). Die Lauffläche wurde durch einen breiten, bis in die Schulterpartie ragenden Gürtel aus vier Stahlcordlagen stabilisiert.

Die Verformung in der Aufstandszone wurde somit gemindert. Beim Übergang von der Lauffläche in die Reifenflanke wurde durch Einziehen einer umlaufenden Rille Gummi eingespart. Nicht vorhandener Gummi kann keinen Verformungswiderstand leisten und keine Wärme stauen. Außerdem verringerte man durch den Gummiabtrag das Reifengewicht. Im Fahrbetrieb wurden Verbrauchssenkungen von fünf bis sieben Prozent gemessen. Für einen Fuhrpark können hieraus Jahreseinsparungen resultieren, deren Beträge fünfstellig sind.

Das geistige Potential

Es ist noch nicht die Rede gewesen von einer Person, die mit Wissen und Kreativität, mit Forscherdrang und praktischen Fähigkeiten der Reifenentwicklung immer wieder neue Impulse gibt, die eine Schlüsselfigur im ganzen Reifenbau ist: vom Reifeningenieur. Und nun kommt gleich das Widersprüchliche: Den Reifeningenieur gibt es gar nicht. Jedes Reifen herstellende Unternehmen hat zwar befähigte Spezialisten, die die Entwicklung und Herstellung der Reifen mit Initiative und Fachkenntnis betreiben – in den Konstruktionsbüros und Labors, auf der Prüfstrecke und in der Fabrikhalle. Aber alle sind Experten auf Gebieten, die zwar – man ist geneigt, symbolisch zu sagen – in dem wohlgerundeten Reifen zusammengeführt werden, die aber jeweils ihren eigenen Ursprung haben. So wurzelt das geistige Potential des Reifenbaus in Chemie und Physik, Technik, Betriebswirtschaft und Arbeitswissenschaft. Es ist „interdisziplinär". Auf keiner Hoch- oder Fachschule gibt es die Disziplin des Kautschuk- oder gar des Reifeningenieurs. Die leitenden Fachkräfte bildet sich die Reifenindustrie überwiegend selbst heran. Sie sind der Herkunft nach Maschinenbauer oder Verfahrensingenieure, Physiker, Chemiker, Feinwerktechniker, Elektroniker oder auch Hütteningenieure. Gewiß, sie alle mußten nach ihrer Ausbildung um- oder dazulernen. Aber jeder bringt wertvolle Elemente seines Grundwissens und seiner Erfahrungen in den Reifenbau ein.

Der Reifenbau ist ein junges Fachgebiet. Der Ahnherr des heutigen Architekten ist der Baumeister des Altertums, der fachliche Vorfahr des Maschinenbauingenieurs der Schmied. Der Reifeningenieur hingegen hat keine Vorfahren. Sein Beruf ist noch keine hundert Jahre alt. Er hat sich aber in dieser Zeit mehrfach und grundlegend gewandelt und ist auch künftig immer wieder neuen Wandlungen unterworfen. Auslösende Faktoren sind die Fortschritte in der Werkstoff-Technologie, Fertigungstechnik, Fahrzeugentwicklung und im Straßenbau, immer aber auch das eigene Ingenium.

Das Schaffen des Reifeningenieurs hat einen Ansporn und ein Ergebnis: Mobilität.

Reifenspuren in die Zukunft.

Fahrerhaus und Aufbauten, Schwerlastfahrzeuge

Erich Hoepke

Die ersten Lastkraftwagen hatten einen Aufbau zur Aufnahme der primär wichtigen Nutzlast – für den Fahrer war nur ein Sitz oder eine Sitzbank vorgesehen. Echte Fahrerhäuser mit Wetterschutz und wenigstens teilweiser Verglasung gehörten erst ab etwa 1930 zum allgemeinen Standard. „Komfort" für den Fahrer gab es in den ersten 30 Jahren der Nutzfahrzeugentwicklung nicht und später im Rahmen des technischen Fortschritts der Lastkraftwagen nur begrenzt, bis – etwa 1955 beginnend – der Durchbruch zum gut gefederten „Arbeitsplatz" mit Heizung und Lüftung, guter Sicht und Lärmschutz und später sogar ergonomisch richtiger Anordnung aller Bedienungselemente begann.

Luftig: Gute Zimmermannsarbeit; Heckmotor, Tatra um 1900.

6

Die Entwicklung verlief damals progressiv, weil bessere Federung und Dämpfung der Vorderachse einherging mit besserer Sitzgestaltung und ebenso die Motoren leiser wurden bei gleichzeitig besserer Geräuschdämmung des Fahrerhauses. Der Mensch, der ursprünglich das Fahrzeug nur bediente, wie zum Beispiel auch die anfangs im Freien stehenden Lokomotivführer, rückte mit zunehmender Humanisierung der „Arbeitsplätze" in den Vordergrund, nicht zuletzt auch deshalb, weil die physischen Belastungen des Fahrers durch die Verkehrsdichte, durch Nachtfahrten, Anhängerbetrieb im Fernverkehr und erheblich gesteigerte Geschwindigkeit auf besseren Straßen beträchtlich zunahmen. Aufbau, Ausstattung, passive Sicherheit und Komfort des heutigen Fahrerhauses erreichten das Niveau heutiger Personenwagen.

Ein Zusammenhang zwischen Fahrerhaus – oder, dem englischen Sprachgebrauch folgend, Kabine – und Aufbau besteht selbstverständlich auch, denn bei beiden vollzog sich ein Wandel von handwerklicher Anfertigung in Holz bis zum heutigen Serienprodukt. Die Beziehung zwischen Aufbau und Anhänger ergibt sich in natürlicher Weise dadurch, daß der Anhänger in der Regel einen dem Zugwagen gleichartigen Aufbau trägt. Die Gestaltung der Fahrzeuge nach aerodynamischen Gesichtspunkten wird aus ökonomischen Gründen bedeutsamer.

Die technikgeschichtliche Beschreibung des Anhänger-Fahrgestells, der Federung und Lenkung erfordern einen eigenen Abschnitt. Die Tieflader und Schwerlastanhänger und -fahrzeuge entfernten sich konstruktiv zum Teil weit vom klassischen Nutzfahrzeug und bilden eine eigenständige und bedeutende Gattung.

Spartanisch: Erster Lastwagen mit Dieselmotor von Daimler (1923).

Wohnlich: Volvo-Fahrerhaus für Langstrecken-Fernverkehr mit Küche und zwei Liegen.

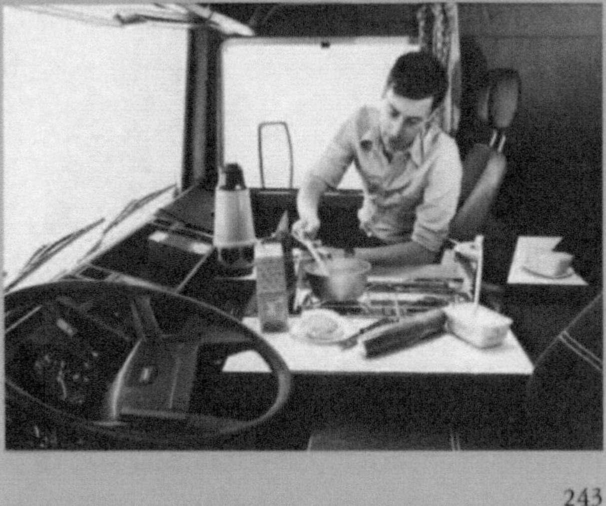

Das Fahrerhaus

Vom Kutschbock zur geschützten Bank

Die ersten Lastkraftwagen ähnelten den Pferdewagen und hatten, wie zum Beispiel der erste Daimler-Motor-Lastwagen von 1896, einen vorne angeordneten Kutschbock als Fahrerplatz. Der später allgemein vorn vorgebaute Motor mit seiner Verkleidung gab dem Fahrzeug ab 1900 sein Gesicht, bot dem Fahrer Schutz und bildete bald die Basis für eine noch recht mangelhafte Verkleidung des Fahrer- und Beifahrerplatzes. Eine dachförmig weit nach vorn gezogene Plane bildete oft einen typischen Sonnen- und Regenschutz. Da der Mensch eine „feste Größe" ist, die Motoren der schweren Lastwagen aber größer und stärker wurden, nahm die sogenannte Schnauze beträchtlich zu – aber der Raum für den Fahrer blieb klein.

Erste geschlossene Fahrerhäuser in Holzbauweise bauten zum Beispiel FWD in USA um 1920, sogar mit Schiebetür. Bis etwa 1930 führte sich das geschlossene Fahrerhaus, bei einigen Modellen aber noch ohne Seitenscheiben, ein, und die Holzbauweise wurde nach und nach zur gemischten Bauweise mit Blechbeplankung weiterentwickelt. Die technische Weiterentwicklung brachte innerlich und äußerlich mehr Stil, obwohl der nüchterne Zweck absolut noch im Vordergrund stand.

Hauben- oder Frontlenkerausführung

Während in Kontinental-Europa der Motorvorbau mit organisch angesetztem Fahrerhaus geradezu kultiviert wurde, beispielsweise von Berliet, Büssing-NAG, Henschel, Krupp, Mercedes-Benz und Saurer, ganz typisch auch von NAG-Voran wegen des Antriebes der vorderen Räder, entstand in England und in den USA zum Teil schon vor 1930 die Frontlenkerausführung, dort „cab over engine" (COE) genannt. In Deutschland gab es nur Einzelstücke mit Frontlenkerkabine, zum Beispiel einen

Kompromiß zwischen Innenraum und Motorvolumen bei der Baureihe LP 810/1213 von Mercedes-Benz (1965).

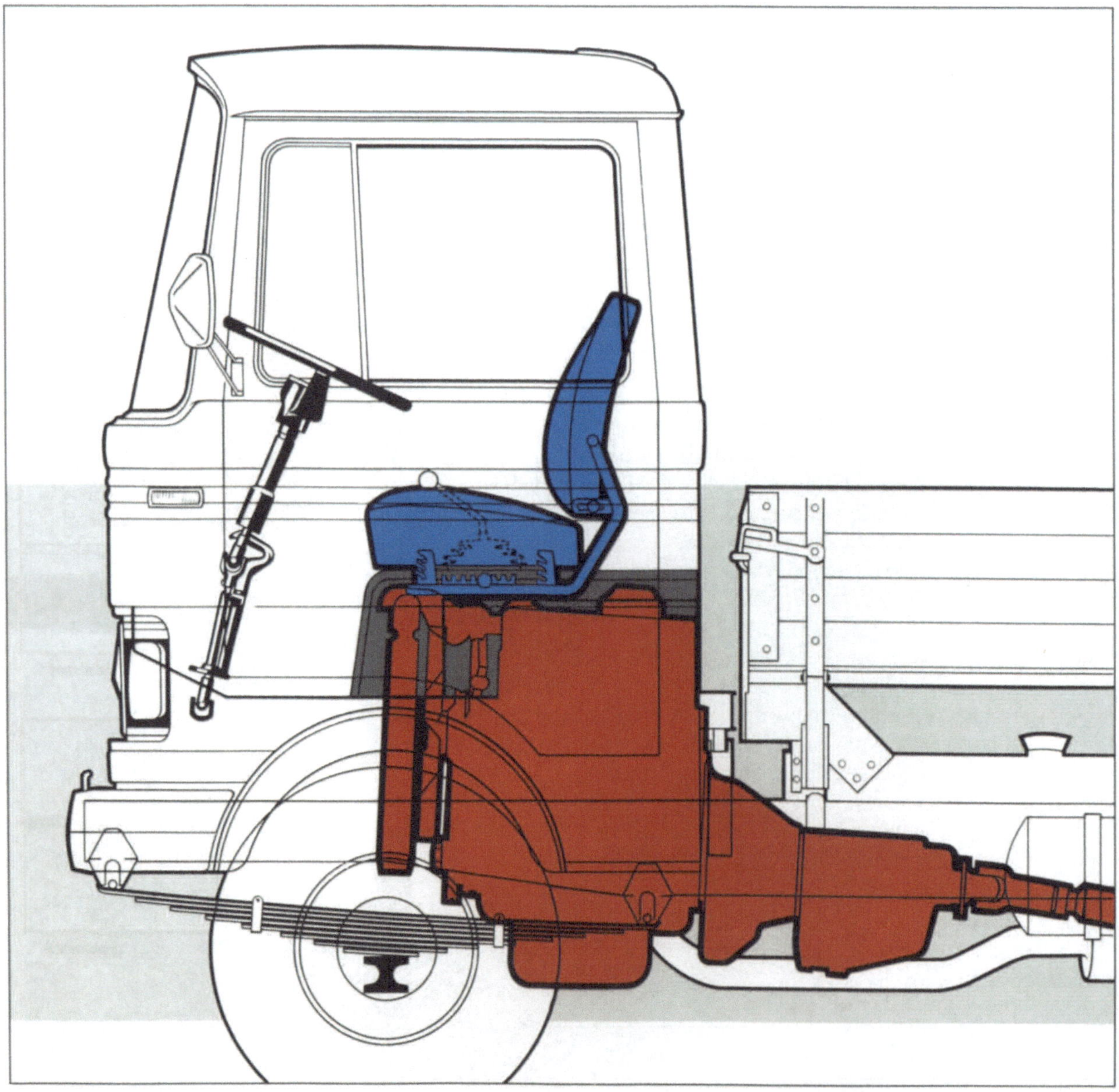

Dreiachser von Krupp um 1930, die dampfbetriebenen Lastkraftwagen der Deutschen Reichsbahn von Henschel ab 1934, einen allradgetriebenen Hanomag und einen Dreiachser von Büssing-NAG 1936 als Prototyp (mit stehendem Motor) und Vorstufe der späteren Großraumfahrerhäuser durch Unterflureinbau des Motors (ab 1950). Magirus nahm 1936 die Fertigung eines Lastwagens mit Unterflurmotor und gutgestaltetem Frontlenkerfahrerhaus auf, und Kaelble baute 1938 eine Schwerzugmaschine mit Frontfahrerhaus und Mittelmotor.

In den dreißiger Jahren begann die Ganzstahlbauweise der Fahrerhäuser. Während die frühere hölzerne Konstruktion eine verhältnismäßig gute Dämpfung des Motorgeräusches bewirkte, neigte die Stahlkonstruktion zum Dröhnen und war zudem korrosionsanfälliger. Der zunehmende Komfort erforderte auch eine ausreichende Verkleidung als Kälte- und Wärmeschutz.

Heute prägt das zügig ab Ende der fünfziger Jahre für den Fernverkehr eingeführte serienmäßige Frontlenker-Fahrerhaus das Erscheinungsbild der Lastkraftwagen. Durch entsprechende konstruktive Gestaltung trägt es fertigungs- und anwendungstechnischen Gesichtspunkten Rechnung und ist in kurzer, mittellanger und langer Variante lieferbar. Die Firma Motor Panels in England spezialisierte sich auf das Entwerfen und Bauen kompletter Fahrerhäuser in kleinen und größeren Serien und brachte viele neue Ideen bis zur Sitzgestaltung ein; in Deutschland wurden häufig gut gestaltete und ausgestattete Fahrerhäuser von Aufbautenherstellern, z. B. Kässbohrer, Kögel, Schenk und Wackenhut serienmäßig hergestellt.

Zweckmäßig: Mowag-Einsatzfourgon der PTT (Schweiz) mit Fahrerhaustüren nach rechts und nach vorn aus betrieblichen Gründen.

Zweck, Mode und Komfort

Erwartet wird vom heute üblichen Frontlenkerfahrerhaus eine niedrige Einstieghöhe, ein gefederter und gedämpfter Einzelsitz für den Fahrer, griffgünstige Anordnung aller Bedienelemente, Heizung und Lüftung, gute Geräuschisolierung und ausreichende Ablagemöglichkeiten. Unter dem Fahrerhaus muß Platz für den Motor, den Kühler, gegebenenfalls auch für den Ladeluftkühler, vorhanden sein, und darüber hinaus beanspruchen auch die Elektrik und die Druckluftbremsanlage etwas Raum im Fahrerhaus. Alle Wartungs- und Kontrollarbeiten sollen leicht auszuführen sein. Der Kippwinkel soll möglichst 60° betragen, damit der Motor gut zugänglich ist. Für den Fernverkehr soll der Innenraum komfortabel ausgestattet und geräumig sein. Ausreichend Platz für die Liegen, Kühlbox und Kochstelle sind für Langstreckenfahrten, etwa nach Nahost, erwünscht.

Viel konstruktive Arbeit ist notwendig, um alle Anforderungen zu einer ansprechenden Lösung zu führen. Leicht besteht die Gefahr, daß der Gewinn an Laderaum, den man durch das über dem Motor angeordnete Fahrerhaus erzielt, wieder verloren geht und die ganze Ausstattung die Nutzlast schmälert. Dies begünstigt die Verwendung von Kunststoffen zum Beispiel für Trittstufen, Dach- und Bugspoiler, Kühlergrill, Luftleitkörper, Wartungsklappen und den Ansaugtrakt, um Totgewicht zugunsten der

Vier Fahrerhaus-Grundtypen bei Scania ab 1982: G) für den Verteilerverkehr, P) als Allroundversion für Nah- und Baustellenverkehr mit verschiedenen Komfortklassen, R) mit Langstreckenkomfort und aufwendiger Geräuschisolierung und T) mit ebenem Boden, ganz rechts zusätzlich mit Schlafkabine. Auch die Typen P und R werden mit Schlafkabine geliefert.

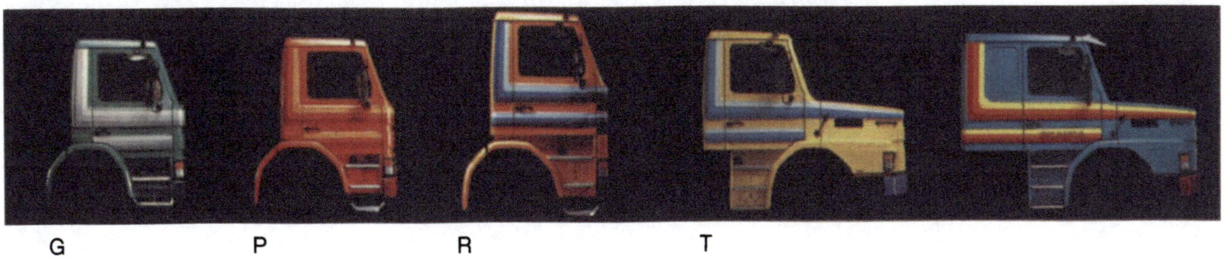

G P R T

Ausstattung zu sparen. Im Gegensatz zu amerikanischen Sattelzügen, bei denen nur die Länge des Aufliegers gesetzlich begrenzt ist, haben die Europäer keinen Spielraum für die Länge des Fahrerhauses, da das Zugfahrzeug generell in die Längenbegrenzung einbezogen ist. Amerikanische Schlafkabinen werden dementsprechend geräumiger gestaltet. Der Fortschritt in der äußeren und inneren Gestaltung des Fahrerhauses – speziell des Großraumfahrerhauses für den Fernverkehr – ist beträchtlich und fordert seinen Preis. Entwicklung und Investitionen verschlingen Millionenbeträge, so daß die einmal gewählte Ausführung wegen der Wirtschaftlichkeit mindestens zehn Jahre in der Fertigung bleiben muß. Ansprechendes und zeitloses Design wird daher vorausgesetzt.

Die ab 1980 aufgekommenen Großraumlastzüge (Jumbo) brachten das Fahrerhaus in Bedrängnis; es mußte ebenso wie der Abstand zwischen Zugwagen und Anhänger extrem kurz werden. Als Folge entstand die im hochgezogenen Dach untergebrachte Schlafliege, Topsleeper genannt.

Passive Sicherheit

Eine Stahlkonstruktion allein bürgt noch nicht für ausreichende Sicherheit, denn einerseits wird gute Sicht verlangt, andererseits erfordert die Stabilität oder passive Sicherheit der Kabine ausreichende Querschnitte der tragenden Säulen; auch in diesem Fall ist wieder ein Kompromiß vonnöten. Die aus Sicherheitsgründen im Anfang oft abgelehnten Frontlenkerfahrerhäuser wurden schon deshalb stabil ausgeführt, weil sich keine Knautschzone unterbringen ließ. Da dies nicht für alle Unfallmöglichkeiten ausreicht, verlangt eine schwedische Sicherheitsvorschrift besondere konstruktive Maßnahmen; das Fahrerhaus muß Schläge einer Masse von 1 t an einem 3 m langen Pendel aus allen Richtungen aushalten; außerdem muß das Dach einem statischen Druck von 15 t von oben soweit standhalten, daß die entstehende Deformation für Fahrer und Beifahrer genügend Überlebensraum läßt. Die Türen dürfen sich nicht öffnen. Die Fahrerhäuser haben im allgemeinen eine verstärkte Frontplatte, einen Flankenschutz in den Türen sowie eine energieverzehrende Lenkradbefestigung.

Der Fahrerplatz

Die geschichtliche Entwicklung des Fahrerhauses wurde erst ab 1920 bemerkenswert, die der Fahrersitze erst ab 1950. Die Hauben-Lkw ließen eine durchgehende Sitzbank für drei Personen zu. Für Bequemlichkeit sorgten gute Polster. Erst etwa 1950 wurden für den Fahrer verstellbare Einzelsitze vorge-

Getrennt angebautes „Schlafzimmer" eines schweren Freightliner-Sattelschleppers (1983).

stellt; sie fanden jedoch keinen Anklang. Mehrpreis und Mehrgewicht waren nicht gefragt, außerdem wurde der Raum unter dem Sitz zum Beispiel für Batteriekasten und Werkzeug gebraucht. Die etwa 1964 in die Serie eingeführten Frontlenker gestatteten nicht mehr den Einbau einer durchgehenden Sitzbank. Der fast im Fahrerhaus eingebaute Motor ließ nur Platz für zwei Einzelsitze. Da die Vertikalbewegungen der vor der Vorderachse angeordneten Sitze größer sind als bei der Haubenausführung mit Sitzen hinter der Vorderachse, wurde im Lauf der Jahre ein Übergang von „statischen" Sitzen zu sogenannten Schwingsitzen notwendig, auch deshalb, weil die immer höhere physische Belastung der Fahrer durch die größere Geschwindigkeit und Zunahme der verkehrsmäßigen Belastung mehr Komfort erforderte. Der schon Ende der fünfziger Jahre entwickelte Schwingsitz nach Brendel begann sich somit erst nach 15 bis 20 Jahren durchzusetzen.

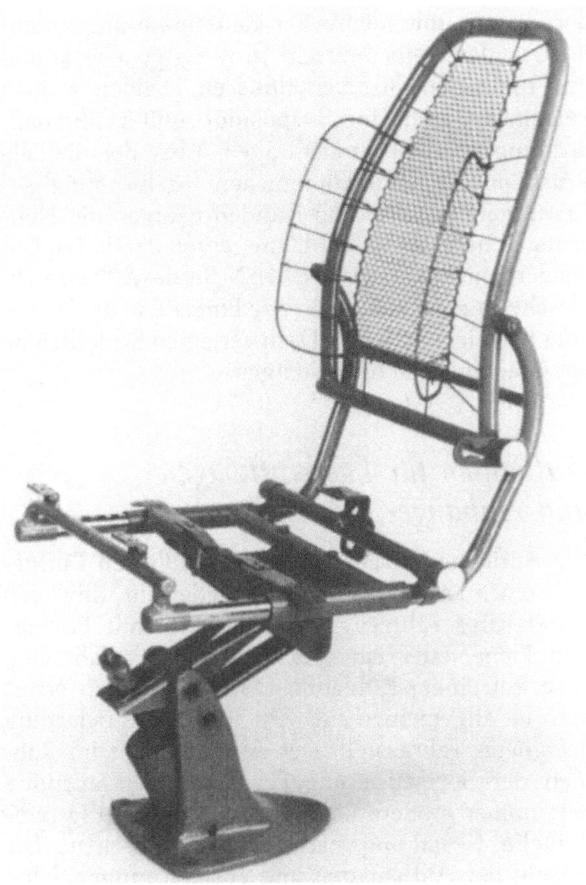

Konstruktion des hydraulisch gedämpften Bremshey-Fahrersitzes, der ab 1960 zum Beispiel bei Büssing, MAN und Saurer eingeführt wurde.

Für hochwertige Sitze, die teils serienmäßig, teils als Mehraufwand eingebaut werden, verlangt man eine einfache Verstellung in Höhe, Neigung und in horizontaler Richtung sowie des Winkels der Rükkenlehne. Trotz federnd montierter Fahrerhäuser muß der Sitz schwingungstechnisch auf das Schwingungsverhalten des Fahrzeug abgestimmt sein, zumal die heutigen steilen Lenksäulen trotz der Einstellbarkeit in Höhe und Neigung, etwa 1965 beginnend, eine ungünstige aufrechte oder sogar nach vorn geneigte Haltung des Fahrers erzwingen. Die geringste Schwingungsbelastung des Fahrers erreicht man mit einer ölgedämpften Luftfederung, die auch dem Fahrergewicht von 60 kg bis 130 kg angepaßt werden kann. Luftgefederte Sitze erlauben ein selbsttätiges Einstellen der Sitzhöhe durch ein handbetätigtes Ventil. Infolge des Vordringens der Durckluftbremse in leichte Nutzfahrzeugklassen ist fast immer ein Druckluftanschluß vorhanden. Andernfalls bieten auch schon die mechanisch gefederten Sitze gleiche Verstell- und Einstellmöglichkeiten. Die Vorteile der vollständig verstellbaren und schwingend oder schwebend gelagerten Sitze führten sich seit 1970 in zunehmendem Maß in der Serie ein. Da bei großem Schwing- oder Federweg Probleme mit dem Sicherheitsgurt auftreten, entwikkelte Volvo einen Doppelrollgurt mit elektronischer Blockierung. Mit einer Reihe nationaler und internationaler Vorschriften werden Mindestanforderungen für innere Sicherheit, Festigkeit und Anpassen an die Körpermaße für alle Nutzfahrzeugbereiche fixiert. Die heutigen Fahrersitze sind der Erfolg ingenieurmäßiger Entwicklungsarbeit.

Projekte

Bemerkenswert als Vorschlag für eine ganz neuartige Lösung für die Fahrerkabine und den Fahrerplatz müssen das „Colani-Ei" von 1979 mit hoch angeordnetem Lenkrad und Sitz gelten und der Steinwinter-Lastzug von 1981, primär für Ladelänge gleich Fahrzeuglänge, folglich mit unter dem Laderaum operierender Sattelzugmaschine: Einerseits besteht

Mehr schwebend als sitzend: Aufbau einer Luftfederung mit Ölstoßdämpfer und parallelogrammgeführtem Sitz von Bremshey-Grammer (1983).

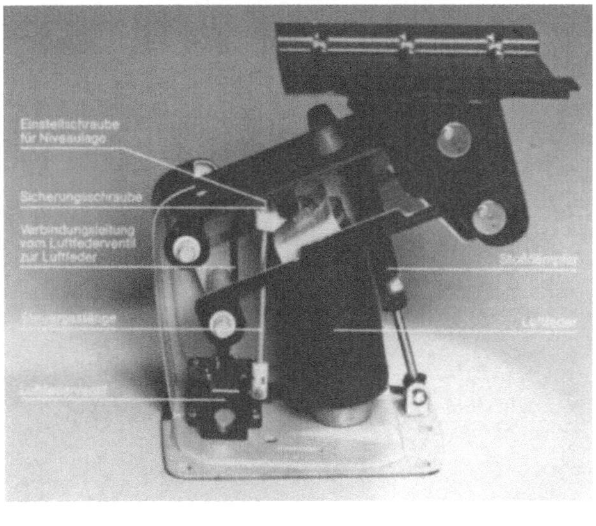

der Zwang, mit niedrigster Raumhöhe auszukommen, andererseits herrscht großzügige Gestaltung mit optimalen Sichtverhältnissen; beiden jedoch gemeinsam sind eine Sitzposition und Lenkradanordnung wie in Personenwagen. Aber der radikale Bruch mit dem Herkömmlichen machte stutzig – Lastwagenhersteller und Kunden nahmen die Neuerungen nicht an, zwei Männer eilten damit der Zeit wieder einmal voraus. Die MAN-Studie X90 von Dr. Flesche dagegen fand teilweise Eingang in die Praxis, zum Beispiel mit der ins Dach verlegten Schlafkabine bei einigen Großraumlastzügen.

Aufbauten für Lastkraftwagen und Anhänger

Die Aufbauten machen aus einem üblichen Fahrgestell eines Lastkraftwagens entweder ein universell einsetzbares Fahrzeug, beispielsweise mit Pritsche und Plane, oder ein speziell nutzbares Fahrzeug, etwa mit einem Kühlaufbau. Kippaufbauten erfordern im allgemeinen auch ein für höhere Belastung geeignetes Fahrgestell. Der Aufbau spielt im Rahmen der Spezialisierung der Lastwagentransporte eine immer größere Rolle und verlangt häufig individuelle Gestaltung nach Kundenwünschen. Die Anzahl der Aufbauarten und Formen nimmt daher immer mehr zu.
Die Spezialisierung im Bereich der Ladung ermöglicht eine Serienfertigung der Fahrgestelle, die nur im Radstand und der Spurweite, zum Beispiel wegen der in der Schweiz zulässigen Breite von nur 2,30 m, anpaßbar sein müssen.

Der offene Aufbau

Bis heute ist der offene Aufbau oder die Ladepritsche gute Zimmermannsarbeit, sofern nicht schon ein Aufbau aus Leichtmetallprofilen vorgesehen wird. In Deutschland wurde die Pritsche mit klappbaren Bordwänden seit jeher bevorzugt, in anderen Ländern wurde und wird oft die einfache Plattform, auch „flat" oder „Plateau" genannt, benutzt. Auf eine sorgfältige Ladungssicherung kann heute dabei nicht verzichtet werden. Der hölzerne Aufbau ist billig und robust, aber schwerer als ein Leichtmetallaufbau.
Die Ladung wird durch eine Plane abgedeckt, die durch ein aufsteckbares Gestell gestützt wird. Statt schwer zu handhabender hoher Bordwände werden heute geschlossene Aufbauten bevorzugt. Holzaufbauten sind geräuscharm, rutschfest beim Beladen und bieten einen Mindestkälte- oder Wärmeschutz. Hiermit sind schon Probleme angedeutet, die sich beim Übergang von Holz auf Metall ergeben können. Vorteile der Leichtmetallbauweise bestehen im hohen Schrottwert, in der Korrosionsunempfindlichkeit und Verrottungsfestigkeit.
Der erste europäische Lastanhänger in Leichtmetallbauweise wurde 1934 von Peter Winterthur (Schweiz) gebaut; 1938 entwickelte die Waggonfabrik Uerdingen je einen Omnibus- und Lastwagenanhänger aus Leichtmetall. Der Nutzlastgewinn ist leider nicht bekannt. In England entstanden nach dem Krieg Leichtmetallpritschen und -fahrerkabinen für mittlere Lastwagen. Im Krieg baute man dort auch eine Serie von zwanzig dreiachsigen Lastwagen in Ganzaluminiumkonstruktion. Erst 1969 entstand wieder ein Einzelstück eines Mercedes-Benz LP 1113 in Leichtmetallbauweise mit Aluminiumfahrgestell, und 1975 ein Ganzaluminiumlastwagen der 16-t-Klasse mit einem Nutzlastgewinn von 770 kg, beide mit Material und Profilen von Alusuisse. Die Fortschritte im Leichtbau von Fahrzeugen und die verstärkte Markteinführung verliefen trotz der Pionierleistungen in England, in der Schweiz und in nordischen Ländern insgesamt langsamer, als zu erwarten war, weil der neue Werkstoff ein Umden-

Plattformaufbau eines Leyland-10-ton-Lastwagens (1920).

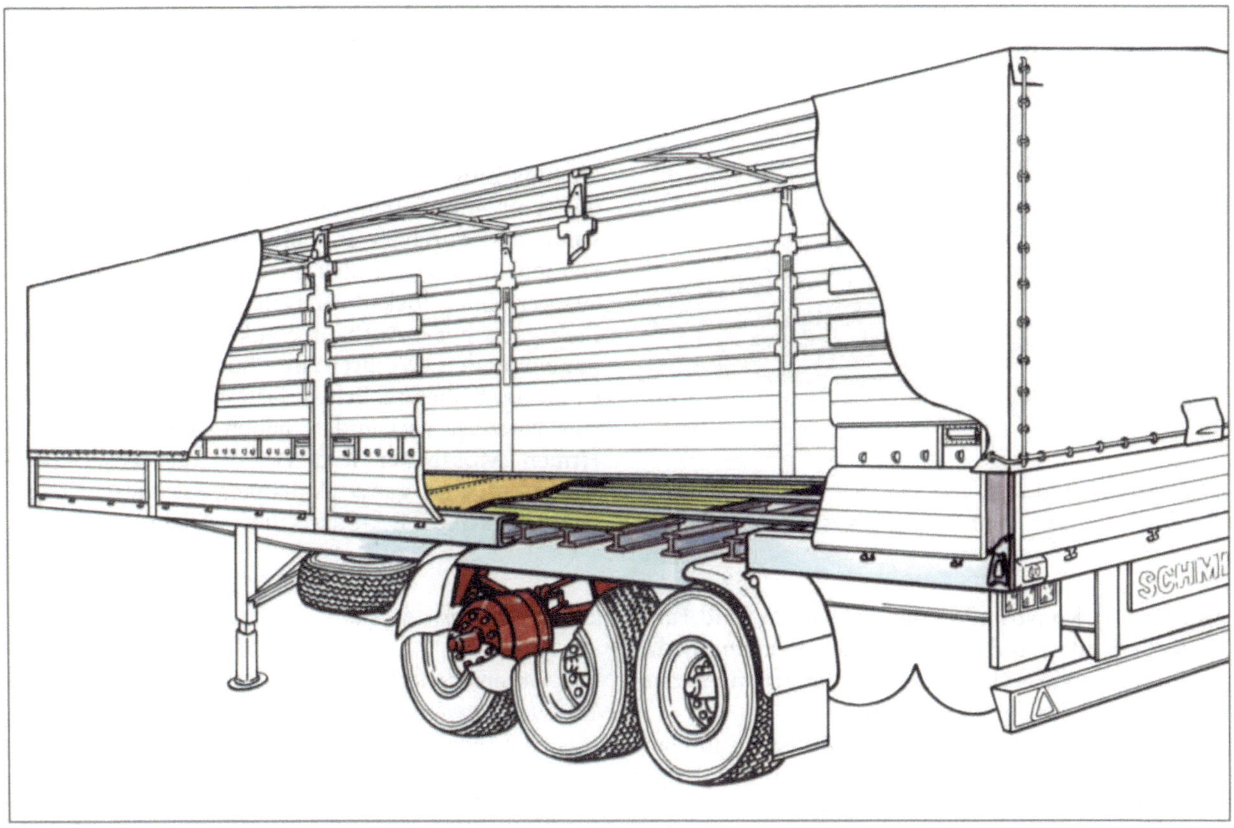

Pritschenaufbau von Schmitz 1985: Fahrgestell-Längsträger mit durchgesteckten und verschweißten Querträgern, 35-mm-Nadelholzboden mit Deckplatte, abnehmbaren Spriegelstützen und Bordwand aus Holz.

Edscha-Schiebeverdeckgestell für Beladung der Pritsche von oben und von der Seite (1985).

Henschel HS 200 UN, 154 kW, mit Sonderaufbau für den Langmaterialtransport von Kässbohrer (1955).

ken bei der Konstruktion der Aufbauten (und Fahrzeuge) erfordert und der Kunde häufig einen niedrigeren Kaufpreis erwartet, statt die langfristig entstehenden Vorteile einzukalkulieren.
Verdeck und Verdeckgestell oder Spriegel und Plane waren eine feste Größe, die sich bis in die sechziger Jahre nicht änderte. Von Schweden ging die Entwicklung einer leicht zu öffnenden Dachpartie ohne Längsholme aus. Scharwächter stellt ein solches leicht zu handhabendes Schiebe-Verdeckgestell her, bei dem die leicht demontierbaren seitlichen Stützen oben Längsschienen tragen, auf denen Rollenwagen und Gelenke den Längstransport und das Falten der Plane übernehmen. Die Kranverladung wird problemlos möglich. Auch das Auf- und Zuschnüren des konventionellen Seil- und Ösenverschlusses kann heute durch ein Schnellverschlußsystem ersetzt werden; dieses läßt sich aber nur mit Bordwänden aus dem Snap-lock-Profilsystem kombinieren.
Eine ganz neue Aufbautechnik bahnt sich mit der zunehmenden Verbreitung hochfester Feinkornstähle an. Bisher bei Schwerlastfahrzeugen mit höchster Nutzlast verwendet, bauen zum Beispiel die Firmen Mössbauer und Wackenhut seit 1984/85 Aufbauten und ganze Anhänger aus diesem sogenannten N-A-XTRA-Stahl, um Gewicht zu sparen.

Der geschlossene Aufbau

Das Unternehmen Panhard & Levassor baute bereits 1896 Lieferwagen mit geschlossenem Kastenaufbau, was diesem hochbeinigen Fahrzeug mit pferdewagenähnlichem Fahrwerk schon etwas Eleganz verlieh. Der Fahrer saß über dem Motor, der Beifahrer auf dem Dach. Auch andere Hersteller verfolgten diese Lieferwagenausführung, deren geschlossener

Leichtmetallaufbau von Rampf-Faba (Schweiz) für Langmaterial auf MAN-Unterflurfahrgestell 19.321; hydraulischer Ladekran am Heck (1984).

Aufbau auch als Werbefläche genutzt wurde. Um das Fahrgestell mit dem Fahrerhaus aus der Lastwagenserie übernehmen zu können, wurden Kofferaufbauten aufgesetzt; dies war billiger. Analog der Fahrerhausausführung bestanden diese Aufbauten zuerst aus Holz, ab etwa 1920 aus Holzgerippe mit Blech-Außenhaut.

Die geschlossenen Aufbauten für Zugwagen und Anhänger wurden noch bis zum Ende der dreißiger Jahre häufig aus Holz mit einzeln festgeschraubten Planken fabriziert; der Zimmermann war ja für die hölzernen Pritschen im eigenen Haus oder beim Zulieferer der Aufbauten sowieso vorhanden. Aufbauten für Möbeltransporte bei Umzügen wurden nur aus Holz mit Stahlrahmen gefertigt. Als Anhänger waren es bis nach 1920 reine Pferdewagen mit eisenbereiften Holzrädern, die bei längeren Transportwegen auf die Bahn verladen wurden. Der erste gummibereifte Möbelwagenzug wurde 1920 von Schenk gebaut, aber noch mit Vollgummireifen. 1921 erhielt dieselbe Möbelspedition in Stuttgart einen Daimler-Lastwagen mit Wechselaufbau, der mit dem Anhänger bahntransportfähig war.

Staufen entwickelte 1930 die ersten Aufbauten aus Leichtmetall für Möbellastzüge. Die Holzbauweise hielt sich aber noch bis etwa 1949, bis sich die Aufbautechnik durch neue Werkstoffe und neue Fertigungsmethoden änderte. Leichtmetall, Kunststoff, Stahl und wiederum Holz, aber mit maschinell gefertigten Platten, konkurrierten miteinander. Die Anhänger- und Aufbautenfabrik Ackermann entwikkelte um 1950 eine Leichtmetall-Zellenbauweise für geschlossene Aufbauten, die revolutionierend war.

Fabrikat Panhard & Levassor 1,1 kW (1,5 PS) als Freiluft-Frontlenker mit geschlossenem Lieferwagenaufbau (1896).

Geschlossener Aufbau in Verbundbauweise (Box Van) auf Leyland-Chassis (1924).

Eleganz 1928: Kastenaufbau auf verstärktem Ford-Fahrgestell AA.

Pneumatische Rollenschiene „Hydraroll" mit Mitnehmerketten zum Be- und Entladen von Paletten (Hyva 1984).

Voraussetzung für alle weiteren Entwicklungen auf diesem Gebiet war eine möglichst dünne Wandstärke. Um bei einem gesetzlich vorgeschriebenen Außenmaß von 2500 mm für die Ladepaletten eine Mindestinnenbreite von 2430 mm zu erzielen, mußten Wandprofile von maximal 30 mm geschaffen

Falttür-Aufbau von Staufen für Möbeltransporte auf MAN-Fahrgestell 14.192 mit Luftfederung und Unterflurmotor; Leichtmetall-Klemmkonstruktion, System-Ladebordwand von Dautel (1985).

werden, entsprechend der Entwicklung der Bordwände der Ladepritschen. Die Plywood-Bauweise aus Sperrholz erwies sich unempfindlich gegenüber äußerer Beschädigung, und die Wandstärke betrug nur 25 mm. Kässbohrer stellte mit nahtloser Verarbeitung der Platten Vorder-, Seiten- und Rückwandteile in einem Stück her.

Leichtmetallaufbauten gibt es heute in Niet- oder Klemmbauweise mit preiswerten Bausätzen von Unterlieferanten. Die Wandstärke beträgt 25 mm, für das Dach 35 mm. Die Wand besteht aus Deckblechen, deren Zwischenraum mit Kunststoff ausgeschäumt ist. Für temperaturgeführte Waren und verderbliche Güter wird heute die Kunststoffbauweise, zum Beispiel aus geklebten und geschäumten Komponenten, wegen der erwünschten schlechteren Wärmeleitung bevorzugt. 1920 wurde der vermutlich erste Kühlwagen für Speiseeis von Fruehauf in den USA gebaut. Unterschieden wird heute zwischen Trockenfracht-, Frischdienst- und Tiefkühlausführung, meist als selbsttragender abnehmbarer Kofferaufbau mit Containerbefestigung, um Reparaturen zu erleichtern. Das Material ist geruchsneutral, Zurrschienen werden in die Wände integriert, auch verstellbare Zwischenböden sind möglich.

Für Kühltransporte, speziell in südliche Länder, sind besonders wirksam isolierte Aufbauten Voraussetzung; für Gefriertransporte sind Wandstärken bis 120 mm notwendig. Von Kögel wurde Ende der fünfziger Jahre eine „Poly-Zell"-Vollkunststoff-Sandwichbauweise für Kühlaufbauten entwickelt, und Schmitz bietet für Gefriertransporte mit Gefrieraggregat einen Aluplast-Kofferaufbau mit GFK-Deckplatte innen und Kunststoffausschäumung an. In der Frühzeit der Kühltransporte wurde mit Eisblöcken oder Trockeneis gekühlt, heute werden autarke Kälteaggregate mit eigenem Otto- oder Dieselmotor oder für den Verteilerverkehr mit elektrischem Antrieb durch einen vom Fahrzeugmotor angetriebenen Generator an der Stirnwand angebaut.

Stahl rückte als Werkstoff für geschlossene Aufbauten wieder ins Blickfeld, da die Zellen- und Deckbleche der Wände bei halber Wandstärke nicht schwerer als Aluminium sind und die thermische Längenausdehnung von Stahl nur 50% der von Aluminium und 30% der von GFK beträgt. Auch der korrosionsbeständige Edelstahl wird seit den siebziger Jahren für geschlossene Aufbauten gelegentlich verwendet. Große Effekte werden jedenfalls bei einer Verbundbauweise erzielt, wenn die Werkstoffe dort angewandt werden, wo sie ihre Vorzüge speziell entfalten können. Fruehauf in den USA verwendete schon 1939 korrosionsfesten Stahl für geschlossene Aufbauten, ab 1945 für die „Volume-Van-Plus"-Serie.

Parallel zur neuen Aufbautechnik wurden auch Möglichkeiten zum schnellen Be- und Entladen gesucht. Entweder kann das Dach zur Kranbeladung geöffnet werden, oder es gibt Heck- und Seitenöffnungen unterschiedlicher Art. Die Seitenwand kann aus Polyesterplane bei fester Stirn- und Heckwand bestehen (zum Beispiel Van Hool-Tautliner, Belgien), oder sie kann als selbstspannende Plane (Roloplan-System) für Getränkefahrzeuge ausgeführt werden, oder mit Falttüren oder -wänden (Staufen). Zum leichten Entladen von Paletten können Rollenschienen in den Boden eingelassen werden. Ein Mitnehmerkettensystem (Hyva-Hydraroll) bewegt die Paletten beim Be- und Entladen.

Aus beweglich gelagerten Längsschienen besteht der sogenannte Walking Floor, der durch ein bestimmtes Bewegungssystem zum Beispiel Torf, Späne, Müll und Granulate durch die geöffnete Rückwandtür leicht und schnell entladen kann. Schenk, Bunge und andere führten das System ab 1956 ein. Die hydraulisch betätigte rückwärtige Ladebordwand (zum Beispiel von Dautel), die zugleich die Funktion der Hecktür übernehmen kann, hat auch Geschichte. Schon Ende der zwanziger Jahre gab es eine mechanische Be- und Entladevorrichtung von Fretz & Co. in Görlitz. Die parallelogramm-geführte Klappe wurde von einer Seilwinde bewegt.

Tank- und Siloaufbauten

Gestaltung, Werkstoff und Ausrüstung mit Armaturen hängen von der Konsistenz, der Entflammbarkeit, der Aggressivität oder Empfindlichkeit der zu befördernden flüssigen oder staubförmigen Güter ab. Die Behälter haben von ihrer Gestalt her eine so

Sattelauflieger von Doll in Leichtbauweise mit großen Öffnungen für Seitenbeladung. Mit gerundeten Kanten, Spoilern, Endkantenklappen am Schlepper, seitlichen und hinteren Schürzen wird die Umströmung des Zuges verbessert (1985).

Mercedes-Benz-Tanksattelzug, 74 kW (100 PS), 20 t Gesamtgewicht, Mehrkammertank (1936).

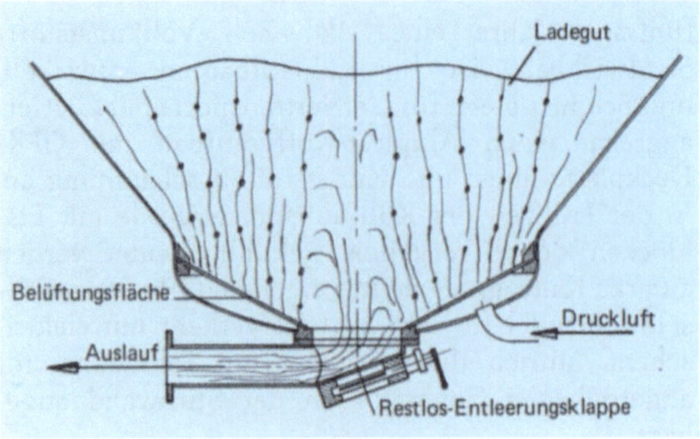

Siloauslauf mit Druckluftzufuhr zum Entleeren (Haller 1965).

große Festigkeit, daß die selbsttragende Bauart für Anhänger und Auflieger leicht möglich ist. Die heute weitverbreitete selbsttragende Bauweise wurde von Scammell, einem Pionier im Bau schwerer Zugmaschinen und Sattelauflieger, schon etwa 1927 an einem rahmenlosen zylindrischen Tankaufbau, teils genietet, teils geschweißt, verwirklicht.
Durch Zusammenbau mit einem Triebkopf entstanden auch selbsttragende Motortankfahrzeuge, beispielsweise von Strüver 1965 mit Komponenten von Daimler-Benz, Henschel und MAN. Die sogenannte Keilform oder Kofferdoppelkeilform (z. B. Haller) ergibt ein gutes Verhältnis von Tankinhalt zu den gegebenen äußeren Maßen. Die Pumpen und Meßgeräte werden am Tank oder bei Sattelzügen auch auf der Zugmaschine montiert. Flugfeldtankzüge überschreiten die für den Straßenverkehr zulässigen Maße und Gewichte erheblich. Für Tankwagen wurde von Esso in der Schweiz ein pumpenloses Schwerkraftsystem zum Befüllen der unterirdischen Tanks eingeführt. Da der Fahrzeug-Dieselmotor beim Entladen nicht mehr benötigt wird, werden je Tankfahrzeug etwa 2000 l Dieselkraftstoff im Jahr gespart, und die Geräusch- und Abgasbelästigung entfällt. Nach der Gefahrgutverordnung Straße (GGVS) ist eine Einzelabnahme mit Druckprüfung und Röntgenprüfung der Schweißnähte vorgeschrieben.
Für die in mehrere Kammern unterteilten Tanks werden Leichtmetall, Stahl oder Edelstahl verwendet. Große Unterschiede in der konstruktiven Gestaltung bestehen zwischen den Tanks für Flüssigkeiten und staubförmige Güter im Hinblick auf schnelle Entladung. Kässbohrer schuf 1953 Siloaufbauten, zum Beispiel für Granulate, die zum Entleeren hydraulisch kippbar sind. Feste Siloaufbauten, etwa für Zement, werden pneumatisch entleert; dazu ist auf dem Zugwagen ein Verdichter für ölfreie trok-

Selbsttragender Kunststoff-Tankaufbau, entwickelt für Shell von M&G Trailers of Lye Shropshire (1977); 32 t Gesamtgewicht, Schlepper ERF B series.

Selbsttragender Silo-Sattelanhänger mit Druckbehälter von Kässbohrer, der durch abgeflachte Seiten 50 m³ faßt; 38 t Gesamtzuggewicht; Mercedes-Benz-Zugmaschine (1982).

Großraum-Silozug von Spitzer für 80 m³ für leichtes Schüttgut. 38 t Gesamtzuggewicht; Zugwagen DAF 3300; Behälter zum Kippen, Anhänger mit 15-Zoll-Rädern für niedrige Rahmenhöhe (1984).

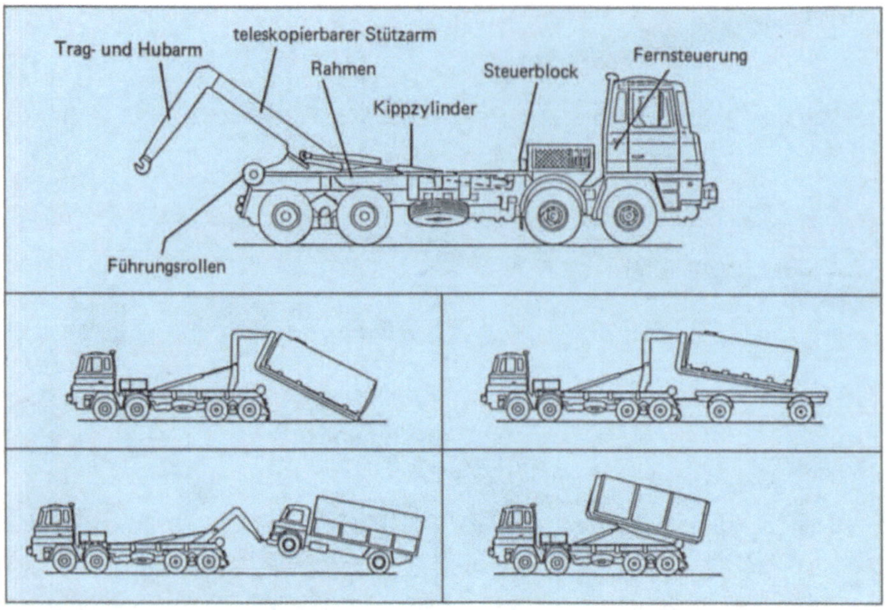

Möglichkeiten des bodenabsetzenden Ampliroll-Wechselsystems mit Palette für verschiedenartige Lasten auf Foden-Chassis (1978).

kene Luft montiert. Für zähflüssige Güter, wie Bitumen, ist eine Dampfbeheizung des Kessels notwendig.
Flüssigkeits- und Silocontainer sind als Wechselaufbauten sinnvoll einsetzbar.

Wechselaufbauten

Die echte Verfügbarkeit eines Lastkraftwagens, zum Beispiel in Stunden je Jahr, wird um so größer, je kürzer die mit dem Transportgeschäft verbundenen Wartezeiten werden. Da auch die Fahrerlöhne dann sinnvoller ausgegeben werden, steigt auch die Produktivität. Ein Mittel, um diese Zielvorstellung zu verwirklichen, bildet die Sattelzugmaschine mit zwei oder mehr Aufliegern. Ein anderes Mittel mit noch weniger Kapitalbindnung ist der Wechselaufbau für Lastwagen, Anhänger und in begrenztem Maß für Sattelauflieger zur individuellen Anpassung an verschiedenartige Transportaufgaben.
Schon 1921 wurde der im vorhergehenden Abschnitt erwähnte Möbelwagen mit einem Wechselaufbau versehen. 1924 gab es einen Krupp-Lastzug mit rollfähigen Milchtanks zum Überladen auf Waggons, und Kässbohrer schuf 1927 ein Wechselauf-

Sima-Contrailerlift-Wechselsystem für einseitiges Umladen, Abstellen oder Stapeln mit ausziehbarem Aufliegerfahrgestell (1968).

Ein luftgefedertes Fahrgestell unterfährt abgesenkt eine abgestellte 7,15-m-Wechselpritsche (Kässbohrer-Wechselsystem, auch für Vertikalumschlag, 1984).

bausystem, bestehend aus Wechselpritsche, Wechselkoffer und Omnibusaufbau für ein Lastwagenfahrgestell. Der Nutzen war begrenzt, da die Fahrzeuge selbst noch in der Entwicklung standen und sich die für den Straßenverkehr letztlich möglichen Maße und Gewichte erst nach 1960 abzuzeichnen begannen. Somit war eine Voraussetzung für ein national und international einsetzbares System gegeben.

Wechselpritschen oder Wechselkoffer mit genormter Größe nach DIN 70013/14 und BDF-Norm sind für dreiachsige Zugwagen und zweiachsige Anhänger austauschbar und werden häufig im kombinierten Verkehr eingesetzt. Während im Werksverkehr oder im Speditionsbetrieb das Absetzen und Aufnehmen ohne Kranhilfe erfolgt, ist für das Umsetzen im kombinierten Verkehr Kranhilfe notwendig. Dafür müssen die Aufbauten die bei den Containern üblichen Beschläge haben.

Die für ein Wechselsystem vorhandenen Aufbauten entsprechen den schon beschriebenen und werden beispielsweise noch durch Kippaufbauten, Betonmischer und Aufbauten für kommunale Zwecke ergänzt. Fruehauf baute für den Containerverkehr in den USA und seit den sechziger Jahren auch in Deutschland Sattelauflieger, die zwei 20-ft-, einen 30-ft- oder einen 40-ft-Container aufnehmen. Daraus ergaben sich andere Großbehältersysteme, auch Container, die durch Unterbauen einer Tandemachse und eines Königszapfens als selbsttragende Auflieger betrieben werden konnten.

Die Deutsche Bundesbahn setzte schon 1950 Wechselbehälter für den Haus-Haus-Verkehr ein. Ab 1960 entstanden spezielle Wechselsysteme für den Speditionsbetrieb und die Bauwirtschaft. Dazu gehören das AWL-System von Ackermann (1960), das Schnellwechselsystem von Dautel, das Lifttainersystem von Kögel und Wechselsysteme anderer namhafter Hersteller. Zum Wechseln der Aufbauten sind Hubvorgänge notwendig. Entweder wird der Hub von der Luftfederung der Trägerfahrzeuge aufgebracht oder von einem getrennten Pneumatik- oder Hydrauliksystem auf dem Fahrzeugrahmen. Die Aufbauten werden nach dem Anheben auf abklappbare oder einsteckbare Stützen abgestellt.

Auch die Abrollsysteme, mit denen man Mulden, Kippmulden, Großpaletten und Spezialbehälter mit Hilfe einer Bordhydraulik auf den Boden absetzt und wieder aufnimmt, zählen zu den Wechselaufbausystemen. Ein Abrollsystem, das mit Winden arbeitete, wurde um 1928 von der französischen Firma Vennez-Jaquemont entwickelt. Die beliebig gestaltete Ladebrücke war auf Rollen zum axialen Verschieben gelagert. Die Hakengeräte können so gestaltet werden, daß auch Behälter von einem Anhänger übernommen und abgesetzt werden können.

Portalfahrzeug für Wechselbehälter bis 8,5 t, speziell für Getränke. Der abgesetzte Behälter wird seitlich herausgefahren (Titan-Appenweier 1984).

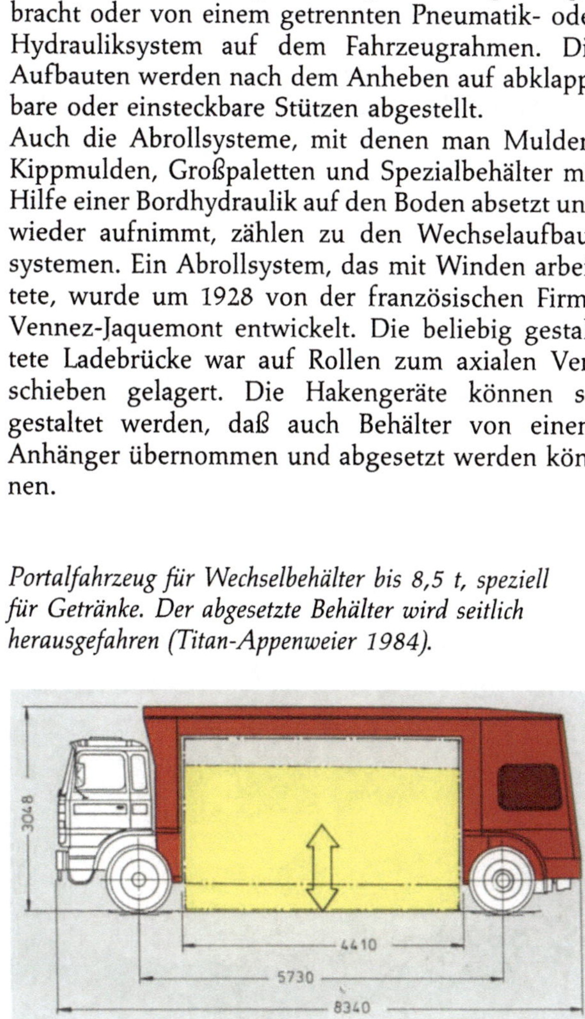

7,15-m-Koffer für Dautel-Schnellwechselsystem mit Containerbeschlägen. Die Ladeplattform ist faltbar und kann unter das Fahrgestell eingefahren werden (1985).

Ein neuartiges Fahrzeug von Titan-Appenweier wird nach Patenten von Coca-Cola gebaut. Es nimmt alle Getränkekästen in einem Transportbehälter auf, der das Mittelstück dieses Spezialfahrzeuges bildet und nach dem Absetzen auf dem Boden von einem Mann leicht herausgerollt werden kann. In Fahrstellung ist der Behälter fest mit dem Portalrahmen verriegelt. Außer diesen vertikalen Wechselsystemen werden in begrenztem Umfang auch horizontale Wechselsysteme gebaut, die einen Container oder eine Wechselpritsche neben dem Fahrzeug absetzen oder auf einen Waggon horizontal umladen können. Wenn dies nach beiden Seiten ausführbar sein muß, wird die Einrichtung verhältnismäßig schwer und erfordert zum Transport eines 40-ft-Containers einen fünf- oder sechsachsigen Sattelzug, wie zum Beispiel bei dem Klaus-Kran-Mobil. Das Gerät stützt sich auch selbst kippsicher auf dem Boden ab.

Großraumaufbauten und -lastzüge

Schon vor 1914 wurde versucht, durch Koppeln mehrerer Anhänger an einen Lastkraftwagen die Nutzlast auf einfache Weise zu vergrößern; es ging weniger um das Transportvolumen, im übrigen waren solche Lindwürmer im europäischen Straßenverkehr nicht brauchbar. Die Geschichte der Großraumfahrzeuge mit Maßen und Gewichten im Rahmen der Straßenverkehrsgesetzgebung ist noch jung und begann 1965 mit dem Decklaster von Büssing, dessen Ladeplattform über das tiefliegende Fahrerhaus reichte, und somit war erstmalig die Fahrzeuglänge gleich der Ladelänge. Das von Rationorm (Schweiz) entwickelte Prinzip für genormte Kleincontainer erlaubte es, vorwärts an die Laderampe zu fahren. Steinwinter in Stuttgart entwickelte 1982 einen 18-m-Sattelzug mit Unterflurzugmaschine, ebenfalls mit durchgehender Ladelänge. Beide blieben Einzelstücke.

Büssing-Decklaster für 22 t Gesamtgewicht (1965). Unterflurmotor und Luftfederung; Ladelänge gleich Fahrzeuglänge.

Strömungsgünstiger Großraumlastzug (GLZ) von Ackermann-Fruehauf mit Kurzkupplung und Mercedes-Benz-1419-Zugwagen. Das System ist anwendbar für Lastzüge von 21 t bis 38 t mit vier oder fünf Achsen (1981).

Sofort vom Markt aufgenommen wurden dagegen Kurzkuppelsysteme, bei denen auf verschiedene Weise der Abstand zwischen Zugwagen und Anhänger von 1,6 m auf etwa 0,9 m und weniger verkürzt wurde, um mehr Paletten aufnehmen zu können. Bei dem üblichen Gliederzug mit Kupplungspunkt, Deichsel und Drehkranz würde der kürzere Abstand zur Kollision der Aufbauten führen. Die kurzgekuppelten Züge vermeiden dies mit ganz verschiedenen Mitteln, die sich aber auf zwei Verfahren zurückführen lassen:

- Der Anhänger hat eine Tandem- oder Tridemachse und wird mit starrer Deichsel dicht an der Hinterachse des Zugwagens angelenkt.
- Die Vorderachse des Anhängers wird durch mechanische Einrichtungen auf einem möglichst großen Kreisbogen geführt, so daß der Aufbau auf Abstand gehalten wird; bei einigen Systemen wird der Abstand bei Kurvenfahrt automatisch vergrößert.

Die Anzahl der Systeme wuchs nach dem 1981 von Ackermann-Fruehauf konzipierten Großraumlastzug (GLZ) bis heute. Parallel zu dieser Entwicklung entstanden die extrem kurzen Fahrerhäuser mit über der Kabine angeordnetem Schlafraum. Für Volumentransporte mit leichtem und sperrigem Transportgut wird eine 15-Zoll-Bereifung notwendig, um an Ladehöhe zu gewinnen. Unterflurmotoren von DAF, MAN und Volvo steigern noch den Effekt.

Was erreicht man durch Kurzkuppeln? Ein drei- und zweiachsiger Lastzug kann durch Optimieren soviel an Ladelänge gewinnen, daß man insgesamt 38 statt nur 35 Paletten laden kann. Durch extreme Nutzung von Länge und Ladehöhe schaffte es DAF 1982 auf 3 und 2 Achsen fünf voluminöse Luftfrachtpaletten aufzunehmen, MAN 1984 – beide mit Hilfe niederländischer Fahrzeug-, Aufbau- und Anhängerspezialisten – sogar sieben mit einem Hubboden im Anhänger. In keinem Fall wurden 18 m Länge und 4 m Höhe überschritten. Den größten Raumgewinn erzielt man durch Verwenden kleiner 15-Zoll-Räder am Anhänger und an der Lkw-Hinterachse. Damit ergibt sich eine durchgehend gleich niedrige Lade-

Palettengewinn durch Kurzkupplung und verkürztes Fahrerhaus mit Topsleeper; auch mit Unterflurmotor (DAF 1983).

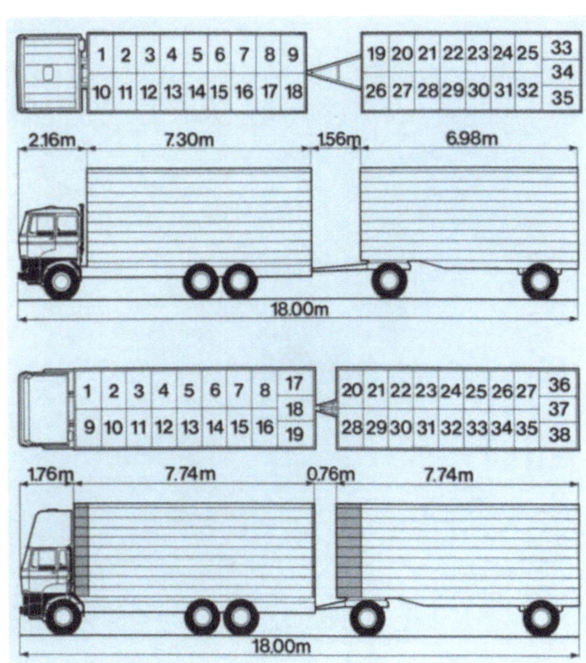

Großraum-Sattelauflieger von Hauser (Schweiz) mit gekröpfter Ladefläche und 15-Zoll-Tridemaggregat. Mit motorhydraulischem Aggregat im Auflieger kann der Hubboden vertikal verstellt werden; Plane (Blache) und Spriegel sind höhenverstellbar (1983).

Kurzkupplung am Sattelauflieger mit zahnradgesteuertem Hyva-System; der Aufbau wird bei Kurvenfahrt automatisch zurückgeschoben (1983).

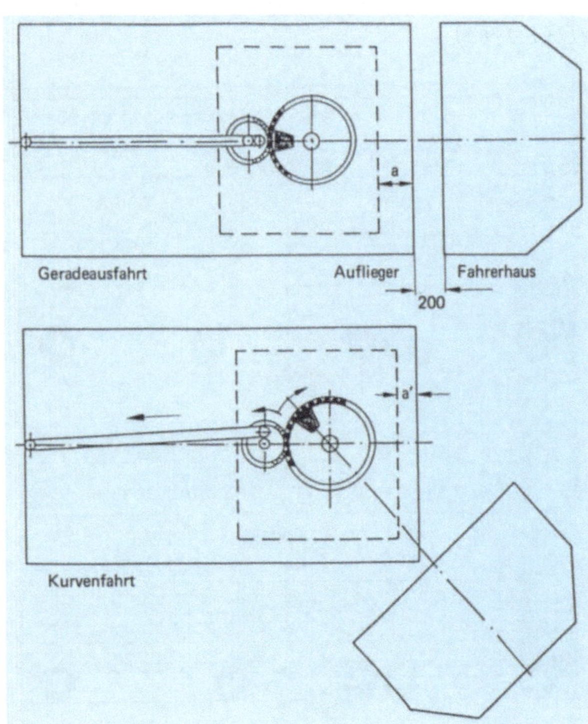

höhe von etwa 760 mm. Verwirklicht wird dies 1985 am Kässbohrer-Transoptimal mit frontgetriebenem Titan-Lkw für ein Gesamtzuggewicht von 22,5 t.
Auch kurzgekuppelte Züge können Wechselaufbauten erhalten, wie zum Beispiel ein 36-t- oder 40-t-Zug von Netam-Fruehauf (Holland) mit DAF-6 × 2-Zugwagen (1982). Eine ganz neue Version eines kurzgekuppelten 38-t-Lastzuges zeigte Schmitz 1985. Der zwei- oder dreiachsige Anhänger wird mit der Hinterachse oder der Tandemachse voraus mit starrer Deichsel angehängt. Beim Einlaufen in die Kurve wird nur die nachlaufende Anhängerachse gelenkt.
Auch Sattelzüge machten eine entsprechende Entwicklung mit. Mit kleinen 15-Zoll-Rädern an den Aufliegerachsen ließ sich die Ladefläche nach unten kröpfen, und es entstanden Systeme mit einem höhenverstellbaren zweiten Ladeboden zur optimalen Raumnutzung und zum Be- und Entladen der erhöhten Ladefläche über dem Tragsattel. Auch für Sattelanhänger entstand 1983 bei Hyva (Holland) ein Pivot-Schubsystem, um den Abstand zwischen Aufbau und Fahrerhaus um mindestens 500 mm zu verkürzen. Bei Kurvenfahrt wird der Abstand zur Zugmaschine durch ein Zahnrad-Schubsystem wieder vergrößert; Änderungen an der Zugmaschine sind nicht notwendig.
Sicherlich ist die Entwicklung der Kurzkuppelsysteme noch nicht abgeschlossen, aber die Vorteile ladungs- und fahrtechnischer Art liegen auf der Hand und sind in Mitteleuropa der einzige Weg, um bei gegebenen gesetzlichen Grenzen die Kapazität eines Lastzuges zu erhöhen. Bemerkenswert ist dabei die Abstimmung von Zugwagen und Anhänger zu einem System. Mit der Zunahme großvolumiger und spezifisch leichter Transportgüter muß gerechnet werden.

Kippaufbauten und Kippanhänger

Der Kippaufbau erfordert eine für die besonderen Belastungen verstärkte Fahrgestellkonstruktion des Lastwagens und Anhängers. Die ersten Kippeinrichtungen waren mechanisch und von Hand zu betätigen, beispielsweise die von Meiller 1904. Ein MAN-Saurer-Lastwagen hatte 1916 eine vom Motor angetriebene mechanische Kippeinrichtung. Für Anhänger kamen nur handbetätigte Kippgetriebe mit Zahnstange in Betracht. Das Fahrgestell war äußerst einfach gestaltet. Bei Lastkraftwagen wurde schon früh versucht, den Motor zum Betätigen der Kippeinrichtung heranzuziehen. Tenner in Berlin baute zuerst ein Zahnstangensystem mit Gelenkwellenantrieb vom Motor her und schuf 1924 eine Druckölkippeinrichtung. Die dicht am Teleskopzylinder angebaute Ölpumpe wurde von einer langen Gelenkwelle angetrieben, da lange Rohrleitungen gefürchtet waren.
In demselben Jahr verlegte Kässbohrer bei seinen

MAN-Van-Eck-(NL)-Kurzkuppelzug mit Großraumkühlaufbauten; Anhänger mit langer Deichsel tiefangelenkt; Zugwagen MAN 19.321 mit Unterflurmotor (1984).

Kippanhängern die mechanische Kippeinrichtung zwischen die Fahrgestell-Längsträger, so daß zumindest eine Kippmöglichkeit nach zwei Seiten gegeben war. Bromilow & Edwards rüstete Anfang der zwanziger Jahre unter anderem Scammell-Lastwagen mit einem Friktionsantrieb des Kippwerkes über das Motorschwungrad aus. Meiller baute 1925 für einen Büssing-NAG-Kipplastwagen ein hydraulisches Dreiseiten-Kippsystem nach Patenten von Wirz (Schweiz). Auch Saurer in der Schweiz baute etwas später solche Systeme für seine Dreiseitenkipper. Hierbei wurde die Mehrkolbenpumpe direkt am Wechselgetriebe angebaut, während Meiller seine Pumpe mit kurzer Triebwelle hinter dem Fahrerhaus anordnete. Auch Renault entwickelte ein System mit Zahnradpumpe, die neben dem Teleskop-Hubzylinder lag und später direkt an diesen angebaut wurde.

Die zunehmende Bedeutung der Fahrzeugkipper wurde schon damals voll erkannt. Mit weiterentwickelten Hydrauliksystemen mit höherer Zuverlässigkeit und höheren Betriebsdrücken – heute sind es 200 bar und mehr – nahmen die Anwendungen und auch die Größe und Nutzlast schwerer Baustellen-Hinterkipper zu. Mit leistungsfähigen Hydraulikpumpen, verbesserten Steuerungen und zuverlässigen Schnellkupplungen machte zum Beispiel Meiller auch den Anschluß der Anhängerhydraulik möglich. Meiller gab 1952 den Bau von Lastanhängern auf und wandte sich vollständig der Entwicklung von hydraulischen Kippsystemen und -aufbauten zu. Heute stehen für den Straßenverkehr und Baustelleneinsatz, für Kommunalfahrzeuge und in der Landwirtschaft mit üblichen oder verstärkten Fahr-

Erster Kässbohrer-Kippanhänger (1904) für Traktorzug.

MAN-Saurer-Hinterkipper mit motormechanischem Antrieb (1916).

Leyland-Hinterkipper (4 t) mit zwei hydraulischen Kippzylindern (1923).

Modern anmutende motorhydraulische Dreiseitenkippeinrichtung von Tenner (1924) mit Teleskopzylinder.

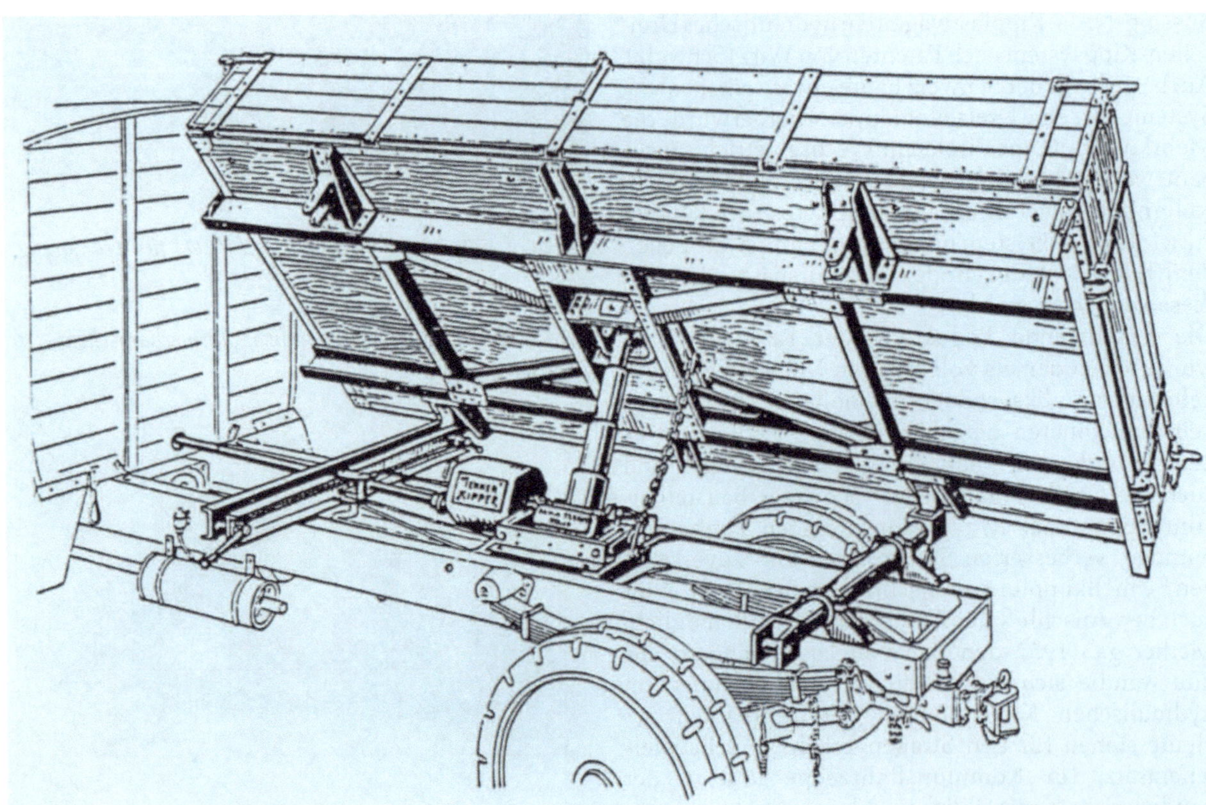

Einseitig nach links: Schwerer dreiachsiger Baustellenkipper von Marrel für 80 t Nutzlast in zwei Mulden aus N-A-XTRA-Feinkornstahl; automatisch öffnende Seitenwand; Teha-Kipphydraulik; Jost-Spezialkupplung mit Drehkranz (1983).

gestellen verschiedene Motorwagen-Anhängerkombinationen mit vier und fünf Achsen und Sattelauflieger mit zwei und drei Achsen – selbstverständlich auch Solofahrzeuge – als Einseiten-, Zweiseiten-, Dreiseiten-, Hinter- und Muldenkipper zur Verfügung.

Mit der Meiller-Bordmatik können die Bordwände eines Dreiseitenkippers hydraulisch – auch beim Anhänger – vom Fahrerplatz aus geöffnet und verriegelt werden. Größe und Anordnung der Kippzylinder sind dabei recht unterschiedlich. Neben dem zentralen Teleskop-Kippzylinder wird für Mulden- und Hinterkipper der Fronthebezylinder (zum Beispiel von Edbro, Holland) angewandt. Der eine hat einen verhältnismäßig kurzen Hub und muß große Kräfte aufbringen, der andere hat langen Hub, muß vielteiliger ausgeführt sein, arbeitet aber mit geringerer Kraft. Um den vielteiligen Teleskopzylinder vermeiden zu können, werden auch Kniehebelpressen, die mit einem einfachen Hydraulikzylinder mit verhältnismäßig kurzem Hub arbeiten, beispielsweise das Fabrikat von Marrel, ausgeführt.

Ergänzt werden die üblichen Kippsysteme durch Hakenabrollkipper und sogenannte Wechsel-Lade-Kipper (Wirz, Schweiz) oder Abroll- oder Absetzkipper (von Marrel 1948 entwickelt), die mit absetz- und

Schwerhydraulik: Kniehebelpresse am Muldenkipper von Hauser (Schweiz 1984).

kippbaren Mulden arbeiten, und durch Absetzvorrichtungen, um Silos oder Behälter waagerecht transportieren und senkrecht aufstellen zu können.
Später als bei den offenen und geschlossenen Aufbauten wurde Leichtmetall, hauptsächlich Aluminiumlegierungen, für Kippaufbauten und Kipperfahrgestelle von Anhängern und Aufliegern eingeführt. In Frankreich wurden seit den fünfziger Jahren die größten Fortschritte auf diesem Gebiet erzielt. Bezogen auf 38 t bis 44 t Gesamtgewicht mit Nutzlasten von 24 t bis 28 t beträgt der Nutzlastgewinn heute bei einer Ganzaluminiumausführung 500 kg bis 1000 kg.

Der Lastanhänger

Die Geschichte des Anhängers beginnt mit dem Pferdewagen; es wurde zunächst zum Anhängen an Lastwagen und Traktoren lediglich eine andere Deichsel angebaut. Da der Anhänger mit dem Aufbau eine Einheit oder sogar ein System bildet, wurde er im vorhergehenden Abschnitt schon weitgehend beschrieben.

Anhänger- und Sattelkupplungen

Rockinger in München gehörte 1912 zu den ersten Anhängerbauern, spezialisierte sich dann aber auf Kupplungen: 1925 wurde eine vollautomatische Kupplung mit Fangmaul entwickelt, die aber erst 1934 eingeführt werden konnte. Die Uerdinger Ringfeder begann 1924 mit Anhängerkupplungen und führte in den dreißiger Jahren die hochprogressiven und dämpfenden Ringfedern ein. Die Kupplungen, auch die Sattelkupplungen, sind Sicherheitsteile, die mit hohem Qualitätsstandard gefertigt werden. Für die Fahrsicherheit und die Vermeidung von Stoßbelastung der Zugwagen und Anhänger werden heute spielfreie vollautomatische Kupplungen angeboten. Auf diese Weise wird der Lastzug vom Zweimassen- auf ein Einmassensystem gebracht. Eine weiche Längsfederung der Kupplung erwies sich als nachteilig für die Fahrsicherheit eines Zuges.
Die ersten Patente für lösbare Sattelkupplungen wurden zum Beispiel der AEG und E. Jagenberg 1904 erteilt; auch Mack (USA) beschäftigte sich früh damit. Um das Aufsatteln zu erleichtern und im Nahverkehr den Anhängerwechsel zu beschleunigen, entstand bei Chenard & Walker (Frankreich) um 1926 ein System, bei dem die starre Deichsel des Anhängers in eine Spindelvorrichtung der Zugmaschine einrastete, so daß diese einstellbar belastet

Glück im Unglück: Der Fahrer wurde nur verletzt, weil Anhängerkupplung und Zugdeichsel die dynamische Belastung aushielten und die nach den schwedischen Sicherheitsvorschriften gebaute Fahrerkabine der abstürzenden Ladung und Pritsche widerstand (1970).

Schema der vollautomatischen Rockinger-Sattelkupplung Typ 600 nach DIN 74081, bis 20 t Sattellast (1984). – Oben: eingekuppelt, Schließkeil geschlossen; unten: Schließkeil geöffnet, Kupplungsschloß in Bereitschaft zum Einkuppeln (1984).

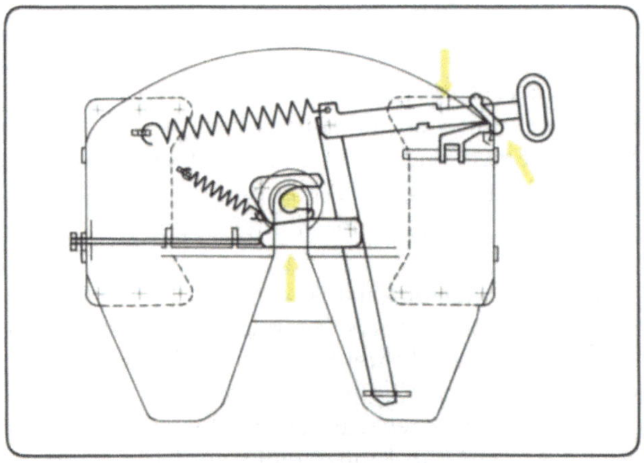

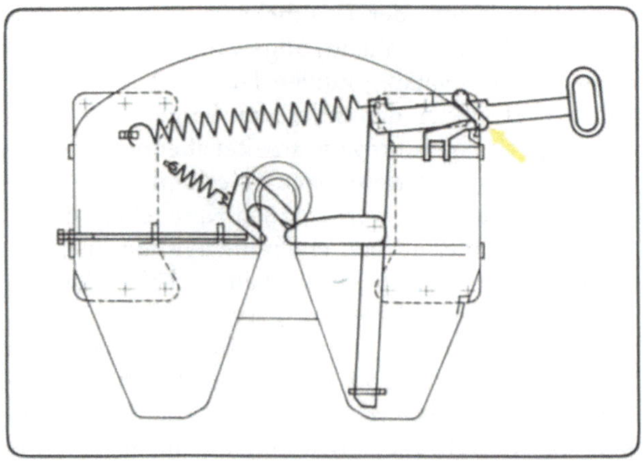

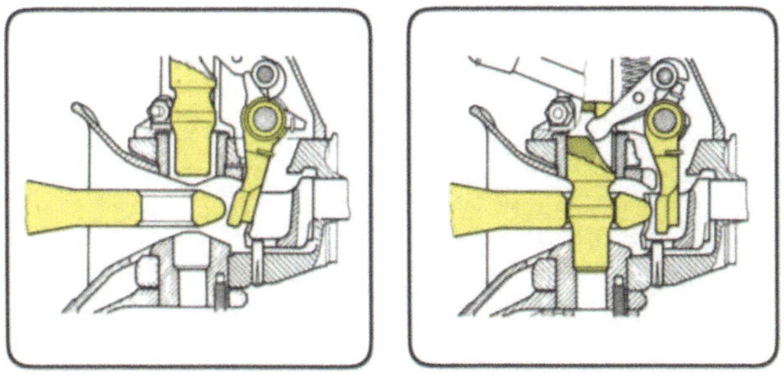

Funktion der vollautomatischen Rockinger-Anhänger-kupplung nach DIN 74054. Durch ein (nicht sichtbares) Ölpolster wird die Kupplungsöse spielfrei und reibungsarm am Kupplungsbolzen gehalten (1984).

werden konnte. Das System hielt sich etwa zehn Jahre auf dem Markt.

Technik der Lastanhänger

Die ersten Anhänger waren blattgefedert und eisenbereift und wurden oft von den Lastwagenherstellern gleich mitgeliefert. Erst für das Jahr 1912 läßt sich der Beginn einer Anhängerindustrie feststellen. Es waren aufgestiegene Handwerksbetriebe, von denen einige noch heute als Industriebetrieb bestehen, Karosserie- und Waggonfabriken. Der erste Automobilanhänger mit wesentlichen Unterschieden zum Pferdewagen entstand 1922 bei Kässbohrer, ebenso 1929 der großdimensionierte Kugeldrehkranz, obwohl damals auf technischer Ebene heftige Fehden gegen das deichselgelenkte Drehgestell und die Starrachse zugunsten der Einzelradfederung mit Achsschenkellenkung, zum Beispiel Bauart Blödner von der Gothaer Waggonfabrik, ausgetragen wurden. Der erste Lastzug mit durchgehender Druckluftbremse wurde 1923 von der Daimler-Motoren-Gesellschaft und von Knorr vorgestellt, wodurch der Bremserplatz auf dem Anhänger entfiel; der nächste wesentliche Schritt war Mitte der zwanziger Jahre die Einführung des Luftreifens für Nutzfahrzeuge.
Die Bedeutung des Anhängers ist wirtschaftlicher Art. Die Motorwagen waren schwer und solide

Von 1936 an auch von anderen Anhängerbauern verwendetes spurendes Achsaggregat von Schmitz. Lenker, Federn und Achsen sind in wartungsfreien Gummilagern gelagert.

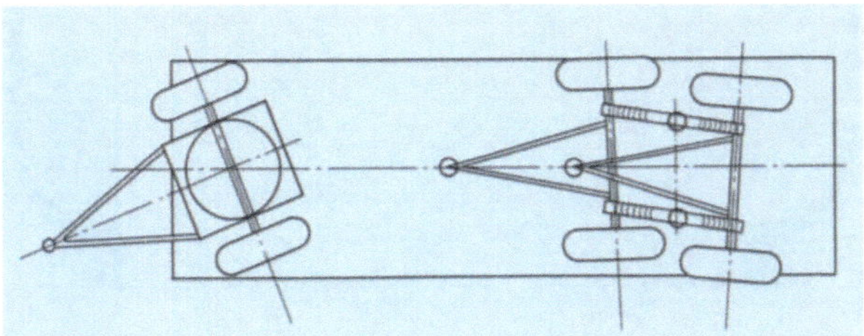

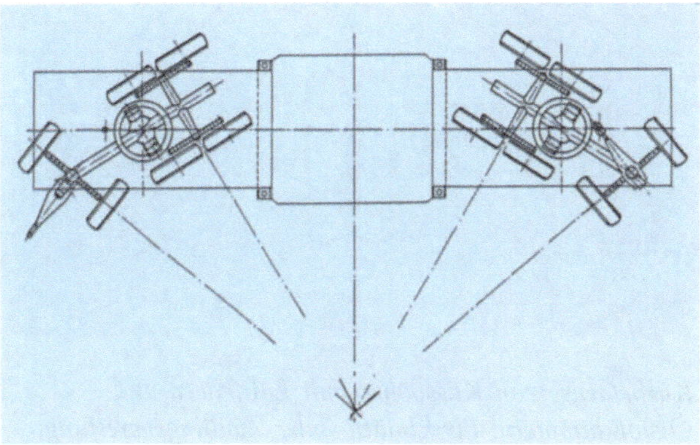

Automatisch spurendes Lenksystem des Meiller-Tiefladers für 40 t Nutzlast; durch Umhängen der Zugdeichsel und des hinteren Lenkstocks in der Gegenrichtung fahrbar (1938); Pendelschwingachsen.

ausgeführt, die Anhänger verschlechterten die Fahrleistungen bei den üblichen niedrigen Fahrgeschwindigkeiten nur unwesentlich. Aber sie erhöhten mit geringem Aufwand die Nutzlast. Noch bis in die dreißiger Jahre trugen mittlere Lkw im Schnitt kaum mehr, als sie wogen, und die Anhänger trugen das 1,8- bis 2,3fache ihres Eigengewichtes. Ein schwerer Lastzug mit 3 und 3 Achsen wog um 1935 mit 20 t Nutzlast 35 t, entsprechend einem Verhältnis von Nutzlast : Eigengewicht = 1,33; der Motorwagen allein brachte es nur auf 0,9. Als „Güterzug der Landstraße" sollten drei- und vierachsige Lastwagen mit vierachsigen Anhängern im Fernverkehr fahren. 30 t Nutzlast bei 46 t Gesamtgewicht wären mit einem Nutzlastverhältnis von etwa 1,9 erzielt worden. Der Kriegsausbruch jedoch kappte diese Entwicklung.

Langmaterialzug in Sattelbauart. Nach Schweizer Vorschrift müssen die beiden hinteren Drehschemel zwangsgelenkt sein, hier mit Gestänge (Peter Winterthur, Schweiz).

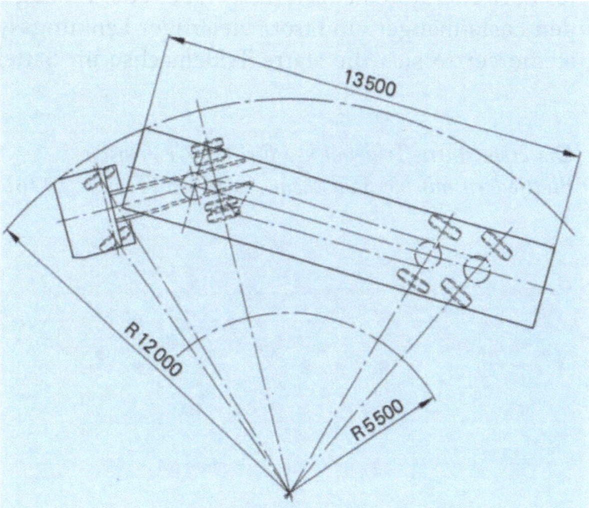

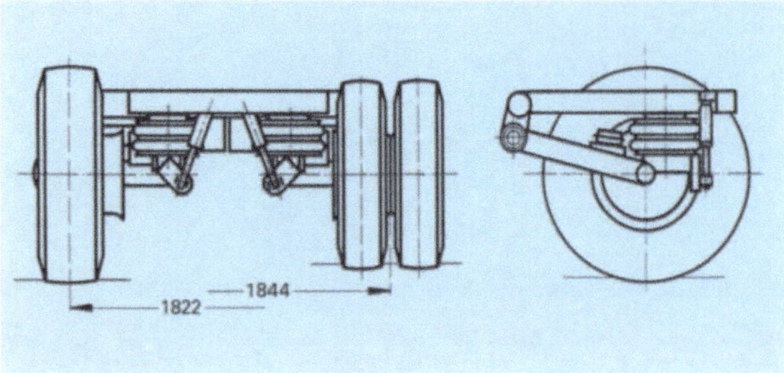

Kurbelachse von Kässbohrer mit Luftfedern und Ölstoßdämpfern, für Einfach- oder Zwillingsbereifung, ein-, zwei- und dreiachsig verwendbar (ab 1959).

Von Anfang an reizte es Konstrukteure und Transporteure, möglichst viele Anhänger anzukuppeln, um zum Beispiel in Kolonialgebieten große Gütermengen von Häfen ins Landesinnere zu transportieren, so entstanden beispielsweise der „Durch"-Lastzug von Kühlstein und Vollmer (1903), 1910 der Müller-Zug und ein Daimler-Zug (England) mit angetriebenen Anhängern, ein AEC-Roadtrain (1911 und 1934), die Landwehr-Trains von Austro-Daimler-Skoda 1913 und die Jonkhoff-Züge in den dreißiger Jahren mit einem Nutzlastverhältnis bis 2,5 je nach Tragfähigkeit der Straße.

Heute verkehren Roadtrains mit maximal 16 Achsen und über 100 t Gesamtgewicht in Australien, Holzabfuhrzüge ähnlicher Größe in Nordamerika und Lastzüge für Holz- und Erztransporte bis 100 t Gesamtgewicht in Schweden. Im dichtbesiedelten Mitteleuropa mit hohem Verkehrsaufkommen waren Straßenlastzüge dieser Dimensionen nie diskutabel. Die Innovationen richteten sich daher auf Leichtbau und hochwertige Federungs- und Lenksysteme, um innerhalb der gesetzlichen Grenzen höchste Nutzlast und größtmögliche Schonung von Ladung und Straße zu erreichen.

Der Innovationsschub der dreißger Jahre auf diesem Gebiet wurde durch den Krieg bis etwa 1950 unterbrochen. Er endete erstaunlich: Trotz hochentwickelter Luftfedersysteme hielt die Parabelfeder Einzug in den Lastanhänger, und trotz vielartiger Lenkungssysteme setzte sich die starre Tridemachse im Sattelauflieger weitgehend durch; in neuerer Zeit entstanden für die Kurzkuppelzüge die schon erwähnten Vorderachslenkungen.

Die erste starre Tridemachse für 3 × 7 t Achslast; Blattfedern mit mechanischem Ausgleich (Trailor 1976).

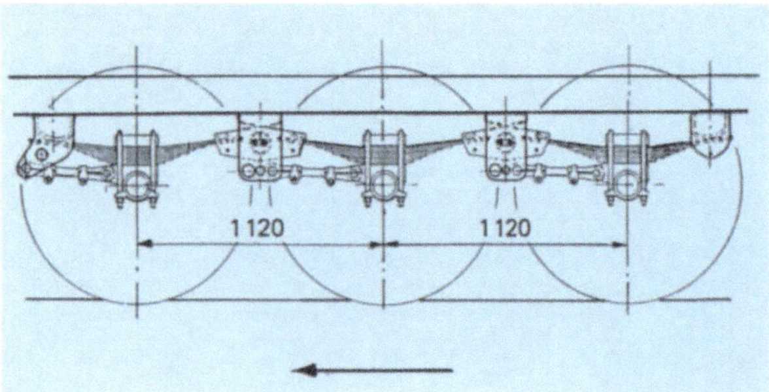

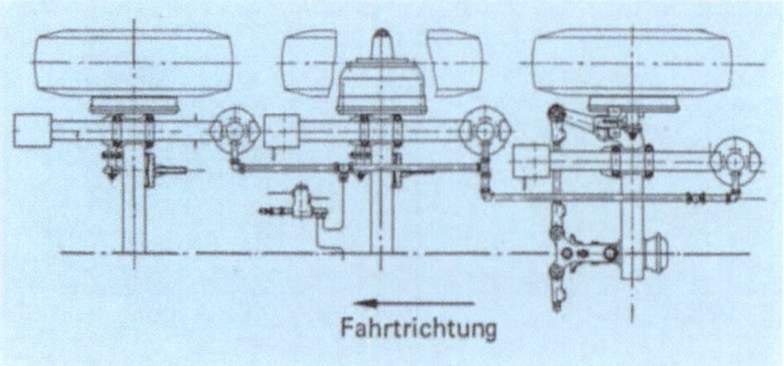

Luftgefedertes Tridemaggregat mit selbsteinstellender dritter Achse. Lenkungsdämpfer und Sperre für Rückwärtsfahrt (Bergische Achsenfabrik BPW 1980).

Bauformen der Lastanhänger

Die voraussichtliche europaweite Änderung der Maße und Gewichte von Lastzügen zu höheren Werten berührt stark die Anhängerindustrie. Das Gesamtgewicht des dreiachsigen Anhängers wird 24 t statt 22 t betragen, und Lastzüge sollen bei 18 m Länge 40 t bis 42 t schwer sein dürfen. Auch die zulässigen Achslasten sollen sich ändern. Ackermann-Fruehauf entwickelte in zwei Stufen einen Kombilastzug, der durch seine Sattelbauweise alle gängigen Container- und Wechselaufbaugrößen je nach Zugzusammenstellung aufnehmen kann. Durch die ungewöhnliche Bauweise mit zwei aufge-

Schnitt durch Rollbalg-Luftfeder mit Aluminiumkolben (Bergische Achsenfabrik BPW 1985).

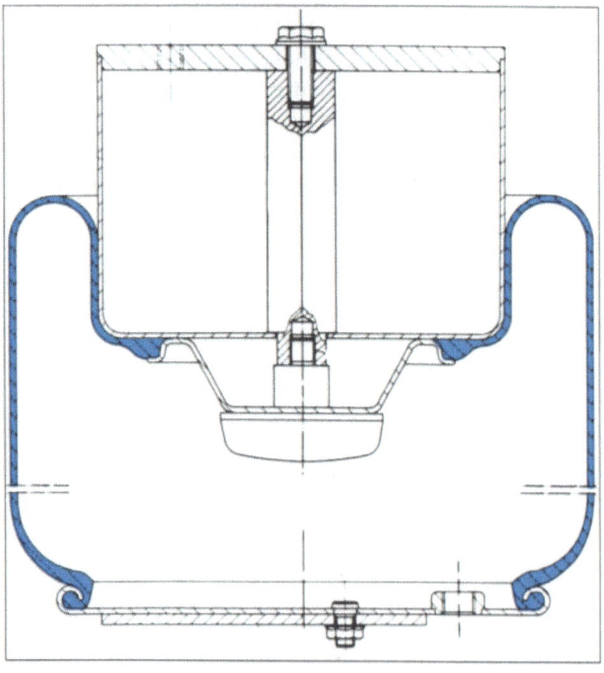

Indair-Luftfederachse von Rubery Owen-Rockwell (1983); Räder einzeln angelenkt; Aggregat komplett anbaufertig montiert.

sattelten Anhängern und das Lenksystem paßt sich der 18 m lange Zug dem Kurvenverlauf gut an und hat mit ABS ein hervorragendes Bremsverhalten. Ein nur im Prinzip vergleichbares Projekt „Doppel" mit einem vierachsigen Sattelzug mit kurzgekuppeltem vierachsigen Anhänger mit besonderem Lenksystem wird in Schweden von Volvo und Parator seit 1983 erprobt. Die geschlossenen Kunststoffaufbauten aus GFK sind je 9,93 m lang und 2,6 m breit und haben ein Ladevolumen von 123 m^3. Es beruht auf Erfahrungen mit mehrteiligen speziellen Sattelzügen verschiedener Bauarten, zum Beispiel von A.S.J. oder

Kurios: Erstes Nutzfahrzeug in Sattelbauart von Jagenberg mit De-Dion-Bouton-„Zugmaschine" von 1903.

Die Bremserhäuschen waren 1922 noch notwendig: Schenk-Anhänger im Rollfuhrdienst mit Krupp-Daimler-Artillerieschlepper aus dem Ersten Weltkrieg.

Italienischer Lastanhänger um 1928.

Erster Kugellenkkranz von Kässbohrer (1929).

Vorderansicht (rechts) und Rückansicht (links) des dreiachsigen Meiller-Anhängers für 12 t Nutzlast mit Pendelschwingachsen (1937).

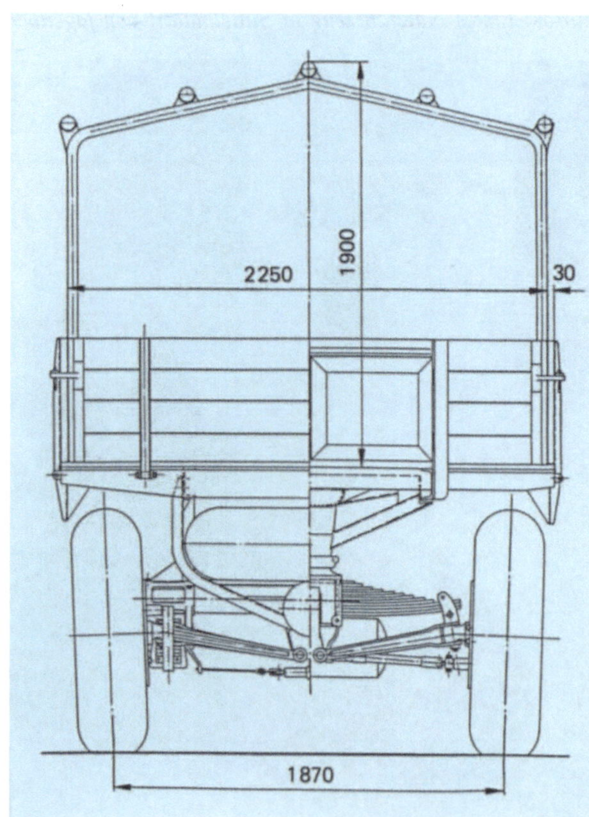

Kalmar, die bis etwa 1960 zurückreichen, und für nur 40 km/h zulässige Höchstgeschwindigkeit.
Der zweiachsige Anhänger kann mit fester Pritsche, geschlossenem Aufbau oder als Kipper auch mit Tandemachse und starrer Deichsel geführt werden. Er wird – 1965 eingeführt von Müller-Mitteltal – bis 10 t Gesamtgewicht und unter 1 m Achsabstand als Einachser behandelt und kann hinter einem Lkw bis 7,5 t Gesamtgewicht mit dem Führerschein der Klasse 3 (Pkw) gefahren werden oder mit 16 t Gesamtgewicht mit einem dreiachsigen Zugwagen als Kipplastzug 24 t Baumaterial bei 38 t Gesamtgewicht transportieren. Zweiachsige Anhänger wurden ebenfalls von Müller ab 1952 in Reifen und Aufbau den universellen Nutzungsmöglichkeiten des Unimog angepaßt. DAF als einziger Lastwagen- und

DAF-Lastanhänger, hinten mit Pendelachsen an zwei Querblattfedern; Kettensicherung gegen Deichselbruch (1937).

Auf den Unimog abgestimmter Zweiseitenkipper, dessen Kippzylinder mit Druckluft aus der Bremsanlage betätigt werden (Müller-Mitteltal 1953).

Brücken-Lastzug für Baustahlgewebe und Langmaterial, 25 t Nutzlast, selbstspurendes Dreiachsaggregat (Tapper 1954).

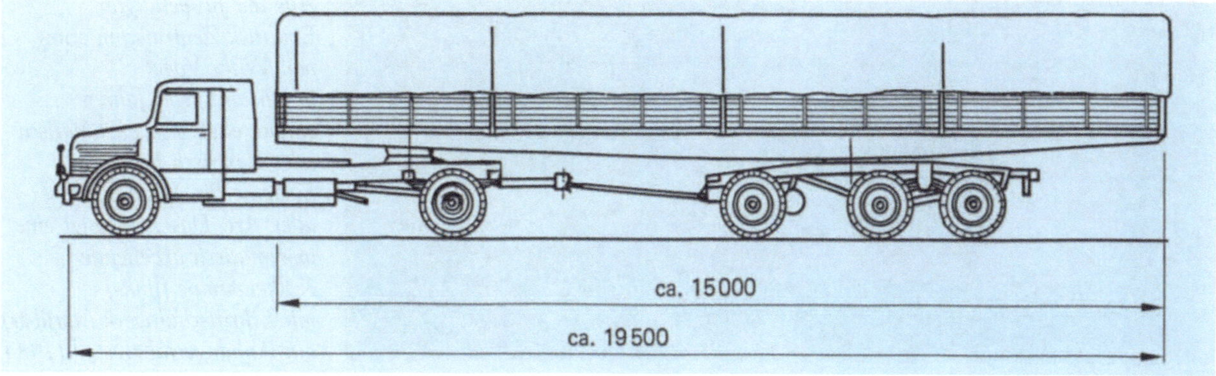

Einfach und robust: Seit 1965 von Müller-Mitteltal zu einem Programm entwickelt wurde dieser Tandemanhänger mit Pritsche oder Sonderaufbau. Im Bild ein Dreiseitenkipper für 12 t Nutzlast; Aufbau aus hochfestem Feinkornstahl (1983).

Anhängerhersteller der Neuzeit führte um 1935 die Pendelachse für Auflieger und Anhänger ein, die sich aber im schnellen Straßengüterverkehr nicht bewährte.
Kässbohrer stellte 1937 der starren Achse mit Zwillingsreifen die Ausgleichnabe gegenüber, bei der jeder Reifen eine eigene frei drehbare Nabe mit eigener Trommelbremse hat, und rüstete auf Wunsch zwei- und dreiachsige Anhänger damit aus.
Der drei- und vierachsige Anhänger wurde in Italien ab etwa 1960 häufig symmetrisch mit einer Achse oder zwei Achsen in der Fahrzeugmitte ausgeführt; dies erforderte aber eine Lenkung der ersten und

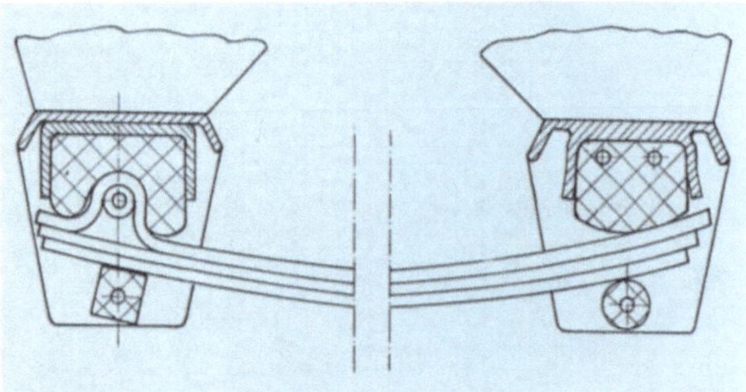

Parabelfeder mit elastischen und dämpfenden Polyurethan-Blöcken (Kässbohrer 1983).

Aus der fußbetätigten Eindruck-Zentralschmierung von Willy Vogel in den dreißiger Jahren entwickelten sich pneumatisch oder elektrisch betätigte Systeme für Nutzfahrzeuge aller Art. Das Foto zeigt eine pneumatisch arbeitende Kolbenpumpe (links) mit Schrittschaltwerk (darüber) am Anhängerfahrgestell (1984).

„Durch"-Lastzug von Kühlstein und Vollmer; gleich große Räder für Zugwagen und Anhänger, aber nur eine Achse angetrieben (1903).

letzten Achse. Auch Auflieger wurden so gebaut, aber fahrtechnische Nachteile ließen diese Bauformen, auch in Schweden, wieder verschwinden.
Meiller baute von 1932 bis 1952 ein-, zwei- und dreiachsige Anhänger mit Zentralrohrrahmen, Pendelachsen mit Querfeder und Zapfen-Drehgestell mit Stahlkugel als Drehlager; trotz vieler Vorteile setzte sich auch diese Bauart nicht durch; sie ermöglichte aber 1938 den Bau eines fortschrittlichen Tiefladers für maximal 40 t Nutzlast mit automatischer Lenkung und Fahrbarkeit in beiden Richtungen. Die Entwicklung ging später zu Pendelachstiefladern mit Zwangslenkung aller Räder, ungekröpfter Ladeplattform und ausfahrbaren Achsen zum Beladen – gebaut von Scheuerle, Goldhofer, Kässbohrer und anderen – über.
Erwähnenswert sind noch die Brückenzüge und Kompakt-Auflegeanhänger, die 1975 von Fickers, 1978 von Innova-Kögel, 1979 von Kässbohrer, Schmitz und anderen entwickelt wurden. Im Prinzip wird der Anhänger auf das Motorwagenchassis aufgelegt, und die dritte Achse läuft wie bei einem Sattelzug nach, oder der Aufbau mit der dritten Achse wird trennbar aber starr mit dem Zugwagen

Watfähig: Langstreckentransporte in Australien werden mit Lastzügen bis 16 Achsen durch Wüsten- und Überschwemmungsgebiete gefahren (1982).

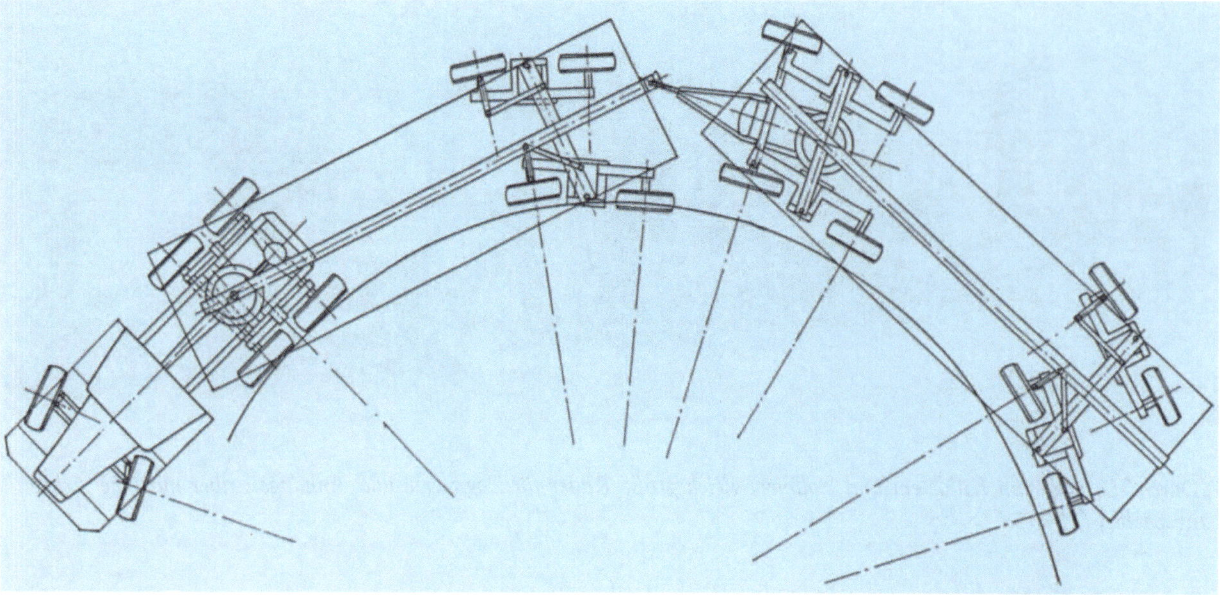

Spurlaufend: Lenksystem nach Jonkhoff an einem Lastzug der Waggonfabrik Uerdingen für 40 t Nutzlast zur Holzabfuhr (1937) mit Büssing-NAG-Sattelschlepper.

Einer der von der Boliden AB (Schweden) ab etwa 1965 entwickelten Erztransporter für Bodenentleerung; 75 t Nutzlast bei 100 t Gesamtgewicht. Auf der Verbindung zwischen den Anhängern ist ein zweites Antriebsaggregat montiert. Zugmaschinen von Volvo und Scania (1974); sieben Achsen für Leerfahrt liftbar.

verbunden. Vorteilhaft sind solche Lösungen für Zuggewichte bis maximal 30 t. Die Anhängerindustrie bot mit diesen Problemlösungen dem Transportgewerbe schnelle Hilfe für marktbedingt wechselnde Transportaufgaben, ohne den Rahmen der gesetzlichen Vorschriften zu sprengen.
Die Vielfalt der Lastanhänger und Aufbauten kann in diesem Rahmen nicht vollständig dargestellt werden. Sie setzt sich bei den Tiefladern fort, die ebenfalls eine lange Entwicklungsgeschichte haben. Verhältnismäßig spät wurden „moderne" Lösungen geboten, aber ab 1950 setzte eine Entwicklung ein, die zu Lösungen für jeden Zweck und jede heute denkbare Last führten. Das Nutzfahrzeug hätte ohne Anhänger, in welcher Form auch immer, nur den halben Nutzen.

Wegweisend: Kombilastzug in Doppelsattelbauart für etwa 30 t Nutzlast und bis 44 t Gesamtgewicht; noch keine Zulassung zum allgemeinen Straßenverkehr (Ackermann-Fruehauf ab 1982).

Langmaterialfahrzeuge

Frühzeit: Langholztransport mit handlenkbarem Nachläufer für mitfahrenden Bremser hinter einem 5-t-Krupp-Lastwagen (1924).

Mittelalter: Selbstlenkender 8-t-Anhänger von Kässbohrer mit automatischer Lenkung der Vorderachse über den Drehschemel mit MAN-5-t-Lastwagen (1936).

Notzeit: Büssing 4500 mit aufgelastetem Nachläufer; die abgefahrenen Reifen sind typisch für die Nachkriegszeit (1947).

Neuzeit: Welte-Langholztransporter auf MAN 26.280; selbstlenkender Nachläufer, hydraulischer HIAB-Ladekran, Seilwinde (1984). Für Betonträger werden auch drei- und vierachsige Nachläufer gebaut.

Schenk-MAN-Tiefladezug mit doppelt gekröpfter genieteter Lastbrücke für maximal 50 t Nutzlast. Das hintere Drehgestell mit acht Rädern in vier Pendelachsen ist von Hand lenkbar (um 1934).

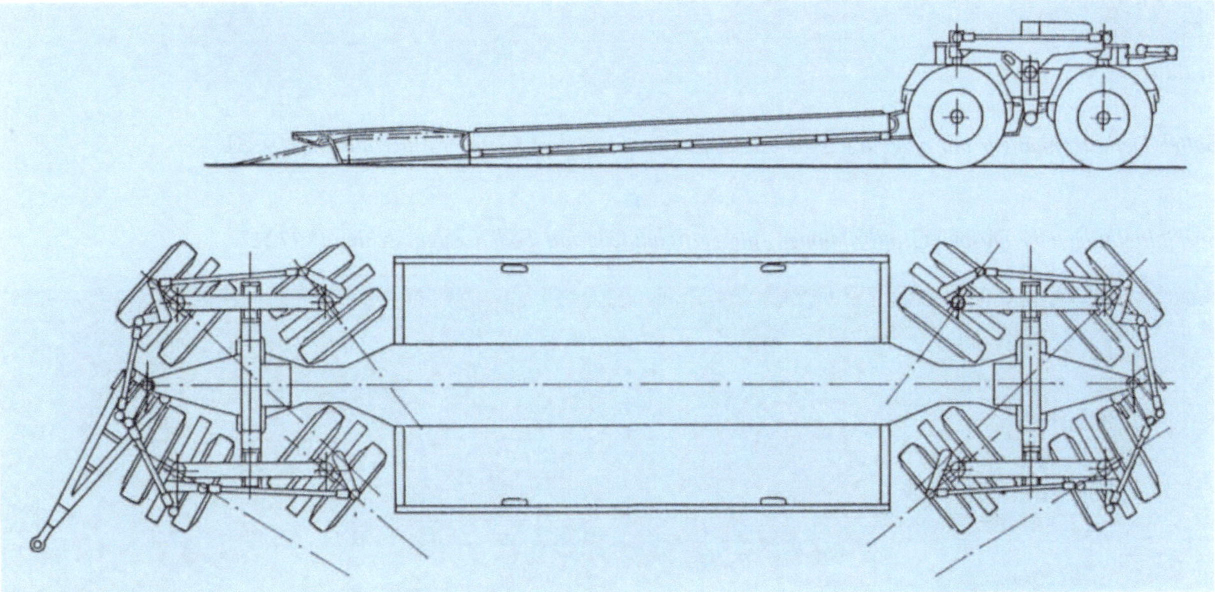

Die neue Richtung im Tiefladerbau: ebene Ladefläche, zum Beladen absenkbar, mit Stielen in den Laufwerken befestigt; Allradlenkung, blattgefederte Pendelachsen; in beiden Richtungen fahrbar; 40 t Nutzlast bei nur 8 t Eigengewicht (Scheuerle ab 1950).

Satteltieflader von Weinmann 1965 mit Pendelachsen und vorderem integriertem Laufgestell; mechanischer Belastungsausgleich zwischen Schwanenhals und vorderen Achsen (später hydraulisch); Kaelble-Zugmaschine.

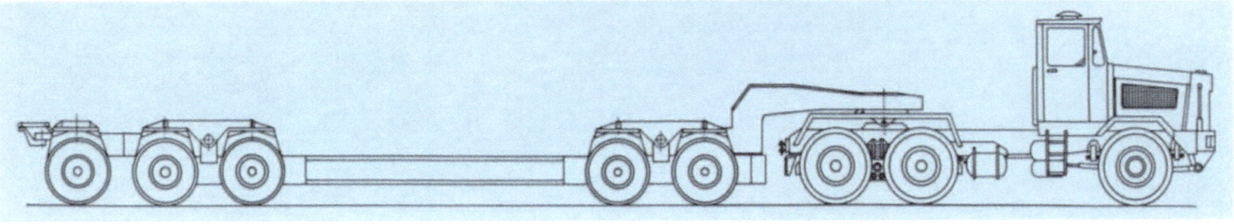

Sattel-Tiefladeanhänger mit neigbarer Ladebrücke für 20 t Nutzlast (Peter Winterthur um 1965).

Spezialtieflader von Dyson (Großbritannien) für Fertigbauteile mit Foden-Zugmaschine (1972).

Nooteboom-Sattelteflader für 75 t Nutzlast mit ebener Ladeplattform und 15-Zoll-Reifen. Die Modulbauweise ermöglicht das Abkuppeln des hinteren Moduls mit fünf Achsen. Auch die Plattform ist in Module unterteilt (1985).

Satteltieflader mit Dolly von Hauser (Schweiz). Überbreite Tiefladebrücke, Schwanenhals zum Beladen absenk- und abnehmbar; Nutzlast 90 t, Mercedes-Benz-6 × 6-Zugmaschine (1984).

Anhänger-Technik

Erich Hoepke

Urzeit der Schwerlasttransporte

Das Bewegen schwerer Lasten war schon zu Beginn der Industrialisierung im letzten Jahrhundert notwendig, und man findet auf alten Darstellungen abenteuerlich anmutende Transporte von Kesseln, großen Maschinenteilen oder Lokomotiven auf vierrädrigen Gestellen mit 20 bis 30 Pferden als Zugkraft.

Mit seiner geringen Tragfähigkeit taugte der nach der Jahrhundertwende entstandene Lastanhänger in pferdewagenartiger Bauweise nicht zum Transport von Schwerlasten, so daß hierfür etwa ab 1920 nach und nach eine spezielle Gattung von Anhängern entstand. So schuf die englische Firma Scammell in den zwanziger Jahren einen vollgummibereiften Sattelzug für 100 t Gesamtgewicht; der aufgesattelte Tiefladeanhänger für 40 t bis 50 t Nutzlast hatte nur

Improvisation um 1930: auf dreiachsigem Tieflader in genieteter Bauart mit Zugmaschinen aus dem Ersten Weltkrieg.

7

eine Achse, die aber schon zur besseren Lastverteilung und Anpassung an die Straßenfläche in zwei Pendelachsen mit vier Rädern geteilt war. Die schwere Konstruktion erlaubte auch den Transport noch schwererer Lasten, sofern die Straße der Belastung standhielt. Häufig soll eine Reparatur der Straße nach dem Befahren mit einem solchen Lastzug notwendig gewesen sein.
Um 1930 baute die Firma Marston für diese Scammell-Zugmaschinen bereits einen Auflieger mit angelenktem Schwanenhals, der mit einer schweren Schraubspindel – heute erledigen das problemlos zwei Hydraulikzylinder – ein Absenken der Tiefladebrücke ermöglichte, so daß zum Beispiel Lokomotiven auf- oder abgefahren werden konnten. Man erkennt zu dieser Zeit bereits eine Wechselwirkung zwischen den größer und schwerer werdenden unteilbaren Lasten und der Entwicklung leistungsfähigerer Transportmittel. Neben Norman E. Box und Marston stehen bereits die heute noch bekannten Firmen Pickfords, Scammell und Wynn im Schwertransportgeschäft.

Von der Improvisation zur technischen Lösung

In den früheren Kolonialgebieten gab es kein Schienennetz, sondern meistens nur einzelne Linien; alle Transporte schwerer Güter, zum Beispiel Maschinen und Transformatoren, mußten auf Straßen und Wegen abgewickelt werden. Für diesen Zweck entstanden in den dreißiger Jahren schwere Zugmaschinen und Tiefladeanhänger in vielfältiger Form und besonders robuster Bauweise. Schon vor 1930 gab es vierachsige Anhänger, z. B. bei Fowler in England oder bei dem Eisenwerk Fiebig in Deutschland.

Zweifellos waren damals die Lenkbarkeit, der Achslastausgleich und das sichere Abbremsen ein Problem, abgesehen vom Fehlen geeigneter Zugmaschinen. Auch in Frankreich, Italien und den USA wurden schon vor 1930 Tieflade- und Niederfluranhänger sowie Sattelfahrzeuge, vorwiegend für den Transport beladener Güterwagen zu Empfängern ohne Gleisanschluß, gebaut.

Schwertransportsystem à la Culemeyer

In Deutschland bestimmten zwei von der damaligen Deutschen Reichsbahn veranlaßte Entwicklungen maßgebend die Schwertransporttechnik auf der Schiene und der Straße. Es war zunächst ein 1929 in Dienst gestellter 18achsiger Schienen-Schwerlastwagen mit sogenannten Tragschnäbeln zur Aufnahme selbsttragender Wandertransformatoren. Außerdem entstand nach Ideen und Patenten des Reichsbahn-Direktors Dr.-Ing. Culemeyer als zweite wesentliche Entwicklung ein Straßenroller mit 16 gelenkten Rädern mit mechanischem Radlastausgleich; 1934 begann somit eine systematisch ausgebaute Schwerlastfahrzeug- und -transporttechnik, vorerst für den Straßentransport von Güterwagen als „fahrendes Anschlußgleis".
Transportiert wurden bald zum Beispiel Schiffe, Schiffskessel, Gußteile, Brückenträger und Papierglättzylinder. Die erste Übernahme eines 168 t schweren Transformators mit Tragschnäbeln von den Schienendrehgestellen auf Straßenroller gelang 1951 planmäßig und führte zu einem raschen Ausbau des kombinierten Verkehrs Schiene – Straße im Bereich der Deutschen Bundesbahn (DB). Die übrigens von Waggonfabriken, zum Beispiel von der Waggonfabrik Gotha und der Wumag, entwickelten Roller orientierten sich an den zu transportierenden Schienenfahrzeugen und hatten daher Längsträger mit einer „Spurweite" von 1435 mm. Roller mit Luftbereifung wurden von der WMD entwickelt und später mit hydraulischem Radlastausgleich von der SEAG ab 1953 in Dienst gestellt. Sie schonten die Straßen und ließen höhere Geschwindigkeiten zu. Auch Kässbohrer war nach dem Krieg mit Straßenrollern verschiedener Bauart im Geschäft.
Die Italienische Staatsbahn arbeitete ab 1934 mit einteiligen Straßenrollern einfacher Bauart für den Waggontransport. Die damalige Grundform fand

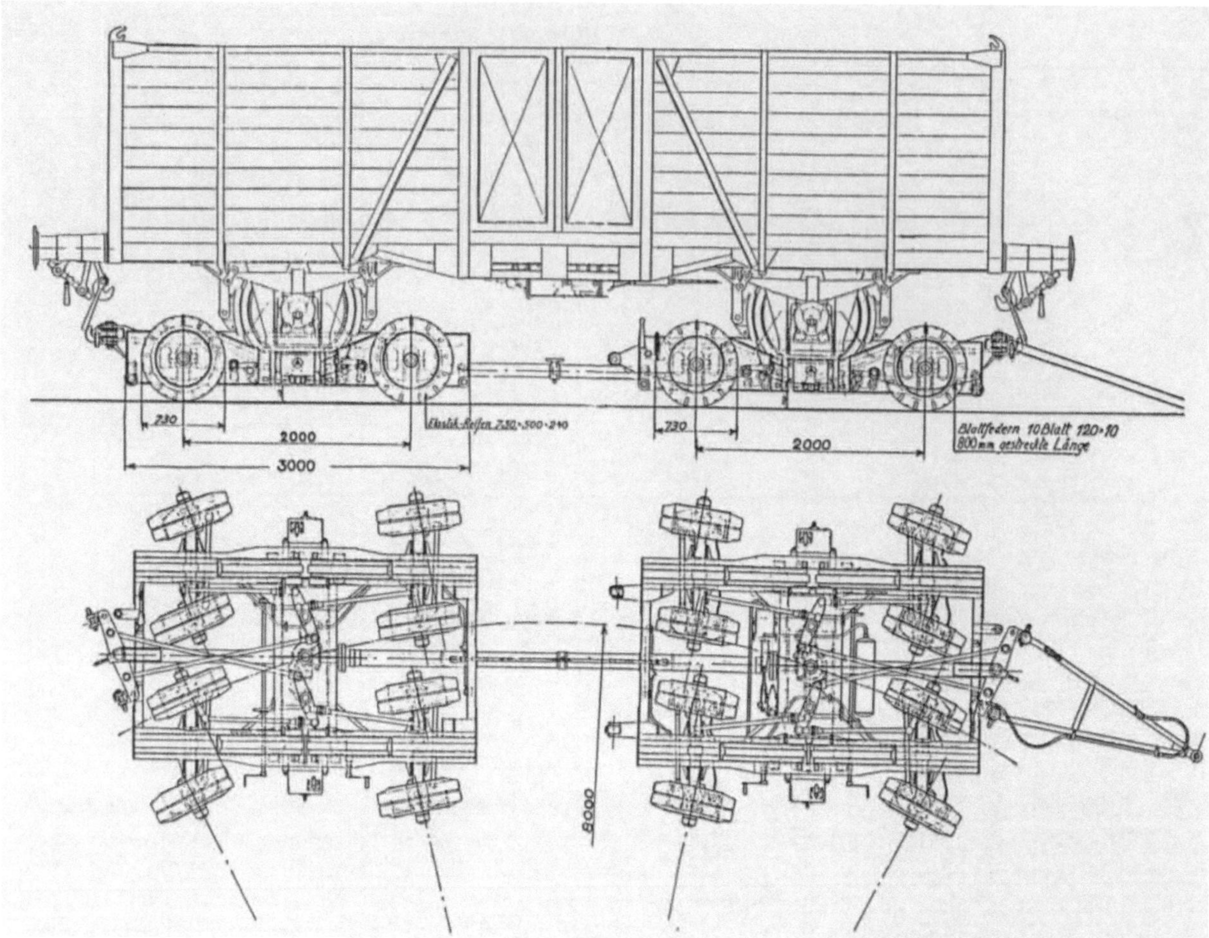

Der erste Straßenroller der Bauart Culemeyer (1934) mit Pendelachsen und Einzelradlenkung.

Kombinierter Verkehr Straße—Schiene 1957. Oben: Umsetzen von Schienendrehgestellen auf zwei Straßenroller alter Bauart der Deutschen Bundesbahn; a) Stützhydraulik, b) Drehpfannenlager.
Unten: Walzenständer in Lastbrücke verladen auf zwei 12achsigen Straßenrollern.

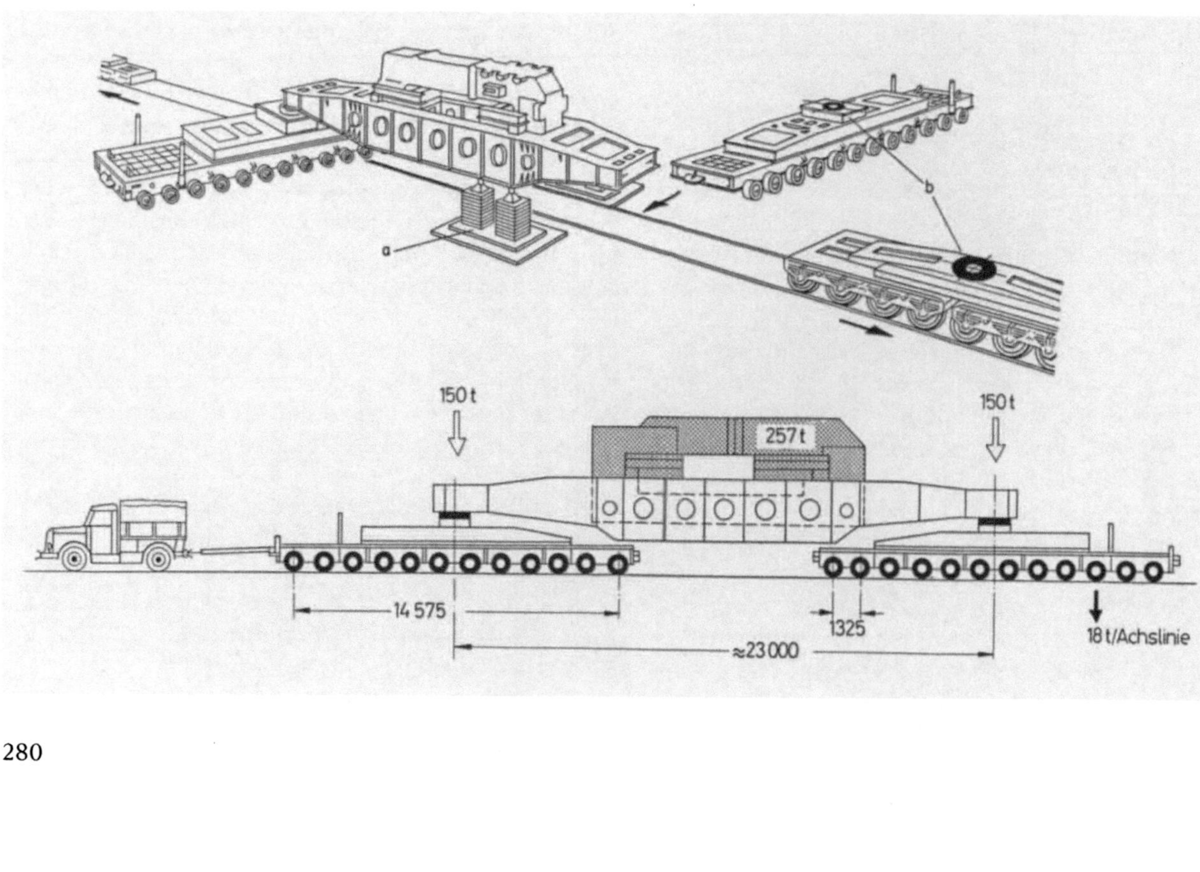

Selbsttragender Wandertransformator auf SEAG-Schwerstlastrollern mit 2 × 8 Achslinien nach Übernahme von Schienen-Schwerlastwagen der Deutschen Bundesbahn (1970).

sich auch nach 1945 in modernisierter Form bei den Firmen Cometto und Capperi (Italien), Draize (Schweiz) und Nicolas (Frankreich) wieder.

Als Folge der größer werdenden Leistungen von Generatoren und Transformatoren entstanden ab 1950 neue Schienen-Schwerlastwagen mit 20 Achsen und ab 1970 mit 24 und 32 Achsen für Nutzlasten bis 500 t. Parallel dazu wurden von der SEAG in Siegen neuartige luftbereifte Schwerstlastroller, die aus Einheiten mit zwei und vier Achsen zu Fahrzeugen mit bis zu 12 Achsen kombinierbar sind und bis fast 300 t tragen können, entwickelt. Diese Roller haben ein Fahrwerk mit hydraulischem Achslastausgleich; hierdurch wurde ein Heben und Senken des Fahrzeuges für Be- und Entladevorgänge möglich. Der Transport von Schienenfahrzeugen hatte damals bereits einen vernachlässigbaren Anteil.

Das Funktionieren dieses umfassenden Straßenrollersystems für den kombinierten Verkehr Straße – Schiene war von Anfang an nur mit zuverlässigen und robusten Zugmaschinen denkbar, die ab 1930 von der Deutschen Reichsbahn mit der Motoren- und Maschinenfabrik Carl Kaelble in Backnang als „Reichsbahnzugmaschine" entwickelt wurden. Versuche, Zug- und Tragkraft zusammenzufassen, um die Manövrierfähigkeit zu verbessern und Totgewicht zu sparen, führten 1934/35 zu zwei verschiedenen Prototypen von Kaelble/Wumag und Krupp/

Stationen zwischen 1933 und 1963 auf dem Weg zum heutigen Schwerlastfahrzeug.

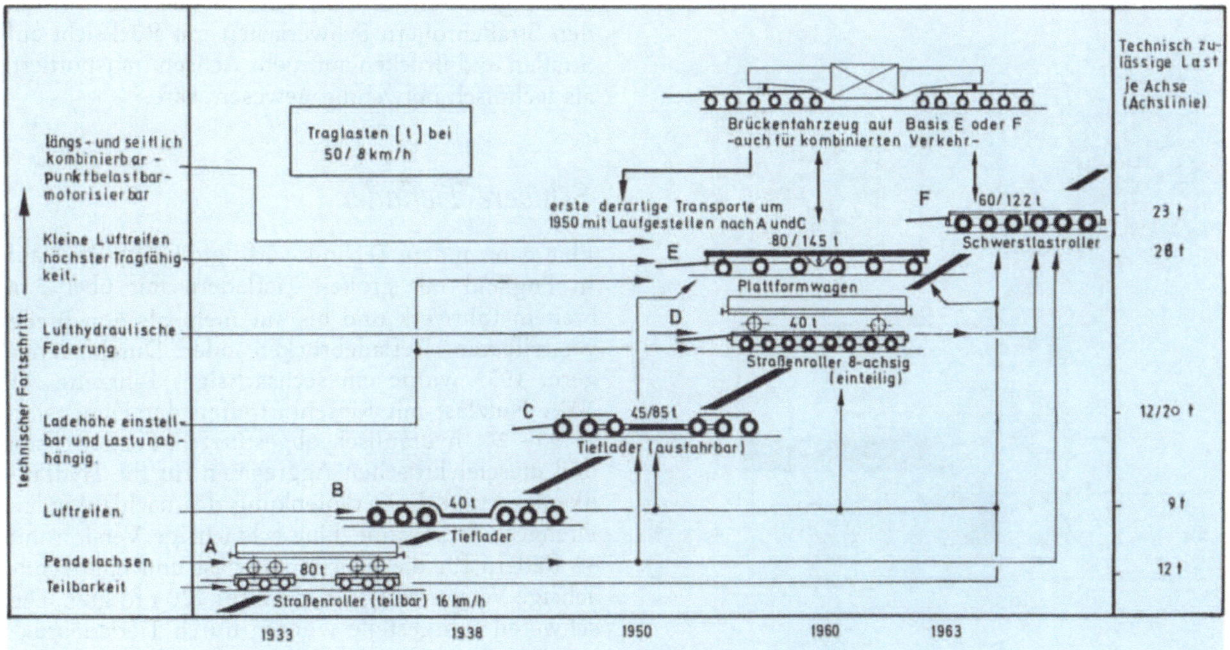

Gothaer Waggonfabrik für je 32 t Tragfähigkeit und mit den Merkmalen der damaligen Straßenrollertechnik.

Das hochentwickelte Schwerlast-Transportsystem mit den kleinrädrigen Straßenrollern bildete eine Epoche, die zwischen 1960 und 1970 auslief; sie endete mit geänderten Rahmenbedingungen für Schwerlasttransporte, die durch den geschwundenen Bedarf für ein fahrbares Anschlußgleis, steigende Maße und Gewichte der Lasten und stetiges Vordringen der Plattformanhänger mit neuartigen Transportmöglichkeiten vorgegeben waren. Die Schwerlast-Fahrzeug- und Transporttechnik wurde somit bald von den Herstellern von Straßenfahrzeugen beherrscht.

Die Evolution des Schwerlastfahrzeugs

Im Jahr 1957 wurde der erste Plattformanhänger, nach Ideen des 1985 verstorbenen Fabrikanten Willy Scheuerle gebaut, bei einer Schwerlastspedition in Betrieb genommmen. Das Plattformwagensystem war für den Straßentransport aller denkbaren Schwerlasten revolutionierend, weil

Die Pendelachse als tragendes Element von Schwerlastfahrzeugen.
Links: Scammell 1920, Vollgummireifen, Räder mit Gleitlagern, ungelenkt.
Rechts: Bauart Culemeyer 1933, Vollgummireifen, Achsschenkellenkung, Blattfederung.
Unten: Tieflader, blattgefedert (links) und Plattformanhänger mit hydraulischer Abstützung (Bauart Scheuerle 1955).

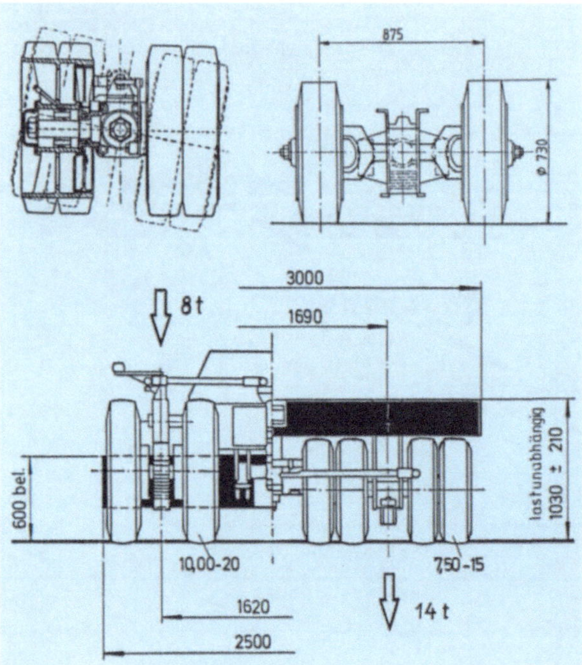

- die hydraulische Abstützung mit vollem Achslastausgleich eine beliebige Anzahl von mechanisch unabhängigen gelenkten Einzelachsen mit kleinen 15-Zoll-Luftreifen ermöglichte,
- Plattform und Zentralkastenträger als Schweißkonstruktion eine hochtragfähige kompakte Einheit bildeten,
- das neuartige Konzept ein ungewöhnlich günstiges Verhältnis von Eigengewicht zu Nutzlast ergab,
- erstmalig das starre Kuppeln einzelner Fahrzeuge seitlich *und* hintereinander zu großen Kombinationen unter voller Wahrung der Lenkbarkeit in beiden Fahrtrichtungen und des hydraulischen Achslastausgleichs möglich war,
- die hochtragfähige Konstruktion Punktbelastungen des einzelnen Fahrzeuges und der Kombination zuließ,
- es sowohl eine leistungsunabhängige Plattform- oder Ladehöhe als auch ein Heben und Senken der Plattform über die Achshydraulik um mindestens ± 250 mm ermöglicht, um abgestützte Lasten durch Unterfahren aufnehmen und umgekehrt wieder absetzen zu können, und weil
- das Achskonzept im Verlauf der weiteren Entwicklung eine Motorisierung zuließ.

Die ersten beiden Plattformanhänger hatten je vier Achslinien, also je acht zwillingsbereifte Pendelachsen, eine Nutzlast von je 78 t und trugen als Kombination 155 t bei 8 km/h. Daß mit Kombinationen weiterentwickelter Plattformanhänger in weniger als 15 Jahren bereits Lasten von 900 t bis 1000 t transportabel werden sollten, war damals noch kaum vorstellbar. Selbstverständlich kann eine solche technisch zulässige Last – entsprechend einer Last von 28 t bis 32 t je Achslinie – nicht auf jeder beliebigen Straße gefahren werden; schon früher wurden mit den Straßenrollern Schwerlasten mit Rücksicht auf Straßen und Brücken auf mehr Achsen transportiert, als technisch notwendig gewesen wäre.

Schwere Tieflader

Eine ganz andere Technik verfolgte Crane Fruehauf in England mit großen Tiefladern mit über 3 m breitem Fahrwerk und bis auf mehr als 5 m Breite verstellbaren Tiefladebrücken oder Durchladeträgern. 1953 wurde ein sechsachsiges Fahrzeug für 200 t Nutzlast mit Riesenluftreifen der Dimension 16,00 – 20, hydraulisch abgestützten Pendelachsen und dieselelektrischen Aggregaten für die Hydraulikanlage und die Servolenkung des nachlaufenden Drehgestells bekannt. Eine achtachsige Version mit 32 Rädern für die gleiche Nutzlast und eine zehnachsige Version mit 40 Rädern für 230 t folgten. Die schweren Fahrgestelle wurden durch Tiefladebrükken und Durchladeträger in gerader oder gekröpfter Bauweise den Ladungen angepaßt. Der Plan, durch Parallelkuppeln solcher Fahrzeuge mit Tiefladebrük-

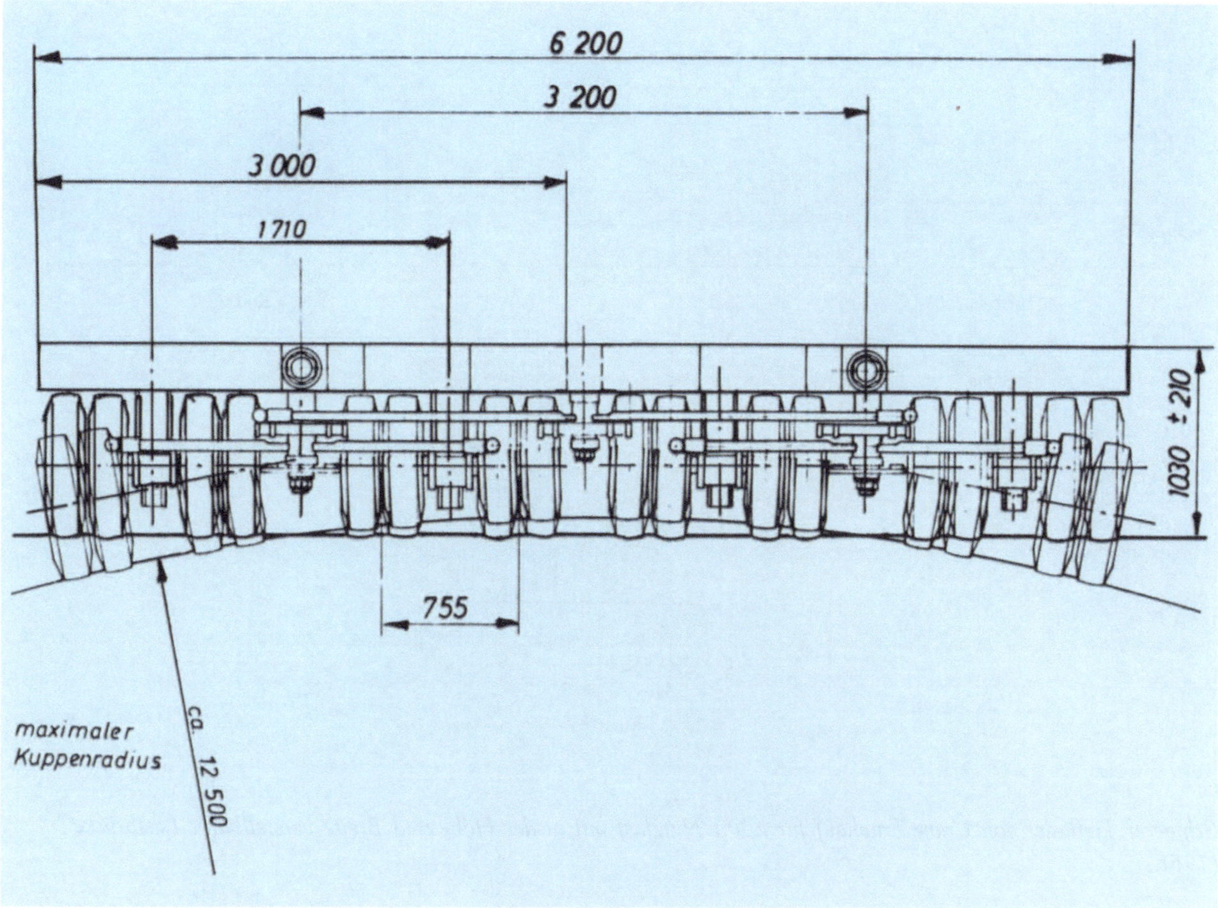

Anpassungsfähigkeit hydraulisch abgestützter Pendelachsen in Querrichtung (oben) an parallelgekuppelten Scheuerle-Plattformanhängern (1965) und in Längsrichtung (unten) am Plattformanhänger von Goldhofer (1983).

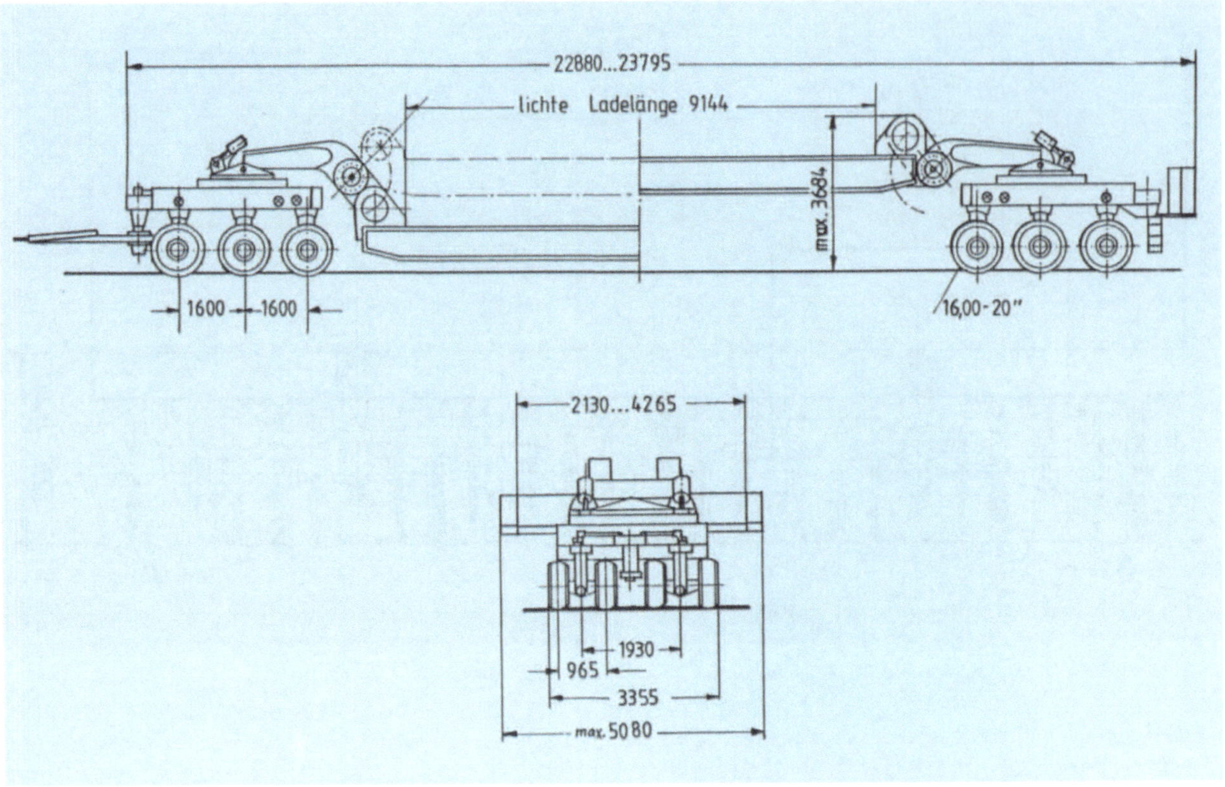

Schwerer Tieflader von Crane Fruehauf für 200 t Nutzlast mit in der Höhe und Breite verstellbarer Lastbrücke (1958).

ken auch sperrige Schwerlasten bis 1000 t in Erschließungsgebieten zu transportieren, kam nicht zur Ausführung, weil sich auch hierfür eine ganz andere Entwicklung abzuzeichnen begann: der Plattformanhänger. Crane Fruehauf baute diesen ab 1962 vorübergehend, auch hauptsächlich als Drehgestell mit den typischen schweren Lastbrücken. Als Novum wurde unter der Lastbrücke ein Luftkissen angeordnet, so daß sich die Gesamtlast gleichmäßiger auf die Straßen- und Brückenfläche verteilte.
Der leichte Pendelachstieflader, der 1948 bei Scheuerle entstanden war, wurde im Baukastensystem mit zwei bis acht Achslinien gebaut und in Einzelfällen auch zum Transport schwerer Lasten über 100 t verwendet; man setzte ihn vorwiegend für das Transportieren schwerer Baumaschinen ein.

Revolution in Raten: der hydrostatische Antrieb für hubfähige Plattformwagen

Was lag näher, als nun die Technik des Plattformanhängers durch einen Antrieb der ohnehin hochbelasteten Räder zu krönen? Konventionelle Triebstränge mit Gelenkwellen allerdings eigneten sich nicht. Die Wahl fiel auf die hydrostatische Übertragung mit Motoren in den Pendelachsen, deren Elemente aus der Serie entnommen werden konnten. 1967 entstand ein Prototyp von Scheuerle mit einem Triebkopf und einer starr angekuppelten Tiefladebrücke mit Tiefladerlaufgestell. Das Scheuerle-Linde-Antriebssystem, das mit geschlossenem Kreislauf und Verstellpumpen und -motoren arbeitet und über das Gaspedal des Dieselmotors ein ruckfreies Anfahren, stufenloses Beschleunigen bis zur Höchstgewindigkeit und sanftes stufenloses Bremsen bietet, wurde damals entwickelt. Die ersten „Selbstfahrer" hatten bei Scheuerle noch 20-Zoll-Räder, und die ersten verkauften Fahrzeuge waren ein Werftfahrzeug (1968) und ein Waggontransporter (1971).
Die von dem französischen Hersteller von Schwerlastfahrzeugen, Nicolas, und dem italienischen Hersteller Cometto verwendeten Radialkolben-Konstantmotoren ließen sich auch in 15-Zoll-Räder einbauen. Bei gleicher Dieselleistung genügte bei dem Scheuerle-Linde-System ein Antrieb auf 18% bis 22% der vorhandenen Pendelachsen, bei den anderen Systemen mußten 50% angetrieben werden.

Hubfahrzeuge im Schiffbau

Sehr schnell entstanden die ersten Fahrzeuge für Straßentransporte mit 500 t Nutzlast parallel zu dem Bau großer Transportplattformen für Schiffswerften, um den Sektionsbau großer Schiffe zu verbessern und zu rationalisieren. In diesem Bereich brachte der Eigenantrieb nicht nur ein Einsparen des Aufwandes für eine Zugmaschine, sondern vor allem in Verbin-

Plattform-Sattelanhänger von Nicolas für etwa 200 t Nutzlast mit Schiffsdieselmotor und P.R.P.-Willème-Zugmaschine (1977).

Bisher größter und weitester Straßen-Schwerlasttransport: 1200 t schwerer Reaktorkessel mit 8 m Durchmesser auf Goldhofer-Plattformanhänger-Kombination mit 2 × 12 Achslinien und vier Pendelachsen je Achslinie; Transportstrecke 155 km (USA 1980).

Straßentransport im kombinierten Verkehr heute: Scheuerle-Plattformwagen-System der Deutschen Bundesbahn mit Transformator. Die Achsanzahl der Fahrzeuge ist variabel; größte Nutzlast 1100 t mit vier Antriebseinheiten von je 538 kW, RoRo-fähig (1972).

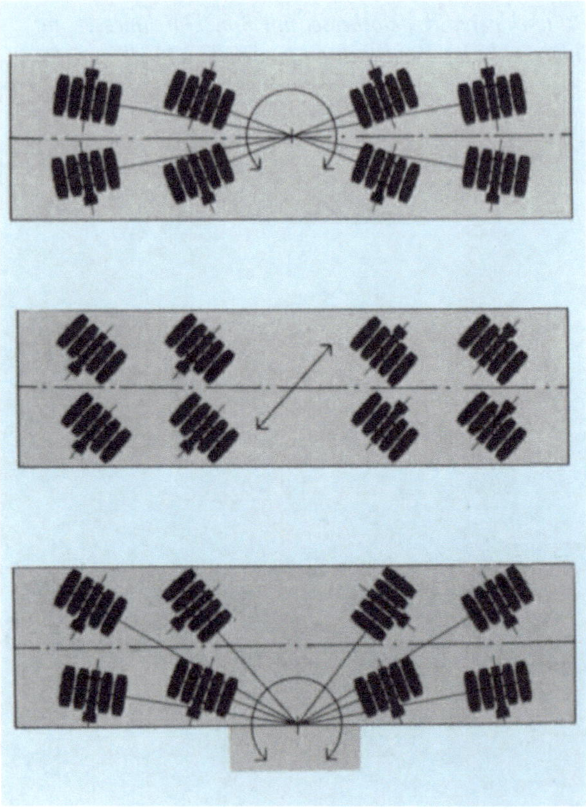

Die Lenkungselektronik ermöglicht für angetriebene Fahrzeuge außer der normalen Kreisfahrt auch Karusselfahrt (oben), Diagonalfahrt und Querfahrt (Mitte) sowie Schwenken um einen Punkt auf der Quer- oder Längsachse (unten). Auf diese Weise erhält das Plattformwagen-Prinzip auch in der Beweglichkeit eine neue Dimension, und selbst schwerste Lasten können zum Einbau oder Absetzen genau positioniert werden.

Der neuartige Fahrzeugantrieb mit hydrostatischer Kraftübertragung:
Oben: Luftgekühlter KHD-V12-Dieselmotor mit über ein Verteilergetriebe angeflanschten Axialkolbenpumpen für Antrieb, Lenkung und Hubbewegung (1982).
Unten: Antriebspendelachsen mit je zwei integrierten Axialkolbenmotoren und Planeten-Radantrieben; zulässige Last je Pendelachse 50 t; Scheuerle-Modultransporter für 2000 t Nutzlast (1982).

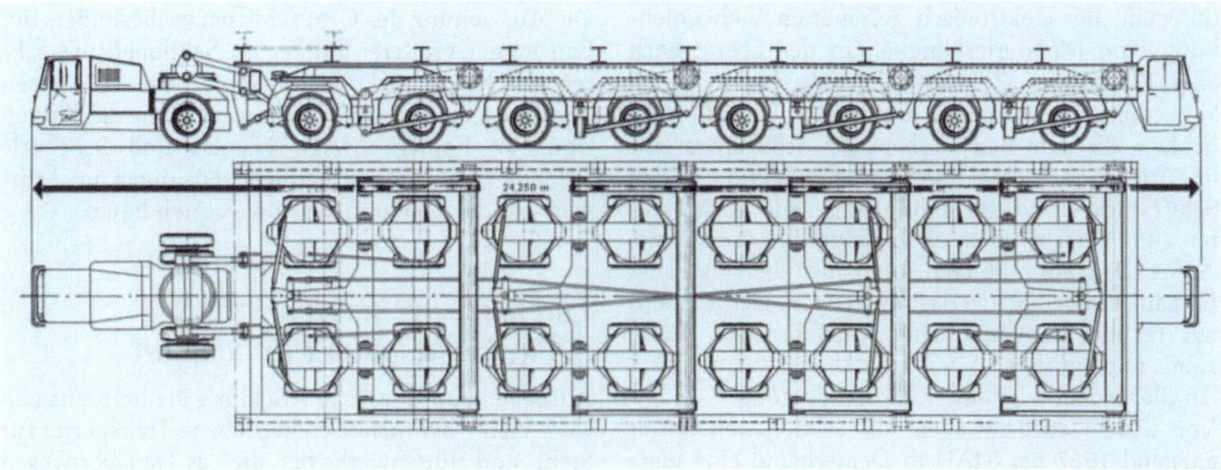

Links: Unter dem Slogan „Entfesselter Transport" entstanden 1967 auf der Basis entsprechender Anhängefahrzeuge die ersten motorisierten Hubtransporter für Schiffssektionen nach dem System Weinmann, hier für 250 t Nutzlast. Diese Bauweise wurde bald durch den wesentlich geeigneteren Plattform-Hubwagen mit hydrostatischem Antrieb ersetzt. – Oben: Kamag-Hubtransporter mit 500 t schwerer Sektion.

Der schnelle und wendige Hubtransporter von Kamag mit hydrostatischem Antrieb ist durch entsprechende Großpaletten universell verwendbar für zum Beispiel Schlackenkübel, Schrottmulden, Gießgespanne und Brammen (1980).

dung mit der elektronisch gesteuerten Vielweglenkung eine Manövrierfähigkeit in der Ebene nach allen Richtungen. Zusammen mit der Hubmöglichkeit ergab sich nun eine dreidimensionale Beweglichkeit, die zum Beispiel bei einer Schiffsreparatur im Trockendock das Einfahren einer Sektion in den Schiffsrumpf und das millimetergenaue Positionieren zum Verschweißen ohne Kranhilfe ermöglichte. Außer der Hydraulik fand somit auch die Elektronik Eingang bei den Schwerlastfahrzeugen. Der Abstand zur Technik konventioneller Nutzfahrzeuge wurde somit noch größer.
An dieser Stelle ist eine Rückblende nötig:
Vor dem Plattformwagen als Sektionstransporter entstand 1967 bei MAFI in Deutschland eine ganz andere Lösung. Ein Rahmen aus Profilträgern stützte sich über Hydraulikzylinder auf Pendelachs-Tandemfahrwerke ab. Der Antrieb wurde in einem Zugkopf mit großen Zwillingsrädern, die von einem Dieselmotor über ein Lastschaltgetriebe angetrieben werden, kompakt zusammengefaßt. Zweifellos war diese Lösung damals sensationell für den Sektionsbau von Schiffen, konnte aber vom Konzept her keine Alternative zu dem späteren Plattformwagen mit Eigenantrieb und seiner Entwicklungsfähigkeit bieten.

Die Ausweitung des Großschiffbaues, besonders der Bau immer größerer Tanker im Sektionsbauverfahren, brachte für Sektionstransporter um 1970 einen vorübergehenden Aufschwung, an dem die Firmen Cometto, Kamag, MAFI, Nicolas und Scheuerle teilhatten, die unterschiedliche Lösungen im Fahrwerk, in der Lenkung und im Antrieb boten.

Hubfahrzeuge für Industrie, Anlagenbau und Weltraumfahrt

Aufbauend auf dieser Entwicklung stellte Kamag ab 1976 kleine hydrostatisch getriebene Transporter für Stahl- und Hüttenwerke her, die das Transportwesen in diesem Bereich revolutionierend beeinflußten; sie lösten weitgehend gleisgebundene Schienenfahrzeuge für innerbetriebliche Transportaufgaben ab und sind aufgrund des Palettensystems zum Beispiel für Schlackenkübel, Schrottmulden, Brammen und Gießgespanne universell verwendbar. Die Transporter werden heute in vielen Varianten von mehreren Herstellern mit zwei bis acht Achslinien gebaut.
Das Prinzip der hydraulisch abgestützten und hydrostatisch angetriebenen Plattformwagen oder Hubtransporter erwies sich als so erfolgreich und für

Ein Hauch von Raumfahrt: Raketenmotor und Dieselaggregat auf Kamag-Hubwagen mit feinfühliger Niveauregulierung der Plattform (Cape Canaveral 1983).

Die teuerste Ladung, die je transportiert wurde: der 1,6 Mrd. $ teure Orbiter „Space Shuttle" auf einem Cometto-Spezialfahrzeug mit hydrostatischem Antrieb von Mannesmann-Rexroth und zwei KHD-Dieselmotoren (Vandenberg, Kalifornien 1985).

spezielle Anforderungen ausbaufähig, daß selbst die NASA in den USA für die Weltraumflugbasen statt der dort üblichen Raupenfahrzeuge oder Crawler auch Spezialfahrzeuge von Kamag (1978 und 1983) und Cometto (1984) beschaffte.

Der Transport von Lasten bis 10 000 t ist von der Technik der Fahrzeuge her kein Problem. Große unteilbare Lasten von 1000 t bis 4000 t – etwa riesige Bojen oder Derricks zum Festmachen großer Tankschiffe vor der Küste über vormontierte Erdölbohrinseln bis hin zu Moduln von Fabrikanlagen in völlig neuer Montagetechnik bis 6000 t Transportmasse – werden über Strecken von einigen Hundert Metern bis zu 15 km transportiert. Eine entscheidende Voraussetzung bilden allerdings die hydraulisch abgestützten Pendelachsen, die dafür die schwierige RoRo-Verladung über bewegliche Rampen auf Spezialschiffe ermöglichen. Darüber hinaus setzt man für die automatische Steuerung der Hydraulikanlage zum Waagerechthalten der ganzen Plattformkombination neueste Elektronik ein, um schädliche Schwerpunktverlagerungen der bis 25 m hohen Lasten zu vermeiden.

Heute und morgen

Die Epoche der Schwerlasttransporte mit hubfähigen Plattformwagen, vor allem mit hydrostatischem Antrieb, hat ihren Höhepunkt sicher noch nicht erreicht. Aufgrund der ungewöhnlichen Wandlungsfähigkeit dieses Transportsystems wurde die Technik des Schiffbaus und des industriellen Anlagenbaues in bestimmten Bereichen revolutioniert. Obwohl eine eigenständige Gattung von Spezialfahrzeugen entstand, kann man damit rechnen, daß Ausstrahlungen, zum Beispiel durch das Zusammenwirken von Elektronik und Hydraulik, auf den üblichen Nutzfahrzeugbau einwirken werden. Die von Deutschland ausgehende Entwicklung von Schwerlastanhängern und -fahrzeugen wurde bestimmend für die europäische Praxis im Schwerlasttransport auf allen genannten Gebieten. In den USA wurden und werden einfache und robuste Schwerlasttransporter, meistens in Sattelbauart, bevorzugt. Aber die europäische Technik, repräsentiert durch den Plattformanhänger und den davon abgewandelten Transporter, findet immer mehr Verbreitung. Bewährt haben sich die hochentwickelten, hubfähigen Anhänger in allen Klimazonen der Erde; sie haben erheblich zur industriellen Entwicklung beigetragen. Von Scheuerle wird zur Zeit ein fahrerloses Schwerlasttransportsystem entwickelt; hierbei bietet die schon vorhandene Elektronik in Kooperation mit der Hydraulik eine geeignete Basis.

Der Vorstoß der Plattformfahrzeuge mit und ohne

600 t schweres Modul einer Ölbohrinsel auf Teilen eines 2000-t-Systems von Scheuerle. Ungeachtet der Größe der Fahrzeugkombination und des Abstandes der Teile voneinander wird durch eine dezentralisierte Lenkungselektronik immer eine lenkungskinematisch richtige Einstellung aller Pendelachsen erreicht. Die Teile des zerlegbaren Fahrzeugsystems sind nur 2,45 m breit und dadurch auf Flats oder in Containern verladbar und können per Tieflader, Bahn, Schiff oder Flugzeug schnell an jeden beliebigen Montageplatz befördert werden.

Ein 110 t schweres Windenfahrzeug von Scheuerle durchbrach 1984 die „Schallmauer": Mit hydrostatischem Antrieb aller 36 Räder von Mannesmann-Rexroth-Hydromatik und zwei KHD-Dieselmotoren mit 564 kW wurde eine Geschwindigkeit von mehr als 60 km/h erreicht, so daß die Zulassung zum Autobahnverkehr erteilt wurde.

Ein starr gekuppeltes Modultransportsystem von Scheuerle für 2000 t Nutzlast mit sechs Dieselmotoren mit zusammen 1460 kW transportiert ein Großmodul für eine petrochemische Anlage in Saudi-Arabien (1983).

Antrieb in Dimensionen bis 5000 t Transportmasse und darüber erforderte Firmenzusammenschlüsse und eine globale Denk- und Arbeitsweise, denn der Bau von Schwergutschiffen und entsprechender Hafenanlagen für die RoRo-Verladung wurde ebenso notwendig wie die Abstimmung der Schienen- und Straßenschwerlastfahrzeuge aufeinander. Das Schwerlastfahrzeug neuerer Konzeption hat sich vom üblichen Nutzfahrzeug konstruktiv und hinsichtlich der Dimension durch die neue Plattformwagentechnik völlig gelöst. Der jetzige hohe Stand der Technik eröffnet für den Transport schwerer und ultraschwerer Lasten Erkenntnisse und Möglichkeiten, die die Entwicklung des Nutzfahrzeugs im Straßengüterverkehr von morgen positiv beeinflussen werden.

So genau können im Anlagenbau Großmodule — wie zum Beispiel mit diesem 1800-t-System von Cometto in Saudi-Arabien — durch die dreidimensionale Beweglichkeit der hydrostatisch angetriebenen und hydraulisch abgestützten Transporter aneinandergefügt werden (1982).

90 Jahre Automobil-Omnibus

Heinzmartin Nitsche

Von den Anfängen bis zum Ersten Weltkrieg

Der Omnibus feiert am 18. März Geburtstag. An diesem Geburtsdatum gibt es keinen Zweifel, denn an einem 18. März verkehrten zum ersten Mal sowohl der Omnibus *ohne* als auch der Omnibus *mit* Motor.

Am 18. März 1895 frühmorgens um sechs Uhr fuhr der erste „Automobil-Omnibus" der Welt von Netphen nach Deuz im Siegerland. Auf der 15 km langen Strecke von Deuz nach Siegen erreichte er eine Durchschnittsgeschwindigkeit von 14 km/h. Der Wagen war 2 m breit und 3,5 m lang und konnte maximal acht Fahrgäste im Innenraum und zwei neben dem Fahrer befördern. Hinten befand sich ein verschließbarer Gepäckkasten. Dieser erste Motoromnibus war von der Firma Benz & Co. in Mannheim für 5000 Mark geliefert worden.

1986, im Jahr des hundertsten Geburtstages des Autos, wurde der motorgetriebene Omnibus also 91 Jahre alt.

Am 18. März 1662 nahm die erste Pferdeomnibuslinie der Welt in Paris – die Strecke begann am Tor St. Antoine, in der Nähe der Bastille, und führte zum Palais de Luxembourg – ihren Betrieb auf. Geistiger

Der erste Omnibus der Welt: Am 18. März 1895 verkehrte er zum ersten Mal im Siegerland.

8

Vater dieses ersten nachgewiesenen Omnibusverkehrs der Welt ist der französische Mathematiker und Philosoph Blaise Pascal. Er erhielt im Januar 1662 vom französischen König Ludwig XIV. ein „Patent", das die Aufnahme des öffentlichen Personenverkehrs im Omnibus erlaubte. Pascal hatte vor allem an die Beförderung minderbemittelter Pariser Bürger gedacht.

Zehn Jahre lang konnten sich die Pariser trotz mancher Schwierigkeiten dieser ersten Form eines öffentlichen Personenverkehrsmittels erfreuen. Wurde der Omnibus am 18. März 1986 also 324 Jahre alt?

Auf dem Weg zum „Automobil-Omnibus" gab es selbstverständlich einige Stationen der Vorentwicklung.

In Frankreich folgten auf den innerstädtischen Omnibusverkehr bald auch Linien, die die Hauptstadt mit Vororten verbanden. Seit 1745 bestand ein fahrplanmäßiger Kutschendienst zwischen Berlin und Potsdam. In London wurde 1772 erstmals ein Linienverkehr zwischen Börse und Charing Cross erwähnt. 1798 hatte sich der Gedanke eines öffentlichen Personen-Linienverkehrs in Hamburg manifestiert. Ab 1820 gab es in und um London eine kleine Anzahl von Fuhrunternehmen, die Kurzstrecken in unregelmäßigen Abständen befuhren. Bis 1844 wuchs ihr Wagenbestand auf 2450 Einheiten. Zur gleichen Zeit werden die ersten Doppeldecker eingesetzt: 1820 traten die ersten doppelstöckigen Pferdeomnibusse in Paris auf. Ein Fuhrunternehmer namens Stanislas Baudry durfte 100 Wagen auf zehn festen Routen in Paris betreiben. Die Wagen hatten eine Wannenform und ein flaches Dach, auf dem sechs bis acht Personen Platz fanden. Durch den Pariser Erfolg angeregt, gründete der Londoner George Shillibeer ein gleichartiges Unternehmen in der britischen Hauptstadt, 1849 ebenfalls mit Doppeldeckern. Mit Stolz verwiesen die Londoner Verkehrsbetriebe 100 Jahre später auf diese Tradition und auch darauf, daß sie 1929 bereits eine Linienlänge von 1100 Meilen in und um London bedienten. 1859 kamen in Deutschland Doppeldecker auf. In Hamburg war ihr Oberdeck Rauchern vorbehalten.

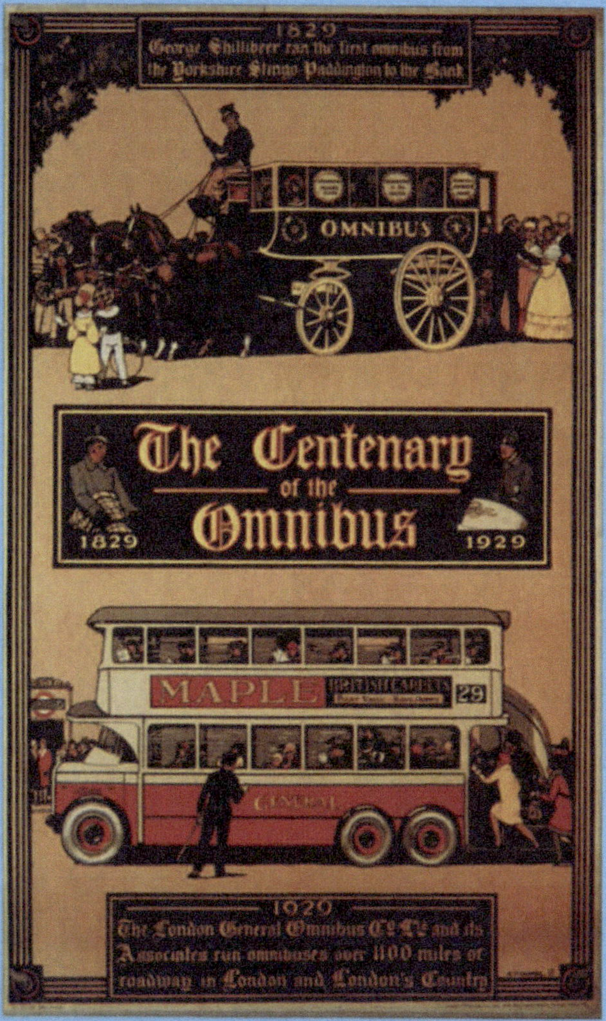

Stolz verwiesen die Londoner Verkehrsbetriebe 1929 auf eine bereits hundertjährige Tradition.

Ein halbes Jahrhundert nachdem der lothringische Militäringenieur Nicolas Cugnot (1771) seinen Dampfwagen vorgestellt hatte, begann die Dampfmaschine dem Pferdewagen Konkurrenz zu machen. 1827 stellte der Engländer Gurney einen Omnibus vor, der 21 Personen (6 innen und 15 außen) befördern konnte. Angetrieben von einer Dampfmaschine im Heck, verfügte er über eine besondere Lenkkonstruktion mit zwei kleinen Leiträdern vor der tragenden Vorderachse. Der erste Bus war mit vier Tonnen sehr schwer, doch gelang es Gurney, das Gewicht im Laufe der Zeit auf 1750 kg zu verringern.

Ein von Hancock entwickelter Kessel leistete das Doppelte der Konstruktion von Gurney. 24 km/h sollen möglich gewesen sein, und 35 Passagiere wurden befördert. 1833 hatte Hancock einen regelmäßigen Liniendienst zwischen London und Birmingham eröffnet. Die Fahrzeuge dieser „London and Paddington Steam Carriage Company" hatten einen durchgehenden Fußboden im Fahrgastraum, weil Hancock die Antriebsanlage unter den Wagenboden verlegt hatte. Kessel und Feuerung wurden in das Fahrzeugheck verlegt. Die Hinterachse war als Kurbelwelle gekröpft, die Kolbenstangen wirkten unmittelbar auf sie ein. 25 km/h schnell waren die Dampfbusse von Hancock mit 18 Fahrgästen. Gesteuert wurde bereits mit einer Achsschenkellenkung.

Bis 28 Passagiere fanden in den Dampfbussen von Dr. William Church Platz. Sie wurden in zwei Kutschenabteile, doppelstöckig übrigens, verteilt.

50 Jahre später, 1882, stellte Werner von Siemens das erste nicht schienengebundene Fahrzeug mit Elektroantrieb vor. Es bezog die elektrische Energie von einem Oberleitungsdraht und war somit der erste O-Bus.

Der eingangs erwähnten Omnibusgesellschaft im Siegerland blieb es nicht erspart, einen zweiten Bus bei Benz zu bestellen – nicht deshalb, weil der Erfolg so groß war, sondern um auf ein Ersatzfahrzeug bei den vielen Betriebsstörungen und Ausfällen zurückgreifen zu können. Trotzdem wurde der am 18. März 1895 aufgenommene erste Omnibusbetrieb bereits im November desselben Jahres wieder eingestellt. In den knapp acht Monaten des Betriebs der ersten Motor-Omnibuslinie der Welt wurden 10 600 Personen befördert und dabei 3100 Mark Fahrgelder vereinnahmt.

Die beiden von Karl Benz in Mannheim gebauten Busse für die Linie Siegen-Netphen-Deuz waren Landauer mit einem sehr kutschenähnlichen Aufbau, der Fahrgastraum war geschlossen und bereits recht großzügig verglast. Angetrieben wurde das Fahrzeug von einem liegenden Einzylindermotor mit 3,7 kW (5 PS) Leistung. Eine Spitzengeschwindigkeit von 20 km/h soll dieser Bus erreicht haben. Gottlieb Daimler lieferte 1898 seinen ersten Bus an den „Motorwagen-Betrieb Künzelsau-Mergentheim GmbH". Es war ein speziell hergerichteter „Victoria"-Wagen für zehn Personen. Daimler verwendete für den Antrieb bereits stehende Zweizylinder-„Phönix"-Motoren mit von Maybach entwickeltem Spritzdüsen-Vergaser. Daimlers Aufbau wich äußerlich von der Kutschenform ab. Der Fahrer saß in einer seitlich offenen Kabine. Die Fahrgäste stiegen über das Heck in den Fahrgastraum. Das ganze Vehikel ähnelte sehr stark einem Pferdeomnibus. Eine Besonderheit der Busse von Daimler war eine Heizung, die an den Kühlwasserkreislauf angeschlossen war.

Dampfwagen des Dr. Church mit „Mittelmotor".

Der erste Oberleitungs-Omnibus der Welt wurde 1879 von Siemens in Berlin vorgestellt.

Daimlers „Motorengesellschaft Cannstatt" führte 1898 bereits vier verschiedene Omnibustypen im Programm. Mit Motorleistungen von 2,9–4,4–5,9 oder 7,4 kW (4–6–8–10 PS) konnten sie 6, 8 bis 10 oder 14 bis 16 Passagiere befördern; hierbei ließen sich zusätzlich in den Sechssitzern 200 kg, in den Acht- bis Zehnsitzern 300 kg und in den Vierzehn- bis Sechzehnsitzern 350 kg bis 450 kg Gepäck befördern.

Daimler bot die beiden kleineren Busvarianten bereits 1898 mit Gummireifen an zu Aufpreisen von 400 Mark bzw. 500 Mark. Für die mit 5,9 bzw. 7,4 kW (8 bzw. 10 PS) ausgerüsteten größeren Busse für 14 bis 16 Passagiere blieb es beim Eisenrad.

Die Motoren waren hinter der Vorderachse eingebaut und gaben ihre Kraft über ein Drei- bzw. Viergangschaltgetriebe an einen Ritzelantrieb weiter, bei dem ein kleines Antriebszahnrad in einen großen am Rad befestigten Zahnkranz eingreift.

Gottlieb Daimler blieb diesem Antriebsprinzip bis kurz vor Beginn des Ersten Weltkriegs treu. Durch verschiedene Schwierigkeiten – mangelnde Schmierung, Gleichlaufprobleme zwischen Antriebsrad und Ritzel sowie starke Geräuschentwicklung – sah er sich dann gezwungen, einen Omnibus mit Schneckenantrieb zu konzipieren.

1899 übrigens lieferte Daimler den ersten Bus ins Ausland, nach London. Es handelte sich um einen Ausflugsbus mit einem sogenannten „Kremser Kasten" mit Sitzplätzen für 16 Passagiere.

1898 führte Gottlieb Daimlers „Motorengesellschaft Canstatt" bereits vier verschiedene Omnibustypen im Programm.

Zur selben Zeit hatte Karl Benz Zwölfsitzer-Busse mit Zweizylindermotor (130 mm Bohrung und 160 mm Hub, also 4,2 l Hubraum, 11 kW/15 PS Leistung bei 910 min^{-1}) angeboten.
1893 hatte Friedrich Lutzmann in Dessau damit begonnen, Autos mit 2,5-l-Maschine und 3,7 kW (5 PS) Leistung zu bauen. In der von ihm 1895 gegründeten „Anhaltischen Motorwagenfabrik" baute er auch achtsitzige Breaks und Omnibusse. Opel, bereits 1862 gegründet, erwarb 1899 die Patente von Lutzmann und nahm den Automobilbau auf.
Weitere Firmengründungen kurz vor der Jahrhundertwende: 1894 begann die von Nikolaus Dürkopp gegründete Bielefelder Maschinenfabrik AG mit dem Bau von Autos nach den Patenten von Panhard & Levassor. 1902 baute man in Bielefeld die ersten Busse. 1895 entstanden die Bergmann Industriewerke. Sie bauten Autos und Omnibusse, ebenso wie die 1896 von Heinrich Ehrhardt gegründete Fahrzeugfabrik Eisenach AG. Mit Lizenzbauten der Motoren und Dreiräder von de Dion wurde in Aachen die Max Cudell-Motor-Company gegründet. Zu ihrem Programm gehörten auch Kleinbusse. Die Firma Kühlstein Wagenbau in Berlin begann 1898 mit dem Automobilbau. Hier arbeitete der talentierte Ingenieur Josef Vollmer, der Konstrukteur des ersten Lastwagens, der später vor allem bei der Neuen Automobilgesellschaft (NAG) tätig war.
1899 wurde in Berlin die Allgemeine Automobilgesellschaft mbH gegründet, die eng mit der AEG verbunden war. Am 24. Dezember 1901 wurde die Firma von der AEG übernommen und als NAG neu ins Leben gerufen. Ab 1905 baute die NAG Busse. 1899 war auch das Gründungsjahr für die Maschinenfabrik Emil Hermann Nacke in Coswig (Sachsen), die ab 1902 Busse baute. In Aachen begann die Maschinenfabrik Fritz Scheibler, sich mit dem Busbau zu beschäftigen, und August Horch gründete in Köln die Firma August Horch und Cie. Auch hier wurden Busse gebaut. Zur selben Zeit baute Bernhard Stoewer in Stettin mit seinen beiden Söhnen eine Automobilfabrik, die Gebrüder Stoewer Fabrik für Motorfahrzeuge. 1902 verließen die ersten Busse das Werksgelände.
In die letzten Jahre des vergangenen Jahrhunderts fällt auch die Einführung des motorisierten Ausflugsverkehrs. Bisher diente der Bus fast ausschließlich als Linienfahrzeug. 1898 aber wurden im englischen Wales drei offene Breaks von Karl Benz in Betrieb genommen. Sie wurden an der Nordküste der Walisischen Halbinsel für Ausflugsfahrten benutzt. Darüber hinaus wurden motorgetriebene Busse auch von Hotels im Touristikverkehr betrieben; die Wagen hatten jedoch meistens Elektroantrieb.
Die Jahrhundertwende ist für die Automobilgeschichte und speziell für die Busgeschichte von besonderer Bedeutung: Im Todesjahr Gottlieb Daimlers baute seine Motorengesellschaft den ersten Motoromnibus in Doppeldeckerform. Bei ihm war auch die gesamte Dachfläche für die Fahrgastbeförderung vorgesehen. Die Dachsitze waren übrigens über der Längsachse des Fahrzeugs fischgrätenartig angeordnet.
So sehr die Entwicklung des Omnibusbaus vor der Motorisierung vom Ausland beeinflußt war – hierbei spielten Frankreich und England die Hauptrolle – um so stärker ging die Initiative jetzt auf die deutschen Erfinder, Ingenieure und Hersteller über. Wenn auch zunächst Benz- und Daimler-Busse zum Beispiel in England gefragt waren, so wurde bereits 1902 in London ein Scott-Sterling-Bus mit 8,8 kW (12 PS) Leistung betrieben. Sein Fahrersitz war direkt über dem Motor angeordnet.
Die Leyland Motor Ltd. begann um diese Zeit Englands Nutzfahrzeugwerk Nr. 1 zu werden. In der Schweiz wandte sich Adolphe Saurer in Arbon dem Bau von Motorfahrzeugen zu. Nach seiner Lizenz wurde übrigens 1914 von MAN der erste Lkw hergestellt. 1898 hatten sich die Maschinenbau-Aktiengesellschaften Nürnberg und die Maschinenfabrik Augsburg zur „Vereinigte Maschinenfabrik Augsburg und Maschinenbaugesellschaft Nürnberg AG" zusammengeschlossen. Bei „MAN" stand denn auch die Wiege des wichtigsten Omnibusantriebs, des Dieselmotors.
Das Exportbedürfnis der deutschen Fabrikanten und der Bedarf in Großbritannien paßten gut zueinander. So waren die ersten Jahre dieses Jahrhunderts von zahlreichen Exporten deutscher Busse oder Fahrgestelle nach England gekennzeichnet. 1902 kam es zur Gründung einer Gemeinschaftsfirma in Großbritannien: Milnes-Daimler in Birkenhead. Aber nicht nur Daimler, sondern auch Stoewer, Dürkopp, Büssing, Argus und Scheibler lieferten nach England. Großbritannien wurde um die Jahre 1903 bis 1906 Hauptabnehmer der vorwiegend noch deutschen Omnibusindustrie. Büssing vergab Lizenzen an den englischen Hersteller Straker-Squire. In England kam es zur Gründung der Associated Equipment Company AEC, die sich mit Leyland den heimischen Markt zu teilen begann. 1910 führte AEC den später berühmt gewordenen „B-Typ" ein, der wesentlich zu einer neuen Entwicklung von Stadtomnibussen in Deutschland im zweiten Jahrzehnt des 20. Jahrhunderts beitrug.
Die Busse begannen sich vor dem Ersten Weltkrieg weltweit durchzusetzen. In Argentinien und in Rußland waren Wagen von Stoewer in Betrieb. Daimler lieferte in den Nahen Osten, in Österreich und Griechenland sowie in Italien erfreuten sich deutsche Busse wachsender Beliebtheit. In Stockholm lief zur Jahrhundertwende der erste Linienbus. Um diese Zeit begann der Omnibusbau auch in Italien. Angelo Orlandi, heute noch eine bekannte Aufbautenfirma, stellte den ersten italienischen Bus auf einem Fahrgestell von Bonacini her, und in der Schweiz begann die Firma Orion mit dem Bau von Bussen. Lohner und Porsche sowie ab 1899 Gottlieb Daimlers ältester Sohn Paul produzierten Busse in den österreichischen Daimler-Werken.

Der „B-Typ" von AEC wurde Vorbild für viele Buskonstruktionen nicht nur in England, sondern auch in Deutschland, zum Beispiel für den RK-Wagen.

Besonders intensiv, schnell und umfangreich verlief die Entwicklung des Omnibusbaus in Frankreich. Als 1905 in Paris der motorgetriebene Omnibuslinienverkehr aufgenommen wurde, war die französische Industrie bereits so stark, daß man sich völlig auf einheimische Produkte verlassen konnte. Firmen wie z. B. de Dion, Renault, Delahaye, Berliet, Peugeot, de Dietrich und Breilie-Schneider waren die großen Namen.

Auch in Skandinavien begann man sich dem Nutzfahrzeug zuzuwenden. 1911 stellte Scania-Vabis den ersten Bus vor. Er war ein Zwölfsitzer mit einem 15 kW (20 PS)-Benzinmotor. Im Prospekt wurden der niedrige Einstieg und die weiche Federung gelobt.

Vor Beginn des Ersten Weltkriegs liefen im damaligen Deutschen Reich 577 Omnibusse im Überlandverkehr, davon nur 2,5 Prozent aus ausländischer Produktion. Die meisten Wagen stammten aus den Baujahren 1912 und 1913. Angeführt wurde die Herstellerliste von der Daimler-Motoren-Gesellschaft, gefolgt von Benz und Büssing. Der größte Teil der Wagen (82 Prozent) war in der Gewichtsklasse 3 t bis 4 t angesiedelt. Angetrieben wurde die Hälfte aller Fahrzeuge von Motoren zwischen 15 kW (21 PS) und 22 kW (30 PS) und ein weiteres Drittel von 23 kW (31 PS) bis 29 kW (40 PS). Lediglich ein Prozent der Überlandlinienbusse konnte auf Maschinen mit mehr als 37 kW (50 PS) verweisen.

Im Deutschen Reich standen 1914 den über 72 000 Schienen-Kilometern nur rund 6800 Omnibuslinien-Kilometer gegenüber. Die Omnibusüberlandlinien wurden etwa zu gleichen Teilen von der öffentlichen Hand und von privaten Unternehmen bedient. Allerdings hatten die privaten Omnibusunternehmer einen geringen Platzvorteil. Lediglich in Bayern, wo 1905 die erste Buslinie von Tölz nach Lenggries eingerichtet worden war, regierte das Postmonopol mit 101 Linien.

1905 hatte sich Berlin vom Pferdeomnibus auf motorgetriebene Wagen umgestellt. Die Allgemeine Berliner Omnibus-Aktiengesellschaft ABO AG nahm Daimler-Decksitzer, also Doppeldecker mit offenem Verdeck, in Betrieb. Ein Jahr später trat

1914 machte Ford mit diesem T-Modell in Amerika Furore.

Heinrich Büssing in Berlin mit seinem ersten Omnibus auf, einem 24-Sitzer mit Kettenantrieb und Fahrerplatz über dem hinteren Teil des Motors.
Um 1910 wurden in Frankreich die ersten Reisebusse gebaut. Ihre Inneneinrichtung war an der Eisenbahn orientiert mit Erster und Zweiter Klasse. Für James Cook, den Erfinder der Stadtrundfahrten, erwies sich der Omnibus als optimales Verkehrsmittel.
Im Omnibusbau herrschte das Holzrad bis 1905 vor, erst ab diesem Jahr verwendete Daimler in seinen Bussen gegossene Räder. Zwei Jahre später brachte Büssing den ersten Omnibus mit Luftreifen auf die Straße. Die Räder trugen ein Lastwagenchassis, auf das hölzerne Karosserieaufbauten gestellt wurden. Die Feder stammte noch aus dem Kutschenbau. Wieder war es Büssing, der 1908 die Blattfedern mit Schraubenfedern an beiden Enden verband. Gelenkt wurden die ersten Omnibusse mit einer Achsschenkellenkung, wie sie Georg Lankensperger 1816 erfunden hatte. Der Fahrer betätigte sie über ein Lenkrad, entweder unmittelbar neben oder über dem Motor sitzend (und fast auf der Höhe des Oberdecks bei einzelnen Decksitzern).
Der Kraftübertragung diente meist eine Kette. Sieht man von Maurer und Scheibler ab (Reibradantrieb), verwendeten alle Hersteller Zahnradgetriebe, die als großen Nachteil die starke Geräuschentwicklung hatten. Dies bereitete dem Omnibus besonders in England Schwierigkeiten. Dort kam man dann auf die Idee, den Zahnkettenantrieb im Schaltgetriebe einzuführen. Aus England stammen auch die ersten Busse mit Kardanwelle und Schneckenantrieb anstelle des Kettenantriebs. Auch in diesem Fall lag der Grund in der geringeren Lärmbelästigung. Bei den Motoren herrschte der Vierzylinder mit Leistungen zwischen 9 kW (12 PS) und 37 kW (50 PS) vor. Gebremst wurden die ersten Busse durch Backenbremsen an den Hinterrädern und der „Getriebebremse" als normale Betriebsbremse. Sie bestand aus einer mit der Antriebswelle verbundenen Metalltrommel, auf die zwei Bremsbacken wirkten. Außerdem gehörte zur Standardausrüstung eines Busses die sogenannte „Bergstütze", um ein Rückrollen des Wagens am Berg zu verhindern. In der weiteren Entwicklung ließ man dann auch die Betriebsbremse direkt auf die Räder wirken.

Vom Lkw-Aufbau zur Stromlinie

Während der Kriegsjahre 1914 bis 1918 erkannten die Militärs die Bedeutung des Omnibusses für den schnellen und flexiblen Truppentransport. Neue Konstruktionen und wirtschaftlich vernünftige Entwicklungen entstanden zwar nicht, doch kurz nach dem Ende des Ersten Weltkriegs begann sich auf dem Omnibussektor der Erfindergeist zu regen, und neue wirtschaftliche Hoffnungen führten zu Neugründungen und Neukonstruktionen. So brachte bereits 1919 die Firma MAN den ersten Omnibus aus eigener Fertigung heraus. Im selben Jahr stellte auch Magirus, zuvor nur Löschfahrzeug- und Lkw-Hersteller, den ersten Bus vor, der im Auftrag der württembergischen Post produziert worden war. Er verfügte über Kardanantrieb, leistete 29 kW (40 PS) und beförderte maximal 24 Fahrgäste.

Der Ulmer Nachbar Karl Kässbohrer baute auf diesem Magirus-Chassis elegante Buskarosserien. 1907 hatte Kässbohrer die erste Kombinations-Karosserie auf einem Fahrgestell des Schweizers Adolphe Saurer aufgebaut. Dieses Fahrzeug verwendete ein Gastwirt im Speditionsbetrieb, um Bierfässer und – nach schnellem Umbau – auch Personen zu befördern. 1910 erhielt Karl Kässbohrer für diesen Kombinationsaufbau ein Patent. Nach dem Weltkrieg, zu Beginn der zwanziger Jahre, widmete sich Kässbohrer vor allem dem Bau von Pkw-Karosserien. 1928 baute der Ulmer den ersten selbsttragenden Pkw, nachdem er in der Mitte der Zwanziger begonnen hatte, auf alle gängigen Fahrgestelle für Busse Aufbauten zu fertigen.

Die Voigtländische Maschinenfabrik (VOMAG) hatte 1915 mit der Herstellung von Lkw und 1920 von Bussen begonnen. Ebenfalls ab 1920 lieferten die Deutsche Lastautomobilfabrik AG (DAAG), Dinos und Dux serienmäßig gebaute Omnibusse. Die Nachkriegszeit war vom Rohstoffmangel gekennzeichnet. Es gab auch zu wenig Fachkräfte, und die Löhne waren zu hoch, um bei den kleinen Stückzahlen wettbewerbsfähig zu bleiben. Dies führte zu Kooperationen. So bildeten sich in der Nachkriegszeit zwei größere Gruppen: die Gemeinschaft Deutscher Automobilfabriken (GDA) und der Deutsche Automobilkonzern (DAK). Zur Gemeinschaft Deutscher Automobilfabriken gehörten Brennabor, Hansa, Hansa-Lloyd und die NAG. Dieser Zusammenschluß, der vor allem den Vertrieb zentralisieren sollte, bestand bis 1929, als Büssing die NAG übernahm. Enger arbeitete der Deutsche Automobilkonzern zusammen. Er teilte die Produktion zwischen seinen Mitgliedern Dux, Magirus, Presto und VOMAG auf. Die Omnibusproduktion fiel dabei der VOMAG zu. Der DAK bestand bis 1935.

Obwohl der Omnibusbau bis Mitte der zwanziger Jahre im wesentlichen auf den in der Vorkriegszeit vorgezeichneten Bahnen folgte, gab es doch eine Reihe von neuen Entwicklungen, die die weitere Geschichte vorzeichneten. So wurden in dieser Zeit allgemein Ballonreifen auch für Omnibusse eingeführt. Eigenartigerweise wurden Luftreifen im Lkw früher verwendet als beim Bus. Um mehr Fahrgäste befördern zu können, ging man vereinzelt – in Frankreich schon 1923 – auf dreiachsige Konstruktionen über. VOMAG versuchte, die Karosserie

1911 hatte Otto Kässbohrer (links im Bild) seinen ersten Linienbus gebaut. Über 18 Sitz- und 10 Stehplätze verfügte der rundum geschlossene Aufbau. Technische Merkmale: Vierzylinder-Benzinmotor, Vierganggetriebe, Kardanantrieb, Holzräder und Vollgummibereifung.

tiefer zu legen, um den Einstieg bequemer zu machen und das Aussehen gefälliger zu gestalten. Während es sich bei der Linienbuskarosse der VOMAG noch um kosmetische Korrekturen handelte, gingen die Amerikaner, wie zum Beispiel Fageol, zur echten Niederrahmenkonstruktion über, bei der der Rahmen über den Achsen stark gekröpft war. Die Radkästen ragten weit in den Fahrgastraum hinein. Die Fageol-Busse, die in München betrieben wurden, hatten für jede Sitzreihe eigene Einstiegstüren. Während die üblichen Busse 2,80 m hoch waren, kam der Fageol auf nur 2,0 m.
Einer der ersten Hersteller, die diesem amerikanischen Beispiel folgten, war die MAN. Dem Vorbild Büssings, der 1923 erste Dreiachsbusse mit zwei angetriebenen Hinterachsen vorgestellt hatte, folgten Daimler, Henschel und Dürkopp 1925. Auch die VOMAG und MAN zogen nach. Schließlich entwickelte Hansa-Lloyd dreiachsige Niederrahmenfahrgestelle mit Schneckengetrieben und Schwingachsen statt Verteilergetriebe.
Wiederum in München machte eine andere Konstruktion Furore: Es war die Buskarosse des Schweizers Hans Arquint, der erstmals Stahlspanten für die Aufbauten verwendete. Seine Stahlkonstruktion war noch mit Holzverkleidungen vermischt, konnte sich aber den Fahrgestellverwindungen wesentlich besser anpassen als die bisherigen reinen Holzkonstruktionen. Außerdem wartete Arquint mit einer Gewichtsverminderung um über ein Drittel auf. Der Konstruktion von Arquint mit der Verbindung der Stahlspanten mit Längsträgern, Holzgerippe und Dachspriegel setzte die Waggonfabrik Uerdingen ihren Ganzstahlaufbau entgegen. Beide Bauarten liefen bis Mitte der dreißiger Jahre in Deutschland nebeneinander. In anderen Ländern, zuerst hauptsächlich in Großbritannien, hatte sich die Konstruktionsweise Arquints bis in die siebziger Jahre fortgesetzt, allerdings mit einem stets zunehmenden Stahlanteil. Die Entwicklungslinie vom Ganzstahlaufbau der Waggonfabrik Uerdingen über die Schalen-Schweiß-Konstruktionen der VOMAG und erste selbsttragende Konstruktionen von Dr. Deiters bis hin zur

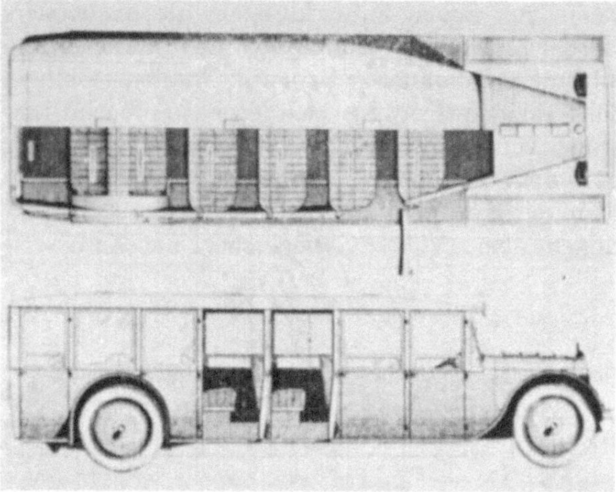

Eine wesentliche Verringerung der Gesamtfahrzeughöhe von etwa 2,80 m auf 2,00 m brachte die Niederrahmenkonstruktion von Fageol.

Der erste „vollständig geschweißte Leicht-Autobus" der Welt „ohne Fahrgestell" wurde 1934 nach einem Patent von Dr. Deiters von der Waggonfabrik Wismar gebaut.

Als einer der ersten folgte MAN dem amerikanischen Beispiel.

Der Ganzstahlaufbau der Waggonfabrik Uerdingen war ein wesentlicher Entwicklungsschritt.

Nur sechs Männer benötigte man zum Transport des selbsttragenden Gerippes des ersten Setra von Kässbohrer (Demonstration zur IAA 1951).

1925 stellte General Motors seinen ersten Omnibus vor, bezeichnet mit Yellow Coach nach der Tochtergesellschaft „Yellow Truck & Coach Manufactoring Company".

selbsttragenden Bauweise, wie sie heute bei den Omnibussen den Markt beherrscht und von Kässbohrer und Auwärter-Neoplan zu Beginn der fünfziger Jahre gefördert wurde, ist deutlich auszumachen.
Andere Entwicklungen konnten sich nicht durchsetzen. Dies gilt unter anderem für den Vorderradantrieb, mit dem während des Ersten Weltkriegs in Amerika im Omnibusbau experimentiert wurde. Merkwürdigerweise widmeten sich die amerikanischen Hersteller stärker als die europäischen der Konstruktion von Ausflugsbussen. Dies führte zu grundlegend anderen Auffassungen. Dem Stehplatz wurde keine Aufmerksamkeit gewidmet, vielmehr versuchten die amerikanischen Hersteller, möglichst viele Sitze im Fahrzeug unterzubringen und legten auf Komfort besonderen Wert. Parallel zu Büssings Blechbeplankung der Holzkarosse von 1923 verlief die Entwicklung auch in Amerika. Dort trat 1925 General Motors in das Busgeschäft ein. Der Konzern erwarb die Yellow Cab Manufacturing Company in Chicago. Dort wurden ab 1925 mit neuen Fabrikationsanlagen Busse gebaut. Bei den amerikanischen Fahrzeugen fällt vor allem auf, daß sie die Kutschenform schneller verließen und Anleihen vor allem beim Flugzeugbau nahmen. Die runden Bullaugenfenster des Chair Car legen beredtes Zeugnis davon ab.
In der Zeit zwischen 1920 und 1930 trat der Dieselmotor im Omnibus seinen Siegeszug an. Auch die Einführung der Druckluftbremse fällt in dieses Jahrzehnt.
Die Konstrukteure richteten ihr Augenmerk stärker auf den Bus, der außerhalb der städtischen Regionen verkehrte. Dies bedeutete größere Transportgefäße und vor allem mehr Komfort. Hierzu eine Beschreibung des „Hannoverschen Tagblatt" vom Dezember 1929 über einen Reisewagen der VOMAG: „20 Personen finden Sitze mit Korbgeflecht vor, die im Rücken besondere Polster haben und durch Auflagekissen gut gefedert sind. An den Rückwänden der Sitze hat man ausklappbare Tischchen eingebaut. Das Dach des Reiseomnibusses kann aufgeschoben werden. Zwischen Fenstern und Vasen für frische Blumen sind Klingelknöpfe für die Bedienung angebracht. An den Fenstern findet man neben Zuggardinen auch Rollvorhänge. Hinter einer Schiebetür liegen die Betriebsräume. Neben den Gepäckräumen ist auch eine Toilette mit Wasserspülung untergebracht. In der Küche ist ein Schrank für die Küchenvorräte sowie ein zweiflammiger Gaskocher. Und unter dem Fußboden, ‚im Keller', lagern Bier-, Wein- und andere Flaschen."
Ab der zweiten Hälfte der zwanziger Jahre kamen die wesentlichen Impulse für den Omnibusbau überwiegend aus Deutschland. Dies gilt vor allem für die heute weltweit vorherrschende Konstruktion der selbsttragenden Bauweise. Ihre Geburtsstunde schlug allen verfügbaren Unterlagen zufolge 1929. Büssing und die Hannoversche Waggonfabrik HAWA stellten 1929 einen großen chassislosen Dreiachser vor. Angetrieben wurde er von einem Büssing-Otto-Motor mit 66 kW (90 PS), der, seitlich unter einer Sitzbank stehend, in Fahrzeugmitte ange-

ordnet war. Der Hilfsrahmen, in dem der Motor lagerte, war ausschwenkbar, um Reparatur- und Wartungsarbeiten zu erleichtern. Der erste selbsttragende Omnibus mit Unterflurmotor brachte mit dem niedrigen Einstieg und dem ebenen Fußboden zwar deutliche Vorteile, andererseits mußte man aber die Maschine ganz unter dem Fahrzeugboden verschwinden lassen.

Der Omnibusbau der dreißiger Jahre wurde wesentlich von der Autobahnidee beeinflußt. 1935 wurde das erste Stück der „Reichsautobahn" zwischen Frankfurt und Darmstadt dem Verkehr übergeben. Die Möglichkeiten, die die Autoschnellstraße für den Omnibus bot, wurden sehr schnell von Betreibern, vor allem von der Deutschen Reichsbahn sowie von Konstrukteuren und Herstellern, erkannt. Außer dem Komfort und der guten Aussicht mit großzügiger Verglasung – schon Ende der zwanziger Jahre mit Dachrandverglasung – war das wesentliche Merkmal der Busentwicklung dieser Jahre der Trend zum großen Fahrzeug mit möglichst windschlüpfiger Karosserie. Schließlich wurden Geschwindigkeiten bis 115 km/h und vereinzelt bis 130 km/h erreicht.

Um die strömungsgünstigen Karosserien bauen zu können, bedurfte es einer Lizenz, eines Patents der Aktiengesellschaft für Verkehrspatente in Luzern, wo Paul Jaray deutsche und internationale Patente auf sogenannte „Stromlinienwagen" hielt. Als Beweis für die erkannte Bedeutung der Stromlinie mag gelten, daß elf deutsche Omnibus- bzw. Karosseriebauer mit Jaray Lizenzverträge schlossen: Credé (Kassel), Daimler-Benz, Gaubschat (Berlin), Ludewig (Essen), Magirus (Ulm), Rupflin (München), Talbot (Aachen), Vereinigte Westdeutsche Waggonfabriken (Mainz), Vetter (Bad Cannstatt), Waggonfabrik Recklinghausen, Waggonfabrik Uerdingen.

Eine zweite wesentliche Entwicklungslinie ist durch die Schaffung von Großraumbussen gekennzeichnet. Dies waren einmal Dreiachser, zum anderen aber Omnibus-Sattelauflieger in zweiachsiger und mehrachsiger Form, die bis zu 170 Fahrgäste befördern konnten und die bis zum Ende des Zweiten Weltkriegs hergestellt wurden. Angetrieben wurden sie inzwischen überwiegend von Unterflur-Dieselmotoren.

Es entwickelte sich ein Trend zu neuen Materialien mit dem Ziel, Gewicht zu sparen, die Transportkosten im Export zu verringern und die Korrosionsbeständigkeit zu erhöhen. Die Omnibusbauer wandten sich verstärkt der Verarbeitung von Leichtmetall zu.

Angetrieben wurden die Großraumschnellbusse für die Autobahnen von Dieselmotoren mit etwa 70 kW (95 PS) Leistung, die allerdings kaum ausreichten, die Fahrzeuge auf die gewünschte Geschwindigkeit in Konkurrenz zur Schiene zu halten. Die Reichsbahn forderte deshalb eine Leistungsanhebung auf 110 kW (150 PS), um damit eine Reisegeschwindigkeit von 100 km/h bis 105 km/h sicherzustellen.

Auf einem MAN-Fahrgestell baute Kässbohrer 1935 diesen Stromlinienbus auf. Der Sechszylinder-Motor leistete 52 kW (70 PS) und war von Benzin auf Treibgas umstellbar.

1934 baute Kässbohrer diesen schnittigen Fünfreiher auf einem Ford-Fahrgestell auf. Das kombinierte Schiebe- und Cabrio-Dach mit der Dachrandverglasung versprach höchsten Reisegenuß.

Wegen der hohen Geschwindigkeit baute man anstelle der mechanischen Bremsanlagen in den Lkw-Chassis kombinierte Luftdruck-Unterdruck-Hydraulik-Bremsanlagen ein. Man erreichte Verzögerungswerte von 4,0 m/s^2 bis 4,5 m/s^2. Der Kraftübertragung dienten Vierganggetriebe mit zusätzlichem Schnellgang. Gegen Ende der dreißiger Jahre kamen halbautomatische Siebenganggetriebe (Maybach) auf.

In den Bereich der schnellfahrenden Großraumfahrzeuge für die neugeschaffenen Autobahnen gehört eine Entwicklung, die heute überwiegend im Stadtbus Anwendung findet: der Gelenkzug mit Faltenbalg zwischen Vorder- und Hinterwagen. Diese Konstruktion entstand als Vier- bzw. Fünfachser 1937 bei Gaubschat in Berlin. Diese „D-Züge der Autobahn" hatten einen zweiachsigen oder dreiachsigen Motorwagen und einen zweiachsigen Anhänger. Sie waren über eine Spezialkupplung und einen Faltenbalg miteinander verbunden. Die Räder des Nachläufers wurden über ein spezielles Lenksystem mit Spurstangen und Kugelgelenken vom Motorwagen aus mitgelenkt. Dadurch lief der Anhänger genau in der Spur der Triebachse des Vorderwagens. Große Wendigkeit war somit gewährleistet. Nach dem Abkoppeln des Anhängers konnte der Vorderwagen auch einzeln betrieben werden. Gaubschat hatte seinen „D-Zug" auf Büssing-NAG-Triebwagen aufgebaut. Angetrieben wurde er von einem 110 kW (150 PS)-Ottomotor. Das Fahrzeug war 22 m lang. Die damaligen Busse waren überwiegend noch Haubenfahrzeuge.

Typischer Vertreter der Großraumbusse der dreißiger Jahre war der Mercedes O 10 000. Er wurde von einem 110 kW (150 PS)-Dieselmotor angetrieben.

Auf den Reißbrettern der Konstrukteure von Büssing, NAG, Daimler-Benz und der VOMAG entstanden aber schon Drei- und Vierachser in Frontlenkerbauweise. Der Gigantonomie schienen kaum Grenzen gesetzt. Während Daimler einen eigenen Maschinenraum mit zwei Motoren vorsah, konzipierte die VOMAG einen Reisewagen für einen 258 kW (350 PS)-Zwölfzylinder-Diesel mit 35 l Hubraum in Boxer-Bauart. Das VOMAG-Konzept sah zwei gelenkte Vorderachsen und die Plazierung des Getriebes zwischen den beiden angetriebenen Hinterachsen vor. Zum Vergleich: Einer der meistgebauten Busse der dreißiger Jahre, der Mercedes O 10 000, hatte einen Sechszylinder-12,5 l-Motor mit 110 kW (150 PS) bei 1700 min^{-1}. Er konnte 80 Fahrgäste befördern.

Als Entwicklung am Rande sind für die Zeit vor dem Zweiten Weltkrieg dampfgetriebene Omnibusse der amerikanischen Gebrüder Doble zu erwähnen. Diese hatten eine wesentlich verbesserte Dampfantriebseinheit für Lkw und Busse entworfen, mit höherem Wirkungsgrad und geringem Platzbedarf. Mit Schweröl-Heizung wurden 74 kW bis 88 kW (100 PS bis 120 PS) erzielt.

Eine andere Randerscheinung waren in den dreißiger Jahren die Sonderfahrzeuge der Reichspost. Begonnen hatte diese Entwicklung bereits 1923 in Skandinavien, als Scania-Vabis einen Bus mit Raupenantrieb an der Hinterachse und Schlittenkufen an der Vorderachse lieferte. Ähnliche Daimler-„LR 75"-Raupenketten-Busse wurden von der Reichspost in schneereichen Gebieten betrieben. Schon 1934 hatte Krupp ein derartiges Kettenfahrzeug vorgestellt. 1938 stellte die Reichspost geländegängige Busse, ebenfalls von Mercedes, in Dienst. Es waren allradgetriebene zweiachsige oder dreiachsige Fahrzeuge, die im Heck ein besonderes Post- und Paketabteil hatten – eine Konstruktion, wie sie heute noch in vielen Gegenden Skandinaviens üblich ist.

Um die Entwicklung in den Krieg hinein zu verdeutlichen: Bei der VOMAG entstand 1937/38 ein Sechseinhalbtonner-Bus mit einem 220 kW (300 PS)-Zwölfzylinder-Benzinmotor von Maybach, wie er auch in Kettenfahrzeugen verwendet wurde.

Lösung zielgruppenspezifischer Transportaufgaben

Siegeszug der selbsttragenden Bauweise

In Deutschland gab es 1945 für die Busindustrie die Chance eines Neuanfangs, wenn auch mit Hindernissen und Schwierigkeiten. Während im Reichsgebiet vor dem Ausbruch des Zweiten Weltkriegs etwa 22 000 Omnibusse und O-Busse zugelassen waren, belief sich ihre Anzahl 1946 noch auf 4715 im Gebiet der heutigen Bundesrepublik Deutschland. Es läßt sich kaum beschreiben, welche grotesken Vehikel kurz nach Kriegsende 1945 die Straßen befuhren. Sie kamen aus den Werkstätten professioneller Hersteller, die in dürftig hergerichteten Fertigungsanlagen und Baracken aus übriggebliebenem Kriegsmaterial versuchten, fahrbare Untersätze zusammenzuschustern. Allen Schwierigkeiten zum Trotz bot die Stunde Null der Omnibusindustrie die große Chance, einen riesigen Nachholbedarf zu decken und moderne Produktionsanlagen zu errichten.

Als dann das Rohmaterial wieder leichter zu beschaffen war, knüpften die Hersteller an ihre Vorkriegserfahrungen und -konzepte an. Die Fertigung wurde zielgerichteter und geregelter. Bereits 1946 lieferte Büssing 175 Tram-Busse des Typs „5000 T" aus. Mercedes hat bis in die fünfziger Jahre seinen „O 3500" bzw. den „O 5500" angeboten. Er war mit einem Sechszylinder-4,6-l-Motor unter der Fronthaube ausgerüstet.

Während im Omnibusbau der technische Fortschritt nur in kleinen Schritten vorankam, hing der wirtschaftliche Erfolg wesentlich vom Maß des Ausbaus der Fertigungstechnik der einzelnen Firmen ab. Ein Großteil der Hersteller, vor allem der Karossiers, die nicht schnell genug oder überhaupt nicht bereit waren, in die Rationalisierung der Fertigung zu investieren, blieben auf der Strecke. Von den 15 nach Kriegsende tätigen Omnibusherstellern sind in der Bundesrepublik Deutschland mit Auwärter-Neoplan, Daimler-Benz, Kässbohrer und MAN lediglich vier übriggeblieben. Die Liste der Karossiers umfaßte zwischen 1945 und 1950 53 Namen, von denen mit Ernst Auwärter, Drögmöller und Göppel nur drei überlebten. Mit dem Verbot der Omnibusanhänger wurde den spezialisierten Anhängerherstellern vom Gesetzgeber das Wasser abgegraben.

Dieser Zwang zu moderner Fertigungstechnik und damit zur Rationalisierung und Typisierung brachte für die überlebenden deutschen Hersteller auch den Vorteil und die Notwendigkeit zu verstärkten Bemühungen um den Export kompletter Fahrzeuge und von Fahrgestellen, einen ausgedehnten Handel mit Lizenzen und schließlich die Errichtung von Fabrikationsstätten im Ausland. Beispiele hierfür sind die Mercedes-Busproduktion in Brasilien, die MAN-Produktion in der Türkei, die Lizenzen an Ungarn und Rumänien, die Produktionsstätten von Auwärter-Neoplan in Ghana und den USA, wo auch MAN eine Busfabrik betreibt.

Die Geschichte der Busproduzenten in anderen Ländern weist in dieselbe Richtung. In den traditionellen Ländern des Omnibusbaus, also in Italien, Spanien, Frankreich, Belgien, Holland und Großbritannien, hatte sich zwar eine Vielzahl von kleinen Fabriken und Aufbauherstellern erhalten, sie wußten aber sehr wenig zur technischen Gesamtentwicklung beizutragen. Lediglich die Hersteller, die sich zur Investition hinsichtlich rationeller Fertigung mit dem Verzicht auf die Herstellung von Exoten verstanden haben, spielen heute auf dem Weltmarkt eine Rolle. Dies sind neben den deutschen Herstellern vor allem FIAT, Volvo und von den Karossiers der belgische

Von 1949 bis 1955 baute Mercedes den O 3 500. Sein Sechszylinder-Dieselmotor leistete 66 kW (90 PS). In dieser Ausführung konnte das Fahrzeug etwa 60 Passagiere sitzend befördern.

Aufbauten- und Anhängerproduzent Van Hool. Den amerikanischen Markt beherrschte unter gleichen Voraussetzungen bis zum Beginn der achtziger Jahre, als die europäischen Produzenten in die USA kamen, General Motors mit seiner Bus-Division.
In Deutschland kam eine spezielle Entwicklung hinzu: Beschäftigungslose Flugzeugbauer suchten ihre Kenntnisse und Fähigkeiten in den Omnibusbau einzubringen. Selbsttragende Konstruktion, die Verwendung moderner Werkstoffe und Kenntnisse in der Aerodynamik waren für den Omnibus-Bau von großem Wert.
An der Spitze der Flugzeugkonstrukteure, die sich nun mit dem Bus beschäftigten, ist Dipl.-Ing. Henrich Focke aus der Gründerfamilie der Focke-Wulf-Flugzeugwerke in Bremen zu nennen. Seine Ideen und Erfahrungen brachte er 1948 bei der erst 1946 gegründeten Nordwestdeutschen Fahrzeugbau GmbH in Wilhelmshaven (NWF) ein. Aber auch der Münchner Lokomotivenbauer Krauss-Maffei, von den Amerikanern zum Omnibusbau veranlaßt, war Nährboden für Fockes Konstruktion. Über die NWF wurde Fockes Idee auch bei Borgward und Ford verwirklicht. Schließlich ist in diesem Zusammenhang auch die Firma Drauz in Heilbronn zu erwähnen, wo der frühere Dornier-Konstrukteur Herzog tätig war und einen Leichtbus konzipierte. Den Flugzeugingenieuren, allen voran Henrich Focke, ging es darum, die Erfahrungen aus dem Stromlinienfahrzeugbau der Vorkriegszeit zu optimieren, sie mit den Prinzipien des Leichtbaus zu verbinden und den Motor im Heck einzubauen.
Die Omnibusindustrie unter Führung der Firma Gottlob Auwärter adaptierte wesentliche Komforteinrichtungen vom Flugzeug und versuchte so, vor allem dem Reisebus eine neue Attraktivität zu verleihen.
Eine zweite Entwicklungslinie läßt sich in den letzten 40 Jahren verfolgen. Es ist die der Abkopplung der Omnibuskonstruktion von der Entwicklung des Lkw. Die selbsttragende Bauweise wurde beherrschend, wenn man von Fahrgestellen für besonders schwierige Betriebsbedingungen in Entwicklungsländern absieht. Der selbsttragende Omnibus mit Heckmotor war Neuland. Allerdings hatte bereits 1936 versuchsweise ein Omnibusunternehmer, Theo Pekol in Oldenburg, mit einem Trambus mit Heckmotor experimentiert. Die normalen Trambusse hatten den Motor vorn neben dem Fahrerplatz. Pekol wollte die Busse für seinen Betrieb selbst bauen, gleichsam nach Maß. Soweit die Unterlagen zeigen, kam es vor dem Krieg nur zum Bau eines einzigen Versuchsfahrzeugs. Nach dem Krieg nahm Pekol den Gedanken selbstverständlich wieder auf und richtete eine Fertigung für eigene Bedürfnisse ein. Seine Arbeiten waren bei Krauss-Maffei in München nicht unbekannt. Allerdings war der erste Krauss-Maffei (KMO 130) mit 96 kW (130 PS)-Maybach-Heckmotor noch ein Bus mit konventioneller Rahmenkonstruktion.
Das entscheidende Datum für die künftige Busentwicklung wurde die erste große Automobilausstellung nach dem Krieg, die IAA 1951 in Frankfurt. Hier präsentierte Krauss-Maffei seinen „KML 90",

Die Verwandtschaft zum Flugzeugbau ist unverkennbar: Ein Stromlinienbus von Ford mit dem Aufbau von NWF aus dem Jahr 1952. Die Konstruktion geht auf Dr. Focke zurück.

einen „Leichtbus" in selbsttragender Bauweise, ähnlich dem Konstruktionsprinzip eines Flugzeugrumpfes. Focke hatte einen hervorragenden Stromlinienkörper mit abgerundeter Frontpartie, gerundeten Frontscheiben, vollständig verkleideten Rädern und einer glatten Unterbodenabdeckung konzipiert. Der Focke-Entwurf wurde „fast identisch" bei NWF ebenfalls verwirklicht. Krauss-Maffei hat übrigens bis 1965 Busse nach diesem Konstruktionsprinzip gebaut. Mitte der sechziger Jahre gab Krauss-Maffei den Omnibusbau auf, der auf die inzwischen benachbarte MAN überging. 1955 mußte die NWF die Segel streichen, und die Karosseriewerke Drauz gingen 1965 in NSU-Besitz über.

Übrig blieb – und zwar mit großem Erfolg – die Firma Karl Kässbohrer in Ulm. Nachdem Theodor Pekol seine Heckmotorbusse schließlich bei Kässbohrer fertigen ließ, reifte in Ulm der Gedanke, einen selbsttragenden Bus mit Heckmotor zu bauen. Nach einem Jahr konnte 1951 der erste Setra (abgekürzt aus selbsttragend) präsentiert werden.

Die geschlossene „Röhrenform" machte einen Rah-

Seit den fünfziger Jahren auf den amerikanischen Highways zuhause sind die Golden und Silver Eagle von Kässbohrer.

men überflüssig. Die Gitterkonstruktion, bei der jedes Einzelteil zur Stabilität des Ganzen beiträgt, wurde durch neue Schweißtechniken und die Verbesserung der Werkstoffqualität optimiert. Infolgedessen konnten das Gewicht verringert und gleichzeitig die Stabilität verbessert werden. Zwischen den Achsen gab es ausreichend Platz für das Gepäck, das zudem gut zugänglich ist. Für den Stadtbus gibt die Heckmotoranordnung zusätzlich die Möglichkeit, den Fußboden und damit die Einstieghöhe abzusenken. Kein Zweifel: Die Geburtsstunde des modernen Omnibusses hatte 1951 geschlagen. Von diesem Zeitpunkt an trennten sich die Wege von Lastkraftwagen und großem Personenwagen, dem Omnibus.

Eine dritte Trendlinie teilte die Omnibusentwicklung immer stärker in die Bereiche Linien- und Reiseverkehr. Während im Linienverkehr eine möglichst große Standardisierung angestrebt wird, ist die Reisebusentwicklung von einer immer spezielleren Ausrichtung auf die zu befördernde Zielgruppe orientiert. Beiden Entwicklungsrichtungen ist gemeinsam, daß die Größe der Gefäße auf die jeweilige Aufgabe zugeschnitten ist. Dies bedeutet, daß praktisch alle Hersteller sowohl Großraumfahrzeuge als auch Kleinbusse bereithalten. Besonders in den siebziger und achtziger Jahren unseres Jahrhunderts hat die Entwicklung kleinerer Gefäße sowohl im Linien- als auch im Reiseverkehr wieder größere Bedeutung erlangt.

Diese Entwicklung wurde mit außerordentlicher technischer Raffinesse vorangetrieben. Selbsttragende Konstruktion, kräftige Motoren bei möglichst verringertem Treibstoffverbrauch und geringere Geräuschemission, weniger Vibration, verbesserte Kraftübertragung und Bremsen, Luftfederung und verschleißlose Dauerbremsen sowie Antiblockiersysteme beweisen das Können der Ingenieure der Busbranche. Bei den Gelenkbussen setzte sich der Schubgelenkbus durch mit dem Antrieb der letzten Achse.

Ein Grund, warum die englische Omnibusindustrie mit Ausnahme von Leyland über die Grenzen des Königreichs hinaus keine große Rolle spielt, liegt unter anderem darin, daß die Briten noch Jahrzehnte beim Chassis-Bus blieben und nach wie vor viel Holz in den Aufbau steckten. Ein anderer Grund ist sicherlich auch, daß die vielen kleinen Aufbautenhersteller den Weg der industriellen Fertigung nicht gingen und sich somit weder vom technischen Fortschritt noch von der Rationalisierung her eine Chance auf dem Weltmarkt ergab.

Im Ostblock verlief die Entwicklung anders. Dort wurde die Produktion aufgeteilt. Den Polen stellte man die einfacheren Überlandbusse als Aufgabe und den Tschechen eine begrenzte Produktion von Bussen für den Linienverkehr im eigenen Land, während die Hauptbusproduktion von Ikarus in Ungarn zu bewältigen ist. Ikarus hat wohl die größte Omnibusfabrik und dürfte in der Welt die Nummer zwei der Stückzahl nach sein. Die Ungarn haben auch versucht, Busse in den Westen zu exportieren, vornehmlich den nach deutschem Vorbild gebauten Standardlinienbus.

FIAT-IVECO verfügt in Italien über zwei moderne Busfabriken. DAF und Van Hool sind die beiden einzigen Busproduzenten, die unter Weltmarkt-Gesichtspunkten aus dem Benelux-Raum eine Rolle spielen. Die vielen anderen Aufbautenhersteller haben ausschließlich regionale Bedeutung, wenn sie auch seit der Mitte der achtziger Jahre verstärkt versuchen, sich im Export einen Ausgleich für ihren schwindenden Binnenmarkt zu suchen.

Als einer der letzten Nutzfahrzeughersteller hat Renault den Schritt in eine Automatisierung und Rationalisierung der Fertigung getan. Mit dem Erscheinen des „FR 1", des ersten kompletten Reisebusses von Renault, im Jahr 1982 wurden auch neue sehr moderne Fertigungsanlagen in Betrieb genommen.

In der Bundesrepublik Deutschland, dem unbestritten führenden Busland der Welt, wurde von den heute noch existierenden Firmen permanent in neue Fertigungsanlagen, in Quantität und Qualität, aber vor allem auch in neue Strukturen investiert. Der Höhepunkt dieser Entwicklung ist sicherlich die neue Montagehalle von Daimler-Benz innerhalb des alten Fabrikgeländes von Benz in Mannheim. Fachleute beurteilten 1984 die Fertigungsmethoden von Mercedes als die fortschrittlichsten und rationellsten der gesamten Branche weltweit. Wie eng Konstruktion und Fertigung zusammenhängen, bewies Mitte der siebziger Jahre Kässbohrer mit dem Erscheinen seiner Baureihe 200 und dem ersten Omnibusbaukasten, der bei der Konstruktion nach der Methode finiter Elemente entstanden ist. In diesem Fall wurden Fertigungserleichterung und Langlebigkeit aufgrund erhöhten Korrosionsschutzes sowie die Berücksichtigung des gesamten Sonderausstattungspakets in der Grundkonstruktion von vornherein in das Konzept „hineinkonstruiert".

1953 ist nicht nur ein bedeutendes Datum für die Geschichte der 1935 gegründeten Firma Gottlob Auwärter, sondern auch für die Entwicklung der Branche insgesamt. In diesem Jahr stellte nämlich Auwärter seinen freitragenden neuen Bus vor. Angetrieben wurde der „Neoplan" von einem Kämper-Diesel, einem Sechszylinder mit 79 kW (108 PS) Leistung bei 2900 min^{-1}.

Dem Hause Neoplan verdankt die Busbranche die serienmäßige Einführung der Luftfederung 1957 sowie eine neue Vorder- und Hinterachsführung für Busse. An dieser grundsätzlichen Konstruktion hat sich bis heute nichts geändert. Sie ist durch Einzelaufhängung der Vorderräder und einen Dreiecks-Hinterachsfahrschemel mit zentraler Ablenkung gekennzeichnet. Der Firma Neoplan ist auch die größte Innovationskraft auf dem Gebiet der Heizung und Belüftung zuzuschreiben. Dachkanäle, die Frischluft oder leicht temperierte Luft über individuell regulierbare Düsen zum Fahrgast transportieren, sind aus dem Flugzeugbau adaptiert.

Eine der neuesten Buskonstruktionen aus einer der modernsten Produktionsanlagen ist der FR 1 von Renault.

Mit dem Namen Neoplan ist auch die Entwicklung spezieller Flughafen-Vorfeldbusse mit tiefliegender Fahrgastplattform verbunden. 1966 schuf Neoplan mit dem Reisedoppeldecker ein Großraumgefäß für den Tourismus. Zwischen 70 und 105 Passagiere können je nach Bestuhlung befördert werden. Neoplan hat aus dem anfänglichen Sight-Seeing-Bus in Doppeldeckerbauweise inzwischen eine komplette eigenständige Busfamilie entwickelt, die sich international großer Beliebtheit erfreut und innerhalb des Neoplan-Baukastens rationell gefertigt werden kann.

Vor allem die Luftfederung hat einen wesentlichen Fortschritt für den Bus – sowohl im Linienverkehr als auch im Reiseverkehr – gebracht, weil sie den Reisekomfort erhöht und darüber hinaus die Bodenfreiheit vom Belastungszustand unabhängig konstant hält. Vorübergehend kam es noch zu einem Nebeneinander von Luft- und Blattfedern, doch schon sehr bald wurden nur noch Busse mit vollpneumatischer Federung gebaut.

Gemeinsam mit dem Lkw haben die Busse eigentlich nur noch die Motoren. Um 1955, als die Haubenwagen schon langsam zu verschwinden begannen, tauchten im Reisebus Kompressor-Motoren mit mechanischen Ladern oder Turbogebläsen auf. Sie waren fast ausnahmslos im Heck unterflur eingebaut. Ihre Leistungen lagen für den normalen Reisebus zwischen 88 kW (120 PS) und 103 kW (140 PS). Im Jahr 1955 machte Magirus mit der ersten Rollbalg-Luftfederung von sich reden, und die MAN ließ mit „Metro-Bus" genannten Linienfahrzeugen, die ein besonders günstiges Eigengewicht/Nutzlast-Verhältnis von 1:1 hatten, aufhorchen. Damals schon begann sich etwas anzubahnen, was sich 1965 durchsetzen sollte, nämlich die Trennung zwischen Reisebussen und Linienwagen. Erst viel später, etwa um 1980, wurde wieder versucht, sogenannte kombiniert verwendbare Busse sowohl für den Linienverkehr als auch für den kurzzeitigen Reise- und Ausflugsverkehr zu konzipieren.

In den siebziger Jahren wurden 206 kW (280 PS) und gegen Ende der siebziger Jahre 236 kW bis 265 kW (320 PS bis 360 PS) für Fernreisebusse zur Standardmotorisierung, vereinzelt auch Mercedes-Zehnzylinder oder luftgekühlte KHD-Maschinen bis 331 kW (450 PS) eingebaut. Damit die Scheiben nicht beschlagen und zwecks größerer Wärmeisolation werden die Busse heute mit Doppelverglasung ausgestattet. Klimaanlagen haben sich in der Bundesrepublik Deutschland bis 1985 nicht recht durchgesetzt, obwohl leistungsfähige Anlagen zur Verfügung stehen und Konstruktionen vorhanden sind, die eine Vollintegration der Klimaanlage gewährleisten. In den siebziger Jahren begann das private Omnibusgewerbe in der Bundesrepublik Deutschland, mit starkem Interesse auch aus dem Ausland, eine Klassifizierung der Reisebusse entsprechend bestimmten Komfortstufen einzuführen.

In den fünfziger Jahren stieg Mercedes zum größten

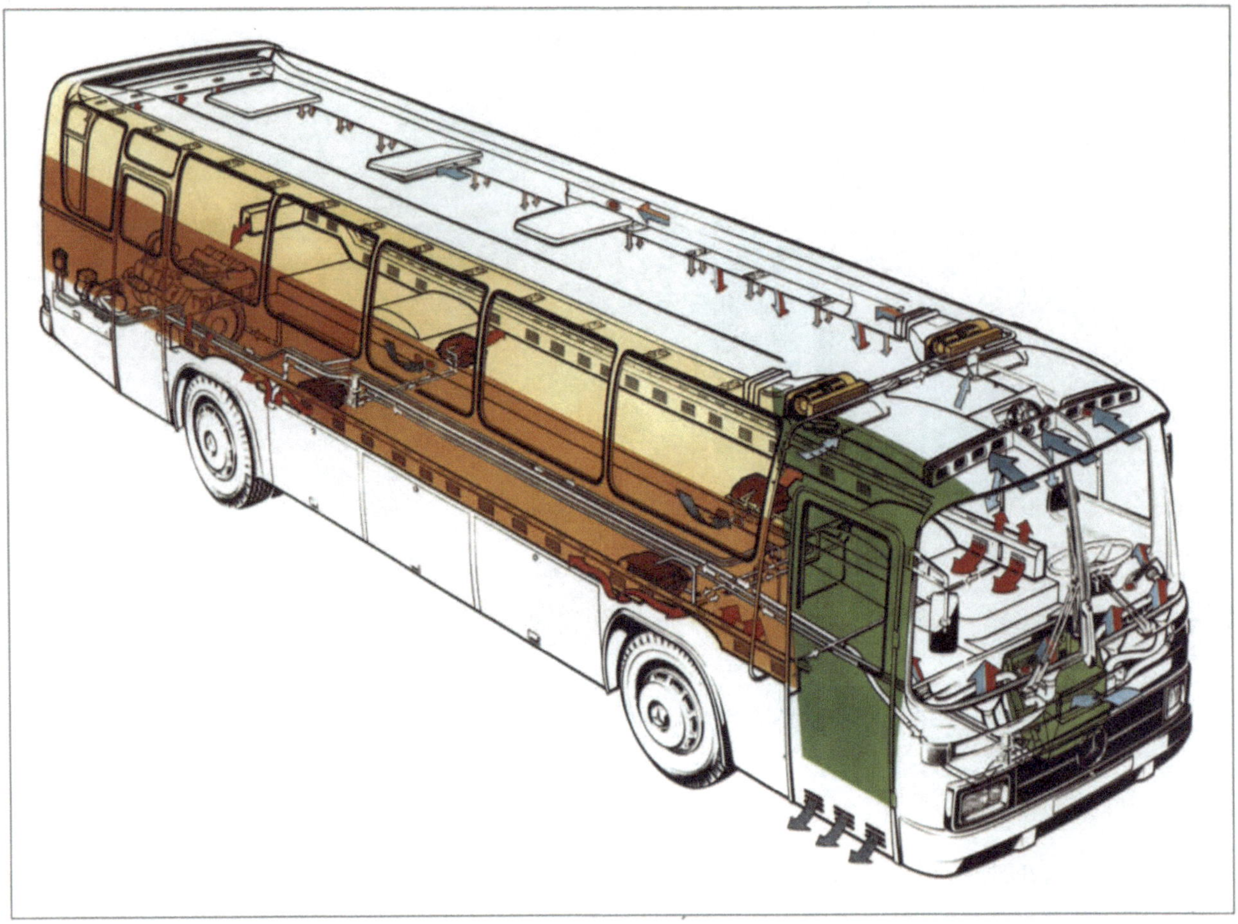

Beispiel einer modernen Belüftungs- und Heizungsanlage mit Staudruckbelüftung, Entlüftung im vorderen Türbereich und Unterflurheizung sowie temperierter Dachkanalbelüftung.

Busproduzenten der Welt auf. Allein von dem damals meistverbreiteten Bus, dem „O 321", hatte Daimler-Benz bis 1965 30 000 Einheiten gebaut. Der Nachfolgetyp, der „O 302", wurde zehn Jahre lang in 20 000 Einheiten hergestellt, sein Nachfolger, der „O 303", hat es bereits wieder auf 25 000 Stück gebracht.

Ganz anders verlief die Entwicklung auf dem Linienbussektor. Bestrebungen, Stadtlinienbusse wegen preisgünstigerer Großserienfertigung, rationellerer Wartung, besserer Übersichtlichkeit für die Fahrer und wegen möglichst einheitlicher Größenverhältnisse zu standardisieren, wurden in Kreisen der öffentlichen Verkehrsbetriebe seit Beginn der sechziger Jahre diskutiert. Auf der Basis von Forderungen, die die Hamburger Hochbahn bereits 1959 erhoben hatte, wurden 1966 vom Verband öffentlicher Verkehrsbetriebe Richtlinien für Standard-Stadtlinienbusse mit einheitlichem Armaturenbrett, gleich angeordneten Versorgungs- und Zubehöreinrichtungen, mit den Daten 11 m Länge und etwa 132 kW (180 PS) Leistung, mit Motoranordnung im Heck und Luftfederung erlassen. Die ersten Prototypen stellten Büssing, Daimler-Benz, Magirus-Deutz und MAN 1967 vor. Drei Jahre später folgten die aus diesen Prototypen hervorgegangenen Standard-Überlandlinienbusse (STÜLB), die von einem Arbeitskreis der Deutschen Bundesbahn und der Post, den privaten Omnibusunternehmern und den

Komforteinbauten und Service sind aus modernen Reisebussen nicht mehr wegzudenken. Außer einer Toilette gehört auch die Kleinküche heute zum Standard.

Mitte der achtziger Jahre wurde in der Bundesrepublik Deutschland die zweite Generation der Standardlinienbusse eingeführt. Der SL 202 von MAN gehört hierzu.

nicht bundeseigenen Eisenbahnen entwickelt wurden. Das Fahrzeug war 11,7 m lang, hatte Kofferräume und einen ebenen Wagenboden, war mit mehr als 147 kW (200 PS) motorisiert und sollte 102 Personen fassen sowie mindestens 3,5 m^3 Kofferraum bieten. Das Fassungsvermögen der VÖV-Busse wurde mit 115 Passagieren festgelegt.
Diese Idee hatte Erfolg. Und nicht nur in der Bundesrepublik Deutschland. Auch in anderen Ländern wurden Einheits-Buskonzepte entwickelt, die den besonderen Anforderungen der Verkehrsbetriebe gerecht werden sollten. Diese Entwicklung hatte dazu geführt, daß es kaum möglich wurde, Stadtlinienbusse in ein Land zu exportieren, in dem ein eigener Standard-Linienbus gebaut wird. Besonders Italien und Frankreich sind Beispiele dafür. Andererseits ist es der deutschen Busindustrie gelungen, auf dieser Basis auch in anderen Ländern erfolgreich zu sein, wo keine eigenen Lastenhefte bestanden. Auf der Grundlage der Standardbusse haben die Hersteller unterschiedliche Baureihen entwickelt. In jedem Fall kam bei allen Herstellern ein Gelenkbus hinzu. Am weitesten hat MAN das Standard-Programm getrieben, denn die Münchner haben im Standard-Programm Solo-Fahrzeuge, Gelenkbusse und Doppeldecker.
MAN bietet als einziger Hersteller noch Linien-Gelenkbusse an, bei denen der Heckmotor im „Nachläufer" die letzte Achse des Vorderwagens antreibt. Seit der IAA 1985 gibt es aber auch bei den Münchnern den Schubgelenkbus – ein Konstruktionsprinzip, dem sich die anderen Bushersteller ausnahmslos verschrieben haben (Daimler-Benz, Volvo, Scania, Ikarus, Kässbohrer, Auwärter).
Eine gemeinsame Entwicklungslinie haben Reisebus- und Linienfahrzeug auch hinsichtlich der Gefäßgröße. Die zunehmend kleiner werdenden Reisegruppen und die immer größer werdenden Liniennetze auch in dünn besiedelten Gebieten haben den Ruf nach kleineren Gefäßen entstehen lassen. Die Hersteller – unter erheblichem Wettbewerbsdruck – versuchten diese Wünsche in vielfältiger Weise zu erfüllen. Selbst Großserienhersteller, wie zum Beispiel Daimler-Benz, bieten ab dem 30-Sitzer luftgefederte Fahzeuge mit Heckmotor an.
Aber auch beim Linienbus wurde das kleinere Gefäß akut und beim Standardbus der zweiten Generation mit ins Auge gefaßt. Die Standardbusse der ersten Generation hatten sich so bewährt, daß sich aufgrund der Vielzahl von Erfahrungen die Vorarbeiten für die Nachfolgegeneration lange hinzogen. Erst zu

Beginn der achtziger Jahre wurden die ersten Prototypen in die Erprobung geschickt. Der Startschuß für die zweite Generation der Standard-Linienbusse auf breiter Front fiel erst 1985.
Linienbus und Reisebus unterscheiden sich in der Motorisierung dadurch, daß die Standard-Linienbusse mit etwa 147 kW (200 PS) auskommen, während die Leistungen der Reisebusse weit darüber hinausgehen. Im Reisebus wurde das handgeschaltete Sechsganggetriebe mit oder ohne Splittergruppe Standard. Im Linienbus hat sich das dreistufige vollautomatische Getriebe für den Stadtverkehr und die vierstufige Variante für den Überlandverkehr durchgesetzt. Gemeinsam ist beiden Busarten die verschleißlose Dauerbremse, entweder als elektrische Wirbelstrombremse (Telma) oder als hydrodynamischer Retarder (Voith).
Ende der siebziger, Anfang der achtziger Jahre verzeichnete die Automobilindustrie ganz allgemein eine ihrer wesentlichsten Erfindungen: das Anti-Blockier-System (ABS). Beim ABS setzte sich der Omnibus an die Spitze der gesamten automobilen Entwicklung. 1981 wurde dieses Bremssystem zuerst von Daimler-Benz serienreif auf den Markt gebracht. Wenig später folgten andere Hersteller mit ähnlichen Systemen (zum Beispiel Kässbohrer, MAN, Neoplan). Seit 1984 ist das ABS bei Kässbohrer serienmäßig; die anderen Hersteller folgten.
Im Bereich der Unterhaltung und Klimatisierung hatte die Mikroelektronik schon in der zweiten Hälfte der siebziger Jahre Einzug in den Omnibus gehalten. Mitte der achtziger Jahre, besonders auf der IAA 1985, verstärkte sich der Eindruck, daß die Chips eine Revolution im Omnibusbau eingeleitet haben. Da gibt es zum Beispiel Schalterleichterungen mit elektronischer Anzeige für den optimal einzulegenden Gang, da gibt es komplett elektronisch gesteuerte Kraftübertragungen, elektronische Tachographen, chipgesteuerte Retarder, Geschwindigkeitsregler, EDV-überwachte Getriebe mit digitaler Fehleranzeige und den computergesteuerten Knickwinkelschutz bei Schubgelenkbussen.

Alternative Antriebe

Die Geschichte alternativer Antriebe im Omnibus begann nicht etwa, wie häufig behauptet, in den Jahren 1965 bis 1975. Genaugenommen ist der „alternative Antrieb" im Omnibus älter als der Verbrennungsmotor im Bus.
1882 stellte Siemens das erste nicht schienengebundene Fahrzeug mit Elektroantrieb vor. Dieser „Bus" bezog seine elektrische Energie aus einer Oberleitung und ist somit der Stammvater der O-Busse. Elektrische Energie ist auch die Kraftquelle einer anderen genialen Konstruktion. Porsche und Lohner hatten in Wien einen Elektrowagen hergestellt, der

Außer den Versuchen mit elektrischem Antrieb – Batterien zwischen den Achsen, in einem Anhänger und hybride Antriebsformen – spielen auf der Suche nach alternativen Energien vor allem „Gas und Alkohol" eine wichtige Rolle. Dieser Methanol-Versuchsbus kommt in der Energieausnutzung einem Diesel-Direkteinspritzer gleich.

von Radnabenmotoren getrieben wurde. Diese Konstruktion ist der Stammvater aller Hybridbusse. Die Akkus, die die Elektromotoren speisten, wurden ihrerseits von einer Benzinmotor-Generator-Kombination mit der notwendigen Energie versorgt. 1900 hatte Porsche den ersten Bus mit elektrischem Radnabenmotor gebaut. Die bayerische Post lehnte das Fahrzeug jedoch ab, weil es wegen der drei Motoren zu teuer und zu schwer war.
Einen reinen Elektrobus betrieb die AEG probeweise bereits 1900 in Berlin. Aber auch er wurde nach wenigen Monaten eingestellt. Der Austausch der unter dem Wagenboden hängenden Batterien war verhältnismäßig leicht zu bewerkstelligen. Ein Nachladen war während des Linienbetriebs nicht möglich.
Schließlich wurde in Berlin ein Daimler-Bus mit einer von Siemens & Halske entwickelten Lademöglichkeit erprobt. Über einen Stromabnehmer auf dem Dach sollte an den Endpunkten jeweils die Batterie nachgeladen werden. Dies sollte jeweils nur 15 Minuten dauern. Der Probebetrieb um die Jahreswende 1900/1901 wurde jedoch nach wenigen Monaten eingestellt.
Siemens & Halske, Siemens-Schuckert und Porsche-Lohner experimentierten bis 1910 wiederholt mit dem Elektroantrieb, 1913 in Wien gar mit dem elektrischen Antrieb eines Doppeldeckers, scheiterten aber letztlich an den Batteriegewichten.
Es gab Zwitter-Entwicklungen, wie zum Beispiel die von Siemens & Halske 1899, bei der der Bus mittels einer besonderen Leitachse wie ein Straßenbahnwagen auf den Gleisen bewegt wurde. Über einen Stromabnehmer kam die elektrische Energie aus der Oberleitung, um die Batterien zu laden.
Mehr Erfolg versprach man sich hingegen vom reinen Oberleitungsbetrieb. 1900 lief der erste Oberleitungsbus des Konstrukteurs Lombard-Gerin in Paris zur Weltausstellung. Wenn sich zwei Wagen begegneten, mußte der eine die Zuleitung des anderen übernehmen.
1901 folgte eine Trolley-Bus-Linie von Max Schiemann, der eng mit Siemens zusammenarbeitete. Er verwendete zwei Fahrdrähte und ließ auf ihnen einen Stromabnehmer schleifen. Wenn sich zwei Wagen begegneten, mußte einer von ihnen seinen Stromabnehmer „einziehen". Danach ging Schiemann zum Ein-Stangen-Kontaktsystem über. 1904 richtete die AEG in Berlin eine E-Buslinie ein. Der Dresdner Stoll verwendete für seine Trolley-Busse die von Porsche konstruierten Radnaben-Motoren an den Vorderrädern. Sein O-Bus-System fand vor allem in Österreich Anwendung. Ab 1910 bauten die Lloyd-Werke Trolley-Busse, ähnlich den Schiemannschen Wagen. Sie fanden auch in England Eingang, und dort wurde das System auch während des Ersten Weltkriegs und danach weiterentwickelt. In den dreißiger Jahren kam es schließlich wieder nach Deutschland zurück.
1939 fuhren in Deutschland 34 O-Busse auf einem Streckennetz von 67 km. Dieses wurde schließlich um 163 Kilometer verlängert, und man gab mehr als 150 O-Busse in Auftrag. Während des Krieges nahm die Bedeutung der O-Busse bis fast auf null ab. Während zu Beginn der vierziger Jahre mit den O-Bussen etwa 30 Millionen Fahrgäste in Deutschland befördert wurden, waren es 1960 293 Millionen. 1976 gab es im Bundesgebiet 137 O-Busse, die in drei Verkehrsunternehmen betrieben wurden. Die geringere Flexibilität und die Abhängigkeit von der Oberleitung sind es vor allem, die einer weiteren Verbreitung des O-Busses hinderlich im Weg stehen.
Sieht man von der Holzvergasung als Energielieferant ab, dann gab es vor und während des Zweiten Weltkriegs lediglich Umrüstungen von Stadtbussen auf Stadtgasbetrieb mit Gasbehältern auf den Dächern oder Gasanhängern hinter den Bussen. Treib- und Holzgasbetrieb waren sicherlich nur Notlösungen.
Nach dem Krieg setzten die Überlegungen für alternative Busantriebe erst sehr spät ein. Sie fallen weitgehend mit dem sogenannten ersten Ölschock zusammen. Vor allem zwei Firmen taten sich dabei hervor: Daimler-Benz und MAN. Es wurde 1971 mit komprimiertem Erdgas experimentiert und ein Jahr später auf Flüssig-Erdgas umgestellt. Bei den Olympischen Spielen in München liefen dort mit Flüssig-Erdgas betriebene umweltfreundliche Busse. Zeitlich parallel setzten neue Versuche mit elektrischem Antrieb ein. Batterien unter dem Wagenboden, Batterien im Anhänger hinter dem Fahrzeug, Hybridanlagen mit elektrischem Antrieb im Innenbereich der Städte und Dieselbetrieb für die Randgebiete – dies waren die Konzepte. Dabei fanden Versuche nicht nur in der Bundesrepublik Deutschland, sondern auch im Ausland statt, so zum Beispiel im Iran, in West-Australien, Neuseeland, Südafrika – aber auch in Berlin. Experimentiert wurde mit verschiedenen Treibstoffen, etwa mit Methanolgemischen sowie mit kombinierten Alkohol-Gas-Motoren. Im Juli 1981 erprobte Daimler-Benz in Oakland (Neuseeland) Busse mit reinem Methanolbetrieb. 1982 fuhren Methanolbusse in Pretoria (Südafrika) und in Berlin. Außerdem fanden Versuche mit anderen Energiequellen statt.
Der Verbreitung von Elektrobussen oder hybridelektrischem Antrieb stehen vor allem die unvorteilhafte Energiedichte der Batterien, die Unhandlichkeit der schweren Energiequelle und Verschleißprobleme vor allem bei den Reifen entgegen. Noch nicht über das Versuchsstadium hinaus ist der bei Daimler-Benz intensiv untersuchte Wasserstoffantrieb. Die Speicherung des Wasserstoffs ist hierbei das größte Problem. Dennoch scheint Wasserstoff die Energiequelle der Zukunft zu sein.
Vernachlässigt man Detailentwicklungen, dann kommt den Konzeptionen von Omnibusverkehrssystemen für die Zukunft die allergrößte Bedeutung zu. Wurden Busse bisher als Einzelfahrzeuge inner-

Im März 1986 wurde die erste O-Bahn der Welt in Australien in Betrieb genommen. Das Bild zeigt die Schwenkkantenweiche des Systems in der Mercedes-Versuchsanlage in Rastatt.

Die Großraumfahrzeuge der dreißiger Jahre wurden Mitte der siebziger Jahre noch übertroffen (Jumbocruiser von Neoplan).

halb von Verkehrsnetzen betrieben, so sollen Busse nach Vorstellungen, die vorwiegend von Daimler-Benz und MAN entwickelt wurden, „vernetzt" zu „Omnibus-Bahnen" zusammenkoppelbar und mit mechanischer oder elektronischer Quer- und Längsführung ausgestattet sein, über enge Brücken und in schmalen Tunnels fahren können und auf der Straße als O-Bahn eigene Trassen haben sowie je nach Frequenz und Bedürfnis wieder als Einzelfahrzeug verkehren können. Im März 1986 wurde dieses System in Adelaide (Australien) erstmals in Betrieb genommen.
Das gegenwärtige und wohl auch künftige Hauptproblem des Omnibusses ist nicht das Verkehrsmittel selbst, sondern dessen Organisation und Einbindung in ein optimiertes System, das eine ebenso bequeme wie pünktliche, schnelle und wirtschaftliche Beförderung sicherstellt. Der Omnibus der Zukunft wird nur so gut sein, wie das Verkehrssystem, in dem er sich bewegen kann.

Ende der siebziger und Anfang der achtziger Jahre wurde in Europa die Verglasung der Seiten und der Bugpartie der Busse immer großflächiger. Hier ein Beispiel von Pegaso (Spanien).

Schrifttum

Bertieri, Claudio: Bus Story. Iveco Communication and Image (Italien).
Hartmann, Hellmut, Hans D. Reichardt, Dieter Waltking u. Ingo Kasten: Autobusse im Linienverkehr. Düsseldorf: Alba Buchverlag 1978.
Huss, Wolfgang, u. Wolf Schenk: Omnibusgeschichte, Teil 1: Die Entwicklung bis 1924. München: Huss Verlag 1982.
Kieselbach, Ralf J. F.: Stromlinienbusse in Deutschland, Aerodynamik im Nutzfahrzeugbau 1931 bis 1961. Stuttgart: W. Kohlhammer Verlag 1983.
Schindler, Manfred: Otto Kässbohrer in seinen Worten, in seinem Wirken, in seiner Zeit. Karl Kässbohrer Fahrzeugwerke GmbH, Ulm 1979.
Wirbitzky, Günter: 80 Jahre Gottlob Auwärter, Pionier des Omnibusbaus. Gottlob Auwärter GmbH & Co., Stuttgart 1983.

Seit 1977 erregt GMC in USA mit diesem neuen Bus Aufsehen. Das Busgerippe besteht aus nichtrostendem Stahl, der Aufbau aus glasfaserverstärktem Kunststoff: Beide Werkstoffe garantieren Korrosionsbeständigkeit und lange Lebensdauer.

Sonderfahrzeuge

Ingo Kasten

Mit möglichst wenig personellem Aufwand viel und schnell transportieren zu können ist einer der Grundsätze unserer Zeit. Gutes Fahr- und Bedienungspersonal ist knapp, die Löhne steigen ständig, und der Treibstoff wird von Zeit zu Zeit teurer.

Seit der Mitte dieses Jahrhunderts entstanden vollkommen neue Fahrzeugbauarten, und etliche Nutzfahrzeugtypen entwickelten sich zu wahren Giganten. Als Hochleistungs-, Großraum-, Schwerlast- und Spezialfahrzeuge befördern sie Waggonladungen von Erz und Kohle, bei Kanal- und Fernstraßenbauten Mengen von Erdreich und Steine, in Hüttenwerken glühende Hochofenschlacke sowie auf den Flughäfen kesselwagenweise Treibstoff – und Hundertschaften von Fluggästen.

Für Kommunal- und Feuerwehrfahrzeuge reichen Zwei- und Dreiachs-Baumuster nicht mehr aus: Vierachser werden benötigt. Transportbetonmischer wachsen in die Größenordnung von Fünfachsfahrzeugen hinein; bei den Betonmast-Pumpenfahrzeugen sind Sechsachser im Anmarsch. Es gibt noch eine weitere Kategorie: zehn- und mehrachsige Tatzelwürmer, die entweder straßenfahrbare Grundgeräte schwerer Arbeits- und Hebemaschinen sind oder die

Rund 74 t Gesamtgewicht hätte sich N. J. Cugnot vor knapp 220 Jahren wohl nicht vorstellen können. Eine der stärksten Schwerlastzugmaschinen Europas ist der Nicolas-Allradtyp TR 88 mit Renault/Berliet-Fahrerkabine aus der Großserie und General-Motors-596 kW (810 PS)-Zweitakt-Diesel.

9

gewaltige Maschinen-, Turbinen-, Reaktor- und Chemiekolonnen-Bauelemente bewegen können.
Der Begriff „Nutzfahrzeug" fehlt in deutschen Lexika, deshalb sei er an dieser Stelle definiert:
„Nutzfahrzeug, ein nicht an Schienen gebundenes Landfahrzeug mit einer eigenen Kraftquelle (früher Dampfmaschine, heute Verbrennungsmotor, Gasturbine, Elektromotor und Hybridantrieb, künftig auch Wasserstoff-Hydrid-Antrieb, Brennstoffzelle und Kernenergie) oder ein gleiches, das – ohne eigene Antriebsanlage – gezogen werden muß (Anhänger). Es läßt sich mit Hilfe von Rädern, Walzen, Trommeln, Rotorschnecken, Gleisketten, Schreitwerken oder Luftkissen in verschiedene Richtungen vorwärtsbewegen und dient ausschließlich zum Transport von Gütern und Lasten oder zur Beförderung einer größeren Anzahl von Personen, oder es tritt als bewegliches Arbeits- oder Fördergerät in Erscheinung."
Aus dieser Definition gehen die vielfältigen Betriebs- und Verwendungsmöglichkeiten dieser Fahrzeugart hervor, und sie läßt auf einen fast grenzenlosen Variantenreichtum schließen. Das Nutzfahrzeug durchdrang während seiner annähernd 215jährigen Geschichte fast sämtliche Lebensbereiche. Verzichtet sei jedoch auf eine ins Einzelne gehende Darstellung der Frühentwicklung dampfbetriebener Fahrzeuge. Es sind aber, um bestimmte Bezüge herzustellen, einige Rückenblenden erforderlich.

Anfänge und Extreme

In den Jahren 1769 bis 1771 konstruierte, baute und erprobte der französische Ingenieur-Offizier Nicolas Joseph Cugnot eine dreirädrige Artillerie-Zugmaschine mit vor dem Vorderrad angebrachtem Dampferzeuger. Cugnot scheiterte mit seinem ungefügen Gefährt letztlich an der schwergängigen Lenkung. Das Fahrzeug endete – ohne jemals eine Kanone gezogen zu haben – an einer Mauer.
Um zunächst in Frankreich zu bleiben: Eine der stärksten Straßenzugmaschinen der Welt, vierachsig und mit Antriebsleistungen bis 596 kW (810 PS) wird seit 1984 von der Firma Nicolas angeboten. Der Tractomas-Typ TR 88 G 8 C mit General-Motors-Detroit-Zweitaktdiesel erreicht mit etwa 48 t Ballast ein Gesamtgewicht von 74 t. Unter optimalen Voraussetzungen schafft dieser Zugbulle im Alleingang 350 t bis 400 t Anhängelast. Schwerlastzugmaschinen dieser Größenordnung werden verständlicherweise nur auf Bestellung geliefert. Die Antriebsaggregate stammen zumeist aus dem Industrie-, Marine- und Bahnmotorensektor. Ihre Kraft läßt sich bislang nur mit Wandler- und Baumaschinen-Getriebeeinheiten, beispielsweise von Clark, oder mit Spezialachsen von SOMA und Kessler auf den Boden bringen.
Aus dem Dampfwagen-Zeitalter stammen im übrigen einige Überlegungen und Erfindungen, die sich nur zögernd durchsetzten. Ihr großer Durchbruch gelang erst im Zeitalter des Motorwagens, vor allem deshalb, weil der schnellaufende Viertaktmotor eine spezifisch leichtere Bauweise erlaubte.
1770 erhielt der Brite Richard Lovell Edgeworth ein Patent auf eine sogenannte Schleppbahn. Sie sollte im Grunde genommen nichts anderes sein als ein dampfbetriebenes Fahrzeug, bei dem eine Art von Gleisen rund um die Räder herumgeführt wird. Den größten und leistungsstärksten Raupenschlepper der

Griffith und Bramah bauten 1821/22 in England den ersten Dampflastwagen der Welt, noch dazu mit Wechselaufbau-Einrichtung. Die etwa 3 t tragende Ladefläche ließ sich bei Bedarf gegen einen Kutschenaufbau für 12 bis 16 Personen austauschen.

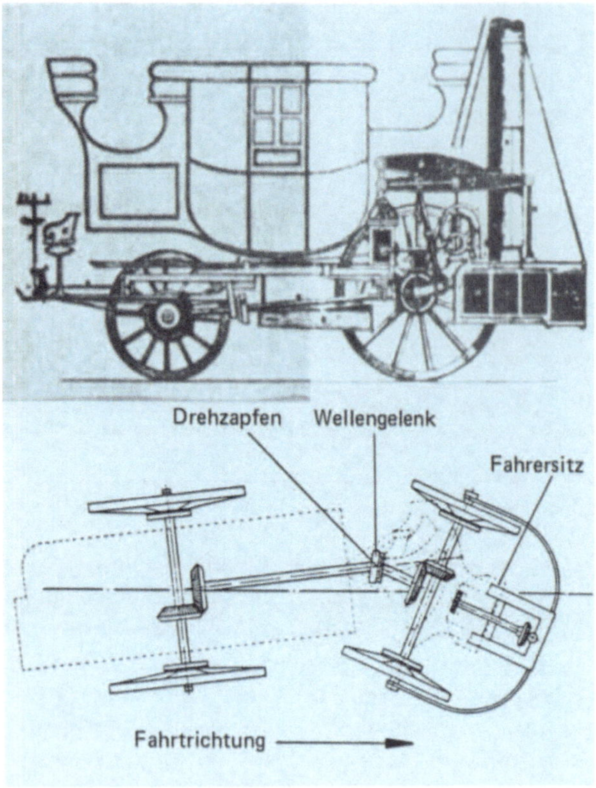

In einem einzigen Dampfwagen verwirklichten die Briten Burstall und Hill 1825 erstmals sowohl den Allradantrieb als auch die Knicklenkung.

Der größte und knickgelenkte Schaufellader belädt bis zu 80 t tragende Muldenkipper in lediglich drei bis vier Arbeitsspielen. Der 2 × 515 kW-Radlader (gesamt 1030 kW) mit bis zu 3,8 m hohen Reifen wird von der VME-Gruppe als Typ Clark 675-Michigan angeboten. Die Kohlenladeschaufel faßt 28 m³.

Welt fertigt seit 1978 die Caterpillar Tractor Co. in den USA. Der Typ D 10 verfügt über einen 552 kW (710 PS)-Caterpillar-Diesel, dessen Kraft durch ein Planeten-Lastschalt-Wende-Getriebe auf einen höher angesetzten Antriebsturas[1]) übertragen wird. Die Ketten- bzw. Raupenführung erinnert an ein ungleichschenkliges Dreieck. Mit Planierschild und Heckaufreißer bringt dieser Caterpillar-Bulldozer als Felsräumer etwa 89,2 t auf die Waage. Das Mitte 1986 erschienene Nachfolge-Baumuster D 11 N hat sogar 574 kW (770 PS) und wiegt komplett 92,7 t.

1821/22 konzipierte der englische Schriftsteller Julius Griffith ein Dampfwagen-Chassis für auswechselbare Aufbauten. Das Frontlenkerfahrzeug erhielt heckseitig eine stehende Dampfmaschine. Der 3 t tragende Lastbehälter ließ sich gegen eine 12 bis 16 Personen fassende Kutschenkarosse austauschen. Gebaut wurde das Wechselaufbau-Gefährt von dem Schmiedemeister Joseph Bramah, der 1826 dann den ersten Hydraulik-Kran für Druckwasserbetrieb konstruierte. Bramah schuf damit den Urahn der heutigen bis maximal 1000 t hebenden, ölhydraulisch arbeitenden Teleskopmast-Autokrane. Stärkster seiner Art ist der Gottwald-Typ AMK 1000-103.

Als weltweit leistungsstärkster allradgetriebener Knicklenker dürfte das zweimotorige Schaufellader-Baumuster 675 Michigan von VME/Clark sein. Die beiden im Hinterwagen untergebrachten Cummins-Diesel leisten zusammen 1030 kW (1400 PS). Die dem Kohlentagebau angepaßte Ladeschaufel faßt 28 m³, entsprechend etwa 30 t Last. Die Kraftübertragung zu den 3,8 m hohen Rädern erfolgt durch Clark-Lastschalt-Wendegetriebe, die Knicklenkung arbeitet mit Königszapfen und Hydraulikzylindern. Das Betriebsgewicht beträgt 173 t. Ein 80-t-Muldenkipper wird in drei bis vier Arbeitsspielen beladen.

Das bisher weltgrößte in einer Einheit kombinierte Wechselaufbau-, Raupen- und Diesel-Kraftfahrzeug trägt den recht prosaischen Namen „Crawler", zu deutsch Kriecher. Er bewegt sich dieselelektrisch mit 1,8 km/h auf vier Raupenpaaren vorwärts und rückwärts und trägt dabei jeweils einen absetzbaren wechselbaren Raketen-Starttisch. Die „Gemini"-, „Saturn"- und „Apollo"-Mondraketen wurden seit 1965/66 vom „Crawler" ebenso aus der Montagehalle zum Startgerüst gefahren wie in jüngster Zeit die Space-Shuttle-Weltraumlaboratorien. Das in den USA für die NASA von dem Großbaggerhersteller Marion/Dresser gefertigte 37,4 Meter breite Schwerstnutzfahrzeug kann mitsamt Starttisch, Rakete und „Nabelschnur"-Versorgungsturm bis zu 8200 t wiegen. Es sind insgesamt zwei Dieselmotoren installiert, deren Leistung sich auf 4045 kW (5500 PS) addiert. Die Grundkonzeption entstand 1960/62 bei AMF (American Machine & Foundry Co.).

1825 verwirklichten die beiden englischen Mechaniker Timothy Burstall und John Hill Allradantrieb und Knicklenkung in einer Fahrzeugeinheit. Die zur Vorder- und Hinterachse führende Antriebswelle hatte hinter dem einachsigen lenkbaren Vorderwagen ein Wellengelenk. Das Patent lautete auf eine „Lokomotive oder einen Dampfwagen zur Beförderung von Post, Personen und Gütern." Die Knicklen-

1) Beim Raupenantrieb läuft die Kette über ein Triebrad und ein Leitrad. Für das Triebrad wird zuweilen das Fachwort Turas verwendet.

1977 versetzte Caterpillar erstmals bei seinen größten Serien-Bulldozern den Antriebsturas nach oben. Der Typ D 10 mit 515 kW (700 PS)-Turbo-Dieselmotor wird seitdem mit Delta-Laufwerk hergestellt. Ausgestattet mit Planierschild und Fels-Heckaufreißer kommt der Raupenschlepper-Gigant auf fast 90 t Dienstgewicht.

Der „Crawler", von Marion/Dresser 1965/66 an die NASA der USA geliefert, verkörpert sowohl das größte Wechselaufbaufahrzeug als auch das stärkste Dieselfahrzeug der Welt. Der „Kriecher" ist mit wechselbarem Starttisch und Raketen-„Nabelschnur"-Turm maximal 136 Meter hoch. Mit kompletter Saturn-V-Raketen/Apollo-Raumkapsel-Kombination brachte das dieselelektrische 4045 kW (5500 PS)-Gefährt gut 8200 t auf die Waage. Für kleinere Raketen gibt es einen gesonderten Stützturm (Bild links).

kung findet heute im wesentlichen Anwendung bei zwei- oder dreiachsigen Muldenkippern von DJB/Caterpillar, Faun, Kaelble, GM-Terex und VME/Volvo-BM[2]) sowie VME/Euclid, ausgelegt für Nutzlasten bis 55 t (DJB-Typ 550, 6 × 4). Schwere allradgetriebene Dreiachs-Omnibusse von 25 t Gesamtgewicht werden von dem kanadischen Spezial-Geländefahrzeughersteller Foremost auf großvolumige Geländereifen gestellt. Sie dienen zu Ausflügen in Gletschergebiete oder zur Versorgung von Erdölcamps in den Tundragebieten Alaskas.

2) VME (Volvo / Michigan / Euclid), seit 1985 Kooperation der Firmengruppen Volvo-Bolinder-Munktell, Clark-Michigan und Clark-Euclid-Division.

Porsche-„B-Zug" (1911) von der Österreichischen Daimler-Motorengesellschaft Wien. Der ottoelektrische Antrieb erfolgte durch 110 kW (150 PS)-Vergasermotor, 93 kW-Stromgenerator und elektrische Radnaben-Motoren. Diese befanden sich in den Hinterrädern der Zugmaschine und in den Rädern der allradgelenkten, jeweils 4 t bis 5 t tragenden Anhänger.

Straßen-Züge

1825 entwickelte William Henry James einen Allrad/Allachsantrieb für Zugfahrzeuge mit Anhängewagen. Die Patentschrift läßt offen, ob dem Briten ein Eisenbahnzug oder ein Straßen-Anhängerzug vorschwebte. Jeder Wagen erhielt vorn eine starre, dahinter eine schemelgelenkte Achse. Das dem Maschinenwagen folgende Fahrzeug sollte ein Eingangsvorgelege erhalten, zum Antrieb einer kuppelbaren, unter den Wagen durchführenden Längswelle (mit Gelenken zwischen den starren und den gelenkten Achsen).
Es gab viele Versuche, komplette Lastenzüge mitsamt ihrer Anhängerachsen zu lenken und diese gleichzeitig mit anzutreiben. Vor allem zeigten die deutschen Verkehrstruppen großes Interesse und die Generalität der österreichisch-ungarischen Monarchie. Nicht wesentlich anders war die Lage bei den französischen, britischen und US-amerikanischen Nachschub-Offizierskorps. Außer mechanischen Kraftsträngen wurden auch solche mit hybrider Kraftübertragung erprobt. Besonders war es der noch junge technische Austro-Daimler-Direktor Ferdinand Porsche, der den ottoelektrischen Kraftfluß konzipierte. In Wien stellten Porsche und Austro-Daimler ab 1909 Speziallastzüge und Schwerlastfahrzeuge her, wie sie die Welt bisher noch nicht gesehen hatte. Impulse zu dieser Entwicklung kamen vom k. u. k.-General Ottokar Landwehr von Pragenau und vom Industriellen Karl Ritter von Škoda.
Porsche schuf zunächst einen sogenannten A-Zug mit ottoelektrischem Motorwagen und zehn einachsigen Anhängern. Die jeweils 1,7 t plus 2,3 t tragenden paarweise verbundenen Hänger konnten insgesamt 20 t transportieren. Jeder der leichteren Anhängewagen hatte einen elektrischen Radantrieb. Der A-Zugwagen war mit einem 74 kW (100 PS)-Ottomotor und einem 70 kW-Generator ausgestattet. Der Strom gelangte durch schnell lösbare Kabel in die in der Motorwagenspur folgenden Anhänger. Für den 1911 entstandenen B-Zug, der bis zu zehn zweiachsige Anhänger mit je 4 t bis 5 t Nutzlast ziehen konnte, war die Austro-Daimler-Porsche-Zugmaschine mit 110 kW (150 PS)-Sechszylinder-Ottomotor und 93 kW-Generator schon als kleines rollendes Kraftwerk anzusehen. Dieser „Landwehr-Train" konnte maximal 50 t Nutzlast tragen. Die Anhänger lenkten gleichermaßen in der Spur der Zugmaschine. Diesen Effekt erreichte Porsche mit der von ihm erfundenen Gegendeichsel. Der B-Zug fuhr nach dem Auswechseln der Räder auch auf Eisenbahnschienen.
1914 baute Škoda/Austro-Daimler den C-Zug, dessen ottoelektrische 110 kW (150 PS)-Zugmaschine der des B-Zugs glich. Sie zog vierachsige Triebanhänger für 27 t Nutzlast, die man für den Transport zerlegter 35- und 42-cm-Mörser entwickelt hatte. Die Hänger nahmen nicht nur Rohr, Lafette und Bettung auf, sondern auch Eisenbahnwagen-Tankkessel zur Kraftstoffversorgung der zuständigen Militäreinheit.
Abgesehen von den recht erfolgreichen Porsche-Zügen sind seit 1902 eine Reihe weiterer Zug-Konstruktionen und -Erprobungen bekannt:
1902 wurde dem Amerikaner B. J. Diplock ein

Anhängerzug mit Durchtrieb patentiert, bei dem sich Motorwagen und gezogenes Fahrzeug gegeneinander und um die Längs- und Querachse verwinden konnten.
Der französische Oberst Charles Renard baute 1903/04 einen spurlaufenden Straßen-Dampflastzug mit einer durch den gesamten Zug führenden Kardan-Gelenkwelle. Später kam ein Ottomotor-Zug hinzu, der auch offene Personenanhänger mitführte.
1903 unternahmen die Siemens-Schuckert-Werke erste Versuche mit einem ottoelektrisch angetriebenen Mehrfahrzeug-Lastzug für 20 t Nutzlast.
1904 ließ Oberst Renard bei Anglo-Daimler für die britischen Truppen in Indien einen Lastzug mit vier Dreiachs-Anhängern anfertigen. Der Zugwagen war rundum verglast und offenbar schon mit einer Art Schlafkabine oder Ruheraum ausgestattet worden. Bei den Anhängern war die symmetrisch angeordnete dritte mittlere Achse angetrieben.
1904 entwickelten Ludwig Tlaskal-Hochwall und die ungarische Waggonfabrik Rába eine 29 kW (40 PS)-Allrad-Zugmaschine mit Ottomotor und vier in der Spur folgenden selbstlenkenden Zweiachs-Anhängern.
1904 erprobte Scotte in Frankreich einen Lastenzug mit einer 37 kW (50 PS)-Ottomotor-Zugmaschine und fünf Anhängern. Ein Omnibuszug folgte.
1905 unternahm in Berlin die Freibahn-Gesellschaft Versuche mit einer Dampflok-Tender-Gelenkzug-Zugmaschine und vier einachsigen Anhängern, die je 4 t trugen und durch Unterzug-Spurstangen zur gemeinsamen Lenkung und zu Paaren miteinander verbunden waren, sämtlich eisenbereift. 1905 betrieben die Siemens-Schuckert-Werke wiederum einen Straßenzug, bestehend aus ottoelektrischer 52 kW (70 PS)-Zugmaschine mit 50 kW-Generator und fünf Zweiachs-Hängern zu je 3 t Nutzlast. Jeder Hänger verfügte, wie auch die Zugmaschine, über zwei Elektromotoren.

Werbung aus den zwanziger Jahren für Müller-Lastkraftzüge mit ottoelektrischem Antrieb. Die zweimotorigen Zugmaschinen leisteten zwischen 110 kW (150 PS) und 184 kW (250 PS). Einige Müller-Züge liefen bei Ziegeleien im schlesischen Eulengebirge, andere sogar in Australien. Jeder der angetriebenen Hänger trug 5 t bis 6 t.

Anfang bis Mitte der dreißiger Jahre fertigte die Euclid Inc. in den USA bereits Bodenentleerer-Sattelzüge mit Zweiachs-Traktoren und Königszapfen-Verbindung, wie sie seit den fünfziger Jahren auch von Caterpillar für Zweimotoren-Schürfzüge verwendet wurden. Die Nutzlast der Euclid-Einheit betrug etwa 12 t bis 15 t.

1908 stellte Büssing zusammen mit den Siemens-Schuckert-Werken einen Lastzug vor, bei dem jeder Zweiachs-Anhänger über einen 13 kW (18 PS)-Elektromotor verfügte. In der geschlossenen Frontlenker-Zugmaschine waren ein 59 kW (80 PS)-Diesel und der SSW-Generator untergebracht.
Im Zeitraum von 1907 bis 1938 lieferte die Firma W. A. Th. Müller-Neuhaus ottoelektrische und trolleyelektrische Lastkraft- und Omnibuszüge bis zu 60 t Nutzlast in alle Welt. Jeder selbstspurende Zweiachsanhänger hatte einachsige Müller-Einheitsdrehgestelle mit Elektromotor. Die Müller-Züge konnten außerdem unter elektrischen Oberleitungen oder auch auf der Schiene betrieben werden. Die zweimotorigen Zugwagen leisteten 110 kW, 132 kW und 184 kW (150 PS, 180 PS und 250 PS). Sie wurden zumeist von der Breslauer AG für Eisenbahn-, Wagenbau- und Maschinenbau-Anstalt Breslau (später in Waggonfabrik Linke-Hofmann-Busch aufgegangen) produziert. Müller-Neuhaus erhielt 1940 ein zusätzliches Patent für „elektrische Kraftübertragung für den Vielräderantrieb von Kraftwagenzügen und Schwerkraftwagen".
In den USA fuhr 1910 ein ottoelektrisch angetriebener Straßen-Lastzug der Alden Sampson Manufacturing, bestehend aus einer 29 kW (40 PS)-Dreiachs-Zugmaschine und drei Dreiachs-Anhängern. Es wurde jeweils die symmetrisch angeordnete Mittelachse angetrieben.
1913 bauten in Italien Pavesi/Tolotti einen Mehrwagenzug mit knickgelenkten Zweiachsfahrzeugen (später FIAT-Pavesi-Zug). Der An- und Durchtrieb erfolgte mechanisch. Auf drehgestellartigen Doppellenkachspaaren, die auf Patenten des Holländers Jonkhoff fußten, entwickelte die Waggonfabrik Uerdingen 1931/32 (heute Talbot-DÜWAG) vierachsige Oberleitungsbusse, fünf- bis neunachsige Sattelzüge (gebaut 1935/37 mit Büssing-NAG) sowie acht- bis sechzehnachsige Obus- beziehungsweise Oberleitungs-Lastenzüge (für 120 bis 300 Personen oder 40 t bis 60 t Gesamtnutzlast).
1940 stellten die Karl-Kässbohrer-Fahrzeugwerke einen dieselelektrisch angetriebenen Lastzug mit fünf Anhängern vor für je 8 t Nutzlast. Die Zugeinheit entstand in Zusammenarbeit mit den Firmen Rieger & Immisch, Kämper-Motorenwerke und BBC mit 280 kW (380 PS) und Anhänger-Spurlenkung.
In der Zeit von 1953 bis 1970 produzierte Robert G. LeTourneau in Longview (Texas, USA) Schneezüge, Schneefrachter und Transportzüge bis 175 t Nutzlast für Tropen, Tundra und Wüste mit dieselelektrischem Radnabenantrieb und mindestens 2,4 m hohen, großvolumigen Reifen. Ein kernkraft-elektrischer LeTourneau-Multigelenk-Omnibuszug zur Durchquerung Afrikas befand sich 1960 in der Planung.
1972 veröffentlichte die Shell-Mineralölgesellschaft das Projekt eines dampfturboelektrischen Omnibuszuges. Die Antriebsanlage war in einer kurzgekuppelten Frontlenker-Zugmaschine zusammengefaßt.

Jedem Straßenlastzug-System lag eine andere Fortbewegungs- und Kupplungsmethode zugrunde. Niemand wollte und durfte die Patentrechte anderer

Als Multirad-Mehrmotoren-Dreikübel-Schürfzug wurde 1966 von der Fachwelt der größte jemals fertiggestellte Motorscraper bezeichnet. Der etwa 40 m lange dieselelektrische Le-Tourneau-„LT 360 Electric Digger" blieb ein Einzelstück. Er kratzte in 80 Sekunden 330 t Erdreich in seine Kübel. Seine acht GM-Zweitakt-Diesel leisteten bis zu 4472 kW (6080 PS).

verletzen. Deutlich trat im Lauf der Zeit die Überlegenheit des otto- beziehungsweise dieselelektrischen Antriebs zutage. Elektroleitungen sind flexibler als gelenkig ausgeführte mechanische Kraftstränge. Als ähnlich elastisch und leicht demontierbar erwiesen sich dieselhydrostatische Kraftübertragungen mit schnell verlegbaren Öldruckleitungen, wie sie seit 1965/67 bei selbstfahrenden Schwersttransportfahrzeugen Anwendung finden.

Giganten bleiben Einzelgänger

Die drei größten jemals gebauten hybridgetriebenen Schwerstlastfahrzeuge entstanden in den USA. Sie zeigten unterdessen den Break-even-Point zwischen technisch Machbarem und ökonomisch Vertretbarem auf. Wohl keines konnte regelrecht verkauft werden. Sie liefen alle drei im Versuchsbetrieb oder im Kundenversuch (eine Art besonderer Vermietung, bei der das Hauptrisiko vom Hersteller getragen wird).

Sowohl für die militärische Logistik als auch zur Versorgung abgelegener unwirtlicher Landstriche fertigte die R. G. LeTourneau Inc. 1962 einen aus 13 Fahrzeugen bestehenden 190 Meter langen Geländelastzug. Der „Overland-Train" setzte sich aus einem dreiachsigen Vorderwagen mit kommandobrücken-ähnlichem Führerstand und Aufenthaltsräumen für das Fahrpersonal sowie zwölf nachfolgenden Zweiachswagen zusammen. Zwei Zweiachser enthielten die je 3442 kW (4680 PS) leistenden International-Harvester-Solar-Gasturbinen-Generatorensätze, ein weiterer Zweiachser war als 17 000-l-Tankwagen ausgebildet. Die übrigen neun Plattformwagen dienten zur Beförderung der etwa 170 t Nutzlast. Über die Versuchsergebnisse beim USA-TRECOM, Versuchskommando der US-Armee, wurde kaum etwas bekannt.

Der andere LeTourneau-Riese hatte indessen seit 1964/65 einiges an Erdreich versetzt. Die gewaltige Dieselelektro-Knicklenkereinheit, ein Multirad-Mehrmotoren-Dreikübel-Schürfzug, konnte innerhalb von 80 Sekunden etwa 325 t Erdboden in sich hineinkratzen. Der „LT 360 Electric Digger" bewegte sich auf zwölf großen Baumaschinen-Reifen mit annähernd einem Meter Laufbreite über Stock und Stein, Sand und Lehm. Die Basisenergie für die zwölf elektrischen Radnabenmotoren lieferten acht General-Motors-Detroit-Zweitaktdiesel mit einer Gesamtleistung von 4 472 kW (6080 PS). Voll ausgelastet wog die Motorschürfschlange 620 t!

Der größte Dreiachs-Lastwagen ist ein 330 t beziehungsweise 168 m³ Schüttgut fassender Muldenhinterkipper mit dem modifizierten Kraftstrang einer dieselelektrischen Fernbahnlokomotive. Das General-Motors/Marathon LeTourneau-Terex-Modell Titan 33-19 verfügt über einen V16-Zylinder-Zweitaktdiesel mit Abgasturboladern, Ladeluftkühlern und einem 2 427 kW (3300 PS) Dieselleistung entsprechenden Generator. Zwei Achsen haben elektrischen Radantrieb. Das Gesamtgewicht des vollständig beladenen Titanen beträgt stolze 550 t. Die General Motors-Earthmoving Division entwickelte ihn in

Eindeutig größter einrahmiger Dreiachs-Lastwagen der Welt ist der dieselelektrische „Titan 33-19 (6 × 4)", im Jahr 1974 von der damaligen General-Motors-Tochtergesellschaft Terex in Kanada auf die gewaltigen Reifen gestellt. Der Muldenhinterkipper lädt 330 t und wiegt vollständig ausgelastet 550 t. Die Mulde faßt 168 m³.

den Jahren 1971/73. Seine Reifen tragen die Bezeichnung 36.00 × 51. Der Titan 33-19 wird im Kupfer-Erztagebau betrieben. Eine Nachbestellung soll bisher nicht erfolgt sein.
Das Industriezeitalter hatte ständig größer werdende Dampfkessel, an Gewicht zunehmende Gußblöcke, Ständer für Dampfhämmer oder Walzwerke und andere „Hinkelstähle" im Gefolge. Immer seltener konnten die „dicken Brocken" an dem Ort hergestellt werden, an dem sie gebraucht wurden. Transportunternehmer mit Pferden und Dampftraktoren bekamen etwa zu Beginn des Ersten Weltkriegs zunehmend Probleme.

Erdbewegung mit Motorkraft

Dank der Mechanisierung und der Dampfpflüge waren die Hungersnöte um die Jahrhundertwende weitgehend gebannt. Doch der aus drei Teilen bestehende Dampfpflug (zwei Lokomobilen oder eine Lokomobile mit Umlenkrolle und der Kipp-Pflug selbst) blieb ein verhältnismäßig schweres Ungetüm. Schließlich profitierte die Tiefbauwirtschaft von den Erfahrungen beim Tiefpflügen und der Erdbearbeitung. In den USA entwickelten sich zunächst pferdegezogene Schürfkübel und Einebnungs(Grader)-Geräte. Die Vorläufer heutiger Motorschürfzüge und Erdbewegungsfahrzeuge erfreuten sich zunehmender Beliebtheit. Mitte der dreißiger Jahre verband die nordamerikanische Kran- und Baumaschinenfirma Euclid vergrößerte einachsige Erdtransportkübel zur Bodenentleerung mit sattelzugartig verstärkten Straßentraktoren mittels eines Königszapfens. Die Nutzlast des Bodenentleerers betrug etwa 15 t. In die Zugmaschine soll ein etwas stärkerer Ford-Motor der Personenwagen-Modellreihe A installiert gewesen sein.
Noch lange Zeit nach dem Ersten Weltkrieg blieb eine Reihe europäischer Staaten mit ihren Kolonien verbunden. In den meisten kolonialisierten Ländern gab es so gut wie keine Straßennetze, die Wegeverhältnisse waren denkbar schlecht. Die oft sehr langen Transportstrecken sollten im Lauf der Zeit trotz schwieriger topografischer Verhältnisse schneller bewältigt werden. Und die Tragfähigkeit der Lasttiere ließ sich nicht beliebig steigern. – Auf Wünsche und Forderungen militärischer Führungsgremien wurde bereits hingewiesen.
Insgesamt betrachtet, war ab 1903/05 ein Nährboden vorhanden, der dem 1893 in Frankreich durch Panhard & Levassor und dem 1895/96 in Deutschland durch die Daimler-Motorengesellschaft vorhandenen Liefer- bzw. Lastwagen den Weg ebnete.

154 t tragender zweiachsiger dieselelektrischer Muldenhinterkipper, wahlweise für Dieselantrieb oder elektrischen Oberleitungsbetrieb. Der Trolley-Kipper Euclid R-170 (4 × 2) entstand 1983/84, als die Euclid Inc. nach dem Verkauf durch White-Motor noch zur Daimler-Benz-Gruppe gehörte.

Das erste von einem Verbrennungsmotor getriebene Allrad-Zugfahrzeug baute 1904 die ungarische Firma Rába nach Plänen des österreichischen Hauptmanns Ludwig Tlaskal-Hochwall. Der Vierzylinder-Ottomotor leistete 29 kW (40 PS).

Sattelzüge und Straßenschlepper

1894 nahm der erste Sattelschlepper von de Dion-Bouton an dem ersten Autorennen der Welt, dem Rennen Paris–Rouen, teil: ein 18-PS-Dampfwagen mit aufgesatteltem Viktoria-Kutschwagen. 1898 baute Thornycroft in England erstmals einen Sattelzug für Lasttransporte (schätzungsweise 2 t bis 3 t Nutzlast). Auf die Frontlenker-Sattelzugmaschine war ein Plattformwagen aufgesattelt, so wie er heute noch im britischen Straßentransport verbreitet ist.
Der erste Motorwagen-Sattelzug wurde 1904/05 dem Düsseldorfer Papierindustrie-Ausrüster Jagenberg patentiert. Die Sattelzugmaschine, ein starker Personenwagen, diente dem Unternehmen solo als Dienst-Pkw und mit aufgesatteltem Pritschenwagen oder aufgesatteltem Hinterkipper zur Stückgut- oder Schüttgutbeförderung. In unseren Tagen sind Schwerlast-Sattelzugmaschinen mit 40 t bis 50 t Sattellast keine Seltenheit mehr.
Eindeutig verlangten das Transportwesen und die verladende Wirtschaft nicht nur nach Beförderungs- sondern auch nach Zugfahrzeugen. Während Ludwig Tlaskal zusammen mit der Firma Rába in Györ (Ungarn) das überhaupt erste allradgetriebene Motorfahrzeug (29 kW bzw. 40 PS) zum Trekken des schon erwähnten Anhängerzuges baute, nahmen unter anderem in Wurzen (Sachsen) zweimotorige Trolley-Elektrozugmaschinen nach Entwürfen von Ingenieur Max Schiemann den Schleppbetrieb auf. Die Elektromotoren der vermutlich von Siemens-Schuckert erbauten Zugfahrzeuge leisteten 37 kW (50 PS). Die elektrischen Bullen zogen bis zu vier oder fünf eisenbereifte Pferdewagen, beladen mit Mehl oder Braunkohle, zum nächstgelegenen Bahnhof. Der Wurzener Oberleitungs-Schleppverkehr wurde bis kurz vor 1930 aufrechterhalten.
In der Landwirtschaft führte sich der allradgetriebene, mit vier gleichgroßen Rädern ausgestattete Kraftpflug zunächst nicht ein, obwohl ihn die Gasmotorenfabrik Deutz mit 29 kW (40 PS) im Jahre 1907 vorgestellt hatte. Als eine Vorstufe zu den späteren landläufigen Zugmaschinen mit zwei kleinen Rädern vorn und zwei großen hinten (ab 1921/23) präsentierte die Motorpfluggesellschaft Sendling (München) im Jahr 1913 einen etwa 22 kW (30 PS) leistenden Pflugschlepper mit überdachtem Führerstand. Ein ähnliches Schleppgefährt stellte Deutz 1919 vor, das sich mit eingebauter Seilwinde auch schon für Forstarbeiten eignete.
Unabhängig davon hatte sich ab 1903 eine Zugmaschinen-Kategorie entwickelt, der man unbesorgt und pauschal den Stempel Artillerie-Traktoren aufdrücken kann. Die bis 1916/17 mit Vierzylinder-Reihen-Ottomotoren und zumeist nur mit Hinterradantrieb in geringen Stückzahlen hergestellten Zugmaschinen leisteten zwischen 29 kW (40 PS) und 50 kW (80 PS). Sie fuhren auf annähernd gleichgroßen Eisenrädern mit Schräg- oder Querstollen. In Deutschland kamen derartige Zugfahrzeuge von der

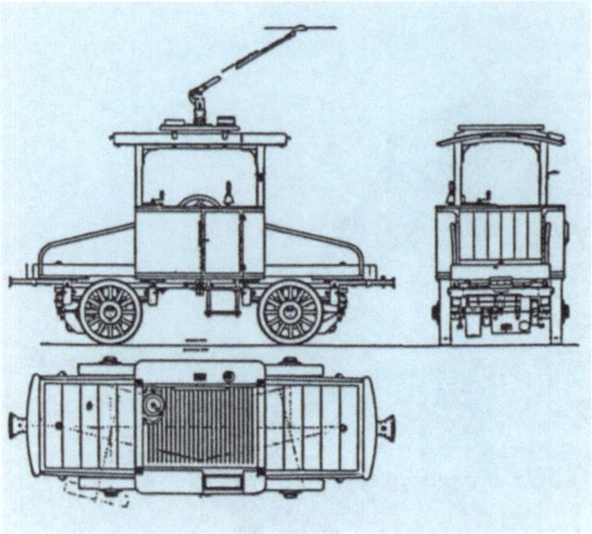

Mit Allradantrieb und Allradlenkung waren die Schiemann-Oberleitungs-Elektrozugmaschinen der Hafenbahn Altona ausgestattet. Je Achse gab es einen 29 kW-Achswellenmotor. Ab 1912 zogen die vollgummi-zwillingsbereiften E-Schlepper Eisenbahn-Güterwagen über Rillenschienen bei beträchtlichen Steigungen vom Hafen zum Industriegebiet Altona und zurück.

AEG/NAG, von Horch, Benz, Büssing, Magirus und Podeus. Deutz, Heinrich Lanz und Daimler/Krupp steuerten ab 1917 74 kW (100 PS)-Zugmaschinen mit Vier- und Sechszylinder-Ottomotoren bei. Gemeinsam mit Krupp fertigte die Daimler-Motorengesellschaft 1918 noch einige 147 kW (200 PS)-Zugmaschinen mit V8-Daimler-Ottomotoren.
Nach dem Ersten Weltkrieg hätten diese Fahrzeuge auf Anordnung der alliierten Gegner dem Schweißbrenner zum Opfer fallen müssen. Dem ihm zugedachten Schicksal entging der eine oder andere Traktor, weil er noch rechtzeitig an Schrotthändler verkauft werden konnte, die solche Traktoren nach einer Anstandsfrist wieder flott machten und dann an Rollfuhr-Unternehmer veräußerten. 1921/22 tauchten sie, ganz zivil lackiert, beim Transport schwerer Dampfkessel und kleinerer Transformatoren im Straßenbild wieder auf. Das Gesamtgewicht der Artillerie-Traktoren lag zwischen 8 t und 15 t einschließlich Nutzlast oder Ballast. Manche verfügten über sogenannte Ballonwinden, also über Seilwinden.

Britische Scammell-Sattelzugmaschine von 1924/25 mit 52 kW (70 PS)-Ottomotor. Sie galt als leistungsstärkste Zugmaschine ihrer Zeit und bewegte mit vollgummibereiften Zweiachs-Sattelaufliegern bereits Nutzlasten bis zu 100 t.

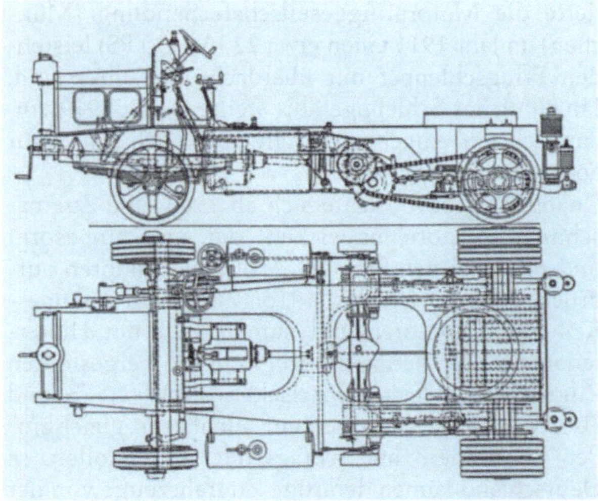

Ausgesprochene Schwerlast-Zugmaschinen in grober, genieteter Bauart mit lokomotivartigem Barrenrahmen hatten sich Mitte der zwanziger Jahre in den USA durch Mack-Trucks und in Großbritannien durch Scammell-Lorries herausgebildet. Beide Bauarten wiesen verstärkten Kettenantrieb auf (Scammell mit wechselbarem kleinerem und größerem Kettenrad), ihre Tieflade-Sattelauflieger mußten mit Schwanenhälsen ausgerüstet sein. Mit Sondergenehmigung durfte der Mack-AC-15-Satteltraktor (ein 37 kW- bzw. 50 PS-Fahrzeug aus der berühmten Mack-„Bulldog"-Baureihe) mit zweiachsigem beladenem Sattelauflieger etwa 50 t auf die Waage bringen. Dies war immerhin genug, um einen leichteren Dampfbagger zu transportieren. Die Briten hingegen gingen großzügiger vor. Ihre Scammell-Sattelzugmaschinen konnten mit 40 kW (55 PS) bis 52 kW (70 PS) und entsprechendem Auflieger immerhin schon zwischen 40 t und 100 t wiegende Mühlen- und Schiffsteile oder komplette Dampfloks transportieren. Die Scammell-Sattelzugmaschinen hatten gelegentlich ein in Holzbauweise verlängertes Fahrerhaus mit Schlafgelegenheit und Behältern zur Aufnahme von Werkzeugen und Ladehilfsmitteln. Die Achsdrücke zweiachsiger Schwerlastzugmaschinen reichten bald nicht mehr aus. Darüber hinaus galt es, zunehmende Motorleistungen differenzierter beziehungsweise gezielter auf den Boden zu bringen. Die erweiterten Adhäsionskräfte erhöhten auch die Bremswirkung. Transporttechnischen Erfordernissen kam die ab 1923/24 beginnende Dreiachser-Entwicklung mit zwei Triebachsen durchaus gelegen.

Mehrachs-Antriebe setzen sich durch

Die Dreiachser-Technik gliedert sich in mehrere dicht aufeinanderfolgende und verschiedentlich miteinander verzahnte Abschnitte. Die ersten Sechs- und Achtradwagen, das „Sexto-" und das „Octo-Auto", beides bis zu sechs Personen fassende Pkw, entstanden in Form eines Baukasten-Systems 1911/12 in den USA durch M.O. Reeves. Er entschied sich für Drei- und Vierachser wegen der seinerzeit noch sehr mangelhaften Luftreifen-Qualität.

Um kleinere Bagger mit 0,3 m^3 bis 0,4 m^3 Greiferinhalt nicht unbedingt auf Anhängewagen befördern zu müssen, setzte Hendrickson in den USA gegen 1920 die noch jungen Motorbagger kurzerhand auf verstärkte, vollgummibereifte, dreiachsige Lkw-Fahrgestelle mit Kettenantrieb und aufgenietetem zweitem Rahmen (Hilfsrahmen). Der Kunde konnte wählen zwischen einer getriebenen Hinterachse (die dritte Achse war in diesem Fall eine Nachlaufachse) oder zwei angetriebenen Hinterachsen, die durch eine zusätzliche Kette miteinander verbunden waren oder direkt vom Getriebe mittels einer Kette (zweite Achse) und über ein Differential mit einer weiteren Kette (dritte Achse) angetrieben wurden. Ein einfacheres Prinzip wandte Mack sogar noch 1937 beim luftbereiften FCSW-Dreiachser an, dem damals größten Schüttgut- bzw. Erdbewegungsfahrzeug mit Bodenentleerung. Die Nutzlast betrug annähernd 40 t.

Ab 1923/25 traten besonders Dreiachser mit zwei Triebachsen in den Vordergrund. Es kristallisierten sich drei Größenordnungen und Entwicklungsrichtungen heraus, jeweils für unterschiedliche Einsatzzwecke zugeschnitten:

Die leichten Geländelastwagen für etwa 1 t bis maximal 2 t Nutzlast und mit 26 kW (35 PS) bis 48 kW (65 PS) wurden verwendet in den Kolonien bei Expeditionen, und militärischen Einheiten (ähnlich den leichten Halbketten-Lkw der Bauart Citroen-Kégresse). Vorreiter waren in erster Linie Renault und Berliet in Frankreich, Morris, Crossley und Vulcan in Großbritannien sowie ab 1925/26 Benz, Horch, NAG-Presto und Selve-Voran (Allradantrieb) in Deutschland. Der Morris-Commercial D-Typ (29 kW bzw. 40 PS) wurde als Dreiachser ab 1927 von Zwicky in England bereits mit etwa 1800 Liter Fassungsvermögen als Flugzeug- bzw. Flugfeld-Tankwagen ausgestattet und von 1929 an auch in einer Vierachs-Variante als Pritschen-Lkw für 2 t Nutzlast ins Programm genommen (sämtlich Haubenwagen, keine Frontlenker).

Mittelgroße Geländewagen für 2,5 t bis 4,0 t Nutzlast und etwa 44 kW (60 PS) bis 66 kW (90 PS) waren primär für militärische und erst sekundär für schwierige Transportaufgaben gedacht. Vorreiter waren in Deutschland Krupp, Daimler, Büssing und Henschel & Sohn sowie die Schweiz mit FBW.

Schwerdreiachser als Lkw für 5,0 t bis 8,5 t Tragkraft und 40 kW (55 PS) bis 81 kW (110 PS) eigneten sich zum Transport von Gütern auf der Straße und zum Ziehen von Anhängern. Vorangegangen war Großbritannien bereits in den Jahren 1920 bis 1922 mit Foden- und Sentinel-Dampf-Zwei-, Drei- und -Vierachsern im Baukastensystem. Es folgten Ottomotor-Lkw von Heinrich Büssing/Willy Staniewicz und Daimler-Benz, Büssing mit zwei zu den beiden Hinterachsen führenden Kardanwellen (1923). VOMAG und Mercedes-Benz folgten 1925 mit einer Kardanwelle und Durchtriebachse mit kurzer Gelenkwelle zur zweiten Hinterachse. 1928/29 trugen Schwerdreiachser immerhin schon 9,5 t bis 11 t, ihre Dieselmotoren leisteten 66 kW (90 PS) bis 110 kW (150 PS), und ab 1929/30 führten sie sich in der damaligen Reichshauptstadt Berlin auch als Müllwagen (Krupp) und als schwerer Feuerwehr-Rüstwagen (Daimler-Benz/Metz/Ardelt-Kran) ein.

Das erste vierachsige Motorfahrzeug war 1911/12 in den USA ein Personenwagen. Das „Octoauto" produzierte M. O. Reeves im Rahmen eines frühen Baukastensystems für Zwei-, Drei- und Vierachs-Pkw. Der Achtradwagen kostete 3200 Dollar – für seine Zeit ein wahrhaft stolzer Preis.

Um das Thema Dreiachser weitestgehend abzurunden, sei ein Blick auf die ersten Vor- und Nachlaufachser gerichtet. Soweit überschaubar baute Leyland in Großbritannien 1926/27 den ersten Lkw mit spurstangengelenkter Vorlaufachse. Das heißt, die erste Hinterachse des vollgummibereiften Frontlenker-Dreiachsers war nicht angetrieben, dafür aber gelenkt wie die Vorderachse. Als Tragkraft gibt die zeitgenössische Fachliteratur 10 t an. Zur gleichen Zeit fügte die VOMAG in Plauen (Vogtland) den luftbereiften Zweiachs-Lastwagen, sofern es der Kunde wünschte, eine nicht getriebene dritte Achse an. Die Tragkraft eines Fünftonners erhöhte sich damit auf 8,5 t bis 9,0 t. Die Federaufhängung der Triebachse brauchte bei der patentierten VOMAG-Methode nicht verändert zu werden.

Vor- und Nachlaufachser sind aus unserem modernen Kommunal- und Sonderfahrgestell-Angebot nicht mehr wegzudenken. In den Niederlanden fahren MAN-Vorlaufachser-Sattelzugmaschinen sogar Schwertransport-Sattelzüge bis 50 t und 65 t Gesamtzuggewicht (z. B. Dreiachs-Sattelzugmaschine 24.362 FVLT mit Dreiachs-Sattelauflieger), und Volvo-Nachlaufachser-Bodengruppen für Omnibusse erhalten in Belgien und Holland hohe Stromlinienaufbauten mit Schlafkabine und Hubböden zur Beförderung von Luftfrachtpaletten auf Europas Autobahnen (Volvo A 10 M mit passendem tief- bzw. kurzgekuppeltem Aircargo-Tandemanhänger).

Im Baukastensystem fertigte Kaelble 1933 für die Deutsche Reichsbahn die ersten bekannten Dreiachs-Zugmaschinen, bereits mit 74 kW (100 PS)-Sechszylinder-Dieselmotor: Den Typ Z 6 R/1 gab es mit zwei Triebachsen (Bild) und die Sattelzugversion S 6 G/R mit nur einer hinteren Triebachse. Die Sattelversion hatte man für dreiachsige Waggonhinterkipper-Auflieger konzipiert.

Ab 1932/33 ging der Trend eindeutig in Richtung Schwerlastzugmaschine mit drei Achsen. Die Deutsche Reichsbahn spielte auf diesem Sektor zunächst die Hauptrolle. Sei wollte es genau wissen und bestellte zu Vergleichszwecken je eine Dreiachs-Zugmaschine von der Motorenfabrik Carl Kaelble und von der Lokomotiv- und Nutzfahrzeugfabrik Henschel & Sohn. Beide vollgummibereiften Zugmaschinen hatten 74 kW (100 PS)-Motoren. Die Kaelble-Zugmaschine hatte ein Diesel- und der Henschel-Schlepper ein Otto-Aggregat. Beim Kaelble-Fahrzeug handelte es sich um eine vollständige Neuentwicklung (einschließlich einer Nachlaufachser-Sattelzugvariante für einen dreiachsigen WUMAG-Waggontransport-Sattelauflieger). Das Henschel-Modell hingegen basierte auf einem mittelgroßen Gelände-Lkw (Typ 33 B 1) für die Reichswehr. Diese Zugmaschinen sah die Reichsbahn zum Ziehen von Güterwagen- und Schwerlast-Straßenrollern der Bauart Culemeyer vor, für Anhängelasten bis maximal 100 t. Seilwinden gehörten zur Zugmaschinenausstattung. Die Henschel-Zugmaschine wurde 1934/35 auf Dieselmotor umgerüstet und mit Luftreifen versehen.
Anfang der dreißiger Jahre lieferte Chenard & Walkker in Frankreich dreiachsige luftbereifte Schwerlast-Zugmaschinen mit zwei Panhard & Levassor-Ottomotoren, die jeweils eine Hinterachse antrieben. Die Gesamtleistung belief sich auf 184 kW (250 PS). Die erste dreiachsige Frontlenker-Zugmaschine mit Mittelmotor, also mit hinter der Fahrerkabine angeordnetem 48 kW (65 PS)-Ottomotor und seitlichem Wasserkühler, baute 1936 Tatra in der Tschechoslowakei. Der Typ T 84 hatte hinter der Antriebsanlage noch Platz für eine Ballastpritsche. – Ein Jahr später verkauften die Faun-Werke eine eindrucksvolle 129 kW (175 PS)-Sattelzugmaschine des Typs Z 87 mit Schlafkabinen-Fernfahrerhaus und wassergekühltem Reihen-Achtzylinder-Diesel von Deutz. Auf der Grundlage eines Baukastensystems bot Faun parallel dazu eine Schwerlastzugmaschinen-Variante mit fester Ballastbrücke an.
Die Möglichkeit, unter kurzen Ballastpritschen eine Sattelkupplung anzuordnen und die Hilfsladebrükken – wie sie auch genannt werden – abnehmbar zu gestalten, gibt es seit 1938/39. Diese Methode ersann und erprobte die damalige Anhängerfabrik van Doorne, heute DAF-Trucks. Die Holländer demonstrierten ihre neue Universalzugmaschinen-Technik an einem amerikanischen International-Harvester-Dreiachs-Motorwagen mit kurzem Radstand.
Die für knapp zwei Jahrzehnte stärkste Schwerlastzugmaschine der Welt, noch dazu mit Allradantrieb in Frontlenker-Bauweise und mit Mittelmotor, stellte Kaelble in Backnang bei Stuttgart 1937/38 für die Deutsche Reichsbahn auf die Räder. Der Reihen-Sechszylinder-Diesel, ebenfalls von Kaelble, leistete 162 kW (220 PS). Das bullige und doch recht elegant wirkende Fahrzeug hatte zwar noch keine Schalthilfe für das Sechsgang-Allklauen-Getriebe, dafür aber eine druckluftbetätigte Knorr-Servo-Lenkeinrichtung und an allen drei Achsen Differentialsperren. Das Kaelble-Baumuster Z 6 R3 A (6 × 6) setzte die Reichsbahn allein oder im Gespann mit anderen

Schwerlastzugmaschinen von Culemeyer-Straßenrollern ein. Die nächste, dem Chronisten bekannte Frontlenker-Mittelmotor-Schwerlastzugmaschine bauten die Faun-Werke im Jahr 1965 für Sattelzugbetrieb. Antriebsquelle des Vierachs-Typs L 1212/50 VS (8 × 8) war ein 471 kW (640 PS)-Mercedes-Benz-V8-Turbodiesel. Die Kraftübertragung erfolgte durch einen hydrodynamischen Drehmomentwandler auf ein Lastschaltgetriebe mit Planetenradsätzen.

Zwischenzeitlich stiegen die Motorleistungen der Schwerlastzugmaschinen bis auf 625 kW (850 PS). Zweiachs-Varianten traten ab 1980 in den Hintergrund. Dreiachs-Versionen mit Dieselleistungen bis 515 kW (700 PS) sind fast alltäglich, zum Beispiel von ÖAF/Gräf & Stift, einer österreichischen MAN-Beteiligungsgesellschaft. Vierachs-Universalzugmaschinen gibt es seit 1984 schon ab 261 kW (355 PS), unter anderem von der schweizerischen Daimler-Benz-Beteiligungsgesellschaft NAW. Sie basieren, wie die Maschinen aus Österreich, bedingt auf Großserien-Lkw-Bauteilen. Ständig gestiegene und spezifisch angehobene Motorleistungen und die Getriebetechnik mit überbrückbaren Wandler-Schaltkupplungen machen es möglich. IVECO/S.I.V.I., Renault V.I., FTF, Terberg, Volvo und Scania gehen ähnliche Wege.

Konfektionieren bringt Kostensenkung

Auch bei den ganz schweren, technisch aufwendigen und teuren Zugmaschinen versucht man so kostengünstig wie möglich zu fertigen. Um aber Leistungen bis zu 736 kW (1000 PS) sinnvoll auf den Boden und an den Zughaken zu bringen, bedarf es besonderer Achsen und kräftiger dimensionierter Rahmen. Es werden Baumaschinengetriebe benötigt und Dieselmotoren aus dem Industrieaggregate- oder Lokomotivbausektor. Gespart wird, wenn man es so ausdrükken will, sicherlich an den Fahrerhäusern. Eigenentwicklungen sind teuer, die dazugehörigen Blechpreßeinrichtungen ebenfalls. Sofern sie sich nur für geringe Stückzahlen nutzen lassen, sind die Kaltverformungsanlagen fast unbezahlbar geworden. Die Zugmaschinenhersteller können die Fahrerhäuser nur noch bei entsprechend eingerichteten Karosseriebauern in Auftrag geben oder aus der Großserie übernehmen. Die für das Fahrpersonal recht bequemen Großserienkabinen wirken auf den gewaltigen Zugmaschinen etwas verloren, gleichsam schwalbennestartig. Faun kauft sie für die Haubenzugmaschinen von IVECO-Magirus und für die Frontlenker von MAN-Nutzfahrzeuge, Titan-Appenweier nimmt sie ebenfalls von MAN, Terberg beschafft sie sich von Volvo, FTF bezieht Fahrerhaus-Komponen-

Wo abseits der Straßen Schwerlastzugmaschinen herkömmlicher Bauart nicht mehr ausreichten, griffen die Nordamerikaner 1982 kurzerhand auf Vierachs-Zugmaschinen zurück, die aus schweren Raddozern entwickelt wurden. Der Melroe „Buffalo M-880", vom Ursprung her ein achträdriges luftbereiftes Erdbewegungsgerät, wiegt als Zugmaschine 125 t, leistet 736 kW (1000 PS) und zieht, unter anderem in Alaska, bis zu 1500 t Schwergut zu Erdgas- und Erdöl-Bohrfeldern.

ten von Rockwell-Rubery-Owen, GINAF verwendet Kabinen von DAF, Nicolas von Renault V.I. (Berliet-Variante), und Paccar-Kenworth in den USA greift im eigenen Hause auf die berühmten Trucker-Sattelzugmaschinen-Fahrerhäuser zurück. Mol in Belgien übernahm schon 1978/79 von PRP in Frankreich eine Frontlenker-Lizenz der früheren Firma Etablissement Willème.

Daß man mit bauartübergreifenden Neukonzepten verhältnismäßig kostengünstig Kleinserien oder Sonderausführungen anbieten kann, bewiesen Rheinstahl-Henschel und Hanomag-Henschel bereits zwischen 1967/68 und 1973/74. Wegen der bis zu 180 000 l Treibstoffvorrat aufnehmenden Jumbo-Flugzeuge benötigten die Flughäfen bis zu 85 000 l fassende Flugplatztankzüge, gleichsam rollende Jumbo-Jet-Tankstellen. Jeweilige Einzelkonstruktionen wären selbst den gut betuchten Mineralölgesellschaften teuer zu stehen gekommen. Die Henschel-Konstrukteure schnitten ihren in kleinerer Serie laufenden Dreiachs-Kippertyp F 320 AK 6×6 für 32 t Gesamtgewicht so zurecht, daß er auch ohne Allradantrieb als Sattelzugmaschine bis 42 t Gesamtgewicht (F 420 S), als kombiniertes Tank-Dispenser-Fahrzeug für 34 000 l (F 420 T) und als Vierachs-Tankfahrzeug für 45 000 l (F 500 T) von Strüver, Ellinghaus und Schwelm-Müller aufzusatteln oder aufzubauen war. Die Sattelzüge bewegen 75 000 l bis 85 000 l Düsentreibstoff, und die anderen beiden Versionen, der Dreiachser und der Vierachser, jeweils mit einem Zweiachs-Tankanhänger, etwa 74 000 l bis 83 000 l. Der dreiachsige Tank-Dispenser-Wagen kann auch leer dazu benutzt werden, um Flugzeuge direkt aus einer Unterflur-Hydrantenanlage zu versorgen. Die erste ausgesprochene MAN-Schwerlastzugmaschine entstand 1976/77 bei ÖAF-Gräf & Stift in Wien ebenfalls aus einer Muldenkipperkonstruktion: aus dem Allrad-Dreiachser 38.320 FDA 6×6 für 38 t Gesamtgewicht mit 235 kW (320 PS)-V10-Diesel.

Auch Schwerlastzugmaschinen in Hauben- oder Frontlenkerbauweise können als Grundlage für besondere Fahzeugbauarten dienen. Schwerstlast-Lkw für 20 t bis 70 t Nutzlast basieren seit etwa fünf Jahren auf den Vorderpartien und dem Kraftstrang von Schwerlastzugmaschinen. Es handelt sich dabei überwiegend um Plattform-Lkw, großvolumig bereift zum Betrieb auf Explorationsfeldern jeder Art oder zur Versorgung von Erdöl-Camps. Den Betriebsverhältnissen angepaßt fahren diese Schwerstlaster auf drei, vier oder fünf Achsen. Manche der Faun-, Kaelble-, Paccar-Kenworth-,

Um Kraftstoff zu sparen und trotzdem schnell zur Startlinie zu gelangen, entwickelte Secmafer 1982 in Frankreich den Jumbo-Flugzeugschlepper SF 1500 SOVAM. Der 4,5 m breite Dreiachser nimmt das Bugrad eines Großflugzeugs huckepack und bugsiert es mit 40 km/h bis 50 km/h über die Flugplatzpiste. Die Leistung des Cummins-Diesels beträgt 883 kW (1200 PS), das Gesamtgewicht unter Last etwa 60 t.

Hanomag-Henschel und Strüver-Tankwagenbau lieferten 1970/71 derartige 43,5 plus 36,5 m³ fassende Flugplatz-Tanklastzüge als „rollende Jumbo-Jet-Tankstellen". Die Dieselleistung des 53 t wiegenden Motorwagens F 500 T 8 × 4 beträgt 177 kW (240 PS), die Abgabeleistung der Kerosinpumpe 4000 l/min, und das Gesamt-Zuggewicht beläuft sich auf 89 t.

Kaelble lieferte 1957 den ersten deutschen Hochofenschlacken-Transporter auf Dreiachs-Muldenkipper-Fahrgestell. Die Faun-Werke zogen 1959 nach – mit einem sogenannten Transportwagen in Frontlenkerbauart mit Frontantrieb. Derartige Sonderbauarten bieten heutzutage sowohl Kaelble als auch MAN/GHH-Sterkrade an. Dieses GHH-Baumuster ITS 40 für 8 m³-Schlackekübel wird ferngesteuert.

Oshkosh- oder Titan-Appenweier-Fahrzeuge verfügen in der Ladeplattform über einen versenkbaren Sattelzapfen, so daß sie auch mit Sandreifen bestückte Sattelauflieger befördern können, die eine unten angeordnete Sattelplatte haben. Fast jeder dieser Schwerstlast-Lkw ist mit einem umlegbaren A-förmigen Heckkran (Gin pole) und mit einer Seilwinde ausgerüstet.
Mol in Belgien lieferte 1972 einen sechsachsigen Frontlenker-Plattformwagen, der 60 t Last tragen oder mittels sattelartigem Adapter und vierachsigem Goldhofer-Nachläufer einen 500 t hebenden Gottwald-Gittermast-Sockelkran befördern konnte. Und Bennes Marrel in Frankreich entwickelte für eine im Radstand etwas verlängerte vierachsige PRP-Willème-Zugmaschine eine überdimensionierte Hakenabroll-Plattform zur Übernahme schwerer Baumaschinen oder leichter Panzer bis 35 t Eigengewicht.
Die bis zu 3,5 m breiten Flughafen-Vorfeldfahrzeuge (Busse und Tankzüge) und bis zu 205 t wiegenden Hüttenwerk-Spezialfahrzeuge rangieren wie die in Seehäfen operierenden, maximal 10 m hohen dieselgetriebenen Container-Hubfahrzeuge unter der Rubrik „innerbetrieblicher Transport".

Für das Gelände konstruiert

Den vorgenannten Spezialfahrzeugen stehen die sogenannten „Off-Road-Fahrzeuge" gegenüber, die sich gleichfalls abseits öffentlicher Straßen bewegen können, doch primär für freies Gelände, Tagebau-Topografie, Morast und Wüste vorgesehen sind. Bekannteste Vertreter der Off-Road-Fahrzeuge dürften die Muldenkipper sein. Off-Road – also abseits von Straßen – gibt es viele Traktionsaufgaben zu meistern. Beste Beispiele hierfür sind dreiachsige kanadische Knicklenker-Schlepper der Baureihe „Delta-Three" von Foremost auf superbreiten 66 × 43.00 × 25-Niederquerschnitt-Geländereifen und der aus einem Erdbewegungs-Raddozer umfunktionierte amerikanische Melroe-Achtrad-Schwerstlastschlepper „M 880-Multi Wheel". Die zwischen 147 kW und 316 kW (200 PS und 430 PS) leistenden Foremost-Delta-Three-Geländefahrzeuge können außer speziellen Rad- und Raupenanhängern auch ganze Schlittenzüge ziehen und Häuser auf Kufen versetzen. Statt einer Ballastpritsche verfügen sie verschiedentlich über große Kraftstoffkessel oder Kipperaufbauten bis 13,5 t Gewicht einschließlich Treibstoff oder Ladung. Statt der Aufbauten ist auch eine komplette Ausstattung als Feuerwehrwagen möglich.
Das 125 t schwere Melroe-Gefährt verfügt über zweimal 368 kW (500 PS). Es zieht mit Goldhofer-Plattform-Hubwagen ganze Gaskompressor- oder auch Fabrikationsanlagen mit bis zu 1500 t Stückgewicht kilometerweit durch die Kälteregion. Auf rund 165 Tonnen Gesamtgewicht bringt es hingegen eine dreiachsige amerikanische Hendrickson-Haubenzugmaschine. Das 360-DPM-Monster hat indes nur einen 515 kW (700 PS)-Cummins-Diesel.
Die bisher gewaltigste „nicht öffentliche" Schwerlastzugmaschine dürfte es nach ihrer Fertigstellung leichter haben. Der von Titan in Appenweier (Baden) konstruierte Sechsachs-Allradwagen Z 150. 1250 K 12 × 12 ist für verhältnismäßig ebenes Werftgelände, demnach nicht für Off-Road-Verhältnisse vorgesehen. Mit einem 919 kW (1250 PS)-Industriediesel ausgestattet, soll diese künftige schwerste und leistungsstärkste europäische Zugmaschine eine 120-t-Ballastbox erhalten und Plattform-Hubwagen mit vorgefertigten Schiffssektionen (die gut und gern 1200 t wiegen können) zur Helling transportieren. Außerdem wird das gedrungene, flache Fahrzeug mit Seilwinde und darüber hinaus mit einer Hydraulik-Pumpenanlage zum Heben und Senken der Last-Plattform des Superanhängers vervollständigt.

Zum Heben und zum Fahren

Das Kraftfahrzeug eroberte sich auch einen Platz beim Vertikaltransport. Die Hybridantriebe sowie Drei-, Vier- und Mehrachsfahrgestelle ebneten hierfür den Weg. Ohne sie wäre die Entwicklung zum schweren Großautokran kaum denkbar gewesen. Ardelt in Eberswalde installierte 1932/33 etwa 3,0 t hebende Drehkrane auf dreiachsige mittelgroße Henschel-Geländewagen-Fahrgestelle. MAN verwendete bereits 1929 Zweiachs-Chassis, trieb den 1,6-t-Kran aber ottoelektrisch an, ähnlich wie Coles in Großbritannien auf Tilling-Stevens-Chassis.
Die Firma Zobel, Neubert & Co. in Schmalkalden montierte 1933 Drehkrane für 6 t bis 8 t Tragkraft mitsamt Hilfsrahmen auf dreiachsige, elastikbereifte und verstärkte Büssing-NAG-Chassis des bekannten Typs 80. Einen anderen Weg beschritten ab 1937/38 die Faun-Werke und die Demag gemeinsam. In Nürnberg konzipierte man ein für Kranbetrieb ausgelegtes, luftbereiftes Dreiachs-Fahrgestell, das sich auch für den Betrieb beziehungsweise für die Fahrt auf Schienen umrüsten ließ. Die Demag steuerte dazu den Krantyp B 60 für 8 t bis 12 t Höchsthublast bei. Sein verschiebbares Gegengewicht brauchte man zum Standortwechsel nicht zu demontieren. Es war mit Wasser, Sand oder Schrott gefüllt, leicht entleer- und schnell wieder auffüllbar. Die gleiche dieselelektrische Rohrkran-Bauart wurde außerdem auf die 18-t-Halbketten-Zugkraftwagen-Fahrgestelle des FAMO-Typs F 3 mit V12-Zylinder-184 kW-Maybach-Panzer-Ottomotor installiert. Die Krane waren für militärische Zwecke vorgesehen. Die Faun-Kran-Dreiachser erhielten ihren Antrieb von wassergekühlten 129 kW (175 PS)- bis 147 kW (200 PS)-Deutz-Dieselmotoren in relativ seltener Reihen-Achtzylinder-Bauart.
Die ersten Vierachs-Autokrane hatten ihr deutsches Debüt während der Wiederaufbauzeit, Faun mit dem Krupp-Ardelt-18-t-Teleskopkran 1963 und Foden

Erster auf Straßen und Schienen fahrbarer Autokran, gebaut 1938 von der Demag auf besonderem Faun-LK-5 S-Fahrgestell mit 129 kW (175 PS)-Diesel. Im Bild der Demag-B-60-Kran-Prototyp mit dieselelektrischem Antrieb für vermutlich 10 t Tragkraft und mit Sand ballastierbarem, verschiebbarem Gegengewicht.

Nicht nur die Autokrane und ihre Traglasten nahmen zu. Die Betonpumper-Verteilermasten ziehen in bescheidenerem Rahmen mit. Sie lassen sich seit 1985 bis auf 52 m Höhe ausfalten. Im Bild der deutsche Schwing-Typ KVM 52 für die USA auf niederländischem Terberg-Fahrgestell F 2950 10 × 6 mit 294 kW (400 PS)-Cummins-Diesel und 53 t Gesamtgewicht.

Im Jahr 1971 stellten Bohne/Rosenkranz den ersten Autokran der Welt für 1000 t Nenntragkraft in Dienst. Das straßenfahrbare Grundgerät wiegt 118 t. Es besteht aus der fünfachsigen 250 kW (340 PS)-Faun-Sattelzugmaschine L 1412/51 VS 10 × 8 und einem Scheuerle-Sattelnachläufer mit einer plus vier Achslinien. Der Kranantrieb erfolgt dieselhydrostatisch. Bei 202 m Aufrüsthöhe verbleiben immerhin noch 5 t Tragkraft. Das Ulmer Münster, mit dem höchsten Kirchturm, mißt vergleichsweise „nur" 161 Meter.

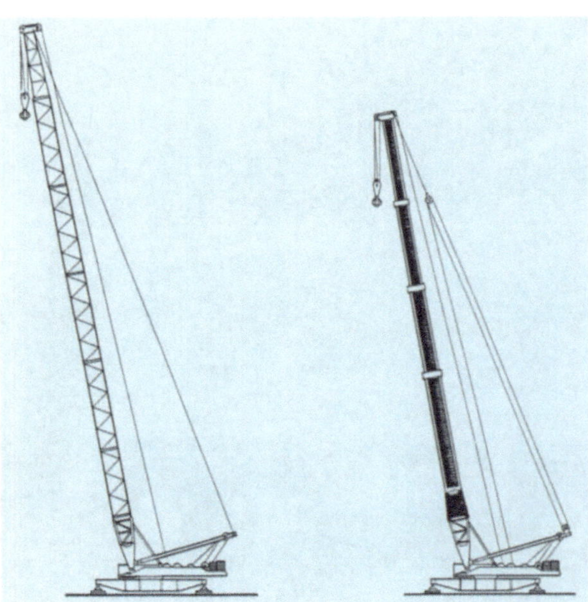

Der Düsseldorfer Fahrzeugkranhersteller Leo Gottwald entwickelte 1986 erstmals eine Teleskopmastkran-Bauart, die mit Gittermastkran-Oberwagen kompatibel ist (Zeichnung). — Die Fotos rechts zeigen das Basisgerät des neuesten und weltweit leistungsstärksten Autokrans der Welt im Transportzustand. Der Kranoberwagen des Gittermastathleten AK 912 GT 20 × 8/18 muß geteilt transportiert werden. Gegengewichts-Oberwagen-Komponente und A-Bock befördert der Transporter-Tieflader AK 912 TR 12 × 6/8. Die gedrungenen Fahrzeuge wiegen beim Straßentransport 120 t und 72 t. Der Antrieb erfolgt durch Daimler-Benz-390 kW (530 PS)- sowie 309 kW (420 PS)-Turbo-Dieselmotoren, deren Kraft mittels GM-Allison-Automatikgetriebe auf Kessler-Achsen übertragen wird. Die Höchstgeschwindigkeit beträgt 80 km/h. Der dieselhydrostatisch arbeitende Oberwagen mit 206 kW-(280 PS)-Daimler-Benz-Lastwagen-Diesel ist für maximale Nenntragkräfte von 900 t (Teleskopmast) und 1200 t (Gittermast) konstruiert.

mit dem Demag-27-t-Gittermastkran im Jahr 1964. Bis zu einem bestimmten Grad handelte es sich hierbei noch um Lastwagen-Krane. In den USA gab es indessen schon von der Lokomotivfabrik Baldwin-Lima-Hamilton und von P&H-Harnischfeger Vierachs-Autokrane mit Barrenrahmen-Fahrgestell.
Sie kamen bereits ohne Hilfrahmen aus. Die Abstützkräfte konnten direkt in den Fahrzeug-Kastenrahmen eingeleitet werden. Den ersten großen, maximal 100 t hebenden Gittermast-Autokran lieferte Gottwald in Düsseldorf 1961 auf Fünfachs-Chassis, und 1966 brachte es ein von Rosenkranz selbstentwickelter Sattelzug-Autokran mit Dreiachs-Faun-Sattelzugmaschine auf 200 t Nenntragkraft. Ihm folgte 1968 ein 500-t-Sattelzugkran mit Faun-Vierachs-Sattelzugmaschine und bereits 1971 ein 1000-t-Gittermast-Sattelzug-Autokran der Demag mit Faun-Fünfachs-Zugwagen (und einer plus vier Scheuerle-Achslinien unter dem aufgesattelten Kranoberwagen). In den Lastmoment-Bereich der 1000-t-Gittermast-Autokrane wirkt seit 1985 der Gottwald-Teleskopmast-Autokran AMK 800 für rund 850 t Nenntragkraft hinein. Sein Oberwagen ist auf einem von vorn bis hinten durchgehenden zehnachsigen Barrenrahmen-Chassis mit integriertem Krandrehsockel installiert.
Die bis zu 456 kW (620 PS) leistenden Fahr- und Krandiesel stammen zumeist von serienmäßigen Lkw- oder Omnibus-Dieselmotoren ab, mit zusätzlichen Zylindern (bis V12) als Turbomotoren, mit oder ohne Ladeluftkühlung. Seit Sommer 1986 stehen auch 552 kW (750 PS)-Maschinen zur Verfügung.

Auch das Trommelvolumen der Transportbetonmischer nimmt zu, besonders in Staaten, die hohe Gesamtgewichte erlauben, wie zum Beispiel die Niederlande. Das Bild zeigt einen deutschen 12 m³-Stetter-Transportbetonmischer AM 12 H zur Versorgung von Großbaustellen auf fünfachsigem spanischem Pegaso-Fahrgestell 2531 K 10 × 4 mit 250 kW (340 PS)-Diesel; der Mischer ist ausgelegt für 42 t bis 43 t Gesamtgewicht.

Den ersten deutschen Dreifahrzeug-Löschzug mit Kohlensäure-Gasspritze, Hydrantenwagen (Bild) und dampfbetriebener Drehleiter beschaffte 1902 die Feuerwehr Hannover. Das Fahrzeug wird batterie-elektrisch mit jeweils 8,6 kW angetrieben. Hersteller war die Waggon- und Maschinenfabrik C. F. W. Busch in Bautzen.

Löschfahrzeuge

Von der Mitte des vergangenen Jahrhunderts an machte die Dampfkraft – zwar zaghaft erst – auch die Feuerlöschpumpen mobil. Um die Zeit der Jahrhundertwende kam es gar zu einem Anachronismus. Obwohl das Motorfahrzeug einerseits und die pferdegezogene Motorspritze andererseits in die Praxis umgesetzt waren, befaßten sich Konstrukteure noch mit muskelkraftbetriebenen Feuerwehrfahrzeugen und mit Feuerwehr-Dampfautomobilen. Darüber hinaus standen batterie-elektrisch betriebene Feuerlöschzüge und durch Kohlensäure-Gasdruck ausschiebbare Feuerwehrleitern hoch im Kurs. Das Bedenken, ja die Angst der Feuerwehr-Kommandanten gegenüber Benzinautomobilen zur Brandbekämpfung, also mit benzingefüllten Kraftstofftanks zum offenen Feuer zu fahren, saß bis in die Zeit um 1910 einfach zu fest. Die Tabelle läßt den Trend deutlich erkennen, und sie spiegelt die Meilensteine der Feuerwehrfahrzeug-Entwicklung bis zum heutigen Tage wider.

Geschichtliche Entwicklung der Feuerwehrfahrzeuge: Bauarten und Antriebsleistungen

Jahr	Ort	Gerät	Leistung kW	Leistung PS
1841	New York	1. Selbstfahrende Dampfspritze von Paul Rapsey Hodge.	–	–
1888	Bad Cannstatt	1. Feuerspritze mit Ottomotor, auf Rädern für Pferdezug. Von Gottlieb Daimler, Wilhelm Maybach und Heinrich Kurtz.	0,74	1
1891	Berlin	Feuerspritze als Federaufzug-Tretautomobil. Von Hermann Gans-windt.	–	–
1899	Paris	1. Feuerwehr-Automobil: Elektrowagen mit Strahlrohr, Leiter, Atemschutz- und Rettungsgerät. Eigenbau der Pariser Feuerwehr.	–	–
1901	Berlin	1. Feuerwehrauto mit Ottomotor: Mannschafts- und Gerätewagen, Fahrgestell der Adler-Werke.	–	–
1902	Hannover	1. Feuerwehr-Dreifahrzeug-Zug: Gasspritze, Hydrantenwagen, jeweils elektrischer Antrieb und Dampfspritze mit Dampfantrieb. Von Waggonfabrik Busch-Bautzen.	6,3	8,6
1903/04	Köln	1. Feuerwehr-Zweifahrzeug-Zug: Dampfspritze und Dampfdrehleiter, jeweils mit Dampfantrieb. Von Magirus.	22+37	30+50
1903	Budapest	1. Automobil-Spritze mit Ottomotor. Von Magirus auf Wartburg-Eisenach-Fahrgestell (später Dixi).	–	–
1905	Wien	Dreifahrzeug-Zug auf elektrischen Lohner-Porsche-Fahrgestellen mit Radnabenmotoren: Gasspritze mit Drehleiter, Dampfspritze und Tender-Rüstwagen, Aufbauten von Knaust in Wien.	je 26	je 35
1906	Kapstadt	1. Automobil-Drehleiter (Kohlensäure-Auszug) mit Ottomotor. Von Magirus auf Morris-Fahrgestell.	–	–
1906	Grunewald (Berlin)	1. Automobil-Tanklöschfahrzeug mit Ottomotor. Von Metz auf SAW-Gaggenau-Fahrgestell (später Benz).	22–26	30–35
1906/07	Berlin	Zweifahrzeug-Zug für Antriebs-Vergleichsfahrten: Elektromobil mit Gasdruckspritze von Austro-Daimler/System Porsche und Dampfwagen als Dampfspritze von Busch-Bautzen. Aufbauten jeweils Busch.	11	15
1907/09	Hamburg	Elektromobiler Schleppwagen für Mannschaftswagen, Leiter, Gasspritze oder Dampfspritze. Praktisch 1. Feuerwehrfahrzeug mit Wechselaufbauten.	–	–
1907	Charlottenburg (Berlin)	Dreifahrzeug-Zug auf elektrischen Justus Christian Braun-Nürnberg-Fahrgestellen (ebenfalls Radnabenantrieb): Gasspritze, Drehleiter und Dampfspritze. Sämtliche Aufbauten von Braun.	je 11	je 15
1908	Berlin	1. Feuerwehr-Vierfahrzeug-Zug: Gasspritze, Tenderwagen, Dampfspritze und Schapler-Eisenteleskop-Drehleiter jeweils auf Austro-Daimler/Porsche-Elektrofahrgestellen. Aufbauten von Busch und Drehleiter von Justus Christian Braun (später Faun).	je 25	je 34
1912	Mannheim	1. Feuerwehr-Vierfahrzeug-Zug mit Ottomotor: Kommandowagen, zwei Löschfahrzeuge und Drehleiter. SAW-Gaggenau/Benz-Fahrgestelle. Magirus-Drehleiter.	–	–
1927/28	Breslau	1. Flugplatz-Feuerwehrfahrzeug, ein Abrüstwagen von Kralik auf Daimler-Benz-Fahrgestell.	–	–
1934	Fliegerschulen	1. Flugplatz-Tanklöschfahrzeug, dreiachsig und geländegängig. Von Magirus.	51	70
1935	Dresden	Besonders leistungsfähige Mercedes-Benz-Metz-Feuerlöschzüge (Kraftfahrspritze, Rüstwagen, 26-m-Drehleiter) mit Maybach-Ottomotoren, V 12-Zylinder.	je 110	je 150
1935	Deutschland	Erlaß des Reichsluftfahrtministeriums, Feuerwehrfahrzeuge möglichst mit Dieselmotor auszurüsten.		
1936	Leipzig	Rettungs/Rüstwagen von Büssing-NAG mit ärztlichen Geräten und Büssing-V 8-Ottomotor.	110	150

Jahr	Ort	Gerät	Leistung kW	Leistung PS
1955	Italien	Zweimotoriges, dreiachsiges Feuerlöschfahrzeug. Von Viberti mit FIAT-Dieselmotoren.	2 × 103	2 × 140
1958	VR China	Mit 60 Meter Steighöhe größte Drehleiter der Welt. Von Metz auf dreiachsigem Kaelble-Fahrgestell.	147	200
1959	USA	Einknickbarer Gelenkmastarm mit Arbeitskorb und Rettungseinrichtung. 20–23 Meter Arbeitshöhe, bekannt als Quinn's Snorkel.	–	–
1963	New York	Super-Pumper-System: Super-Pumper-Sattelzug mit 2400 PS-Pumpendiesel und Super-Tender-Sattelzug mit der Spritzeinrichtung bis 137 Meter Höhe. Dreiachs-Sattelzugmaschinen von Mack. Dazu drei zweiachsige Satelliten-Fahrzeuge, auch von Mack. Leistungsfähigstes Feuerwehr-System der Welt.	je Szgm. 186	je Szgm. 255
1964	Marietta/USA bei Lockheed Co.	1. Flughafen-Großlöschfahrzeug: Sechsachs-Sattelzug mit rund 42 000 Liter Löschmittel fassendem Howe-Auflieger und White-Autocar-Sattelzugmaschine.	235	320
1967	Flughafen Paris-Orly	1. geländegängiges, vierachsiges Flughafen-Großtank-Löschfahrzeug. Von Faun mit 16 000 Liter Löschmittel fassendem Sicli-Sides-Aufbau. Luftgekühlte Deutz-Diesel.	2 × 331	2 × 450
1968	Mainz	Amphibien-Feuerlöschfahrzeug für Hafengelände. Erbauer: Eisenwerke Kaiserslautern-Göppner.	210	285
1971	Frankfurt	1. Straße-Schiene-Feuerwehrfahrzeug der Welt, auch für U-Bahn-Bereich. Fahrgestell: Magirus-Deutz. Aufbau: Berger-Karosserie. Einziehbares Schienenfahrwerk: Schörling-Waggon.	171	232
1971	Berlin	Erstmals verschiedenartige Feka-Feuerwehr-Wechselaufbauten für MAN-Frontlenker-Fahrgestelle mit Multilift-Seilzug-Hinterkipprahmen.	137	186
1972	Stadt Frankfurt	Großtanklöschfahrzeug mit Fahrerkabine vorn und hinten. Vierachsig, geländegängig, für 20 000 Liter Löschmittel. Von Magirus-Deutz auf Faun. 50 Tonnen Gesamtgewicht.	2 × 368	2 × 500
1974	Stuttgart	1. deutscher Schnellbergungswagen. 160 km/h schnelles Vorausfahrzeug für erste technische Hilfe. Entwickelt von Eberhard Hemminger auf British Leyland Range Rover-Basis.	–	–
1976	Frankfurt	Fünfteilige Leiterbühne mit Rettungsplattform für 30 Meter Steighöhe auf Dreiachs-Chassis. Komplett von Iveco/Magirus-Deutz.	224	305
1977	Bayer-Werk Dormagen	Dreiteiliger Gelenk-Löscharm für 30 Meter Arbeitshöhe. Von Bachert auf MAN-Dreiachser.	177	240
1979	Flughafen Stuttgart	Schnellstes Flugplatz-Großtanklöschfahrzeug: 144 km/h, zweiachsig, für 3 Tonnen Löschpulver. Von Saval-Kronenburg auf Kaelble-Fahrgestell.	662	900
1980	München	Neuartige, besonders niedrig konzipierte Feuerwehr-Drehleiter für 30 Meter Steighöhe von Magirus, auf IVECO-Magirus-Kurzhauben-Spezialchassis mit hinter Fahrerkabine angeordnetem Deutz-Diesel. Fahrzeughöhe: 2,85 Meter.	188	256
1980	Stuttgart	1. niedrig bauende Metz-Soforteinstiegleiter mit nach hinten gerichteter Leiterspitze und auf Wunsch daran befestigtem Rettungskorb. Auf Daimler-Benz-Frontlenkerfahrgestell mit Leiter-Drehbühne hinter der Fahrerkabine.	141	192
1980	Export für Auslandsflughafen	Konrad Rosenbauer führt auf britischem Reynolds-Boughton 6 × 6-Heckmotor-Tanklöschfahrzeug-Chassis ein neues Design für Flughafen-Feuerwehrfahrzeuge ein. Der gelb-schwarze Rosenbauer-„Simba" besitzt separaten 188 kW (256 PS)-Pumpendiesel.	386	525
1980		Hochretter-Seilbühne mit mehrere Personen fassender Rettungskabine, von Gebrüder Wahlefeldt auf Daimler-Benz-Frontlenker-Feuerwehrfahrgestell. Zur Rettung aus Hochhäusern, maximal 200 Meter Reichhöhe.	141	192
1984	Duisburg	Berufsfeuerwehr Duisburg beschafft als erste deutsche Feuerwehr vierachsige Brandschutzfahrzeuge auf serienmäßigen 8 × 6- und 8 × 8-Fahrgestellen, blattgefedert von Daimler-Benz/Bachert und schraubengefedert von MAN/Rosenbauer/Meiller-Hakenabroller.	261 268	355 365
1984	Großbritannien/ Niederlande	Mit 60 Meter Rettungsplattformhöhe ist der Simon-Super-Snorkel die höchste Gelenk-Teleskopmast-Hubrettungsbühne der Welt. Auf Terberg-Vierachs-Frontlenker-Spezialfahrgestell.	227	308
1986	Frankfurt Rhein-Main-Flughafen	Rosenbauer liefert neue Flughafen-Tanklöschfahrzeuge mit 11 600 Liter Wasser- und 1200 Liter Schaummitteltank sowie 2,0 Tonnen Löschpulver-Vorrat. Auf vierachsigen luftgefederten allradgetriebenen Titan-Appenweier-Fahrgestellen mit MTU-Heckdieselmotor. 148 km/h.	919 + 206 (für Pumpe)	1250 + 280 (für Pumpe)
1986/87	Airports in Übersee	Oshkosh zweimal Zweiachs-Knicklenker-Chassis (8 × 8) für Rosenbauer-6700-Liter-Flugplatz-Tanklöschaufbau, hochgradig geländefähig.	397	540

Diese beiden Sattelzüge sind seit 1984 eingemottet. Ab 1965 waren sie in New York Bestandteil des weltweit leistungsfähigsten Feuerlöschzugsystems der Welt.
Oben: der „Super-Pumper" mit 1765 kW (2400 PS)-Napier-Gegenkolben-Diesel mit 18 Zylindern in Delta-Anordnung sowie mit der Hochleistungspumpe.
Unten: „Super-Tender" mit dem 180-mm-Wendestrahl-Wasserwerfer und mit 600 m Faltschläuchen. Maximale Wasserleistung 33 m^3/min; Höchstwurfweite (bei Windstille) bis 130 m. Die 187 kW (255 PS)-Sattelzugmaschinen des Typs F-715 ST (6 × 4) stammen ebenso von Mack-Trucks wie die zwei Super-Sattelauflieger und drei dem System zugehörige zweiachsige 147 kW (200 PS)-„Satellite-Tender". Jeder dieser Zweiachser verfügt über 76-mm-Wasserkanonen und einen 200 m langen, in sich stabilen Hochdruckschlauch. Wegen der hohen Wasserrückstoßkräfte erhielt die Sattelzugmaschine des „Super-Tenders" seitlich ausfahrbare Hydraulik-Abstützungen.

Im Jahr 1904 erhielt Köln einen automobilen Zweifahrzeuglöschzug, bestehend aus Dampfdrehleiter für 25 m Steighöhe (Bild) und einer Dampfspritze. Beide dampfangetriebenen Fahrzeuge stammten komplett von C. D. Magirus in Ulm/Donau.

Nicht alle Weltflughäfen haben rotlackierte Feuerwehrfahrzeuge. Die Rosenbauer-Modelle „FLF 8000-Buffalo" werden auf MAN/ÖAF-Fahrgestellen 26.440 DFA-LF 6 × 6 geliefert, zumeist für den Export. In der Basiskonzeption sind die Fahrgestelle mit 324 kW (440 PS)-MAN-6 × 6-Schwerlastzugmaschinen für 40 t Gesamtgewicht verwandt. Der Flughafen-Tanklöschaufbau verfügt über einen 7 m³-Wasser- und einen 0,8 m³-Schaummitteltank. Die Pumpenleistung beträgt 6000 l/min, das Löschfahrzeug-Gesamtgewicht 22 t.

Für viele kommunale Aufgaben

Der Begriff Kommunalfahrzeug läßt in der Vorstellung des Bürgers oftmals recht vordergründig Entsorgungs- und Städtereinigungsfahrzeuge erscheinen. Doch diese Begrenzung des Begriffs ist viel zu eng. Die schier unendliche Vielfalt reicht vom Müllsammelfahrzeug über Straßenkehr- und Straßenwaschmaschinen, Fäkalienwagen sowie Kanal-Spül- und Saugewagen bis zu Gelenkmast-Arbeitsbühnen, zum Beispiel zur Unterhaltung der Straßenbeleuchtung und von Brücken. Nicht zu vergessen sind Schneeräumfahrzeuge (Pflüge, Fräsen, Schleudern), moderne Schlammsaugewagen mit Wasserrückführungstechnik, außerdem Hochleistungs-Industriemüllsaugewagen für nasse und pastenförmige sowie staubförmige und grobkörnige Abfälle.
Die erste städtisch organisierte Müllabfuhr mit Pferdekarren im Kommunalbesitz soll sich im Jahr 1559 die Stadt Breslau zugelegt haben. Bis zur staubfrei funktionierenden Müllabfuhr war es allerdings ein weiter Weg. Die Grundlagen zur staubfreien, hygienischen System- und DIN-Sammel-Technik schuf 1912 die Firma Schmidt & Melmer zunächst mit kantigen viereckigen Müllgebinden zum Entleeren in geschlossene Pferdewagen. Beim Hochkippen des Müllgefäßes öffneten sich im Fahrzeug-Aufbau eine Klappe und am Mülleimer der Deckel. Beim Herunterlassen schlossen sich beide Behälter wieder. Das Hinüberwechseln des Abfalls in das Fahrzeug vollzog sich hermetisch abgeschlossen, also unter Ausschluß der Öffentlichkeit.
Diese erste staubfreie Entleerung wurde mit Schüttvorrichtung und Rundtonne von Schmidt & Melmer ab 1923 zum Ringsystem weiterentwickelt und 1928 patentiert. Nach 1923 konzipierten Schmidt & Melmer und Krupp zum Ringsystem passend den Müllwagenaufbau mit rotierender, den Abfall zerkleinernder Förderschnecke.
Ende der zwanziger Jahre gab es zwischen Mitteleuropa und San Franzisco bereits ein Dutzend Müllwagen-Systeme zum Laden, Zerkleinern und Verdichten des Mülls im Fahrzeug-Sammelaufbau. Um dem Müllwagen-Personal bei seiner gewiß nicht einfachen Arbeit auch das ständige Ein- und Aussteigen zu erleichtern, entwickelten die US-Nutzfahrzeughersteller Mack, Paccar-Kenworth/Peterbilt und White ab 1970 drei- und vierachsige Müllwagen-Frontlenker-Fahrgestelle mit verhältnismäßig weit nach vorn gezogener und möglichst niedrig angeordneter Fahrerkabine. Unterhalb der Fahrertür kommt man dem Müllsammel-Personal mit ein bis zwei flachen Trittstufen entgegen.
Dem technisch außerordentlich begabten Engländer

Die modernsten und leistungsstärksten Flughafen-Feuerwehrfahrzeuge der Welt erreichen mit 45 t Gesamtgewicht 148 km/h auf luftgefederten geländegängigen deutschen Titan-Fahrgestellen des Typs TR 45.1250 8 × 8. Der Aufbau und die brandschutztechnische Ausrüstung des GFLF 60/120 stammen von Konrad Rosenbauer. Die „Super-Simba" führen 11 m³ Wasser, zweimal 0,6 m³ Schaumbildner und 2 t Löschpulver mit. Die Löschpumpe fördert 7 m³/min. Die Wendestrahlrohr-Wurfweite reicht bis zu 70 m. Der V-Achtzylinder-Intercooler-Diesel von MTU leistet 919 kW (1250 PS) und der Daimler-Benz-Pumpendiesel 208 kW (280 PS).

Ein Kommunal- beziehungsweise Winterdienstfahrzeug für den Flughafen: Die Start- und Landepisten müssen jederzeit schnee- und eisfrei gehalten werden. Diese Aufgabe fällt unter anderem den hochleistungsfähigen Schmidt-„Turbostream"-TS 5-Räumgeräten zu, kombiniert aus Schleuderwerk mit Kantenfräsen. Die Wurfweite beträgt bis zu 50 m, und die Räumleistung gibt der Hersteller mit maximal 5700 t/h an. Der Daimler-Benz-Aggregatdiesel mit Ladeluftkühler leistet 441 kW (600 PS), das Mercedes-Benz-Fahrgestell 1936 AK 4 × 4 ist mit einem 261 kW (355 PS)-Saugdiesel ausgerüstet.

Mülltransport-Sattelzug von Justus Christian Braun (seit 1918 Faun-Werke, seit 1986 O&K/Faun) mit batterie-elektrischer Sattelzugmaschine aus den Jahren 1910/11. Die Akkumulatoren hatten ihren Platz unter der „Motorhaube", und der Aufliegerbremser saß über der Sattelkupplung. Das elektrische Frontantriebs-Radnabensystem entsprach der französischen Lizenz von Balachowsky & Caire.

Krupp-Sattelschlepper mit 40 kW (55 PS) und 6-m³-Straßensprengwagen aus dem Jahr 1925 für etwa 20 m Sprengweite. Gut erkennbar sind am Sattelauflieger die verhältnismäßig großen Stützräder.

Krupp-Müllwagen mit kombinierter Förder(Zerkleinerungs)schnecke sowie staubfreiem Schmidt & Melmer-Rundtonnen-Entleerungssystem aus der Zeit von 1923/25. Der Ottomotor leistete 40 kW (55 PS), die Nutzlast lag bei 5 t, die Kapazität bei 12 m³. Die Kipphydraulik stammt von Wirz/Meiller.

Daimler-Benz-Frontlenker-Dreiachser L 10 000 KO (6 × 4), speziell für KuKa/Keller & Knappich-Müllsammelaufbauten mit Rolltrommel-Abfallzerkleinerung geschaffen. Die Nutzlast betrug 10 t, das Müllaufbauvolumen 15 m³ bis 16 m³ verdichteten Mülls. Der mit Holzgeneratorgas betriebene Motor leistete schlichte 63 kW (85 PS). KuKa gehört zwischenzeitlich zu O&K/Faun.

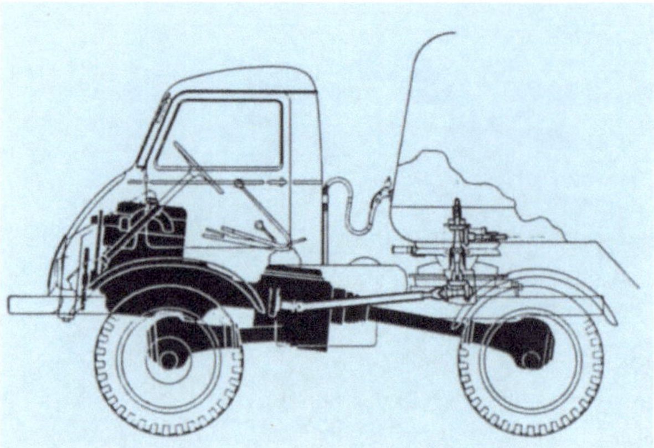

Der allradgetriebene Unimog von Daimler-Benz wurde in den fünfziger Jahren unter anderem als Sattelzugmaschine mit mechanischer (vertikaler und horizontaler) Nebenantriebsmöglichkeit geliefert. Die Kraftverzweigungen führten durch die Sattelkupplung. Dieses Universal-Motorgerät leistete seinerzeit etwa 44 kW (60 PS). Für kommunale Aufgaben kuppelte man ihn mit 6-m³- bis 8-m³-Müllsattelaufliegern oder mit 2-m³-Gully-Kranschlammwagen von Haller-Stuttgart.

Joseph Whitworth wurde zwischen 1840 und 1847 eine Straßenkehrmaschine patentiert, bei der die Besen von einer endlosen Kette in eine geradlinige und gleichzeitig drehende Bewegung versetzt wurden. Der aus der Strauß'schen Musikerdynastie stammende, natürlich auch komponierende Ingenieur Josef Strauß (1827 bis 1870), beschäftigte sich um 1860 mit Straßenkehrmaschinen für Wien. Die Konzeption kam in seiner Heimatstadt zur Anwendung. Die Wagenräder setzten, wie es heißt, eine oder mehrere Borstenwalzen in Bewegung.

Aus den Jahren 1908/09 sind 5,0 m³ Wasser fassende Straßensprengwagen der Hamburger Firma H. J. Hellmers überliefert. Als Chassis dienten Hanomag-Dampflastwagen-Fahrwerke nach der Lizenz Peter Stoltz. Fast zur gleichen Zeit lieferte Büssing Motorsprengwagen mit Hellmers-Aufbauten, und Mitte der zwanziger Jahre kamen Rolltrommel-Müllwagen von KuKa (Keller & Knappich) auf NAG-Chassis sowie von Peter Bauer (System Neuy) in Köln hinzu. Krupp nahm 1919 den Motorroller- und Lastwagenbau auf. Das Essener Unternehmen stieg 1921 in den Bau von Kommunalfahrzeugen ein. Gebaut wurden Dreirad-Motorkehrmaschinen nach System Heusen, Vierrad-Straßensprengwagen und Müllsammel- sowie Straßensprengwagen-Sattelzüge, jeweils mit 33 kW (45 PS)-Krupp-Ottomotor. Das verhältnismäßig große dreirädrige Straßenreinigungsfahrzeug wurde in Deutschland (Fabrikate Krupp, Faun-Werke, Magirus, Streicher) und in Großbritannien (Karrier und Scammell) zum Dauerbrenner. Heute noch sorgt eine Anzahl dieser ungewöhnlichen Dreiräder in verschiedenen Städten für saubere Straßen und Fußwege.

Zur Gesamtgewichtserhöhung von 16 t auf 19,5 t ließ sich der schweizerische Volvo-Truck-Importeur für den ausschließlich inländischen Bedarf die einzelbereifte Babyachse einfallen: klein bereift, luftgefedert, lenkbar und für Leerfahrt liftbar. Das Bild zeigt ein umgerüstetes schwedisches Volvo-F-7-Baumuster (162 kW bzw. 220 PS) mit 15,5 m³-Ochsner-Preßmüllaufbau. Er „schluckt" bis zu 80 m³ ungepreßten Haus- oder Geschäftsmüll.

Ein Schnappschuß nach Toresschluß der BAUMA '86 in München zeigt „dicke Brocken" vereint zum Transport: Titan-Schwerlastzugmaschine Z 42.615 F 8 × 6/4, die auf einem Scheuerle-Tieflader einen amerikanisch-britischen Allterrain-Teleskopmast-Autokran des Typs AT 1400 (Grove-Coles) befördert.
Die Zugmaschine hat einen 452 kW (615 PS)-V12-Intercooler-Diesel. Der Kran hebt maximal 125 t, und er selbst bringt etwa 55 t auf den Tieflader. Der Hydraulik-Teleskopmast läßt sich bis auf 63 m Höhe ausfahren.

Schlepper und Geräteträger in der Landwirtschaft

Erich Hoepke

Technik in der Landwirtschaft ist uralt und nicht erst an das Erscheinen des Traktors gebunden. Technik damals – dies war die Erfindung des Rades, des Pfluges und das Nutzen tierischer Zugkraft. Die Mechanisierung der Landwirtschaft begann 1851 mit den dampfbetriebenen Seilpflügen von John Fowler, deren Einsatz Max Eyth in weiten Teilen der Welt vorantrieb. Die Dampfmaschinen waren schwer und unhandlich und eher zum stationären Betrieb mit Winde geeignet als zum Ziehen von Pflügen. Die Zeit wurde bald reif für einen leichten und dennoch zugkräftigen Traktor, der nicht nur auf riesigen Ländereien, sondern auch auf europäischen Feldern rationell arbeiten konnte. Aber erst während des Ersten Weltkriegs entstanden die Schlepper, deren Konstruktion für spätere Entwicklungen richtungweisend wurde.

Dampfpflug und Motorpflug

Die Erfindung des Verbrennungsmotors ließ ab 1896 eine Motoren- und Automobilindustrie entstehen, deren Bedeutung für die Landtechnik zunächst gering blieb. Motorpflüge wurden noch nach dem Bauprinzip der Dampflokomobile gebaut; dies brachte keinen nennenswerten Fortschritt. Erst über weitere Zwischenlösungen entstand der Motorpflug.

Typischer Tragpflug von Hanomag, System Wendeler-Dohrn (1912), und Hanomag-Schlepper Brillant 700 (1967).

10

Die Gasmotorenfabrik Deutz baute 1907 eine vierradangetriebene und -gelenkte Motorzugmaschine mit 29 kW (40 PS), an die vorn und hinten je ein mehrachsiger Teilpflug angelenkt war. Es blieb bei diesem Prototyp, denn die Zeit war für solche Maschinen noch nicht reif.
Schon damals war erkannt worden, daß die Masse des Schleppers nicht vorwiegend die Hinterachse belasten darf, wenn die Lenkbarkeit beim Fahren unter Last gewährleistet sein soll. Zum Vierradantrieb fehlten noch die technischen Voraussetzungen, obwohl Burstall und Hill schon um 1825 einen Dampfwagen mit Knicklenkung und Vierradantrieb gebaut hatten; auch dieses Modell war technisch seiner Zeit voraus.
Die Motorpflüge mit nur einer angetriebenen Achse mit großen Rädern lösten vorübergehend das Antriebsproblem. Der Motortragpflug von Stock mit einem 18 kW (24 PS) starken Automobilmotor leitete 1910 die Entwicklung ein. Die Leistung stieg in den nächsten Jahren auf 35 kW (48 PS), 44 kW (60 PS) und sogar 59 kW (80 PS) an. Mit ihrer Wendigkeit und Zugkraft waren diese Motor- oder Tragpflüge den zu schweren Motorzugmaschinen deutlich überlegen. 1912 entstand bei Hanomag ein 37 kW (50 PS) starker Motorpflug, System Wendeler-Dohrn, mit zwei Vorwärtsgängen und einem Rückwärtsgang.
Auf der DLG-Ausstellung 1913 in Straßburg wurden bereits verschiedene in- und ausländische Geräte vorgestellt, darunter ein Raupenschlepper von Holt-Caterpillar (USA) und eine Zugmaschine der Daimler-Motoren-Gesellschaft mit 52 kW (70 PS), die auf Rädern oder Ketten fahren konnte. Die Entwicklung kam also in Fluß und wurde auch durch die Hauptprüfung anläßlich dieser und späterer DLG-Ausstellungen verstärkt. In Nordamerika wurde 1920 der Nebraska-Test zur Beurteilung von Schleppern eingeführt.
Auch Pöhl baute 1920 Motorpflüge, und MAN folgte 1921, zum Beispiel mit einem knickgelenkten Motorpflug, dessen Kurvenlauf durch Abbremsen des kurveninneren Rades erreicht wurde. Auch ein pneumatischer Kraftheber zum Eindrücken und Ausheben der Pflugscharen und deren Freigabe bei Überlastung wurde schon damals verwendet. Motorpflüge wurden noch bis etwa 1930 gebaut.

Die ersten Schlepper

Ein Erfolg des Schleppers konnte nur durch Verlassen des Lokomobilprinzips erreicht werden. Der Motorpflug war in erster Linie eine Einzweckmaschine, während der Schlepper durch Anhängen verschiedener Geräte und Anhänger von Anfang an universell verwendbar sein sollte. 1917 wurde von den Daimler-Werken in Wiener-Neustadt das „Daimler-Pferd" als Pferdeersatz für Transport- und Feldarbeit geschaffen. Seine Bauart lebte bei späteren kleinen Einachstraktoren wieder auf. Pöhl baute 1918 seine sogenannte Ackerbaumaschine in Rahmenbauweise mit großen angetriebenen Hinterrädern. Auch in den USA entstanden Traktoren, zum Beispiel bei Case, und 1916 gab es einen Vorläufer der John-Deere-Traktoren, den Waterloo Boy „N".

Der erste Schlepper vom Fließband: Der Fordson „F" von 1917 wurde fast 15 Jahre lang gebaut.

1917 kam der entscheidende Anstoß durch den Fordson-Radtraktor Modell F mit 16 kW (22 PS). Auch in diesem Fall führte der kriegsbedingte Mangel an Arbeitskräften und Zugtieren zu dieser Entwicklung, bei der erstmalig der Automobilbau Pate stand. Der schnellaufende Vierzylinder-Benzinmotor war mit Kupplung, Dreiganggetriebe und Hinterachse zu einem Block verbunden. Konstruktiv waren alle Komponenten und deren Montage entsprechend der von Ford eingeführten Bandfertigung für das Modell T auf Massenproduktion entworfen. Der Marktanteil lag 1928 in den USA mit 730 000 verkauften Traktoren bei über 50 Prozent.

Harry Ferguson betreute die im Krieg nach England importierten Fordson-Traktoren und entwickelte das Dreipunktgestänge zum Anbau von Pflügen und anderen Geräten und erreichte damit die automatische Zusatzbelastung der Antriebsräder zum Erhöhen der Zugkraft. Später baute Ferguson selbst Schlepper, sein Dreipunkt-Anbausystem erhielt 1936 einen hydraulischen Kraftheber und wurde weltweit zur Norm für den Geräteanbau.

Der Benz-Sendling-Motorpflug von 1922 mit zwei gelenkten Vorderrädern und einem großen hinteren Antriebsrad zog einen angehängten Pflug und war demnach bereits ein Schlepper; er wurde von dem ersten kompressorlosen Dieselfahrzeugmotor der Welt angetrieben. Der von den Mannheimer Motorenwerken (MWM) gebaute Motor wurde von L'Orange entwickelt und leistete 20 kW (27 PS) bei 775 min^{-1}. Beachtlich ist, daß ein landwirtschaftlicher Schlepper noch vor einem Lastwagen von einem Dieselmotor angetrieben wurde und zu dessen Siegeszug im gesamten Fahrzeugbau mit beitrug. Die Bedeutung der Schlepper nahm zu, und es ist in diesem Rahmen nur möglich, einige markante Typen zu erwähnen.

1923 erschien von MWM das „Motorpferd" als erster Straßenschlepper mit Dieselmotor und Elastikreifen. Benz in Mannheim schuf 1929 einen rahmenlosen Dieselschlepper mit liegendem Einzylindermotor mit 19 kW (26 PS) für Feldarbeit und als Straßenschlepper. Die Entwicklung von Schleppern wurde bei Benz nicht weiter verfolgt, lebte aber 1951 mit dem Unimog-Konzept bei Daimler-Benz wieder auf.

Die Straßenschlepper mit großen ungefederten Hinterrädern und 25 km/h Höchstgeschwindigkeit entstanden bei vielen Herstellern als Ableger der landwirtschaftlichen Schlepper in einem Leistungsbereich von etwa 7 kW (10 PS) bis 63 kW (85 PS) und verschwanden mit zunehmender Verkehrsdichte nach dem Zweiten Weltkrieg aus dem Straßenverkehr.

Vielfalt der Schleppertechnik bis 1939

Mit dem Ziel, eine wirtschaftliche, billige, einfach zu bedienende und zu wartende Zugkraft für den Bauern zu bieten, entstand 1921 der Urahn der weltweit verbreiteten und berühmten Lanz-Bulldogs: ein „selbstfahrender Schwerölmotor" mit nur einem Zylinder und 9 kW (12 PS). Aus der ursprünglich nur als ortsbeweglichem Antriebsmotor für Dreschmaschinen gedachten Ausführung entwickelte sich rasch ein echter Schlepper für Feldarbeit und Transportaufgaben. Vielleicht stand der von Köszegi 1906 für Lanz entwickelte „Landbaumotor" mit 59 kW (80 PS)-Benzinmotor und sogar einer hydraulischen Verstellung für den angehängten Pflug Pate. Der von Huber entwickelte, grundsätzlich einzylindrige Rohölmotor mit 500 Umdrehungen arbeitete im Zweitaktverfahren mit einem Glühkopf und war später als echter Vielstoffmotor in der Lage, auch Rapsöl, Salatöl und andere absonderliche „Kraftstoffe" zu verarbeiten. Mit 9 kW (12 PS) und 11 kW (15 PS) wurde dann 1923 ein Lanz-Ackerbulldog mit Vierradantrieb und Knicklenkung geschaffen. Er war technisch richtungweisend, aber inflationsbedingt kein Erfolg.

Zwei allradgetriebene Schlepper mit großen Rädern und großer Bodenfreiheit erlangten durch zusätzliche militärische Verwendung Bedeutung: der italienische Pavesi-Schlepper um 1920 mit Knicklenkung, der später zum Lastentransport im Gelände auch zu einem langen Zug kombinierbar wurde. Der Massey-Harris-Schlepper in den USA in Blockbauweise entstand 1930. Trotz besserer Lenkfähigkeit und höherer Zugkraft auf losem Boden waren beide für landwirtschaftliche Betriebe meistens zu teuer.

1926 begann bei Lanz in Mannheim die Fließbandfertigung mit dem 21 kW (28 PS) starken Großbulldog mit Verdampferkühlung, der 1929 auf 22 kW (30 PS) und 28 kW (38 PS) verstärkt wurde und einen Kühler mit Ventilator erhielt. Durch Anheben der Drehzahl auf 750 min^{-1} wurde 1936 die Leistung auf 37 kW (50 PS), später auf 40 kW (55 PS) erhöht. Aber die schweren Motoren mit fast 10,5 l Hubraum, die folglich auch zu schweren Fahrzeuge, der hohe Kraftstoffverbrauch, der laute Auspuff und die Erschütterung des ganzen Fahrzeugs waren nach dem Krieg nicht mehr zeitgemäß, so daß Lanz 1960 nach der Fertigung des 219 253ten Bulldogs aufgeben mußte und von John Deere übernommen wurde. Eine Ära endete damit. Der leichtere Schlepper mit vielzylindrigem Dieselmotor siegte, da auch er zuverlässig und wesentlich ökonomischer arbeitete. Doch zurück in die zwanziger Jahre, in denen Schlepper mit Gleisketten in Anlehnung an Artillerieschlepper aus dem Ersten Weltkrieg für Böden mit geringer Tragfähigkeit oder für Arbeiten mit besonders hohem Zugkraftbedarf entstanden. In Deutschland baute Hanomag für größere Güter den Wendeler-Dohrn-Raupenschlepper mit 18 kW (25 PS). Außerdem entwickelten auch Pöhl, Stock, Büssing und Dürkopp Raupenschlepper, ferner Linke-Hoffmann in Breslau, später Famo, mit Dieselmotoren von Kämper. Heute haben Raupenschlepper dank der

Leistungsfähigkeit der Radschlepper fast nur als Baumaschine eine Bedeutung.
In den USA wurde 1922 erstmalig ein Bindemäher über eine Zapfwelle eines IHC-Schleppers angetrieben, so daß ein Einmannbetrieb möglich wurde. Hanomag schuf 1924 den Wendeler-Dohrn-Radschlepper in Blockbauweise mit Vierzylinder-Benzinmotor und Dreiganggetriebe, aber noch mit Eisenreifen. 1925 erschien ein kleiner Motormäher von Kramer mit 3 kW (4 PS), der ebenso wie der Motormäher von Fendt nur durch die extrem leichte Bauweise zum Mähen auf Grünland geeignet war. Fendt entwickelte dieses Gerät 1928 zum sogenannten Dieselroß als Kleinschlepper für die Feldarbeit weiter, und Kramer schuf 1932 den Bauernschlepper mit 9 kW (12 PS) und später mit 16 kW (22 PS). Der Fendt-Dieselmotor mit 4 kW (6 PS) verbrauchte 1,3 kg/h und kam bei 800 Arbeitsstunden im Jahr mit 156 Mark an Kraftstoffkosten aus! Übrigens hatte das Dieselroß F18 die erste fahrunabhängige Zapfwelle eines europäischen Schleppers.

Bessere Schlepper durch Dieselmotor und Luftreifen

Hanomag stellte 1931 ganz auf Dieselmotoren um. Der Traktorenbestand in Deutschland erreichte 16 000 Stück, überwiegend mit Dieselmotor, gegenüber etwa 1 Mio. Traktoren in den USA. Continental lieferte an Lanz die ersten Niederdruckluftreifen, die ab 1934 schnell die Eisenräder verdrängten; Firestone bürgerte den Luftreifen für Schlepper in den USA ein. Die Rentabilität und die Leistungsfähigkeit wurden durch den Dieselmotor mit seinem niedrigen Verbrauch und dem damals sehr niedrigen Preis des Dieselkraftstoffs von –,15 Mark/kg gegenüber –,41 Mark/kg für Benzin deutlich erhöht. Der Luftreifen schonte den Ackerboden und das Grünland, erlaubte höhere Geschwindigkeit auf der Straße, zunächst bis 25 km/h, und begann durch das verbesserte Aussehen bald einen bestimmten Stil in das äußere Erscheinungsbild der Traktoren zu bringen. Auf schmierigen Böden reichte die Griffigkeit der Luftreifen zuweilen nicht aus, weshalb man schon früh aufsteckbare Greiferräder entwickelte, die beim Einsinken des Rades wirksam wurden, oder (nach Pöhl) Greifer am Umfang hatten, die man für die Ackerfahrt radial nach außen stellte.

Mechanisierung kleiner bäuerlicher Betriebe – Schritte zur Vollmotorisierung

Ein wirklicher Schrittmacher für die Mechanisierung kleiner bäuerlicher Betriebe wurde 1936 der luftbereifte Bauernschlepper von Deutz mit 8 kW (11 PS), der berühmte sogenannte „Elfer Deutz". Hanomag erweiterte das Programm nach oben bis 37 kW (50 PS) und ergänzte es nach unten mit einem Kleinzugwagen mit 15 kW (20 PS), der Motor und Motorhaube vom Diesel-Personenwagen übernahm, eine Druckluftbremsanlage für Anhänger hatte und 30 km/h erreichte. MAN stieg 1938 mit einem 37 kW (50 PS) starken Ackerschlepper wieder in die Landtechnik ein. In Anlehnung an seinen amerikanischen Farmall-Schlepper stellte die International Harvester Company (IHC) in Neuss einen 15 kW (20 PS)-Bauernschlepper mit Halbrahmen zum Anbau von Geräten her. Eine Reihe von Firmen befaßte sich damals mit Kleinschleppern mit 11 kW (15 PS) bis 18 kW (25 PS), bis 1939 der Krieg alle Entwicklungen unterbrach. Viele Firmen bestanden nach 1945 nicht mehr oder hatten ein anderes Produktionsprogramm.
Eine Besonderheit waren die verschiedenen Einachsschlepper, in Deutschland zuerst 1930 von Holder mit DKW-Motor gebaut. Mit verschiedenen Anbaugeräten und auch leichten Anhängern bildeten sie eine arbeitsfähige Einheit. Sie eigneten sich für den Gartenbau und für kleinere Feldparzellen.
Die Vielzahl von Kleinschleppern ab 1936 bis etwa 1950 sollten Spitzenbelastungen im bäuerlichen Kleinbetrieb abbauen und die tierische Zugkraft nur ergänzen. Erst ab etwa 1950 waren neuartige Schlepper und Geräteträger mit neuen Anbaugeräten in der Lage, die Vollmotorisierung landwirtschaftlicher Betriebe einzuleiten.

Gewandelte Technik nach 1945

Der Krieg hatte die mitteleuropäische Schlepperindustrie und Landwirtschaft besonders hart getroffen. Aber überall in der Welt beflügelte ab 1945 der Friede Wiederaufbau und technische Weiterentwicklung. Für Europa blieb zunächst das Konzept des kleinen Schleppers von 8,8 kW (12 PS) bis 11 kW (15 PS) bestimmend. Viele Hersteller fertigten Schlepper aus Einbaumotoren, kompletten Schleppertriebwerken einschließlich der ganzen Hinterachse, zum Beispiel von ZF-Passau, und vorgefertigten Lenkeinrichtungen.
Bei Boehringer in Göppingen entstand 1948 das Universal-Motorgerät, Unimog genannt, mit Allradantrieb und vier gleich großen Rädern. Daimler-Benz übernahm 1951 die Entwicklung und führte sie zum MB-trac als Systemschlepper für die Landwirtschaft weiter. Der Unimog wurde mehr für Arbeitszwecke außerhalb der Landwirtschaft, zum Beispiel im Kommunalbereich, benutzt. Das Unimog-Konzept mit zwei Dritteln des Gesamtgewichts auf der Vorderachse war bahnbrechend für allradgetriebene Zugmaschinen, da mit zunehmender Zugkraftentfaltung die Belastung der Hinterachse durch das „Aufbäumen" zunimmt, bis zur etwa gleichen Achslast 50:50. Auf diese Weise wird ein optimales Umsetzen des Motormoments in Zugkraft gewährleistet. Der Unimog hatte eine vordere und eine hintere Zapfwelle, eine Riemenscheibe, eine für 1948 hohe

Sensationelles Universal-Motorgerät „Unimog" mit Allradantrieb von Boehringer, Göppingen (1948).

Deutz-Intrac 2003 mit drei Anbauräumen und optimal angeordnetem Fahrerplatz; Vierradantrieb, 38 kW oder 44 kW (1972).

Motorleistung von 18 kW (25 PS) und eine hohe Straßengeschwindigkeit bis 50 km/h, eine Druckluftbremsanlage und daher auch einen pneumatisch betätigten Kraftheber. Das Konzept erforderte wegen der gefederten Achsen einen Rahmen als Rückgrat. Allerdings zeigte sich, daß ungefederte Achsen eine bessere Führung für angelenkte Geräte bringen. Der MB-trac hatte daher eine ungefederte Hinterachse. Er behielt die vier gleich großen Räder, konnte aber mit Wendesitz, Heck- und Fronthydraulik auch rückwärtsfahrend im Schubbetrieb arbeiten und somit alle landwirtschaftlichen Arbeiten und Transporte mit 25 km/h oder 40 km/h Höchstgeschwindigkeit übernehmen.

Diese Betriebsweise hat allgemein zugenommen, da sie dem Einzweck-Selbstfahrer überlegen ist. Die dabei vorn liegende Hinterachse ist hoch belastbar, zum Beispiel mit 12 t bis 20 t je nach Schleppergröße, und der hinten liegende Motor bildet ein Gegengewicht zu schweren Anbaugeräten. Einige Schlepper, beispielsweise der Kramer-Allrad für Zug- und Schubarbeit, haben eine wahlweise Allradlenkung, die auch für Parallelfahrt im Hundegang einstellbar ist; ebenso lenkbar sind die schweren Profi-Trac-Schlepper von Schlüter ab 1976 mit Turbodieselmotoren von MAN bis 368 kW (500 PS), die zu den stärksten Schleppern der Welt gehören.

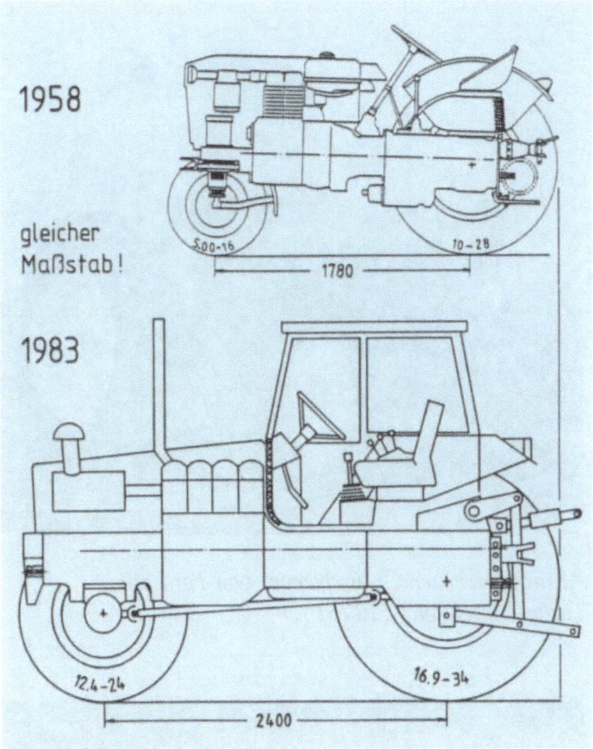

25 Jahre Fortschritt von 1958 bis 1983, gezeigt an zwei typischen Ausführungen.

Fahrerplatz in der klimatisierten SG2-Kabine von John Deere (1980).

Allradgetriebener Großschlepper von Ford mit Turbo-Dieselmotor (1975).

Der MB-trac 1000, 74 kW, bei der Feldarbeit unter Nutzung der drei Anbauräume (1981).

Steyr 8300a mit Sechszylinder-Turbomotor mit 180 kW (245 PS), mehr Geräteträger als Schlepper, hier im Schubbetrieb mit Schneefräse (1983).

MAN brachte 1949 eine allradgetriebene Version mit 18 kW (25 PS) bis 33 kW (45 PS) mit seitlicher Antriebswelle zu den kleinen gefederten Vorderrädern. Die Zentralwelle wurde speziell von dem italienischen Hersteller Same angewandt und ist auch heute noch gebräuchlich. Porsche baute ab 1938 Prototypen für künftige Volksschlepper, die billig in der Anschaffung, kostengünstig im Betrieb und universell verwendbar sein sollten; luftgekühlte Dieselmotoren und eine hydraulische Kupplung waren schon vorgesehen, Holzgasbetrieb eingeplant. Mit 9 kW (12 PS) und 11 kW (15 PS) fing man an, 1945 steigerte man die Leistung auf 13 kW (17 PS). Dieser AP 17 wurde dann ab 1950 von Allgaier produziert. Die Hinterräder ließen sich einseitig bremsen; hierdurch konnte mit großem Einschlag der nicht angetriebenen Vorderräder fast auf der Stelle gedreht werden.

1950 vereinigten sich Massey-Harris (USA) und Ferguson (England) zu Massey-Ferguson. Zeitweilig tauchte im MF-Lieferprogramm auch das Spitzenmodell „Wotan" von Eicher auf, ein Allradschlepper mit luftgekühltem Sechszylindermotor mit 74 kW (100 PS). Dem Lanz-Alldog von 1951 als neuartigem Geräteträger folgten entsprechende Ausführungen von Eicher, Fahr und Fendt. Das Fendt-Modell hat außer Heck- und Fronthydraulik noch eine Hydraulik für Zwischengeräte und wird heute noch gebaut. Zahlreiche Anbaugeräte wurden entwickelt, wodurch ein ganzes System für alle Arbeiten von der Aussaat über das Düngen, Hacken und Pflegen bis zu Transportaufgaben mit aufgesetzter Pritsche zur Verfügung stand. Mit Dieselmotoren stärkerer Leistung konnten die Eicher- und Fendt-Geräteträger auch noch mit Hackfrucht-Vollerntemaschinen arbeiten. Der Lanz-Alldog scheiterte trotz des idealen Konzepts als Geräteträger an dem ungeeigneten Zweitakt-Ottomotor.

Schlepper und Geräte bilden erst durch ein wirklich brauchbares Wechselsystem eine Einheit. Nach verschiedenen mechanischen Lösungen mit Handbetätigung wurde der hydraulische Kraftheber nach Ferguson zuerst am Allzweck-Bulldog 1951 von Lanz angebaut. Später wurden die Kraftheberzylinder in die Schlepper integriert. Die Zapfwelle gewann immer mehr an Bedeutung, und 1940 entstand hierfür die Norm DIN 9611. Fahr stellte 1955 seinen Gerätetrak mit 13 kW (17 PS) Dieselmotor vor, der zwei Anbauräume hatte und mit zwölf Geschwindigkeiten in beiden Richtungen arbeitete.

Zwischen 1961 und 1970 gaben viele namhafte Hersteller nach Abflauen des Schlepperbooms die Produktion auf, zum Beispiel Fahr, Güldner, MAN, Porsche und 1971 auch Hanomag.

Nach den schon erwähnten Geräteträgern kam 1972 noch ein Systemschlepper, der Intrac von Deutz-Fahr als Frontsitztraktor mit hinten angeordnetem Motor mit 38 kW – später auch mit 40 kW und 48 kW – hinzu. Bei diesem Traktor hat der Fahrer besonders in Reihenkulturen eine ausgezeichnete Sicht. Die

Hinterachse eines Fendt-Schleppers mit Zapfwelle, zwei Anhängerkupplungen, Ober- und Unterlenker für Dreipunktanbau (1984).

Blockbauweise mit Hilfstragrahmen ergibt Anbaumöglichkeiten für alle denkbaren Geräte. Das Intrac-Konzept verwirklicht konsequent alle bis 1972 gewonnenen Erkenntnisse in einem Systemschlepper und den wählbaren Anbaugeräten. Es soll durch eine Variante mit vier gleich großen Rädern und Motoren von 74 kW bis 100 kW erweitert werden.

Insgesamt ist ein Trend zur höheren Leistung allgemein erkennbar, jedoch gibt es dabei Unterschiede in geographischer Hinsicht. Die schweren Schlüter-Schlepper werden fast ausschließlich exportiert, während die Großschlepper amerikanischer Bauart, zum Beispiel von Case, John Deere oder IHC in Amerika arbeiten. Dort wird der Antrieb der Hinterräder bevorzugt. Zusatzlasten und Zwillingsbereifung tragen zum Erhöhen der Zugkraft bei. Der Allradantrieb wird erst bei höherer Leistung als in Europa üblich angewandt, und es gibt auch wesentlich mehr knickgelenkte Schlepper.

Die mittlere Leistung aller Bauarten erhöhte sich in Deutschland in den Jahren von 1956 bis 1982 von 15 kW auf 30 kW, in den USA von 55 kW auf 75 kW. Gleichzeitig stieg der Komfort am Arbeitsplatz hinter dem Steuer durch leichtere Bedienung, geschlossene und belüftete oder klimatisierte Kabinen, durch hervorragend gefederte und gedämpfte Sitze und eine wirksame Geräuschdämpfung bis unter 80 dB(A). Die Arbeit wird durch die Schlepperhydraulik und Schnellkupplungen für den Anbau der Geräte erleichtert, und durch eine elektronische Schlupfregelung wird beispielsweise die Arbeitstiefe automatisch geändert, um eine Überlastung oder ein Festfahren des Schleppers zu verhindern. Der Fahrer wird somit entlastet und kann sich mehr dem Motor widmen. Hierfür entwickelte Fendt ein elektronisches Digitalinstrument für Geschwindigkeit, Zapfwellen- und Motordrehzahl und Steyr den Infomat, der auch Schaltempfehlungen gibt. Die Agrotronic von Deutz-Fahr mißt die tatsächliche Geschwindigkeit mit einem Radarstrahl und baut Informationen für zum Beispiel Spritzgeräte und Gülleverteiler darauf auf. Ein zugkraftabhängiges Liften des Pfluges erreicht man durch eine elektronische Hubwerksregelung (EHR); sensierte Anlenkbolzen steuern das System nach Verarbeiten der Signale im Rechner. Case International (International Harvester, IHC) wendet zum Erfassen variabler Einflußgrößen von Schlepper und Arbeitsgerät ein integriertes Kontroll- und Steuerzentrum an.

Fendt-Geräteträger F 231 GT (1985).

Die elektronisch gesteuerte Hubwerkregelung EHR entlastet den Fahrer und verhindert Überbeanspruchung.

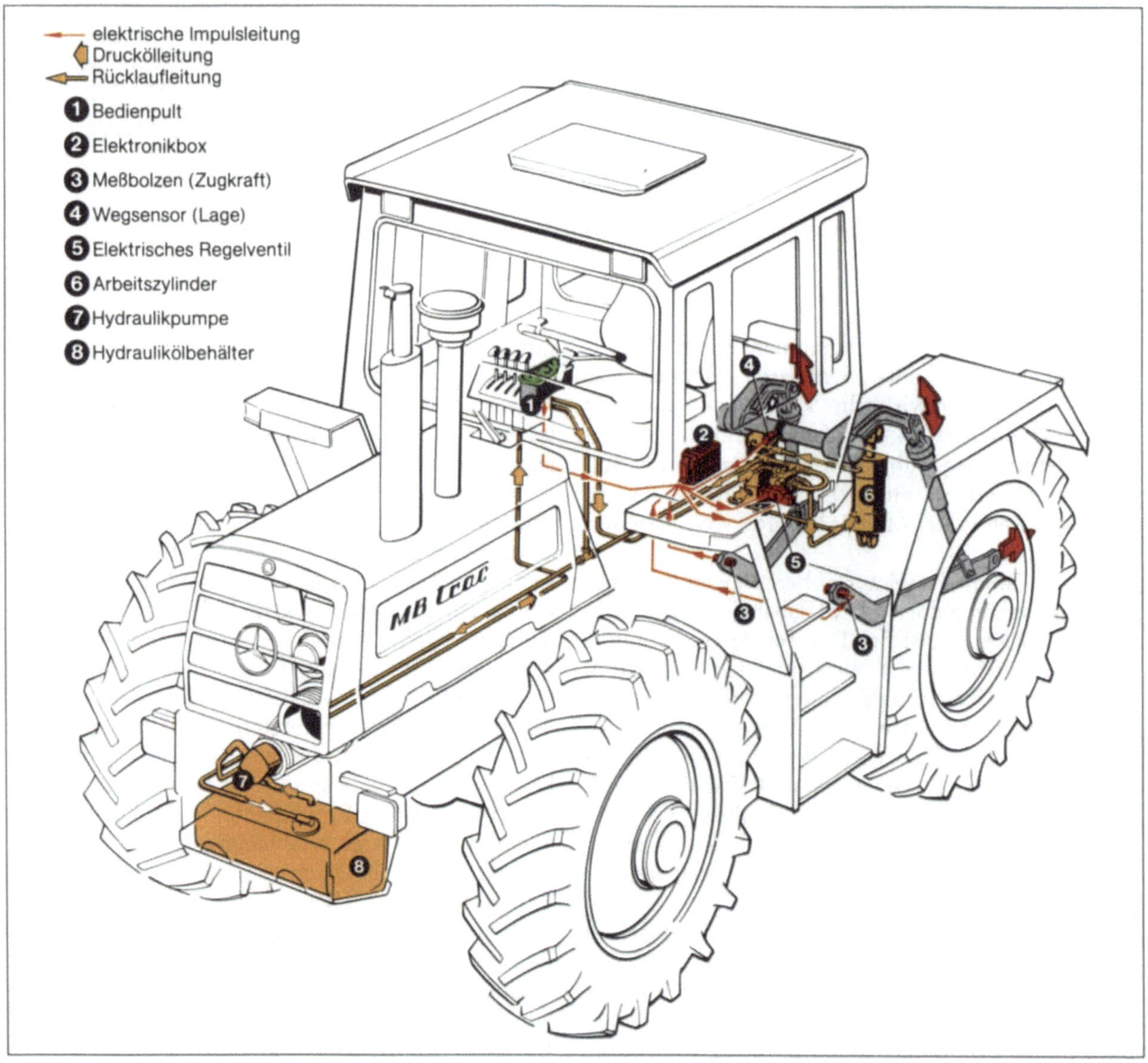

Antrieb des „Farmer" von Fendt: Turbomotor mit 63 kW; Turbokupplung, Synchrongetriebe mit 21 Stufen bis 40 km/h, lastschaltbare Zapfwellen-Kupplung und Dreifachzapfwelle, Scheibenbremse, Hydraulikhubwerk (1985).

Wichtigstes Kriterium heute: das Getriebe

Der Weg war weit von den ersten Getrieben mit zwei oder drei Stufen und mechanischer Kupplung bis zu den heutigen Vielstufengetrieben mit mehrfachen Getriebefunktionen bei Systemschleppern. Die Problematik ist schwieriger als beim Lastkraftwagen, da der Schlepper bei der Feldarbeit im Vollastbereich zwischen etwa 4 km/h und 12 km/h fährt und auf der Straße mit Anhänger im Teillastbereich mit 30 km/h, 40 km/h und in Sonderfällen 50 km/h. Außerdem wird heute eine Schaltung der bis zu drei Zapfwellen für Nebenantriebe mit Drehzahlen von 540 min^{-1}, 750 min^{-1} und 1000 min^{-1} unter Last verlangt.

In Nordamerika mit anderen Rahmenbedingungen und auch als Folge der dort notwendigen höheren Motorleistung gab es ab 1958 einen Vorsprung in der Getriebetechnik gegenüber Europa, der aber später eingeholt wurde. 1954 stellte IHC das erste zweistufige unter Last schaltbare Zusatzgetriebe zum einfachen Fünfganggetriebe vor. Von 1955 bis 1969 zogen zum Beispiel Massey, Ferguson, Allis Chalmers, John Deere und IHC mit eigenen Getriebekonstruktionen mit verbesserter Handhabung nach. 1968 wurde durch Oliver der Bau von Getrieben mit Dreifachlastschaltung eingeleitet. Ford führte 1958 mit dem „Select-O-Speed" ein durchgehend unter Last schaltbares Getriebe mit zehn Stufen ein, und John Deere folgte mit acht Stufen für höhere Motorleistung nach.

Die feinstufige Dreifachlastschaltung wurde 1978 auch von der Zahnradfabrik Friedrichshafen für die Getriebereihe T 6000 mit 18 Vorwärts- und sechs Rückwärtsgängen vorgesehen. Im Großschlepper DX 230 von Deutz-Fahr kam sie zum ersten Mal in

Die elektronische Fahrerinformation (Infomat) von Steyr kann zu einer Kraftstofferspamis von 20 Prozent führen. Angezeigt werden Ist- und Sollzustand als Entscheidungshilfe für mehr oder weniger Gas, Aufwärts- oder Abwärtsschalten, Verbrauch und Geschwindigkeit (1985).

die Serie. Fendt baut für den höheren Leistungsbereich Getriebe mit Turbokupplung und 20 oder 21 synchronisierten Vorwärts- und sechs Rückwärtsgängen ein. Mit zwei Overdrive-Schnellgängen werden 25 km/h oder 30 km/h auf der Straße ermöglicht, mit drei Schnellgängen 40 km/h. Der MB-trac fährt mit einem zwölfgängigen Getriebe in beiden Richtungen. Die lastschaltbare Kupplung für den zuschaltbaren Vorderradantrieb ist jeweils im Hauptgetriebe integriert. Der Unimog für Arbeiten im kommunalen Bereich verfügt über 24 Vorwärts- und Rückwärtsgänge für Arbeitsgeschwindigkeiten bis herab zu 0,1 km/h und Transportgeschwindigkeiten bis 100 km/h.

Die stufenlose Kraftübertragung bietet mit hydrostatischen Pumpen und Motoren technisch keine Probleme. Trotzdem wurden nur in Einzelfällen Anwendungen bekannt, zum Beispiel 1954 an einem Versuchstraktor des National Institute of Agriculture Engineering in England und 1972 am Intrac. Eicher und IHC entwickelten um etwa 1968 hydrostatische Getriebe – Allgaier ebenfalls, aber mit Leistungsverzweigung – für eigene Schlepper und für Fendt. Wegen zu hoher Kosten und zu starker Geräuschentwicklung schnellaufender Triebwerke wurde keine Serienfertigung von Schleppern erreicht. Seit 1981 rüstet Steyr den Großtraktor 8300 mit 180 kW (245 PS) als selbstfahrende Arbeitsmaschine mit

Zwischen Lokomobile und Schlepper: Bolinder-Munktell-Zugmaschine mit Benzinmotor (Schweden 1913); in den zwanziger Jahren baute B.-M. Schlepper mit Glühkopfmotor.

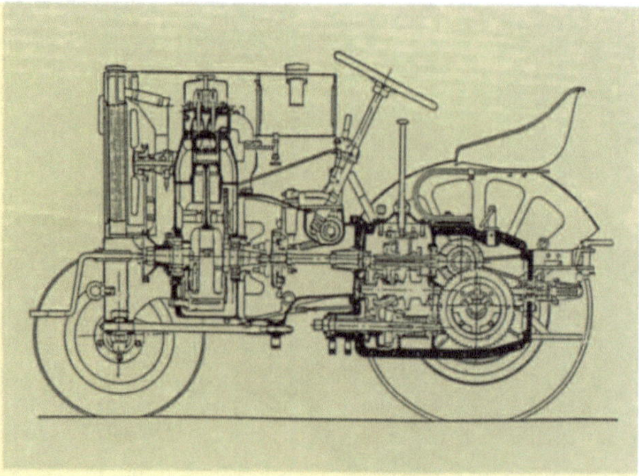

Schrittmacher: Deutz-Bauernschlepper in Blockbauweise mit wassergekühltem 8 kW (11 PS)-Einzylinder-Dieselmotor (1936); nach 1948 mit luftgekühltem Zweizylinder-Dieselmotor mit 11 kW (15 PS).

Daimler-Pferd mit Stützrädern zum Anhängen von Pflügen oder Ackerwagen; Vierzylindermotor mit 10,7 kW/14,5 PS (1917).

Waterloo-Boy „N" mit Zweizylinder-Kerosinmotor mit 18 kW (25 PS) und offenem Ritzelantrieb der Hinterräder (1916).

Fahrbare Arbeitsmaschine mit Rohölmotor von Lanz (1921) als Vorstufe eines Schleppers.

Einfache und funktionelle Technik: Fendt-Motormäher von 1928 mit Einzylinder-Deutz-Dieselmotor, 1930 zum „Dieselroß" weiterentwickelt.

Hackschlepper von John Deere, speziell für Maisanbau (1953).

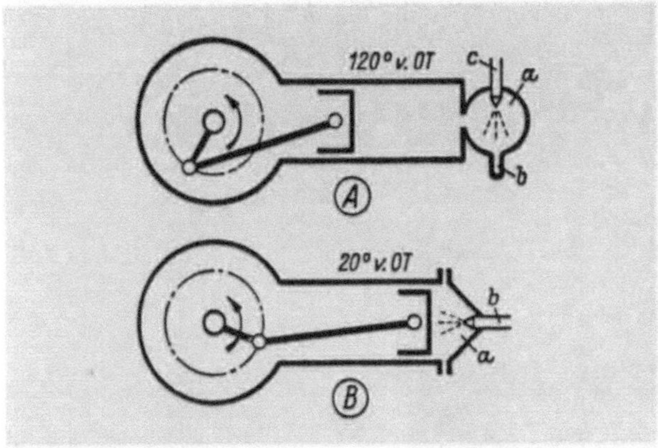

Prinzip des einzylindrigen Zweitaktmotors im Lanz-Bulldog.
A: Von 1921 bis 1952 mit Kugelkopf a, Zündsack b und Einspritzdüse c; Einspritzbeginn 120° vor OT (Glühkopfbetrieb).
B: Ab 1952 mit kegeligem Zylinderkopf a und zentraler Einspritzdüse b; Einspritzbeginn 20° vor OT (Dieselbetrieb).

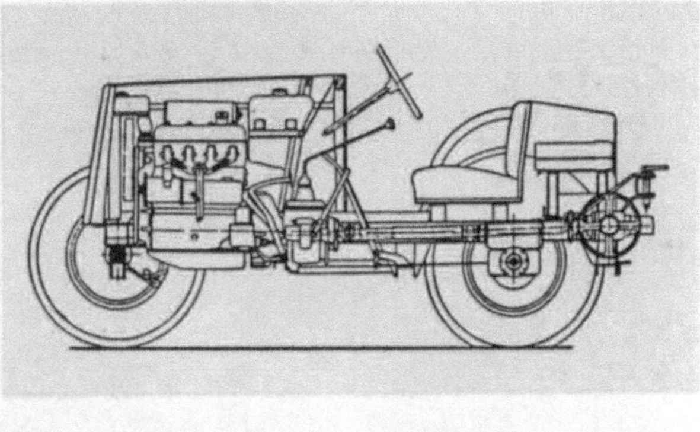

Klein-Zugwagen „SS 20" von Hanomag mit 15 kW (20 PS)-Pkw-Dieselmotor und Hinterradantrieb; für Straßenzug mit geschlossener Kabine (1937).

Liegender Einzylinder-Deutz-Dieselmotor „MUH" mit Verdampferkühlung; 4,4 kW (6 PS) bei 1200 min^{-1} bis 6,6 kW (9 PS) bei 1300 min^{-1} (1925 bis 1939).

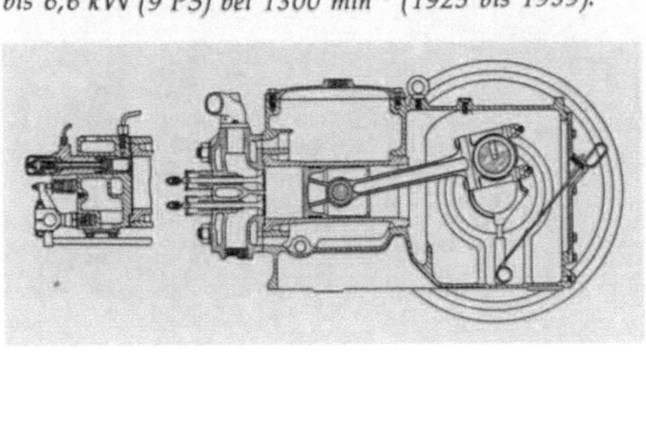

Stehender Zweizylinder-Steyr-Dieselmotor „WD 213" mit Wasserumlaufkühlung und Kurbelwelle in Wälzlagern; 19 kW (26 PS) bei 1600 min^{-1} (1948).

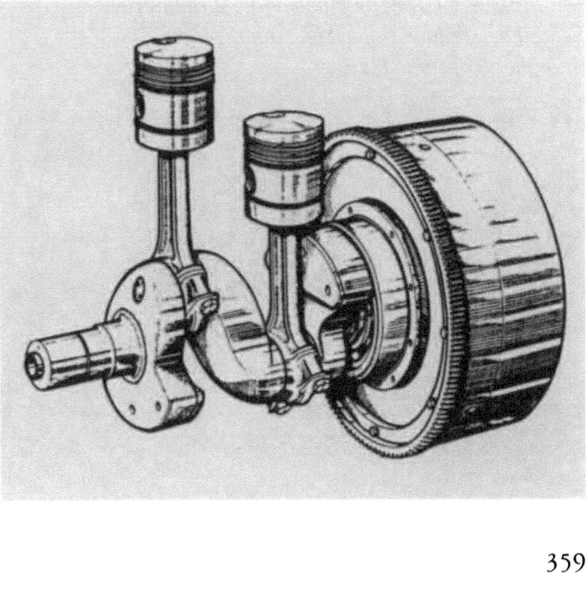

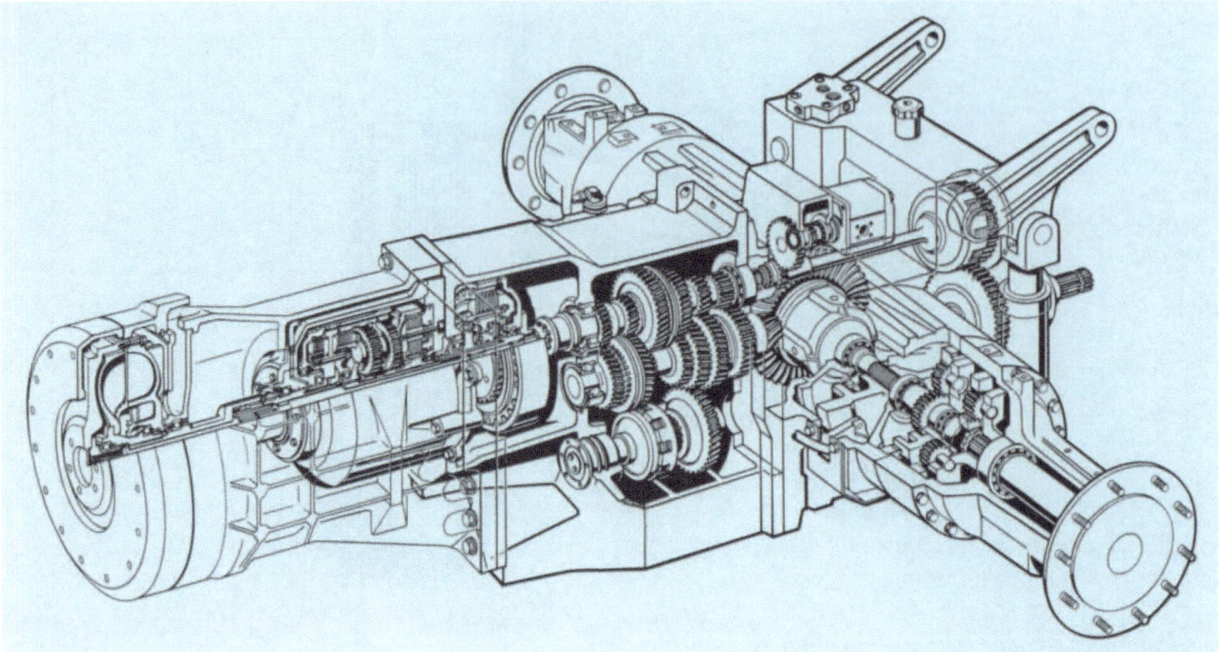

Höchster Stand der Technik heute: Powersplitgetriebe der Reihe T 6000 der Zahnradfabrik Friedrichshafen: drei Gänge unter Last schaltbar, Sperrsynchronisierung, insgesamt 18 Vorwärts- und drei Rückwärtsgänge, Innenplanetenantrieb der Hinterräder, lastschaltbarer Antrieb für Vorderräder; Zapfwelle und elektronisch geregelte Hydraulik für Anbaugeräte sind integriert.

Typischer Großschlepper mit hochbelasteter Hinterachse und Doppelrädern von IHC (1978); 116 kW (158 PS)-Turbo-Dieselmotor.

Forsttraktor FT 80 von Steyr mit Allradantrieb, Seilwinde, Polderschild und Anbaugerät beim Stämmerücken am Hang.

Vierwellengetriebe mit sechs Vorwärts- und zwei Rückwärtsgängen des Lanz-Bulldog ab 1926 (waagerechter Längsschnitt).

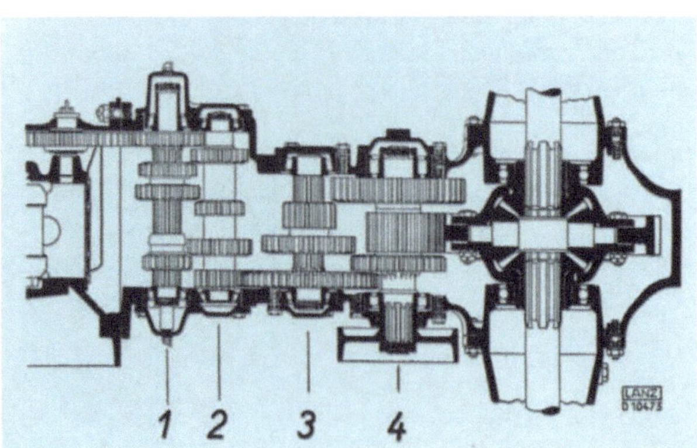

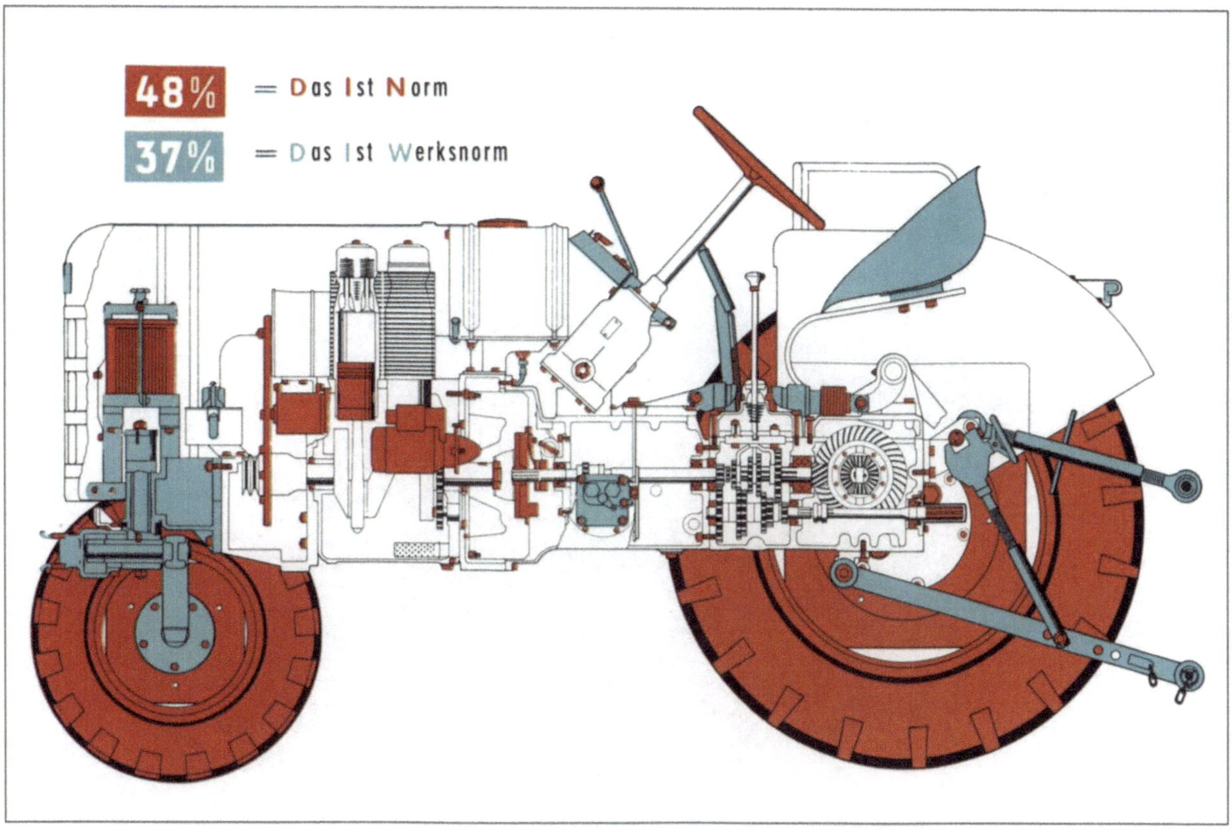

Fahr-Schlepper „D 130" in Blockbauweise 13 kW (17 PS), mit hohem Anteil genormter Elemente und Baugruppen (1960).

Großschlepper mit Vierradantrieb und -lenkung (1982).

Ein von der Eidgenössischen Forschungsanstalt für Betriebswirtschaft und Landtechnik (FAT) in der Schweiz für alternative Kraftstoffe versuchsweise umgerüsteter Schlepper: Die Zündung wird durch eine minimale Dieselkraftstoffeinspritzung erwirkt. Der Deutz-Schlepper hat vier über Druckschlauch betankbare Biogastanks (1983).

Antriebskonzept „selbstfahrende Arbeitsmaschine Steyr 8300". Der Dieselmotor treibt über das Verteilergetriebe eine lenkseitige und zwei weitere Zapfwellen an sowie das Hydraulikaggregat (gelb) für den hydrostatischen Antrieb auf zwei oder vier Rädern und das Dreipunkt-Norm-Anbausystem an beiden Enden (1981).

Schlepper als Forschungs- und Testobjekt Technischer Hochschulen und Universitäten. Hier werden zum Erforschen der Fahrsicherheit ungefederter Fahrzeuge auf der Kreisbahn Querdynamikversuche mit horizontierter und kreiselstabilisierter Plattform zum Messen der Beschleunigung in allen drei Achsen vorgenommen.

Anteil der Allradschlepper an den gesamten Schlepper-Neuzulassungen von 1965 bis 1983 (Quelle: Steyr-Daimler-Puch).

Jahr	Österreich		Bundesrepublik Deutschland		Schweiz	
	gesamt	Anteil der Allradtraktoren in %	gesamt	Anteil der Allradtraktoren in %	gesamt	Anteil der Allradtraktoren in %
1965	–	–	–	–	3.522	8,0
1966	15.452	4,5	75.713	5,8	–	–
1974	9.494	9,5	54.389	23,2	–	–
1980	10.846	43,3	45.477	52,1	4.599	51,0
1982	9.198	57,6	41.380	63,9	4.267	65,2
1983	10.438	58,7	45.567	65,1	4.382	69,7

einem hydrostatischen Fahrantrieb aus; innerhalb dreier wählbarer Fahrstufen kann die Fahrgeschwindigkeit bis maximal 20 km/h stufenlos vorwärts und rückwärts verändert werden.
Mit ihrer aufwendigen Technik stellen die Schlepper eine Ingenieurleistung dar, die sie zu Spitzenprodukten unter den Nutzfahrzeugen anhebt; sie sind nicht nur Fahrzeug, sondern auch kinematische, hydraulische und elektronische Systeme im Sinne höchster Effektivität und Wirtschaftlichkeit.

Außerdem

Nicht alle europäischen Schlepperhersteller können erwähnt werden. Hingewiesen sei allerdings noch auf den Schlepper- und Geräteträgerbau in der Schweiz, auf Aktivitäten in Italien und Frankreich, zum Beispiel durch Renault mit MWM-Motoren ab 1972. In Japan besteht eine noch junge Schlepperindustrie. In der UdSSR werden vorwiegend Schlepper und Raupenschlepper höherer Leistung zum Bearbeiten großer Flächen gebaut. Auch Rumänien pflegt den Schlepperbau. Seit 1946 wurden dort bis 1984 eine Million Schlepper in 300 Varianten mit 19 kW bis 263 kW gebaut. Zetor in der Tschechoslowakei baut Traktoren in großer Anzahl.
Alternative Energien waren durch die Ölkrisen der letzten zwölf Jahre wieder in den Vordergrund getreten. In Anlehnung an die Holzgasanlagen der Kriegs- und Nachkriegszeit erprobte beispielsweise die Eidgenössische Forschungsanstalt für Betriebswirtschaft und Landtechnik einen Traktor mit modernem Holzgasgenerator, ebenso auch die Anwendung von Biogas, das direkt auf dem Bauernhof gewinnbar ist. Die Umrüstung auf Zündstrahlbetrieb gestaltet sich verhältnismäßig einfach, das heißt, eine Mindestmenge von Dieselkraftstoff wird noch benötigt. In beiden Fällen jedoch ist eine ausreichende Wirtschaftlichkeit nicht zu erzielen.

Prozentualer Anteil der Allradschlepper in den einzelnen Leistungsklassen (1983; Quelle: Steyr-Daimler-Puch)

PS-Klassen	Österreich	Bundesrepublik Deutschland
18– 40	35,9	–
35– 40	–	8,5
41– 50	54,0	36,7
51– 60	53,6	43,9
61– 75	52,5	70,5
76–100	–	96,2
76–110	83,0	–
über 100	–	100,0
über 110	99,0	–

Viele Schleppertypen werden mit Zusatzausrüstungen zu Forstschleppern umgerüstet. Hierzu gibt es besondere Schutzvorrichtungen, Seilwinde, Ladekran, Tragbergstütze, Polderschilde und Anbaugeräte. Eine eigenständige Gattung bilden die meist knickgelenkten Waldschlepper, die in einigen Fällen auch eine Lademöglichkeit haben. Hersteller sind Brimont-Latil in Frankreich, Lokomo und Valmet in Finnland, Volvo-BM in Schweden, Daimler-Benz mit dem Unimog, Steyr und andere in Europa. Einige Industrieschlepper für innerbetriebliche Transporte gehen auch auf landwirtschaftliche Schlepper zurück.

Schrifttum

Renius, K. Th.: Traktoren-Technik und ihre Anwendung. München: BLV-Verlagsgesellschaft 1985.
Herrmann, K.: Ackergiganten. Schwieberdingen: Verlag Klaus Rabe 1985.
Franz, G.: Die Geschichte der Landtechnik im XX. Jahrhundert. Frankfurt/M.: DLG-Verlags-GmbH 1969.

Nutzfahrzeug-Elektrik im Wandel der Zeit

Ernst Woisetschläger

Als das Automobil laufen lernte, wurde der Verbrennungsmotor als Nachfolger der Dampfmaschine schon vielfach angewandt. Seine einzylindrigen Gasmotoren zündete Otto mit offener Flamme, später, etwa ab 1877, mit Niederspannungsmagnetzündung. Lenoir entwickelte schon 1860, zusammen mit dem deutschen Handwerker Heinrich Ruhmkorff (1803 bis 1877), eine batterieelektrische Summerzündung.

Dies war die Wissensbasis für die Zündung, als Gottlieb Daimler 1885 sein erstes benzinbetriebenes Automobil konstruierte. Er wählte eine neue Variante, die Glührohrzündung, bei der ein Brenner ein in den Verbrennungsraum ragendes Glührohr erhitzte. Diese Einfachkonstruktion gestattete eine bestimmte „Zündverstellung" durch Änderung der Brenneranordnung.

Sein damaliger Konkurrent Karl Benz nutzte die Energie des seit 1860 bekannten Bleiakkumulators und baute 1885 eine Summerzündung in seinen ersten, dreirädrigen Motorwagen. Probleme bereitete damals die während der Fahrt nicht aufladbare Batterie. Später wurde diese Zündung häufig benutzt, zum Beispiel für das T-Modell von Ford (1908 bis 1922), in diesem Fall allerdings mit Schwungrad-Generator.

Schon bald nach Auftauchen der ersten Automobile erinnerte man sich einer von Werner von Siemens 1856 entwickelten Methode, mit der auch N. A. Otto experimentierte, nämlich der Magnetinduktion. Da diese Zündung anfänglich nur Niederspannungsfunken produzierte, war sie für die verhältnismäßig schnell laufenden Kraftfahrzeugmotoren ungeeignet. Ihr wesentliches Bauteil war der Doppel-T-Anker, in dem sich elektrische Ströme im Dauer- und Feldmagneten gegenseitig so verstärkten, daß schließlich ein brauchbarer Nutzstrom entstand.

Solche Niederspannungsmagnetzündungen fertigte auch der ehemalige Siemens-Mitarbeiter Robert Bosch in seiner Stuttgarter Werkstätte, und er war entschlossen, diese Anlagen zu verbessern. Der nächste Schritt war 1897 eine Abreißzündung, mit der man eine Drehzahl bis 2000 min^{-1} beherrschte. Noch günstiger verhielt sich der von Bosch-Mitarbeiter Gottlob Honold 1901 entwickelte Hochspannungs-Magnetzünder. Dieser Zünder wurde weltweit vertrieben und in vielen Ländern in Lizenz nachgebaut. Später stellte sich heraus, daß die

Prinzip der Glührohrzündung, wie sie von Daimler verwendet wurde.

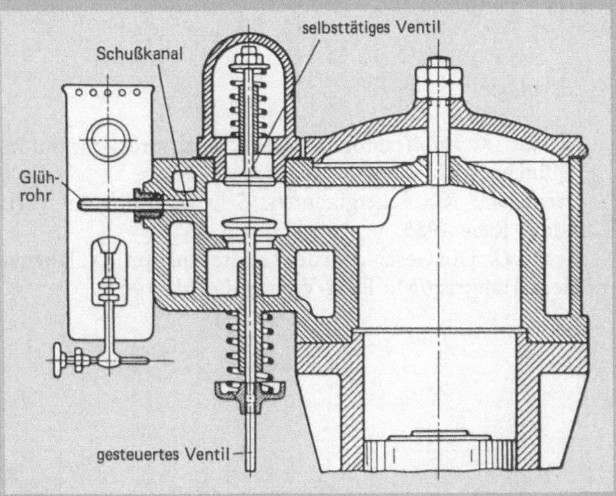

Zündkerze aus einem Lenoir-Motor (1861).

11

Honold-Zündung im Prinzip schon 1887 vom Deutzer Ingenieur Paul Winand zum Patent angemeldet war, jedoch nie in Produktion kam. Lenoir benutzte erstmals Zündkerzen, die im Prinzip den heute üblichen gleichen, mit Mittel- und Masseelektrode in einem Isolierkörper.

Die später in der Bosch-Gruppe aufgegangene Stuttgarter Firma Eisemann fertigte schon frühzeitig ein Zündsystem mit separater Spule, Zündkerzen und Generator. Diese Zündungsarten wiesen natürlich auch die Motoren der ersten Lastkraftwagen auf, die ja nichts anderes waren als umgebaute Personendroschken mit Pritschenaufbau. Die Magnetzündung wurde in Amerika etwa 1912, in Europa etwa um das Jahr 1925 von der Batteriezündung verdrängt. Die Gründe hierfür waren außer den geringeren Kosten auch in der Einführung elektrischer Anlasser zu sehen, die auf Batteriestrom angewiesen sind.

Die heute bekannten Batterie-Zündsysteme wurden im Prinzip von dem amerikanischen Ingenieur Charles F. Kettering entwickelt. Sie erzeugen in der Zündspule eine Hochspannung, die über den Verteilerfinger zu den Zündkerzen geleitet wird, deren Zündzeitpunkt vom Abheben des Unterbrechers abhängig ist. Selbstverständlich gab es auch Varianten und Kombinationen dieser Zündsysteme. So verwendete zum Beispiel Büssing eine Zeitlang ein Doppel-Zündsystem. Die Summerzündung, die einen relativen Dauerfunken erzeugt, wurde ab 1908 nur noch als Anlaßzündung verwendet, während ein

Zündkerze einst und heute.

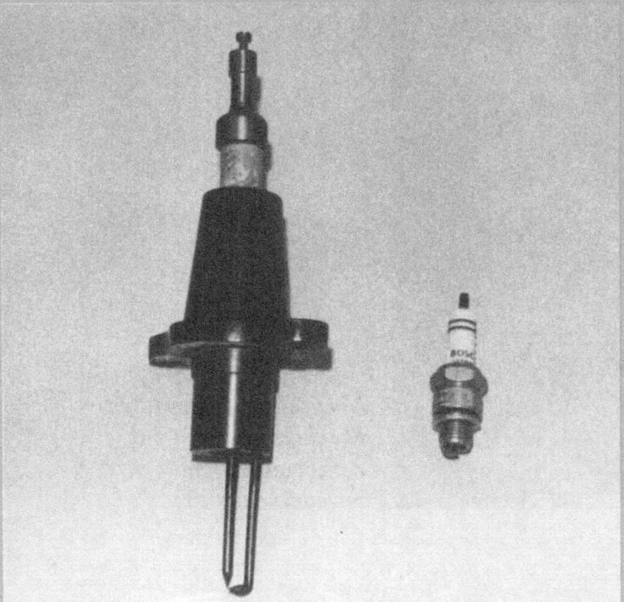

Diese Zündanlage war sowohl mit Batteriestrom als auch mit einem Magnet umschaltbar zu betreiben.

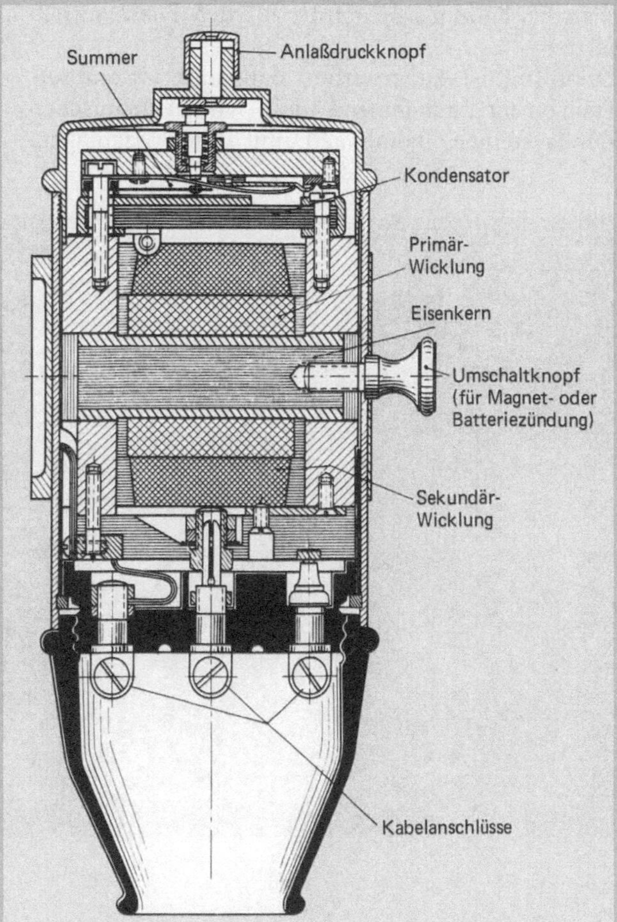

Zentrale Zündungsteile eines Ottomotors mit vier Zylindern: Zündspule und Zündverteiler.

Hochspannungsmagnet den zweiten Kerzensatz im Betrieb versorgte.
Heute, hundert Jahre nach Erfindung des Automobils, sind kontaktlose, zunehmend digitalisierte Zündsysteme die Regel. Sie arbeiten über verschleißfreie Hall-Geber oder integrierte Schaltkreise mit hoher Leistungsfähigkeit. Interessanterweise hielten sich benzinbetriebene Lastwagen, deren Motoren Fremdzündung benötigen, bei den Amerikanern (wegen der dort geringeren Kraftstoffpreise) viel länger als bei den Europäern, die aus wirtschaftlichen Erwägungen sehr früh auf den Dieselantrieb setzten.
Zukünftig ist zu erwarten, daß auch Ottomotor-Transporter zunehmend mit vollelektronischen Zündsystemen, kombiniert mit Einspritzanlagen, ausgerüstet werden, um den Kraftstoff wirtschaftlich auszunutzen und die Umweltbelastung möglichst gering zu halten.

Der Diesel verändert die Motorenlandschaft

Vom Fremd- zum Selbstzünder

Rudolf Diesel kam aufgrund seiner Idee eines wirtschaftlichen Verbrennungsverfahrens von der Fremdzündung ab. Er wollte einen rationellen Wärmemotor bauen, der mit Luftüberschuß arbeitet und in dessen Brennräumen durch Kompression Luft erhitzt und gleichzeitig Kraftstoff eingespritzt wird,

Magirus baute lange Zeit Maybach-Motoren mit Benzinantrieb und Fremdzündung ein.

der sich selbst entzündet. Das 1892 patentierte und 1897 erstmals in einem 15 kW (20 PS)-Motor verwirklichte Verfahren konnte auf andere Zündsysteme verzichten. Diesel hatte für seinen Auftraggeber MAN immer nur Direkteinspritzer geplant, so daß Glühkerzen, wie sie danach in Vorkammermaschinen System Prosper L'Orange (DRP 230 517) aus dem Jahr 1909 üblich wurden, entfallen konnten. Die Glühkerzen hatten die Aufgabe, den eingespritzten Kraftstoff bei kalter Maschine leichter zu entzünden. Sie bestanden in der Hauptsache aus einem Glühdraht, durch den Strom geleitet wurde. Dadurch wurde die Drahtwendel rotglühend und konnte den Verbrennungsprozeß einleiten. Die Vorglühzeit hat sich inzwischen durch Schnellglühkerzen auf wenige Sekunden verringert.

Dieselmotoren sind bisher von der Elektrik völlig unabhängig. Ab 1980 laufende Entwicklungen mit elektronisch gesteuerten Dieseleinspritzpumpen (Bosch und Lucas) lassen allerdings Möglichkeiten erkennen, den Dieselmotor noch bedienungsfreundlicher und wirtschaftlicher zu gestalten. Inzwischen sind solche Systeme serienreif in Daimler-Lastwagen vorgestellt. Die elektronisch gesteuerten Einspritz-Pumpen sind mit anderen Schaltvorgängen, zum Beispiel mit der Kupplung oder einer Geschwindigkeitsregelanlage, kombinierbar.

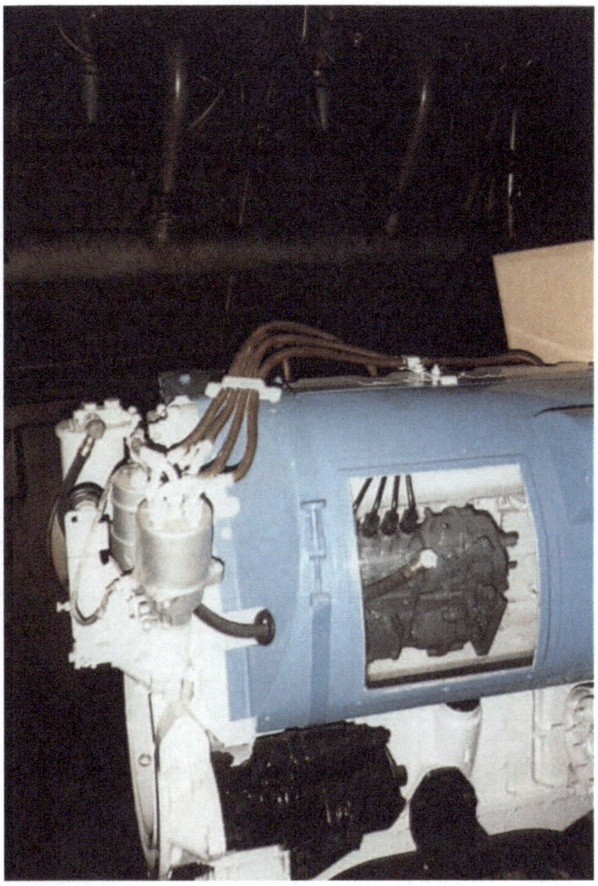

Auch das gab es: Diesel mit Fremdzündung im sogenannten Vielstoffmotor von MAN.

Von der Kurbel zum Starter

In der ersten Zeit des Nutzkraftwagenbaus konnte man die niedrig verdichteten Ein- und Zweizylindermotoren einfach an einem meist groß dimensionierten Schwungrad, später mit Hilfe einer Kurbel anwerfen. Als dann aber die Verdichtungsverhältnisse angehoben wurden und die Zündanlagen eine höhere Anlaßdrehzahl benötigten (zwischen 70 min^{-1} und 120 min^{-1}), reichte die Muskelkraft nicht mehr aus. Anlaßvorrichtungen wurden außerdem zu einem Komfortbedürfnis.

Der erste brauchbare elektrische Anlasser (ein Licht-Anlaß-Magnetzünder) geht auf Pellorce zurück, der ihn 1905/1906 in Paris vorstellte. Die ersten Versuche, mechanische Anlasser zu bauen, fallen jedoch schon in das Ende des vorigen Jahrhunderts. Viele Versuche wurden gemacht, doch die Ergebnisse befriedigten nicht. Patente befaßten sich mit gewagten Hebelkonstruktionen, Feder- oder Druckluftanlasser tauchten auf; sogar mittels Pulverpatronen versuchte man, den Motor in Bewegung zu bringen. Zunächst durften sich die komfortbetonten Amerikaner an einen Startvorgang vom Sitz aus gewöhnen. 1900 wurde in einem amerikanischen Patent von La Roche der Gedanke festgelegt, in das Schwungrad des Motors eine elektrische Maschine einzubauen, die bei Betrieb des Wagens als Stromerzeuger dienen und eine Batterie aufladen sollte. Es dauerte jedoch noch bis 1912, als die Anlasser zuerst in USA (Cadillac), dann in Europa Fuß faßten.

Verbreitung elektrischer Anlasser für Lastkraftwagen.

Jahr	1922	1923	1924	1925	1926
Handkurbel	50%	37%	30%	5,4%	0%
elektrische Anlasser	50%	63%	70%	94,6%	100%

Im deutschen Lastwagenbau wurden sie 1912 erstmals in nennenswerter Stückzahl eingebaut, und zwar in den sogenannten Subventionslastzügen, für die elektrische Starter zwingend vorgeschrieben waren. Die erwähnte Idee von La Roche griff unter anderem auch die Nürberger Firma Weckerlein und Stöcker auf, deren Noris-Anlasser gleichzeitig Stromerzeuger war. 1912 waren folgende elektrische Anlagen bekannt:

– Einteilige Lösung: ein E-Motor für Zündung, Beleuchtung und Anlasser;
– zweiteilige Lösung: Magnet für Zündung, Dynamo für Beleuchtung und Anlasser;
– dreiteilige Lösung: Magnet für Zündung, Dynamo für Beleuchtung, E-Motor für Anlasser.

Durchgesetzt im Lastwagenbau haben sich die getrennten Lösungen mit Schubankerstarter (12 V,

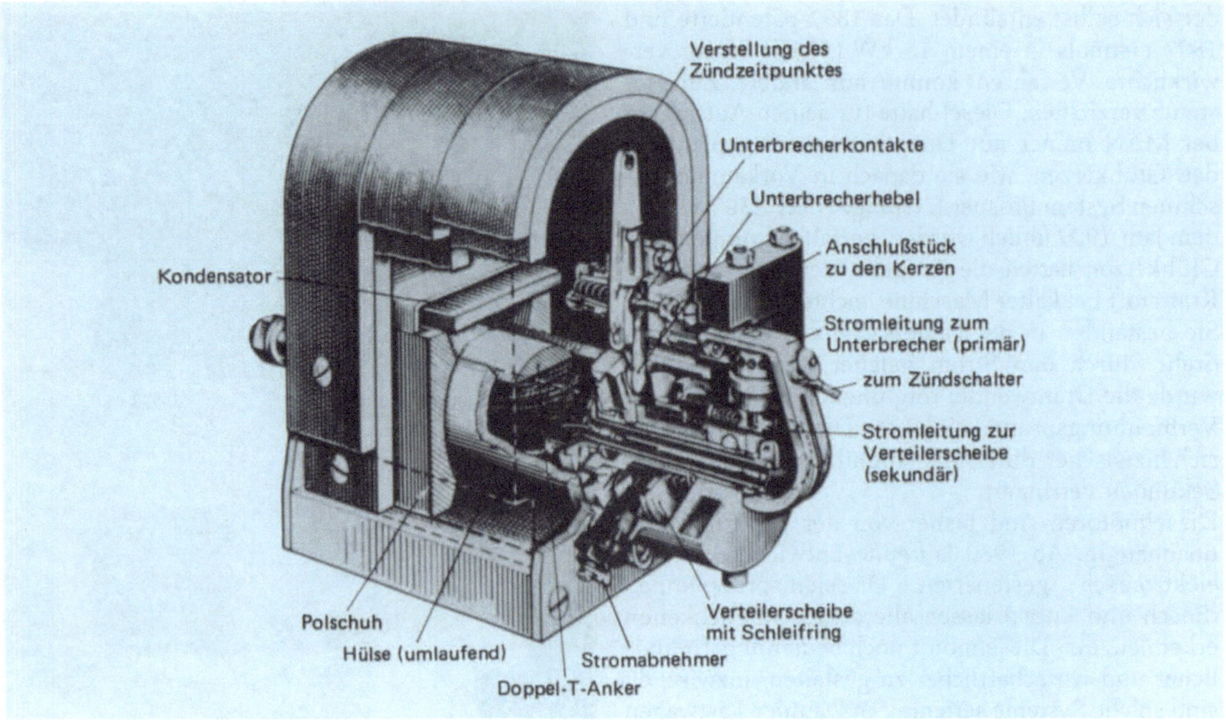

Erster Bosch-Hochspannungs-Magnetzünder aus dem Jahr 1902.

3 kW bis 8 l Hubraum) und Schubtriebstarter mit 4,5 kW bis 10 l Hubraum bei 24 Volt Spannung.

Energiesammler und Stromspender

Vom Gleichstrom- zum Drehstromgenerator

Seit 1860 ist der Blei-Akkumulator bekannt. Er wurde nach Volta-Grundlagen und der Auswertung der Entdeckung von Johann Wilhelm Ritter (1776 bis 1810) von Planté erfunden und von Siemens weiterentwickelt.

Souriau – Stromtestgerät aus den zwanziger Jahren.

Als das grundlegende Konzept des Automobils bekannt war, wandten sich die Hersteller der Verbesserung von Komfort und Sicherheit zu. Erste Beleuchtungsanlagen bestanden aus Kerzen und Petroleumlampen, wie sie von Pferdewagen her bekannt waren. Es folgten bald Carbidlampen, die sich an der Eisenbahn bewährt hatten. In Amerika wurden die Lastwagen schon in den Jahren 1908 bis 1910 „elektrifiziert", denn dort hatte man schon früh auf die Delco-Batteriezündung (System Kettering) gesetzt, die einen Akku benötigte sowie einen Generator, der für die Aufladung der Batterie verantwortlich war. In Deutschland bot noch 1908 die Beleuch-

Glühkerzenentwicklung im Wandel der Zeit. Rechts zwei moderne Glühstiftkerzen, die den Vorglühprozeß auf wenige Sekunden minimieren.

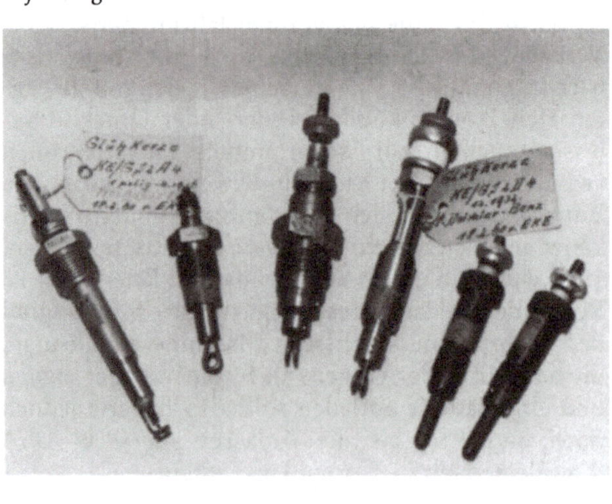

tungsfirma Riemann insgesamt 64 Automobillaternen an, allerdings keine mit elektrischem Licht.
1909 wurden erste Anordnungen in Deutschland erlassen: „Nach eingetretener Dunkelheit und starkem Nebel haben vorn an den Seiten zwei hellbrennende Laternen mit weißen Gläsern zu brennen." Für die Rückbeleuchtung wurden erst später Verordnungen erlassen. Die ersten Nutzfahrzeugscheinwerfer waren abnehmbar konstruiert, denn man benötigte sie nicht immer. Zunächst führte man im Fahrzeug auch nur eine Batterie als Stromspender für die Beleuchtung mit, die nicht im Fahrzeug aufgeladen werden konnte. Beachtung fand dann vor allem die Erfindung des Lucas-Ingenieurs Henry Leitner, dessen stromregelnde Lichtmaschine weite Verbreitung fand. Das Prinzip dieser „Dreibürstenmaschine" war technisch einfach und billig.
Bosch beschäftigte sich dann mit der spannungsregelnden Lichtmaschine und kam 1917 in einer Firmenschrift zu folgendem Resümee: „Der Dynamo mit Spannungsregelung weist gegenüber der mit Stromregelung so wesentliche Vorteile auf, daß sie selbst bei höheren Kosten vorzuziehen ist." Anscheinend hatte die „stromgeregelte" den Nachteil, daß bei hohen Drehzahlen die Spannung für die Scheinwerfer nicht mehr ausreichte, so daß diese dunkler wurden. Desweiteren wurde die Ladecharakteristik bemängelt, die bei vollständig geladener Batterie sehr günstig, bei leerem Akku aber schlecht war.
Ab 1917 regelte man dann bei Bosch mit dem sogenannten Tirrill-Regler, einem elektromechanischen Widerstandsregler mit abgestufter Drosselwirkung, der bis zum Auftreten elektronischer Reglersysteme Anfang der sechziger Jahre beibehalten wurde. Um die gleiche Zeit setzte der Übergang vom Gleichstrom- zum Drehstromgenerator ein. Die Gleichstromgeneratoren bestanden aus Anker- und Feldwicklung sowie dem Kollektor, an dem über Kohlebürsten der Strom abgenommen und über den Regler der Batterie zugeführt wurde. Gegenüber den zweipoligen Pkw-Generatoren hatten Lkw-Generatoren meist vier Feldwicklungen.
Die Erfindung von Halbleiterbauelementen ermöglichte es, den im Drehstromgenerator erzeugten Wechselstrom in „batteriefähigen" Gleichstrom umzuwandeln.
Der Vorteil von Drehstromgeneratoren besteht in der hohen Leistung schon bei niedrigen Motordrehzahlen sowie in kompakteren Dimensionen und geringerem Gewicht. Diese Vorteile verschafften dem Drehstromgenerator einen raschen Durchbruch. Bevor diese Technik im Pkw Verwendung fand, setzte sie sich in Omnibussen, schweren Lkw und bei Baumaschinen durch. Die Generatoren mit Silizium-Gleichrichter, wie sie auch genannt wurden, waren und sind wartungsärmer als die Gleichstromgeneratoren mit ihren verschleißgefährdeten Kohlenbürsten und Kollektoren.
Anfangs wurde die gesamte Stromanlage im Kfz durch Volt- und Amperemeter an der Armaturentafel

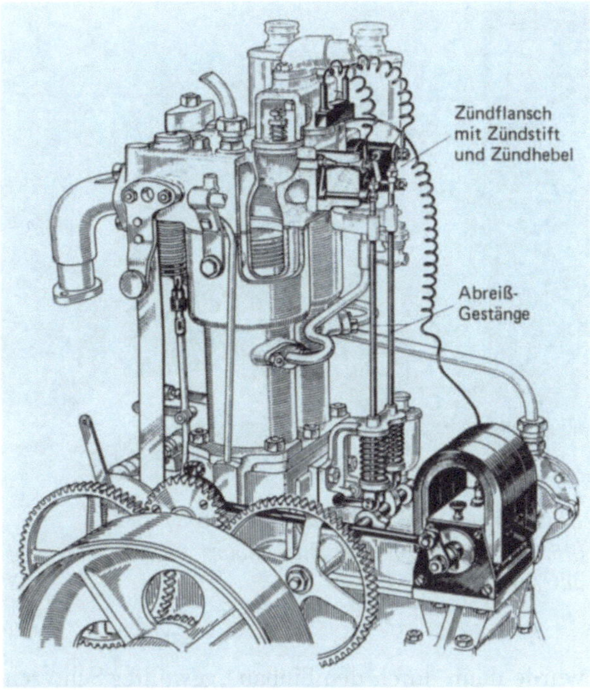

Bosch-Niederspannungsmagnetzündung im Phoenix-Lastwagenmotor 1898.

überwacht. Später, etwa ab 1918, begnügte man sich damit, die korrekte Ladung der Batterie über eine sogenannte Ladekontrollampe anzuzeigen. Zukünftig werden die Stromerzeuger und Spannungsregler immer kleiner und leichter. Die neueste Entwicklung, ein Spannungsregler in Hybridtechnik, ist nur noch so groß wie der Fingernagel eines Kindes. Generatoren wurden und werden heute noch von Bosch, Lucas, Paris Rhone, Marelli, AC Delco und Nippon Denso gebaut.

Von der Carbidfunzel zur Halogenlampe

Als die Autos laufen lernten, war die Fahrzeugbeleuchtung noch kein brennendes Problem, da die Fahrzeuge langsam und auch die Reichweiten begrenzt waren. Die ersten elektrischen Glühlampen hatten Kohlefaserwendel. Sie waren recht anfällig für Erschütterungen. Nicht zuletzt deshalb waren elektrische Scheinwerfer zum schnellen An- und Abmontieren gedacht. Erst 1906 wurde mit der Erfindung der Osram-Lampe mit Wolfram- und Osmiumwendel eine dauerhaftere Lösung gefunden. Außerdem benötigte diese Lampe um 70% weniger Strom als die Vorgängerlampe. Die Lichtleistung wurde dadurch immer stärker. Ein großes Problem bei der Fahrzeugbeleuchtung waren auch die Kabel, die oft in ungeschützter Lage angebracht werden mußten. Ihre Isolation durch Gummi und Baumwollgewebe war nicht verläßlich benzin- und säurefest. Außerdem bestand Brandgefahr, weil die Kabel nicht abgesichert waren. Dieses letztgenannte Problem

Benz-Gaggenau-5-t-Lastwagen mit 33/37 kW (45/50 PS)-Vierzylinder-Dieselmotor aus dem Jahr 1923.

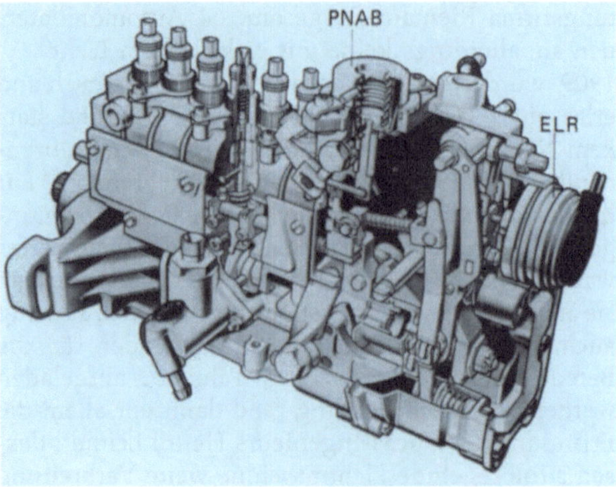

Einspritzpumpe M/RSF II mit elektrischer Leerlaufregelung (ELR) und pneumatischer Abstellvorrichtung (PNAB).

wurde dann durch den Einbau „gewollter Schwachstellen" im Leitungsnetz, die sogenannten Schmelzsicherungen, gelöst.

Ab 1911 beschäftigte sich Bosch eingehend mit dem Problem der Fahrzeugbeleuchtung und baute 1917 einen 100 m langen Lichtkanal zur Erforschung des Abblendlichtes, nachdem Zeiss in Jena 1914 einen elektrischen Automobilscheinwerfer mit Abblendeinrichtung auf den Markt gebracht hatte. Die Arbeiten bei Bosch führten 1919 zu einer gebrauchstüchtigen Zweifadenlampe, dem Vorläufer der 1924 von Bosch und Osram gemeinsam entwickelten „Bilux-Lampe", deren zweiter Faden nach unten im Parabolspiegel abgedeckt und in dessen oberem Teil nach unten abgestrahlt wird. 1969 neigte man diese Abdeckung um 15° und erhielt dadurch das assymetrische Abblendlicht, das der dem Gegenverkehr abgeneigten Seite einen längeren Lichtkegel verschaffte. Seit 1922 wurden Glühlampen nach einem Patent von Osram mit Gas gefüllt. Dies brachte Vorteile in bezug auf die Widerstandsfähigkeit und den Energieverbrauch. Heutige Scheinwerfer-Glüh-

Bosch-Schubankeranlasser mit Lamellenfreilauf für große Anlaßleistungen (links) und Anbau des Bosch-Schubankeranlassers am Motor.

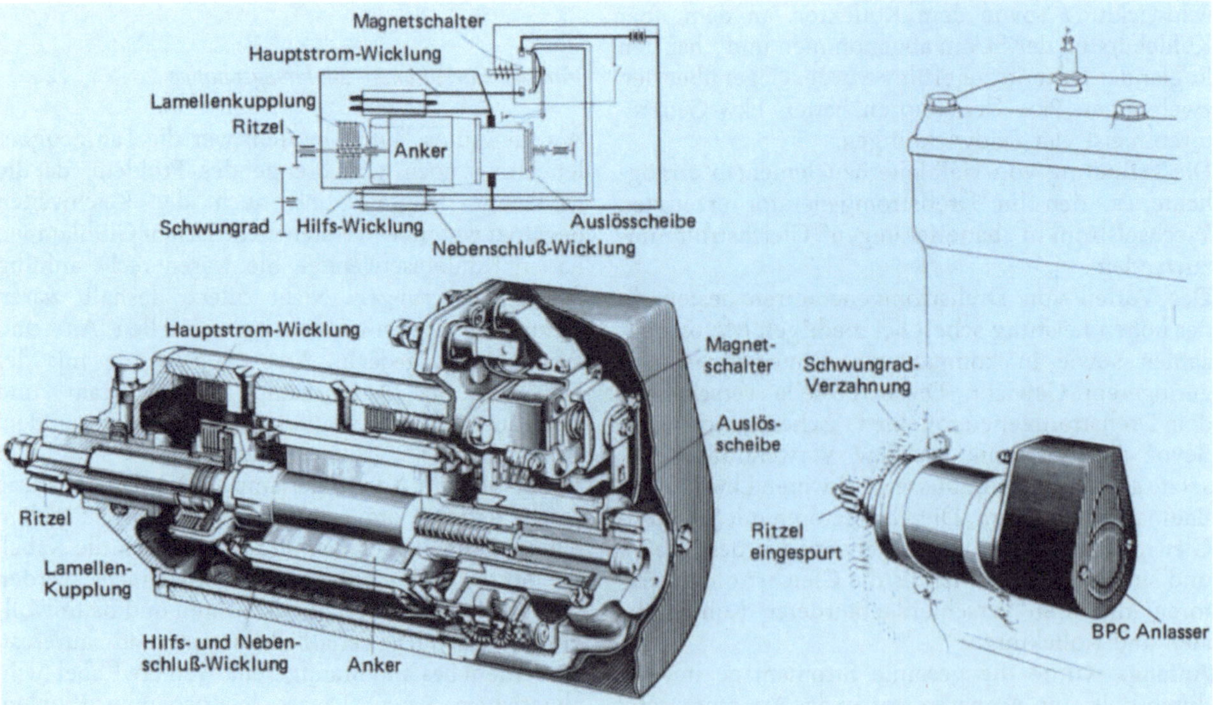

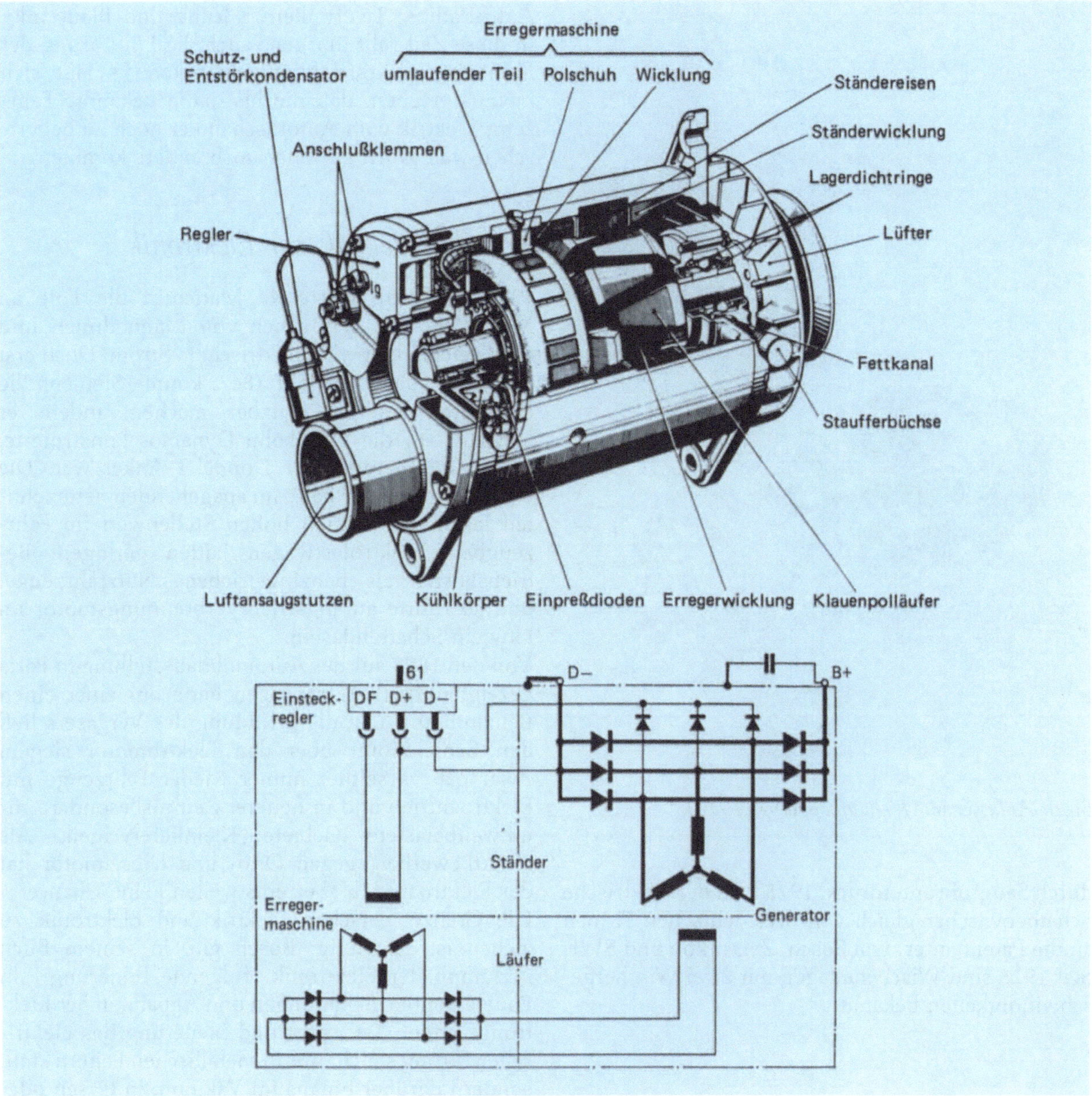

Bosch-Drehstromgenerator, schleifringlos, mit eingebautem Transistorregler; Schaltbild.

lampen werden mit Halogengas gefüllt, um eine größere Lichtausbeute zu erzielen. Dieser Lampentyp findet sowohl bei den Normalscheinwerfern als auch bei Weit- und Breitstrahlern Verwendung.
Gegenüber herkömmlichen Glühlampen weisen die Halogenlampen einen wesentlichen Unterschied auf. Bei der hohen Temperatur verdampft ein Teil des Wolframs der Glühwendel. Es schlägt sich aber nicht an der Kolbenwand nieder, sondern geht eine Verbindung mit dem Halogengas ein und fällt auf die Wendel zurück. Dieser Kreislauf ist der Grund für die hohe Lichtleistung und die lange Lebensdauer der Halogenlampe. Er setzt aber stets eine möglichst volle Spannung voraus. Bei Spannungsabfall wird nicht die Temperaturhöhe erreicht, die nötig ist, damit sich das vom Glühfaden verdampfte Wolfram wieder auf der Wendel niederschlagen kann. Während also eine früher übliche, mit einem neutralen Gas gefüllte Lampe bei geringerer Spannung als der Nennspannung länger lebt, geht eine Halogenlampe bei Unterspannung früher zugrunde.
1922 tauchten die ersten Fahrtrichtungsanzeiger auf. Es waren Winker, die zuerst über Bowdenzüge, später durch Elektromagneteten bewegt wurden. Die Erfinder Eugen Zipperle und Dr. August Nagel erhielten 1924 Gebrauchsmusterschutz auf einen Fahrtrichtungsanzeiger im Gehäuse, und 1927 führte Alfred Schwarz den ersten pendelnden Winker ein. Etwa ab 1950 kamen dann die Blinklichtanlagen für die Winker, die vielfach auch noch nachgerüstet wurden und noch heute sowohl am Zugfahrzeug als auch am Anhänger üblich sind.
Im Jahr 1924 war der erste selbsttätig wirkende Scheibenwischer auf dem Markt. Er funktionierte

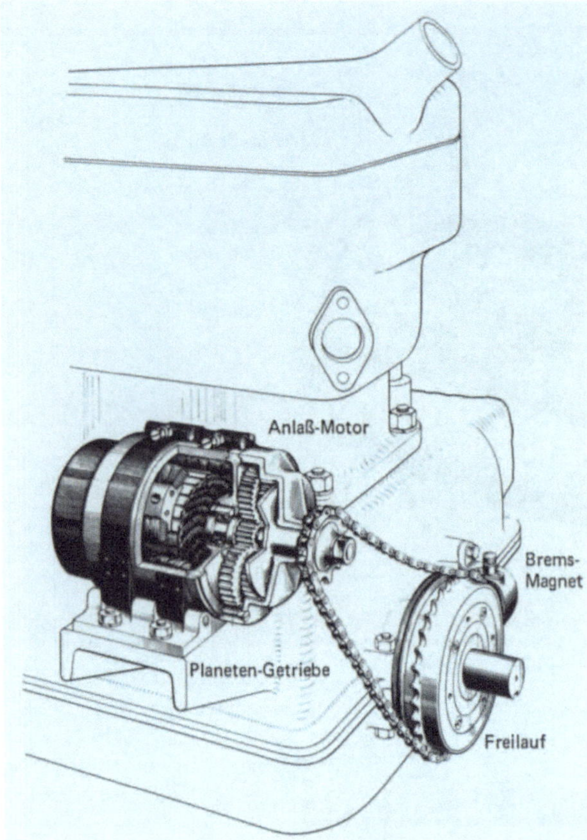

Bosch-Anlasser mit Freilaufkupplung (1913).

durch Saugrohrunterdruck. 1925 kam der elektrische Scheibenwischer gleich von drei deutschen Firmen an die Patentämter: von Bosch, Zeiss Ikon und SWF. Seit 1928 sind Wischeranlagen mit zwei Wischergeschwindigkeiten bekannt.

Radio im Nutzfahrzeug – heute Standard

In Europa tauchten 1936 erstmals Radiogeräte auch im Lkw und Omnibus auf. In Amerika war die „Autophonie" schon längere Zeit bekannt. Deutsche Experten stritten damals darüber, ob für Fahrzeuge mit Radiogeräten höhere Versicherungsprämien fällig wären, weil Radiohören vom Verkehr ablenke. Immerhin konnte man in einem Bericht der Zeitschrift Krafthand über die Automobilausstellung 1936 lesen, der Tag sei nicht mehr fern, an dem die Mehrzahl aller Fahrzeuge ein Rundfunkgerät mitführen werde.
Bis zum großen Durchbruch des Radios im Nutzfahrzeug sollte es dann doch bis in die sechziger Jahre dauern – als die Transistortechnik kleinere und robustere Geräte anstelle der üblichen Röhrengeräte ermöglichte. Motorenlärm im Lastwagen machte das Hören ohnehin nicht zum Genuß. 1936 gab es in Deutschland drei Haupthersteller von Auto-Radios: Telefunken, Körting und Blaupunkt. In diese Zeit fällt übrigens auch die Einführung der Berufssparte Kraftfahrzeugelektriker. Es läßt sich hieraus ersehen, daß die bis dahin bekannte Fahrzeug-Elektrik vom Automechaniker noch zu beherrschen war. Doch es sollte noch anders kommen.

Von der Elektrik zur Elektronik

1269 entdeckte Pierre de Maricourt die Pole an Magneten, das Zerbrechen von Magnetlinien und das Gleichrichten von elektrischem Strom. Doch erst 600 Jahre später, im Jahr 1867, konnte Siemens die elektrische Energie nutzbar machen, indem er zunächst für die Eisenbahn Dynamos konstruierte, deren Hauptbauteil der Doppel-T-Anker war. Die elektrische Energie hatte im ausgehenden neunzehnten Jahrhundert einen hohen Stellenwert im Fahrzeugbau. Elektrolastwagen hatten geringere Betriebskosten als benzingetriebene Nutzfahrzeuge, und so führte anfangs der Verbrennungsmotor im Lkw ein Schattendasein.
Von den 1898 auf der Automobilausstellung in Paris gezeigten 16 Lastkraftwagen hatte nur einer einen Benzinmotor. Erst die Erfindung des Vergasers ließ den Benzinmotor über den Elektromotor siegen. Zwar gab es seither immer wieder Fahrzeuge mit Elektroantrieb und in neuerer Zeit insbesondere für umweltbelastete Gebiete Kleinlieferwagen. Als „Wettbewerber" gegen Otto- und Dieselmotor hat der Elektroantrieb aber einstweilen keine Chance.
Die Grenze zwischen Elektrik und Elektronik zu ziehen ist schwierig. Busch gibt in seinem Buch „Triumph der Elektronik" folgende Erklärung: „In Bauelementen, Schaltungen und Apparaten der Elektronik finden Transport und Steuerung des elektrischen Stromes nicht nur in metallischen Leitern statt, sondern darüber hinaus im Vakuum, in Gasen oder in Festkörpern mit besonderen physikalischen Eigenschaften." Im Kraftfahrzeug fand die Elektronik erst seit der Verfügbarkeit der Halbleiter (1955) Eingang, nachdem bei Phono- und Fernsehgeräten diese Elemente schon gebräuchlich waren. Zunächst waren es regelnde Aufgaben im Kraftfahrzeug, die man den neuen Elektronikelementen zudachte. Sie regelten beispielsweise Spannungen in Generatoren oder die Blinksignale des Richtungsanzeigesystems. Besonders im schweren Nutzfahrzeug war der Einzug der Elektronik in größerem Stil längere Zeit behindert durch die harten Betriebsbedingungen. Erst mit der Verbesserung der Fertigungstechnik und der Erhöhung der Zuverlässigkeit wurde es möglich, die heute übliche Technik der integrierten Schaltkreise sinnvoll anzuwenden.
„Heute, zum 100jährigen Jubiläum des Automobils, ist die Elektronik ebenso zuverlässig wie die Mechanik, manchmal sogar noch besser," äußerte Dr. Scholl, der verantwortlich an den ersten elektronischen Benzineinspritzanlagen mitgewirkt hat.

Elektronische Systeme haben zudem den Vorteil kleinerer Bausteine, die praktisch ohne Verzögerung und mit minimalem Strombedarf arbeiten. Zudem sind die elektronischen Bauteile in den letzten Jahren immer billiger geworden, so daß sich die Kosten bei ihrer Anwendung für Steuer- und Regelmechanismen deutlich vermindert haben.

Die Instrumentierung im Wandel der Zeit

Anfänglich hatten die Fahrzeuge keine Instrumente. Bald gab es dann Anzeigen für die Geschwindigkeit und – mit dem Aufkommen der Druckschmierung – auch für den Öldruck, traten Ampere- und Voltmeter mit der Batteriezündung auf. Als dann die verschiedenen Funktionen, wie zum Beispiel Licht, Wischer, Horn und Fahrtrichtungsanzeiger hinzukamen, benötigte man eine ganze Menge Schalter, Hebel und Knöpfe um mit der Technik zurechtzukommen. So ist dies im Prinzip bis heute geblieben. Zentrales Instrument der in § 57 a der bundesdeutschen StVZO definierten Nutzfahrzeuge ist der Fahrtschreiber, der in den letzten Jahren ebenfalls eine Elektronisierung erfuhr. In ihm kann die Fahrt eines Tages protokolliert werden, indem die Zeiten und die Geschwindigkeiten, die Wegstrecken und die Tätigkeiten der Fahrer aufgezeichnet werden.
Wurden früher die verschiedenen Anzeigen mechanisch, pneumatisch oder hydraulisch aktiviert, so ist es heute überwiegend die Elektronik, die durch feinansprechende Sensoren die über Widerstandsänderungen veränderlichen Ströme in die Anzeigen einleitet und dadurch die jeweiligen Zustände signalisiert. Die Komplexität der Anzeigeeinheiten erübrigte es nun, einzelne Leitungen zu verlegen. An ihre Stelle sind Sammelsteckverbindungen und Leiterplatten getreten. Die Verkabelung im Nutzfahrzeug wird sich in den kommenden Jahren zu Multiplexsystemen entwickeln, das heißt, mit einer Leitung können dann mehrere Schaltfunktionen gesteuert werden. Das Schalterfeld selbst ist hierbei in kreuzmaschige Leitungsfelder unterteilt und mit einem Rechner verbunden. Schon heute werden die elektronischen Schaltelemente zentral und gut zugänglich angeordnet. Halb- oder vollautomatische Schaltvorgänge werden durch die Elektronik möglich. Letztlich ist die Automobilelektronik für die Konstrukteure ein Segen, und auch die Anwender profitieren davon. Typische Beispiele hierfür sind der automatische Blockierschutz, elektronisch schaltbare Getriebe, präzisere Einspritzregelung, Antischlupfregelungen, Lenkungsunterstützungen und anderes.

Elektronische Lkw-Schaltung

Am Beispiel eines elektronischen Schaltgetriebes sei ein Einblick in die elektronischen Regel- und Steuerungsmöglichkeiten gegeben:

Aufbau einer spannungsregelnden Lichtmaschine mit angebautem Reglerschalter.

Erster elektrischer Scheinwerfer an einem VOMAG-Lkw.

Winker aus dem Jahr 1928.

Die Elektronik verändert die Automobilwelt: Am Anfang des zweiten Automobiljahrhunderts sieht man erst die Spitze eines Eisberges.

Blick in die Elektrik-Verteilerstation eines modernen Nutzfahrzeugs.

16 Gänge sollen optimal geschaltet werden. Zur Verfügung stehen vier Grundschaltungen, zwei Range-Gruppen und eine Spliteinrichtung. Drei Schaltbewegungen lassen sich am Schalthebel ausführen: vorwärts, rückwärts und seitlich. Die Elektronik ist nun in der Lage, ein Verschalten des Fahrers sicher zu verhindern, indem sie den Schaltvorgang sperrt, solange die Motordrehzahl nicht paßt. Die Gänge können vorgewählt werden; man rückt sie nach Drücken der Kupplung automatisch ein. Beim Heranfahren an Kreuzungen sucht sich das Schaltsystem automatisch den richtigen Gang aus, in dem man weiterfahren kann. Durch Drücken eines Knopfes lassen sich auch Gänge überspringen.
Um diese Schaltung zu realisieren, ist ein Steuercomputer nötig, der die Lastzustände, die Drehzahlen, den vorgewählten Gang und die Kupplungsstellung nach von Sensoren eingegebenen Signalen (Input) koordiniert und als Schaltbefehl an die Magnetventile der druckluftgesteuerten Schaltung weitergibt (Output). Selbstverständlich sind außer Sicherheitseinrichtungen auch Notlaufeigenschaften vorgesehen, um ein totales Stehenbleiben zu verhindern. Bemerkenswert hierbei ist, daß sich das elektronische System selbst kontrolliert und über einen Nummerncode dem Servicepersonal mögliche Fehler angibt. Ein besonderer Vorteil dieser elektronisch gesteuerten und pneumatisch betätigten Schaltung liegt weiterhin darin, daß zwischen der Schaltkonsole am Fahrerplatz und dem Getriebe keine mechanische Verbindung mehr besteht. Durch die Übertragung von Impulsen und das Auslösen von Funktionen über Kabelverbindungen entfallen herkömmliche Gestängemechanismen. Hierin liegt ein bedeutendes Einsparungspotential im konstruktiven Aufwand, im Servicebedarf und in der Zuverlässigkeit. Man denke nur an die komplizierte, oft über Teleskope geführte Schaltübertragung bei Kippfahrerhäusern oder an die langen Schaltwege mit mehreren Knickstellen bei Gelenkbussen.

Klassisches Armaturenbrett der dreißiger bis sechziger Jahre.

Modernes Lkw-Armaturenbrett mit Tachograph, Drehzahlmesser, Anzeigeneinheit und Schaltern; oben aufgesetzt die Schaltanzeige der halbautomatischen elektropneumatischen Schaltung.

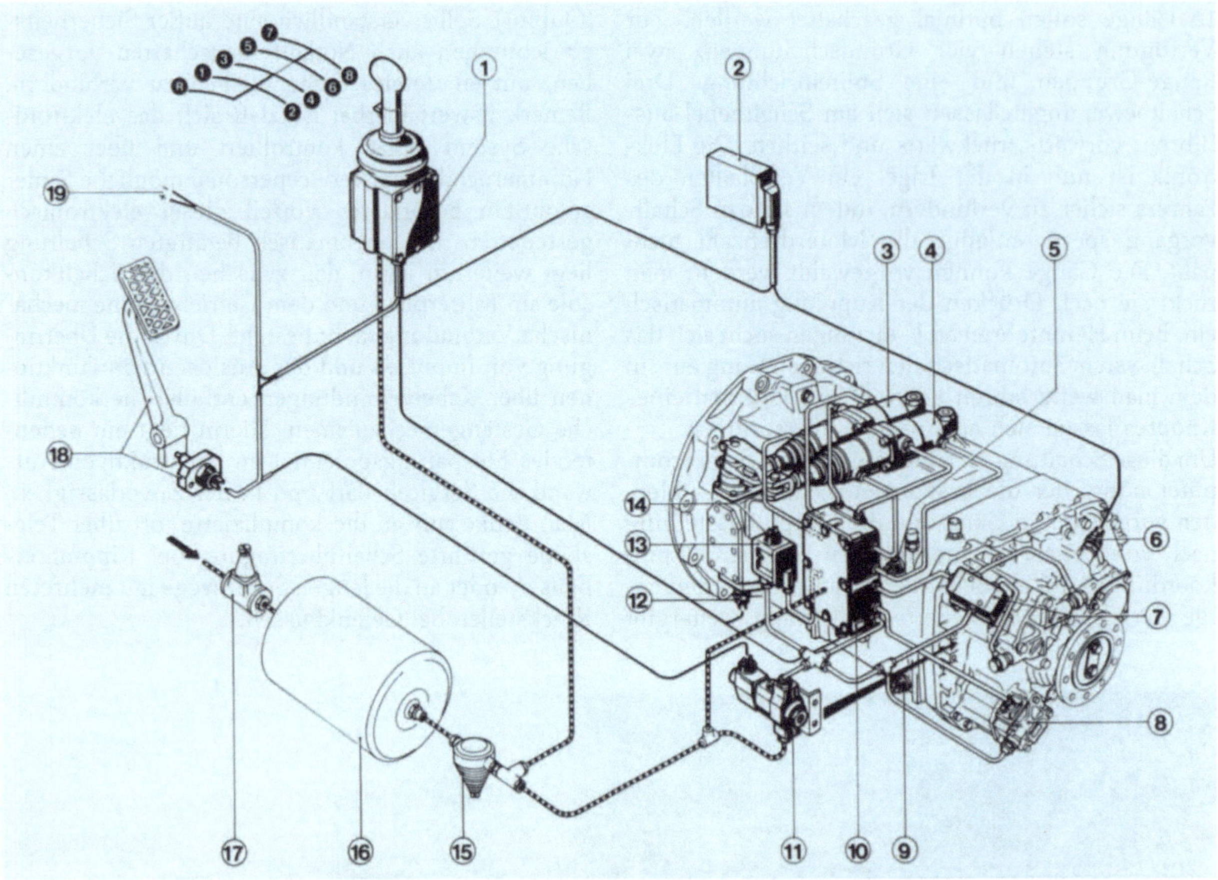

Elektropneumatische Schaltung (ES) für Synchrongetriebe, dargestellt mit einem Ecosplit-Getriebe:

① *Gangschalter mit Doppel-H-Schaltbild,*
② *Elektronik-Baustein für Übertoursicherung,*
③ *Schaltzylinder für 3./4. (7./8.) Gang,*
④ *Schaltzylinder für 1./2. (5./6.) Gang,*
⑤ *Anzeigeschalter für Bereichsgruppe,*
⑥ *elektronischer Tacho,*
⑦ *Schaltventil für Bereichsgruppe,*
⑧ *Schaltventil für Splitgruppe,*
⑨ *Anzeigenschalter für Splitgruppe,*
⑩ *zentraler Ventilblock,*
⑪ *Hauptschalterventil,*
⑫ *Anzeigeschalter für „Gang geschaltet",*
⑬ *Schaltzylinder für R.-Gang,*
⑭ *Anzeigeschalter für R.-Gang,*
⑮ *Druckluftreiniger mit Wasserabscheider und Entwässerungsventil,*
⑯ *Druckluftbehälter, unabhängig vom Bremsluftbehälter,*
⑰ *Überströmventil ohne Rückströmung,*
⑱ *Kupplungspedal mit elektrischem Auslöseschalter,*
⑲ *Bordnetz,*
▬ *Druckluftleitung (die im Fahrzeug zusätzlich installiert werden muß).*

ABS-Anlage bei einem Scania-Fahrzeug; nur mit Hilfe der Elektronik wurde dieses aufwendige Sicherheitsbremssystem verwirklicht.

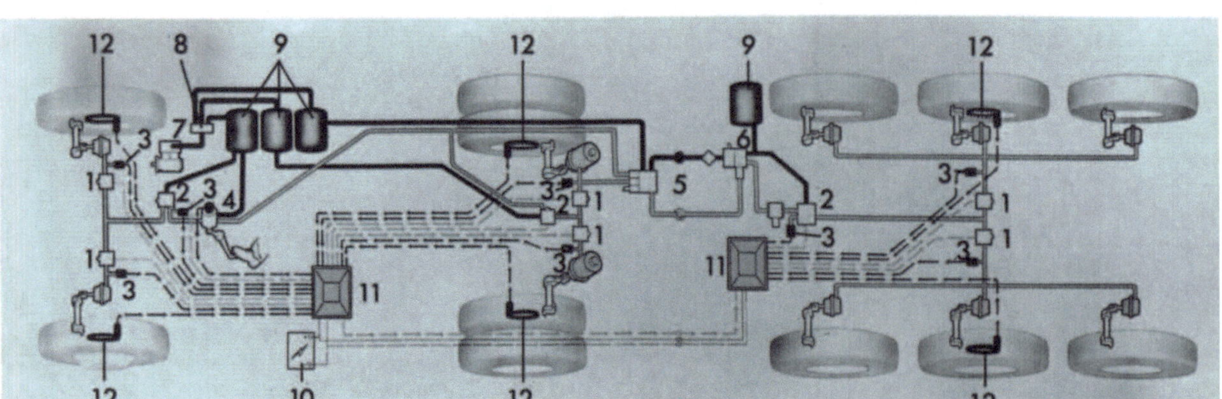

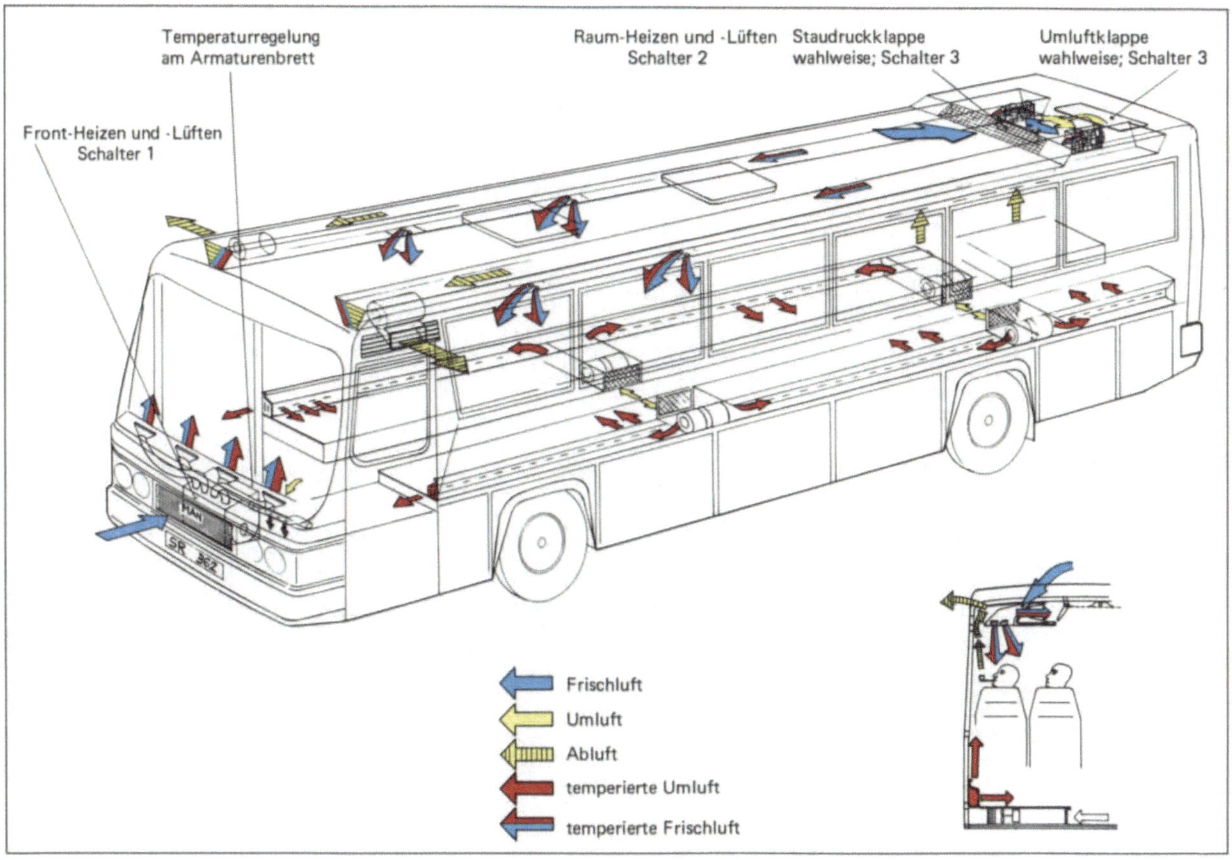

Elektronisch gesteuerte Heizungsanlagen sorgen für das Wohlbefinden der Buspassagiere.

Zukünftige Elektronik

Neuerungen, die heute noch als Utopie erscheinen, sind vielfach längst über das Versuchsstadium hinaus und stehen kurz vor der Serieneinführung. Alle zukünftigen Systeme werden über Notlaufeigenschaften verfügen, im Sicherheitsbereich, zum Beispiel bei ABS, sind redundante Schaltungen denkbar. Das heißt also, beim Ausfall eines computerisierten Schaltkreises steht automatisch ein weiterer Schaltkreis zur Verfügung, der die Aufgaben des defekten Schaltkreises sofort übernimmt und Fehler registriert, um sie dem Servicepersonal zu melden. Beispiele für bereits bekannte elektronische Einrichtungen sind

- Navigationssysteme, um den Fahrer sicher an fremde Ziele zu geleiten;
- Computer- und Fahrtroutenrechner, die eine Verknüpfung mit einer Leitzentrale erlauben, so daß immer optimale Routen zusammengezogen werden und die Wirtschaftlichkeit erhöht wird;
- Diagnosesysteme in „On-board"-Ausführung: An einer Anzeige werden die Fehler direkt angezeigt;
- Verlängerung der Ölwechselintervalle durch Errechnen des Ölverbrauchs;
- elektronische Heiz- und Lüftungssysteme.

Bei allen diesen elektronischen Entwicklungen ist nach Meinung der Nutzfahrzeughersteller erst die Spitze eines Eisberges sichtbar. Profitieren werden von diesen Entwicklungen letztlich die Lkw- und Busfahrer.

Der Komfort im Nutzfahrzeug ist heute eine Selbstverständlichkeit. Nicht nur der Fahrer hat einen optimalen Bedienungskomfort, auch die Passagiere von Omnibussen können sich dank moderner Heizungs- und Klimatisierungsanlagen wohlfühlen und die Reise genießen. Vorbei sind die Zeiten, in denen es in Bussen entweder zu kalt oder zu warm war. Bereits 1980 baute Daimler-Benz als erstes Unternehmen elektronisch gesteuerte Heiz- und Klimaanlagen in seine Busse ein. Diese Systeme sind in der Lage, eine einmal als richtig erkannte Temperatur in einer bestimmten Klimazone automatisch zu regulieren, und zwar im oberen und unteren Teil des Busses unterschiedlich. Dadurch ist gewährleistet, daß die Kopfzone kühl bleibt, während die Füße warm sind. Dies ist unter anderem eine Voraussetzung, um sich in einem Omnibus wohlzufühlen. Die Heizung ist thermostatgeregelt, und zwar so, daß sich bei Änderung der Außentemperatur die Heizungsfunktion selbsttätig ändert und auch Gebläse zu- oder abgeschaltet werden. Sollte die Elektronik einmal ausfallen, dann ist eine manuelle Betätigung vorgesehen.

Am Anfang zum zweiten Jahrhundert des Automobils steht die Technik an der Schwelle zum „elektronisierten Nutzfahrzeug".

Vom Einzelfahrzeug zum Transportsystem

Joachim Baron

Wie die Verbreitung der Eisenbahn, beeinflußte auch das Aufkommen des Lastkraftwagens die soziale Struktur und die wirtschaftliche Entwicklung der Industrievölker in revolutionärer Weise. Vom Lastwagenverkehr gingen wesentliche Impulse auf das Entstehen einer nach heutigen Begriffen modernen Volkswirtschaft aus. Mit Hilfe dieses schienenunabhängigen Transportmittels wurde in Ergänzung des vorhandenen Eisenbahnsystems die Fläche, wurden entlegene Zonen erschlossen und die ökonomischen Bedingungen innerhalb der nationalen Wirtschaften angeglichen. Der Lastkraftwagen hat aber nicht nur Probleme raumökonomischer Natur gelöst. Dieses Transportmittel war und ist vielmehr Träger einer

Vision eines Amerikaners: Umsetzen eines Wechselbehälters im Zeitalter der Postkutsche.

12

logistischen Entwicklung, die sich heute im vielfältigen Ablauf einer modernen Volkswirtschaft und Industriegesellschaft repräsentiert.

Im Zuge dieser Entwicklung entstand neben dem staatlichen Verkehrsträger „Schiene" und der privatwirtschaftlich organisierten Binnenschiffahrt der gewerblich-private Verkehrsträger Straße, der sich heute als eine der unverzichtbaren Säulen eines notwendigen Transportsystems in den Bereichen des gewerblichen Güternah- und Güterfernverkehrs erweist. Parallel dazu entwickelte sich der sogenannte Werkverkehr mit Lastkraftwagen der Industrie- und Gewerbebetriebe für eigene Zwecke. Das für die Bundesrepublik Deutschland geltende Güterkraftverkehrsgesetz (GüKG) von 1952 (letzte Neufassung vom 1. 4. 1983) erfaßt diese Gruppen des Straßengüterverkehrs und bestimmt den für diese geltenden Ordnungsrahmen.

Außer diesem in erster Linie verkehrs- und gewerbepolitisch wirkenden Gesetz ist der Straßengüterverkehr auch eingebunden in die Bestimmungen, die der Gesetzgeber aus ordnungspolitischen Überlegungen in Form von Rechtsverordnungen erlassen hat. Diese Regeln sind in der Straßenverkehrs-Ordnung (StVO) und in der Straßenverkehrs-Zulassungs-Ordnung (StVZO) niedergelegt; hierbei ist der Inhalt einiger Regeln von verkehrspolitischen Gesichtspunkten der jeweiligen Bundesregierungen geprägt.

Einig waren sich seit der Gründung der Bundesrepublik Deutschland die meisten Bonner Regierungskabinette und deren Bundesverkehrsminister über die Schutzwürdigkeit der Deutschen Bundesbahn in ihrem Verhältnis gegenüber dem Straßengüterverkehr. Dies führte – außer den sicherheitstechnisch begründeten Regelungen – zu Bestimmungen in der StVZO, die die höchstzulässigen Abmessungen und Gewichte für Lastkraftwagen und Lastzüge festlegen, ohne – so jedenfalls die Meinung der Transportbetriebe – die spezifischen Anforderungen des Transportmarktes zu berücksichtigen.

In den fünfziger Jahren entwickelte die damalige Bonner Regierung eine Anti-Lastwagenpolitik. 1952 wurde die Anzahl der unbeschränkten Konzessionen für den Güterfernverkehr von 14 788 auf 11 850 herabgesetzt. Gleichzeitig erfolgte eine Begrenzung der Anzahl der Bezirkskonzessionen auf 4000. In Wirklichkeit lag die Anzahl der Bezirksgenehmigungen erheblich über 4000, und auch die Anzahl der bis dahin festgesetzten unbeschränkten Genehmigungen war nicht unerheblich überschritten. Die herabgesetzte Kontingentzahl wurde allerdings nie erreicht.

Ab 1953 folgte dann Schlag auf Schlag. Hatte bis 1952 das Bemühen um Wiederherstellung einer umfassenden gesetzlichen Ordnung für den Güterfernverkehr im Vordergrund gestanden, so mußte jetzt die ganze Kraft der Selbstverwaltungsorganisation des Straßengüterverkehrs auf die Abwehr immer neuer Angriffe gegen die Existenzgrundlagen des Gewerbes, sei es aus der Gesetzgebung oder auch von seiten der Bundesbahn, gerichtet werden. Gleichzeitig erhielt die nachdrückliche Vertretung der allgemeinen Interessen des Gewerbes auf nationaler und internationaler Ebene erhöhtes Gewicht, da das Gewerbe bei den Abwehrmaßnahmen auf vielfältige Unterstützung seitens des In- und Auslandes angewiesen war.

Es seien die wichtigsten der gegen das Gewerbe gerichteten Pläne und Maßnahmen angeführt:

1. April 1953	Verbot des zweiten Anhängers.
1. August 1953	Differenzierte Absenkung des Tarifniveaus bis zu 20 Prozent und Aufhebung von Sondertarifen.
1. Juni 1954	Einbringung eines Straßenentlastungsgesetzes in den Deutschen Bundestag (Beförderungsverbote für 45 Prozent des Beförderungsvolumens des gewerblichen Güterfernverkehrs; Herabsetzung der Anzahl der Genehmigungen um 25 Prozent; Schaffung eines künstlichen Tarifgefälles zugunsten der Bahn; Herabsetzung der Werbe- und Abfertigungsvergütung).
6. April 1955	Verabschiedung des Verkehrsfinanzgesetzes (radikale Erhöhung der Kraftwagensteuer für schwere

Lkw und der Dieselkraftstoffsteuer; Zuweisung von 1,5 Mrd. DM aus dem Aufkommen an die Deutsche Bundesbahn; Einführung der Beförderungssteuer für den Werkfernverkehr).

14. März 1956 Sonntagsfahrverbot.

21. März 1956 Prohibitive Neuregelung der höchstzulässigen Abmessungen und Gewichte für Lkw (14 m Länge, Zweiachser 12 t, 24 t Gesamtzuggewicht, 8 t Achslast).

1. Februar 1958 Kleine Tarifreform mit erster Auseinanderentwicklung DEGT – RKT[1] (20-t-Satz nur Bahn; 5-t-Sätze bei Lkw niedriger).

1. April 1960 Straßenbaufinanzierungsgesetz (weitere Erhöhung der Kfz- und Mineralölsteuer um rund 20 Prozent).

Es ist unzweifelhaft, daß die Durchsetzung dieser Maßnahmen den gewerblichen Güterfernverkehr empfindlich getroffen hätte. Ebenso ist offensichtlich, daß sich die Selbstverwaltung des Gewerbes mit sämtlichen ihr zur Verfügung stehenden Kräften gegen deren Verwirklichung einsetzen mußte. Dabei brauchte sie selbstverständlich – und gewann auch – starke Bundesgenossen auf nationaler und internationaler Ebene.

Die Angriffe gegen den gewerblichen Güterfernverkehr wurden auf vier Ebenen vorgetragen: auf der Ebene der Tarifpolitik, der Steuerpolitik, der Abmessungen und Gewichte für Lkw sowie der direkten Beförderungsverbote. Während die ersten drei Gruppen auf eine starke Verminderung der Wettbewerbsfähigkeit des schweren Lkw abgestellt waren, zielten die Beförderungsverbote auf seine absolute Ausschaltung aus der Bedienung bestimmter Verkehre, die nicht weniger als 45 Prozent der Gesamtbeschäftigung des gewerblichen Güterfernverkehrs ausmachten.

Der größte Teil dieser damals geplanten Maßnahmen wurden realisiert. Die Regierung verzichtete jedoch auf die prohibitive Neuregelung der höchstzulässigen Abmessungen und Gewichte. Die Länge der Lastzüge blieb zunächst bei 18 m (Sattellastzüge 15 m), das höchstzulässige Gesamtgewicht bei 32 t; später setzte man dieses auf 38 t herauf.

Aufgrund von Gewicht und Volumen der einzelnen Ladungen des am Markt vorhandenen Güteraufkommens hat besonders der gewerbliche Straßengüterverkehr stets höhere höchstzulässige Maße und Gewichte für die Lastzüge gefordert. Erst 1984/85 bahnte sich durch Maßnahmen der Europäischen Gemeinschaft (EG) eine Änderung der Gewichtsfestsetzung auf 40 t Lastzuggesamtgewicht an. Für die aus Motorwagen und Anhänger bestehenden Lastzüge blieb es jedoch bei 18 m Länge; für Sattellastzüge wurde mit Rücksicht auf den im Binnenland auf der Straße zu transportierenden 40-ft-Seecontainer die höchstzulässige Länge auf 15,50 m festgesetzt. Diese von den EG-Mitgliedern beschlossenen Änderungen hat für die Bundesrepublik Deutschland im Sommer 1986 in die StVZO übernommen.

Am 1. Dezember 1966 folgte dem ausscheidenden Dr.-Ing. Seebohm als Bundesverkehrsminister Georg Leber, der mit dem nach ihm benannten Leber-Plan in den Kreisen des Straßengüterverkehrsgewerbes für eine Krisenstimmung sorgte. Im September 1967 erläuterte Leber sein verkehrspolitisches Konzept zur Verbesserung der Situation der Eisenbahn. Für den Straßengüterverkehr sah das Konzept im wesentlichen vor:

- Einführung einer Beförderungssteuer von 1 Pf je tkm für den gewerblichen Güterfernverkehr und 3 bis 5 Pf für den Werkfernverkehr,
- Beförderungsverbote für 28 Gütergruppen, besonders des Massengutverkehrs, im Fernverkehr,
- Absenkung der Anzahl der Konzessionen um 20 bis 25 Prozent,
- Änderung des Konzessionierungssystems mit dem Ziel, kleinere Fahrzeuge zum Einsatz zu bringen,
- Änderung kraftfahrtechnischer Vorschriften, besonders Heraufsetzung der Mindest-Motorleistung von bisher 4,4 kW auf 5,9 kW je t Gesamtgewicht.

Nachdem Bundesregierung und Bundesrat dem Leber-Plan – sicherlich wegen der steigenden Verschuldung der Deutschen Bundesbahn – zugestimmt hatten, lag die Entscheidung über die weitere Entwicklung des Lkw-Verkehrs beim Deutschen Bundestag. In zähen Verhandlungen mit den Bundestagsabgeordneten kam es im Juni 1968 unter der Beteiligung der Fraktionsvorsitzenden der seinerzeit im Deutschen Bundestag vertretenen Parteien – es war die Zeit der Großen Koalition aus CDU/CSU und SPD – zu einem leichten Abrücken von den Thesen des Leber-Plans. Hauptpunkte des damals vereinbarten Kompromisses waren:

- Wegfall der Beförderungsverbote,
- Begrenzung der Beförderungssteuer auf zwei Jahre mit anschließender Einführung von Straßenbenutzungsgebühren,
- Ermächtigung des Bundesministers für Verkehr (BMV) zum Erlaß von Verordnungen zugunsten einer optimalen Straßennutzung,
- Bildung eines Fonds (vier Jahre lang je 250 Mio. DM) für verkehrslenkende Maßnahmen.

Die so geänderte Gesetzesvorlage fand im November 1968 die Zustimmung des Deutschen Bundestages – wenige Tage später stimmte der Bundesrat eben-

[1] DEGT, Deutscher Eisenbahngütertarif (enthält die Beförderungsbedingungen der Deutschen Bundesbahn, ihre Beförderungspreise und Nebengebühren);
RKT, Reichskraftwagentarif (enthält die Beförderungsbedingungen des gewerblichen Straßengüterfernverkehrs, die Beförderungspreise und Nebengebühren).

falls zu –, so daß die neuen Bestimmungen am 1. Januar 1969 in Kraft gesetzt werden konnten. Mit der damit verbundenen Bereitstellung eines aus Haushaltsmitteln des Bundes gespeisten 250-Millionen-DM-Fonds für verkehrslenkende Maßnahmen war der Weg frei, den kombinierten Schiene/Straße-Verkehr als Mittel der Straßenentlastung einzuführen. Gleichzeitig war dies der Zeitpunkt, von dem an sich der Wechselbehälter als abnehmbare, umsetzbare und tauschbare Ladeeinheit durchzusetzen begann.

Die Wurzeln dieses Wechselsystems sind in frühen Zeitabschnitten der Automobilgeschichte zu suchen. Die ersten Überlegungen, im Güterverkehr wiederverwendbare und tauschbare Ladebehältnisse zu verwenden, sind fast so alt wie der Lastkraftwagen selbst. Schon um das Jahr 1900 setzte die amerikanische Transportfirma Bowling Green Storage & Van Co. derartige Behältnisse in Zusammenarbeit mit einer Berliner Speditionsfirma ein. Etwa um die gleiche Zeit waren in Frankreich und Großbritannien ähnliche Bestrebungen festzustellen, bei denen es darum ging, leicht verderbliche „Kolonialwaren" vor dem häufigen Umladen mit Hilfe von Behältern zu schützen. Verwendet wurden diese Vorgänger heutiger Wechselbehältnisse – Wechselaufbauten und Container – im Schienen- und Seetransport. Die wenigen gewerblichen Kraftwagen-Fuhrleute betrieben ihr Gewerbe damals noch auf althergebrachte Art, der Fortschritt bestand lediglich darin, daß der

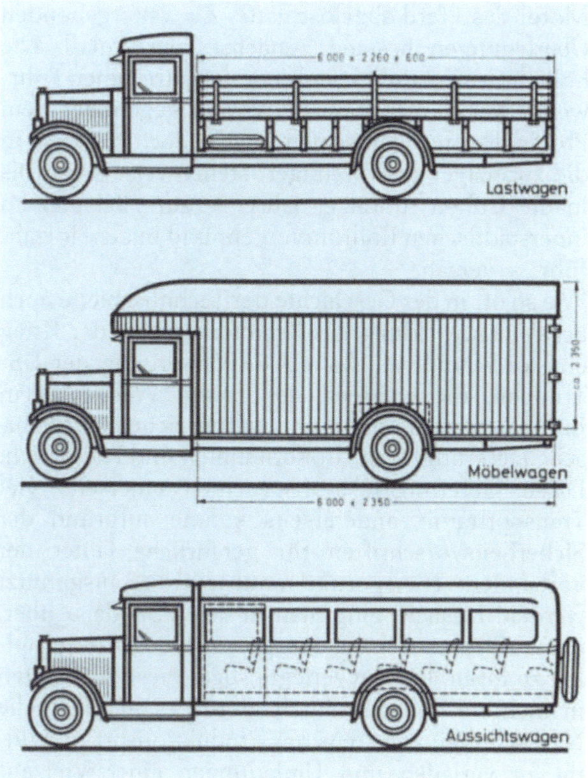

Wechselbehälter sind durchaus nicht neu. Schon im Jahre 1920 wurde in Ulm/Donau von der Karl Kässbohrer Fahrzeugwerke GmbH dieses Wechselaufbau-System entworfen.

Die Pioniere des kombinierten Verkehrs wechselten die Ladepritschen ihrer Fahrzeuge nur von Fahrzeug zu Fahrzeug. Dies war der Anfang in den fünfziger Jahren.

Motor das Pferd abgelöst hatte. Zu weitergehenden Überlegungen bestand zunächst kein Anlaß. Die höhere Geschwindigkeit des motorgetriebenen Fuhrwerks war der zeitgemäße Vorteil gegenüber dem Pferdegespann, das seinen Dienst noch bis weit in die zwanziger und dreißiger, stellenweise sogar bis in die frühen fünfziger Jahre – zum Beispiel im innerstädtischen Rollfuhrverkehr und in der Holzabfuhr – versah.
Wie so oft in der Geschichte der Technik spielte auch bei der Entwicklung des Behälterverkehrs der Krieg eine entscheidende Rolle. Die Versorgung der US-Truppen, die während des Ersten Weltkriegs in Europa standen, bedingte umfangreiche amerikanische Lieferungen an Großbritannien und Frankreich. Diese Lieferungen beanspruchten einerseits viel Transportraum, andererseits konnte aufgrund der Sicherheitsvorschriften für gefährliche Güter der vorhandene Transportraum nur teilweise ausgenutzt werden. Deshalb ging man in den USA dazu über, die Aufbauten der Güterwagen von den Fahrgestellen zu lösen. Ja, man zerlegte sogar diese Aufbauten in mehrere Teile. Dadurch wurde es möglich, die Nachschubgüter bereits am Produktionsort endgültig zu verladen und Umladungen einer Vielzahl einzelner Stücke zu vermeiden; hinzu kam die Einsparung von Verpackungsmaterial. Darüber hinaus konnten die Wartezeiten der Transportmittel auf ein geringes Maß herabgesetzt werden.
Frankreich und Großbritannien, durch den Krieg an die neuen Transportbehältnisse gewöhnt, behielten diese auch nach 1918 bei und bauten sie in ihr ziviles Transportsystem ein. Diese Idee griff auch auf das Gebiet des damaligen Deutschen Reiches über. Hier und da tauchten die ersten Behälter auf. Vor allem entwickelten sich diese Behältnisse zwischen 1925 und 1933 zu einem Kampfinstrument der Deutschen Reichsbahn gegen den mehr und mehr Terrain gewinnenden Lastkraftwagen. Gute dreißig Jahre später sollte der Behälter außer anderen Aufgaben auch diese noch zu erfüllen haben, nur daß er nunmehr nicht allein von der Bahn, sondern auch vom Kraftwagen als Marktinstrument sowohl gegen die Bahn als auch gegen die Konkurrenz im eigenen Lager verwendet wurde.
Einen weiteren wesentlichen Impuls erhielt die Behälterbewegung 1928 durch den Auto-Weltkongreß in Rom. Dort wurde gefordert, die Verkehrspolitik der europäischen und außereuropäischen Staaten möge sich einer besseren Koordinierung der Aufgaben der Verkehrsträger Schiene/Straße widmen. Da dem Lastkraftwagen in der damaligen Zeit noch vorwiegend die Zubringeraufgabe zur Schiene zufiel, ist es verständlich, daß dieses Ansinnen von seiner Seite ausging. Der Appell von Rom, das zunehmende Konkurrenzverhältnis auf dem Verkehrsmarkt sowie das Streben der verladenden Wirtschaft und der Eisenbahnen nach vermehrter Verwendung der Behälter führten im Jahre 1933 zur Gründung des auch heute noch tätigen Bureau Internationale de Conteneur (BIC) mit Sitz in Paris. Zur gleichen Zeit machte die Deutsche Reichsbahn ihren Slogan „Von Haus zu Haus" bekannt, und auch in den anderen europäischen Staaten wurde die „Behälter-Bewegung" aktiv.
In den Jahren zwischen dem Ersten und Zweiten Weltkrieg hat sich die Technik auch mit dem Gedanken befaßt, sogenannte Wechselpritschen für Lastkraftwagen zu verwenden. Schon um 1920 stellte die Ulmer Firma Karl Kässbohrer mit großem Erfolg Wechselaufbauten her. Zwar benötigte man damals noch einen Portalkran zum Umsetzen – heute geschieht dies wesentlich einfacher. Für den Sonn- und Feiertagsverkehr bestand sogar die Möglichkeit, einen Omnibus-Wechselaufbau auf das Chassis des Lastkraftwagens aufzusetzen.

Rollbares Wechselbehälter-Umsetzsystem. Diese von der Fahrzeugfabrik Dautel, Heilbronn, 1960 entwickelte Vorrichtung wurde zum Rangieren des Wechselbehälters an der Verladeanlage des Versenders verwendet.

Stationäre Umsetzanlage für Wechselbehälter an einem rampenlosen Lager, mit dem die Behälter vom Fahrzeugchassis abgehoben und danach auf den Erdboden abgesetzt werden konnten. Bis auf Einzelfälle ließ sich auch dieses System am Markt nicht durchsetzen.

Die Fahrzeugfabrik Ackermann in Wuppertal (heute Ackermann-Fruehauf) stellte 1967 ein System vor, bei dem der Wechselbehälter auf eine Drehscheibenkonstruktion des Eisenbahnwaggons geschoben wird.

Gleichwohl konnte sich die Idee von der Verwendung des Behälters zumindest in Europa vor 1939 nicht erfolgreich durchsetzen. Während bis dahin die Transportmittel im Hinblick auf Tragvermögen, Schnelligkeit und Sicherheit in einem nach damaligen Maßstäben großartigen Tempo weiterentwickelt wurden, blieb man — was das Be- und Entladen, also den Umschlag des Gutes anbelangte — hinter den technischen Möglichkeiten zurück.

Erst nach dem Zweiten Weltkrieg — in der Bundesrepublik Deutschland nach 1949 — vollzog sich, gemessen an den seit diesem Zeitpunkt zunehmenden Bestandszahlen an Behältern, der Wandel. Es war aber nun nicht mehr der Behälter allein, sondern auch die Palette, die sich den Verkehrsträgern sowie den Verladern als Mittel der Rationalisierung anbot.

Wurden seinerzeit die Chancen für den Kleinbehälter gegenüber der Palette mit einigen Vorbehalten beurteilt, so ergab sich für Container, Wechselpritschen und Wechselkoffer ein anderes, positiveres Bild. Die Ende der sechziger Jahre beginnende Entwicklung des kombinierten Verkehrs hatte dies bestätigt. Allerdings war es ein langer, teilweise für das System und die Hersteller von Containern und Wechselbehältern dornenvoller Weg, bis die Transportindustrie den sich durch die Verwendung austauschbarer Ladungsträger bietenden betriebswirtschaftlichen Vorteil nutzte. Dabei erfolgte die stürmische Entwicklung des Seecontainerverkehrs ab Mitte der sechziger Jahre unter Einflüssen, die grundlegend anders geartet waren als die, denen der rein binnenländische kombinierte Verkehr unterworfen war. Im „nassen Geschäft" dominierte der Wille der mächtigen Seereedereien aufgrund des immer stärker anwachsenden Kostendrucks. Die Folge waren Bestrebungen zum Abbau der langen Liegezeiten der Schiffe in den Häfen. Die Häfen wiederum waren wegen ihres Konkurrenzverhältnisses zueinander gezwungen, ihre Infrastruktur containerfähig umzubauen und so dem Seecontainer den Weg ins Binnenland und aus dem binnenländischen Raum heraus zum Seehafen zu öffnen. Eisenbahn und Lastkraftwagen blieben davon nicht unberührt. Beide mußten spezielle Transportmittel für die Beförderung der Seecontainer entwickeln.

Im Rahmen der Darstellung des kombinierten Verkehrs sei in diesem Fall speziell die Entwicklung in Europa betrachtet. Der Huckepack- und Seecontainerverkehr in den USA ist deshalb an dieser Stelle nicht berücksichtigt, obwohl dort der Ursprung für den kombinierten Verkehr zu suchen ist.

Der inneramerikanische Huckepackverkehr entwickelte sich in den USA in den Jahren 1950/60 ebenfalls zunächst zögernd. Dieser „Piggy-back"-Verkehr (amerikanische Bezeichnung für den Schiene/Straße-Verkehr) erreichte in den USA im Jahr 1965 einen Anteil von 3,5 Prozent an allen Wagenladungen im Eisenbahnverkehr. Das im „Piggy-back"-Verkehr transportierte Frachtaufkommen belief sich auf 10 Prozent der im zwischenstädtischen Verkehr auf der Straße transportierten Gütermenge (Quelle: Railway Age, 17. Januar 1966). Diese Transportart stand damals am Anfang ihrer Entwicklung, die sich im

Laufe der folgenden Jahrzehnte ebenso stürmisch fortsetzte wie in der Bundesrepublik Deutschland.
Der in den sechziger Jahren vor allem in der Atlantikfahrt der internationalen Seereedereien einsetzende Transport von Seecontainern in Spezialschiffen führte in den Häfen zu einer technischen Revolution der Lade- und Löschanlagen. Der herkömmliche Ladekran mußte leistungsfähigeren Container-Ladebrücken weichen. Darüber hinaus gab er den Anstoß zur Konstruktion von speziell für den Containertransport geeigneten Fahrzeugen der Binnenverkehrsträger Schiene und Straße, die den Zu- und Ablauf der Seecontainer zum bzw. vom Hafen besorgen. Für die Eisenbahn wurden sogenannte Containertragwagen und für den Straßengüterverkehr Sattelaufliegerchassis zur Aufnahme von Seecontainern unterschiedlicher Längen entwickelt. Die Außenmaße dieser Container (über alles) sind aufgrund internationaler Vereinbarungen im Rahmen der in New York ansässigen International Organization for Standardization (ISO) gleich: Breite 2435 mm (8 ft), Höhe 2435 mm (8 ft), Länge 12 190 mm (40 ft) und 6055 mm (20 ft).
Es gab im Laufe der Entwicklung dieser Transportart auch hinsichtlich des Längenmaßes Zwischengrößen (zum Beispiel 35 ft). Durchgesetzt haben sich jedoch die 20 ft und 40 ft langen Container. In der Höhe bestehen aber weiterhin Abweichungen mit $8^1/_2$ ft und 9 ft. Die höchstzulässigen Bruttogewichte dieser Container wurden 1964 auf 30 t für den 40-ft-Container und auf 20 t für den 20-ft-Container festgelegt. In neuerer Zeit setzt sich jedoch für den 20-ft-Container ein Bruttogewicht von 24 t durch, für Tankcontainer 28 t.
Diesen Abmessungen wurden im Laufe der Entwicklung auch die der im reinen Binnenverkehr der Güterkraftverkehrsunternehmer sowie im kombinierten Schiene/Straße-Verkehr (Huckepackverkehr) verwendeten Wechselbehälter und Binnencontainer angeglichen. Sie stellten die Konstrukteure der Nutzfahrzeugindustrie vor neue Aufgaben. Es mußten nicht nur Motorfahrzeuge mit geringeren Rahmenhöhen (Abstand zwischen Fahrbahn und Oberkante Fahrzeugrahmen), sondern auch hierfür geeignete Anhänger und vor allem Sattelaufliegerchassis zur Aufnahme von Containern entwickelt werden. Dies führte zwangsläufig zu einer Koordinierung und Vereinheitlichung der technischen Abmessungen der entsprechenden Nutzfahrzeugeinheiten der verschiedenen Herstellerfirmen.
Die notwendige Koordinierungsarbeit lag und liegt noch heute beim Fachnormenausschuß Kraftfahrzeugindustrie (FAKRA), einem vom Deutschen Normenausschuß (DNA) beauftragten Gremium zur Erarbeitung von DIN-Normen im Kraftfahrzeugbereich. Der FAKRA wurde und wird dabei vom Bundesverband des Deutschen Güterfernverkehrs (BDF) e. V., Frankfurt, unterstützt. Die Normungsarbeiten wurden mit Erfolg abgeschlossen. Die Normvorschriften betreffen auch die Befestigungspunkte der Container auf den Nutzfahrzeugen sowie weitere konstruktive Einzelheiten.

Als der kombinierte Verkehr noch in den Kinderschuhen steckte, entstanden in Zusammenarbeit zwischen Spediteuren und Fördermittelherstellern mobile Umsetzgeräte zum Abnehmen der Behälter vom Fahrzeug und zum Rangieren auf dem Behälter-Abstellplatz.

Der Klaus-Seitenlader gehörte zu den Umschlaggeräten der „ersten Stunde" bei der Entwicklung des Containertransports.

In die Normenfestsetzung wurden auch die für den Huckepackverkehr vorgesehenen Wechselbehälter der Kraftwagenspediteure und Güterkraftverkehrsunternehmer einbezogen. Für den Huckepackverkehr gelten – bei einer Breite des Wechselbehälters von 2500 mm – maximale Längen: 6250 mm, 7150 mm, 8050 mm und 12 192 mm.

Durch diese Normungsarbeit wurde es möglich, nicht nur den Landtransport für ein- und ausgehende Seecontainer sicherzustellen, sondern auch die fahrzeugtechnische Voraussetzung für den Huckepackverkehr in seiner heute bekannten Form zu schaffen.

Parallel zur Normungsarbeit hat die Nutzfahrzeugindustrie erhebliche Anstrengungen unternehmen müssen, die Fahrsicherheit des Transports von Containern und Wechselbehältern in den Griff zu bekommen. Besonders waren die Konstrukteure der Anhängerhersteller sowie der Achsen- und Reifenindustrie gefordert. Schwierigkeiten bereiteten vor allem die hohen Schwerpunkte, mit denen beim Straßentransport von Seecontainern gerechnet werden muß. Hierbei kam den Technikern der Anhängerhersteller der Erfahrungsaustausch mit den Ingenieuren der Reedereien zugute – eine wohl seltene Kooperation, da es sich bei den Vertretern der Reedereien meist um Schiffbautechniker handelte. Anläßlich eines großangelegten, von der Reederei Hapag (heute Hapag Lloyd AG) angeregten und finanzierten Fahrversuches im Contidrom (Versuchsstrecke der Continental Gummi-Werke AG) im Jahre 1968 erhielten die Konstrukteure der Nutzfahrzeugindustrie grundlegende Erkenntnisse über die konstruktive Gestaltung von Sattelaufliegerchassis für den Containertransport. Die Versuchsergebnisse waren der Ausgangspunkt für die später folgenden Fahrzeuggenerationen.

Parallel zur Entwicklung von Nutzfahrzeugen für die Zu- und Abfuhr von Seecontainern zum oder vom Seehafen verbreitete sich im Bereich der Kraftwagenspedition in der Bundesrepublik die Verwendung von Wechselbehältern entweder im reinen Straßenverkehr oder im kombinierten Schiene/Straße-Verkehr. Die Benutzung von Wechselbehältern im reinen Straßenverkehr ergab sich aufgrund von Rationalisierungsbestrebungen innerhalb der Betriebe der Kraftwagenspedition. Diese sind einerseits auf die begrenzte Anzahl von Konzessionen für den allgemeinen Straßengüterfernverkehr und andererseits auf rein kostenmäßige Überlegungen zurückzuführen. Es ging den Kraftwagenspediteuren um die Anhebung der Anzahl der Fahrten ihrer Lastzüge und damit um die Vermehrung ihrer Aufträge, indem das Ladebehältnis (der Wechselbehälter) zum Beispiel am Zielort vom Fahrzeug getrennt wird. Somit kann dieses ohne lange Warte- oder Stehzeit einen anderen, zum Abtransport bereitgestellten beladenen Wechselbehälter übernehmen und damit

Wechselbehälter neuester Bauart in den Greifzangen eines Umschlagkrans auf einem Huckepack-Bahnhof der Deutschen Bundesbahn. Dieser Wechselbehälter hat ein zulässiges Gesamtgewicht von 15 000 kg.

sofort die Rückfahrt oder die Weiterfahrt zu einem neuen Zielort antreten.
Der Vorteil, über Motorfahrzeuge verfügen zu können, die ohne kostenaufwendige Wartezeiten an den Be- und Entladestellen ständig umlaufen, war bis dahin nur mit Sattellastzügen zu erreichen. Und nur der Sattelzug hatte bis dahin die Möglichkeit eröffnet, sogenannte Stafettenverkehre zu unterhalten.
Der Gesetzgeber hatte die Länge der Sattellastzüge auf 15 m beschränkt (ab 1986 15,50 m zugelassen), entsprechend einer Ladelänge von rund 12,10 m. Bei den aus Motorwagen und Anhänger bestehenden „klassischen" Lastzügen mit einer höchstzulässigen Gesamtlänge von 18 m stehen jedoch Ladelängen von 6 m für das ziehende Fahrzeug und 8 m für den Anhänger oder 7 m plus 7 m, also insgesamt 14 m zur Verfügung. Daher strebten die Kraftwagenspediteure und auch die Güterkraftverkehrsunternehmer an, die höchstmögliche Ladelänge des „klassischen" Lastzuges auch im Rahmen des Wechselbehälterverkehrs auszunutzen. Zudem war und ist auch noch heute die Verwendung von Sattellastzügen entweder aus betriebsorganisatorischen Gründen oder wegen der baulichen Gegebenheiten an den Be- und Entladestellen der Verlader und Empfänger nicht überall möglich. Ein weiterer Vorteil der Verwendung des Wechselbehälters besteht darin, daß dieser ohne das eigentliche Fahrzeug an der Laderampe bereitgestellt werden kann. Dadurch ist der Verlader in der Lage, über den Tag hinweg den Wechselbehälter nach und nach entweder aus einem Lager heraus oder direkt aus der Produktion ohne Zwischenlagerung der zu versendenden Waren beladen zu können.
Vereinzelt setzten Ende der fünfziger Jahre erste Versuche ein, Wechselbehälter auch mit der Bahn zu transportieren. Im Vergleich mit den heute üblichen genormten Wechselbehältern handelte es sich damals um technische Improvisationen, die aber den Weg in die Zukunft wiesen. So hatte die Spedition Gerzymisch in Schwetzingen schon 1959 ein System entwickelt, bei dem der Wechselbehälter mit Hilfe einer ortsfest installierten Vorrichtung vom Fahrzeugchassis abgezogen und gleichzeitig abgehoben wurde. Bei einem anderen System bediente sich der Verlader als Auftraggeber des Spediteurs eines vor der Ladeluke seiner Lagerhalle festinstallierten hydraulischen Hubsystems zum Abheben der Wechselbehälter vom Fahrzeug und dem sich daran anschließenden Absetzen des Behälters auf den Erdboden. Bei der Verladehalle handelte es sich um ein seinerzeit von Rationalisierungsexperten häufig befürwortetes „rampenloses Lager", eine gegenüber dem mit Verladerampen ausgestatteten Lager kostengünstigere Bauausführung.
Rückblickend auf die fünfziger und sechziger Jahre ist zu bemerken, daß die Pioniere des Wechselbehälterverkehrs, also Spediteure und Anhängerhersteller, viel experimentierten. Es entstanden sehr unterschiedliche Systeme, aber keines hat die Zeit überdauert; denn bei den Straßentransportunternehmen aller Schattierungen hatte sich nach und nach die Erkenntnis durchgesetzt, daß der wirkliche Vorteil des Wechselbehälterverkehrs nur mit einem universell tauschbaren System zu erzielen ist. Dieser Erkenntnis wurden auch die zahlreichen Umsetzsysteme für den kombinierten Schiene/Straße-Verkehr „geopfert", die nicht nur mit hohem Aufwand an intellektueller Leistung, sondern auch mit hohem Kapitaleinsatz entstanden waren.
Den Bestrebungen des privaten Transportgewerbes kam die verkehrspolitische Entwicklung in der Bundesrepublik Deutschland entgegen: mit der am 1. Januar 1969 gesetzlich in Kraft getretenen Bestimmung zur Bildung eines Fonds für verkehrslenkende Maßnahmen, der mehrere Jahre mit je 250 Mio. DM ausgestattet wurde.
Dieser Fonds bildete im Verein mit weiteren amtlichen Regelungen die Basis für die Gründung der Deutschen Gesellschaft für kombinierten Güterverkehr mbH & Co. KG – abgekürzt Kombiverkehr KG – mit dem Sitz in Frankfurt am Main. Die Gesellschaft wurde 1969 mit dem Ziel gegründet, den kombinierten Güterverkehr zwischen Schiene und Straße als Huckepackverkehr zu entwickeln und dafür alle erforderlichen Voraussetzungen in Verbindung mit der Deutschen Bundesbahn und den interessierten Transportunternehmern und Kraftwagenspediteuren zu schaffen. Die Kombiverkehr KG darf selbst nicht als Frachtführer oder Spediteur tätig werden. Kommanditisten der KG sind Güterfernverkehrsunternehmer und Kraftwagenspediteure, Komplementärin (persönlich haftend und zur Geschäftsführung berufen) ist die Deutsche Gesellschaft für kombinierten Güterverkehr GmbH in Frankfurt.

Im Huckepackverkehr werden Wechselbehälter mit Krananlagen im vertikalen Verfahren vom Straßenfahrzeug auf den Eisenbahnwaggon umgesetzt.

Deren Gesellschafter sind die Deutsche Bundesbahn, der Bundesverband des Deutschen Güterfernverkehrs (BDF) e. V., der Bundesverband Spedition und Lagerei e. V., die Bundeszentralgenossenschaft Straßenverkehr eG, die Arbeitsgemeinschaft Möbeltransport Bundesverband e. V. und die Güterkraftverkehrsunternehmer der Bundesbahn.

Die Kombiverkehr KG handelt die an die Deutsche Bundesbahn zu zahlenden Frachten aus, entwickelt die zu bedienenden Eisenbahn-Verkehrslinien (national und international), chartert von der Deutschen Bundesbahn Ganzzüge für den Verkehr und sorgt für eine angemessene Auslastung der in diesen Ganzzügen verwendeten Eisenbahn-Spezialwaggons. Sie setzt die von den Benutzern dieses Systems zu zahlenden Frachten und Gebühren fest und besorgt die jeweiligen Abrechnungen mit der Bahn und den Transportunternehmern sowie Spediteuren. Sie unterhält an den Umschlagplätzen zwischen Straße und Schiene eigene Kräne zum Umsetzen von Wechselbehältern und Sattelaufliegern und soll sich bemühen, gemeinsam mit der Bahn sogenannte Kombibahnhöfe zu errichten.

Seitens der Bundesregierung erfolgte die Gründung der Kombiverkehr KG mit dem Ziel der Straßenentlastung und der Energieeinsparung. Im Oktober 1984 konnte die Kombiverkehr KG die dreimillionste Huckepacksendung seit 1969 verladen. Die Beförderungsleistung lag 1984 bei 460 000 Gesamtsendungen (plus 11,1 Prozent gegenüber 1983) mit einer Nettofracht von 7,5 Mio. t. Damit wurde das von der Bundesregierung vorgegebene Erfolgsziel für 1985 weit überboten. Die Bahn rechnet damit, daß 1990 eine Jahresleistung von 10 Mio. t erreicht werden kann. Experten des Speditionsgewerbes jedoch sind in dieser Hinsicht skeptisch, da nach ihrer Auffassung der Zuwachs im Huckepackverkehr eng mit der Kapazität der beteiligten Spediteure und Güterfernverkehrsunternehmer verbunden ist. Diese Kapazität wird von den Größen sowie dem Mengenaufkommen an Ladungen der einzelnen Betriebe und auch von der Anzahl der zur Verfügung stehenden Güterfernverkehrskonzessionen, die für den Huckepacktransport bei der Bahn hinterlegt werden müssen, beeinflußt.

Anhand der Statistik für den kombinierten Verkehr ist nachzuweisen, daß der Wechselbehälter am stärksten am Huckepackverkehr beteiligt ist. Sein Anteil lag 1984 bei 63,6 Prozent für den 7 m langen Wechselbehälter, der 12 m lange Wechselbehälter hatte einen Anteil von 7 Prozent, der der verladenden kompletten Sattelauflieger von 17,1 Prozent.

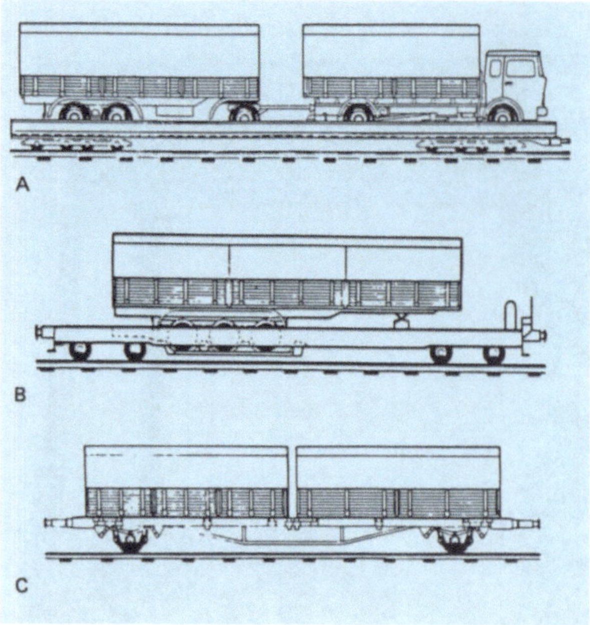

Huckepacktechnik:
A Last- und Sattelzüge („rollende Landstraße"): Der Fahrer steuert sein Fahrzeug vorwärts über eine Auffahrrampe auf sehr niedrige Spezialwaggons (Ro/Ro-Verfahren).
B Sattelanhänger: Sie werden rückwärts über eine Rampe auf die Waggons gefahren oder mit einem Kran in die Waggons gehoben (Lift-on/Lift-off-Verfahren).
C Wechselbehälter: Die Längen betragen 6 m, 7 m, 8 m oder etwa 12 m. Die Behälter werden mit einem Kran auf die Waggons aufgesetzt (Lift-on/Lift-off-Verfahren).

Über das System „Rollende Landstraße", bei dem komplette Lastzüge auf Spezialeisenbahnwagen verladen werden, wurde ein Anteil von 12,3 Prozent verladen.
Die Anteilwerte für die Wechselbehälter nur für den kombinierten Verkehr unterstreichen die Bedeutung eines Transportsystems, das als Alternative zu den den Straßengüterkraftverkehr einengenden Maßnahmen des Gesetzgebers auch infolge von Rationalisierungsbestrebungen der Transportbetriebe entstanden ist.
Trotz vorhandener Normen ist die technische Entwicklung dieses Bereiches nicht abgeschlossen. Neue Impulse für den Verkehr mit Wechselbehältern ergeben sich aus dem Trend zum Großraum-Lastzug mit 100 m^3 bis 120 m^3 Ladevolumen. Hierbei kommt besonders das von der Technik geschaffene Kurzkuppelprinzip für Lastzüge zur Anwendung, bei dem unter Beachtung einer Lastzuglänge von 18 m eine Erweiterung der Ladelängen von Motorwagen und Anhänger durch eine Verkürzung des Abstandes zwischen den Zugeinheiten von bisher etwa 1,50 m auf durchschnittlich 0,80 m erfolgt. Im Gespräch – und auch schon in einigen Stückzahlen in Erprobung – ist ein Wechselbehälter mit einer Länge von 7,80 m.
Die neueste Fahrzeugentwicklung für den kombinierten Verkehr ist ein von dem auf diesem Gebiet erfolgreichen Wuppertaler Fahrzeugkonstrukteur Bernd Thiele geschaffenes Konzept des „Sowohl-als-auch"-Lastzuges. Diese Trägerfahrzeug-Kombination ist für den Vor- und Nachlauf im kombinierten Verkehr, speziell im Huckepackverfahren, vorgesehen. Sie gestattet den Transport von See- und

Kreisbogen-Beschleunigungsfahrt zur Untersuchung des Kippverhaltens von Containerfahrzeugen. Ziel dieses Tests war die Ermittlung eines für den Containertransport geeigneten Sattelaufliegerchassis mit optimal sicheren Fahreigenschaften.

Straßenfahrzeug-Einheit für den kombinierten Verkehr, eine Idee, an der man seit 1982 arbeitet und die 1985 erstmals in ausgereifter Form der Öffentlichkeit präsentiert wurde: Eine Sattelzugmaschine zieht zwei beweglich aneinandergekoppelte Sattelauflieger.

Binnencontainern und den Container-Umschlag der „Transfracht", jener Bundesbahntochter, die als Deutsche Transportgesellschaft mbH, Frankfurt a. M., firmiert. Man kann mit dieser Fahrzeug-Kombination ebenso Wechselbehälter im reinen Straßentransport befördern. Sie ist ein vom Bundesminister für Forschung und Technologie (BMFT) gefördertes Forschungsprojekt; die Projektbegleitung lag beim TÜV Rheinland, Köln. Ein Musterfahrzeug wurde im November 1985 einem Kreis von Vertretern der zuständigen Ministerien, der Technischen Überwachungsvereine und des Straßentransportgewerbes vorgeführt.

Die Fahrzeug-Kombination besteht aus einer zwei-

Mit Hilfe der Luftfederbälge wird der Wechselbehälter angehoben, so daß sich dessen Stützbeine herunterklappen lassen. Danach kann die Sattelzugmaschine das Trägerchassis unter dem Behälter hervorziehen. Rechts und links der Stützbeine sind die genormten Greifkanten angeordnet.

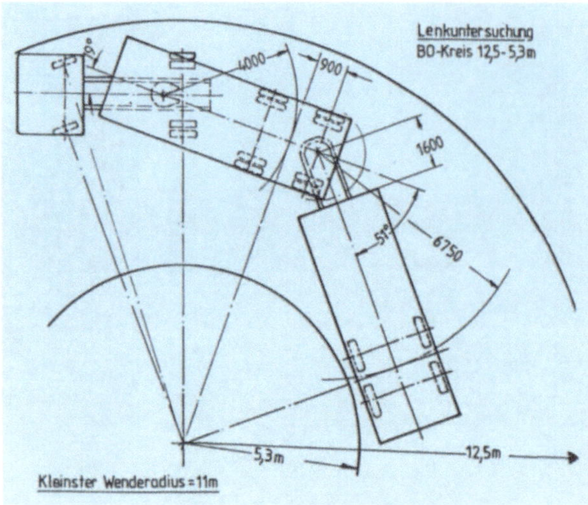

Wenden und lenken einer Fahrzeug-Kombination: Der 18 m lange sechsachsige Doppelgelenkzug ist das Ergebnis eines Forschungsauftrags des Bundesministers für Forschung und Technologie (BMFT).

Anfang der sechziger Jahre wurden für den Materialtransport zum schwedischen Automobilhersteller Volvo in Göteborg 24 m lange Sattelzugkombinationen mit zwei aneinandergekoppelten Sattelaufliegern benutzt. Unter der Pritsche des ersten Aufliegers befand sich eine Tragekonstruktion, auf der leere Paletten transportiert werden konnten.

achsigen Sattelzugmaschine und zwei hintereinander gekoppelten, in der Regel zweiachsigen Sattelaufliegern. Der 18 m lange Zug hat in dieser Konfiguration sechs Achsen und zwei Knickgelenke. Er ist für ein Gesamtgewicht von 44 t ausgelegt mit einer Tragfähigkeit von 2 × 15 t = 30 t. Es können also zwei Wechselbehälter von je 7150 mm Länge oder zwei 20-ft-Container, jeweils mit Einzelgewichten von 15 t, befördert werden. Für den Transport nur eines Containers oder Wechselbehälters ist auch nur ein Sattelauflieger erforderlich. Die Summe der Achslasten des ersten Aufliegers beträgt 18 t (Doppelachse mit einem Achsabstand von 1300 bis 1790 mm), so daß auch ein nach der neuen ISO-Norm auf

Was 1968 für den Transport von 40-ft-Containern alles konstruiert wurde: Container-Tragechassis, die am Contidrom-Test der Seereederei Hapag beteiligt waren. Das erste und dritte Chassis (von links nach rechts) erhielten damals die besten Noten, ihre Konstruktionsprinzipien bildeten die Grundlage für die weitere Entwicklung.

Hochgeschwindigkeitstest im Contidrom: Hier wurden die Straßenfahrzeuge für den Containertransport einem Härte- und Sicherheitstest unterzogen.

24 t aufgelasteter 20-ft-Container geladen werden kann. In diesem Fall würde das Gesamtgewicht des zweigliedrigen Zuges 35 t, die Antriebsachslast der Zugmaschine 11 t betragen.

Gesamtgewichte von 44 t sind im Vor- und Nachlauf zum Kombiverkehr bereits zugelassen. Die Einhaltung des Kurvenlaufs nach § 32 Abs. 2 StVZO ist bei dem „Doppelgelenkzug" gewährleistet. Fahrversuche müssen die Erfüllung einiger Sicherheitsanforderungen noch bestätigen. Über den dreigliedrigen Zug haben die Juristen im Bundesverkehrsministerium noch zu entscheiden. Somit ist das letzte Wort über Zulassung und Verwendbarkeit dieser Transportkombination noch nicht gesprochen.

Auch dieses neue vielfältig verwendbare System unterstreicht die Bedeutung des Container- und Wechselbehälterverkehrs für die Transportwirtschaft. Der Container und der Wechselbehälter sind die Grundlage der heute verwirklichten Idee der „ununterbrochenen Transportkette": Die Ladung wird vom Versender zum Empfänger im Rahmen des kombinierten Verkehrs von unterschiedlichen Transportmitteln – Lkw, Eisenbahn, Schiff – in ein und demselben Ladebehältnis befördert. Damit entfällt für die Ladung das früher an den Schnittstellen zwischen den einzelnen Verkehrsträgern bestehende Umladerisiko. Im reinen Binnentransport handelt es sich auch um einen Ersatzverkehr (kombinierter Verkehr Schiene/Straße) für den direkten Haus-Haus-Transport per Lastkraftwagen oder Lastzug, entstanden aufgrund verkehrs-, umwelt- und energiepolitischer Zielsetzungen.

Ein weiterer Grund für die Verwendung des Wechselbehälters in den Betrieben des gewerblichen Straßengüterverkehrs sind die einengenden Vorschriften über die Abmessungen der Nutzfahrzeuge und die Rahmenbedingungen des Güterkraftverkehrsgesetzes (GüKG) von 1952 mit der für die Güterfernverkehrsbetriebe festgelegten Konzessionierung, die die höchstzulässige Anzahl von Ferntransport-Lastzügen der gewerblichen Fuhrunternehmen regelt. Aber auch der von der Konzessionierung nicht betroffene Werksverkehr bedient sich wegen der Verminderung der Fuhrparkkosten des Wechselbehältersystems.

Daß die Tauschfähigkeit der Wechselbehälter zwischen Lkw und Anhängern unterschiedlicher Herstellerfirmen in technisch einfachster, den Sicherheitsnormen entsprechender Weise möglich wurde, ist auf die beachtliche Leistung der Konstrukteure und die Aufgeschlossenheit der Nutzfahrzeugindustrie für wirtschaftlich notwendige, universell verwendbare Transportsysteme zurückzuführen.

Der Lastkraftwagen als Wirtschaftsfaktor

Peter Stöffges

Der Gütertransport mit Lastkraftwagen war in der Pionierzeit des Straßentransportgewerbes mit vielen technischen und wirtschaftlichen Risiken verbunden. Heute – im Jahr 1986 – verfügt der Güterkraftverkehr über moderne Straßennetze, optimierte Fahrzeug-, Transport- und Umschlagtechniken und ausgefeilte Organisationskonzepte. In den meisten westeuropäischen Industrieländern entfallen auf den Straßentransport

- etwa 70 Prozent aller beförderten Gütermengen,
- etwa 50 Prozent aller Verkehrsleitungen,
- etwa 90 Prozent des Personenverkehrs.

Welche verkehrs- und fiskalpolitischen Hürden hatte der Lkw zu überwinden, bevor er seine heutige Bedeutung erlangte?
Wie nimmt die Verkehrspolitik Einfluß auf die weitere Entwicklung des Straßengütertransports?
Welche Bedeutung hat der Lkw als Nutzfahrzeug heute für unsere Volkswirtschaft?
Und welche Konsequenzen ergeben sich für die Kraftverkehrswirtschaft aus den strukturellen Veränderungen der letzten Jahre, aus der verstärkten Tendenz zur Liberalisierung?

Das Geburtsjahr des Lastkraftwagens

Im Jahr 1986 feiert man den 100. Geburtstag des Automobils. Der Lastkraftwagen ist in diesem Jahr 90 Jahre jung. Seine Geschichte muß vor dem Hintergrund der zur Wende zum 19. Jahrhundert beginnenden europäischen Industrialisierung gesehen werden, die sich von England über Holland, Belgien und Frankreich ausbreitete, dann Deutschland und die USA sowie schließlich Rußland erfaßte.
Neue Arbeitsmaschinen (mechanischer Webstuhl, Spinnmaschine, die Dampfmaschine), die Massenproduktion von billigem Eisen und Stahl – diese und weitere Erfindungen ermöglichten die kostengünstige Produktion von Massengütern. Mit dem Aufkommen der Eisenbahn und des Dampfschiffes entstanden neue Verkehrsmittel.
Die Geburtsstunde des Lkw fällt in Deutschland in die Zeit des Kaiserreichs. Das Deutsche Reich war unter Reichskanzler Bismarck zur ersten Macht des europäischen Festlands aufgestiegen. 1886 erhielt der Ingenieur Karl Benz das Patent für das erste Automobil der Welt. Zehn Jahre später, am 1. Oktober 1896, wurde der erste Daimler-Lastwagen ausgeliefert.
Stolz wurde darauf hingewiesen, daß sich diese Fahrzeuge auch zum Rückwärtsfahren eignen. Die Preise betrugen 4600 Mark bis 7730 Mark. Für den 3 kW (4 PS)-Lastwagen war ein Benzinverbrauch von 0,3 kg je kW und Stunde angegeben, entsprechend einem Verbrauch von 6 l/100 km.
Die 1898 gegründete deutsche Automobilzeitschrift „Der Motorwagen" berichtete: „Die Verwendung von Motorwagen zum Transport von Waren und auch von schweren Gütern und Materialien beginnt sich in verschiedenen Ländern Bahn zu brechen. Der erste Daimler-Güterwagen, als offener Plattformwagen gebaut, ist seit über einem Jahr als Bestellwagen für Güter bei der Speditionsfirma von Maur in

Deutsche Lkw- und Omnibusproduktion in den Jahren 1901 bis 1913 (aus: Seherr-Thoss: Die deutsche Automobilproduktion – eine Dokumentation von 1886 bis heute).

Jahr	Stück
1901	39
1903	140
1906	352
1907	504
1908	493
1909	721
1910	1121
1911	1912
1912	2660
1913	2800

13

Bestand an Lkw im Deutschen Reich (einschließlich Elsaß-Lothringen) in den Jahren 1907 bis 1914, aufgeteilt nach der Motorleistung (aus: Statistisches Jahrbuch für das Deutsche Reich, 35. Jahrgang, Berlin 1914).

Jahr	bis 6 kW (8 PS)	6 kW bis 12 kW (8 PS bis 16 PS)	12 kW bis 29 kW (16 PS bis 40 PS)	über 29 kW (40 PS)	Lkw insgesamt
1907	516	313	126	2	957
1908	825	418	284	16	1543
1909	1035	502	448	19	2004
1910	1425	612	757	29	2823
1911	1695	997	1267	123	4082
1912	1579	1387	2110	316	5392
1913	1902	1935	3213	531	7581
1914	2019	2259	4549	812	9639

Stuttgart in Betrieb, und ein gleicher Wagen ist neuerdings in Berlin als „Bierverschließwagen" in Betrieb genommen ..."

In den zeitgenössischen Fachzeitschriften war nur eine geringe Resonanz zugunsten des Lastwagens zu verzeichnen. Die damals vorherrschende Ansicht war: Motorenantrieb für den Personenwagen – Dampfantrieb für das Nutzfahrzeug. In einem Bericht wurden die noch hohen Betriebskosten gegenüber dem Dampfantrieb als Nachteil angesehen.

Aufschlußreich ist eine Kundeninformation der Leyland Motors Ltd. aus dem Jahr 1913 mit dem Titel: „A few interesting details on costs". Dem potentiellen Kunden wurde empfohlen, beim Lkw-Kauf folgende Wirtschaftlichkeitsaspekte zu beachten:

- die Selbstkosten,
- die kilometerabhängigen (variablen) Kosten,
- Dampfantrieb oder Benzinmotor?
- Gummi- oder Stahlbereifung?
- Welcher Nettogewinn ist mit dem Motorfahrzeug im Vergleich zum Bahn- oder Pferdetransport erzielbar?

Der Pferdetransport (2 Pferde mit Wagen) wurde so kalkuliert:

2 Pferde zu je 60 £	£ 120 0 0
2 Zuggeschirre zu je £ 20	£ 40 0 0
1 Wagen	£ 30 0 0
	£ 190 0 0

Für Zinsen, Abschreibungen auf Pferde, Wagen und Zuggeschirre, Futter- und Stallkosten, Aufwendungen für Geschirranschaffung und Reparaturen, Versicherungsprämien, Kosten für Veterinär, Hufschmied und Fuhrknecht setzte man für ein Jahr £ 224 10 0 an.

Der Kostenvergleich eines 4-t-Lkw mit den Kosten für acht Pferde mit vier Wagen schnitt zugunsten des Lkw ab:

Kosten eines 4-t-Lkw mit Benzinmotor (80 Meilen je Tag):
£ 656 je Jahr bei 80 Meilen je Tag oder
£ 13 2 0 je Fünftagewoche oder
£ 2 12 6 je Tag.

Kosten von acht Pferden mit vier Wagen (18 Meilen je Tag):
£ 910 je Jahr bei 18 Meilen je Tag oder
£ 18 je Woche oder
£ 3 12 0 je Tag.

Der entsprechende Kostenvergleich je t, bezogen auf eine Arbeitszeit von 12 Stunden, ergibt bei
einem 4-t-Lkw 3/4 $^{1}/_{2}$ je t,
zwei Pferden 4/6 je t,
acht Pferden 4/6 je t.

Unterstellt wird in diesem Vergleich, daß der Lkw

für eine Tour von 10 Meilen (je 10 Meilen hin und zurück) $1^1/_4$ Stunden braucht, zwei Pferde mit Wagen dagegen für die gleiche Strecke $10^1/_4$ Stunden benötigen; dabei absolviert der Lkw vier Fahrten und befördert 16 t, während zwei Pferde in der gleichen Zeit nur eine Fahrt schaffen und dabei 4 t transportieren.
Zu Beginn des Ersten Weltkriegs dominierte noch das Pferdefuhrwerk, aber der Krieg machte auch die Vorteile des motorisierten Verkehrs deutlich. Nun wurden auch erste Versuche in Deutschland unternommen, die Kraftfahrzeugproduktion stärker zu rationalisieren.
Nach dem Ersten Weltkrieg wurden 2000 Lkw, die während des Krieges für militärische und zivile Transporte gedient hatten, vierzehn Kraftverkehrsämtern unterstellt. Die Aufgabe dieser Kraftverkehrsämter war die Ergänzung des Eisenbahnverkehrs; denn dieser konnte wegen der einschneidenden Bestimmungen des Versailler Vertrages nicht alle Transportaufgaben erfüllen.

Entwicklung des Lkw-Bestandes in den Jahren 1922 bis 1931 (aus: Tatsachen und Zahlen aus der Kraftverkehrswirtschaft des Reichsverbandes der Automobilindustrie).

Jahr	Stück
1922	43711
1923	51736
1924	60629
1925	80363
1926	90029
1927	100969
1928	121765
1929	143952
1930	157432
1931	161072

Nach der Inflation 1923 profitierte das Transportgewerbe vom allgemeinen wirtschaftlichen Aufschwung. Die „neue Technik" wurde von einer zunehmenden Anzahl von Fuhrbetrieben akzeptiert. Die Deutsche Reichsbahn schloß 1924 mit den Kraftverkehrsgesellschaften einen Betriebsvertrag mit folgenden Zielsetzungen: Entwicklung von Güterkraftverkehrslinien, Verbesserung des Zu- und Ablaufverkehrs der Schiene im Haus-Haus-Verkehr. Der Vertrag wurde 1928 wieder gekündigt; es war nicht gelungen, durch Kooperation den Kraftverkehr in die Hand zu bekommen.

Zunehmender Wettbewerb Schiene – Straße

Die Verantwortlichen der damaligen Reichsbahn hatten längst erkannt: Mit dem Lkw erwächst der Schiene ein ernstzunehmender Wettbewerber. Denn inzwischen eröffneten sich für den Lkw-Betrieb durch die Einführung des ersten Dieselmotors Aussichten auf bessere Wirtschaftlichkeit.
Mit dem Ziel, die Kapazitätsauslastung der Lkw im Gütertransport zu steigern, gründete der Reichsverband Deutscher Auto-Ferntransportunternehmer (RDF) im Jahr 1928 die ersten Laderaumverteilungsstellen (LRV). Mit Kampftarifen hatte die Bahn zuvor versucht, dem sich ausweitenden Lkw-Verkehr Paroli zu bieten. Die 1929 einsetzende Weltwirtschaftskrise verminderte das Transportaufkommen und verschärfte den Wettbewerb zwischen Schiene und Straße beträchtlich. So versuchte die Bahn mit dem Schenker-Vertrag am 1. März 1932 (die Speditionsfirma Schenker & Co. ist eine hundertprozentige Tochter der Bahn) das Speditionsgewerbe anzubinden: durch die Festlegung einheitlicher Gebühren für die Rollfuhr – Gebühren, die unter den Selbstkosten lagen. Spediteure, die mit der Bahn Verträge abschlossen, erhielten Rollkostenzuschüsse.
Auch die dritte Brüningsche Notverordnung – offiziell „Dritte Verordnung des Reichspräsidenten zur Sicherung von Wirtschaft und Finanzen und zur Bekämpfung politischer Ausschreitungen" – verfolgte das Ziel, den Gütertransport verstärkt auf die Schiene zu verlagern. Dies versuchte man zunächst mit vier Maßnahmen zu erreichen:

- Einführung des Konzessionszwangs für alle entgeltlichen Beförderungen über Entfernungen von mehr als 50 km,
- verbindliche Preisvorschriften für den konzessionierten Verkehr,
- Verbot von Spediteur-Leistungsvergütungen,
- Aufhebung der Bahn-Kampftarife.

Konzessionszwang, Tarifzwang und die Nahzone – bis heute gültig – sind Relikte aus jener Zeit. Mögen diese Maßnahmen damals als Einschränkungen und Eingriffe in den gewerblichen Straßengüterverkehr gewertet worden sein – heute verteidigt der gewerbliche Güterfernverkehr diesen Ordnungsrahmen „mit Klauen und Zähnen".
Die Nationalsozialisten, die 1933 die Macht übernahmen, erkannten die Bedeutung der Motorisierung für den Abbau der Arbeitslosigkeit. Hitler sagte in seiner Eröffnungsrede zur Internationalen Automobil- und Motorradausstellung in Berlin: „So wie das Pferdefuhrwerk sich einst seinen Weg schuf, die Eisenbahn die dafür nötigen Schienenwege baute, muß der Kraftverkehr die für ihn erforderlichen Automobilstraßen erhalten". Wie sich nur allzubald herausstellen sollte, hatte Hitler auch noch andere Motive für seinen automobilfreundlichen Kurs.
1933, im Jahr der „Machtergreifung" durch die Nationalsozialisten, erfolgte der erste Spatenstich für die Reichsautobahnstrecke Frankfurt – Darmstadt, die man am 19. Mai 1935 eröffnete. Dr. Fritz Todt wurde zum Generalinspektor für das deutsche Straßenwesen ernannt. Und die Reichsbahn wurde aufgefordert, sich selbst zu motorisieren.
Aufgrund eines Gesetzes wurden die Unternehmer

des Güterkraftverkehrs 1934 zu einem Reichs-Kraftwagen-Betriebsverband (RKB) zusammengeschlossen. Seine Aufgabe war der Abschluß eines Vertrages mit der Reichsbahn über die Beschäftigung der dem RKB angeschlossenen Unternehmen. Für das Kraftverkehrsgewerbe ging es um die Selbständigkeit, sollten sie doch zu Lohnfuhrunternehmern der Reichsbahn degradiert werden. Generalinspekteur Todt erwies sich in dieser Situation als Retter in der Not; er intervenierte und konnte gleichsam in letzter Minute das Betriebsmonopol der Reichsbahn vereiteln.

Weitere gesetzliche Beschränkungen

Die weiteren Verhandlungen führten am 26. Juni 1935 zum Inkrafttreten des „Gesetzes über den Güterfernverkehr mit Kraftfahrzeugen" (GFG), des Vorläufers des heutigen Güterkraftverkehrsgesetzes (GüKG). Auch dieses Gesetz versuchte, den Kreis der im Güterfernverkehr tätigen Unternehmer auf ein im Interesse des Gesamtverkehrs vertretbares Maß zu beschränken und zugleich die Einhaltung fester Tarife zu gewährleisten. Die ursprüngliche politische Zielsetzung, ein allzu starkes Wachstum des Güterkraftverkehrs über die Nahzone hinaus in Grenzen zu halten, hatte sich nicht geändert. Dennoch konnte der aufstrebende Gewerbezweig einen Erfolg für sich verbuchen, nämlich die Anerkennung als unabhängigen Verkehrsträger. Fortan waren die Transportunternehmer nicht mehr in Beschäftigungsverträge der Reichsbahn gezwungen; sie blieben freie, jedoch an feste Bedingungen gebundene Unternehmer.

Eindrucksvoll schilderte Dr. Anton Heimes, langjähriges geschäftsführendes Präsidialmitglied des Bundesverbandes des Deutschen Güterfernverkehrs (BDF) in seinem Buch „ Vom Saumpferd zur Transportindustrie" den allgemeinen Sinneswandel:

„Aus dem volkswirtschaftlich als schädlich eingestuften Wettbewerber der Staatseisenbahn entwikkelte sich Schritt für Schritt ein neuer Verkehrsträger, dessen positive Leistungen immer unübersehbarer wurden."

Die Fortschritte machten sich auch im Nutzfahrzeugbau bemerkbar, vor allem im Hinblick auf die wirtschaftlichen Vorteile des Dieselmotors. Der Bericht des Remscheider Pionierunternehmers Gustav Mäuler allerdings zeigte deutlich, daß der Transportunternehmer trotz des technischen Fortschritts noch mit erheblichen Schwierigkeiten zu kämpfen hatte:

„Die Lkw wurden ab 1929 schnell verbessert. Die mechanische Bremse wurde zunächst durch die Saugluftbremse und ab 1932 durch die Druckluftbremse ersetzt. Die Elastikreifen machten den Riesenluftreifen Platz. Die Auflaufbremsen der Anhänger wurden ebenfalls zunächst durch Saugluftbremsen und dann durch Druckluftbremsen ersetzt. — Mit dem Dieselmotor kamen noch längst keine Dieseltankstellen. Betankt werden mußten die ersten Diesel-Fernlastzüge lange Zeit an den Tanklagern der damaligen Treibstoffgesellschaften. Oft lagen diese Tanklager 50 km bis 100 km voneinander entfernt. — Aus Sicherheitsgründen hatten damals die Tanklager kein elektrisches Licht und keine Kraftanlagen. Durch Handpumpen wurden Spezialkannen gefüllt, die durch Trichter in die Lkw-Tanks entleert wurden. Infolge der Dunkelheit schlossen die Tanklager im Winter bereits um 16 Uhr."

Daß noch genügend Hemmnisse für den Lkw bestanden, zeigte auch ein Kommentar in der Zeitschrift „Das Last-Auto" vom 14. April 1938. Unter der Überschrift „Das Stiefkind Sattelschlepper" berichtete Paul Hellersberg, „daß der gesamte Ferngütertransport mit Kraftfahrzeugen in USA vom Sattelschlepper beherrscht wird." Die wirtschaftlichen Vorteile des Sattelschleppers wurden so charakterisiert: „Gegenüber dem Eilschlepper mit Anhänger bedeutet der Fortfall einer ganzen Lastzugachse Materialgewinn, also Gewinn an Herstellungskosten pro Nutzlasteinheit, Ersparnis an Bereifung für ein Räderpaar." Ferner: „An Wendigkeit auf kleinem Raum ist der Sattelschlepper dem Lastwagen überlegen, durch Fortfall der Adhäsionsgewichte (= Betriebsstoffersparnis) dem normalen Eilschleppzug." Der Autor beklagte auch die rückläufige Zulassungsziffer; sie nahm ab von 515 im Jahr 1935 auf 261 im Jahr 1937. Dann nannte der Chronist die Gründe für diesen Krebsgang: „Das Jahr 1935 brachte eine steuerliche Sonderregelung für den Sattelschleppzug, die praktisch eine Mehrbelastung von 100 bis 200 Prozent bedeutete."

1936 gab es etwa 8000 Unternehmen des gewerblichen Güterfernverkehrs mit etwa 12 000 Fernlastzügen. Zum Vergleich: 1982 verzeichnete die Statistik 9090 Unternehmen des gewerblichen Fernverkehrs mit etwa 24 000 Zugfahrzeugen. Das Gewerbe galt damals allerdings als überbesetzt, so daß der Reichsverkehrsminister einen vorübergehenden Genehmigungsstopp erließ.

Bei Ausbruch des Zweiten Weltkriegs zeigte sich deutlich: Der Lkw war vollständig in militärische Überlegungen einbezogen. Nach einem Bericht des Reichs-Kraftwagen-Betriebsverbandes (RKB) wurden von den 15 200 Lkw des gewerblichen Güterfernverkehrs bis Ende 1940 8200 Fahrzeuge von der Wehrmacht beansprucht. Ferntransporte durften nur noch mit kriegswichtigen Gütern erfolgen. Dieselkraftstoff wurde knapp. Einen Teil der Nutzfahrzeuge rüstete man deshalb für alternative Betriebsstoffe um.

Bei Kriegsende waren Deutschlands Verkehrs- und Industrieanlagen weitgehend zerstört. Der Eisenbahnverkehr ruhte, das Schienennetz lag brach. Das Straßennetz — soweit noch vorhanden — befand sich in einem katastrophalen Zustand. Auch Post- und Telefonverkehr ruhten.

Produktion von Pkw, Lkw und Omnibussen in den Jahren 1945 bis 1950.

Jahr	Pkw	Lkw	Omnibusse	Zugmaschinen
1945	1293	5315	37	160
1946	9962	13241	244	431
1947	9541	13192	411	199
1948	29945	28832	949	1568
1949	104054	54753	2789	1986
1950	216107	81680	3844	1131

Nach Kriegsende bewies der Güterkraftverkehr seine Bedeutung bei der Versorgung der Bevölkerung und der Wirtschaft mit dringend notwendigen Gütern, beim Transport von Flüchtlingsgut sowie bei der Zusammenführung von Familien. Zugute kam dem Lkw dabei, daß er sich ohne starres Schienennetz freizügig bewegen konnte. Aber den Transportbetrieben fehlte es an Fahrzeugen, Treibstoffen, Reifen und Ersatzteilen.

Die Nutzfahrzeugproduktion lief nur langsam wieder an. Ein Industrieplan des Alliierten Kontrollrates sah zunächst eine Begrenzung der jährlichen Produktion auf 40000 Lkw vor. Darüber hinaus geplante Kapazitäten sollten demontiert werden. Die Statistik zeigt, wie langsam die Produktion von Kraftfahrzeugen wieder anlief.

Beim wirtschaftlichen Wiederaufbau nach der Währungsreform von 1948 spielte der Lkw eine bedeutende Rolle. Reifen und Kraftstoffe waren auch nach 1948 zunächst noch bewirtschaftet. Wer Geld hatte, war als Käufer eines Kraftfahrzeugs willkommen. Indessen waren liquide Mittel äußerst knapp, die Tarifentgelte des Reichskraftwagentarifes (RKT) – diesen Namen behielt der Straßengütertarif auch nach dem Krieg – zu niedrig. Der Gesamtbestand aller Lkw in der britischen und amerikanischen Besatzungszone im Jahr 1948 umfaßte 213424 Fahrzeuge; davon waren 42 Prozent sechs bis zehn Jahre alt und 28 Prozent sogar älter als zehn Jahre.

Durch eine Preisanordnung wurde 1949 der Literpreis für Benzin auf 53 Pfennig und für Diesel auf 38 Pfennig heraufgesetzt. Es waren ursprünglich sogar Preise von 60 Pfennig für Benzin und 45 Pfennig für Diesel vorgesehen. Eine Sternfahrt nach Bonn, an der sich 3000 Fahrzeuge beteiligten, hatte diesen Kompromiß ermöglicht.

Mit dem Güterkraftverkehrsgesetz (GüKG) vom Oktober 1952 wurde zugleich ein Kontrollorgan für den Straßengüterverkehr aus der Taufe gehoben: die Bundesanstalt für den Güterfernverkehr (BAG). Aufgabe der BAG war es, die Einhaltung der Tarife im Güterfernverkehr zu kontrollieren und Straßen- und Betriebskontrollen vorzunehmen.

Straßen und Autobahnen am 31. März 1953.

Autobahnen	2119,4 km
Bundesstraßen	24132,8 km
Landstraßen I. Ordnung	50726,3 km
Landstraßen II. Ordnung	50939,2 km
klassifizierte Straßen insgesamt	127917,7 km

Nachkriegsproblem: Diskrepanz zwischen Motorisierung und Straßenbau

Mit der allmählichen Erholung der Wirtschaft von den Kriegsfolgen traten neue Probleme auf:

- Diskrepanz zwischen zunehmender Motorisierung und Straßenbau;
- verschärfter Wettbewerb zwischen Schiene und Straße bei Tarifparität für beide Verkehrsträger;
- die Eisenbahn gerät zunehmend in die Verlustzone. Dafür wird der Lkw verantwortlich gemacht.

Aus einem Bericht der Forschungsgesellschaft für das Straßenwesen entnimmt man: „Knapp zehn Jahre nach Beendigung des Zweiten Weltkrieges waren hinsichtlich des Straßenbaus und des Verkehrs Verhältnisse gegeben, die als Parallele zu der Zeit nach dem Ersten Weltkrieg angesehen werden können. Das vorhandene Straßennetz war notdürftig geflickt und mit bescheidenen Mitteln in Ordnung gehalten worden; es drohte, unter den wachsenden Verkehrsmengen und Achslasten zu zerfallen."

War die volkswirtschaftliche Bedeutung des Lkw nach dem Krieg einer breiten Öffentlichkeit deutlich geworden, so war dies für die Verkehrspolitik noch lange kein Anlaß, diesen Verkehrsträger zu fördern – im Gegenteil. Vor dem Hintergrund steigender Bahndefizite brach eine Flut dirigistischer Maßnahmen über den Güterkraftverkehr herein:

1. April 1953: Verbot des zweiten Anhängers;

1. August 1953: Absenkung des Tarifniveaus bis zu 20 Prozent und Aufhebung von Sondertarifen;

1. Juni 1954: Einbringung eines Straßenentlastungsgesetzes im Deutschen Bundestag:
   - Beförderungsverbote für über 45 Prozent des Beförderungsvolumens des gewerblichen Güterverkehrs,
   - Verringerung der Genehmigungen für den gewerblichen Güterfernverkehr um 25 Prozent,
   - Tarifgefälle zugunsten der Bahn.

6. April 1955: Verabschiedung des Verkehrsfinanzgesetzes:

- drastische Erhöhung der Kfz-Steuer für schwere Lkw und der Dieselkraftstoffsteuer,
- Zuweisung von 1,5 Milliarden DM aus dem Steueraufkommen des Güterkraftverkehrs an die Deutsche Bundesbahn,
- Einführung der Beförderungssteuer für den Werkfernverkehr.

14. März 1956: Sonntagsfahrverbot;
21. März 1956: restriktive Neuregelung der höchstzulässigen Abmessungen und Gewichte für Lkw (14 m Länge, 24 t Gesamtgewicht, 8 t Achslast);
1. April 1960: weitere Erhöhung der Kfz- und Mineralölsteuer um etwa 20 Prozent.

Einen Teil dieser zusätzlichen Hemmnisse konnten die Interessenvertretungen des Straßengüterverkehrs verhindern, so das Straßenentlastungsgesetz mit seinen Beförderungsverboten, ebenso die Herabsetzung der Maße und Gewichte. Dabei spielte die notwendige Harmonisierung innerhalb der Europäischen Wirtschaftsgemeinschaft (EWG) auf der Grundlage der Römischen Verträge vom Jahr 1957 eine wesentliche Rolle.

„Ordnungsrahmen" und „Liberalisierung"

Schon Anfang der sechziger Jahre kamen verkehrspolitische Schlagworte, wie zum Beispiel „weitgehende Liberalisierung" und „Ordnungsrahmen", auf. Diese Auseinandersetzung gipfelte in den Verkehrsnovellen von 1961. Nun erhielt das Güterkraftverkehrsgewerbe die seit vielen Jahren geforderte Tarifautonomie und damit den entscheidenden Einfluß auf die Gestaltung künftiger Frachttarife. Selbständige tarifpolitische Entscheidungen des Bundesministers für Verkehr waren seitdem nur noch zulässig, wenn die zuständige Tarifkommission keine Tarife festsetzte und das allgemeine Wohl es erforderte.
Im Januar 1962 konstituierten sich die Tarifkommissionen für den Güterfernverkehr (TKF), für den Güternahverkehr (TKN), für den Möbeltransport (TKM) sowie die beratenden Verladerausschüsse. Durch die Einführung von Margentarifen mit fixierten prozentualen Bandbreiten für mögliche Über- und Unterschreitungen wurde die Tarifparität zwischen Schiene und Straße aufgehoben.
Eine sowohl für die Nutzfahrzeugindustrie als auch für die Kraftverkehrswirtschaft wichtige Änderung der Straßenverkehrs-Zulassungsordnung (StVZO) erfolgte am 23. April 1965:

- Die Lastzuglänge von bisher 16,50 m wurde auf 18 m festgelegt;
- das Gesamtgewicht für Lastzüge wurde von 32 t auf 38 t angehoben;
- als Mindestmotorleistung wurden 4,4 kW/t (6 PS/t) vorgeschrieben.

Diese Änderungen waren dringend notwendig geworden. Der Straßengüterverkehr hatte inzwischen höhere Beförderungsleistungen als die Bahn zu verzeichnen: 1964 wurden 60,1 Milliarden Tonnenkilometer im gesamten Straßengüterverkehr und 59,9 Milliarden Tonnenkilometer im Eisenbahnverkehr befördert.
Diese Entwicklung mußte von den Verkehrspolitikern als Signal gewertet worden sein, nunmehr mit weiteren dirigistischen Maßnahmen ein allzu starkes Wachstum im Güterkraftverkehr zu verhindern. So verabschiedete die Bundesregierung im November 1967 ihr „Verkehrspolitisches Programm für die Jahre 1968 bis 1972", das als „Leber-Plan" – benannt nach dem damaligen Bundesverkehrsminister Georg Leber – bekannt wurde. Der Plan des Seebohm-Nachfolgers Leber sah im einzelnen vor:

- Beförderungsverbote für etwa 35 Prozent des Transportvolumens im Güterfernverkehr (besonders für Massengüter);
- Verringerung des Kontingents an Genehmigungen für den gewerblichen Güterfernverkehr um 20 bis 25 Prozent;
- Einführung einer verkehrslenkenden Beförderungssteuer von
  - 1 Pfennig/Tonnenkilometer im gewerblichen Güterfernverkehr und
  - 3 bis 5 Pfennig für den Werkfernverkehr,
- Erhöhung der Mindestmotorleistung für schwere Lkw auf 5,9 kW/t (8 PS/t).

Diese und weitere Maßnahmen lösten selbstverständlich schon bald Reaktionen und massive Abwehrmaßnahmen bei den Betroffenen aus. So formierten sich 18 Organisationen des Transportgewerbes und der verladenden Wirtschaft zur „Aktionsgemeinschaft rationeller Verkehr". Aufgrund der Proteste dieser Aktionsgemeinschaft, aber auch wegen erheblicher Bedenken der Europäischen Kommission kam es zu folgendem Kompromiß:

- Wegfall der Beförderungsverbote;
- Begrenzung der Steuer auf zwei Jahre mit anschließender Einführung von Straßenbenutzungsgebühren sowie Bildung eines 250-Millionen-Fonds für verkehrslenkende Maßnahmen.

Für den grenzüberschreitenden Verkehr wurde 1969 die Verordnung (EWG) Nr. 543/69 über die Harmonisierung bestimmter Sozialvorschriften im Straßenverkehr eingeführt. Geregelt werden sollten hiermit die Lenk- und Ruhezeiten des Fahrpersonals im

Straßenverkehr. Seither machte diese Sentenz die Runde: „Diese Verordnung wurde für Italien gemacht, sie wird in Frankeich gelesen und in der Bundesrepublik Deutschland angewandt."

Nicht nur für den Bereich des gewerblichen Güterkraftverkehrs, sondern auch für den Eigentransport von Handel und Industrie – den Werkverkehr – wurden restriktive Maßnahmen erlassen. So führte man 1971 ein Lizenzierungsverfahren für den Werkfernverkehr ein, das Verlader und Transportgewerbe zwang, ein Marktgespräch zu führen. Die BAG konnte die Lizenz (offiziell „Beförderungsbescheinigung") verweigern, wenn die Bundesbahn oder das Transportgewerbe ein „annehmbares Angebot" unterbreitete.

In den Folgejahren erwies sich das Lizenzierungsverfahren als wirkungsloses Instrument: Das Transportaufkommen des Werkfernverkehrs verdoppelte sich von 1972 bis 1984 von 53 Millionen auf 112 Millionen t.

1972 wurde der Lkw vom Fiskus kräftig zur Ader gelassen:

- Die Mineralölsteuer auf Benzin- und Dieselkraftstoffe wurde um 4 Pfennig/Liter angehoben und
- die Kraftfahrzeugsteuer für schwere Lkw um bis zu 80 Prozent erhöht.

Als Folge verschlechterten sich die Wettbewerbsbedingungen für den deutschen Güterkraftverkehr im grenzüberschreitenden Verkehr. Bundesverkehrsminister Leber schied 1972 aus dem Amt, und der Bundesminister für Städtebau und Wohnungswesen, Dr. Lauritzen, übernahm das Verkehrsressort.

Aufgrund der 7. Änderung des Güterkraftverkehrsgesetzes (GüKG) kam es am 1. Januar 1973 zur Umwandlung der bisher an das Fahrzeug gebundenen Genehmigungen (Konzessionen) in Inhabergenehmigungen. Der Eigentümer einer Konzession für den gewerblichen Güterfernverkehr konnte die Genehmigung jetzt auf ein Fahrzeug seiner Wahl übertragen.

Unter dem Motto „Der Mensch hat Vorfahrt" veröffentlichte Bundesverkehrsminister Lauritzen im Juni 1973 sein „Kursbuch für die Verkehrspolitik". Nun sollte im Bundesverkehrswegeplan der öffentliche Schienenverkehr Vorrang vor dem Individualverkehr erhalten. Lauritzen setzte wiederum andere verkehrspolitische Akzente als sein Vorgänger Leber, so daß in vielen kritischen Kommentaren von einem verkehrspolitischen Zick-zack-Kurs die Rede war.

Im Herbst 1973 wurden die meisten Industriestaaten der Welt mit einem neuen Problem konfrontiert: Die Energiekrise zeigte die Grenzen des Wachstums auf. Sofort erhob man die alte Forderung, Transporte von der Straße auf die Schiene zu verlegen – diesmal, um Energie zu sparen. Die Befürworter solcher Transportverlagerungen mußten sich von der Internationalen Straßentransportunion (IRU) darüber belehren lassen, daß vom gesamten Kraftstoffverbrauch des Kraftverkehrs in der Bundesrepublik Deutschland von etwa 25 Millionen t an Vergaser- und Dieselkraftstoff nur etwa 27 Prozent oder etwa 7 Millionen t auf den Straßengüterverkehr entfallen; davon wiederum nur 1,2 Millionen t oder 1 Prozent auf den gewerblichen Güterfernverkehr. Wegen der Bedeutung des Straßengüterverkehrs für die Versorgung der Menschen mit lebensnotwendigen Gütern hat man inzwischen international anerkannt, daß bei der Treibstoffversorgung dem Lkw Priorität einzuräumen ist.

Anteil des Straßenverkehrs am Energieverbrauch 1983 in Prozent (aus: Energiebilanz der Bundesrepublik Deutschland für das Jahr 1983, Esso AG).

	Gesamter Primärenergieverbrauch	Primärenergieverbrauch Mineralöl
Insgesamt	100,0	100,0
davon		
Verbrauch und Verluste im Energiesektor[1]), statistische Differenzen	28,2	9,6
nichtenergetischer Verbrauch	7,1	13,7
Haushalte und Kleinverbraucher	28,5	32,2
Industrie	20,8	9,8
Verkehr	*15,4*	*34,7*
davon		
– Schiene	0,5	0,4
– Wasser	0,3	0,7
– Luft	1,0	2,3
– *Straßenverkehr*	*13,6*	*31,3*
– Pkw/Kombi	10,0	23,0
– Lkw/Busse	3,5	8,0
– Motorräder	0,1	0,3

[1]) Eine verursachungsgerechte Zurechnung auf die einzelnen Verbrauchsbereiche Haushalte, Industrie, Verkehr ist statistisch nicht möglich.

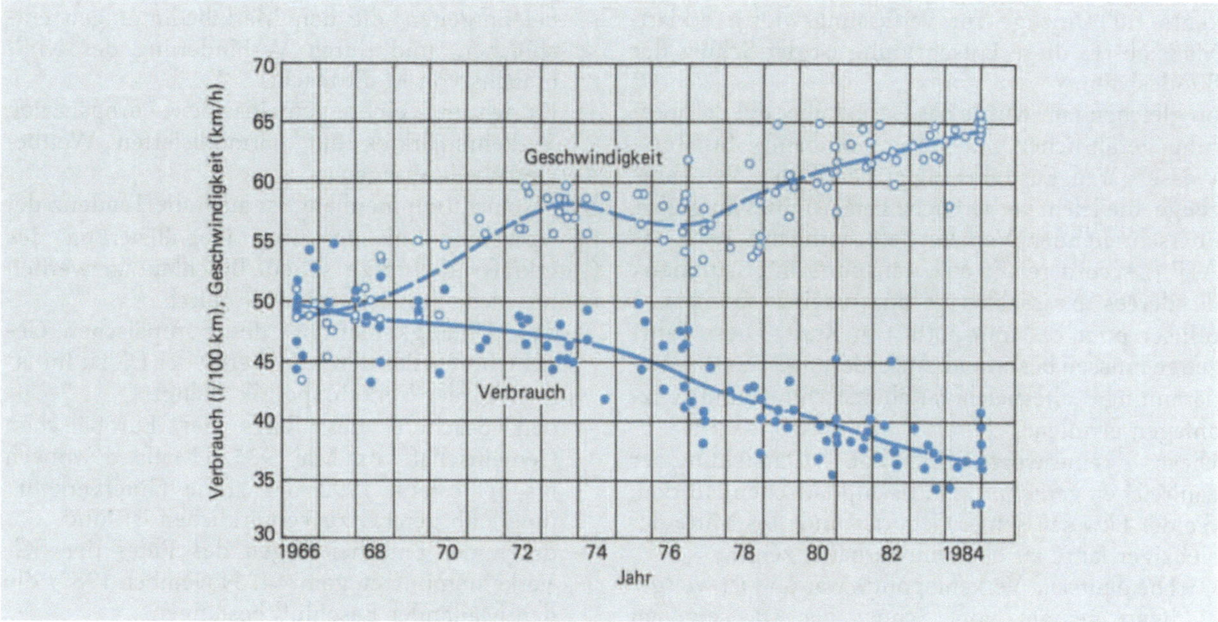

Verbrauch und Geschwindigkeit von 38-t-Lastzügen auf der „Lastauto-Omnibus"-Teststrecke von 1966 bis 1984.

Der Mineralölkrise folgte die drastische Steigerung der Kraftstoffpreise und eine Rezession, die zu einem beträchtlichen Rückgang des Güteraufkommens im gewerblichen Güterkraftverkehr führte. Lediglich der Werkfernverkehr und der Schienenverkehr hatten von 1973 auf 1974 Zunahmen zu verzeichnen.

Der Club of Rome hatte mit der Untersuchung von D. Meadows über „Die Grenzen des Wachstums" weltweite Aufmerksamkeit – und Kritik – erregt. Rückblickend läßt sich feststellen: Sowohl die Nutzfahrzeugproduzenten als auch die Halter von Nutzfahrzeugen zogen sehr rasch ihre Konsequenzen. Dank optimierter Antriebsstränge, wirtschaftlicher Fahrweise und verbesserter Tourenplanung ist der Kraftstoffverbrauch beispielsweise bei 38-t-Zügen um 20 und mehr Prozent gesunken.

Daß die Rechnung der OPEC-Staaten nicht aufgegangen war, belegt auch ein Kommentar aus der Stuttgarter Zeitung vom 25. Januar 1986 (Auszug): „Zwölf Jahre später scheint das Jahrhundert der Araber bereits vorüber. Die Ölpreise sinken, drohen ins Bodenlose zu stürzen. Hatte man Anfang der achtziger Jahre bis zu 35 Dollar pro Barrel (159 l) zahlen müssen, so ist jetzt Rohöl für 20 Dollar zu haben." An anderer Stelle resümiert der Kommentator: „Das Weltwirtschaftssystem hat sich gegenüber den Erschütterungen, die zwei Explosionen der Energiepreise ausgelöst haben, als überraschend flexibel erwiesen. Zwar trugen die Ölkrisen viel zu den wirtschaftlichen Rückschlägen des letzten Jahrzehnts bei. Doch die hohen Preise und der Markt haben auch gewaltige Anpassungsmechanismen in Kraft gesetzt."

Die Ölrechnung der Bundesrepublik hat sich in den ersten vier Monaten 1986 im Vergleich zum entsprechenden Vorjahreszeitraum nahezu halbiert. So kostete beispielsweise das im April eingeführte Rohöl frei deutsche Grenze durchschnittlich nur noch 262,60 DM je Tonne (minus 61 Prozent).

Verkehrspolitik auf Europakurs

In das Jahr der Energiekrise fielen in der europäischen Verkehrspolitik zwei wichtige Entscheidungen:

- Der Rat der Europäischen Konferenz der Verkehrsminister (CEMT) beschloß am 14. Juni 1973, ein multilaterales Kontingent von 385 Genehmigungen für den internationalen Straßengüterverkehr zwischen den 18 Mitgliedstaaten auszugeben.
- Die EG-Kommission betonte in einer Mitteilung an den EG-Ministerrat die Notwendigkeit, die Verkehrspolitik stärker mit der Regional- und Strukturpolitik sowie mit der Sozial-, Steuer-, Industrie- und Energiepolitik zu verknüpfen.

Nach langwierigen Vorbereitungen trat in der Bundesrepublik Deutschland zum 1. Januar 1974 die Berufskraftfahrer-Ausbildungsordnung in Kraft. Nun konnten Berufskraftfahrer den Facharbeiterbrief erwerben. Praktikern war schon immer unverständlich, daß Kraftfahrer, die Verantwortung für Millionenwerte (Fahrzeug, Ladung, Verkehrs- und Betriebssicherheit) tragen, nur den Status des Hilfsarbeiters mit Führerschein hatten.

Das Bundesverfassungsgericht entschied am 14. Oktober 1975: Die Kontingentierung der Kraftfahrzeuge für den allgemeinen Güterfernverkehr ist mit dem Grundgesetz vereinbar. Dagegen wurde die Kontingentierung für Fahrzeuge des Möbelfernverkehrs für Umzüge für verfassungswidrig erklärt. Maßstab für diese Entscheidung ist der Schutz der Bundesbahn.

Im gleichen Jahr wurde das Gesetz über die Beförderung gefährlicher Güter mit Eisenbahn-, Straßen-, Wasser- und Luftfahrzeugen verkündet. Für Fahrzeuge, die leicht verderbliche Lebensmittel im grenzüberschreitenden Verkehr befördern, trat 1976 das ATP („Accord relatif aux transports internationaux de derées périssables et aux engins speciaux à utiliser pour ces transports") in Kraft. Diese Fahrzeuge müssen bestimmte Anforderungen an Wärmedämmung, Kältespeicher, Kältemaschinen und Heizanlagen erfüllen.

Diese – keineswegs vollständige – Darstellung der zahlreichen verkehrs- und fiskalpolitischen Hürden, die der Lkw seit seiner Geburtsstunde bis Mitte der siebziger Jahre zu überwinden hatte, zeigt:

- Die deutsche Verkehrspolitik war und ist weitgehend geprägt vom Schutz der staatseigenen Bahn.
- Der Pioniergeist vieler Transportunternehmer sowie eine erfolgreiche Politik der Verbände des Straßengüterverkehrs und der Spedition erreichten, daß der Lkw als eigenständiger Verkehrsträger akzeptiert wird.
- Die Fortschritte in der Nutzfahrzeugtechnik und im Bereich des Straßenbaus trugen erheblich dazu bei, die spezifischen technischen Vorzüge des Lkw in rechenbare wirtschaftliche Vorteile umzumünzen.

Einfluß der Verkehrspolitik auf die künftige Entwicklung des Güterkraftverkehrs

Bei aller berechtigten Kritik an oft einseitigen dirigistischen Maßnahmen zu Lasten des Güterkraftverkehrs ist an die wichtigste Aufgabe der Verkehrspolitik zu erinnern: eine optimale Abstimmung der einzelnen Verkehrsbereiche untereinander herzustellen. Dabei hat die Verkehrspolitik außer wechselseitigen Abhängigkeiten eine Vielzahl unterschiedlicher, überaus differenzierter und nicht selten konträrer Interessen zu berücksichtigen. Sie steht dabei vor dem – oft unlösbaren – Problem, gleichzeitig die Belange der Verkehrsnutzer, der Verkehrsunternehmen, der von den Verkehrsbelastungen Betroffenen und des Staates aufeinander abstimmen zu müssen. So erscheint es verständlich, daß die daraus resultierenden Zielkonflikte ordnungspolitische Prioritäten erfordern.

Dies sind unter anderem die Ziele einer solchen Verkehrspolitik – bei freier Wahl des Verkehrsmittels und innerhalb eines staatlichen Ordnungsrahmens:

- Bei Angleichung der Wettbewerbsbedingungen ist eine volkswirtschaftlich sinnvolle Aufgabenteilung herzustellen durch lauteren Wettbewerb, bei Entgelten, die den Marktbedingungen entsprechen, und durch Verhinderung des Mißbrauchs von Marktmacht;
- Einrichtung eines gemeinsamen europäischen Verkehrsmarktes mit harmonisierten Wettbewerbsbedingungen.

In diesem Zusammenhang ist auch die Tendenz der EG-Verkehrspolitik zu einer Liberalisierung des Güterkraftverkehrs zu sehen. Beschleunigt werden könnte diese Entwicklung noch durch

- das „Untätigkeitsurteil" des Europäischen Gerichtshofes, das den Ministerrat der EG zu Initiativen in der Verkehrspolitik zwingt,
- den Beschluß des Rates der Europäischen Gemeinschaft vom Mai 1985 in Mailand, wonach bis spätestens 1992 der „freie Güterverkehr" innerhalb der EG zu verwirklichen ist, und
- durch die Entscheidungen des Rates der EG-Verkehrsminister vom 14. November 1985, die den Mailänder Beschluß bestätigen.

Auch der Sachverständigenrat der deutschen Bundesregierung – die fünf Weisen – hat sich in seinem Jahresgutachten 1985/86 für eine Änderung der Marktordnung des Straßengüterverkehrs ausgesprochen. Es geht dabei um eine weitgehende Liberalisierung bei Preisen, Kapazitätsentscheidungen und Marktzugangsregelungen – so auch um die Frage, ob ausländische Unternehmer im Anschluß an einen Transport im grenzüberschreitenden Verkehr Binnentransporte in einem anderen EG-Land ausfüh-

Entwicklung der zulässigen Werte für Gesamtgewicht, Achslast und Länge der Lastzüge in der Bundesrepublik Deutschland.

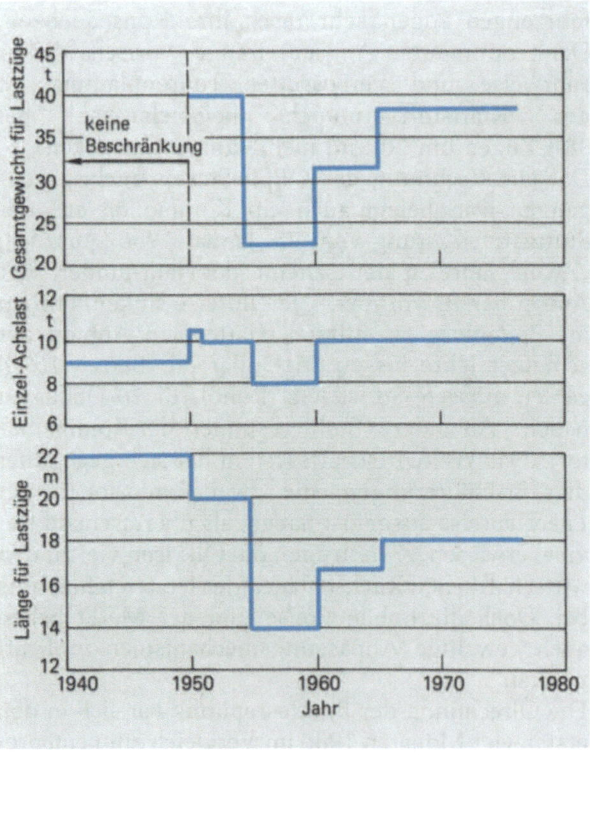

Steuern[1]) je Lastzug in europäischen Ländern (aus: VWZ 1985, BDF).

Land	Kraftfahrzeugsteuer in DM je Jahr						Mineralölsteuer auf Dieselkraftstoff in DM je Liter
	32 t Gesamtgewicht			38 t Gesamtgewicht			
	insgesamt	Zugfahrzeug	Anhänger	insgesamt	Zugfahrzeug	Anhänger	
	1	2	3	4	5	6	7
Belgien[2])	2062	1289	773	2406	1289	1117	0,261
BR Deutschland	6815	3408	3407	9365	3408	5957	0,4415
Dänemark[3])	7163	4158	2015	7611	5149	2462	0,1007
Frankreich[4])	131	131	–	131	131	–	0,2773
Griechenland	1969	–	–	1969	–	–	0,741
Großbritannien[5])	4492	3236	1256	11802	–	–	0,5767
Irland	1265	1156	109	1340	1156	184	0,5927
Italien	801	310	491	801	310	491	0,1523
Luxemburg	1065	707	358	1239	707	532	0,2136
Niederlande	3167	2307	860	3663	2307	1356	0,1784
Österreich[6])	768	768	–	768	768	–	0,454
Schweiz[7])	2715	2715	–	2715	2715	–	0,7217

[1]) Stand April 1985; DM errechnet aus Mittelkursen.

[2]) Die Steuer wird um 40 % gesenkt, wenn ein Unternehmer mehr als zwei Lastkraftfahrzeuge über 7 t Leergewicht besitzt.

[3]) Für ständig im internationalen Verkehr eingesetzte Lastkraftfahrzeuge erfolgt eine Steuerrückerstattung bis zu rd. 35 % der gesamten Kraftfahrzeugsteuer. Die Mineralölsteuer wird an in- und ausländische Transportunternehmen zurückerstattet.

[4]) Anhänger mit zwei Achsen werden erst ab einem Gesamtgewicht von 17,5 t mit 721,– DM jährlich besteuert. Bei einem Anhängergewicht von mehr als 18,5 bis 19 t beträgt die Steuer 1049,– DM je Jahr.

[5]) Lastzüge mit einem zulässigen Gesamtgewicht von mehr als 32 t sind nicht zugelassen. In diesen Gewichtskategorien verkehren nur Sattelzüge.

[6]) In Österreich wird zusätzlich zur Kraftfahrzeugsteuer ein Straßenverkehrsbeitrag erhoben. Da er jedoch von Inländern und Ausländern erhoben wird, kann er in der Vergleichstabelle nicht berücksichtigt werden.

[7]) In der Schweiz beträgt das höchstzulässige Gesamtgewicht im Binnenverkehr 28 t. Die selben Lastzüge können jedoch im internationalen Verkehr für 32 t oder 38 t zugelassen werden. Besteuerungsgrundlage bleibt aber 28 t. Der angegebene Wert ist ein Durchschnittswert, da die Bemessungsgrundlagen nicht einheitlich sind.
In der Schweiz wird eine Schwerverkehrsabgabe von in- und ausländischen Lastkraftwagen erhoben. In der Vergleichstabelle wird sie nicht berücksichtigt.

Zulässige Abmessungen und Gesamtgewichte von Straßenfahrzeugen in europäischen Ländern im Juli 1985.

Land	Höhe	Breite	Länge		Gesamtgewicht	
			Lastzug	Sattelzug	Lastzug	Sattelzug
	Meter				Tonnen	
	1	2	3	4	5	6
Belgien	4	2,5	18	15,5	44	44
BR Deutschland	4	2,5	18	15	38	38
Dänemark	4	2,5	18	15,5	44	44
Frankreich	*)	2,5	18	15,5	38	38
Griechenland	4	2,5	18	15	38	38
Großbritannien	4,2	2,5	18	15,5	32,5	38
Irland	*)	2,5	16,5	15	32	28
Italien	4	2,5	18	15,5	44	44
Luxemburg	4	2,5	18	15,5	40	38
Niederlande	4	2,5[1])	18	15,5	50	50
Österreich	4	2,5	18	16	38	38
Portugal	4	2,5	18	15,5	38	38
Schweiz	4	2,5[2])	18	16	28	28
Spanien	4	2,5	18	16,5	38	38

*) ohne Begrenzung durch Vorschriften

[1]) nur auf eingeschränktem Straßennetz, ansonsten 2,2

[2]) nur auf bestimmten Straßen, ansonsten 2,3

ren dürfen. Die Auffassung des Sachverständigenrats steht im Widerspruch zu den Forderungen der Verbände des Straßenverkehrsgewerbes, die *vor* einer Liberalisierung eine Harmonisierung der fiskalischen Belastungen sowie der Maße und Gewichte für Lkw, Last- und Sattelzüge innerhalb der Europäischen Gemeinschaft verlangen.

Wie immer die Ergebnisse dieses Tauziehens ausfallen mögen – es gilt für den gewerblichen Güterkraftverkehr weniger zu reagieren, als verstärkt zu agieren. Der renommierte Verkehrswissenschaftler Prof. Dr. Gerd Aberle stellte fest: „Eine Verschärfung des internationalen Wettbewerbs für die deutsche Wirtschaft schafft einen Zwang zur größtmöglichen Nutzung von Kosteneinsparungsmöglichkeiten und Flexibilitätssteigerungen. Hier ist vor allem die Transportlogistik angesprochen. Restriktive Regelungen ... hemmen jedoch solche Bemühungen. Daher wird versucht, die Auflockerungen im Regelungsgefüge für die Verkehrsmärkte für Kosteneinsparungen zu nutzen."

Wirtschaftsfaktor Nutzfahrzeug

Die heutige volkswirtschaftliche Bedeutung des Straßentransports ergibt sich aus seinem Beitrag zum Volkseinkommen: Der Anteil des Verkehrs- und Nachrichtenwesens am Bruttosozialprodukt beziffert sich in Westeuropa auf etwa 6 Prozent. Berücksichtigt man auch den Individualverkehr auf der Straße, so ergibt sich ein Anteil von 15 Prozent.

Dieser Stellenwert gewinnt noch an Bedeutung, wenn die Beiträge des Straßenbaues und der Automobilindustrie zum Bruttosozialprodukt mitgerechnet werden. Straßenverkehr, Straßenbau und Fahrzeugindustrie haben heute ein beachtliches konjunkturpolitisches Gewicht: Konjunkturelle Veränderungen in diesen Wirtschaftszweigen wirken sich auf Einkommen, Investitionen und Arbeitsplätze aus.

Ein weiteres Kriterium für den volkswirtschaftlichen Stellenwert des Straßentransports kommt hinzu: Wegen seines Dienstleistungscharakters ist er besonders abhängig von der menschlichen Arbeitskaft. So stehen nach Schätzungen in Europa etwa 15 Millionen Menschen in einem Arbeitsverhältnis, das direkt oder indirekt vom Personen- und Gütertransport auf der Straße abhängt. Weltweit sind es etwa 55 Millionen Menschen – also etwa die Bevölkerung der Bundesrepublik Deutschland –, die im und für den Straßenverkehr arbeiten.

Besonders wirtschaftsschwache und unterentwikkelte Regionen verdanken dem Straßenverkehr ein Stück Lebensqualität. Wurde die wirtschaftliche und

Fläche, Einwohner, Bruttosozialprodukt und Fahrzeugbestand in ausgewählten Ländern am 1. 1. 1984.

Land	Fläche in km²	Einwohner in 1000	Einwohner je km²	Bruttosozialprodukt 1983	Lastkraftwagen	Zugmaschinen[10])	Auf 1000 Einwohner entfallen		Anzahl an Lkw je 1000 Pkw
							Lkw	Pkw	
	1	2	3	4	5	6	7	8	9
BR Deutschland	248 692	61 371[7])	247[7])	496 700	1 273 748	202 882	21	402	52
Belgien	30 519	9 858[3])	323[3])	71 500	261 126	28 284	27	331	80
Dänemark	43 076	5 115	119	45 100	235 621	144 015	46	271	169
Finnland	337 032	4 868	14	34 800	167 829	13 276	35	290	119
Frankreich	551 000	54 600	99	407 400	3 037 000	131 000	56	377	147
Griechenland	131 990[1])	9 740	74	25 700	555 661	2 817[3])	57	107	533
Großbritannien	229 988	54 743[5])	238[5])	259 900	1 702 000[3])	7 600[8])	31[3])	290	107
Irland	70 282	3 500	50	10 600	69 978[7])	905[7])	20[7])	205[7])	97[7])
Italien	301 262	56 742[3])	188[3])	228 000	1 538 150[3])	36 868[3])	27[3])	346[3])	78[3])
Japan	377 765[2])	119 617	317	–	16 284 677	38 783	136	221	617
Luxemburg	2 586	366	142	2 500	9 009	3 325	25	385	64
Niederlande	41 160	14 395	350	98 200	322 700	24 400	22	331	68
Norwegen	323 886	4 134	13	36 500	179 434	–	43	335	129
Österreich	83 849	7 551	90	45 500	197 125	19 653	26	290	82
Polen	312 683	36 745	118	–	655 068	–	18	87	206
Schweden	411 114	8 332	20	78 600	201 720	311 360	24	392	67
Schweiz	41 288	6 423[7])	156[7])	59 200	189 920[7])	106 300[11])	30[7])	361[7])	75[7])
Spanien	504 750	38 100	75	119 600	1 529 081	31 198	40	392	176
Türkei	799 452	44 236[6])	55[6])	48 100	309 805[6])	–	7[6])	15[6])	470[6])
Ungarn[3])	93 030	10 700	115	–	133 208	26 498	12	110	113
USA	9 363 398	233 083[3])	25[3])	1 890 200	35 252 765[3])	–	151[3])	531[3])	285[3])

[1]) Stand vom 30. 4. 1983 [2]) Stand vom 1. 10. 1982 [3]) Stand vom 1. 1. 1983 [4]) Stand vom 1. 4. 1983 [5]) Stand vom 30. 6. 1983 [6]) Stand vom 1. 1. 1980 [7]) Stand vom 30. 9. 1983 [8]) Stand vom 1. 1. 1982 [9]) in Millionen US-$ in Preisen von 1975 [10]) ohne landwirtschaftliche Traktoren [11]) einschl. landwirtschaftliche Traktoren; Stand vom 30. 9. 1983

gesellschaftliche Entwicklung der Siedlungs- und Wirtschaftsgebiete Mitte des vorigen Jahrhunderts primär von den Eisenbahnen geprägt, so ermöglichen heute die Straßen und der Straßengüterverkehr die zuverlässige Versorgung des Verbrauchers. Gilt es doch, eine Vielzahl unterschiedlicher Güter in verschiedenen Mengen binnen kürzester Zeit zu geringen Kosten vom Produzenten zum Konsumenten zu befördern.

Wichtige Warengruppen werden in der Bundesrepublik Deutschland fast ausschließlich vom Lkw transportiert:

- 99 Prozent aller Molkereiprodukte,
- 98 Prozent aller Druckereierzeugnisse,
- 97 Prozent der Obsternte,
- 95 Prozent aller Fische und des Gefrierfleisches,
- 90 Prozent der Möbel,
- 89 Prozent aller Farben- und Gerbstoffe,
- 77 Prozent der Elektroerzeugnisse,
- 74 Prozent aller Arzneimittel.

Hierbei wirken sich bestimmte Pluspunkte für den Lkw aus:

- Nur der Lkw fährt von Haus zu Haus.
- Für jede Transportaufgabe gibt es den passenden Lkw mit dem entsprechenden Aufbau.
- Der Lkw sichert die pünktliche Versorgung.
- Der Lkw erschließt Wirtschaftsräume.

Einige Beispiele sollen dies verdeutlichen:

- Die etwa 170 000 bundesdeutschen Lebensmitteleinzelhändler können nur per Lkw beliefert werden;

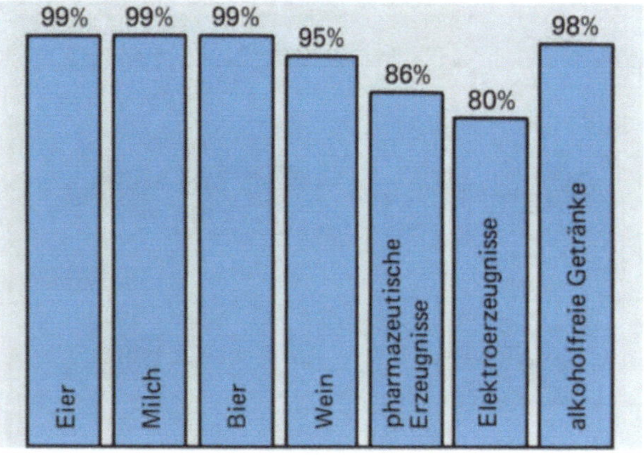

Warengruppen im Lkw-Güterverkehr.

- 89 Prozent der privaten Haushalte sind bei der Versorgung mit Brennstoffen auf den Lkw angewiesen;
- über 4000 Gemeinden ohne Gleisanschluß sind von der Versorgung per Lkw abhängig;
- die etwa 19 000 Tankstellen der Bundesrepublik Deutschland können nur durch den Lkw Nachschub bekommen.

Die systemeigenen technischen und wirtschaftlichen Vorteile des Verkehrsträgers Lkw schlagen bei der verladenden Wirtschaft in Form von beträchtlichen Kostensenkungen zu Buch, nämlich durch

- Einsparungen an Transportzeiten,
- mögliche – oft nicht realisierte – kurze Be- und Entladezeiten,

Zusammenhang von Nutzungszeitraum von Nutzfahrzeugen und Rationalisierung.

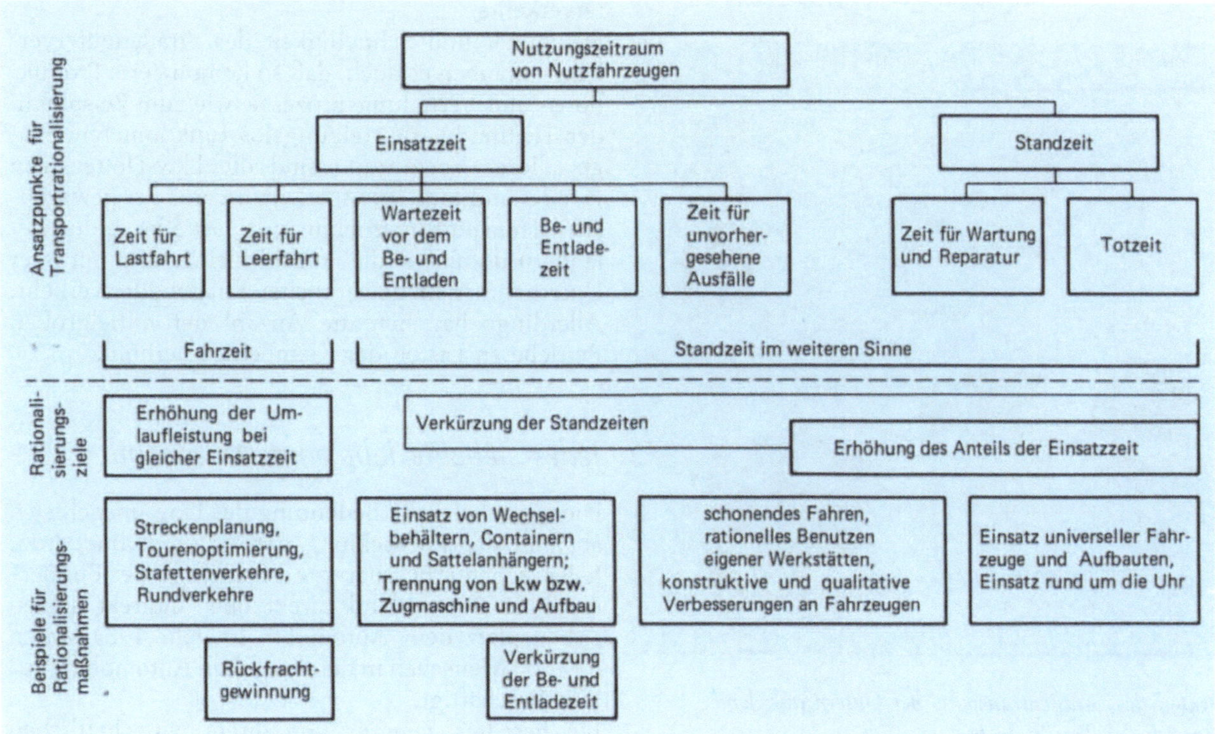

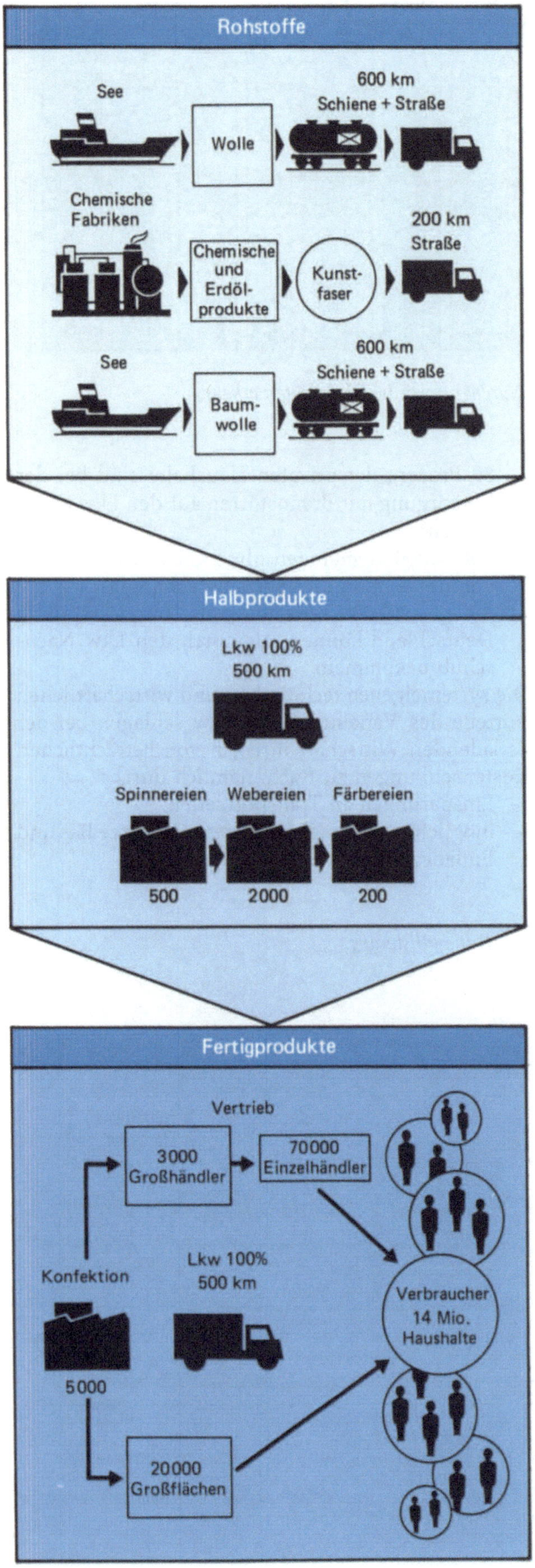

Anteil des Straßentransports bei Gütern aus dem Bereich der Textilindustrie.

- Einsparung an Produktions- und Ausfallkosten,
- Einsparungen bei den Verpackungskosten,
- Einsparungen an Lagerkosten.

Einige Beispiele sollen dies näher erläutern. Bei Nahrungsmitteln – besonders bei Frischwaren – fordert die Kundschaft rasche Belieferung. Margarine muß beispielsweise zehn Wochen nach ihrer Herstellung verbraucht sein. Ein Zeitgewinn von ein oder zwei Tagen im Transport ist in diesem Fall also äußerst wichtig. Auch Fleisch muß schnell befördert werden, weil es innerhalb von 24 Stunden zehn Prozent an Gewicht verliert. Früchte und Gemüse erfordern wegen ihrer begrenzten Haltbarkeit und der stündlich wechselnden Preisnotierung ebenfalls pünktliche Auslieferung. Bei Massenproduktionen ist die Lagerhaltung raum- und kostenintensiv, und zwar sowohl die Lagerung der der Produktion zuzuführenden Vorprodukte als auch die der Fertigerzeugnisse. Die Devise ist: kurzer Vorlauf – rasche Auslieferung. Der Lkw übernimmt die Aufgabe der produktionsangepaßten Zu- und Abfuhr.

Umweltzustände, zum Beispiel Temperatur, Feuchtigkeit, Atmosphäre und Druck, lassen sich beim Straßentransport wirksam überwachen, weil Fahrzeug und Transportgut durch den Fahrer kontrolliert werden. Im Straßengüterverkehr ist deshalb eine „Kältekette" ohne Unterbrechung möglich.

Die Organisationskonzepte des Straßengüterverkehrs und der Spedition erlauben es, auch kleine und kleinste Transportmengen in schneller Folge zu verteilen. Beispiele hierfür sind die seit Jahrzehnten reibungslos funktionierenden Sammelladungsverkehre, ebenso die in den letzten Jahren aufgebauten Paket-, Kurier- und Arzneimitteldienste. Kostengünstige Sammelladungen und Unterwegsbedienung der Empfänger sind weitere Vorteile des Straßengüterverkehrs.

Flexibilität und Schnelligkeit des Straßengüterverkehrs erlauben es auch, daß so komplizierte Produktions- und Verteilungsprozesse, wie zum Beispiel in der Textilindustrie, reibungslos funktionieren. Träger dieser Versorgung sind die Lkw-Flotten von Handel und Industrie sowie Fuhrparks der gewerblichen Transportunternehmen. In fast allen Industrieländern dominiert die Anzahl kleiner und mittlerer Unternehmen im gewerblichen Straßengüterverkehr. Allerdings hat sich die Anzahl der mittelgroßen Betriebe zu Lasten der Kleinbetriebe erhöht.

Jeder siebente lebt vom Automobil

Die wirtschaftliche Bedeutung des Lkw spiegelt sich auch in der Entwicklung der Automobilindustrie: Jeder siebente Beschäftigte verdankt in der Bundesrepublik Deutschland direkt oder indirekt seinen Arbeitsplatz dem Automobil. Im Jahr 1984 waren 679 000 Menschen in der deutschen Automobilindustrie beschäftigt.

Ein beredtes Zeugnis von ihrem wirtschaftlichen

Güterkraftverkehrsunternehmen in europäischen Ländern.

Land	Güterkraftverkehsunternehmen 1983				Umsatz 1980 in Mrd.[1])
	insgesamt	davon mit ... Zugfahrzeugen in Prozent			
		1 bis 5	6 bis 10	11 u. mehr	
	1	2	3	4	5
BR Deutschland	44 589[2])	88,7[3])	7,7[3])	3,6[3])	31,8
Belgien	8 266	74,0[4])	13,0[4])	13,0	102[5])[6])
Dänemark	7 242[5])	89,0[5])	6,3[5])	4,7[5])	9,4
Frankreich	28 202[7])	78,9[7])	10,9[7])	9,9[7])	46[5])[6])
Großbritannien	126 874[5])	87,0	7,0	6,0	16,7[6])
Italien	68 000	83,5	10,0	6,5	–
Luxemburg	286	–	–	–	2,7
Niederlande	7 578	71,2	16,1	12,6	6,4[8])
Portugal	5 980	90,0	5,0	1,0	–
Österreich	4 938[9])	80,3[9])	12,9[9])	5,8[9])	18,3[10])

[1]) Landeswährung [2]) Fernverkehrsunternehmen 1982 und Nahverkehrsunternehmen ohne Fernverkehr 1984 [3]) 1984; ohne Fahrzeuge, die nur im Fernverkehr eingesetzt werden [4]) 1 bis 4 Fahrzeuge bzw. 5 bis 10 Fahrzeuge [5]) Stand 1982 [6]) ohne Umsatzsteuer [7]) Stand 1980 [8]) Stand 1977 [9]) Stand 1981 [10]) Stand 1976

Anzahl der Neuzulassungen von Kraftwagen.

Fahrzeugart	1950	1960	1970	1980	1982	1983	1984
Pkw/Kombi	146 068	969 739	2 107 123	2 246 187	2 155 537	2 426 774	2 393 939
darunter:							
deutsche Marken	*138 277*	*877 017*	*1 633 074*	*1 787 505*	*1 635 313*	*1 835 169*	*1 754 948*
Lastkraftwagen	66 474	94 474	146 037	143 741	96 951	115 724	106 419
Sattelzugmaschinen	46	2 438	6 437	7 899	5 559	7 090	6 540
Kraftomnibusse	3 030	3 892	5 219	6 508	4 917	5 336	3 771
übrige Kfz	1 458	2 896	6 976	17 379	16 122	15 982	13 767
Zusammen	217 076	1 073 439	2 271 792	2 601 714	2 279 086	2 570 906	2 524 436

Anzahl produzierter Kraftwagen in der Bundesrepublik Deutschland.

Fahrzeugart	1950	1960	1970	1980	1982	1983	1984
Pkw/Kombi	219 409	1 816 779	3 527 864	3 520 934	3 761 436	3 877 641	3 790 164
Lastkraftwagen	81 680	230 155	285 280	314 983	257 333	243 577	227 207
Straßenzugmaschinen	1 131	524	14 411	25 281	29 746	19 950	18 630
Kraftomnibusse	3 844	7 691	14 692	17 355	14 150	13 271	9 461
Zusammen	306 064	2 055 149	3 842 247	3 878 553	4 062 665	4 154 439	4 045 462

Anzahl produzierter Kraftwagen von deutschen Herstellern im Ausland.

Fahrzeugart	1950	1960	1970	1980	1982	1983	1984
Pkw/Kombi	–	37 142	545 760	1 114 967	930 093	1 197 378	1 177 427
Lastkraftwagen[1])	–	20 520	54 602	139 761	129 222	103 018	116 826
Kraftomnibusse	–	463	6 728	23 122	18 572	17 171	19 299
Zusammen	–	58 125	607 090	1 277 850	1 077 887	1 317 567	1 313 552

[1]) Einschließlich Straßenzugmaschinen.

Anzahl exportierter Kraftwagen.

Fahrzeugart	1950	1960	1970	1980	1982	1983	1984
Pkw/Kombi	69 033	865 341	1 946 549	1 873 494	2 194 229	2 188 810	2 232 995
Lastkraftwagen	13 768	114 165	139 685	181 516	170 176	142 011	134 387
Straßenzugmaschinen	320	39	8 187	18 717	23 393	15 582	14 888
Kraftomnibusse	333	3 285	9 527	10 527	10 123	8 123	6 387
Zusammen	83 454	982 830	2 103 948	2 084 254	2 397 921	2 354 526	2 388 657

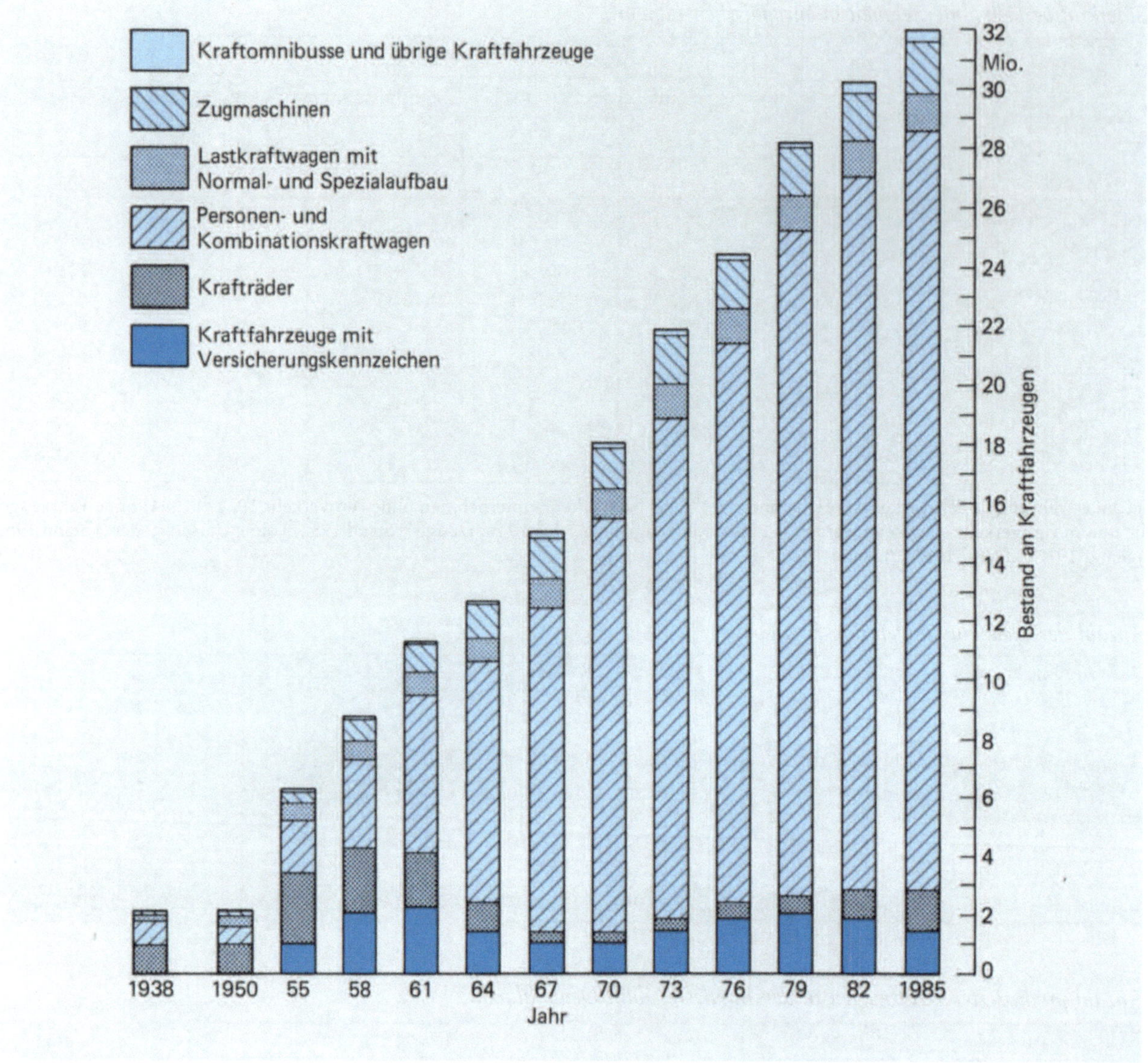

Entwicklung des Bestands an Kraftfahrzeugen (Quelle: KBA).

Änderung der jährlichen Neuzulassung von Lastkraftwagen ab 6 t Gesamtgewicht (Quelle: Daimler-Benz).

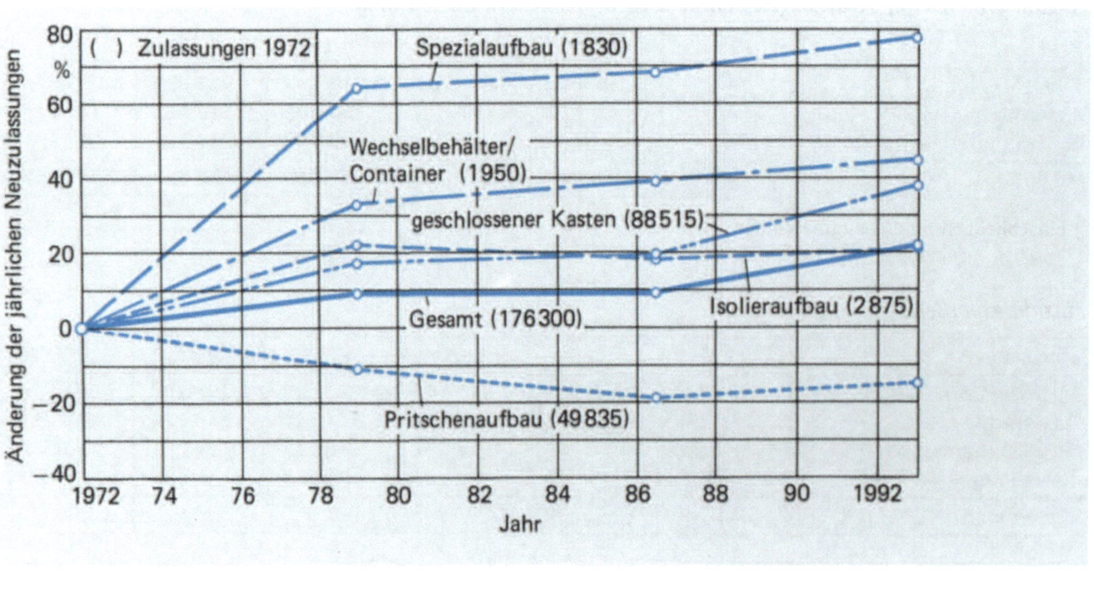

Potential legen die statistischen Übersichten über Bestände, Produktion, Export und Neuzulassungen ab. Vom Bruttoproduktionswert der bundesdeutschen Automobilindustrie in Höhe von etwa 130 Mrd. DM entfielen auf die Herstellung von Nutzkraftwagen, Anhängern, Aufbauten und Containern etwa 14 Prozent gleich 18 Mrd. DM (1984).
Nach Untersuchungen der schweizerischen Prognos AG („Verkehrsreport 1990") wird der Lkw-Inlandabsatz bis zum Jahr 1990 leicht rückläufig sein. Dagegen sollen die Lkw-Exporte noch deutlich zunehmen. Dieses Wachstum resultiert primär aus Exporten von Lkw mit einem Gesamtgewicht über 6 t. Niemand vermag jedoch heute (1986) zu sagen, wie sich Energie- und Umweltschutzpolitik oder verkehrs- und finanzpolitische Maßnahmen auf die Nutzfahrzeugproduktion in den nächsten Jahrzehnten auswirken werden.
Wie einer der erfolgreichsten Automobilkonzerne der Welt im Hinblick auf teilweise ungewisse Zukunftsperspektiven heute seine unternehmenspolitischen Weichen stellt, ließ Daimler-Benz-Vorstandsvorsitzender Professor Werner Breitschwerdt in der Pressekonferenz anläßlich der AEG-Übernahme im Oktober 1985 erkennen: „Daimler-Benz verfolgt seit geraumer Zeit die Strategie einer gezielten Verbreiterung der Unternehmensbasis in neue und wachstumsträchtige Hochtechnologiefelder. Mit den Akquisitionen MTU und Dornier haben wir erste Schritte in diese Richtung getan. Mit dem Erwerb einer Mehrheitsbeteiligung an der AEG bietet sich uns die Chance, diesen Weg konsequent fortzusetzen." Hinzu kommen laut Breitschwerdt noch erhebliche synergetische Effekte, vor allem bei der Elektronik, der Automatisierung, bei der Verkehrs- und Antriebstechnik sowie in der Luft- und Raumfahrt.

Strukturwandel und Liberalisierungstrend – Herausforderung für das Transportmanagement

Die Statistik belegt: Der Straßengüterverkehr konnte sich dank seiner systemeigenen technisch-wirtschaftlichen Vorteile gegenüber den konkurrierenden Verkehrsträgern Eisenbahn, Binnenschiffahrt und Rohrleitungen mit Erfolg behaupten.
Heute drängt sich jedoch die Frage auf: Wie wird der Straßengüterverkehr die künftigen Herausforderungen meistern? Sieht sich doch der Unternehmer des Güterkraftverkehrs nicht nur mit verkehrspolitischen Tendenzen einer forcierten Liberalisierung, sondern auch einem verstärkten Rationalisierungsdruck aufgrund von Logistiküberlegungen der verladenden Wirtschaft konfrontiert. Logistik, diese „neue Philosophie", erfordert Systemdenken. Logistik bedeutet zentrale Planung, Steuerung und Kontrolle aller Güterbewegungen, die von einem Unternehmen vor, während und nach der Produktion veranlaßt werden. Voraussetzung für ein Logistikkonzept kann deshalb nur eine Koordination *aller* Entscheidungen über Transport, Umschlag, Lage-

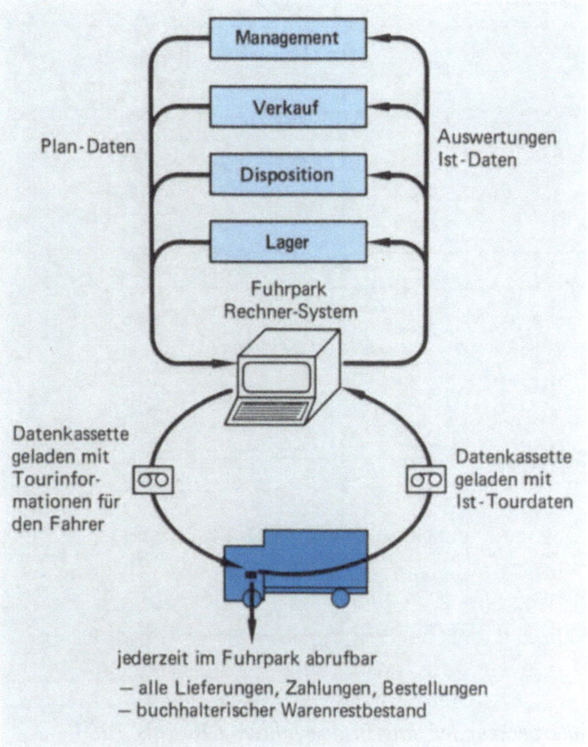

Datenaustausch Fuhrpark – Fahrzeug.

Güterverkehrsaufkommen in den Jahren 1966 bis 1983 in der Bundesrepublik Deutschland.

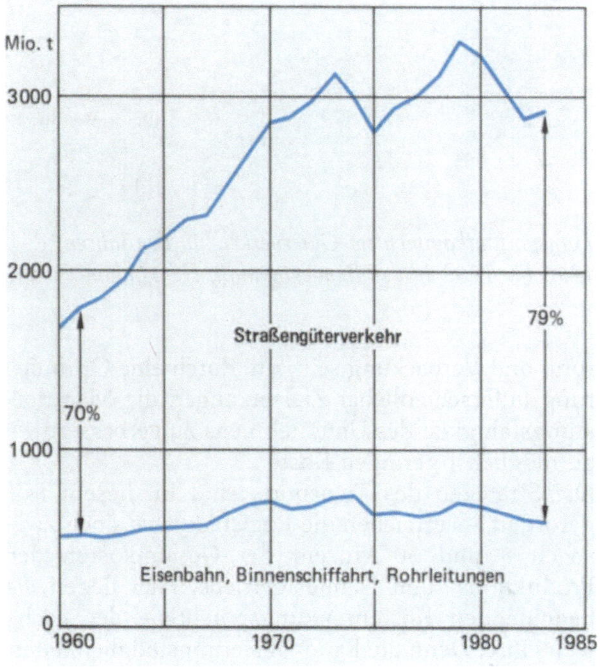

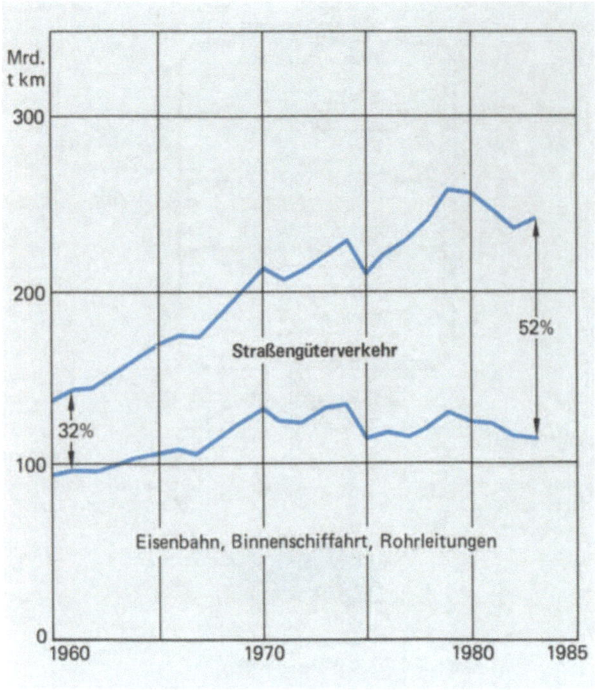

Güterverkehrsleistung in den Jahren 1960 bis 1983 in der Bundesrepublik Deutschland.

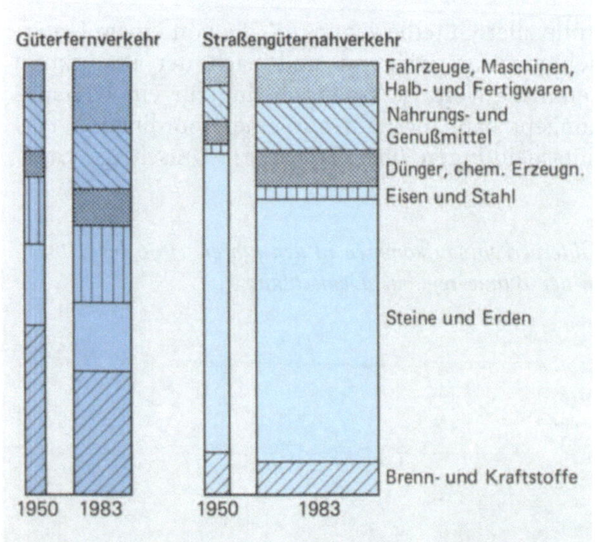

Transportaufkommen im Güterverkehr in den Jahren 1950 bis 1983 in der Bundesrepublik Deutschland.

rung und Verpackung sein, um durch eine Optimierung unterschiedlicher Zielsetzungen die Marktleistungsfähigkeit des Unternehmens zu verbessern – zu möglichst geringen Kosten.
Die Strategen des Transports sind in diesem Fall gefordert – erreichen die Logistikkosten doch zwischen 8 und 30 Prozent der Gesamtkosten der Produktions- und Handelsbetriebe. Hier liegen *die* bedeutenden Kostensenkungspotentiale der nächsten Jahre. Denn die Rationalisierungsmöglichkeiten in vielen Produktionsbereichen sind weitgehend ausgeschöpft.
Für Industrie- und Handelsunternehmen gilt es, möglichst geringe Logistikkosten je Transporteinheit (zum Beispiel je Rollbehälter, je Palette, je Kasten Bier) zu erzielen. Kostenverminderung im Transportsektor kann jedoch eine Kostensteigerung im Lagerbereich auslösen und umgekehrt.
Zuweilen stellt sich die Alternative: Zentrallager oder dezentralisierte Auslieferungslager? Im ersten Fall können die Transportkosten zu den Kunden den Rationalisierungseffekt der zentralen Lagerung illusorisch machen. Im zweiten Fall können die Lager-, Umschlags- und Kapitalbindungskosten größer sein als die Einsparungen im Transportbereich.
Geringe Logistikkosten je Transporteinheit – dies bedeutet im Transportverkehr auch, fortwährend Vergleiche zwischen den Kosten des eigenen Fuhrparks und den Kosten des Fremdtransports anzustellen. Heute ist eine zunehmende Tendenz zu verzeichnen, alle Funktionen aus dem Unternehmen auszugliedern, die nicht unmittelbar mit seinem Originärzweck zusammenhängen. Voraussetzung für solche Kostenvergleiche sind entscheidungsrelevante Informationen über Kosten und Erlöse, beispielsweise durch EDV-gestützte Informationssysteme – Systeme, die sich auf Datenbanken stützen, die im Dialog am Bildschirm alle notwendigen Kosten, Leistungen und Erlöse beispielsweise je Transporteinheit, Fahrzeug, Fahrer, Tour, Teilfuhrpark und für den Gesamtfuhrpark darstellen.
Im Sinne eines „Management by exception" sollten dabei die „Ausreißer" grafisch darstellbar sein, damit sich die Überwachung auf wesentliche Abweichungen konzentrieren kann und nicht in einer Zahlenflut erstickt. Permanente Kontrollmaßnahmen sollten kurz-, mittel- und langfristige Rationalisierungsmaßnahmen einleiten.
Wie bei Handels- und Industrieunternehmen, so ist es auch dem gewerblichen Güterkraftverkehr und der Kraftwagenspedition aufgrund der Wettbewerbssituation oft nicht möglich, Kostensteigerungen über höhere Preise auf den Kunden abzuwälzen. Im Hinblick auf die Liberalisierungsmaßnahmen wird der Spediteur und Frachtführer deshalb künftig zu schärfster Kalkulation gezwungen.
Da Industrie und Handel infolge intensivierter Logistikstrategien ebenfalls noch schärfer kalkulieren, ergeben sich für den flexiblen und leistungsfähigen Transportbetrieb beträchtliche Chancen, der Produktion vor- und nachgelagerte Logistikaufgaben zu übernehmen. Die reine Transportfunktion wird dabei künftig einen geringeren Stellenwert einnehmen.
Nach Auffassung von Professor Aberle ergeben sich künftig bestimmte Anforderungen an das Transportmanagement:
– Ständige Beobachtung der gesamtwirtschaftlichen Strukturveränderungen, um rechtzeitig planen zu können;

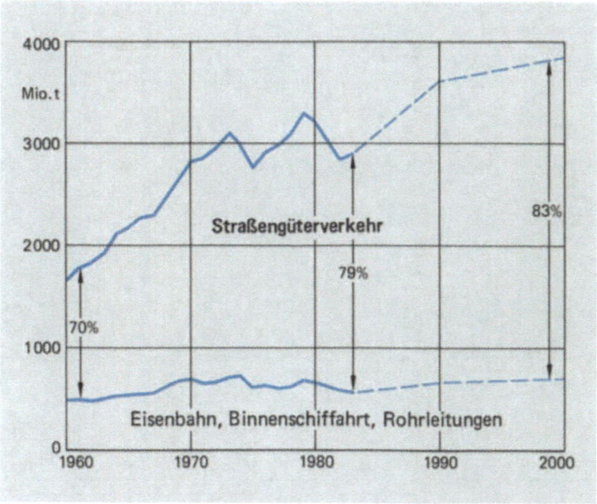

Güterverkehrsaufkommen in den Jahren 1960 bis 1983 und geschätzte künftige Entwicklung in der Bundesrepublik Deutschland.

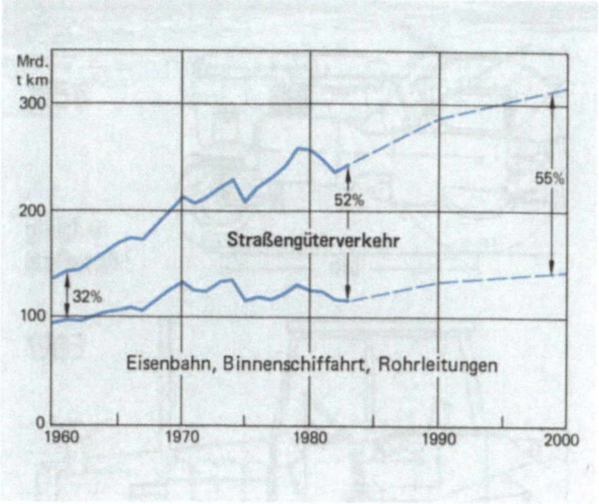

Güterverkehrsleistung in den Jahren 1960 bis 1983 und geschätzte künftige Entwicklung in der Bundesrepublik Deutschland.

- Entwicklung logistischer Gesamtlösungen; Einbeziehung in Produktions- und Vertriebsprozesse;
- Schaffung der qualitativen Voraussetzungen hierfür durch entsprechende Potentiale bei den Mitarbeitern, dem Gerät und der Organisation;
- Ausschöpfen von Kooperationsmöglichkeiten von kleinen und mittleren Betrieben;
- Aufbau einer strategischen Kosten- und Leistungsplanung und -kontrolle im Rahmen eines ziel- und entscheidungsorientierten Rechnungswesens;
- Nutzung von Informationssystemen für die betriebliche Steuerung, eventuell auch zur Information über Angebot und Nachfrage von Transportgütern und Transportkapazitäten;
- Zielsetzung weniger auf Expansion und Umsatzwachstum sondern auf langfristigen wirtschaftlichen Erfolg und die Erhaltung einer ausreichenden Liquiditätsbasis.

Die Pioniere des Straßengüterverkehrs haben in der neunzigjährigen Geschichte des Nutzfahrzeugs immer wieder gezeigt, wie man sich strukturellen Veränderungen anpaßt. Gezeigt hat sich dabei auch, daß sich technischer Fortschritt nicht mit gesetzlichen Hemmnissen aufhalten läßt. Die Fähigkeiten des Transportunternehmers und eine ständig optimierte Nutzfahrzeugtechnik – diese beiden Komponenten führten zum Durchbruch des Lkw, zu seiner dominierenden Rolle unter den Verkehrsträgern. Sie werden auch künftig den Stellenwert des Nutzfahrzeugs in unserer Volkswirtschaft bestimmen.

Schrifttum

Heimes, Anton: Vom Saumpferd zur Transportindustrie. Bonn-Bad Godesberg 1978.

Mercedes-Benz: 75 Jahre Nutzfahrzeugentwicklung 1896–1971. Stuttgart 1971.

Seth-Smith, M.: The long Haul – A social history of the British Commercial Vehicle Industry".

Aberle, Gerd: Unternehmensführung und gesamtwirtschaftlicher Strukturwandel. Überwindung technisch-ökonomischer Krisenlagen.

IRU: Straßentransport – Motor des Fortschritts. Genf 1976.

Christ, H., P. Lünsdorf u. *P. Strifler:* Innovationspotential im Güterkraftverkehr. Stuttgart 1985.

Auto 84/85 – Jahresbericht Verband der Automobilindustrie.

VDA-Schriftenreihe, Heft 26: Das Nutzfahrzeug als Instrument der Transportrationalisierung.

Verkehrsbericht 1984. Der Bundesminister für Verkehr.

Trends in die Zukunft

Otto-Peter A. Bühler

Die Technik im Fahrzeugbau ist ständig im Fluß. Augrund technisch-physikalischer sowie wirtschaftlicher Überlegungen, erforderlicher Entwicklungszeiträume und sinnvoller Gebrauchszyklen der Fahrzeugmodelle, dürften etwa 50 Prozent des technischen Umfangs für ein Nutzfahrzeug des Jahres 2000 bereits heute festgeschrieben sein.
An erster Stelle stehen dabei optimierte Fahrleistungen, charakterisiert durch das Zusammenwirken von Luftwiderstand, Fahrzeuggewicht und Motorleistung. Verbesserungen bei den c_w-Werten sind nicht nur technisch möglich, sondern auch sehr wahrscheinlich. Die angestrebten niedrigeren c_w-Werte ergeben sich überwiegend aus dem Fortschritt bei der Entwicklung neuer Fahrzeugformen, die gute Strömungseigenschaften mit großem Raumkomfort vereinigen. Hierbei zeigt sich eine neue Richtung im Nutzfahrzeugbau, die sich in den letzten Jahren aus den Marktforderungen ergeben hat. Bessere Nutzung der Motorzugkraft in kraftstoffsparenden Drehzahlbereichen ist dabei der Vorsatz.
Ebenso wichtig ist künftig eine weitere Gewichtsverminderung, denn nur so können die Vorzüge eines geringeren Luftwiderstands ausgenutzt werden, abgesehen von dem ohnehin notwendigen Nutzlastgewinn. In der Getriebetechnik werden problemlos

Lastwagen – Serie 1986 mit Spoiler und windschlüpfiger Kabine. Dieser Lastzug mit einem 309 kW (420 PS)-Motor verbraucht durch Optimierung des Luftwiderstandes 7 Prozent weniger Dieselkraftstoff als das Vorgänger-Modell.

zu schaltende vielstufige Getriebe zu entwickeln sein, die wiederum den Kraftstoffverbrauch beeinflussen, gleichzeitig die Umlaufgeschwindigkeit erhöhen und dazu noch eine Komfortsteigerung bringen.
Leider sind die geforderten aerodynamisch günstigen Formen in der Regel mit Gewichtszunahme des Fahrzeugs verbunden – ebenso wie die Erfüllung der größer werdenden Komfortansprüche und Sonderausstattungen. Es handelt sich also um Zielkonflikte, die sich allein schon im Bereich Karosserie und Fahrwerk ergeben.
Auch die Forderung nach Verringerung der Schadstoffemissionen sowie die Erhöhung der passiven Sicherheit beeinflussen das Fahrzeuggewicht. Gesetzliche Regelungen sorgen dafür, daß künftig neue Fahrzeugauslegungen durch verschärfte Crashtests bestimmt werden. Die Aufgabenstellung hohe Festigkeit – geringes Gewicht wird die Chance für Kunststoffe sein – für Werkstoffe mit Eigenschaften entsprechend denen des Stahls, jedoch nur bei einem Bruchteil seines Gewichtes.
Qualitätsverbessernde Maßnahmen, Korrosionsschutz, das Absenken der Innengeräusche und noch größere Glasflächen, tragen zur Gewichtsproblematik bei. Da die konstruktiven Möglichkeiten der Materialausnutzung in den letzten Jahren schon beträchtlich ausgeschöpft wurden, konzentrieren sich detaillierte Gewichtsverringerungen zunächst auf die Aggregate. Dabei ist nicht nur an Motoren und Getriebe, sondern ebenso an heute bereits serienmäßig angebotene Komponenten, wie zum Beispiel Bremskraftverstärker, Servolenkungen, Antiblockiersysteme und Retarder zu denken. Eine weitere Gewichtsverringerung verspricht man sich durch eine gezielte Materialsubstitution im konstruktiven Detail. Beispielsweise wird künftig die Verwendung von Keramik an hochbelasteten Teilen in Dieselmotoren eine Rolle spielen.
Das Wissen auf dem zuletzt genannten Gebiet hat sich in der jüngsten Zeit erweitert und führte schon zu zuverlässigen Prognosen für bislang unerreichte Einsparungsmöglichkeiten im Fahrwerk und der Antriebstechnik. Die Aktivitäten der Motorenbauer

Den Schritt in die Zukunft zeigt RVI mit dem Experimentier-Lastzug. Ziel ist, durch deutliche Verringerung des Luftwiderstands eine Senkung des Kraftstoffverbrauchs um 10 Prozent zu erreichen und die Sicherheit sowie den Komfort für den Fahrer zu verbessern.

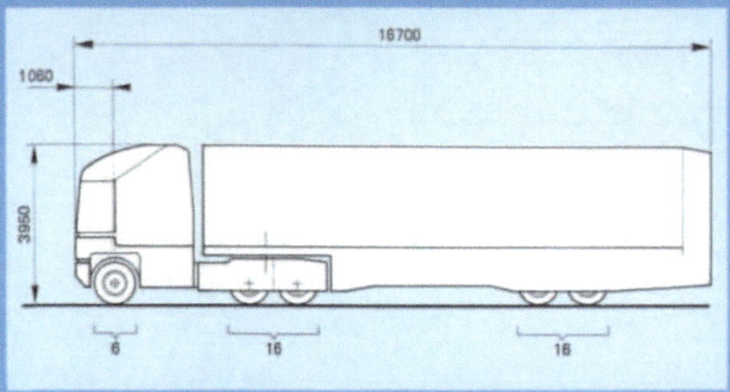

Studie aus England: Auch für den Nahverkehrs-Verteiler-Lastwagen richtet sich das Design auf die Verminderung des Luftwiderstands.

konzentrieren sich auf Verbesserungen im Verbrennungsraum. Erfolgversprechende Schritte sind in den nächsten Jahren dort gegeben, wo hohe Temperaturen die Motorenbauteile stark belasten. Die keramische Auskleidung des Abgaskanals im Zylinderkopf zum Beispiel sowie der Abgassammelrohre führen zu vielversprechenden Ergebnissen. Sie erbrachten eine Entlastung des Zylinderkopfes bei höheren Abgastemperaturen. Hieraus ergibt sich in erster Linie ein Nutzen für den Motor mit Turboaufladung, nämlich höhere Leistungsausnutzung und verbesserter Gesamtwirkungsgrad bei geringerem Kraftstoffverbrauch.
Nach dem heute möglichen Stand der Keramik-Technik läßt sich auf der vorgenannten realistischen Basis eine Kraftstoffeinsparung von etwa 5 bis 6 Prozent erzielen.
Außer der Möglichkeit zur besseren Ausnutzung des Kraftstoffs durch thermo-dynamische Maßnahmen ist die Reibungsminimierung in Hubkolbenmotoren von besonderem Interesse. Sowohl bei Diesel – als auch bei Ottomotoren kommt man über eine weitere Steigerung der spezifischen Leistung oftmals an die Grenze der Belastbarkeit metallischer Komponenten. Mit keramischen Werkstoffen soll die Erhöhung thermischer Belastbarkeit und die Steigerung mechanischer Wirkungsgrade ermöglicht werden.
Lebensdauer und Überholungsintervalle von Motoren werden vom Verschleiß bestimmt, der mit Hilfe keramischer Komponenten vermindert werden kann. Vor allem Kolbenringe, Zylinder und Ventiltrieb arbeiten zumindest vorübergehend im Gebiet der Mischreibung und sind daher besonders verschleißgefährdet. Die mechanischen Verluste im Motor, die im Mittel bei 8 Prozent der eingebrachten Kraftstoffenergie oder bei 25 Prozent der am Kolben erzeugten Energie liegen, lassen sich mit Keramikteilen etwa um 20 Prozent herabsetzen.
Ein anderes, vielversprechendes Gebiet sind die Verbundwerkstoffe. 1986 schätzt man nach japanischen Quellen, daß sich bei gezielter Substitution von Werkstoffen Massenwerte ergeben, die bei glasfaserverstärkten Komponenten 37 Prozent, bei kohlefaserverstärkten Teilen 45 Prozent und bei Aluminium 35 Prozent der Gewichte der jeweiligen Bauteile ausmachen. Allerdings erscheint bei Lastkraftwagen im Bereich des Fahrerhauses und des Chassis – bei Omnibussen im Gerippebau – eine vollständige Substitution des Stahls weder aus

Styling-Studie von Bedford aus dem Jahr 1978. Erst sechs Jahre später wurde der Vorschlag für die Serie aufgenommen.

Komfort-Verbesserungen für den Berufskraftfahrer sind ein wesentliches Kriterium der Nutzfahrzeugentwicklung. Die Innenausstattung wird ergonomisch optimiert.

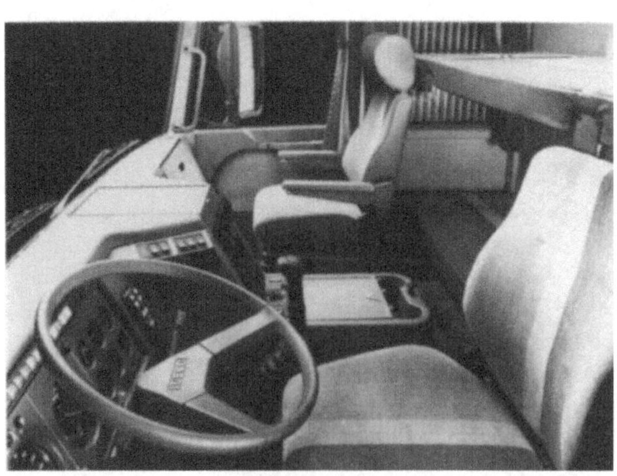

Die Armaturenanlage des Mercedes-Benz-Reisebusses O 303 ist eine gelungene Verbindung von moderner Stilistik und Funktionalität.

Kostengründen noch aus Funktionsgründen als wahrscheinlich. Kunststoff im Karosseriebereich kann künftig nur dann zu wirtschaftlich tragbaren Lösungen führen, wenn die gegenwärtige Problema tik, die Einfärbung und Lackierung verwendbarer Hartkunststoffe beherrscht und wenn alle Möglichkeiten der konstruktiven Integration von Karosserie-, Innenausbau- und Anbauteilen genutzt werden können. Hierbei geht es nicht nur um Produktionsvorteile, sondern ebenso um Service- und Reparaturentlastungen beim Kunden.

Insgesamt erscheinen für die nächsten 15 Jahre im Nutzfahrzeugbau Gewichtsverringerungen zwischen 4 bis höchstens 15 Prozent möglich. Dies bedeutet aber nicht, daß die Motorleistungen infolge dieser den Wirkungsgrad verbessernden Detailentwicklungen wieder zurückgenommen werden. Er dürfte also bei der Obergrenze von etwa 360 kW (500 PS) bei den modernen Dieselmotoren für schwere Nutzfahrzeuge und Großraumomnibusse bleiben.

Einen weit stärkeren Einfluß werden die Luftwiderstandsbeiwerte bei Omnibussen auf das Karosserie-Styling haben, besonders bei Komfort-Reisebussen, die Langstrecken fahren. Gewichts- und Korrosionsprobleme werden die Verwendung von Aluminiumlegierungen, verzinkten und anderen nichtrostenden Blechen nahelegen. Der moderne Omnibus wird noch geräuschärmer werden, sowohl durch Verwendung spezieller Dämmwerkstoffe als auch durch konstruktive Maßnahmen an den Geräuschquellen der Antriebsgruppe und der Reifen.

Im Zuge der Geräuschdämpfung der Nutzfahrzeug-Motoren wird auch eine zuverlässige Beherrschung weiter ansteigender Verdichtungsverhältnisse bei diffizileren Verbrennungsabläufen erreicht werden. Die jetzt möglichen engeren Toleranzen infolge der präziseren Fertigung mittels Roboter lassen auch in

Strömungsgünstig verkleidet und mit niedrig drehendem Turbo-Motor braucht der Ford „Concept Cargo" rund ein Fünftel weniger Dieselkraftstoff als ein heutiger Lkw. Bessere Fahr- und Bremseigenschaften verdankt er unter anderem den 75prozentigen Niederquerschnittreifen.

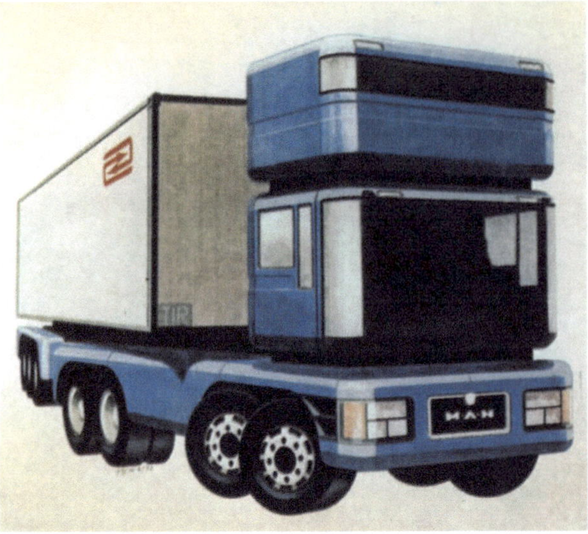

Vorstellung von MAN für den 38-t-Lastzug.

Dieser Omnibus-Gelenkzug hat Schlafzimmer, Bäder, Büro mit allen Kommunikationseinrichtungen und im Heck eine Küche: ein Komfort-Hotel auf Rädern.

diesem Bereich eine weitere Annäherung an die physikalisch gegebenen Grenzen im Nutzfahrzeugbau in den nächsten zwei Jahrzehnten zu. Hieraus ergeben sich dann auch Ansätze, den Kraftstoffverbrauch um weitere 20 Prozent zu senken.

Dies wiederum beeinflußt die Abgasemission. Mit Sicherheit werden in den nächsten Jahren verschärfte Abgasvorschriften einen entscheidenden Einfluß auf die technische Fahrzeugentwicklung nehmen. Elektronisch geregelte sowie mikroprozessorgesteuerte Kennfeld-Verbrennungsabläufe werden eine wichtige Rolle bei der Erfüllung der verschärften Normen spielen. Ohnehin wird der Anteil der Elektronik an den elektrischen Stromkreisen und Schaltungen im Nutzfahrzeug zunehmen. Dieser Trend hat wiederum Einfluß auf die Entwicklungs- und Prüfmethoden. Es sei beispielsweise auf die aufwendigen Tests hingewiesen, mit denen die elektromagnetische Verträglichkeit von Bauteilen und Systemen sichergestellt werden muß.

Auch in einem anderen Anwendungsbereich der Nutzfahrzeugtechnik ist die Elektronik angetreten, den von physikalischen Grenzen gezogenen Rahmen noch besser auszunutzen. Gemeint sind die Fahrwerke, bei denen zu den Antiblockierbremssystemen, elektronisch geregelten Servolenkungen und Getriebe nun auch Regeleingriffe in die Schwingungsdämpfung sowie Federung hinzukommen werden. Zwar fehlen zur Zeit noch überzeugende Regelstrategien für derartige Fahrwerke, doch die laufenden Untersuchungen zeigen ein so umfangreiches Anwendungsfeld, daß mit Sicherheit Fortschritte auf diesem Sektor zu erwarten sind.

Über Möglichkeiten und Grenzen des technischen Fortschritts zu sprechen, gebietet zwangsläufig auch die wirtschaftlichen Rahmenbedingungen zu erwähnen, unter denen Nutzfahrzeuge entstehen.

Die Entwicklung eines neuen Automobilmodells einschließlich seiner Produktionseinrichtungen erfordert heute einen Aufwand von 1 bis 6 Milliarden DM. Die Umlagen dieser Investitionen belasten das Produkt zusätzlich zu den Produktionskosten, die ihrerseits infolge der höheren Komplexität steigen. Hieraus können sich leicht Innovationshemmnisse ergeben, die bei mangelnder Risikobereitschaft die Wettbewerbsfähigkeit einzelner Unternehmen schwächen oder zu Kooperationen oder Verschmelzungen von Herstellern führen.

Der Fortschritt in der Automobiltechnik kann nur

Zukunft im Personenverkehr mit elektronisch spurgeführten Omnibussen: Städte- und Überlandlinien lassen sich so rationalisieren und entlasten den Fahrer.

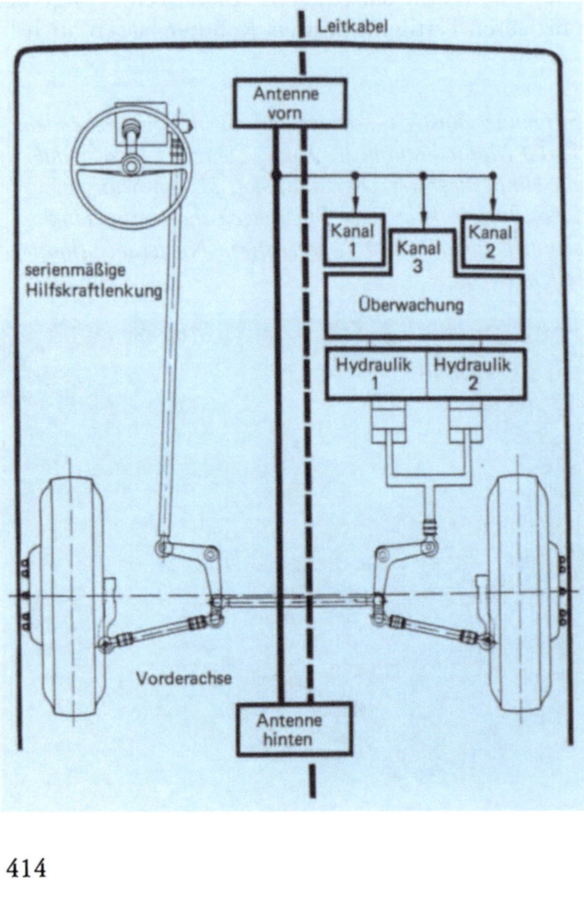

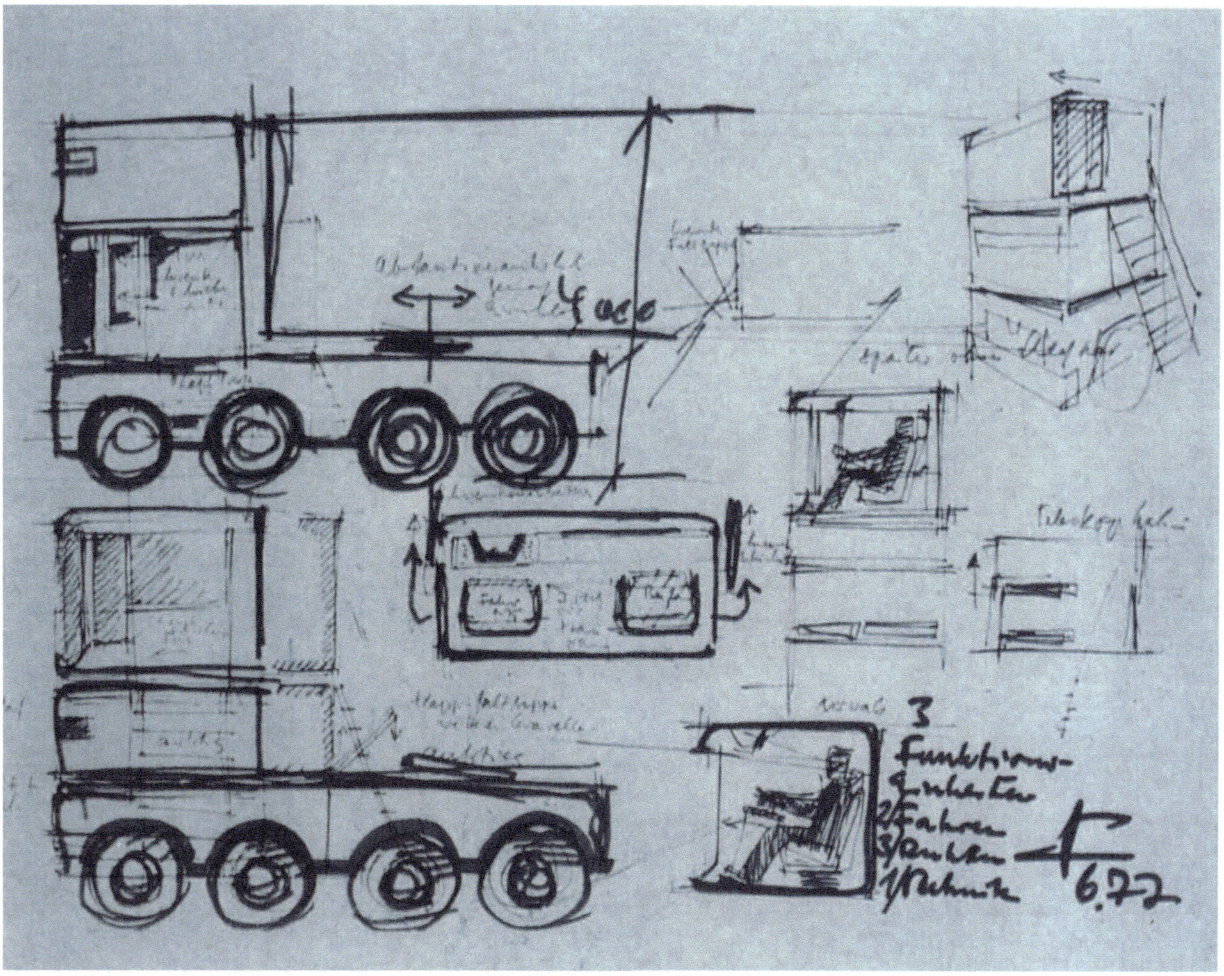

Ideenskizzen einer Design-Studie zu einem Nutzfahrzeugkonzept der Zukunft.

gesichert werden, wenn man technische und unternehmerische Lösungen findet, die dieses Problem überwinden. Die methodischen Ansatzpunkte sind Robotertechnik, Computer-Aided-Design (CAD) und Programmsteuerungen zerspanender Produktionsabläufe. Diese werden durch zielführende Strategien zur Produktdefinition ergänzt; denn nur für das richtige Produkt zahlen sich diese gewaltigen Anstrengungen aus.

In hundert Jahren haben die Automobiltechniker nicht nur die Fahrzeuge in Leistung, Funktion und Kosten immer weiter verbessert. Es ist ihnen auch in oft schwierigen Prozessen gelungen, die ökologischen Probleme und andere Belastungen auf ein erträgliches Maß abzubauen. Dabei hat der weitgehend privatwirtschaftliche Status der Automobilindustrie den Erfolg begünstigt.

Im Bereich des Nutzfahrzeugs – sowohl Lastwagen als auch Omnibusse – liegt eines der größten Wachstumspotentiale des nächsten Jahrzehnts für moderne Elektronik und die Verwendung neuer Verbundwerkstoffe. Damit Hand in Hand gehen die Modell-Typisierung und die Anpassung auf sich verändernde Markt- beziehungsweise Betriebsbedürfnisse. Mit Hilfe neuer Techniken werden die Kraftfahrzeuge des Jahres 2000 noch sicherer, sparsamer und umweltfreundlicher sein als die heutigen.

Die im Zuge der technischen Verbesserungen im Fahrzeug möglich gewordene Anwendung moderner Kommunikationstechniken eröffnet ganz neue Perspektiven, zum Beispiel bei der automatischen Zielführung des Lastzuges, bei Diagnosesystemen, die einen direkten Verbund zwischen Fahrzeug, Werkstatt und Prüfgeräten herstellen, oder bei der EDV-Steuerung von Gütertransporten. Logistik ist bereits ein wichtiges Schlüsselwort im Straßengüterverkehr und bei den Speditionen. Im Bereich des Omnibusses muß die öffentliche Personenbeförderung weiter rationalisiert werden durch Spurführung, Dual-Mode mit Hybridantrieb, O-Bahnen und Verknüpfung mit anderen Verkehrssystemen. In diesem Fall kommt die Elektronik besonders zur Anwendung – auch bei den automatischen Getrieben, die künftig zur Grundausstattung im Omnibus gehören werden, wie übrigens auch im Lkw die Tendenz zum elektronisch geschalteten Getriebe klar erkennbar ist.

Die Forderungen nach mehr Sicherheit, nach weniger Energieverbrauch, nach besserer Umweltverträglichkeit verstärkten und beschleunigten die Innovationsschübe seit der Erfindung des Automobils. Dies

Die aktive Sicherheit moderner Schwerlastwagen wird durch die serienmäßige elektropneumatische Schaltung weiter gesteigert. Ohne jeglichen Kraftaufwand wählt der Fahrer unter den sechzehn Getriebestufen den Gang, der eine hohe Marschgeschwindigkeit bei günstigem Kraftstoffverbrauch gewährleistet. Die gewählte Gangstufe wird auf der Schaltanzeige sichtbar. Der Fahrer kann seine ganze Aufmerksamkeit dem Verkehrsgeschehen widmen.

bedeutet zugleich, daß zur Nutzfahrzeugentwicklung die Ausbildung von Technikern intensiviert werden muß. Von den Technikern und Ingenieuren werden neue Erfindungen, von den Wissenschaftlern die Entdeckung neuer Materialien und von den Managern neue Absatzstrategien erwartet. Diese Entwicklung beschleunigt sich durch die technische Revolution, die die Mikroelektronik eingeleitet hat. Hier bedarf es in den nächsten 15 Jahren verstärkter, in die Breite und Tiefe wirkender Informationen, um die Auseinandersetzung mit der Technik nicht ins Abgründige entgleiten zu lassen.
Vom Automobil hängt nicht nur unsere lebensnotwendige Versorgung mit Gütern und Dienstleistungen ab. Auch die Entsorgung – und damit eine wesentliche ökologische Anforderung unserer Zeit – wäre ohne das Kraftfahrzeug in allen seinen Funktionen unvorstellbar.
Personenwagen, Lastkraftwagen und Omnibusse sind Bestandteile der Existenzsicherung. Etwa 95 Prozent des Verkehrsaufkommens im Personenverkehr entfallen auf Pkw und Omnibusse, und etwa 80 Prozent aller beförderten Gütermengen in der Bundesrepublik Deutschland transportiert der Lastkraftwagen.
Die Bedeutung des Nutzfahrzeugs wird durch weitere Zahlen deutlich. Auf den Straßen der Welt fahren heute etwa 110 Millionen Lastkraftwagen, Transporter und Omnibusse. Prognosen zeigen, daß sich diese Anzahl weiter beträchtlich erhöht. Die Transportleistungen im Straßengüterverkehr werden bis zum Jahre 2000 um etwa 20 Prozent zunehmen. einen gleichen Leistungszuwachs erwartet man für die Personenbeförderung im Omnibus. Diese Prognosen verdeutlichen eindrucksvoll, wie das Nutzfahrzeug seine Vorrangstellung als Verkehrs- und Transportmittel nicht nur behalten, sondern sogar weiter ausbauen wird. Der Fortschritt in der Fahrzeugtechnik macht es möglich.
Mehr als 12 Millionen Nutzfahrzeuge wurden 1985 weltweit gebaut, 4,4 Millionen mehr als zehn Jahre zuvor. Das Nutzfahrzeug steht ein weiteres Mal vor dem Schritt in neue Diemensionen seiner Technik und seiner vielseitigen Verwendung.

Vollverkleidung bis zu den Radnaben, integriertes Fahrerhaus mit viel Glas, Sattelauflieger ebenfalls seitlich verblendet, Wechselaufbau: c_w-Werte und Ökonomie sind bei dieser Lösung deutlich besser.

Haubenfahrzeuge wird es auch im Jahr 2000 geben. Eine Lösung könnte so aussehen.

Feuerwehr für Flugplätze: ein Design-Entwurf für das zukünftige Tanklöschfahrzeug auf Luftkissen, gepanzert und mit einem völlig geschützten Strahlrohrturm. Die Frontkanzel hat eine Panzerglasscheibe.

Ein neues Busmodell, das im Windkanal entwickelt wurde, mit einem äußerst günstigen c_w-Wert. Ob solche Fahrzeuge je gebaut werden, ist eine andere Frage.

Parallel zum „Tuning-Gewerbe" auf dem Personenwagensektor ist gegenwärtig ein ähnlicher Nebenzweig der Nutzfahrzeugindustrie im Entstehen. Spezialbetriebe in verschiedenen Ländern fertigen sowohl für zivile als auch für militärische Auftraggeber Sonderfahrzeuge für die verschiedensten Zwecke. Daß sich dieser „Seitenzweig" der Fahrzeugindustrie nicht nur in Europa und den USA anzusiedeln beginnt, beweist unter anderem die Centurion Transport Engineering PTY.Ltd. in Australien, zu deren Programm Omnibusse, Feuerwehrfahrzeuge, mobile Notstromanlagen, gepanzerte Geldtransporter und Spezialfahrzeuge aller Art zählen. Die Motoren werden größtenteils aus Europa bezogen – oft auch komplette Chassis.
Entworfen und gebaut wurden unter anderem auch diese futuristischen Vehikel für die in der Antarktis stationierten Forschungsteams.

Sachwortverzeichnis

T

U

V

W

X

Y

Z

Bildquellenverzeichnis

Ackermann-Fruehauf (4); AKR (1); Alfa Romeo (1); Archiv Baron (6); Archiv Borkowski (25); Archiv Bühler (69); Archiv Commercial Pegaso (1); Archiv H. H. von Fersen (12); Archiv O. von Fersen (10); Archiv Gibbins (25); Archiv Hoepke (20); Archiv Kasten (11); Archiv Nitsche (8); Archiv Norbye (1); Archiv RWTH Aachen (5); Archiv Šuman-Hreblay (12); Archiv Thomass (7); Archiv Universität Hohenheim (3); Archiv Woisetschläger (9); AT (2); ATZ (16); Automobilhistorisches Archiv (5); Bedford (1); Bergische Achsenfabrik (3); Betz (1); Bolinder-Munktell (1); Bosch (9); Bova (1); Bremshey-Grammer (2); Brown Boveri (1); BSI (1); Büssing (1); Büssing/MAN (7); Bussien/Technik Verlag Cram (6); Case International (1); Caterpillar (1); Centurion Transport Engineering PTY (1); Citroen (1); Clark-Michigan (1); Cometto (3); Continental (6); DAF (10); Daimler-Benz (67); Das Nutzfahrzeug (1); Dautel (3); Deutsche Bundesbahn (1); Deutsches Museum (4); Deutsche Verkehrszeitung (2); Dunlop (2); DUSS (1); Eaton (3); Elsbett (1); ENASA (1); ERF/Muccini (1); Fahr (1); FAT (1); Faun (1); Fendt (3); FIAT (15); Fichtel u. Sachs (6); Fischer (4); Fodens (1); Ford (17); Freightliner (1); Fulda (5); Gardner (1); Girling (5); GKN (1); GMC (9); Goldhofer (2); Goodyear (7); Gothaer Waggonfabrik (1); Gottwald (1); Graubremse (1); Grüttefien (7); Haller (1); Hanomag (1); Hauser (3); Hearncrest Boughton (1); HHF (1); Hydromatik (1); Hyva (2); Iberfoto (1); IRU (1); IVECO (11); Jagenberg (1); John Deere (3); Jonchleeve (1); Kaelble (1); Kässbohrer (27); Kamag (4); KHD (4); Dr. Klaue (1); Klaus (1); Knorr (3); Kombiverkehr (1); Kraftfahrtbundesamt (1); Krupp (1); Kühnle, Kopp u. Kausch (1); Lancia (2); Lanz (2); Lastauto-Omnibus (3); LeT (1); Leyland (4); Little (1); Lohmann u. Stolterfoth (1); MAFI (1); Magirus-Deutz (2); MAN (29); MAN-GHH (1); Mannesmann-Demag (1); Marrel (1); Mazda (2); Meiller (3); Mercedes-Benz (19); Michelin (2); Mitsubishi (8); Motor Iberica (1); Mowag (1); Müller-Mitteltal (2); NASA (1); Neoplan (5); Nicolas (2); Nissan (3); Nooteboom (1); Oswald/Motorbuch-Verlag (4); Rába (1); Rampf-Faba (1); Renault (4); Renk (1); Rockinger (2); Rosenbauer (1); Rubery Owen-Rockwell (1); Saurer (4); Scammell (1); Scammell/Betz (1); Scania-Vabis (19); Schade (1); Scharwächter (1); Schenk (2); Scheuerle (5); Scheuerle/Atalas (1); Schmidt/St. Blasien (1); Schmitz (2); Schwing (1); Secmafer (1); Siemens (1); Simberg (1); Sisu (2); Spitzer (1); Staufen (1); Stetter-Schwing (1); Steyr (8); Steyr-Daimler-Puch (6); Stopfix (1); Tatra (1); Tenner (1); Terex (1); Terex/Archiv Cohrs (1); TH Darmstadt (1); Titan-Appenweier (1); Toyota (2); Trailor (1); Treue/F. Bruckmann Verlag (2); Trio (1); TU München (1); Uniroyal (3); Valentin (2); Van Hool (2); VBG Produkter KB (1); Veith-Pirelli (9); Vergölst (1); VME (1); Vogel (1); Voith (1); Volvo (9); Wabco (5); Wagenblass (1); Welte (1); Westinghouse (1); Winterthur (2); Witt/VEB-Verlag Technik (8); ZF (9).

GPSR Compliance

The European Union's (EU) General Product Safety Regulation (GPSR) is a set of rules that requires consumer products to be safe and our obligations to ensure this.

If you have any concerns about our products, you can contact us on ProductSafety@springernature.com

In case Publisher is established outside the EU, the EU authorized representative is:

Springer Nature Customer Service Center GmbH
Europaplatz 3
69115 Heidelberg, Germany

Batch number: 10684767

Printed by Printforce, the Netherlands